MATHS

1re STI2D STL

Agnès Excellent-Savart
Professeur de mathématiques

Mathieu Hibou
Professeur de mathématiques
au lycée René-Descartes (Saint-Genis-Laval)

Cécile Redon
Professeur de mathématiques
au lycée Louis-Armand (Nogent-sur-Marne)

Éric Sorosina
IA-IPR de mathématiques
dans l'académie de Rennes

Jean-François Liébaut
Professeur de sciences industrielles de l'ingénieur, option ingénierie électrique
au lycée Louis-Armand (Nogent-sur-Marne)

Frédéric Xerri
Professeur de sciences industrielles de l'ingénieur, option ingénierie mécanique
au lycée Louis-Armand (Nogent-sur-Marne)

Avec la participation de :
Géraldine Carayol
Professeur de biotechnologies-biochimie-biologie
au lycée Marie-Curie (Versailles)

hachette
ÉDUCATION

Crédits iconographiques

Couverture :
da-kuk/iStockphoto.

Intérieur :
p. 8 Nathan Allred/Alamy/Hemis ; p. 23 Robert Fried/Alamy/Photo 12 ; p. 34 Fstop/Getty ; p. 36 bonnie jacobs/iStockphoto ; p. 65 Westend61 GmbH/Alamy/Hemis ; p. 69 Mihalec/Getty ; p. 94a RIEGER Bertrand/hemis.fr ; p. 94b Didier Maillac/REA ; p. 96 photo reproduite avec l'aimable autorisation du ministère de l'Éducation nationale ; p. 99 ANDRZEJ WOJCICKI/SCIENCE PHOTO LIBRARY ; p. 112 C12/iStockphoto ; p. 122b Fstockfoto/iStockphoto ; p. 123 Baona/iStockphoto ; p. 125 Mark Scheuern/Alamy Stock Photo ; p. 129 Juri Pozzi/iStockphoto ; p. 135 Niels Poulsen/Alamy/Hemis ; p. 144 Ewg3D/iStockphoto ; p. 145 MACIEJ NOSKOWSKI/iStockphoto ; p. 146 JARRY/TRIPELON/TOP/Gamma-Rapho ; p. 148b Popovaphoto/iStockphoto ; p. 153 Andrew Holt/Getty ; p. 171 Michel TRONCY/HOA-QUI ; p. 173a Rwarnick/iStockphoto ; p. 173b EDDY GRAY/SPL/COSMOS ; p. 177 Courtland Roberts/iStockphoto ; p. 178 Vonkara1/iStockphoto ; p. 192 Rue des Archives/PVDE ; p. 196 REUTERS/Benoit Tessier ; p. 197 trubavin/iStockphoto ; p. 205 orhch/iStockphoto ; p. 213 Rue des Archives/Everett/CSU ; p. 234 Alamy/Hémis ; p. 237 Mary Evans/Rue des Archives ; p. 238 Photo12/Elk-Opid ; p. 239 Andrey Prokhorov/iStockphoto.

Les copies d'écran Casio ont été réalisées à l'aide du logiciel Casio FA-124 et les copies d'écran TI à l'aide du logiciel TI Connect CE.

Maquettes intérieure et couverture : Frédéric Jely
Illustrations (pages 8 et 65) : Dimberton
Iconographie : Candice Renault
Composition et dessins : Idt, Paon

PAPIER À BASE DE FIBRES CERTIFIÉES

hachette s'engage pour l'environnement en réduisant l'empreinte carbone de ses livres. Celle de cet exemplaire est de :
1,12 kg éq. CO_2
Rendez-vous sur www.hachette-durable.fr

www.hachette-education.com
ISBN : 978-2-01-399819-2

Avant-Propos

Ce livre a été conçu pour répondre aux attentes des enseignants et favoriser les apprentissages des élèves. Dans ce but, les chapitres ont été structurés comme suit :

- L'**ouverture** précise les prérequis nécessaires à la construction des nouvelles notions abordées, les objectifs et enfin les capacités attendues du chapitre.
- Les **activités** ont un double objectif :
  – réinvestir les connaissances acquises précédemment par les élèves et nécessaires à l'acquisition des nouveaux concepts ;
  – susciter des questionnements (souvent dans un contexte technologique) auxquels répondent les nouvelles notions étudiées dans le chapitre.
- Le **cours** propose une approche simple des nouvelles notions, tout en conservant la rigueur indispensable d'un enseignement. Dans ce but, le cours est organisé en deux parties :
  – la page de gauche, intitulée ***Comprendre***, présente les nouveaux concepts accompagnés d'exemples simples et de remarques ;
  – la page de droite, intitulée ***Savoir-faire***, illustre ces nouveaux concepts sous forme d'exercices corrigés et commentés au fur et à mesure de leur résolution par des points méthode. Des exercices similaires sont alors donnés en bas de page puis dans la partie « Exercices » (sur fond bleu clair).
- L'***Essentiel*** résume les acquis fondamentaux du cours.
- ***À l'oral*** propose une série de questions rapides et d'exercices courts à traiter en classe, oralement. Le diaporama fourni sur le site www.hachette-education.com permet d'animer la classe en présentant ces questions directement au vidéoprojecteur.
- La rubrique ***Développer ses compétences*** a pour objectif, à travers l'étude de situations souvent contextualisées, d'apprendre aux élèves à identifier et mettre en œuvre les différentes COMPÉTENCES de l'activité mathématique mises en jeu dans la résolution des problèmes (CHERCHER, MODÉLISER, REPRÉSENTER, CALCULER, RAISONNER, COMMUNIQUER). L'utilisation des outils numériques y est souvent proposée.
- Les **exercices** sont constitués :
  – d'***exercices sur les prérequis*** rappelés en ouverture de chapitre ;
  – de nombreux ***exercices d'application directe du cours***, ordonnés par thèmes et suivant la progression du cours (les exercices à puce violette sont corrigés en fin d'ouvrage) ;
  – de ***vrai-faux*** et ***QCM*** balayant l'ensemble du chapitre et corrigés en fin d'ouvrage ;
  – de ***problèmes*** touchant à des domaines variés (vie quotidienne, biotechnologies, électricité, mécanique...) qui permettent de voir les notions abordées dans le cours dans un cadre contextualisé. Les compétences mises en jeu dans certaines questions sont mentionnées.

Pour faciliter la lecture du livre, différents logos ont été utilisés :

indique l'utilisation de la calculatrice ;

Algo renvoie à l'usage de l'algorithmique ;

Fichier Algobox indique que des fichiers informatiques sont proposés sur le site www.hachette-education.com pour permettre une utilisation par le professeur, en classe, notamment avec un dispositif de visualisation collective.

indique l'utilisation d'un logiciel ;

Diaporama OpenOffice indique qu'un diaporama est proposé sur le site www.hachette-education.com pour animer la classe en présentant des questions directement au vidéoprojecteur.

En fin d'ouvrage et sur les rabats, des pages d'aide sur les calculatrices (TI-82 Advanced et Casio GRAPH 35+E) et les logiciels (GeoGebra, OpenOffice Calc et Algobox) utilisés dans ce livre ont été incluses. Ces logiciels sont libres et gratuits et doivent leurs développements à des concepteurs passionnés. Qu'ils soient ici remerciés pour leur important travail, bien souvent désintéressé.

Bref, un livre que nous avons voulu vivant, accessible, ouvert et efficace !

Les auteurs

Sommaire

1 Second degré

2 Trigonométrie

3 Fonctions de référence

4 Fonction dérivée

5 Applications de la dérivation

6 Suites

7 Statistiques et probabilités

8 Produit scalaire

9 Nombres complexes

Les compétences mathématiques au lycée

(Document ressource du ministère de l'Éducation nationale : MEN/DGESCO-IGEN, novembre 2013)

La formation mathématique au lycée général et technologique vise deux objectifs :
- L'acquisition de connaissances et de méthodes nécessaires à chaque élève pour construire son avenir personnel, professionnel et citoyen, et préparer la poursuite d'études supérieures.
- Le développement de compétences transversales (autonomie, prise d'initiative, adaptabilité, créativité, rigueur…) et de compétences spécifiques aux mathématiques, explicitées ci-dessous.

Chercher

Analyser un problème.
Extraire, organiser et traiter l'information utile.
Observer, s'engager dans une démarche, expérimenter en utilisant éventuellement des outils logiciels, chercher des exemples ou des contre-exemples, simplifier ou particulariser une situation, reformuler un problème, émettre une conjecture.
Valider, corriger une démarche, ou en adopter une nouvelle.

Modéliser

Traduire en langage mathématique une situation réelle (à l'aide d'équations, de suites, de fonctions, de configurations géométriques, de graphes, de lois de probabilité, d'outils statistiques…).
Utiliser, comprendre, élaborer une simulation numérique ou géométrique prenant appui sur la modélisation et utilisant un logiciel.
Valider ou invalider un modèle.

Représenter

Choisir un cadre (numérique, algébrique, géométrique…) adapté pour traiter un problème ou pour représenter un objet mathématique.
Passer d'un mode de représentation à un autre.
Changer de registre.

Calculer

Effectuer un calcul automatisable à la main ou à l'aide d'un instrument (calculatrice, logiciel).
Mettre en œuvre des algorithmes simples.
Exercer l'intelligence du calcul : organiser les différentes étapes d'un calcul complexe, choisir des transformations, effectuer des simplifications.
Contrôler les calculs (au moyen d'ordres de grandeur, de considérations de signe ou d'encadrement).

Raisonner

Utiliser les notions de la logique élémentaire (conditions nécessaires ou suffisantes, équivalences, connecteurs) pour bâtir un raisonnement.
Différencier le statut des énoncés mis en jeu : définition, propriété, théorème démontré, théorème admis…
Utiliser différents types de raisonnement (par analyse et synthèse, par équivalence, par disjonction de cas, par l'absurde, par contraposée, par récurrence…).
Effectuer des inférences (inductives, déductives) pour obtenir de nouveaux résultats, conduire une démonstration, confirmer ou infirmer une conjecture, prendre une décision.

Communiquer

Opérer la conversion entre le langage naturel et le langage symbolique formel.
Développer une argumentation mathématique correcte à l'écrit ou à l'oral.
Critiquer une démarche ou un résultat.
S'exprimer avec clarté et précision à l'oral et à l'écrit.

CHAPITRE 1

Second degré

Prérequis

- Savoir développer un produit.
- Savoir utiliser les identités remarquables du deuxième degré.
- Savoir établir le tableau de signes d'une expression du premier degré.
- Connaître les variations des fonctions polynômes de degré 2 (monotonie, extremum) et la propriété de symétrie de leurs courbes.

→ EXERCICES n°1 à 5

Objectifs

- Résoudre les équations du second degré.
- Établir le tableau de signes d'un polynôme de degré 2.
- Faire le lien avec la représentation graphique des fonctions polynômes de degré 2.

Capacité attendue

- Mobiliser les résultats sur le second degré dans le cadre de la résolution d'un problème.

Activités

Activité 1 Quelques équations du second degré

Objectif Réactiver les acquis sur le calcul algébrique et faire émerger l'intérêt d'une méthode générale de résolution des équations du second degré.

1 Résoudre « de tête » les équations suivantes :
$x^2 = 4$;
$x^2 = -1\,000$;
$x^2 = 0$;
$x^2 = d$ où d est un réel donné ;
$x^2 - 7 = 0$.

2 **a.** Montrer que pour tout réel x, on a : $x^2+6x+8=(x+4)(x+2)$.
Résoudre alors l'équation $x^2+6x+8=0$.

b. En s'inspirant de la factorisation précédente, résoudre l'équation $x^2-6x+8=0$.

3 **a.** Montrer que pour tout réel x, on a : $x^2+10x+29=(x+5)^2+4$.
Résoudre alors l'équation $x^2+10x+29=0$.

b. En s'inspirant de la démarche de la question **3 a.**, résoudre l'équation $x^2+10x+21=0$.

4 **a.** Développer $(x-4)^2$.

b. Compléter l'égalité : $x^2-8x+15=(x-4)^2-\ldots$

c. En déduire la résolution de l'équation $x^2-8x+15=0$.

d. En s'inspirant de la démarche précédente, résoudre l'équation $x^2-8x-9=0$.

Activité 2 — Trajectoire d'une fusée expérimentale

Objectif

Montrer l'utilité de résoudre une équation ou une inéquation du second degré à travers la modélisation d'une situation concrète.

L'association « Planète sciences », en partenariat avec le CNES (Centre national d'Études spatiales), soutient l'activité de clubs de jeunes dont l'objectif est de s'initier aux problématiques liées à la fabrication et au lancement d'engins spatiaux.

On s'intéresse ici à la trajectoire d'une fusée expérimentale qui peut atteindre des altitudes voisines de 1 000 m.

On appelle y la hauteur atteinte par la fusée quand celle-ci est située à une distance x du point de décollage, distance mesurée au sol. On peut modéliser la trajectoire de la fusée par la parabole d'équation :

$$y = -0{,}005x^2 + 4x.$$

(Voir la représentation ci-après.)

A

1 Factoriser l'expression : $-0{,}005x^2 + 4x$.

2 Résoudre alors l'équation : $-0{,}005x^2 + 4x = 0$.

3 Que peut-on déduire de cette résolution pour la fusée ?

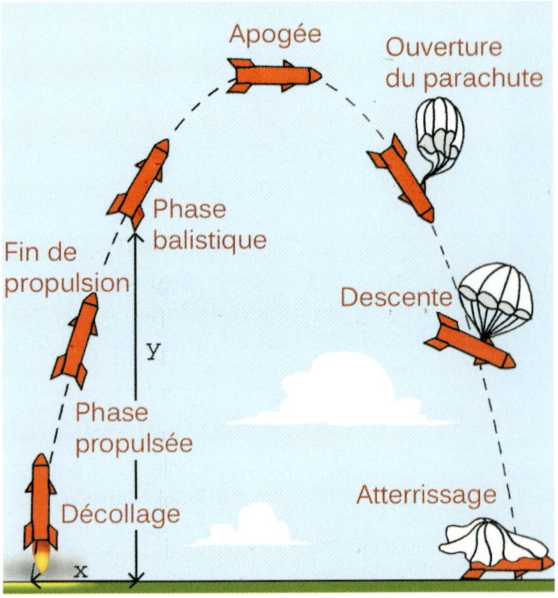

B

1 **a.** Le plan est muni d'un repère orthonormé. Soit P la parabole qui représente la fonction f définie sur $\mathbb{R}$ par $f(x) = -0{,}005x^2 + 4x$. En utilisant les connaissances du cours de seconde, déterminer les coordonnées du sommet de la parabole P.

b. Quelle est la hauteur maximale atteinte par la fusée ?

2 **a.** La fusée passe-t-elle à une altitude de 600 mètres ? Si oui, combien de fois ?

b. On s'intéresse à la question suivante : « Pour quelle(s) valeur(s) de x la fusée est-elle située à l'altitude de 600 mètres ? »
Écrire une équation dont la résolution permettrait de répondre à cette question. (On ne demande pas de résoudre cette équation.)

3 **a.** On s'intéresse à la question suivante : « Pour quelle(s) valeur(s) de x la fusée est-elle située à une altitude supérieure à 700 mètres ? »
Écrire une inéquation dont la résolution permettrait de répondre à cette question. (On ne demande pas de résoudre cette inéquation.)

b. D'après les résultats de la question **1**, cette inéquation a-t-elle des solutions ? Pourquoi ?

Activité 3 — Lecture graphique et tableau de signes

Objectif : Faire le lien entre représentation graphique et tableau de signes.

Fichier GeoGebra

1 Le plan est muni d'un repère orthonormé. On donne ci-dessous trois paraboles qui représentent chacune une fonction polynôme de degré 2 de la forme :

$$f(x) = x^2 - 2x + c, \text{ où } c \text{ prend trois valeurs distinctes.}$$

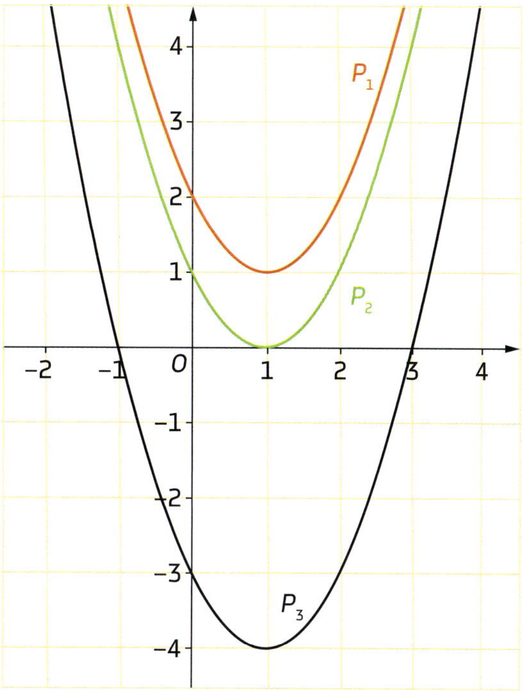

On note f_1, f_2 et f_3 les trois fonctions représentées respectivement par P_1, P_2 et P_3.

a. Expliquer pourquoi :

– les fonctions f_1, f_2 et f_3 ont le même sens de variation ;

– les paraboles P_1, P_2 et P_3 ont le même axe de symétrie.

b. Par lecture graphique, établir le tableau de signes de $f_1(x)$, $f_2(x)$ et $f_3(x)$.

c. Choisir une autre valeur de c et tracer la représentation graphique de la fonction f définie sur $\mathbb{R}$ par $f(x) = x^2 - 2x + c$ (on pourra faire le tracé à la calculatrice). En déduire le tableau de signes de $f(x)$. Le comparer aux tableaux établis au **b.**

2 a. Existe-t-il une fonction polynôme du second degré g telle que le tableau de signes de $g(x)$ soit le tableau ci-dessous ?

x	$-\infty$ $\qquad$ $+\infty$
$g(x)$	$-$

b. Proposer une fonction polynôme du second degré h telle que le tableau de signes de $h(x)$ se présente sous la forme suivante :

x	$-\infty$					$+\infty$
$h(x)$	$-$	0	$+$	0	$-$	

c. Toujours en s'inspirant des représentations graphiques des fonctions polynômes de degré 2, quelle autre forme peut prendre un tableau de signes d'une telle fonction ?

3 Le tableau de signes d'une fonction polynôme de degré 2 diffère-t-il de celui d'une fonction affine (fonction polynôme du premier degré) ? Justifier.

A Équations du second degré

1 Différentes formes d'une fonction polynôme de degré 2

Rappel Soit P une fonction polynôme de degré 2.
L'écriture de $P(x)$ sous la forme $P(x) = ax^2 + bx + c$ (avec a, b et c réels et $a \neq 0$) est la **forme développée**, réduite et ordonnée de $P(x)$.
Toute écriture de $P(x)$ sous la forme d'un produit de deux facteurs du premier degré est une **forme factorisée** de $P(x)$.

Voir SF1

Définition Soit P une fonction polynôme de degré 2.
On appelle **forme canonique** de $P(x)$ toute écriture de $P(x)$ dans laquelle la variable x n'apparaît qu'une fois.

Exemple : Soit P la fonction polynôme de degré 2 définie par $P(x) = (x+3)^2 - 4$.
- L'écriture $P(x) = (x+3)^2 - 4$ est une forme canonique de P.
- L'écriture $P(x) = x^2 + 6x + 5$ est la forme développée, réduite et ordonnée de $P(x)$. En effet, pour tout réel x, $(x+3)^2 - 4 = x^2 + 6x + 9 - 4 = x^2 + 6x + 5$.
- L'écriture $P(x) = (x+1)(x+5)$ est une forme factorisée de $P(x)$. En effet, pour tout réel x, $(x+3)^2 - 4 = (x+3)^2 - 2^2 = (x+3-2)(x+3+2) = (x+1)(x+5)$.

Lien entre forme canonique et forme développée

En développant $P(x) = a\left[\left(x + \frac{b}{2a}\right)^2 - \frac{b^2 - 4ac}{4a^2}\right]$, on aboutit à la propriété suivante.

Propriété
$P(x) = a\left[\left(x + \frac{b}{2a}\right)^2 - \frac{b^2 - 4ac}{4a^2}\right]$ est une **forme canonique** de $P(x) = ax^2 + bx + c$.

2 Discriminant d'une fonction polynôme de degré 2

Soit la fonction P définie sur $\mathbb{R}$ par $P(x) = ax^2 + bx + c$, avec $a \neq 0$. Elle a pour forme canonique

$$P(x) = a\left[\left(x + \frac{b}{2a}\right)^2 - \frac{b^2 - 4ac}{4a^2}\right].$$

L'existence de solutions à l'équation $P(x) = 0$ dépend du signe de $\frac{b^2 - 4ac}{4a^2}$.

Comme $4a^2$ est strictement positif, on s'intéresse au signe de $b^2 - 4ac$. Ce nombre, qui joue un rôle important, est appelé discriminant et noté Δ : $\Delta = b^2 - 4ac$. D'où $P(x) = a\left[\left(x + \frac{b}{2a}\right)^2 - \frac{\Delta}{4a^2}\right]$.

Définition Soit la fonction polynôme P définie sur $\mathbb{R}$ par : $P(x) = ax^2 + bx + c$, où a, b et c sont trois réels, avec $a \neq 0$.
On appelle **discriminant** de P, et on note Δ, le nombre : $\Delta = b^2 - 4ac$.

Voir SF2

Exemple : Soit $P(x) = 2x^2 - 9x - 5$. On a ici : $a = 2$, $b = -9$ et $c = -5$. Le discriminant de P est :

$$\Delta = (-9)^2 - 4 \times 2 \times (-5) = 81 + 40 = 121.$$

SF1 Reconnaître la forme d'une fonction polynôme de degré 2 et l'utiliser

On considère les fonctions polynômes définies sur $\mathbb{R}$ par :

$$f_1(x) = x^2 - 25\,;\ f_2(x) = x^2 + 9\,;\ f_3(x) = (x+3)^2 - 5\,;$$
$$f_4(x) = 3x^2 + 4x\,;\ f_5(x) = (x-4)(2x+3).$$

En exploitant la forme particulière de chacune, résoudre les équations :

$$f_1(x) = 0\,;\ f_2(x) = 0\,;\ f_3(x) = 0\,;\ f_4(x) = 0 \text{ et } f_5(x) = 0.$$

- **$x^2 - 25 = 0$**
  $x^2 = 25$
  L'équation a deux solutions :
  $x = 5$ ou $x = -5$.

- **$x^2 + 9 = 0$**
  $x^2 = -9$
  L'équation n'a pas de solution.

- **$(x+3)^2 - 5 = 0$**
  $(x+3)^2 = 5$
  L'équation est équivalente à
  $x + 3 = \sqrt{5}$ ou
  $x + 3 = -\sqrt{5}$.
  Elle a deux solutions :
  $x = -3 + \sqrt{5}$ ou
  $x = -3 - \sqrt{5}$.

Les trois premières fonctions sont sous forme canonique. On peut isoler l'unique terme contenant x.

Un nombre positif s est le carré de $\sqrt{s}$ et de $-\sqrt{s}$, un nombre strictement négatif n'est le carré d'aucun nombre réel.

- **$3x^2 + 4x = 0.$**
  $x(3x+4) = 0.$
  L'équation est équivalente à :
  $x = 0$ ou $3x + 4 = 0.$
  Elle a donc deux solutions :
  $x = 0$ ou $x = -\dfrac{4}{3}.$

- **$(x-4)(2x+3) = 0.$**
  L'équation est équivalente à :
  $x - 4 = 0$ ou $2x + 3 = 0.$
  Elle a donc deux solutions :
  $x = 4$ ou $x = -\dfrac{3}{2}.$

La quatrième fonction se factorise simplement, la cinquième est sous forme factorisée.

L'équation est sous la forme d'un produit égal à 0 : l'un des facteurs est nul.

SF2 Calculer un discriminant

Pour chacune des équations du second degré suivantes, les écrire sous la forme $ax^2 + bx + c = 0$, donner les valeurs de a, b et c, puis calculer le discriminant associé.

- **(E1) : $3x^2 + 7 = 2x$**
  $3x^2 - 2x + 7 = 0$
  $a = 3,\ b = -2,\ c = 7$
  $\Delta = (-2)^2 - 4 \times 3 \times 7$
  $\Delta = -80$

- **(E2) : $x^2 + 4(2x - 5) = 0$**
  $x^2 + 8x - 20 = 0$
  $a = 1,\ b = 8,\ c = -20$
  $\Delta = 8^2 - 4 \times 1 \times (-20)$
  $\Delta = 144$

- **(E3) : $3x^2 = -2x$**
  $3x^2 + 2x = 0$
  $a = 3,\ b = 2,\ c = 0$
  $\Delta = 2^2 - 4 \times 3 \times 0$
  $\Delta = 4$

On ramène l'équation à la forme de référence, tous les termes non nuls dans le même membre, expression développée, réduite et ordonnée.

On identifie les coefficients de chaque terme en faisant attention à leurs signes ; s'il « manque » un terme, c'est que son coefficient est 0.

On applique la formule de calcul du discriminant, en faisant attention aux signes des coefficients.

POUR S'ENTRAÎNER

SF1 Reconnaître la forme particulière des équations suivantes, puis les résoudre dans $\mathbb{R}$:

- (E1) : $x^2 - 36 = 0$
- (E2) : $x^2 + 9 = 0$
- (E3) : $x^2 + 5x = 0$

SF2 Calculer le discriminant associé aux équations suivantes :

- (E1) : $3x^2 - 6x = -21$
- (E2) : $8x + 4 = 2x^2$
- (E3) : $x(x+8) - 9 = 0$

→ EXERCICES n°6 et 7

3 Résolution des équations de degré 2

Soit l'équation $ax^2+bx+c=0$, où a, b et c sont trois réels, avec $a \neq 0$.
Soit $\Delta = b^2-4ac$, le discriminant associé.

1er cas : $\Delta > 0$. Δ est le carré de $\sqrt{\Delta}$: on factorise à partir de la forme canonique :

$$ax^2+bx+c = a\left[\left(x+\frac{b}{2a}\right)^2-\left(\frac{\sqrt{\Delta}}{2a}\right)^2\right] = a\left[\left(x+\frac{b}{2a}\right)+\frac{\sqrt{\Delta}}{2a}\right]\left[\left(x+\frac{b}{2a}\right)-\frac{\sqrt{\Delta}}{2a}\right]$$

$$= a\left(x+\frac{b+\sqrt{\Delta}}{2a}\right)\left(x+\frac{b-\sqrt{\Delta}}{2a}\right).$$

L'équation $ax^2+bx+c=0$ (avec $a \neq 0$ et $\Delta > 0$) se ramène alors à :

$$x+\frac{b+\sqrt{\Delta}}{2a}=0 \text{ ou } x+\frac{b-\sqrt{\Delta}}{2a}=0.$$

Elle a donc exactement deux solutions : $x_1=-\frac{b+\sqrt{\Delta}}{2a}=\frac{-b-\sqrt{\Delta}}{2a}$ et $x_2=-\frac{b-\sqrt{\Delta}}{2a}=\frac{-b+\sqrt{\Delta}}{2a}$.

Exemple : Soit l'équation $2x^2-9x-5=0$.
On a : $\Delta=(-9)^2-4\times 2\times(-5)=81+40=121$. Le discriminant est positif, l'équation admet donc deux solutions :

$$x_1=\frac{-(-9)+\sqrt{121}}{2\times 2}=\frac{9+11}{4}=5 \text{ et } x_2=\frac{-(-9)-\sqrt{121}}{2\times 2}=\frac{9-11}{4}=-\frac{1}{2}.$$

2e cas : $\Delta = 0$. On a alors : $ax^2+bx+c=a\left(x+\frac{b}{2a}\right)^2$ qui est une forme factorisée.

L'équation se ramène à $x+\frac{b}{2a}=0$ et admet donc une seule solution $x=-\frac{b}{2a}$.

Cette solution est dite double, car elle annule les deux facteurs identiques de $a\left(x+\frac{b}{2a}\right)^2$.

Exemple : Soit l'équation $2x^2-14x+\frac{49}{2}=0$. On a : $\Delta=(-14)^2-4\times 2\times\left(\frac{49}{2}\right)=0$.

Le discriminant est nul, l'équation admet une unique solution $x=\frac{-(-14)}{2\times 2}=\frac{7}{2}$.

3e cas : $\Delta < 0$. On a alors : $ax^2+bx+c=a\left[\left(x+\frac{b}{2a}\right)^2-\frac{\Delta}{4a^2}\right]$.

L'équation s'écrit : $\left(x+\frac{b}{2a}\right)^2=\frac{\Delta}{4a^2}$ où $\frac{\Delta}{4a^2}$ est strictement négatif (car $\Delta<0$ et $4a^2>0$).

Donc, cette équation n'admet pas de solution dans $\mathbb{R}$.

Exemple : Soit l'équation $-3x^2+2x-5=0$. On a : $\Delta=2^2-4\times(-3)\times(-5)=-56$. Le discriminant est strictement négatif, l'équation n'a pas de solution dans $\mathbb{R}$.

Voir SF3

Théorème Soit la fonction P définie sur $\mathbb{R}$ par : $P(x)=ax^2+bx+c$, où a, b et c sont trois réels, avec $a\neq 0$. Son discriminant Δ est le nombre réel : $\Delta=b^2-4ac$.

Si $\Delta>0$, l'équation $ax^2+bx+c=0$ a deux solutions réelles distinctes :

$$x_1=\frac{-b-\sqrt{\Delta}}{2a} \text{ et } x_2=\frac{-b+\sqrt{\Delta}}{2a}.$$

Si $\Delta=0$, l'équation $ax^2+bx+c=0$ a une unique solution :

$$x_0=\frac{-b}{2a}.$$

Si $\Delta<0$, l'équation $ax^2+bx+c=0$ n'a pas de solution dans $\mathbb{R}$.

SF3 Résoudre des équations de degré 2

Résoudre dans ℝ les équations suivantes :

- (E1) : $x^2 + 2x - 8 = 0$
- (E2) : $x^2 - 16 = 0$
- (E3) : $3x^2 + 1 = -x$
- (E4) : $x^2 + 3x = 0$
- (E5) : $x(x + 4) + 4 = 0$

On distingue les équations particulières, ici (E2) et (E4), qui ne comportent que deux termes ; elles peuvent être résolues sans le discriminant.

a. Résolution des équations particulières

L'équation (E2) est équivalente à $x^2 = 16$, elle admet deux solutions, $x = 4$ ou $x = -4$.

L'équation (E2) se ramène à une équation du type $x^2 = s$. Un nombre positif s est le carré de $\sqrt{s}$ et de $-\sqrt{s}$, un nombre strictement négatif n'est le carré d'aucun nombre réel.

L'équation (E4) est équivalente à $x(x + 3) = 0$, elle admet deux solutions, $x = 0$ ou $x = -3$.

L'équation (E4) ne comporte pas de terme constant, elle se factorise de façon immédiate.

b. Résolution dans le cas général

(E1) : $x^2 + 2x - 8 = 0$	(E3) : $3x^2 + 1 = -x$	(E5) : $x(x + 4) + 4 = 0$
(E1) : pas de changement	(E3) : $3x^2 + x + 1 = 0$	(E5) : $x^2 + 4x + 4 = 0$
$a = 1$, $b = 2$, $c = -8$	$a = 3$, $b = 1$, $c = 1$	$a = 1$, $b = 4$, $c = 4$
$\Delta = 2^2 - 4 \times 1 \times (-8)$ $= 4 + 32$ $\Delta = 36$	$\Delta = 1^2 - 4 \times 3 \times 1$ $= 1 - 12$ $\Delta = -11$	$\Delta = 4^2 - 4 \times 1 \times 4$ $= 16 - 16$ $\Delta = 0$
Comme $\Delta > 0$, l'équation (E1) admet deux solutions réelles : $x_1 = \dfrac{-2 - \sqrt{36}}{2 \times 1} = -4$ et $x_2 = \dfrac{-2 + \sqrt{36}}{2 \times 1} = 2.$	Comme $\Delta < 0$, l'équation (E3) n'admet pas de solution dans ℝ.	Comme $\Delta = 0$, l'équation (E5) admet une seule solution : $x_0 = \dfrac{-4}{2 \times 1} = -2.$

On ramène l'équation à la forme de référence, tous les termes non nuls dans le même membre, expression développée, réduite et ordonnée.

On identifie le coefficient de chaque terme en faisant attention à son signe.

On applique la formule de calcul du discriminant, en faisant attention aux signes des coefficients.

Suivant le signe du discriminant, on conclut quant au nombre de solutions et on calcule ces solutions quand il y en a.

Remarque : les équations (E2) et (E4) peuvent aussi être résolues en utilisant la méthode générale. Pour (E2), le coefficient b est égal à 0 et on trouve $\Delta = 64$, pour (E4), le coefficient c est égal à 0 et on trouve $\Delta = 9$.

POUR S'ENTRAÎNER

SF3 Résoudre dans ℝ les équations suivantes :

- (E1) : $2x^2 - 5x - 3 = 0$
- (E2) : $\dfrac{1}{2}x^2 - 4x + 8 = 0$
- (E3) : $2x^2 - 5x = 0$
- (E4) : $4x^2 + 9 = 0$
- (E5) : $x^2 + 2x + 6 = 0$

→ EXERCICES n° 8 à 25

4 Factorisation d'un polynôme du second degré

Soit la fonction polynôme P définie sur $\mathbb{R}$ par $P(x) = ax^2 + bx + c$; $a \neq 0$.

Soit $\Delta = b^2 - 4ac$ son discriminant.

■ **1er cas : $\Delta > 0$.** On a vu précédemment que $P(x)$ se factorise en un produit de deux facteurs du premier degré.

$$P(x) = a\left(x + \frac{b + \sqrt{\Delta}}{2a}\right)\left(x + \frac{b - \sqrt{\Delta}}{2a}\right) = a\left(x - \frac{-b - \sqrt{\Delta}}{2a}\right)\left(x - \frac{-b + \sqrt{\Delta}}{2a}\right).$$

En utilisant les solutions de l'équation $P(x) = 0$, on peut écrire, pour tout réel x :

$$P(x) = a(x - x_1)(x - x_2), \text{ avec } x_1 = \frac{-b - \sqrt{\Delta}}{2a} \text{ et } x_2 = \frac{-b + \sqrt{\Delta}}{2a}.$$

Exemple : On reprend l'exemple du paragraphe précédent $2x^2 - 9x - 5 = 0$. Le discriminant est $\Delta = 121$. Le discriminant est positif, l'équation $P(x) = 0$ admet donc deux solutions :

$$x_1 = 5 \text{ et } x_2 = -\frac{1}{2}.$$

On peut alors écrire, pour tout réel x, $P(x) = 2(x - 5)\left(x + \frac{1}{2}\right)$.

En multipliant le facteur $\left(x + \frac{1}{2}\right)$ par 2, on a aussi : $P(x) = (x - 5)(2x + 1)$.

■ **2e cas : $\Delta = 0$.** On a vu précédemment que $P(x) = a\left(x + \frac{b}{2a}\right)^2 = a\left(x - \frac{-b}{2a}\right)^2$, soit, en utilisant la solution $x_0 = \frac{-b}{2a}$ de l'équation $P(x) = 0$, on peut écrire, pour tout réel x, $P(x) = a(x - x_0)^2$.

Exemple : On reprend l'exemple du paragraphe précédent : $2x^2 - 14x + \frac{49}{2} = 0$.

Le discriminant est $\Delta = 0$. L'équation $P(x) = 0$ admet une unique solution $x_0 = \frac{7}{2}$.

On peut alors écrire, pour tout réel x : $P(x) = 2\left(x - \frac{7}{2}\right)^2$.

■ **3e cas : $\Delta < 0$.** L'équation $P(x) = 0$ n'a pas de solution dans $\mathbb{R}$. Si $P(x)$ se factorisait en un produit de deux facteurs du premier degré alors l'équation $P(x) = 0$ aurait des solutions. On en déduit que dans ce cas, $P(x)$ ne se factorise pas en un produit de deux facteurs du premier degré.

Théorème Soit la fonction P définie sur $\mathbb{R}$ par $P(x) = ax^2 + bx + c$, avec $a \neq 0$ et Δ son discriminant.

Si $\Delta > 0$, alors $P(x) = a(x - x_1)(x - x_2)$ où x_1 et x_2 sont les solutions de l'équation $P(x) = 0$.

Si $\Delta = 0$, alors $P(x) = a(x - x_0)^2$ où x_0 est la solution de l'équation $P(x) = 0$.

Si $\Delta < 0$, $P(x)$ ne peut pas s'écrire sous la forme d'un produit de facteurs du premier degré.

Voir SF4

SF4 Factoriser des expressions de degré 2

Si cela est possible, factoriser les expressions ci-dessous en produit de facteurs du premier degré.

- $P_1(x) = 10x^2 + 3x - 1$
- $P_2(x) = 2x^2 - 3x + 10$
- $P_3(x) = x^2 - 36$
- $P_4(x) = \frac{1}{3}x^2 - 6x + 27$
- $P_5(x) = -5x^2 + 4x$

On distingue la forme particulière de certaines de ces expressions, dont la factorisation est immédiate.

a. Factorisation immédiate

On reconnaît pour $P_3(x)$, une identité remarquable, et on a directement :

$$P_3(x) = (x - 6)(x + 6).$$

On reconnaît pour $P_5(x)$ la présence d'un facteur commun et on a directement :

$$P_5(x) = x(-5x + 4).$$

b. Factorisation dans le cas général

- $P_1(x) = 10x^2 + 3x - 1$

On calcule le discriminant.

$a = 10$, $b = 3$, $c = -1$, donc :

$\Delta = 3^2 - 4 \times 10 \times (-1) = 9 + 40$

$\Delta = 49$

Suivant le signe du discriminant, on conclut quant au nombre de solutions de l'équation $P(x) = 0$ et on calcule ces solutions quand il y en a.

Comme $\Delta > 0$, l'équation $P_1(x) = 0$ admet deux solutions réelles :

$$x_1 = -\frac{1}{2} \text{ et } x_2 = \frac{1}{5}.$$

On factorise dans les cas où on le peut.

$P_1(x) = 10\left[x - \left(-\frac{1}{2}\right)\right]\left(x - \frac{1}{5}\right)$

$P_1(x) = 10\left(x + \frac{1}{2}\right)\left(x - \frac{1}{5}\right)$

Remarque : on peut ensuite écrire ce produit de la façon suivante :

$P_1(x) = 2 \times \left(x + \frac{1}{2}\right) \times 5 \times \left(x - \frac{1}{5}\right)$

$P_1(x) = (2x + 1)(5x - 1).$

- $P_2(x) = 2x^2 - 3x + 10$

$a = 2$, $b = -3$, $c = 10$, donc :

$\Delta = (-3)^2 - 4 \times 2 \times 10 = 9 - 80$

$\Delta = -71$

Comme $\Delta < 0$, l'équation $P_2(x) = 0$ n'admet pas de solution dans $\mathbb{R}$.

Le polynôme $P_2(x)$ ne se factorise pas en un produit de facteurs du premier degré.

- $P_4(x) = \frac{1}{3}x^2 - 6x + 27$

$a = \frac{1}{3}$, $b = -6$, $c = 27$, donc :

$\Delta = (-6)^2 - 4 \times \frac{1}{3} \times 27 = 36 - 36$

$\Delta = 0$

Comme $\Delta = 0$, l'équation $P_4(x) = 0$ admet une unique solution : $x_0 = 9$.

$P_4(x) = \frac{1}{3}(x - 9)^2.$

POUR S'ENTRAÎNER

SF4 Factoriser sous forme de produit de facteurs du premier degré, quand cela est possible :

- $P(x) = x^2 + x + 4$
- $Q(x) = 9x^2 - 121$
- $R(x) = 3x^2 + 5x$
- $S(x) = 3x^2 - 20x - 7$
- $T(x) = 2x^2 + 12x + 18$

→ EXERCICES n° 26 à 28

Comprendre

B Signe d'une fonction polynôme de degré 2

Soit la fonction polynôme P définie sur $\mathbb{R}$ par $P(x) = ax^2 + bx + c$, avec $a \neq 0$ et $\Delta = b^2 - 4ac$ son discriminant.

■ **1er cas : $\Delta > 0$.** L'équation $P(x) = 0$ a deux solutions distinctes : x_1 et x_2, et on peut écrire : $P(x) = a(x - x_1)(x - x_2)$.

On peut alors établir le tableau de signes (on suppose $x_1 < x_2$).

x	$-\infty$		x_1		x_2		$+\infty$
$(x - x_1)$		$-$	0	$+$	|	$+$	
$(x - x_2)$		$-$	|	$-$	0	$+$	
$(x - x_1)(x - x_2)$		$+$	0	$-$	0	$+$	
$a(x - x_1)(x - x_2)$		signe de a	0	signe de $-a$	0	signe de a	

$P(x)$ est du signe de a pour les valeurs de x appartenant à $]-\infty\,;x_1[\,\cup\,]x_2\,;+\infty[$ et du signe opposé à celui de a pour les valeurs de x appartenant à $]x_1\,;x_2[$.

■ **2e cas : $\Delta = 0$.** L'équation $P(x) = 0$ a une solution double : $x_0 = -\dfrac{b}{2a}$ et s'écrit $P(x) = a(x - x_0)^2$. Or, pour tout réel x, $(x - x_0)^2 \geqslant 0$. On en déduit que, pour tout x de $\mathbb{R}$, $P(x)$ est du signe de a et ne s'annule qu'en x_0.

On a alors le tableau suivant :

x	$-\infty$		x_0		$+\infty$
$P(x)$		signe de a	0	signe de a	

■ **3e cas : $\Delta < 0$.** La forme canonique de P est : $P(x) = a\left[\left(x + \dfrac{b}{2a}\right)^2 - \dfrac{\Delta}{4a^2}\right]$.

Or $-\dfrac{\Delta}{4a^2} > 0$ donc $\left[\left(x + \dfrac{b}{2a}\right)^2 - \dfrac{\Delta}{4a^2}\right] > 0$. On en déduit que, pour tout x de $\mathbb{R}$, $P(x)$ est du signe de a et ne s'annule pas.

On a alors le tableau suivant :

x	$-\infty$		$+\infty$
$P(x)$		signe de a	

Théorème Soit $P(x) = ax^2 + bx + c$, avec $a \neq 0$.

Si $\Delta > 0$ alors l'équation $P(x) = 0$ a deux solutions : x_1 et x_2, et, avec $x_1 < x_2$, $P(x)$ est du signe de a pour les valeurs de x appartenant à $]-\infty\,;x_1[\,\cup\,]x_2\,;+\infty[$ et du signe opposé à celui de a pour les valeurs de x appartenant à $]x_1\,;x_2[$.

x	$-\infty$		x_1		x_2		$+\infty$
$P(x)$		signe de a	0	signe de $-a$	0	signe de a	

Voir SF5

Si $\Delta = 0$ alors $P(x)$ ne s'annule que pour $x_0 = -\dfrac{b}{2a}$ et $P(x)$ est du signe de a pour tout x de $\mathbb{R}$.

x	$-\infty$		x_0		$+\infty$
$P(x)$		signe de a	0	signe de a	

Si $\Delta < 0$ alors, pour tout x de $\mathbb{R}$, $P(x)$ est du signe de a.

x	$-\infty$		$+\infty$
$P(x)$		signe de a	

SF5 Établir le tableau de signes d'un polynôme de degré 2

Établir le tableau de signes des fonctions polynômes définies ci-dessous :

- $P_1(x) = -2x^2 + 8x - 11$
- $P_2(x) = -3x^2 + 4x - \frac{4}{3}$
- $P_3(x) = 2x^2 - x - 3$
- $P_4(x) = 25x^2 + 1$

On distingue la forme particulière de certaines fonctions polynômes.

a. Pour les fonctions polynôme particulières

On reconnaît, pour $P_4(x)$, une fonction polynôme qui ne s'annule pas. L'équation $P_4(x) = 0$ se ramène à une équation du type $x^2 = s$, où s est ici un réel négatif. Elle n'a pas de solution.
On se refère au tableau de signes correspondant.

x	$-\infty$		$+\infty$
$P_4(x)$		+	

Pour tout x de $\mathbb{R}$, $P_4(x)$ est du signe de $a = 25$.

b. Étude du signe dans le cas général

- $P_1(x) = -2x^2 + 8x - 11$
- $P_2(x) = -3x^2 + 4x - \frac{4}{3}$
- $P_3(x) = 2x^2 - x - 3$

On calcule le discriminant.

$\Delta = 8^2 - 4 \times (-2) \times (-11) = -24$

$\Delta = 4^2 - 4 \times (-3) \times \left(-\frac{4}{3}\right) = 0$

$\Delta = (-1)^2 - 4 \times 2 \times (-3) = 25$

On se refère au tableau de signes correspondant.

$\Delta < 0$
donc pour tout x de $\mathbb{R}$,
$P_1(x)$ est du signe de $a = -2$.

x	$-\infty$		$+\infty$
$P_1(x)$		−	

$\Delta = 0$
$x_0 = \frac{-4}{2 \times (-3)} = \frac{2}{3}$,
donc pour tout x de $\mathbb{R}$,
$P_2(x)$ est du signe de $a = -3$,
et $P_2(x)$ est nul en $\frac{2}{3}$.

x	$-\infty$		2/3		$+\infty$
$P_2(x)$		−	0	−	

$\Delta > 0$
$x_1 = \frac{-(-1) - \sqrt{25}}{2 \times 2} = -1$ et
$x_2 = \frac{-(-1) + \sqrt{25}}{2 \times 2} = \frac{3}{2}$
donc $P_3(x)$ est du signe de $a = 2$
pour tout x de
$]-\infty\,;-1[\cup \left]\frac{3}{2}\,;+\infty\right[$ et du signe
contraire pour tout x de $\left]-1\,;\frac{3}{2}\right[$.

x	$-\infty$		-1		3/2		$+\infty$
$P_3(x)$		+	0	−	0	+	

POUR S'ENTRAÎNER

SF5 Établir le tableau de signes des fonctions polynômes suivantes :

- $P(x) = \frac{1}{3}x^2 - 4x + 12$
- $Q(x) = -x^2 + 5x + 24$
- $R(x) = -3x^2 + x - 5$
- $S(x) = 16x^2 - 144$
- $T(x) = -3x^2 - 15x$

→ EXERCICES n° 29 à 44

C Lien avec la courbe représentative des fonctions polynômes du second degré

<table>
<tr><td colspan="3">

$f(x) = ax^2 + bx + c$, avec $a \neq 0$.

La courbe représentative de f est une **parabole**.

Son **sommet** a pour abscisse $-\dfrac{b}{2a}$, son **axe de symétrie** a pour équation $x = -\dfrac{b}{2a}$.

</td></tr>
<tr><td></td><td>$a > 0$</td><td>$a < 0$</td></tr>
<tr><td>

$\Delta > 0$: l'équation $ax^2 + bx + c = 0$ a deux solutions x_1 et x_2.

</td><td>

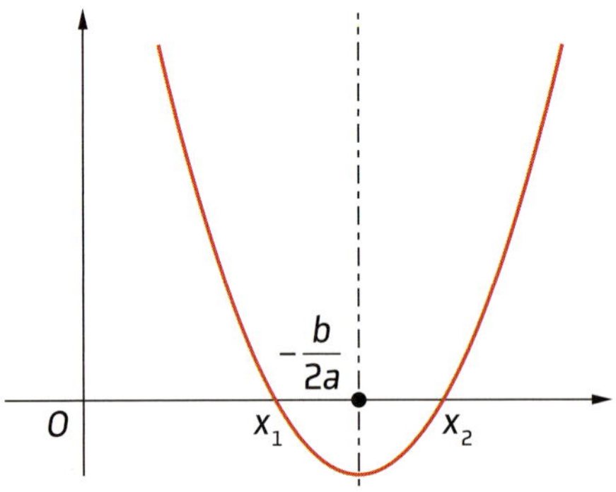

x	$-\infty$		x_1		x_2		$+\infty$
$P(x)$		+	0	−	0	+	

</td><td>

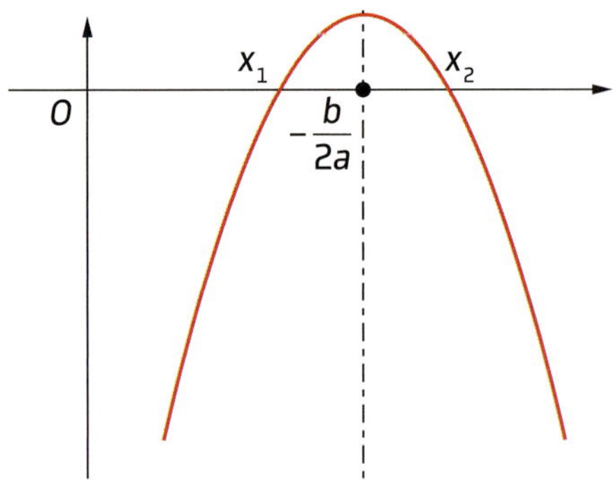

x	$-\infty$		x_1		x_2		$+\infty$
$P(x)$		−	0	+	0	−	

</td></tr>
<tr><td>

$\Delta = 0$: l'équation $ax^2 + bx + c = 0$ a une unique solution x_0.

Voir SFG

</td><td>

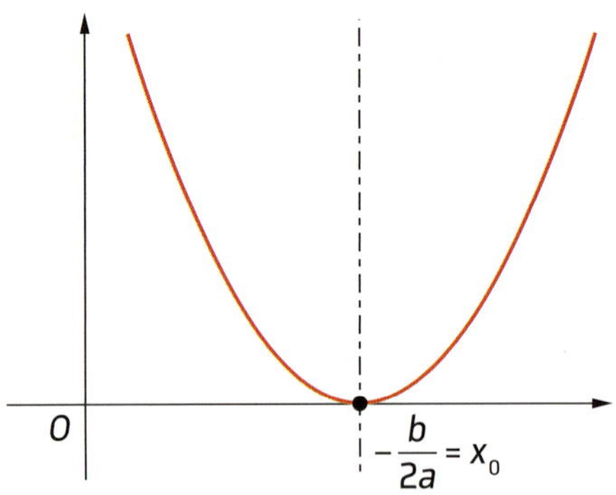

x	$-\infty$		x_0		$+\infty$
$P(x)$		+	0	+	

</td><td>

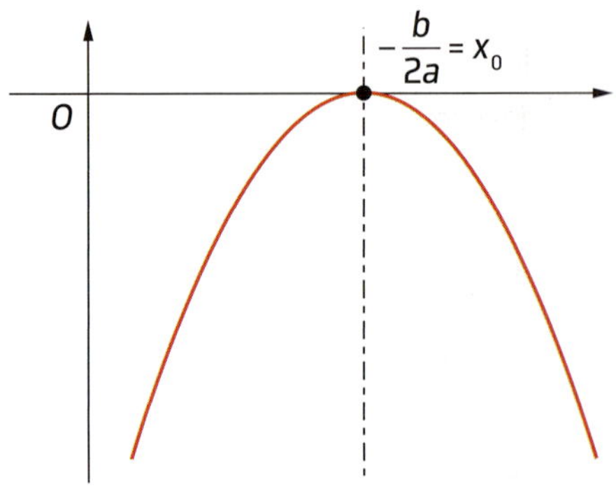

x	$-\infty$		x_0		$+\infty$
$P(x)$		−	0	−	

</td></tr>
<tr><td>

$\Delta < 0$: l'équation $ax^2 + bx + c = 0$ n'a pas de solution.

</td><td>

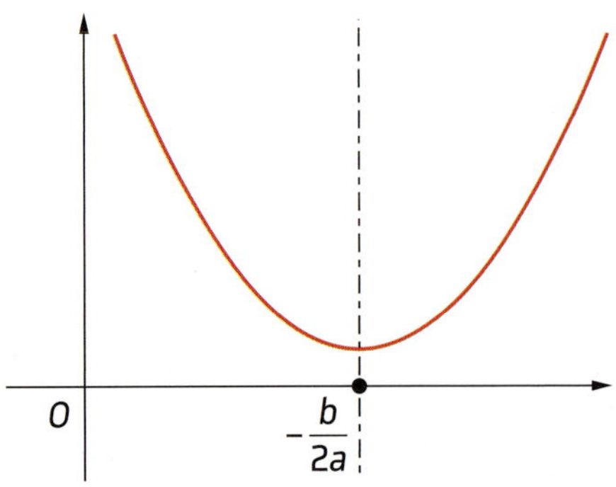

x	$-\infty$		$+\infty$
$P(x)$		+	

</td><td>

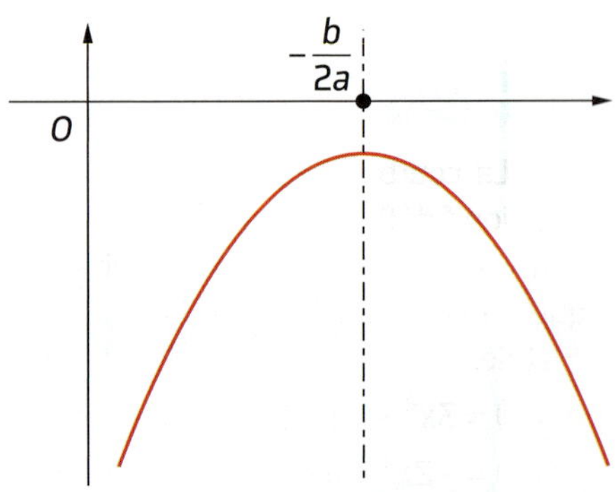

x	$-\infty$		$+\infty$
$P(x)$		−	

</td></tr>
</table>

SF6 Faire le lien entre représentation graphique, solutions de l'équation et signe du polynôme

Les courbes ci-dessous sont les représentations graphiques de fonctions définies par $f(x) = ax^2 + bx + c$.

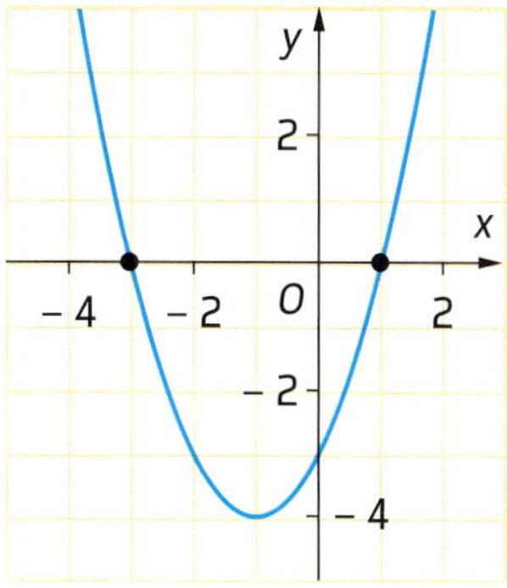

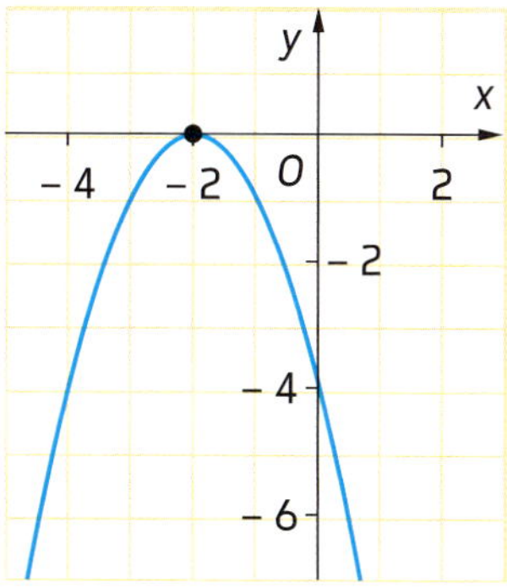

Pour chacune des courbes, par lecture graphique, donner :

- le signe de a ;
- le nombre et les valeurs des solutions de l'équation $f(x) = 0$;
- le signe du discriminant de cette équation ;
- le tableau de signes de $f(x)$.

Courbe de gauche

- $a > 0$
- L'équation a deux solutions : -3 et 1.
- Le discriminant est donc strictement positif.
- Pour x strictement inférieur à -3 et pour x strictement supérieur à 1, la courbe est située au dessus de l'axe (Ox).

x	$-\infty$		-3		1		$+\infty$
$f(x)$		$+$	0	$-$	0	$+$	

Courbe de droite

- $a < 0$
- L'équation a une solution : -2.
- Le discriminant est donc nul.
- La courbe est située en dessous de l'axe des abscisses, elle a un point commun avec cet axe, le point d'abscisse -2 :

x	$-\infty$		-2		$+\infty$
$f(x)$		$-$	0	$-$	

Le signe de a est indiqué par le sens de variation de la fonction représentée.

Les solutions de l'équation $f(x) = 0$ sont les abscisses des points d'intersection de la courbe avec l'axe (Ox).

Le signe de $f(x)$ est indiqué par la position de la courbe par rapport à l'axe (Ox).

POUR S'ENTRAÎNER

SF6 La courbe ci-contre est la représentation graphique d'une fonction f définie par $f(x) = ax^2 + bx + c$.
Parmi les fonctions f_1, f_2 et f_3 suivantes, quelle est celle qui convient ?
Justifier.

- $f_1(x) = 3x^2 - 6x - 8$
- $f_2(x) = -2x^2 + 4x - 8$
- $f_3(x) = x^2 - 2x - 8$

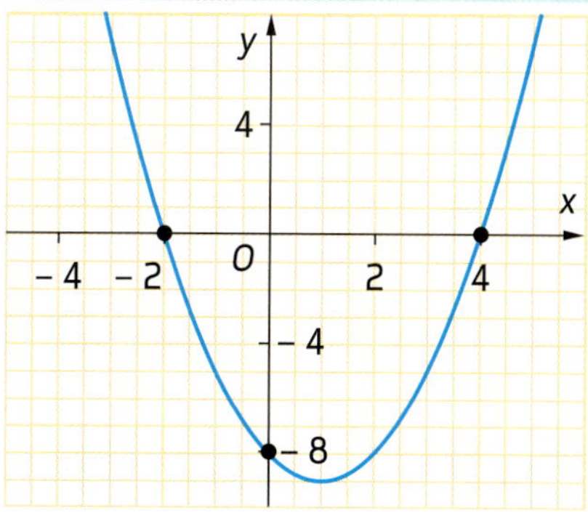

→ EXERCICES n° 45 à 59

Essentiel

Dans le tableau qui suit, $\Delta = b^2 - 4ac$ est le discriminant de l'expression $ax^2 + bx + c$ où $a \neq 0$.

	Solution de l'équation $ax^2 + bx + c = 0$	**Factorisation de $ax^2 + bx + c$**	**Tableau de signes de $ax^2 + bx + c$**
$\Delta > 0$	$x_1 = \dfrac{-b-\sqrt{\Delta}}{2a}$ et $x_2 = \dfrac{-b+\sqrt{\Delta}}{2a}$	$a(x - x_1)(x - x_2)$	x : $-\infty$; x_1 ou x_2 ; x_2 ou x_1 ; $+\infty$ ax^2+bx+c : signe de a ; 0 ; signe de $-a$; 0 ; signe de a
$\Delta = 0$	$x_0 = \dfrac{-b}{2a}$	$a(x - x_0)^2$	x : $-\infty$; x_0 ; $+\infty$ ax^2+bx+c : signe de a ; 0 ; signe de a
$\Delta < 0$	Pas de solution réelle	Pas de factorisation en produit de facteurs du premier degré.	x : $-\infty$; $+\infty$ ax^2+bx+c : signe de a

À l'oral

Diaporama OpenOffice

QUESTIONS FLASH

Les questions flash se traitent sans brouillon ni calculatrice.

1. Pour tout réel x, développer : $(x+3)^2$, $(2x-7)(x-3)$, $(2x-1)^2$ et $(3x-1)(3x+1)$.

2. Pour tout réel x, factoriser : $x^2 - 5x$, $-x^3 + 2x$ et $x^2 - 4x + 4$.

3. Calculer : 31^2, 19^2 et 48×52.

4. Indiquer si :

a) 11 est une solution de l'équation $x^2 = 131$;
b) -3 est une solution de l'équation $x^2 + 6x + 27 = 0$;
c) 5 est la solution de l'équation $x^2 = 25$.

5. Résoudre les équations suivantes :

a) $x^2 = 11$;
b) $x^2 + 7 = 0$;
c) $x^2 - 2x = 0$;
d) $(x+1)^2 = 0$.

6. Résoudre les inéquations suivantes :

a) $x^2 > 4$;
b) $x^2 \leqslant 9$;
c) $x^2 \leqslant -8$.

7. Indiquer une équation de l'axe de symétrie et les coordonnées du sommet de la parabole associée à chacune des fonctions suivantes définies sur $\mathbb{R}$ par :

a) $f(x) = x^2 - 4x + 2$;
b) $g(x) = -2x^2 - 4x - 7$.

8. Donner les variations des fonctions suivantes définies sur $\mathbb{R}$ par :

a) $f(x) = x^2 - 2x$;
b) $g(x) = -x^2 + 6x - 1$.

9. Calculer le discriminant des expressions suivantes :

a) $x^2 + 3x - 5$;
b) $2x^2 - x + 1$;
c) $-x^2 + x - 4$;
d) $3x^2 - x - 5$.

10. Indiquer le nombre de solutions des équations suivantes :

a) $x^2 + 6x + 11 = 0$;
b) $9t^2 - 6t + 1 = 0$;
c) $d^2 - d - 36 = 0$.

11. Indiquer le signe de chacun des trinômes suivants :

a) $-2x^2 + x - 7$;
b) $4\omega^2 - 8\omega + 4$;
c) $v^2 - v$.

12. Soit $\mathscr{P}$ la parabole qui représente, dans un repère orthonormé, la fonction f définie sur $\mathbb{R}$ par $f(t) = t^2 - 5t + 11$. Déterminer sa position par rapport à l'axe des abscisses.

13. a) On note $\mathscr{P}$ la parabole qui représente, dans un repère orthonormé, la fonction h définie sur $\mathbb{R}$ par $h(t) = -t^2 + 2t + 1$. Donner :
- une équation de l'axe de symétrie de $\mathscr{P}$;
- les coordonnées du sommet de $\mathscr{P}$;
- le nombre de points d'intersection de $\mathscr{P}$ avec chacun des axes du repère ;
- l'orientation de $\mathscr{P}$ (« ouverte vers le haut » ou « ouverte vers le bas »).

b) Mêmes questions avec $h(t) = 2t^2 + 4t + 5$.

14. a) On note $\mathscr{P}$ la parabole qui représente, dans un repère orthonormé, la fonction f définie sur $\mathbb{R}$ par $f(t) = t^2 + 3t - 5$. Dire tout ce que vous savez sur :
- la parabole $\mathscr{P}$;
- la fonction f.

b) Mêmes questions avec $f(x) = x^2 - x + 3$.

15. a) La parabole $\mathscr{P}_1$ est la représentation graphique, dans un repère orthonormé, d'une fonction f définie sur $\mathbb{R}$ par $f(x) = ax^2 - bx + c$ où a, b et c désignent trois réels avec $a \neq 0$. Donner :
- le signe de a ;
- le signe de c ;
- le nombre de solutions de l'équation $f(x) = 0$;
- les variations de f ;
- le signe de $f(x)$ suivant les valeurs de x.

b) Mêmes questions avec la parabole $\mathscr{P}_2$.

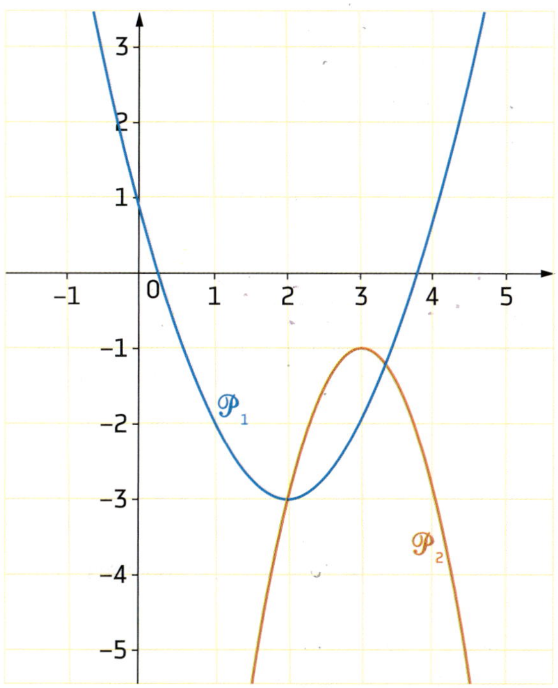

REMUE-méninges

Sauf indication contraire, on pourra utiliser un brouillon ou une calculatrice.

16. Soit $\mathscr{P}$, une parabole qui représente, dans un repère orthonormé, une fonction polynôme de degré 2 et $\mathscr{D}$ une droite parallèle à l'axe des abscisses. Présenter oralement une démarche qui permette de déterminer le nombre de points d'intersection entre $\mathscr{P}$ et $\mathscr{D}$.

17. L'hypoténuse d'un triangle rectangle mesure 2 cm de plus que l'un des autres côtés, qui lui-même mesure 2 cm de plus que le troisième côté. Quelles sont les longueurs des côtés de ce triangle ?

18. Un rectangle d'aire 40 cm^2 a un côté qui mesure 3 cm de plus que l'autre. Quelles sont ses dimensions ?

19. Quel est le nombre de points d'intersection entre la parabole représentative de la fonction f définie par $f(x) = x^2 - 3x - 1$ et la droite d'équation $y = -3x + 8$?

20. Quel est le nombre de points d'intersection des paraboles qui représentent les fonctions u et v définies sur $\mathbb{R}$ par $u(x) = -x^2 + 2x - 1$ et $v(x) = x^2 - 2x - 3$?

21. La parabole $\mathscr{P}$ ci-dessous représente une fonction polynôme f de degré 2 définie sur $\mathbb{R}$. Déterminer une expression de $f(x)$ pour tout réel x.

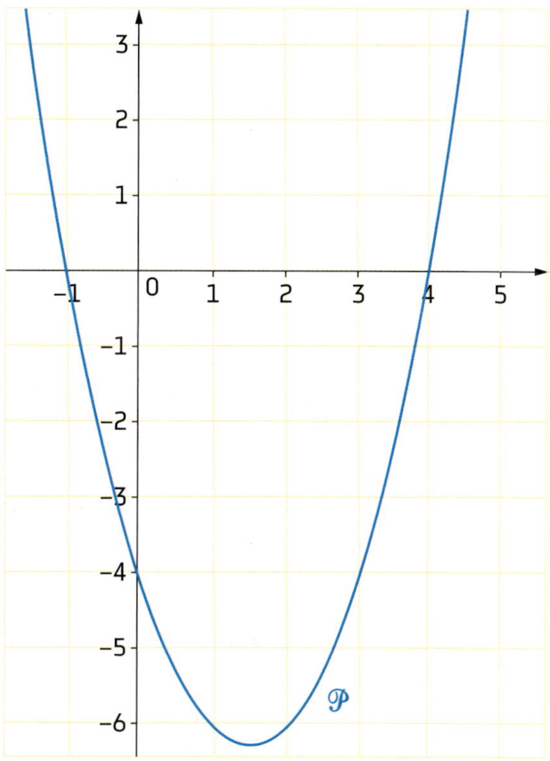

Développer ses compétences

situation 1 — Une équation, trois approches

Objectif : Mettre en œuvre et comparer différentes stratégies de résolution d'une même équation.

Algo

REPRÉSENTER Passer d'un mode de représentation à un autre. Changer de registre.

On s'intéresse ici à différentes méthodes de résolution des équations de la forme :

$$x^2 + rx = q, \text{ où } r \text{ et } q \text{ sont deux entiers naturels.}$$

1 **CALCULER** Effectuer un calcul automatisable à la main ou à l'aide d'un instrument. Mettre en œuvre un algorithme simple. **Al-Khwarizmi**, mathématicien, géographe, astronome et astrologue perse, est né vers 780 à Khwarezm (Ouzbékistan) et mort vers 850 à Bagdad. Sa notoriété est due principalement à son travail dans le domaine du calcul algébrique. Son nom est à l'origine du mot « algorithme ».

Dans ses écrits, Al-Khwarizmi propose une méthode pour déterminer une solution de l'équation $x^2 + 10x = 39$.

(Dans le langage de l'époque, x^2 est appelé « un carré » et x est appelé « une racine » ; Al-Khwarizmi ne s'intéresse qu'aux nombres positifs.)

> *Un carré plus dix racines sont égaux à trente-neuf dirhams.*
> *Partage en deux moitiés le nombre des racines ; il vient, dans ce problème, cinq, que tu multiplies par lui-même ; on a vingt-cinq ; tu l'ajoutes à trente-neuf, on aura soixante-quatre ; tu prends la racine qui est huit, de laquelle tu soustrais la moitié du nombre des racines qui est cinq. Il reste trois, qui est la racine du carré que tu veux, et le carré est neuf.*
>
> (Traduction de Rosdi Rached, parue dans *Al Khwarizmi, le commencement de l'algèbre*, collection « Sciences dans l'histoire », éditions Blanchard.)

a. Le procédé d'Al-Khwarizmi appliqué à cette équation peut se traduire par l'algorithme suivant :

Variables :	r est un entier, s est un réel
Traitement :	r prend la valeur 10
	s prend la valeur $\frac{r}{2}$
	s prend la valeur s^2
	s prend la valeur $s + 39$
	s prend la valeur $\sqrt{s}$
	s prend la valeur $s - \frac{r}{2}$
Sortie :	Afficher « Il reste » ; s ; « qui est le nombre cherché ».

En faisant fonctionner cet algorithme « à la main », donner la valeur de s. Vérifier qu'il s'agit bien d'une solution de l'équation $x^2 + 10x = 39$.

b. Modifier cet algorithme pour qu'il demande à l'utilisateur d'entrer r et q, entiers naturels, puis affiche en sortie la solution de l'équation $x^2 + rx = q$ obtenue avec la méthode d'Al-Khwarizmi.

c. Choisir une autre équation de la forme donnée ci-dessus et utiliser l'algorithme modifié pour obtenir la solution de cette équation selon la méthode d'Al Khwarizmi.

2 En utilisant la méthode de résolution algébrique étudiée dans ce chapitre, résoudre l'équation $x^2 + 10x = 39$, ainsi que l'équation choisie à la question **1 c.**

3 Proposer une démarche permettant de résoudre graphiquement une équation de la forme $x^2 + rx = q$, où r et q sont deux entiers naturels.
Mettre en œuvre cette démarche pour l'équation $x^2 + 10x = 39$, puis pour l'équation choisie à la question **1 c.** (on pourra utiliser la calculatrice).

4 **COMMUNIQUER** Critiquer une démarche ou un résultat. Quels sont les avantages et inconvénients des méthodes utilisées aux questions **1**, **2** et **3** pour résoudre les équations de la forme $x^2 + rx = q$, où r et q sont deux entiers naturels ?

situation 2

La catapulte

Objectif : Mobiliser les résultats du second degré dans le cadre de la résolution d'un problème.

Fichier GeoGebra

CHERCHER Observer, s'engager dans une démarche, expérimenter en utilisant éventuellement des outils logiciels.

MODÉLISER Traduire en langage mathématique une situation réelle.

Une catapulte lance une pierre sur un château fort avec une vitesse initiale de 40 m.s^{-1} représentée par un vecteur $\vec{v}$ qui forme un angle de 45° avec l'horizontale. On appelle y la hauteur atteinte par la pierre quand celle-ci est située à une distance x du point où elle a été lancée, distance mesurée au sol en mètres (voir la figure). On admet que la pierre décrit une trajectoire parabolique d'équation : $y=-\frac{1}{160}x^2+x$.

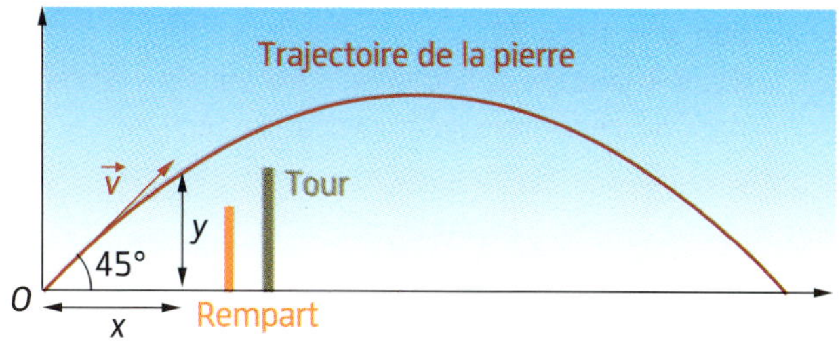

Le rempart mesure 20 m de haut et la tour, d'une hauteur de 30 m, est située 10 m derrière le rempart.

1 CHERCHER Analyser un problème.

a. À quelle altitude la pierre se trouve-t-elle lorsqu'elle est à 10 m au sol de son point de lancer ?

b. Dans cette question uniquement, le rempart est à 40 m de la catapulte. Dans ce cas, la pierre évite-t-elle le rempart, tout en atteignant la tour ?

Pour les questions **2** et **3**, toute latitude est laissée sur la démarche, notamment en termes d'emploi de calculatrice ou d'un outil logiciel.

Dans ce qui suit, on s'intéresse à la question suivante : quelle distance doit-il y avoir entre la catapulte et le rempart pour que la pierre passe par-dessus le rempart et vienne frapper la tour ?

2 **a.** COMMUNIQUER S'exprimer avec clarté et précision. Proposer une méthode permettant de donner une distance qui réponde à la question.

b. Mettre en œuvre cette méthode.

3 **a.** COMMUNIQUER S'exprimer avec clarté et précision. Proposer une méthode permettant de donner toutes les distances qui répondent à la question.

b. Mettre en œuvre cette méthode.

Exercices

Prérequis

1 Développer les expressions suivantes :

a) $(2x+1)(x-3)$ b) $(3x+1)^2$

c) $(2x-5)^2$ d) $(5x-3)(5x+3)$

e) $-2(2x+3)^2$ f) $3(x-5)(x+2)$

2 Factoriser les expressions suivantes :

a) x^2-3x b) $25-16t^2$

c) $9x^2-12x+4$ d) $2t^2+4t+2$

3 Établir le tableau de signes des expressions suivantes :

a) $2x-5$ b) $-3x-1$

c) $4-5x$ d) $-3x$

4 Soit la fonction f définie sur $\mathbb{R}$ par $f(x)=-2x^2-4x+3$ et soit $\mathscr{C}$ sa courbe représentative dans un repère orthonormé (O, I, J) d'unité 1 cm.

a) Établir le tableau de variation de f. Préciser l'extremum de f.

b) Donner une équation de l'axe de symétrie $\mathscr{D}$ de la courbe $\mathscr{C}$.

c) Tracer $\mathscr{D}$ et $\mathscr{C}$.

5 Même exercice que le précédent avec la fonction f définie sur $\mathbb{R}$ par $f(x)=x^2+4x+1$.

Résolution d'équations du second degré

Savoir-Faire 1 et 2 → P. 11

6 Reconnaître la forme particulière des équations suivantes, puis les résoudre :

a) $x^2-49=0$ b) $-7x^2+3x=0$ c) $5R^2-2R=0$

d) $x^2+4=0$ e) $4x^2-1=0$

7 Pour chacune des fonctions polynômes d'expression ax^2+bx+c qui suit, préciser la valeur des réels a, b et c, puis calculer le discriminant.

Fonction polynôme d'expression :	$a=$	$b=$	$c=$	$\Delta=$
$2x^2-5x+8$				
x^2-x+6				
$-4x^2+\frac{2}{3}x-7$				
$-3x+7x^2-5$				
$-12+x-x^2$				
$15-6x^2$				
$8x^2+2x$				
$x^2+x\sqrt{3}+2$				
$7x^2-6x+\sqrt{5}$				

Savoir-Faire 3 → P. 13

8 Résoudre dans $\mathbb{R}$ les équations suivantes :

a) $2x^2+3x-5=0$ b) $5x^2+14x-3=0$

c) $-2x^2-4x-3=0$ d) $x^2+6x+9=0$

9 Résoudre dans $\mathbb{R}$ les équations suivantes (n'utiliser le discriminant que lorsque cela est nécessaire).

a) $3x^2-9x+6=0$ b) $7x^2+9=0$

c) $3x^2-5x=0$ d) $\frac{1}{4}x^2-\frac{4}{5}x+\frac{16}{25}=0$

10 Même exercice que le précédent avec :

a) $-x^2+2x+5=0$ b) $t^2+t-3=0$

c) $-2{,}3-1{,}3x+x^2=0$ d) $t^2-4t-5=0$

11 Même exercice que le précédent avec :

a) $-2x^2+3x-7=0$ b) $4t^2-4t+1=0$

c) $1{,}21x^2-1{,}1x-2=0$ d) $-1+2x+3x^2=0$

12 Même exercice que le précédent avec :

a) $x^2+4x=21$ b) $\frac{1}{4}x^2-\frac{1}{2}x-6=0$

c) $2{,}7x^2+1{,}3x+2{,}1=0$ d) $x^2-6x+1=0$

13 Même exercice que le précédent avec :

a) $-x^2+7x-1=0$ b) $x^2\sqrt{3}-5x-\sqrt{3}=0$

c) $7x^2-\frac{53}{2}x+24=0$ d) $3x^2-5-x=0$

14 Même exercice que le précédent avec :

a) $-5x^2+3=0$ b) $x^2-\frac{1}{6}x-\frac{1}{6}=0$

c) $x^2+\frac{1}{25}=\frac{2}{5}x$ d) $3x-x^2-5=0$

15 Même exercice que le précédent avec :

a) $-12x^2+3x=0$ b) $5x^2-11x=-2$

c) $5x^2+7=0$ d) $-2x^2-5x-1=0$

16 Même exercice que le précédent avec :

a) $x^2+x+1=0$ b) $x^2+12=5x\sqrt{2}$

c) $-\frac{1}{4}x^2+x\sqrt{3}-3=0$ d) $2{,}25x^2-28{,}9=0$

17 Fichier GeoGebra

On considère l'équation $x^2+6x+c=0$ où c est un nombre réel quelconque.

a) Sur un logiciel de géométrie dynamique, créer un curseur c et tracer la courbe représentative de la fonction f définie sur $\mathbb{R}$ par $f(x)=x^2+6x+c$.

b) Faire varier c et conjecturer le nombre de solutions de l'équation $x^2+6x+c=0$ selon les valeurs de c.

c) Retrouver les résultats de la question b) par le calcul.

18 Fichier GeoGebra

On considère l'équation $ax^2 + 6x - 3 = 0$ où a est un nombre réel quelconque.

1. Que peut-on dire du nombre de solutions de cette équation lorsque $a = 0$?

Dans la suite de l'exercice, on considère que $a \neq 0$.

2. a) Avec un logiciel de géométrie dynamique, créer un réel a variable. Tracer la courbe représentative de la fonction f définie sur $\mathbb{R}$ par $f(x) = ax^2 + 6x - 3$.

b) Faire varier a et conjecturer le nombre de solutions de l'équation $ax^2 + 6x - 3 = 0$ selon les valeurs de a.

c) Retrouver les résultats de la question **b)** par le calcul.

19 Cet exercice est un questionnaire à choix multiples. Pour chaque question, indiquer la seule proposition exacte.

1. L'équation $2x^2 - 1 = 0$ admet exactement :
a. 0 solution **b.** 1 solution **c.** 2 solutions

2. L'équation $x^2 + 3(x - 1) = (x - 2)^2$ admet exactement :
a. 0 solution **b.** 1 solution **c.** 2 solutions

3. La parabole qui représente la fonction f définie sur $\mathbb{R}$ par $f(x)^2 = x^2 - 4x + 1$ coupe l'axe des abscisses exactement :
a. 0 fois **b.** 1 fois **c.** 2 fois

4. La parabole qui représente la fonction f définie sur $\mathbb{R}$ par $f(x) = 9x^2 - 6x + 9$ coupe l'axe des ordonnées au point de coordonnées :
a. $(0\,;9)$ **b.** $\left(\frac{1}{3}\,;0\right)$ **c.** $\left(0\,;\frac{1}{3}\right)$

20 L'objectif de cet exercice est de comparer les résultats obtenus pour la résolution d'une équation de degré deux en utilisant différentes méthodes.

On souhaite résoudre l'équation (E) :

$$x^2 + \sqrt{3}x - (7 + 3\sqrt{3}) = 0.$$

1. a) Vérifier que le discriminant de (E) est $\Delta = 31 + 12\sqrt{3}$.

b) En déduire les valeurs prises par les deux solutions de l'équation (E).

2. À l'aide d'un algorithme de résolution pré-enregistré dans la calculatrice, on obtient l'écran ci-dessous :

```
A=?1
B=?√(3)
C=?-(7+3√(3))
SOLUTIONS:
     -4.464101615
      2.732050808
             Done
```

Obtient-on le même résultat qu'à la question **1. b)** ?

3. Voici une capture d'un logiciel de calcul formel (Xcas) :

```
1 resoudre(x^2+sqrt(3)*x-(7+3*sqrt(3))=0)
        [-2*(√3)-1, √3+1]                M
```

Comparer les résultats obtenus à la main, à la calculatrice et avec le logiciel de calcul formel.

Remarque : pour comprendre les simplifications effectuées par Xcas, on pourra développer $\left(2+3\sqrt{3}\right)^2$.

Des équations qui se ramènent au second degré

21 Résoudre dans $\mathbb{R}$ les équations suivantes :

a) $\dfrac{2x^2 - 3x + 1}{2x - 1} = 2$ **b)** $\dfrac{x + 6}{x^2 - 2x - 3} = 2$

22 Même exercice que le précédent avec :

a) $\dfrac{x + 3}{x - 1} = \dfrac{2x - 3}{x - 2}$ **b)** $\dfrac{2x^2 + 3x - 5}{x^2 - 2x + 1} = 3$

23 On considère la fonction P définie sur $\mathbb{R}$ par :

$$P(x) = x^3 - 2x^2 + 1.$$

a) Prouver que, pour tout réel x, on a :

$$P(x) = (x - 1)(x^2 - x - 1).$$

b) Résoudre alors l'équation $P(x) = 0$.

24 On considère la fonction P définie sur $\mathbb{R}$ par :

$$P(x) = 4x^3 + 9x^2 - 19x - 30.$$

a) Prouver que, pour tout réel x, on a :

$$P(x) = (x + 3)(4x^2 - 3x - 10).$$

b) Résoudre alors l'équation $P(x) = 0$.

25 L'objectif est de résoudre l'équation (E) :

$$x^4 - 6x^2 + 8 = 0.$$

a) On pose $X = x^2$. Montrer que x est solution de l'équation (E) si et seulement si X est solution de l'équation (E′) :

$$X^2 - 6X + 8 = 0.$$

b) Résoudre l'équation (E′).

c) À partir des valeurs de X solutions de l'équation (E′), déterminer les valeurs de x solutions de l'équation (E).

Factorisation de fonctions polynômes du second degré

Savoir-Faire 4 → P. 15

26 Quand cela est possible, factoriser les expressions suivantes en produit de facteurs du premier degré.

a) $15x^2 + x - 2$ **b)** $2x^2 + 3x + 12$
c) $5x^2 - 12x$ **d)** $2x^2 - 50$

27 Même exercice que le précédent avec :

a) $7x^2 + 28x - 35$ **b)** $-2x^2 - 2x - \dfrac{1}{2}$
c) $-5 + 8x + 4x^2$ **d)** $8t^2 - 18$

28 Même exercice que le précédent avec :

a) $7x^2 + 42x + 63$ **b)** $6t^2 - 7t - 3$
c) $3x^2 + 1$ **d)** $3x - 21x^2$

Exercices

Signe d'un polynôme du second degré

Savoir-Faire 5 → P.17

29 Établir le tableau de signes des expressions suivantes :

a) $P(x) = 4x^2 + 3x - 1$ **b)** $P(x) = -3x^2 + 42x - 147$

c) $P(x) = 2x^2 + 5x$ **d)** $P(x) = x^2 + 2x + 4$

30 Même exercice que le précédent avec :

a) $P(x) = -9x^2 - 6x + 1$ **b)** $P(x) = 3x^2 + 15x - 42$

c) $P(x) = -3(x+7)(2-x)$ **d)** $P(x) = 12 - x^2 + x$

31 Même exercice que le précédent avec :

a) $P(t) = -4t^2 + 5t + 1$ **b)** $P(x) = 3x^2 + 2x + 7$

c) $P(x) = 2{,}25x^2 - 9{,}3x + 9{,}61$

d) $P(\alpha) = -\dfrac{1}{3}\alpha^2 + \alpha + \dfrac{1}{12}$

Résolution d'inéquations du second degré

32 Résoudre dans $\mathbb{R}$ les inéquations suivantes :

a) $4x^2 - 25 \geqslant 0$ **b)** $2t^2 + t - 3 \leqslant 0$

c) $13x^2 - 8x > 0$ **d)** $-2x^2 + 3x - 5 \leqslant 0$

33 Même exercice que le précédent avec :

a) $x^2 + 3 \leqslant 0$ **b)** $2 + x - 3x^2 \geqslant 0$

c) $x^2 - 3x - 9 > 0$ **d)** $-3x^2 + 5x + 2 \geqslant 0$

34 Même exercice que le précédent avec :

a) $x^2 - 7x < 5$ **b)** $-x^2 + 4x - 4 \geqslant 0$

c) $1 + 4t - 5t^2 \leqslant 0$ **d)** $7x^2 + 2x + 1 \leqslant 0$

35 Cet exercice est un questionnaire à choix multiples. Pour chaque question, indiquer la seule proposition exacte.

1. L'ensemble des solutions de l'inéquation $x^2 - x - 6 \geqslant 0$ est :

a. $[-2 ; 3]$ **b.** $\{-2 ; 3\}$

c. $]-\infty ; -2] \cup [3 ; +\infty[$ **d.** $\varnothing$

2. L'ensemble des solutions de l'inéquation $-x^2 + 14x - 49 \geqslant 0$ est :

a. $[7 ; +\infty[$ **b.** $\{7\}$ **c.** $\mathbb{R}$ **d.** $\varnothing$

3. L'ensemble des solutions de l'inéquation $-x^2 + 3x > 0$ est :

a. $]0 ; 3[$ **b.** $\{0 ; 3\}$

c. $]-\infty ; 0[\cup]3 ; +\infty[$ **d.** $\varnothing$

36 Fichier GeoGebra

On considère l'équation $x^2 - 8x + c = 0$ où c est un nombre réel quelconque.

1. Sur un logiciel de géométrie dynamique, créer un curseur c et tracer la courbe représentative de la fonction f définie sur $\mathbb{R}$ par $f(x) = x^2 - 8x + c$.

2. a) Faire varier c et choisir une valeur de c pour laquelle l'inéquation $x^2 - 8x + c \leqslant 0$ n'a pas de solution réelle.

b) Établir le tableau de signes de $f(x)$ pour cette valeur.

37 Fichier GeoGebra

On considère l'équation $ax^2 - 10x + 5 = 0$ où a est un nombre réel quelconque.

1. Sur un logiciel de géométrie dynamique, créer un curseur a et tracer la courbe représentative de la fonction f définie sur $\mathbb{R}$ par $f(x) = ax^2 - 10x + 5$.

2. Que peut-on dire de la fonction f lorsque $a = 0$? Établir alors le tableau de signes de $f(x)$.

3. a) Faire varier a et choisir une valeur de a pour laquelle l'inéquation $ax^2 - 10x + 5 \geqslant 0$ a pour ensemble de solutions un intervalle fermé.

b) Établir le tableau de signes de $f(x)$ pour cette valeur.

4. a) Faire varier a et faire une conjecture sur la valeur de a pour laquelle l'inéquation $ax^2 - 10x + 5 \leqslant 0$ a une unique solution.

b) Vérifier cette conjecture par un calcul.

c) Établir le tableau de signes de $f(x)$ pour cette valeur. Le comparer avec celui obtenu à la question **2.**

38 Fichier Algobox **Algo** On donne l'algorithme suivant :

```
Variables :    a est un nombre réel non nul
               b, c, d, e, f sont des nombres réels
Entrées :      a, b, c
Traitement :   d prend la valeur b² – 4ac
                  Si d > 0
                  Alors e prend la valeur (–b – √d)/(2a)
                  f prend la valeur (–b + √d)/(2a)
                     Si a > 0
                     Alors afficher a, « x² + »,
                     b, « x + », c, « est négatif
                     pour tout x compris entre »,
                     e, « et », f, «, positif pour les
                     autres valeurs de x. »
                     Sinon
                     Afficher ........................
                     Fin Si
                  Sinon Si d = 0
                        Alors e prend la valeur –b/(2a)
                        BLOC 2
                        Sinon
                        BLOC 3
                        Fin Si
                  Fin Si
```

1. a) Si on entre dans cet algorithme les valeurs $a = 1$, $b = -3$ et $c = 2$, que va-t-on obtenir comme affichage ?
b) Compléter la ligne en pointillés.
c) Écrire le contenu de BLOC 2 et BLOC 3 afin que l'algorithme donne le signe de l'expression $ax^2 + bx + c$ (où a, b et c sont trois réels avec $a \neq 0$) suivant les valeurs de x.

2. À partir du fichier Algobox fourni, compléter les blocs 2 et 3.

3. Utiliser le programme pour répondre aux questions suivantes :
a) donner le signe de $3x^2 - 3x - 6$;
b) résoudre l'inéquation $x^2 - x + 1 > 0$.

Tableaux de signes et inéquations se ramenant au second degré

39 Établir le tableau de signes des expressions suivantes :
a) $A(x) = (x - 5)(-2x^2 + 15x - 7)$
b) $B(x) = \dfrac{2x^2 + x - 1}{x^2 - 1}$

40 Même exercice que le précédent avec :
a) $A(x) = \dfrac{2x - 3}{-x^2 + 9x + 10}$
b) $B(t) = (8t^2 - 6t + 1)(-3t^2 + t - 2)$

41 Même exercice que le précédent avec :
a) $A(x) = 1 - \dfrac{1}{(x+2)^2}$ **b)** $B(x) = -2 + \dfrac{3}{(x-1)^2}$

42 Résoudre dans $\mathbb{R}$ les inéquations suivantes :
a) $(-6x^2 - x + 1)(-2x^2 + 7x - 3) > 0$
b) $\dfrac{2x^2 - 5x - 3}{x^2 + 3x + 2} \geqslant 0$

43 Même exercice que le précédent avec :
a) $\dfrac{3x^2 - 5x - 2}{-4x^2 + 3x - 1} \leqslant 0$ **b)** $\dfrac{2x^2 - 9x + 6}{x^2 - 6x + 12} > -1$

44 On considère la fonction P définie sur $\mathbb{R}$ par :
$$P(x) = -2x^3 - 2x^2 + 8x + 8.$$
a) Prouver que, pour tout réel x, on a :
$$P(x) = (2 - x)(2x^2 + 6x + 4).$$
b) Résoudre alors l'inéquation $P(x) > 0$.

Représentation graphique de fonctions polynômes de degré 2

Savoir-Faire 6 → P.19

45 La courbe ci-après est la représentation graphique d'une fonction f définie par $f(x) = ax^2 + bx + c$ où a, b et c désignent trois réels avec $a \neq 0$.

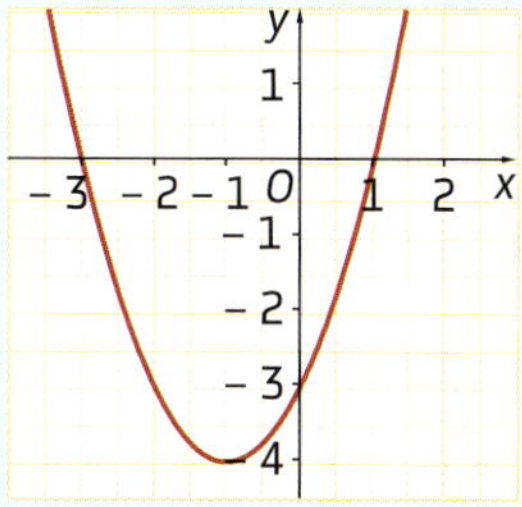

Parmi les expressions suivantes, quelle est celle qui convient pour $f(x)$? Justifier.
- $f_1(x) = x^2 + 2x + 5$
- $f_2(x) = -x^2 + 2x - 3$
- $f_3(x) = x^2 + 2x - 3$

46 Chaque courbe ci-après est la représentation graphique d'une fonction polynôme du second degré f définie sur $\mathbb{R}$ par $f(x) = ax^2 + bx + c$ où a, b et c désignent trois réels avec $a \neq 0$.
Pour chacune des courbes ci-après, répondre par lecture graphique aux questions suivantes :
a) Combien y a-t-il de solutions à l'équation $f(x) = 0$?
b) Quel est le signe du discriminant de cette équation ?
c) Dresser le tableau de signes de $f(x)$.
d) Quel est le signe de a ?
e) Quelle est la valeur de $-\dfrac{b}{2a}$?
f) Quel est le signe de c ?

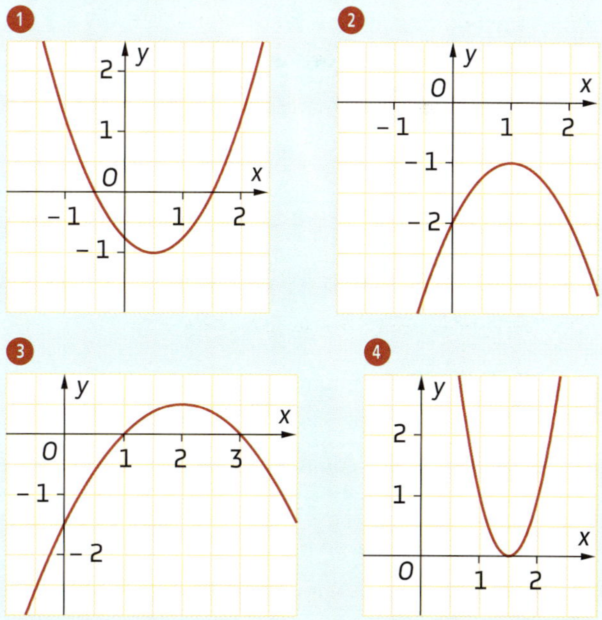

47 Les courbes $\mathscr{C}_1$, $\mathscr{C}_2$, $\mathscr{C}_3$ et $\mathscr{C}_4$ ci-après sont les représentations graphiques respectives des fonctions polynômes du second degré f_1, f_2, f_3 et f_4 définies par :
- $f_1(x) = -x^2 + 4x - 4$
- $f_2(x) = 5x^2 + 5x + 2$
- $f_3(x) = 2x^2 + 2x - \dfrac{3}{2}$
- $f_4(x) = -2x^2 + 12x - 10$

Pour chacune de ces fonctions :
a) Répondre aux questions de l'exercice précédent.

b) Vérifier les réponses par le calcul.

a

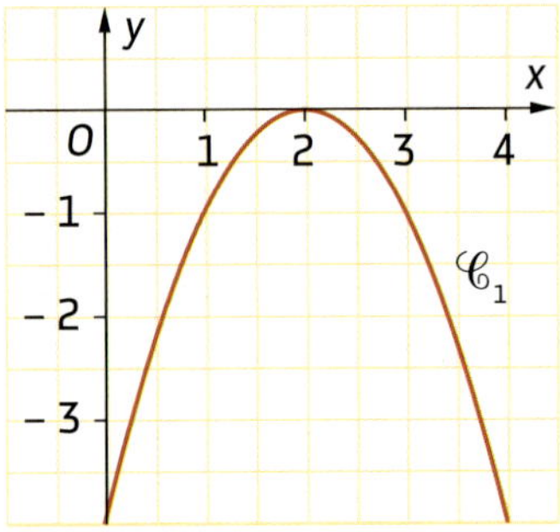

b

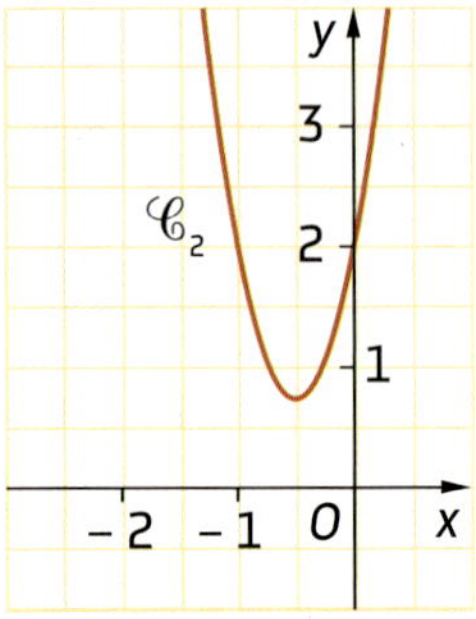

c

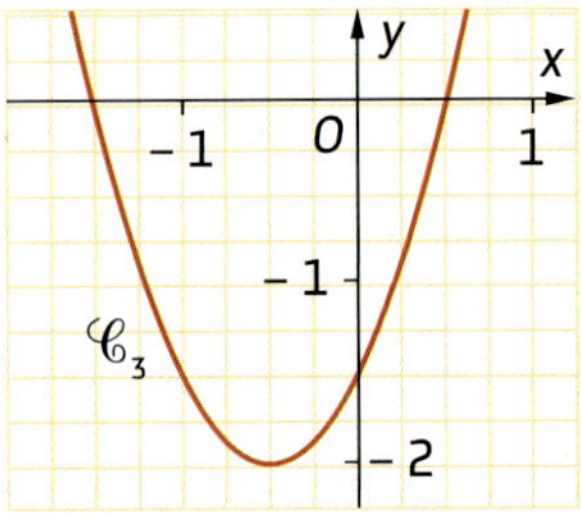

d

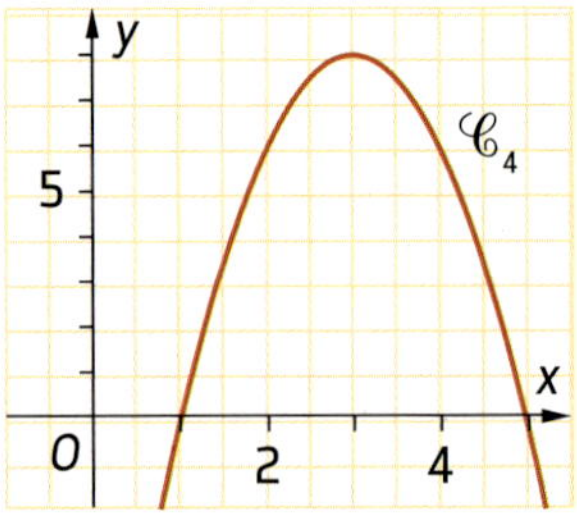

48 Cet exercice est un questionnaire à choix multiples. Pour chaque question, indiquer la seule proposition exacte.

La parabole ci-dessous est la représentation graphique d'une fonction f définie sur $\mathbb{R}$ par $f(x) = ax^2 + bx + c$, où a, b et c désignent trois réels avec $a \neq 0$.

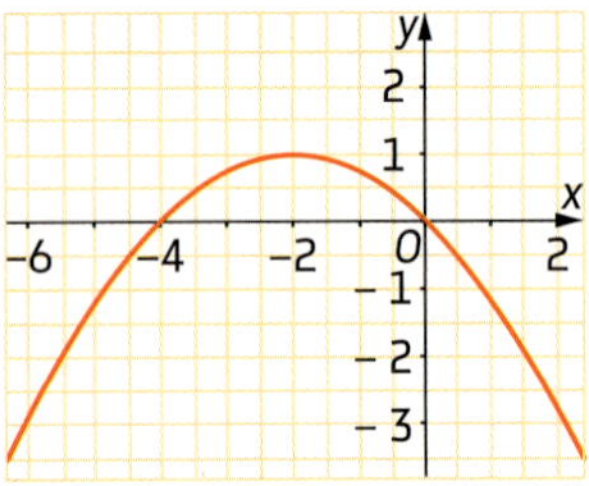

1. Le discriminant de l'équation $f(x) = 0$ est :
a. strictement positif **b.** strictement négatif **c.** nul

2. Le discriminant de l'équation $f(x) = 1$ est :
a. strictement positif **b.** strictement négatif **c.** nul

3. Le tableau de signes de $f(x)$ est de la forme :

a.

x	
$f(x)$	+ 0 − 0 +

b.

x	
$f(x)$	− 0 −

c.

x	
$f(x)$	− 0 + 0 −

49 Associer chacune des fonctions suivantes à sa courbe représentative :

- $f_1(x) = 2x^2 + 3x + 4$
- $f_2(x) = -x^2 + 3x + 4$
- $f_3(x) = -x^2 + 6x$
- $f_4(x) = x^2 - 5x + 4$

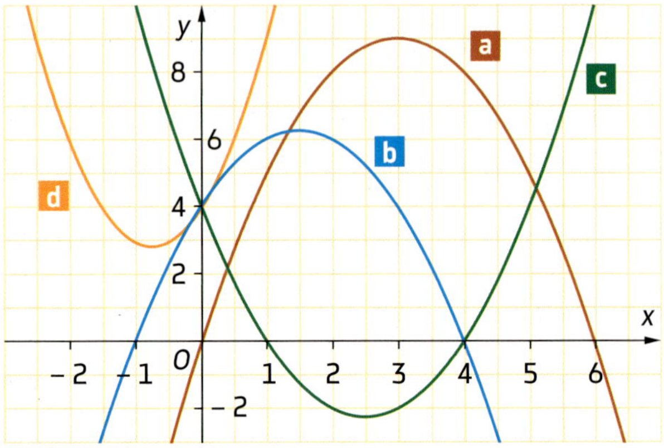

50 Associer chacune des fonctions suivantes à sa courbe représentative :

- $f_1(x) = 3x^2 - 5x + 2$
- $f_2(x) = -\frac{3}{2}x^2 - 3x - 2$
- $f_3(x) = -\frac{2}{3}x^2 - \frac{8}{3}x - 2$
- $f_4(x) = 6x^2 - 10x + 2$

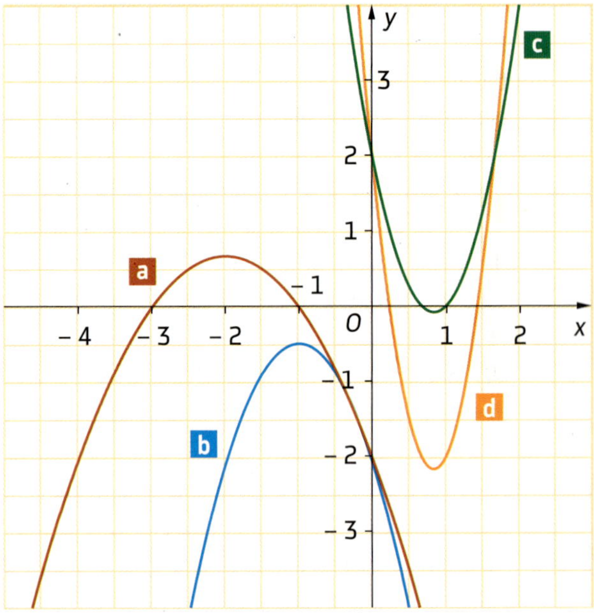

51 Soit la fonction f définie sur $\mathbb{R}$ par :

$$f(x) = x^2 + 6x + 10$$

et soit $\mathscr{C}$ sa courbe représentative dans un repère orthonormé.

a) Montrer que, pour tout réel x, $f(x) = (x+3)^2 + 1$.

b) En utilisant la forme de $f(x)$ la plus adaptée, déterminer par le calcul :

- les coordonnées du sommet de la parabole $\mathscr{C}$;
- les coordonnées du point d'intersection de la parabole $\mathscr{C}$ avec l'axe des ordonnées ;
- la position de la parabole $\mathscr{C}$ par rapport à l'axe des abscisses.

52 On considère la parabole $\mathscr{P}$ qui représente la fonction $x \mapsto x^2 + 2x - 63$ dans un repère orthonormé.

a) Déterminer les coordonnées des points d'intersection A et B de la parabole $\mathcal{P}$ avec l'axe des abscisses.
b) Déterminer les coordonnées du sommet S de la parabole $\mathcal{P}$.
c) Déterminer une fenêtre adéquate permettant de visualiser une partie de la parabole $\mathcal{P}$ et les points A, B et S sur l'écran de la calculatrice.
d) Afficher $\mathcal{P}$ sur l'écran de la calculatrice.
e) En utilisant la fonction TRACE de la calculatrice, donner la valeur arrondie à l'unité des solutions de l'équation $f(x) = -12$.

53 On considère la parabole $\mathcal{P}$ d'équation :

$$y = -x^2 + 7x - 30.$$

a) Déterminer les éventuels points d'intersection de la parabole avec l'axe des abscisses.
b) Déterminer les coordonnées du sommet S de la parabole $\mathcal{P}$.
c) Déterminer une fenêtre d'affichage pour la calculatrice permettant de visualiser une partie de la parabole $\mathcal{P}$ et le sommet S.
d) Afficher $\mathcal{P}$ sur l'écran de la calculatrice.
e) En utilisant la fonction TRACE de la calculatrice, donner la valeur arrondie à l'unité des solutions de l'équation $f(x) = -20$.

54 Algo On donne l'algorithme suivant :

Variables :	a est un nombre réel non nul b, c, d, x, y sont des nombres réels
Entrées :	a, b, c
Traitement :	d prend la valeur $b^2 - 4ac$ x prend la valeur $\dfrac{-b}{2a}$ y prend la valeur $\dfrac{-d}{4a}$
Sortie :	Afficher : « Les coordonnées sont : (», x, « ; », y ,«) »

1. a) Si on entre $a = 1$, $b = 2$ et $c = 3$, qu'obtient-on comme sortie ?
b) On considère la parabole $\mathcal{P}$ qui représente la fonction polynôme f du second degré définie sur $\mathbb{R}$ par $f(x) = ax^2 + bx + c$, où a, b, c sont trois nombres réels, avec $a \neq 0$.
Expliquer ce que cet algorithme permet d'obtenir concernant la parabole $\mathcal{P}$.
2. a) Programmer cet algorithme sur la calculatrice.
b) Tester l'algorithme avec l'expression $x^2 + 2x + 3$. Vérifier par le calcul le résultat obtenu.
c) L'utiliser avec les expressions $x^2 - 2x + 4$, $5x^2 - 10x + 8$ et $-3x^2 + 6x$.
Que peut-on en déduire pour les paraboles représentant les fonctions f, g et h définies par $f(x) = x^2 - 2x + 4$, $g(x) = 5x^2 - 10x + 8$ et $h(x) = -3x^2 + 6x$?

55 1. Résoudre l'équation (E) : $8x + 10 = 2x^2$.
2. **Vérification à l'aide de la calculatrice (méthode 1)**
a) À la calculatrice, tracer la droite d'équation $y = 8x + 10$ et la courbe représentative de la fonction $x \mapsto 2x^2$.
b) Lire sur l'écran les abscisses de leurs points d'intersection et les comparer avec les valeurs obtenues à la question 1. (penser à adapter la fenêtre d'affichage de la calculatrice).
3. **Vérification à l'aide de la calculatrice (méthode 2)**
Donner une méthode permettant de vérifier à l'aide de la calculatrice les résultats obtenus à la question 1. en traçant une seule courbe.

56 Soit l'équation $x^2 - \dfrac{1}{6}x = \dfrac{1}{6}$.
Résoudre cette équation, puis, en s'inspirant de l'exercice précédent, vérifier les solutions à l'aide d'une représentation graphique. Expliquer la démarche suivie.

57 Soit l'inéquation $-2x^2 + 6x < -6x + 10$.
Résoudre cette inéquation, puis, en s'inspirant de l'exercice 55, vérifier les solutions à l'aide d'une représentation graphique. Expliquer la démarche suivie.

58 La courbe ci-dessous est la représentation graphique d'une fonction polynôme du second degré de la forme $f(x) = ax^2 + bx + c$ où a, b et c désignent trois réels avec $a \neq 0$.

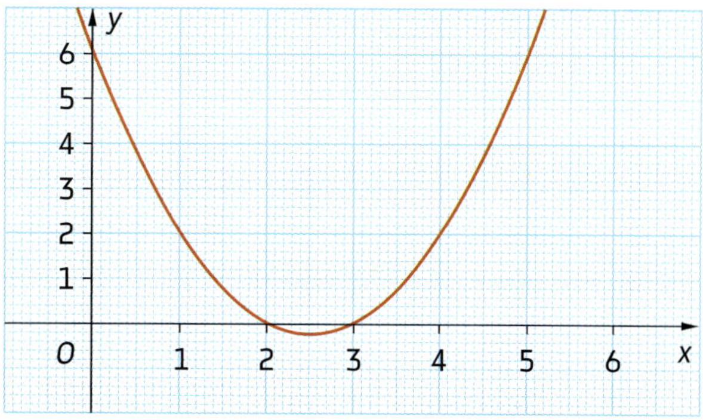

a) Déterminer par lecture graphique la valeur de c.
b) Déterminer par lecture graphique les solutions de l'équation $f(x) = 0$.
c) En déduire une expression de $f(x)$. (On pourra utiliser une forme factorisée de $f(x)$.)

59 Même exercice avec la courbe :

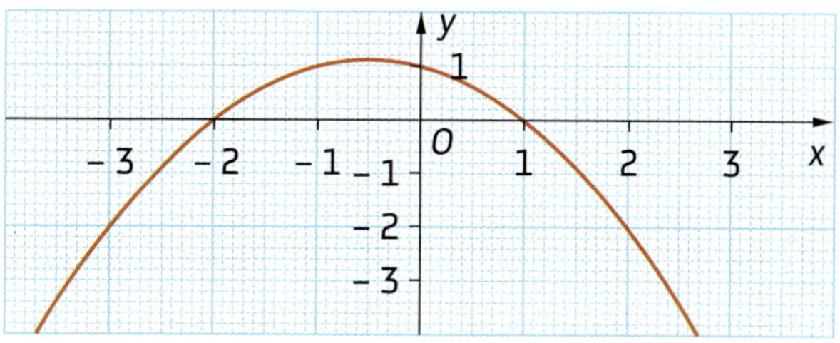

Exercices

Vrai-Faux

60 **Pour chacune des affirmations suivantes, dire si elle est vraie ou fausse. Justifier.**

1. Le réel -2 est une solution de l'équation $x^2+x+6=0$.

2. L'équation $3x^2+1789=0$ n'a pas de solution réelle.

3. Le discriminant de l'équation $(2x-1)(-x+3)=0$ est négatif ou nul.

4. Si $x>2$ alors $x^2-x+6<0$.

5. Si $-2x^2-2x+4>0$, alors $-2<x<1$.

6. Une fonction polynôme du second degré qui admet $-1\,515$ pour discriminant est négative sur $\mathbb{R}$.

7. La parabole qui représente la fonction $x \mapsto x^2-x+3$ est située sous l'axe des abscisses du repère.

8. La droite d'équation $y=5x-4$ et la parabole qui représente la fonction $x \mapsto -5x^2+2x-3$ ont deux points d'intersection.

61 **Dans chaque question, indiquer, pour chacune des affirmations, si elle est vraie ou fausse. Justifier.**

1. L'équation proposée a une seule solution :

a) $(x+2)^2=0$ **b)** $x^2-3x+2=0$

c) $x^2-3x=0$ **d)** $-x^2+6x-9=0$

2. La droite d'équation $x=-1$ est axe de symétrie de la parabole représentative de la fonction :

a) $x \mapsto 4x^2+2x-1$ **b)** $x \mapsto 10x^2+20x+1$

c) $x \mapsto -5(x-1)^2$ **d)** $x \mapsto (x+1)^2$

3. Le point S de coordonnées $(2\,;\,3)$ est le sommet de la parabole représentative de la fonction :

a) $x \mapsto -4(x-2)^2+3$ **b)** $x \mapsto x^2+4x-9$

c) $x \mapsto x^2-4x+7$ **d)** $x \mapsto (x-3)^2+2$

4. Une forme factorisée de $-3x^2+5x+2$ est :

a) $-3(x+2)\left(x-\frac{1}{3}\right)$ **b)** $(-x+2)(3x+1)$

c) $-3(x-2)\left(x+\frac{1}{3}\right)$ **d)** $(3x-6)\left(-x+\frac{1}{3}\right)$

QCM

62 **Pour chaque question, indiquer la seule proposition exacte.**

	A	B	C	D
1. L'équation $2x^2-x-1=0$	a une seule solution	a deux solutions -1 et $-\frac{1}{2}$	n'a pas de solution	a deux solutions 1 et $-\frac{1}{2}$
2. La représentation graphique de la fonction $f : x \mapsto x^2+x+1$ coupe l'axe des abscisses :	0 fois	1 seule fois	exactement deux fois	plus de 3 fois
3. Le sommet de la parabole qui représente la fonction $x \mapsto -x^2+2x-2$ a pour coordonnées :	$(1\,;\,1)$	$(1\,;\,-1)$	$(-1\,;\,-1)$	$(-1\,;\,1)$
4. Le tableau de signes : x : $-\infty$ … $+\infty$ … : $-$ est celui de :	$2x^2-6x+7$	$-2x^2+6x+7$	$2x^2-6x-7$	$-2x^2+6x-7$
5. L'ensemble des solutions de l'inéquation $2x^2+x-1 \geqslant 0$ est :	$]-\infty\,;-1[\,\cup\,\left]\frac{1}{2}\,;+\infty\right[$	$\left[-1\,;\frac{1}{2}\right]$	$]-\infty\,;-1]\,\cap\,\left[\frac{1}{2}\,;+\infty\right[$	$]-\infty\,;-1]\,\cup\,\left[\frac{1}{2}\,;+\infty\right[$
6. Une fonction du second degré de la forme $f(x)=ax^2+bx+c$ est strictement positive sur $\mathbb{R}$ si :	$a>0$ et $b^2-4ac>0$	$a<0$ et $b^2-4ac>0$	a, b et c sont strictement positifs	$a>0$ et $b^2-4ac<0$
7. La parabole représentant la fonction $x \mapsto 2x^2+2x-4$ est située strictement en dessous de l'axe des abscisses si :	$x>-2$	$-2<x<1$	$-1<x<2$	$x>1$

63 Dans une feuille de papier carrée de 8 cm de côté, on découpe un trapèze suivant la figure ci-dessous.

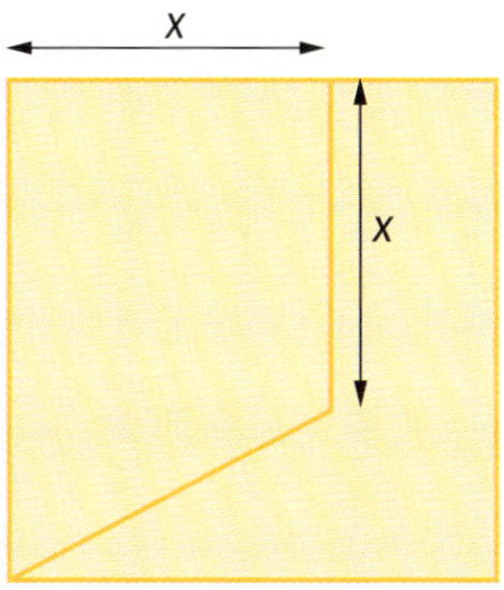

a) Exprimer, en fonction de x, l'aire du trapèze. (On rappelle que l'aire d'un trapèze est égale à $h \times \dfrac{b+B}{2}$, où h est la hauteur, b la petite base et B la grande base.)

b) Comment doit-on choisir x pour que l'aire de ce trapèze soit égale à 24 cm^2 ? Justifier.

64 On considère le trapèze rectangle $ABCD$ représenté ci-dessous : x désigne la longueur BC (en cm).

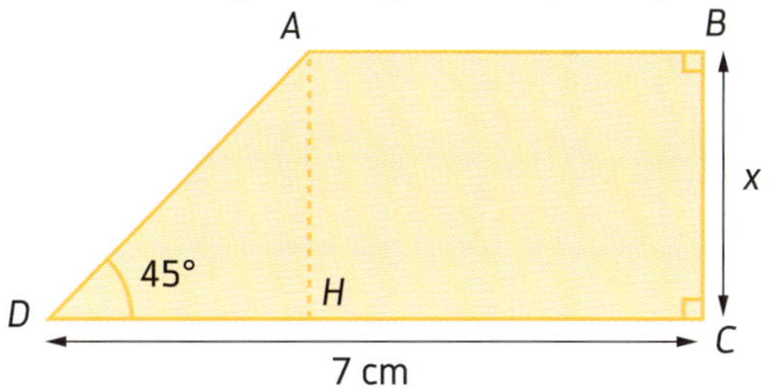

a) Si H est le projeté orthogonal de A sur $[DC]$, exprimer AH et DH en fonction de x.

b) Prouver ensuite que l'expression de l'aire du trapèze $ABCD$ en fonction de x est : $-\dfrac{1}{2}x^2 + 7x$.

(La formule de l'aire d'un trapèze est rappelée à l'exercice précédent.)

c) Déterminer alors les valeurs de x pour lesquelles l'aire du trapèze $ABCD$ est inférieure ou égale à 10 cm^2.

65 Vente de places de concert

1. RAISONNER Montrer que la fonction f définie sur $[0 ; 16]$ par $f(x) = (40 - 2{,}5x)(500 + 100x)$ admet un maximum sur l'intervalle $[0 ; 16]$. Pour quelle valeur de x est-il atteint ? Que vaut-il ?

2. MODÉLISER L'organisateur d'un concert a remarqué qu'à 40 € la place, il peut compter sur 500 spectateurs et que chaque baisse de 2,50 € lui amène 100 personnes de plus. On suppose enfin que l'organisateur ne s'intéresse qu'aux baisses de prix de 0 €, 2,50 €, 5 €, 7,50 €, 10 €, etc. (multiples de 2,50 €).

a) Après x baisses de 2,50 €, exprimer, en fonction de x :
– le prix de la place de concert ;
– le nombre de spectateurs ;
– le montant de la recette du concert.

b) Combien l'organisateur doit-il faire payer la place pour obtenir un revenu maximal ? Justifier.

66 Distance de freinage CHERCHER, CALCULER

On suppose que la distance de freinage d (en m) d'une voiture roulant à une vitesse v (en m · s^{-1}) est donnée par la formule : $d = \dfrac{1}{2A}v^2 + t_r v$, où t_r est le temps de réaction du conducteur (en s) et A est la décélération.

On donne : $A = 5{,}5$ m · s^{-2}.

a) En prenant $t_r = 1$ s, déterminer la vitesse maximale v_1 en m · s^{-1} qui permet un arrêt de la voiture en moins de 32 m. Donner alors une valeur approchée de v_1 à 1 km · h^{-1} près.

b) Même question si le temps de réaction du conducteur double : $t_r = 2$ s.

67 Remplissage d'une benne

Un entrepreneur loue une benne pour évacuer de la terre d'un chantier. La partie à remplir a la forme schématisée ci-dessous : sa base est un rectangle $ABCD$ de 1,1 m sur 2 m, sa hauteur AF est de 1,8 m, sa coupe selon un plan vertical est un trapèze rectangle.

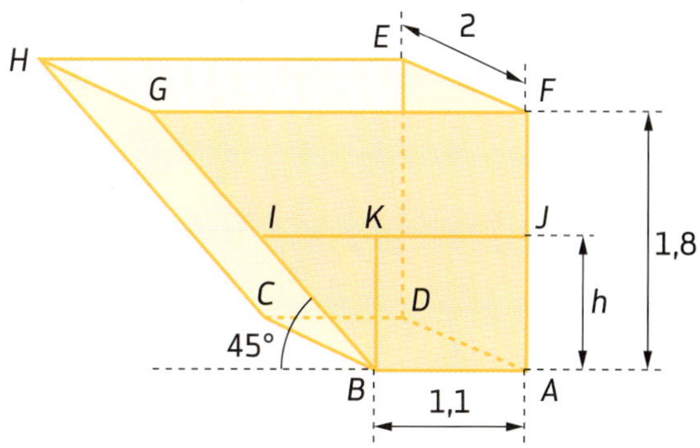

On appelle h la hauteur jusqu'à laquelle l'entrepreneur remplit la benne. On note J le point de $[AF]$ tel que $AJ = h$. La perpendiculaire à (AF) passant par J coupe $[BG]$ en I. La perpendiculaire à (IJ) passant par B coupe (IJ) en K.

1. a) Justifier que $BK = KI$. Exprimer alors IJ en fonction de h.

b) En déduire l'aire du trapèze $ABIJ$ en fonction de h. (La formule de l'aire d'un trapèze est rappelée à l'exercice 63.)

c) Montrer que l'expression du volume de terre versée dans la benne en fonction de h est : $2{,}2h + h^2$.

2. Jusqu'à quelle hauteur la benne sera-t-elle remplie si l'entrepreneur prévoit l'évacuation de 6 m^3 de terre ? (On donnera la valeur exacte du résultat puis sa valeur arrondie à 10^{-2}.)

68 Fichier GeoGebra **Cet exercice peut être traité sans les TICE en prenant directement à la question 2.**

On considère un rectangle $ABCD$ de dimensions $AB = 24$ et $AD = 7$.

Soit E un point de $[AD]$. On note G le point de $[AB]$ tel que $BG = DE$ et F le point tel que $AEFG$ soit un rectangle.

1. Conjecturer avec un logiciel CHERCHER

a) Que vaut la moitié de l'aire du rectangle $ABCD$?

b) En utilisant un logiciel de géométrie dynamique, construire une figure représentant la situation.

c) Faire varier la position de E sur $[AD]$ et observer les variations de la valeur de l'aire du rectangle $AEFG$. Quelle semble être la position de E sur $[AD]$ telle que l'aire du rectangle $AEFG$ soit égale à la moitié de l'aire du rectangle $ABCD$?

2. Démontrer

On pose $x = DE$.

a) Exprimer l'aire du rectangle $AEFG$ en fonction de x.

b) Déterminer alors la position du point E sur $[AD]$ telle que l'aire du rectangle $AEFG$ soit égale à la moitié de l'aire du rectangle $ABCD$. Vérifier enfin la cohérence de ce résultat avec la réponse obtenue à la question **1.c)**.

69 Fichier GeoGebra **Cet exercice peut être traité sans les TICE en prenant directement à la question 2.**

Soit un rectangle $ABCD$. On donne ses dimensions en cm : $AB = 7$ et $AD = 5$.

On construit le quadrilatère $MNPQ$, comme indiqué sur la figure, avec : $AM = BN = CP = DQ = x$ et $x \in [0\,;5]$.

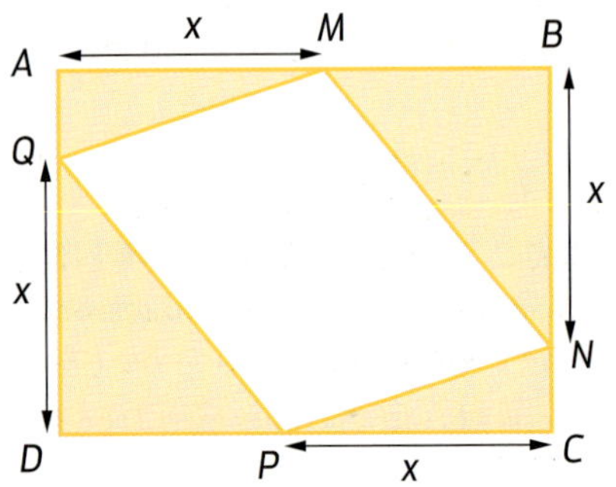

1. Conjecturer avec un logiciel REPRÉSENTER, COMMUNIQUER

a) En utilisant un logiciel de géométrie dynamique, construire une figure représentant la situation. On pourra travailler dans un repère bien choisi.

b) Créer un point S ayant pour abscisse x et pour ordonnée l'aire de $MNPQ$. Faire varier la valeur de x.

c) Quelle semble être le lieu décrit par le point S ? Quelle semble être la valeur minimale de l'aire de $MNPQ$?

d) Émettre enfin une conjecture sur les valeurs de x pour lesquelles l'aire de $MNPQ$ est supérieure ou égale à 25 cm^2.

2. Démontrer

a) Exprimer l'aire de $MNPQ$ en fonction de x.

b) Déterminer alors :

- la valeur minimale de l'aire de $MNPQ$. Vérifier la cohérence du résultat avec la réponse de la question **1.c)**.
- les valeurs de x pour lesquelles l'aire de $MNPQ$ est supérieure ou égale à 25 cm^2. Vérifier la cohérence du résultat avec la réponse de la question **1.d)**.

70 Des triangles rectangles CHERCHER, MODÉLISER

a) Un triangle rectangle a une hypoténuse de longueur 10 cm et un périmètre de 24 cm. Quelles sont les longueurs des deux autres côtés ?

b) L'un des côtés d'un triangle rectangle mesure 3 cm de moins que l'hypoténuse et 3 cm de plus que l'autre côté. Quelles sont les dimensions de ce triangle ?

71 Fichier GeoGebra **Cet exercice peut être traité sans les TICE en prenant directement à la question 2.**

Un rectangle $ABCD$ a pour dimensions $AB = 6$ et $AD = 2$. On cherche s'il existe une ou plusieurs positions du point M sur le segment $[DC]$ tel que le triangle AMB soit rectangle en M.

1. Conjecturer avec un logiciel CHERCHER

a) En utilisant un logiciel de géométrie dynamique, construire une figure représentant la situation.

b) Faire varier la position de M sur le segment $[DC]$. Semble-t-il exister une ou plusieurs positions du point M sur $[DC]$ telle que le triangle AMB soit rectangle en M ? (On pourra utiliser l'affichage de la mesure d'un angle bien choisi.)

2. Démontrer

On note $x = DM$.

a) Dans quel intervalle varie x ? Justifier.

b) Justifier que, quelque soit la position de M sur le segment $[DC]$, on a : $AM^2 = x^2 + 4$ et $BM^2 = x^2 - 12x + 40$.

c) En déduire que le triangle AMB est rectangle en M si et seulement si $2x^2 - 12x + 8 = 0$.

d) Résoudre l'équation précédente.

e) Répondre alors à la question posée au début du problème et vérifier la cohérence du résultat avec la réponse de la question **1.b)**.

72 But au football

Un ballon de football est frappé avec une vitesse initiale v dans une direction formant un angle α avec l'horizontale. On appelle y la hauteur atteinte par le ballon quand celui-ci est situé à une distance x du point où il a été frappé, distance mesurée au sol (voir la figure).

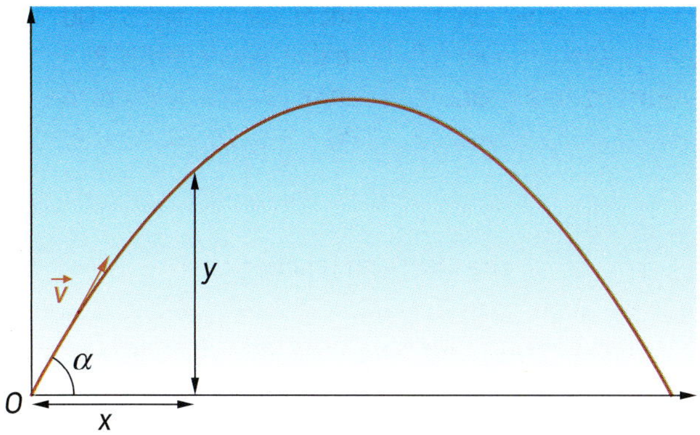

On prend ici $v = 20\ \text{m}\cdot\text{s}^{-1}$ et $\alpha = 45°$.
On admet alors que le ballon a une trajectoire parabolique définie par la relation suivante :

$$y = -\frac{1}{40}x^2 + x.$$

1. Déterminer la hauteur maximale atteinte par la balle et préciser à quelle distance x de son point de départ elle se trouve alors.

2. CHERCHER, MODÉLISER Le joueur qui a tiré cherche à lober le gardien de but qui s'est avancé (on suppose que le joueur, le gardien de but et le centre de la ligne de but sont alignés). Le gardien, bras levés, a une hauteur de 2,50 m et il est situé à 25 m du joueur qui a tiré.
Montrer que, même si le gardien saute en l'air, le ballon passera au-dessus de lui.

3. CHERCHER, MODÉLISER Après être passé au-dessus du gardien, le ballon poursuit sa course.
a) À quelle distance x de l'endroit où il a été tiré le ballon retombera-t-il ?
b) On suppose que la ligne de but est située à une distance de 41 m de l'endroit où a été tiré le ballon et que celui-ci, une fois retombé au sol, roule sur 2 m avant de s'arrêter. Le joueur marque-t-il le but ? Justifier.

73 Au fond d'un canyon

Au fond d'un canyon, coule une rivière. Du bord du surplomb rocheux, on laisse tomber une pierre et on chronomètre le temps écoulé entre le lâcher de la pierre et l'instant où on entend le « plouf » dans la rivière : il s'écoule 4,5 secondes. L'objectif est de déterminer la profondeur p du canyon.

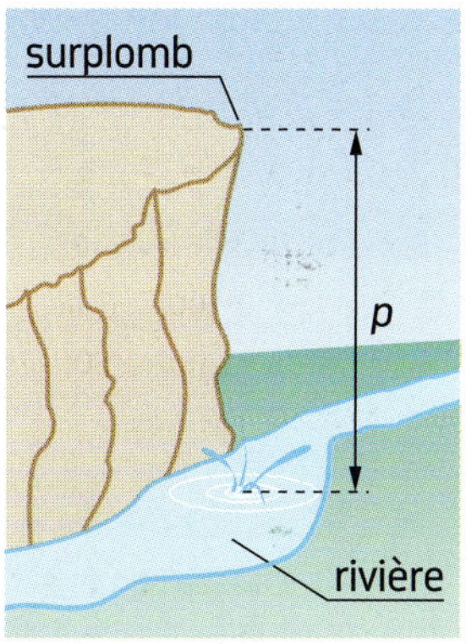

a) La distance parcourue d (en m) par la pierre en fonction du temps t (en s) est :

$$d = \frac{1}{2}gt^2 \text{ (on prendra } g = 10\ \text{m}\cdot\text{s}^{-2}\text{)}.$$

Si t_1 désigne le temps de la chute de la pierre, écrire une relation entre p et t_1.
b) La distance parcourue par le son en fonction du temps est $d = 340t$. Si on appelle t_2 le temps de remontée du son, écrire une relation entre p et t_2.
c) Le temps total étant de 4,5 secondes, exprimer t_2 en fonction de t_1.
d) Déduire de ces relations que t_1 est solution de l'équation : $t^2 + 68t - 306 = 0$.
e) Résoudre cette équation. En déduire t_1 puis la profondeur du canyon. On donnera la valeur de t_1 arrondie au dixième de seconde et la profondeur du canyon arrondie au mètre.

74 Algo CALCULER

1. On considère l'équation $ax^2 + bx + c = 0$ où a, b et c sont trois réels avec $a \neq 0$. On donne ci-dessous un algorithme :

```
Variables :    a est un réel non nul
               b, c sont des réels
Entrée :       a, b et c
Traitement :   d prend la valeur ....................
                    Si d > 0
                    Alors afficher « L'équation ......... »
                    Sinon  Si ...........
                              Alors afficher « L'équation
                              a une unique solution. »
                              Sinon afficher « .......... »
                              Fin Si
                    Fin Si
```

Après avoir indiqué à quoi sert cet algorithme, le recopier et le compléter.

2. a) En s'inspirant de l'algorithme précédent, écrire un algorithme qui indique le nombre et les valeurs des solutions de l'équation $ax^2 + bx + c = 0$.
b) Programmer l'algorithme de la question **2. a)** à la calculatrice.
c) Le tester avec les équations : (E1) : $4x^2 + 12x + 9 = 0$
(E2) : $5x^2 + 7x + 12 = 0$ (E3) : $3x^2 + 2x - 5 = 0$.
Quand les solutions d'une équation du second degré sont rationnelles, on peut améliorer l'algorithme précédent en faisant afficher les solutions sous la forme d'une fraction de deux entiers.

75 Culture de levure

Dans les pays où sévit le kwashiorkor, maladie due à une malnutrition protéique, les levures peuvent être utilisées comme complément alimentaire.
Des chercheurs étudient la possibilité de cultiver des levures en utilisant les résidus de patate douce comme source de carbone et d'azote.

Pour cela, ils recherchent une souche pouvant être cultivée à un pH de 5,5, qui est le pH des résidus de patate douce. De plus, ils souhaitent obtenir un taux de croissance maximal : plus le taux de croissance est élevé, plus la biomasse produite est importante et donc plus la production de levures est élevée.

Les chercheurs disposent de deux souches, *Saccharomyces cerevisiae* et *Candida utilis*, dont les comportements respectifs vis-à-vis du pH sont connus.

On note x le pH, $f(x)$ le taux de croissance (en h^{-1}) de la souche *Saccharomyces cerevisiae* pour un pH égal à x et $g(x)$ le taux de croissance (en h^{-1}) de la souche *Candida utilis* pour un pH égal à x.

On sait que $f(x) = -0{,}1049x^2 + 0{,}9437x - 1{,}705$ et $g(x) = -0{,}0445x^2 + 0{,}4935x - 1{,}0834$.

1. MODÉLISER Les expressions de f et g utilisées pour modéliser le comportement des deux souches ne sont valables que pour les valeurs du pH telles que les souches se développent, c'est-à-dire lorsque le taux de croissance de la souche est positif.

a) Pour chacune des fonctions f et g, déterminer l'intervalle sur lequel elle modélise le comportement de la souche. On donnera les bornes de ces deux intervalles arrondies à 10^{-2}.

b) Les deux souches peuvent-elles être cultivées au pH de 5,5 ?

2. a) En choisissant une fenêtre adaptée, tracer à la calculatrice les courbes représentatives des fonctions f et g.

b) Déterminer alors graphiquement, puis par le calcul, le pH optimal de chaque souche c'est-à-dire celui pour lequel le taux de croissance est maximal et donner la valeur du taux de croissance correspondant.

3. D'après les informations précédentes, laquelle des deux souches choisir pour poursuivre l'étude ? Pourquoi ?

76 Empreinte d'une bille

Une bille de rayon R laisse dans un matériau malléable une empreinte en forme de calotte sphérique de diamètre 20 cm.

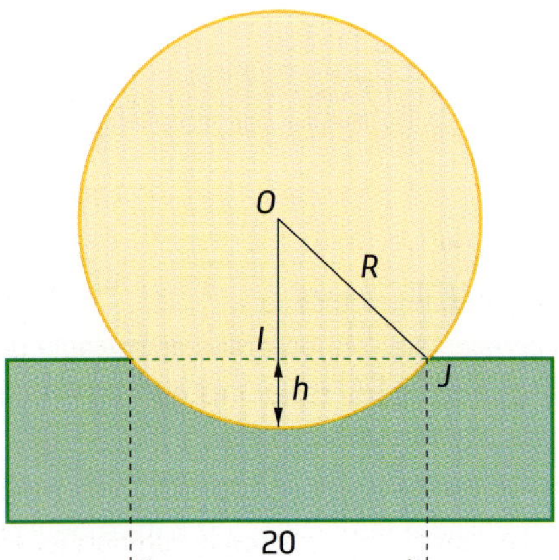

On cherche à exprimer la profondeur h de l'empreinte en fonction du rayon R de la bille. (Les points I et J sont situés respectivement au centre et bord de la calotte.)

1. Montrer que R et h sont liés par la relation :

$$h^2 - 2Rh + 100 = 0.$$

2. RAISONNER Soit l'équation (E) : $h^2 - 2Rh + 100 = 0$, où h est l'inconnue et R un réel strictement positif.

À l'aide d'un calcul de discriminant, montrer que l'équation (E) admet au moins une solution réelle si et seulement si $R \geqslant 10$. Expliquer « physiquement » pourquoi il n'y a pas de solution si $R < 10$.

3. Déterminer la profondeur h de l'empreinte faite par une bille de 13 cm de rayon. (On donnera la valeur arrondie de cette profondeur à 0,1 cm.)

77 Crash-test

Un crash-test de voiture est réalisé sur une distance de 50 mètres.

Pour réaliser le test, le véhicule est tracté par un chariot motorisé sur 49 mètres avec un mouvement rectiligne uniformément accéléré (accélération constante). Puis on lâche le véhicule qui parcourt le dernier mètre avant le crash avec un mouvement uniforme (à vitesse constante).

Le chronomètre est activé quand la voiture a parcouru 1 mètre, sa vitesse est alors de $2{,}78 \text{ m} \cdot \text{s}^{-1}$.

La loi de déplacement du chariot en fonction du temps (en secondes) pendant la phase d'accélération est :

$$D(t) = 1{,}82t^2 + 2{,}78t + 1.$$

1. Donner le sens de variation de D sur $[0\,; +\infty[$.

2. On souhaite déterminer l'instant t_L du lâcher, c'est-à-dire l'instant où le véhicule a parcouru 49 mètres.

a) COMMUNIQUER À l'aide de la calculatrice, déterminer une valeur approchée à 10^{-2} près de t_L (on précisera la méthode utilisée ainsi que les réglages de la calculatrice).

b) Par une résolution algébrique de l'équation $D(t) = 49$, déterminer une valeur approchée de t_L à 10^{-3} près.

Retrouve-t-on le résultat de la question **a)** ?

78 Résistance équivalente

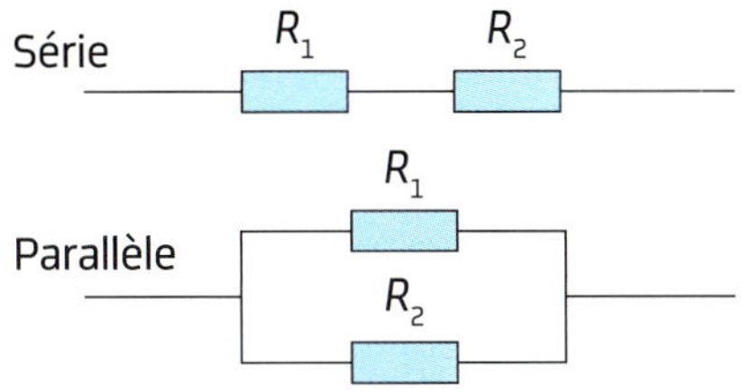

On rappelle que la résistance équivalente R_e à deux résistances R_1 et R_2

- placées en série est : $R_e = R_1 + R_2$;
- placées en parallèle est telle que : $\frac{1}{R_e} = \frac{1}{R_1} + \frac{1}{R_2}$.

1. Montrer que, si les résistances sont en parallèle, on a :

$$R_e = \frac{R_1 R_2}{R_1 + R_2}.$$

2. CHERCHER, CALCULER On considère R_1 et R_2, deux résistances inconnues. Si on les branche en parallèle, on obtient une résistance équivalente de 20 Ω. Si on les branche en série, on obtient une résistance équivalente de 90 Ω. Déterminer les valeurs de R_1 et R_2.

79 Réception d'un signal

Dans une maison, on reçoit un signal électrique par l'intermédiaire d'une antenne TV. Ce signal a une amplitude très faible, il est donc important de récupérer le maximum de puissance sur le ou les récepteurs.

On modélise l'ensemble antenne et câble de descente du signal par un générateur (E) associé en série avec une résistance (R). On utilise habituellement une résistance R égale à 75 Ω pour la télévision. La charge représentant les appareils que l'on branche sera modélisée par une résistance r. On obtient alors le schéma électrique ci-dessous :

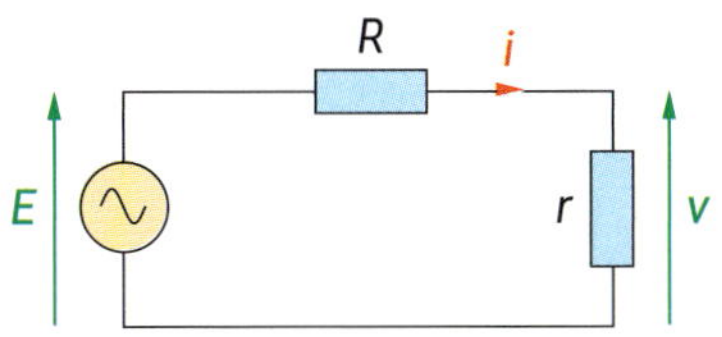

Les relations électriques régissant ce montage sont les suivantes :

$$\begin{cases} v = r \cdot i \\ v = E \cdot \dfrac{r}{r + 75} \end{cases}$$

La puissance P disponible à la charge est donnée par la relation : $P = v \cdot i$.

1. a) Exprimer i en fonction de r et E.

b) En déduire l'expression de P en fonction de r et E.

c) Sachant que la puissance P est maximale quand la résistance de charge r est égale à la résistance du générateur, ici $R = 75$ Ω, montrer que la puissance maximale P_{max} est :

$$P_{max} = \frac{E^2}{300}.$$

2. On cherche à déterminer les variations tolérées sur la résistance r pour garantir une puissance reçue supérieure ou égale à la moitié de la puissance maximale P_{max}.

a) Montrer que cette condition est réalisée si et seulement si $-r^2 + 450r - 5\,625 \geqslant 0$.

b) En résolvant l'inéquation précédente, donner la valeur minimale (arrondie à l'unité par excès) et la valeur maximale (arrondie à l'unité par défaut) que l'on peut donner à r pour garantir une réception satisfaisante ($P > P_{max}/2$) dans l'installation.

Vers le bac

80 Un problème de fenêtre

On souhaite remplacer une fenêtre rectangulaire composée d'un cadre en bois et d'une vitre en ne modifiant pas l'ouverture faite dans le mur, qui est de 60 cm par 120 cm. Le cadre en bois a une largeur identique de x cm sur les quatre côtés, comme indiqué sur la figure ci-après.

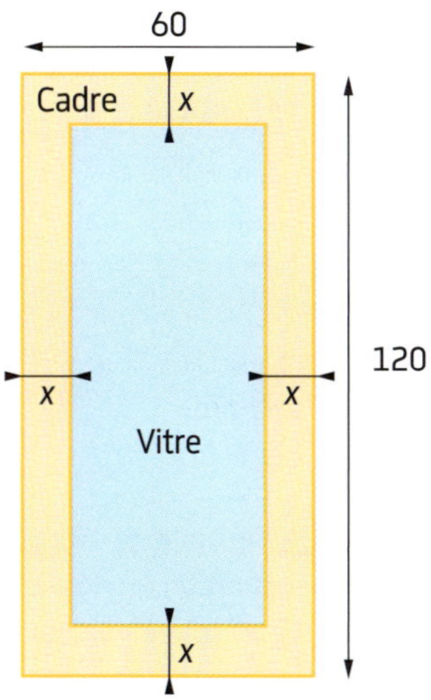

1. Si la largeur du cadre est de 3 cm, quelle est l'aire de la vitre ?

Exprimer cette aire en pourcentage de l'aire totale (aire de l'ouverture dans le mur).

2. On souhaite que l'aire de la vitre représente au moins 80 % de l'aire totale, tout en ayant un cadre le plus large possible pour garantir la résistance de la fenêtre.

a) Indiquer une stratégie pour déterminer la valeur de x qui réponde à ces contraintes.

b) Mettre en œuvre cette stratégie. On donnera le résultat arrondi au mm.

Problèmes

81 Déplacement d'une micro-fusée

Dans le cadre d'un atelier expérimental, un groupe de lycéens a fabriqué des micro-fusées.

Lors d'un essai, ils ont lancé verticalement une de ces micro-fusées, à la vitesse de $20\ \text{m}\cdot\text{s}^{-1}$. La hauteur h (en mètres) atteinte par la micro-fusée en fonction du temps t (en secondes) est donnée par :

$$h(t) = -5t^2 + 20t + 1{,}6.$$

1. En justifiant les réponses, répondre aux questions suivantes :

a) Quelle est la hauteur de la micro-fusée au bout de 1 seconde ? 3 secondes ?

b) De quelle hauteur la micro-fusée est-elle lancée ?

2. On propose l'algorithme suivant :

Variables :	t et h sont deux nombres réels
Initialisation :	t prend la valeur 0
	h prend la valeur 1,6
Traitement :	Tant que $h \geqslant 0$
	t prend la valeur $t + 0{,}1$
	h prend la valeur $-5t^2 + 20t + 1{,}6$
	Fin Tant que
Sortie :	Afficher t

a) Avec la valeur initiale de h, entre-t-on dans la boucle « tant que » ? À quelle condition en sort-on ?

b) Quelles sont les trois premières valeurs prises par la variable t dans le déroulement de la boucle ? Donner les valeurs correspondantes de la variable h.

c) Programmer l'algorithme sur la calculatrice. Quelle valeur obtient-on pour t ?
Que représente cette valeur pour la micro-fusée ?

3. On appelle C la courbe représentative, dans un repère orthonormé, de la fonction h définie sur $[0\ ;\ 4]$.

a) Donner les coordonnées du sommet de la parabole C. Interpréter ce résultat en termes de hauteur de la micro-fusée.

b) Indiquer un réglage de la fenêtre graphique de la calculatrice permettant de visualiser la courbe C. Tracer C sur la calculatrice.

c) Résoudre graphiquement l'équation $h(t) = 12$.

4. Déterminer par le calcul à quel(s) instant(s) la micro-fusée atteindra une hauteur de 12 mètres.

5. Estimer l'intervalle de temps pendant lequel la micro-fusée dépasse la hauteur de 16 mètres. Expliquer la démarche et indiquer la précision des bornes de l'intervalle.

82 Lancer de javelot

Un athlète s'entraîne au lancer de javelot. La pointe de son javelot suit une trajectoire parabolique modélisée par la fonction h définie par $h(x) = -0{,}01x^2 + 0{,}6x + 1{,}8$ où x est la distance au sol, en mètres, entre la pointe du javelot et le lanceur et où $h(x)$ est l'altitude, en mètres, de la pointe du javelot.

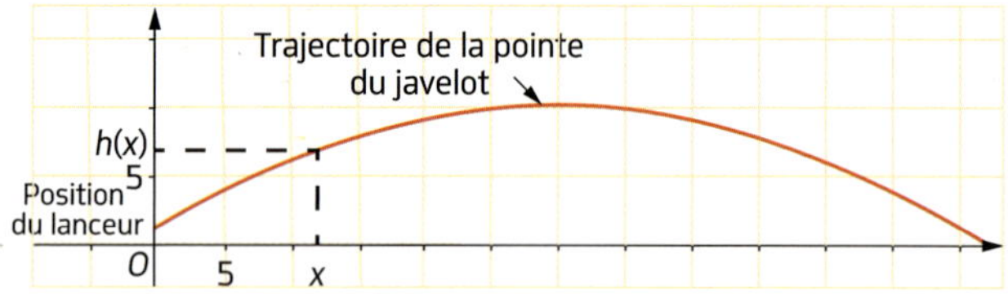

Partie A

Cette partie est un QCM. Pour chaque question, entourer la seule réponse correcte.

1. Pour aider l'athlète à ajuster son tir, l'entraîneur a placé sur la trajectoire, à 10 mètres du point de lancement, une barre horizontale à 6 mètres de haut. On veut savoir si le javelot va passer au-dessus de la barre. Pour cela :

a. On calcule $h(6)$. **b.** On calcule $h(10)$.
c. On résout l'équation $h(x) = 10$.

2. L'objectif de l'athlète lors de ce tir est de réaliser un lancer de plus de 60 mètres, c'est-à-dire que la pointe de son javelot touche le sol à plus de 60 mètres du point de lancement. On veut savoir si cet objectif sera atteint. Pour cela :

a. On calcule $h(0)$.
b. On résout l'équation $h(x) = 0$.
c. On résout l'inéquation $h(x) > 60$.

3. On veut connaître la hauteur maximale atteinte par la pointe du javelot. Pour cela :

a. On résout l'équation $h(x) = 0$.
b. On calcule $\dfrac{-0{,}6}{2\times(-0{,}01)}$.
c. On calcule $h\left(\dfrac{-0{,}6}{2\times(-0{,}01)}\right)$.

Partie B

1. Reproduire schématiquement le graphique ci-dessus et le compléter par les éléments nécessaires à une résolution graphique de l'inéquation $h(x) > 8$.

2. Résoudre par le calcul l'inéquation $h(x) > 8$.

3. Interpréter le résultat obtenu dans le contexte de l'exercice.

CHAPITRE

2 Trigonométrie

Prérequis

- Savoir exploiter les relations trigonométriques dans le triangle rectangle.
- Savoir utiliser les coordonnées d'un point et d'un vecteur dans un repère orthonormé.

→ EXERCICES n°1 à 9

Objectifs

- Découvrir la notion d'angle orienté et une nouvelle unité de mesure : le radian.
- Utiliser le cercle trigonométrique pour :
  • déterminer les différentes mesures d'un même angle orienté ;
  • déterminer le sinus et le cosinus d'un nombre réel.
- Découvrir les coordonnées polaires et exploiter le lien avec les coordonnées cartésiennes, dans la modélisation et l'étude d'une situation concrète.

Capacités attendues

- Utiliser le cercle trigonométrique pour :
  • déterminer le sinus et le cosinus d'angles associés ;
  • résoudre dans $\mathbb{R}$ les équations d'inconnue t : $\cos t = \cos \alpha$ et $\sin t = \sin \alpha$.

Activités

Activité 1 Sur le cercle trigonométrique

Objectif : Réactiver les acquis de seconde sur l'enroulement de la droite numérique sur le cercle trigonométrique.

Fichier GeoGebra

Dans le plan muni d'un repère orthonormé (O, I, J), on note $\mathscr{C}$ le cercle trigonométrique, c'est-à-dire le cercle de centre O, de rayon 1 et orienté dans le sens contraire des aiguilles d'une montre.

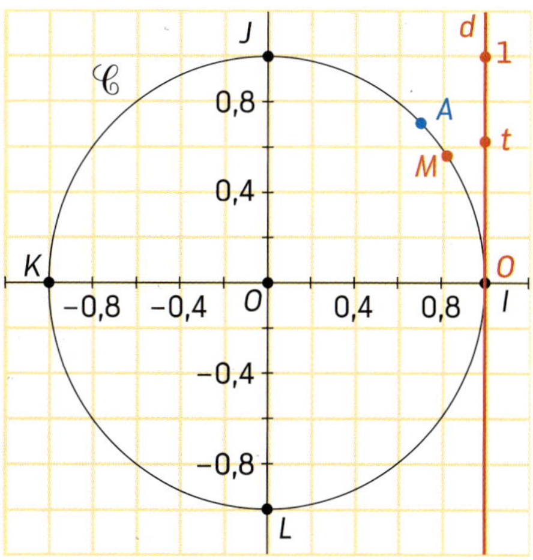

1 Déterminer le périmètre du cercle $\mathscr{C}$.

On place la droite d des réels (ou droite numérique) tangente au cercle $\mathscr{C}$ en I. On enroule la droite d sur le cercle $\mathscr{C}$. Ainsi, à tout réel t de la droite d, on associe le point M sur le cercle $\mathscr{C}$ tel que l'arc de cercle $\overset{\frown}{IM}$ soit de longueur égale à

$$\begin{cases} t \text{ si } t \text{ est positif} \\ -t \text{ si } t \text{ est négatif} \end{cases}$$

Le point M est appelé image de t sur le cercle $\mathscr{C}$.

2 **a.** Recopier et compléter le tableau suivant en utilisant les points *I*, *J*, *K* et *L* :

Réel *t* de la droite *d*	2π	$\frac{\pi}{2}$	0	3π	$-\pi$	-7π	$-\frac{\pi}{2}$	$\frac{7\pi}{2}$
Image de *t* sur le cercle $\mathscr{C}$								

b. Plusieurs réels de la droite *d* peuvent-ils avoir une même image sur le cercle $\mathscr{C}$? Pourquoi ?

3 On appelle *A* le milieu de l'arc de cercle $\overset{\frown}{IJ}$.

a. Donner deux réels positifs, puis deux réels négatifs dont l'image sur le cercle $\mathscr{C}$ est le point *A*.

b. Quelle relation existe-t-il entre les quatre réels de la question précédente ?

4 On admet que pour tout point *M* du cercle $\mathscr{C}$, la longueur de l'arc $\overset{\frown}{IM}$ est proportionnelle à la mesure de l'angle $\widehat{IOM}$ en degrés. Expliquer comment construire :

a. l'image du réel $\frac{\pi}{3}$ sur le cercle $\mathscr{C}$;

b. l'image du réel $-\frac{\pi}{6}$ sur le cercle $\mathscr{C}$.

Activité 2 — Une nouvelle unité pour mesurer un angle

Objectif : Découvrir la notion de radian.

Fichier GeoGebra

Dans le plan muni d'un repère orthonormé (*O*, *I*, *J*), on note $\mathscr{C}$ le cercle trigonométrique, c'est-à-dire le cercle de centre *O*, de rayon 1 et orienté dans le sens contraire des aiguilles d'une montre.
On admet que pour tout point *M* du cercle $\mathscr{C}$, la longueur de l'arc $\overset{\frown}{IM}$ est proportionnelle à la mesure de l'angle $\widehat{IOM}$ en degrés.

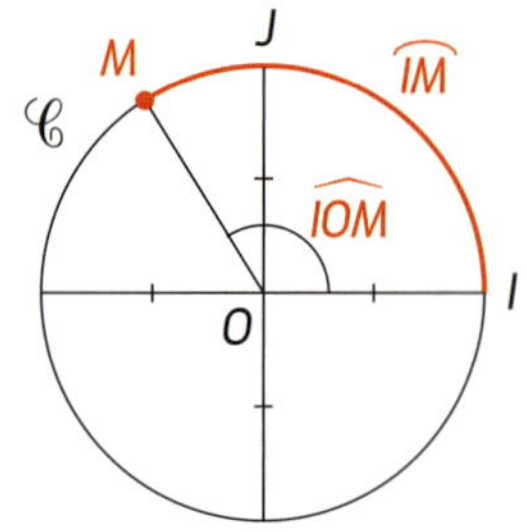

1 Déterminer le périmètre du cercle $\mathscr{C}$.

2 Recopier et compléter le tableau suivant :

Mesure de l'angle $\widehat{IOM}$	0°	180°	135°		
Position de *M*	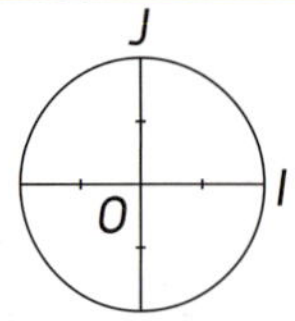	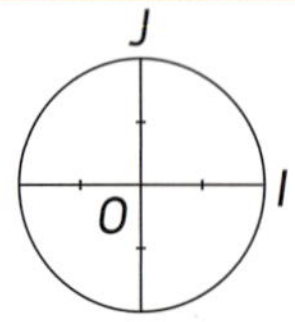	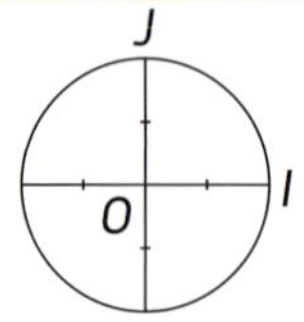	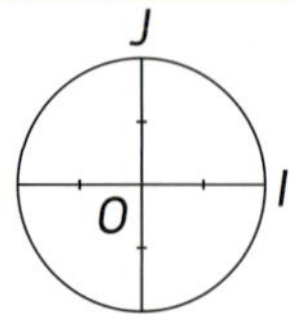	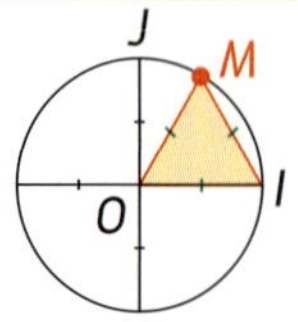
Longueur de l'arc $\overset{\frown}{IM}$				$\frac{\pi}{2}$	

3 On place la droite des réels tangente au cercle $\mathscr{C}$ en *I*. On enroule la droite *d* sur le cercle $\mathscr{C}$. Ainsi, à tout réel *t* de la droite *d*, on associe le point *M* sur le cercle $\mathscr{C}$ tel que l'arc $\overset{\frown}{IM}$ soit de longueur égale à $\begin{cases} t \text{ si } t \text{ est positif} \\ -t \text{ si } t \text{ est négatif} \end{cases}$ (voir la figure de l'activité 1).

On dit alors que ***t* est une mesure en radians de l'angle de vecteurs** $(\overrightarrow{OI}, \overrightarrow{OM})$.

a. En prenant 4 cm pour unité du repère (O, I, J), construire le cercle trigonométrique. Placer alors sur le cercle les points M_1, M_2, M_3, M_4, M_5 et M_6 tels que les angles de vecteurs

$$(\overrightarrow{OI}, \overrightarrow{OM_1}), (\overrightarrow{OI}, \overrightarrow{OM_2}), (\overrightarrow{OI}, \overrightarrow{OM_3}), (\overrightarrow{OI}, \overrightarrow{OM_4}), (\overrightarrow{OI}, \overrightarrow{OM_5}), (\overrightarrow{OI}, \overrightarrow{OM_6})$$

aient respectivement pour mesure

$$\pi, \frac{3\pi}{4}, -\pi, 2\pi, -\frac{5\pi}{4} \text{ et } \frac{11\pi}{4}.$$

b. Peut-on dire qu'un angle $(\overrightarrow{OI}, \overrightarrow{OM})$ a une unique mesure en radians ? Pourquoi ?

c. Pour la dernière position du point M du tableau, donner quatre mesures en radians de l'angle $(\overrightarrow{OI}, \overrightarrow{OM})$, deux positives et deux négatives.

4 Jules affirme : « Il est simple de construire le point M du cercle $\mathscr{C}$ tel que l'angle $(\overrightarrow{OI}, \overrightarrow{OM})$ ait pour mesure 1 radian. » Que penser de cette affirmation ?

Activité 3 Cosinus et sinus d'un nombre réel

Objectif

Manipuler le cosinus et le sinus d'un nombre réel.

Le plan étant muni d'un repère orthonormé (O, I, J), on note $\mathscr{C}$ le cercle trigonométrique. On rappelle la définition suivante vue en classe de seconde :

Soit t un réel et M le point du cercle trigonométrique repéré par le réel t.

On appelle cosinus de t, et on note $\cos t$, l'abscisse du point M dans le repère (O, I, J).

On appelle sinus de t, et on note $\sin t$, l'ordonnée du point M dans le repère (O, I, J).

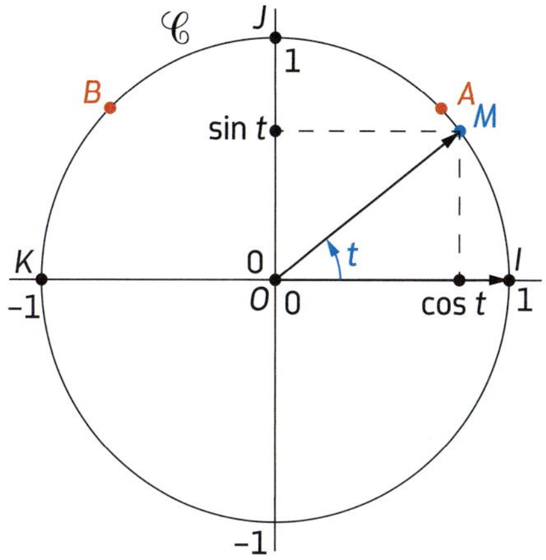

1 **a.** Donner les coordonnées du point I dans le repère (O, I, J). De quel réel est-il l'image ?

b. En déduire les valeurs de $\cos 0$ et $\sin 0$.

2 En s'inspirant de la démarche de la question **1**, recopier et compléter le tableau suivant :

Réel t	$\frac{\pi}{2}$	π	$\frac{3\pi}{2}$	2π
$\cos t$				
$\sin t$				

3 **a.** Exprimer la longueur de la diagonale d'un carré de côté a, en fonction de a.

b. En utilisant le point A milieu de l'arc de cercle $\overset{\frown}{IJ}$, déterminer les valeurs de $\cos\frac{\pi}{4}$ et $\sin\frac{\pi}{4}$.

c. On note B l'image du point A par la symétrie axiale d'axe (OJ). Donner une mesure en radians, notée α, de l'angle $(\overrightarrow{OI}, \overrightarrow{OB})$. Préciser les valeurs de $\cos\alpha$ et $\sin\alpha$.

d. Déterminer les valeurs de $\cos\left(-\frac{\pi}{4}\right)$ et $\sin\left(-\frac{\pi}{4}\right)$.

e. Tania affirme qu'il existe exactement deux réels t tels que $\cos t = \frac{\sqrt{2}}{2}$. Que penser de cette affirmation ?

Dans tout le chapitre, le plan est rapporté à un repère orthonormé (O, I, J).

A Repérage d'un point sur le cercle trigonométrique

Définition

Dans le plan muni d'un repère orthonormé (O, I, J), on appelle **cercle trigonométrique** le cercle de centre O, de rayon 1 et orienté dans le sens direct, dit aussi sens trigonométrique (sens contraire des aiguilles d'une montre).

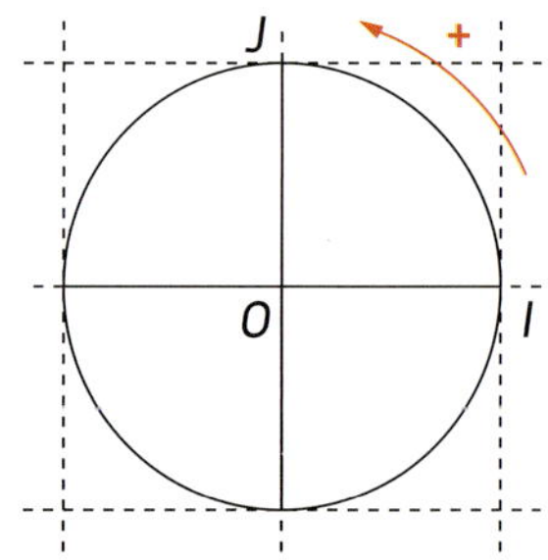

Remarque : Le sens direct est matérialisé par une flèche surmontée du signe « + ».
Le sens des aiguilles d'une montre est appelé sens indirect.

Comme cela a été rappelé dans l'activité 1, la droite d tangente en I au cercle $\mathscr{C}$, représentant la droite des réels (d'origine I), « s'enroule » autour du cercle trigonométrique.

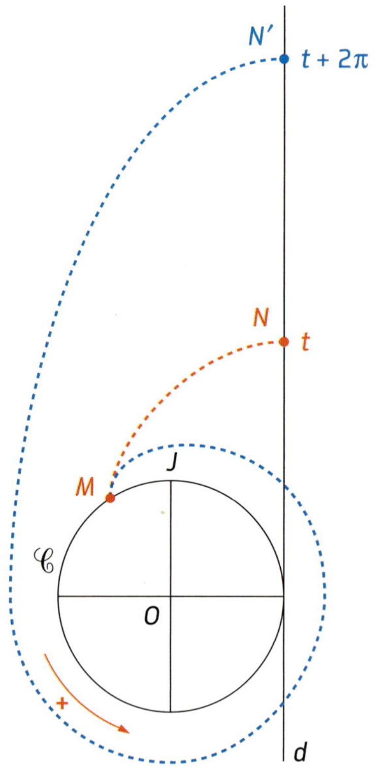

Propriété Soit t un réel.

Voir SF1

- Par enroulement, le point N de la droite d des réels a pour image un unique point M du cercle trigonométrique.
- Si le point N a pour ordonnée t, le point M est alors le point image sur le cercle trigonométrique de tous les points de la droite d ayant une ordonnée de la forme :

$$t + k \times 2\pi, \text{ où } k \in \mathbb{Z}.$$

On dit que le point M est **repéré** par tout réel de la forme :

$$t + k \times 2\pi, \text{ où } k \in \mathbb{Z}.$$

Exemples :

Le cercle trigonométrique ayant pour rayon 1, son périmètre est 2π, son demi-périmètre π. Le point K de la figure ci-contre est donc repéré par π, le point J par $\frac{\pi}{2}$, le point A par $\frac{\pi}{4}$.

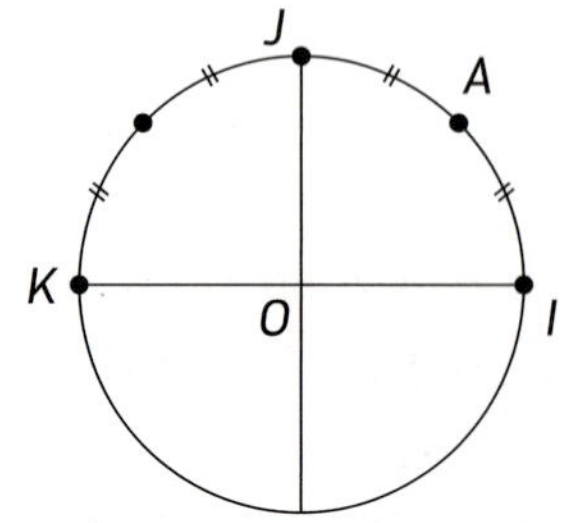

En parcourant le cercle dans le sens indirect, le point K est aussi repéré par $-\pi$, le point J par $-3 \times \frac{\pi}{2} = -\frac{3\pi}{2}$ (il y a trois quarts de cercle à parcourir), le point A par $-\frac{7\pi}{4}$ (un demi-cercle, soit $4 \times \frac{\pi}{4}$ puis un quart de cercle soit $2 \times \frac{\pi}{4}$, puis la moitié d'un quart de cercle soit $\frac{\pi}{4}$, le tout dans le sens indirect).

Le point A est aussi repéré par $\frac{\pi}{4} - 3 \times 2\pi = -\frac{23\pi}{4}$ (en effectuant 3 tours dans le sens indirect).

SF1 Déterminer des réels qui repèrent les points particuliers du cercle trigonométrique

Sur la figure ci-contre, la droite d est la droite d'équation $x = 0{,}5$ et la droite d_1 est la droite d'équation $y = -0{,}5$.

Le point C est le point d'ordonnée positive, intersection de la droite d et du cercle trigonométrique.

Le point N est le point d'abscisse positive, intersection de la droite d_1 et du cercle trigonométrique.

Déterminer trois réels, dont deux de signes contraires, qui repèrent chacun des points C et N.

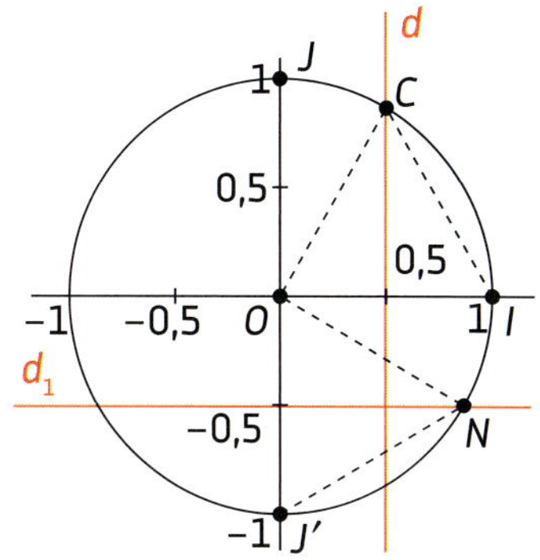

- Le triangle IOC est équilatéral ; en effet il est isocèle en O car OI et OC sont égaux à 1, et il est isocèle en C, car la hauteur issue de C est aussi la médiatrice de $[IO]$.

On en déduit que la longueur de l'arc $\overset{\frown}{IC}$, proportionnelle à un angle de 60°, est égale à un tiers du périmètre du demi-cercle, donc $\frac{\pi}{3}$.

- Le point C est repéré par $\frac{\pi}{3}$, mais aussi, en parcourant le cercle dans le sens indirect, par :

$$-5 \times \frac{\pi}{3} = -\frac{5\pi}{3}.$$

En ajoutant un tour du cercle à l'enroulement initial, le point C est également repéré par :

$$\frac{\pi}{3} + 2\pi = \frac{\pi}{3} + \frac{6\pi}{3} = \frac{7\pi}{3}.$$

- Le triangle ONJ' est équilatéral. L'arc $\overset{\frown}{J'N}$ a donc pour longueur $\frac{\pi}{3}$ et on en déduit que l'arc $\overset{\frown}{NI}$ a pour longueur :

$$\frac{\pi}{2} - \frac{\pi}{3} = \frac{3\pi}{6} - \frac{2\pi}{6} = \frac{\pi}{6}.$$

On utilise les connaissances de géométrie plane pour trouver la longueur d'un arc de cercle.

- Le point N est repéré par $-\frac{\pi}{6}$, mais aussi, en parcourant le cercle dans le sens direct par :

$$2\pi - \frac{\pi}{6} = \frac{12\pi}{6} - \frac{\pi}{6} = \frac{11\pi}{6}.$$

En ajoutant un tour de cercle dans le sens indirect à l'enroulement initial, le point N est également repéré par :

$$-\frac{\pi}{6} - 2\pi = -\frac{\pi}{6} - \frac{12\pi}{6} = \frac{-13\pi}{6}.$$

On tient alors compte du sens d'enroulement de la droite des réels à partir de I pour obtenir des réels différents repérant le point considéré.

POUR S'ENTRAÎNER

SF1 Sur la figure ci-contre, la droite d_1 est la droite d'équation $y = -0{,}5$ et la droite d_2, la droite d'équation $y = -x$.

Le point M est le point d'abscisse positive, intersection de la droite d_2 et du cercle trigonométrique.

Le point P est le point d'abscisse négative, intersection de la droite d_1 et du cercle trigonométrique.

Déterminer trois réels, dont deux de signes contraires, qui repèrent chacun des points M et P.

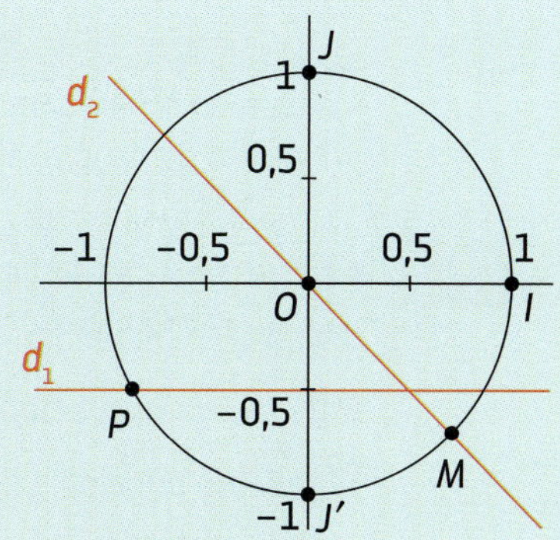

→ EXERCICES n°10 à 15

B Mesures en radians d'un angle orienté

1 Angle orienté de vecteurs

Définition Soit $\vec{u}$ et $\vec{v}$ deux vecteurs non nuls.
Le couple ordonné $(\vec{u}, \vec{v})$ définit un **angle orienté**.

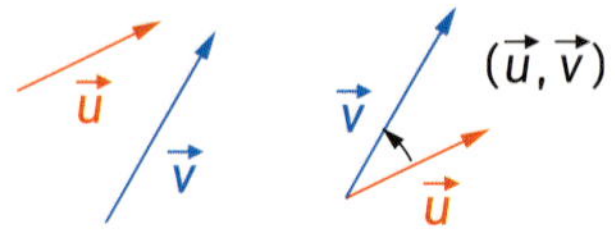

2 Mesures en radians d'un angle orienté de vecteurs

Définition
Soit t un réel et M le point du cercle trigonométrique repéré par t.
On dit que t est une **mesure en radians de l'angle orienté** $(\overrightarrow{OI}, \overrightarrow{OM})$.
Par convention, on note alors $(\overrightarrow{OI}, \overrightarrow{OM}) = t + k \times 2\pi$, où $k \in \mathbb{Z}$ et on dit que $(\overrightarrow{OI}, \overrightarrow{OM})$ a pour mesure t radians « à 2π près » ou « modulo 2π ».

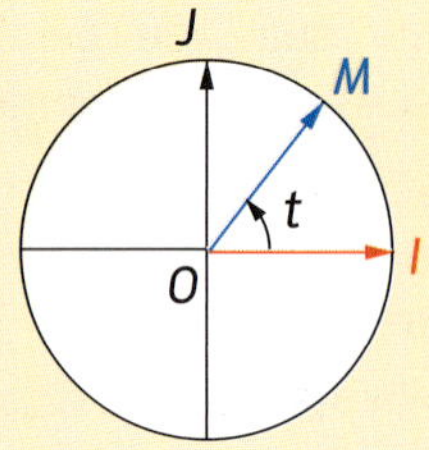

Remarque : Par abus de langage, on confond un angle et sa mesure dans la définition précédente. On le faisait déjà avec les angles géométriques. Par exemple, on notait $\widehat{ABC} = 60°$ pour signifier que la mesure en degrés de l'angle $\widehat{ABC}$ valait 60.

Voir SF2

Exemple : Sur la figure ci-contre, le point B est le point d'abscisse positive, intersection de la droite d'équation $y = x$ et du cercle trigonométrique. Le point B est repéré par $\frac{\pi}{4}$, ou encore $-\frac{7\pi}{4}$.
On a alors : $(\overrightarrow{OI}, \overrightarrow{OB}) = \frac{\pi}{4} + k \times 2\pi,\ k \in \mathbb{Z}$.
En prenant $k = 0$, on obtient $\frac{\pi}{4}$ comme mesure en radians de cet angle ;
en prenant $k = -1$, on retrouve $-\frac{7\pi}{4}$ comme autre mesure en radians de cet angle.

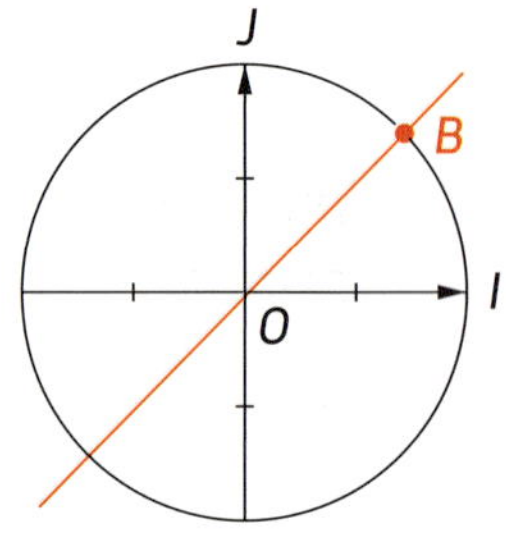

■ Principales correspondances entre radians et degrés :

Mesure en degrés	0	30	45	60	90	120	135	150	180	360
Mesure en radians	0	$\frac{\pi}{6}$	$\frac{\pi}{4}$	$\frac{\pi}{3}$	$\frac{\pi}{2}$	$\frac{2\pi}{3}$	$\frac{3\pi}{4}$	$\frac{5\pi}{6}$	π	2π

→ EXERCICES n° 25 à 31

3 Mesure principale

Théorème et Définition Soit M un point du cercle trigonométrique. Il existe une unique mesure en radians de l'angle orienté $(\overrightarrow{OI}, \overrightarrow{OM})$ dans l'intervalle $]-\pi ; \pi]$. Elle est appelée **mesure principale** de l'angle orienté $(\overrightarrow{OI}, \overrightarrow{OM})$.

Voir SF3

Exemple : Sur la figure ci-contre, le point G est le point d'abscisse négative, intersection de la droite d'équation $y = -0{,}5$ et du cercle trigonométrique. Le point G est repéré par les réels $-\frac{5\pi}{6}$ ou $\frac{7\pi}{6}$.
La mesure principale de $(\overrightarrow{OI}, \overrightarrow{OG})$ est $-\frac{5\pi}{6}$.

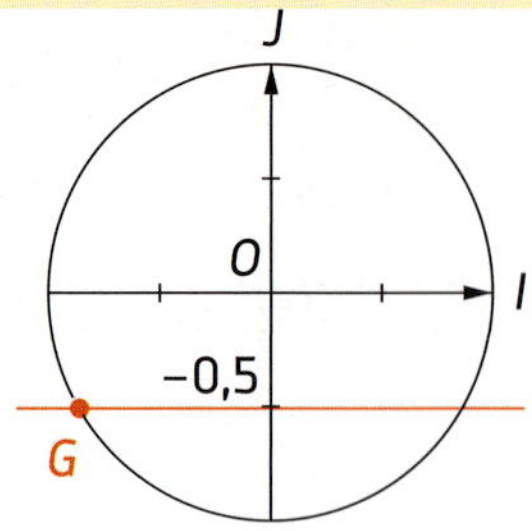

SF2 Représenter un point à partir de la mesure en radians d'un angle orienté

Le plan est rapporté au repère orthonormé (O, I, J). Représenter sur le cercle trigonométrique les points M, N et P tels que $(\overrightarrow{OI}, \overrightarrow{OM}) = \frac{4\pi}{3} + k \times 2\pi$, $(\overrightarrow{OI}, \overrightarrow{ON}) = -\frac{\pi}{4} + k \times 2\pi$ et $(\overrightarrow{OI}, \overrightarrow{OP}) = \frac{5\pi}{6} + k \times 2\pi$, avec $k \in \mathbb{Z}$.

- On parcourt le cercle dans le sens direct.
On a : $\frac{4\pi}{3} = \pi + \frac{\pi}{3}$.
Le point M est sur le troisième quart du cercle (abscisse et ordonnée négative).

- On parcourt le cercle dans le sens indirect.
On a : $0 < \frac{\pi}{4} < \frac{\pi}{2}$,
le point N est donc sur le quart de cercle des points d'abscisses positives et d'ordonnées négatives.

- On parcourt le cercle dans le sens direct.
On a $\frac{5\pi}{6} = \pi - \frac{\pi}{6}$.
Le point P est sur le deuxième quart de cercle (abscisse négative, ordonnée positive).

On trouve dans quel quart de cercle se situe le point, en tenant compte du sens de parcours sur le cercle trigonométrique.

- On construit un triangle équilatéral dans le troisième quart de cercle, l'un des côtés étant OI' : le point M a pour abscisse $-0,5$.

- Le point N est un point d'intersection de la droite d'équation $y = -x$ avec le cercle trigonométrique.

- On construit un triangle équilatéral dans le deuxième quart de cercle, l'un des côtés étant OJ : l'ordonnée de P est 0,5.

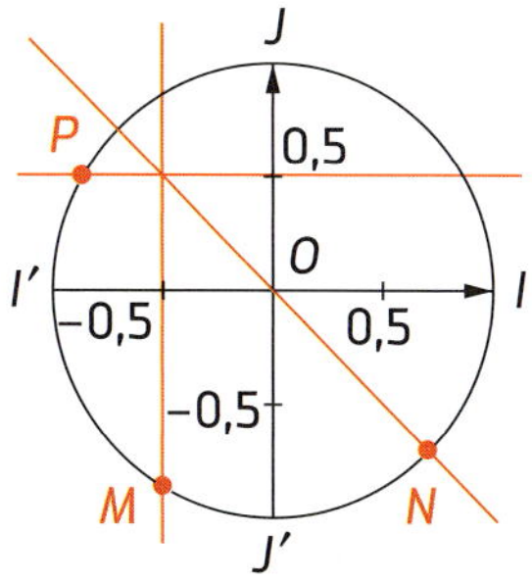

On utilise les constructions géométriques de référence.

SF3 Déterminer la mesure principale d'un angle orienté

Déterminer la mesure principale des angles orientés de mesure :

- $\frac{13\pi}{6}$

- On a : $2\pi = 12 \times \frac{\pi}{6}$,
soit $\frac{13\pi}{6} = \frac{12\pi}{6} + \frac{\pi}{6} = 2\pi + \frac{\pi}{6}$.
On soustrait alors 2π à $\frac{13\pi}{6}$
(2π correspond à un « tour de cercle » à retirer) :
$$\frac{13\pi}{6} - 2\pi = \frac{\pi}{6}.$$
La mesure principale est $\frac{\pi}{6}$.

- $-\frac{36\pi}{7}$

- On a : $-\frac{36}{7} \approx -5,1$.
L'entier pair le plus proche de $-5,1$ est -6.
On soustrait alors -6π à $-\frac{36\pi}{7}$
(-6π correspond à trois « tours de cercle » à retirer) :
$$-\frac{36\pi}{7} - (-6\pi) = -\frac{36\pi}{7} + \frac{42\pi}{7} = \frac{6\pi}{7}.$$
La mesure principale est $\frac{6\pi}{7}$.

On cherche le nombre k de « tours de cercles » intervenant dans cette mesure, soit le nombre de fois 2π ou -2π qui y sont contenus, puis on soustrait $2 \times k\pi$ à la mesure proposée.

POUR S'ENTRAÎNER

SF2 Le plan est muni du repère orthonormé (O, I, J). Construire les points M, N et P du cercle trigonométrique définis par $(\overrightarrow{OI}, \overrightarrow{OM}) = -\frac{3\pi}{2} + k \times 2\pi$, $(\overrightarrow{OI}, \overrightarrow{ON}) = \frac{5\pi}{4} + k \times 2\pi$ et $(\overrightarrow{OI}, \overrightarrow{OP}) = -\frac{7\pi}{6} + k \times 2\pi$, avec $k \in \mathbb{Z}$.

SF3 Déterminer la mesure principale des angles orientés de mesure : $-\frac{22\pi}{5}$; -43π et $\frac{46\pi}{9}$.

→ EXERCICES n°16 à 24 et 32 à 39

C Cosinus et sinus d'un nombre réel

Dans toute la suite du chapitre, le plan est rapporté à un repère orthonormé (O, I, J), où l'angle $(\overrightarrow{OI}, \overrightarrow{OJ})$ est dans le sens trigonométrique : un tel repère est dit direct.

1 Définition

Définition Soit t un réel et M le point du cercle trigonométrique repéré par t.
On appelle **cosinus** de t, et on note $\cos t$, l'abscisse du point M dans le repère (O, I, J).
On appelle **sinus** de t, et on note $\sin t$, l'ordonnée du point M dans le repère (O, I, J).

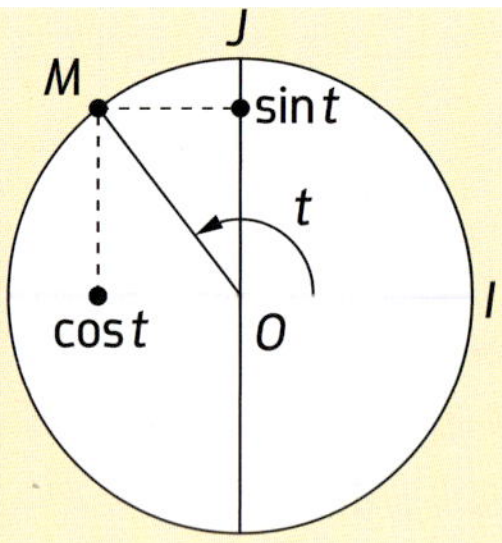

2 Propriétés

Le cercle trigonométrique a pour rayon 1, donc tout point de ce cercle a une abscisse et une ordonnée comprise entre -1 et 1. On en déduit la propriété suivante.

Propriété Pour tout réel t, $-1 \leqslant \cos t \leqslant 1$ et $-1 \leqslant \sin t \leqslant 1$.

On appelle H et K les projetés orthogonaux de M respectivement sur (OI) et (OJ). D'après le théorème de Pythagore, dans le triangle OMH rectangle en H : $OH^2 + MH^2 = OM^2$.

Or, $OH = \cos t$ ou $-\cos t$, $MH = OK = \sin t$ ou $-\sin t$ et $OM = 1$.

On a donc $OH^2 = (\cos t)^2$ et $OK^2 = (\sin t)^2$. On obtient, en remplaçant dans l'égalité ci-dessus, $(\cos t)^2 + (\sin t)^2 = 1$ que l'on écrit aussi $\cos^2 t + \sin^2 t = 1$.

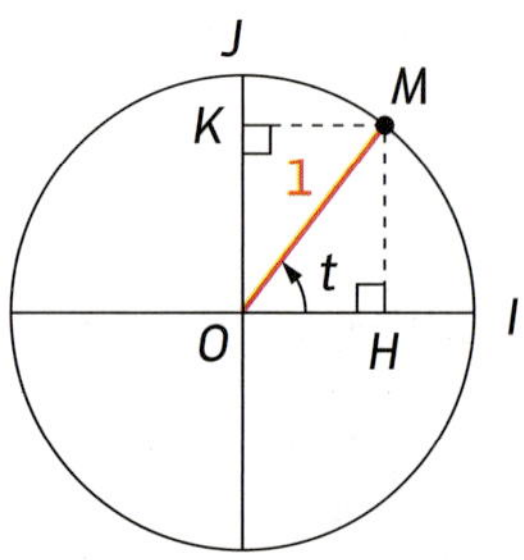

Propriété Pour tout réel t, $\cos^2 t + \sin^2 t = 1$.

→ EXERCICES n°54 et 55

3 Valeurs remarquables

À partir du cours de trigonométrie de seconde et de la formule de conversion de radians en degrés, ou à partir des constructions géométriques et de la propriété précédente, on obtient le tableau suivant :

Voir SF4

t	0	$\frac{\pi}{6}$	$\frac{\pi}{4}$	$\frac{\pi}{3}$	$\frac{\pi}{2}$
$\cos t$	1	$\frac{\sqrt{3}}{2}$	$\frac{\sqrt{2}}{2}$	$\frac{1}{2}$	0
$\sin t$	0	$\frac{1}{2}$	$\frac{\sqrt{2}}{2}$	$\frac{\sqrt{3}}{2}$	1

Remarque :
Quand on utilise les touches cos et sin de la calculatrice, il convient de la régler dans l'unité de mesure souhaitée (degré ou radian).

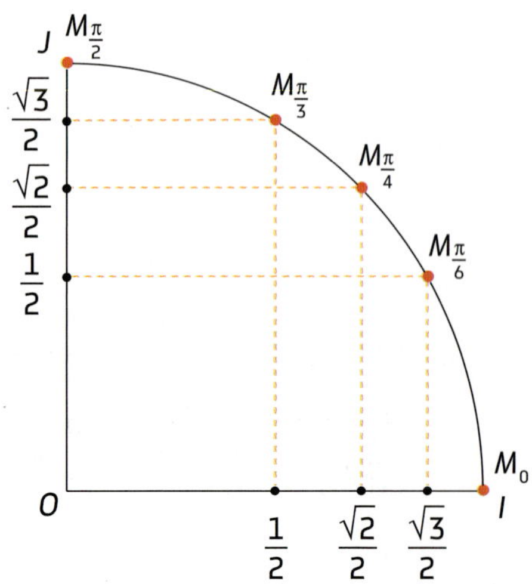

SF4 Retrouver le cosinus et le sinus d'un réel en utilisant le cercle trigonométrique

a. En utilisant le cercle trigonométrique, donner les valeurs exactes de :

- $\cos \pi$ et $\sin \pi$

- 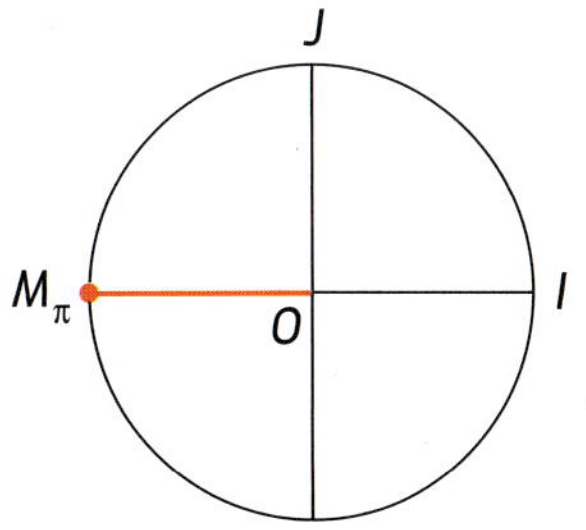

- Par définition, M_π a pour coordonnées $(\cos \pi ; \sin \pi)$.

Par lecture graphique, M_π a pour coordonnées $(-1 ; 0)$.

Donc $\cos \pi = -1$ et $\sin \pi = 0$.

- $\cos\left(\frac{\pi}{6}\right)$ et $\sin\left(\frac{\pi}{6}\right)$

- On a vu précédemment que le point repéré par $\frac{\pi}{6}$ est le point construit à l'aide d'un triangle équilatéral dont un côté est OJ.

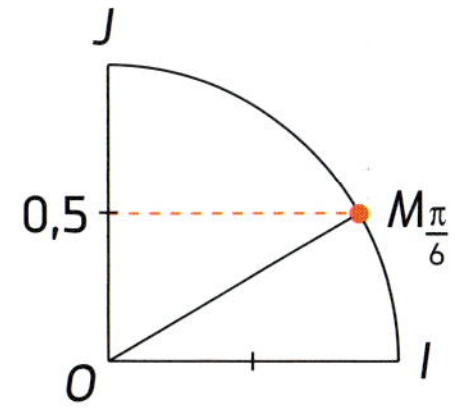

- Par définition, $M_{\frac{\pi}{6}}$ a pour coordonnées $\left(\cos \frac{\pi}{6} ; \sin \frac{\pi}{6}\right)$. Par construction, l'ordonnée de M est $\frac{1}{2}$.

Donc $\sin \frac{\pi}{6} = \frac{1}{2}$. L'ordonnée de $M_{\frac{\pi}{6}}$ étant $\frac{1}{2}$ et son abscisse étant positive, cette abscisse est $\frac{\sqrt{3}}{2}$ (valeur remarquable à apprendre).

Donc $\cos \frac{\pi}{6} = \frac{\sqrt{3}}{2}$.

(cos t ; sin t) sont les coordonnées du point M_t du cercle trigonométrique repéré par le réel t. On commence donc par placer M_t sur le cercle trigonométrique.

On lit, ou on détermine à l'aide des valeurs remarquables, les coordonnées de M_t. On égale alors les coordonnées obtenues avec les coordonnées (cos t ; sin t).

b. En utilisant le cercle trigonométrique, donner les valeurs exactes de :

- $\sin\left(\frac{5\pi}{4}\right)$

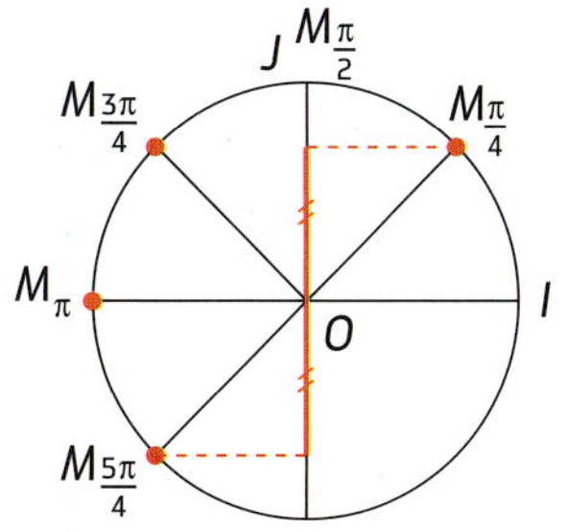

- Par symétrie,
$\sin\left(\frac{5\pi}{4}\right) = -\sin\left(\frac{\pi}{4}\right) = -\frac{\sqrt{2}}{2}$.

- $\cos\left(-\frac{\pi}{6}\right)$

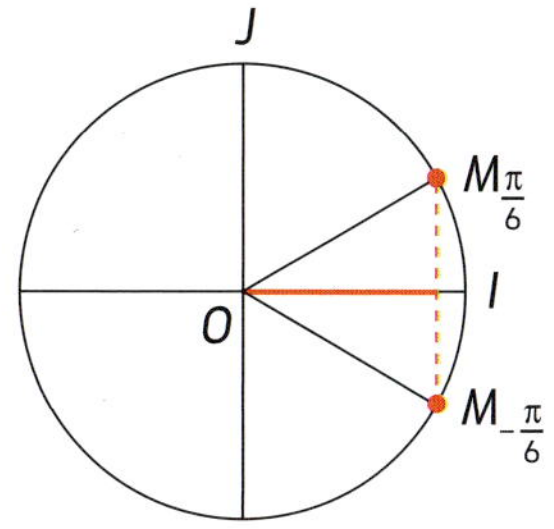

- Par symétrie,
$\cos\left(-\frac{\pi}{6}\right) = \cos\left(\frac{\pi}{6}\right) = \frac{\sqrt{3}}{2}$.

On place le point M_t repéré par le réel t et on utilise un argument de symétrie pour se ramener au cosinus ou au sinus d'un angle compris entre 0 et $\frac{\pi}{2}$.

POUR S'ENTRAÎNER

SF4 En utilisant le cercle trigonométrique, donner les valeurs exactes de :

a. $\cos\left(-\frac{3\pi}{2}\right)$; $\sin\left(-\frac{3\pi}{2}\right)$; $\cos\left(\frac{\pi}{3}\right)$ et $\sin\left(\frac{\pi}{3}\right)$. **b.** $\cos\left(\frac{3\pi}{4}\right)$; $\sin\left(-\frac{4\pi}{3}\right)$ et $\cos\left(-\frac{5\pi}{6}\right)$.

→ EXERCICES n° 40 à 53

D Angles associés

Propriétés

Soit t un réel et M le point du cercle trigonométrique repéré par t. Soit k un entier relatif.

$\cos(t + k \times 2\pi) = \cos t$ $\sin(t + k \times 2\pi) = \sin t$	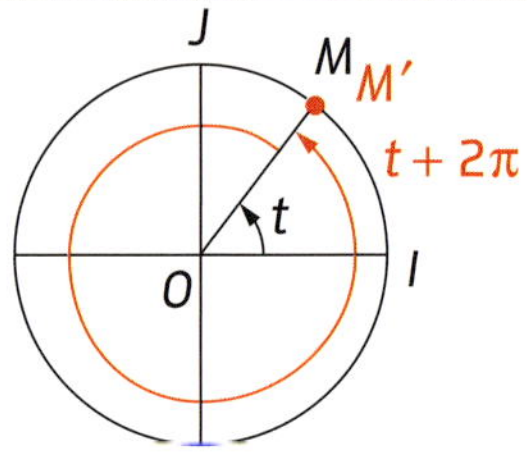	M', repéré par $t + k \times 2\pi$, et M sont confondus.
$\cos(-t) = \cos t$ $\sin(-t) = -\sin t$	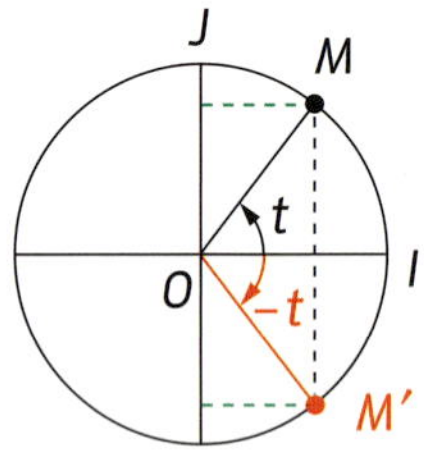	M', repéré par $(-t)$, et M sont symétriques par rapport à l'axe des abscisses.
$\cos(\pi - t) = -\cos t$ $\sin(\pi - t) = \sin t$	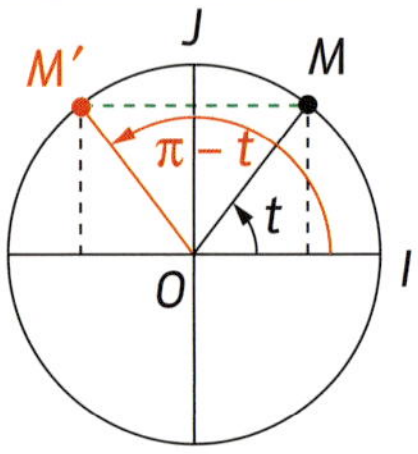	M', repéré par $(\pi - t)$, et M sont symétriques par rapport à l'axe des ordonnées.
$\cos(\pi + t) = -\cos t$ $\sin(\pi + t) = -\sin t$	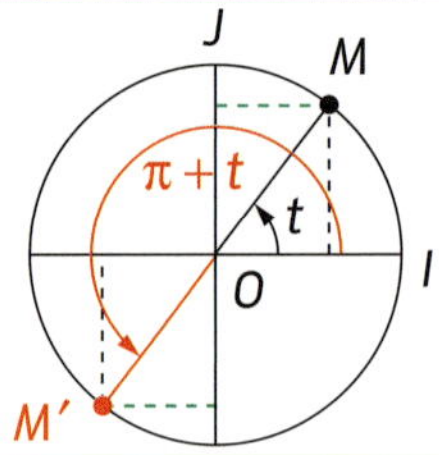	M', repéré par $(\pi + t)$, et M sont symétriques par rapport au point O.
$\cos\left(\frac{\pi}{2} - t\right) = \sin t$ $\sin\left(\frac{\pi}{2} - t\right) = \cos t$ $\cos\left(\frac{\pi}{2} + t\right) = -\sin t$ $\sin\left(\frac{\pi}{2} + t\right) = \cos t$	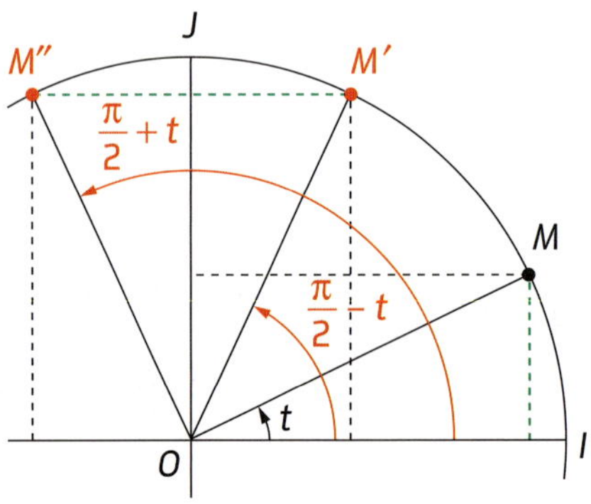	M', repéré par $\left(\frac{\pi}{2} - t\right)$, et M sont symétriques par rapport à la première bissectrice ; M'', repéré par $\left(\frac{\pi}{2} + t\right)$, et M' sont symétriques par rapport à l'axe des ordonnées.

Voir SF5

Exemples :

$\cos\left(-\frac{\pi}{4}\right) = \cos\left(\frac{\pi}{4}\right) = \frac{\sqrt{2}}{2}$;

$\sin\left(\frac{2\pi}{3}\right) = \sin\left(\pi - \frac{\pi}{3}\right) = \sin\left(\frac{\pi}{3}\right) = \frac{\sqrt{3}}{2}$;

$\cos\left(\frac{7\pi}{6}\right) = \cos\left(\pi + \frac{\pi}{6}\right) = -\cos\left(\frac{\pi}{6}\right) = -\frac{\sqrt{3}}{2}$.

→ EXERCICES N° 56 À 59

SF5 Établir le tableau de signe d'une expression de la forme cos(*at*) ou sin(*at*) sur un intervalle, *a* étant un réel donné

Établir le tableau de signe de $\cos(2t)$ sur $[0\,;\pi]$ et celui de $\sin(3t)$ sur $\left[-\frac{\pi}{2}\,;\frac{\pi}{2}\right]$.

Il est important de noter que c'est la valeur de at qui va permettre, grâce au cercle trigonométrique, de déterminer le signe de $\cos(at)$ ou $\sin(at)$. On ajoute donc une ligne intermédiaire dans le tableau de signe « classique » que l'on remplit par étapes. On indique les valeurs extrêmes de t sur la 1re ligne et on en déduit celles de at que l'on indique sur la 2e ligne :

t	0	π
$2t$	0	2π

t	$-\frac{\pi}{2}$	$\frac{\pi}{2}$
$3t$	$-\frac{3\pi}{2}$	$\frac{3\pi}{2}$

On place, sur la ligne de at, les valeurs de at qui annulent $\cos(at)$ ou $\sin(at)$ et on complète la ligne de $\cos(at)$ ou $\sin(at)$ en se servant du cercle trigonométrique :

t	0						π
$2t$	0		$\frac{\pi}{2}$		$\frac{3\pi}{2}$		2π
$\cos(2t)$		$+$	0	$-$	0	$+$	

t	$-\frac{\pi}{2}$										$\frac{\pi}{2}$
$3t$	$-\frac{3\pi}{2}$		$-\pi$		0		π				$\frac{3\pi}{2}$
$\sin(3t)$		$+$	0	$-$	0	$+$	0	$-$			

On complète enfin la ligne de t en utilisant les valeurs de la ligne de at :

t	0		$\frac{\pi}{4}$		$\frac{3\pi}{4}$		π
$2t$	0		$\frac{\pi}{2}$		$\frac{3\pi}{2}$		2π
$\cos(2t)$		$+$	0	$-$	0	$+$	

t	$-\frac{\pi}{2}$		$-\frac{\pi}{3}$		0		$\frac{\pi}{3}$		$\frac{\pi}{2}$
$3t$	$-\frac{3\pi}{2}$		$-\pi$		0		π		$\frac{3\pi}{2}$
$\sin(3t)$		$+$	0	$-$	0	$+$	0	$-$	

Attention à l'interprétation du tableau ! On le lit en « oubliant » la 2e ligne :

- $\cos(2t) > 0$ lorsque $t \in \left]0\,;\frac{\pi}{4}\right[\cup \left]\frac{3\pi}{4}\,;\pi\right[$

$\cos(2t) = 0$ lorsque $t = \frac{\pi}{4}$ ou $t = \frac{3\pi}{4}$

$\cos(2t) < 0$ lorsque $t \in \left]\frac{\pi}{4}\,;\frac{3\pi}{4}\right[$.

- $\sin(3t) > 0$ lorsque $t \in \left]-\frac{\pi}{2}\,;-\frac{\pi}{3}\right[\cup \left]0\,;\frac{\pi}{3}\right[$

$\sin(3t) = 0$ lorsque $t = -\frac{\pi}{3}$ ou $t = 0$ ou $t = \frac{\pi}{3}$

$\sin(3t) < 0$ lorsque $t \in \left]-\frac{\pi}{3}\,;0\right[\cup \left]\frac{\pi}{3}\,;\frac{\pi}{2}\right[$.

POUR S'ENTRAÎNER

SF5 Établir le tableau de signe de $\sin(2t)$ sur $[0\,;\pi]$ et celui de $\cos(3t)$ sur $\left[-\frac{\pi}{2}\,;\frac{\pi}{2}\right]$.

→ EXERCICES n° 60 à 62

E Équations trigonométriques

1 Résolution des équations de la forme $\cos t = a$, où a est un réel

• Si $a < -1$ ou $a > 1$: pour tout réel t, $-1 \leqslant \cos t \leqslant 1$, donc l'équation $\cos t = a$ n'a pas de solution.

• Si $a = 1$: le point I est l'unique point du cercle trigonométrique d'abscisse 1 et $(\overrightarrow{OI}, \overrightarrow{OI}) = k \times 2\pi$, où $k \in \mathbb{Z}$.

• Si $a = -1$: le point A est l'unique point du cercle trigonométrique d'abscisse -1 et $(\overrightarrow{OI}, \overrightarrow{OA}) = \pi + k \times 2\pi$, où $k \in \mathbb{Z}$.

• Si $-1 < a < 1$: il existe sur le cercle trigonométrique deux points d'abscisse a, les points M et M', symétriques par rapport à l'axe des abscisses. Si α est une mesure de l'angle $(\overrightarrow{OI}, \overrightarrow{OM})$, alors $-\alpha$ est une mesure de l'angle $(\overrightarrow{OI}, \overrightarrow{OM'})$ et on a :

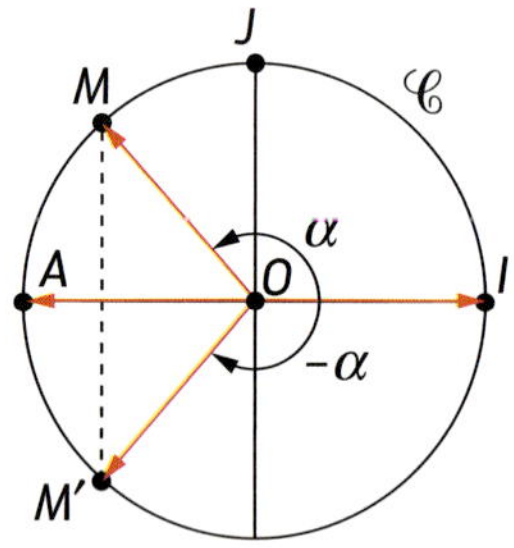

$$(\overrightarrow{OI}, \overrightarrow{OM}) = \alpha + k \times 2\pi \text{ et } (\overrightarrow{OI}, \overrightarrow{OM'}) = -\alpha + k \times 2\pi, \text{ où } k \in \mathbb{Z}.$$

Théorème Soit l'équation $\cos t = a$, où a est un réel.

• Si $a \in]-1\,;1[$, on cherche un réel α tel que $\cos \alpha = a$.
Les solutions de l'équation $\cos t = a$ sont tous les nombres de la forme :

$$t = \alpha + k \times 2\pi \text{ ou } t = -\alpha + k \times 2\pi, \text{ où } k \in \mathbb{Z}.$$

• Si a n'appartient pas à l'intervalle $[-1\,;1]$, l'équation $\cos t = a$ n'a pas de solution.
• Les solutions de l'équation $\cos t = 1$ sont tous les nombres de la forme $t = k \times 2\pi$, $k \in \mathbb{Z}$.
• Les solutions de l'équation $\cos t = -1$ sont tous les nombres de la forme $t = \pi + k \times 2\pi$, $k \in \mathbb{Z}$.

Voir SF6

2 Résolution des équations de la forme $\sin t = a$, où a est un réel

• Si $a < -1$ ou $a > 1$: pour tout réel t, $-1 \leqslant \sin t \leqslant 1$, donc l'équation $\sin t = a$ n'a pas de solution.

• Si $a = 1$: le point J est l'unique point du cercle trigonométrique d'ordonnée 1 et $(\overrightarrow{OI}, \overrightarrow{OJ}) = \frac{\pi}{2} + k \times 2\pi$, où $k \in \mathbb{Z}$.

• Si $a = -1$: le point B est l'unique point du cercle trigonométrique d'ordonnée -1 et $(\overrightarrow{OI}, \overrightarrow{OB}) = -\frac{\pi}{2} + k \times 2\pi$, où $k \in \mathbb{Z}$.

• Si $-1 < a < 1$: il existe sur le cercle trigonométrique deux points d'ordonnée a, les points N et N', symétriques par rapport à l'axe des ordonnées.

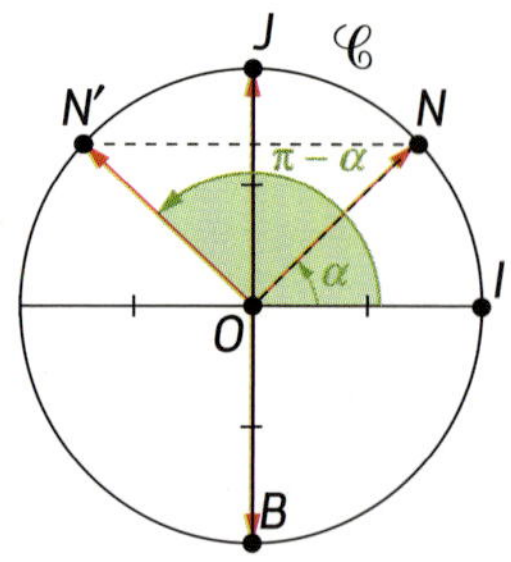

• Si α est une mesure de l'angle $(\overrightarrow{OI}, \overrightarrow{ON})$, alors $\pi - \alpha$ est une mesure de l'angle $(\overrightarrow{OI}, \overrightarrow{ON'})$ et on a :

$$(\overrightarrow{OI}, \overrightarrow{ON}) = \alpha + k \times 2\pi \text{ et } (\overrightarrow{OI}, \overrightarrow{ON'}) = \pi - \alpha + k \times 2\pi, \text{ où } k \in \mathbb{Z}.$$

Théorème Soit l'équation $\sin t = a$, où a est un réel.

• Si $a \in]-1\,;1[$, on cherche un réel α tel que $\sin \alpha = a$.
Les solutions de l'équation $\sin t = a$ sont tous les nombres de la forme :

$$t = \alpha + k \times 2\pi \text{ ou } t = \pi - \alpha + k \times 2\pi, \text{ où } k \in \mathbb{Z}.$$

• Si a n'appartient pas à l'intervalle $[-1\,;1]$, l'équation $\sin t = a$ n'a pas de solution.
• Les solutions de l'équation $\sin t = 1$ sont tous les nombres de la forme $t = \frac{\pi}{2} + k \times 2\pi$, $k \in \mathbb{Z}$.
• Les solutions de l'équation $\sin t = -1$ sont tous les nombres de la forme $t = -\frac{\pi}{2} + k \times 2\pi$, $k \in \mathbb{Z}$.

Voir SF7

SF6 Résoudre une équation de la forme cos $t = a$, où a est un réel

Résoudre les équations suivantes :

- $\cos t = -\dfrac{1}{2}$
- $\cos t = \dfrac{3}{2}$
- $\cos t = -1$

On reconnaît une équation de la forme cos $t = a$ et on discute selon la valeur de a.

• $\cos t = -\dfrac{1}{2}$

$-1 < -\dfrac{1}{2} < 1$

Pour appliquer le théorème, on cherche une valeur particulière de t qui vérifie l'équation.

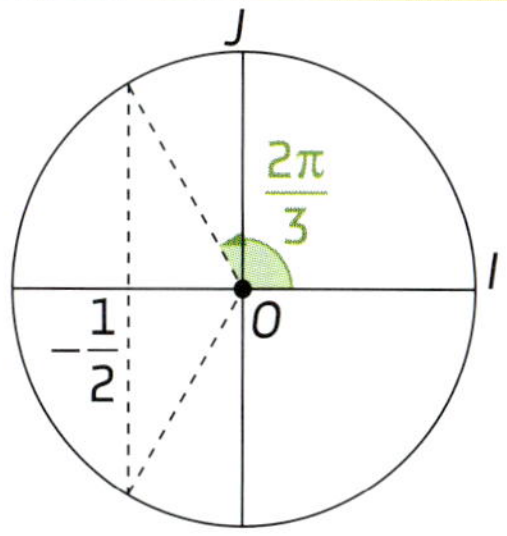

L'équation s'écrit : $\cos t = \cos\left(\dfrac{2\pi}{3}\right)$.

Les solutions dans $\mathbb{R}$ sont les nombres de la forme :
$t = \dfrac{2\pi}{3} + k \times 2\pi$ ou $t = -\dfrac{2\pi}{3} + k \times 2\pi$, où $k \in \mathbb{Z}$.

• $\cos t = \dfrac{3}{2}$

$\dfrac{3}{2} > 1$

En application du théorème :

l'équation proposée n'a pas de solution.

• $\cos t = -1$

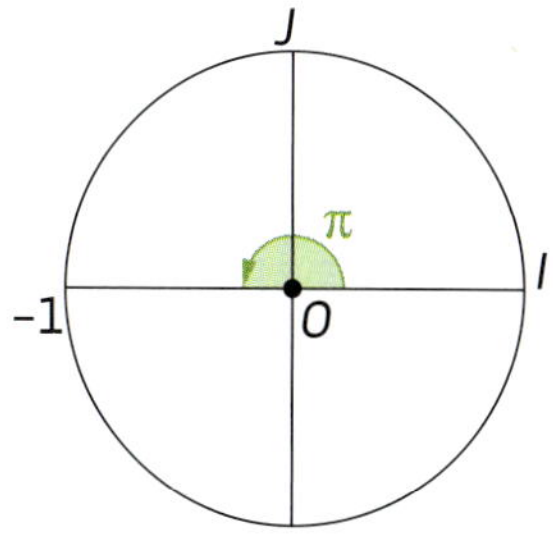

les solutions de l'équation sont les nombres de la forme : $t = \pi + k \times 2\pi$, $k \in \mathbb{Z}$.

SF7 Résoudre une équation de la forme sin $t = a$, où a est un réel

Résoudre les équations suivantes :

- $\sin t = \dfrac{\sqrt{2}}{2}$
- $\sin t = -2$
- $\sin t = 1$

On reconnaît une équation de la forme sin $t = a$ et on discute suivant la valeur de a.

• $\sin t = \dfrac{\sqrt{2}}{2}$

$-1 < \dfrac{\sqrt{2}}{2} < 1$

Pour appliquer le théorème, on cherche une valeur particulière de t qui vérifie l'équation.

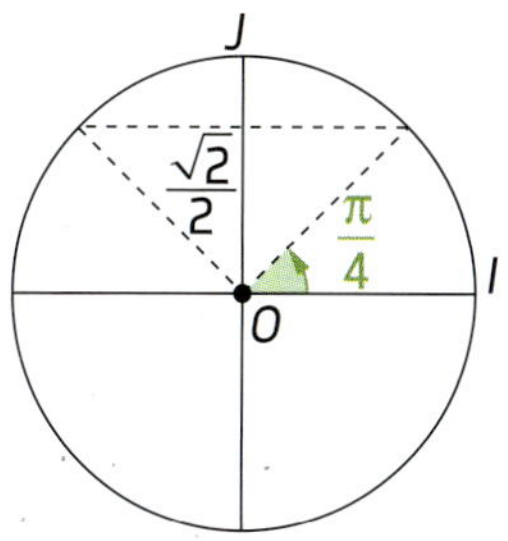

L'équation s'écrit : $\sin t = \sin\left(\dfrac{\pi}{4}\right)$.

Les solutions dans $\mathbb{R}$ sont les nombres de la forme :
$t = \dfrac{\pi}{4} + k \times 2\pi$ ou $t = \dfrac{3\pi}{4} + k \times 2\pi$, où $k \in \mathbb{Z}$.

• $\sin t = -2$

$-2 < -1$

En application du théorème :

l'équation proposée n'a pas de solution.

• $\sin t = 1$

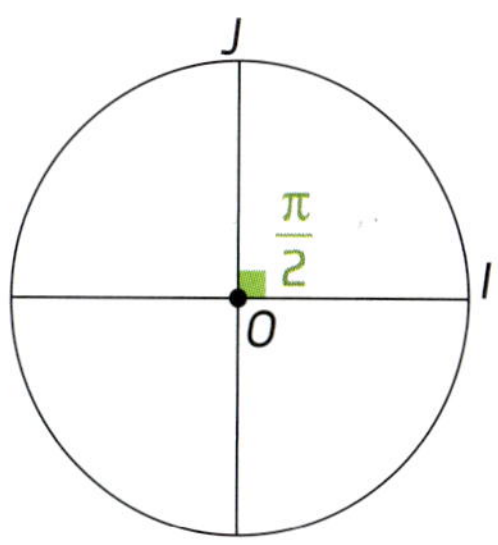

les solutions de l'équation sont les nombres de la forme :
$t = \dfrac{\pi}{2} + k \times 2\pi$, $k \in \mathbb{Z}$.

POUR S'ENTRAÎNER

SF6 Résoudre les équations suivantes : $\cos t = 1$, $\cos t = -2{,}3$ et $\cos t = \dfrac{\sqrt{3}}{2}$. → EXERCICES n° 63 et 64

SF7 Résoudre les équations suivantes : $\sin t = 3$, $\sin t = -\dfrac{1}{2}$ et $\sin t = -1$. → EXERCICES n° 65 à 76

F Distance, angle et coordonnées

1 Coordonnées polaires

Un point M du plan peut être repéré :

• soit en choisissant un repère, par exemple (O, I, J) : M y est repéré par ses coordonnées, dites cartésiennes ;

• soit en choisissant une origine et un axe de repère, par exemple (O, I) : tout point $M \neq O$ y est repéré par la donnée de sa distance à O et d'une mesure de l'angle $(\overrightarrow{OI}, \overrightarrow{OM})$. (C'est le système du radar.)

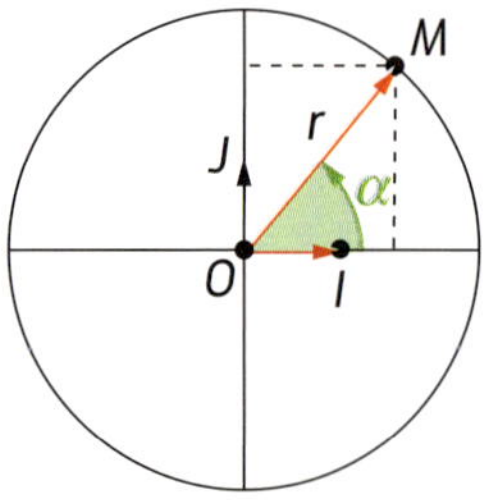

Voir SF8

Théorème et Définition Dans le plan muni d'un repère orthonormé (O, I, J), tout point M différent de O est repéré de façon unique par la donnée d'un couple $(r\,;\,\alpha)$, où $r = OM$ et $\alpha = (\overrightarrow{OI}, \overrightarrow{OM})$.
Un tel couple est appelé coordonnées polaires de M.
Pour le point O, on convient que $r = 0$ et que α peut prendre n'importe quelle valeur.

2 Coordonnées polaires et coordonnées cartésiennes

Soit M un point du plan, de coordonnées polaires $(r\,;\,\alpha)$.

On considère le point N, intersection de la demi-droite $[OM)$ et du cercle trigonométrique. Les coordonnées cartésiennes de N sont $(\cos\alpha\,;\,\sin\alpha)$.

Or, on a : $\overrightarrow{OM} = r\,\overrightarrow{ON}$, le vecteur $\overrightarrow{ON}$ a pour coordonnées $(\cos\alpha\,;\,\sin\alpha)$, donc le vecteur $\overrightarrow{OM}$ a pour coordonnées $(r\cos\alpha\,;\,r\sin\alpha)$.

On en déduit que les coordonnées cartésiennes de M sont $(r\cos\alpha\,;\,r\sin\alpha)$.

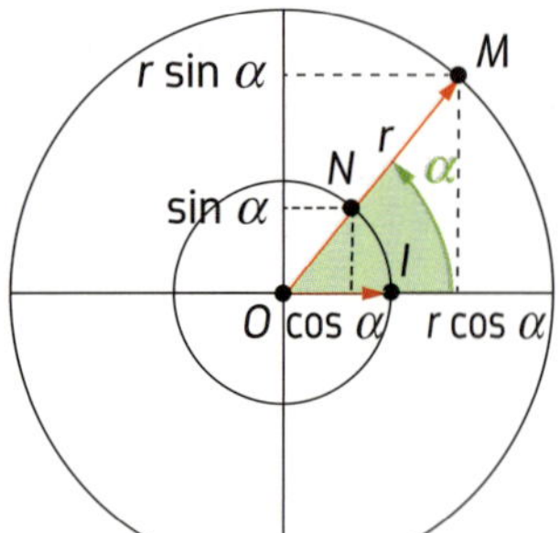

Théorème Dans le repère orthonormé (O, I, J), le point M de coordonnées polaires $(r\,;\,\alpha)$ a pour coordonnées cartésiennes $(a\,;\,b)$ avec $a = r\cos\alpha$ et $b = r\sin\alpha$.

Exemple :
Soit M le point de coordonnées polaires $\left(4\,;\,\frac{5\pi}{6}\right)$. Les coordonnées cartésiennes de M sont :

$$x = 4\cos\left(\frac{5\pi}{6}\right) = -\frac{4\sqrt{3}}{2} = -2\sqrt{3} \text{ et } y = 4\sin\left(\frac{5\pi}{6}\right) = \frac{4}{2} = 2, \text{ soit } M(-2\sqrt{3}\,;\,2).$$

→ EXERCICES n°82 à 85

Si le point M a pour coordonnées cartésiennes $(a\,;\,b)$, alors, d'après le cours de seconde, $OM = \sqrt{a^2 + b^2}$.

Voir SF9

Théorème Dans le repère orthonormé (O, I, J), le point $M \neq O$ de coordonnées cartésiennes $(a\,;\,b)$ a pour coordonnées polaires $(r\,;\,\alpha)$, où $r = \sqrt{a^2 + b^2}$ et où α est tel que $\cos\alpha = \frac{a}{r}$ et $\sin\alpha = \frac{b}{r}$.

SF8 Représenter un point défini par ses coordonnées polaires

Représenter, dans un repère orthonormé (O, I, J), les points M, N, P, de coordonnées polaires $(r\,;\,\alpha)$ avec :

- $r = 2$ et $\alpha = \frac{\pi}{4}$
- $r = 3$ et $\alpha = -\frac{2\pi}{3}$
- $r = \frac{3}{2}$ et $\alpha = \pi$

À partir de la valeur de α, on place sur le cercle trigonométrique le point :

M_1 tel que $(\overrightarrow{OI}, \overrightarrow{OM_1}) = \frac{\pi}{4}$

N_1 tel que $(\overrightarrow{OI}, \overrightarrow{ON_1}) = -\frac{2\pi}{3}$

P_1 tel que $(\overrightarrow{OI}, \overrightarrow{OP_1}) = \pi$

À partir de la valeur de r, on trace le cercle de centre O et de rayon :

$r = 2$

Le point M est le point d'intersection du cercle et de la demi-droite $[OM_1)$.

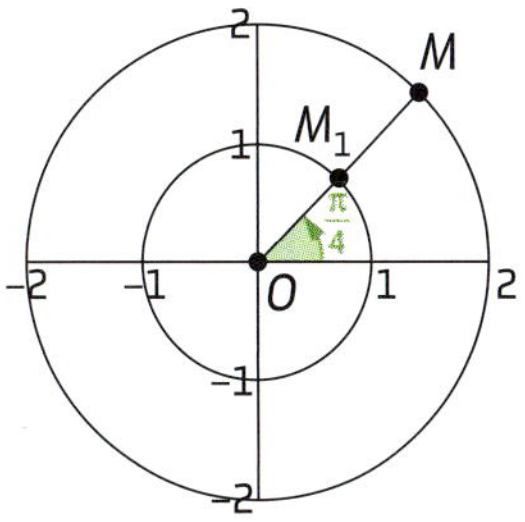

$r = 3$

Le point N est le point d'intersection du cercle et de la demi-droite $[ON_1)$.

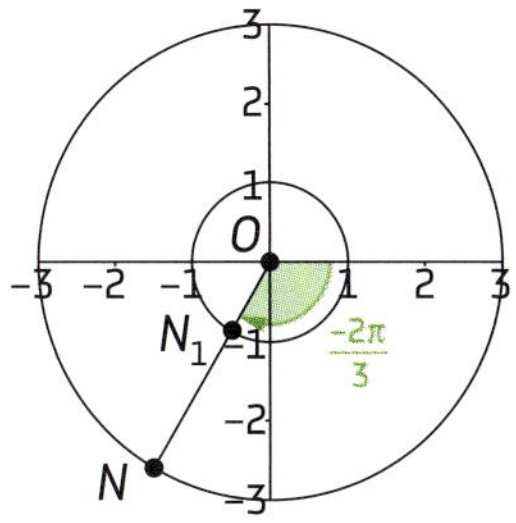

$r = \frac{3}{2}$

Le point P est le point d'intersection du cercle et de la demi-droite $[OP_1)$.

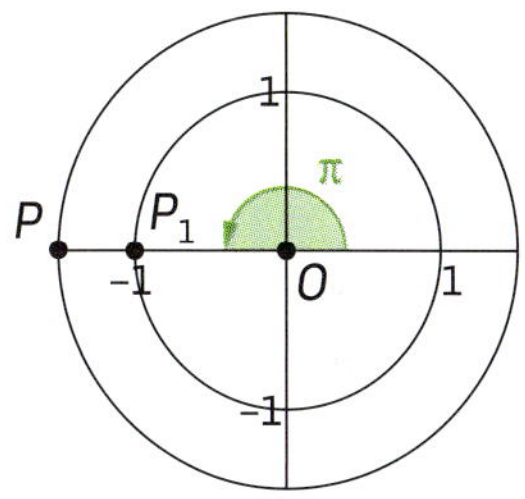

SF9 Passer des coordonnées cartésiennes aux coordonnées polaires

Déterminer les coordonnées polaires des points A et B définis ci-dessous par leurs coordonnées cartésiennes.

- Le point A a pour coordonnées cartésiennes $(-1\,;\,1)$. On donnera la réponse en valeur exacte, l'angle étant exprimé en radians.

On calcule d'abord

$$r = OA = \sqrt{(-1)^2 + 1^2} = \sqrt{2}$$

On détermine ensuite le cosinus et le sinus de l'angle $\alpha = (\overrightarrow{OI}, \overrightarrow{OA})$ et on en déduit α en reconnaissant des valeurs remarquables.

On a : $\cos\alpha = -\frac{1}{\sqrt{2}} = -\frac{\sqrt{2}}{2}$ et $\sin\alpha = \frac{1}{\sqrt{2}} = \frac{\sqrt{2}}{2}$.

Donc $\alpha = \frac{3\pi}{4} + k \times 2\pi$, où $k \in \mathbb{Z}$.

Le point A a pour coordonnées polaires $\left(\sqrt{2}\,;\,\frac{3\pi}{4}\right)$.

- Le point B a pour coordonnées $(-1\,;\,-4)$. On utilisera la calculatrice et on donnera la réponse avec des valeurs arrondies à 10^{-2}, l'angle étant exprimé en degrés.

On règle la calculatrice en degrés.
On utilise les fonctions de transformation de coordonnées cartésiennes (appelées rectangulaires pour les calculatrices) en coordonnées polaires (voir les pages calculatrices, p. 285 et 287).

Avec les arrondis demandés, le point B a pour coordonnées polaires $(4{,}12\,;\,-104{,}04)$.

POUR S'ENTRAÎNER

SF8 Représenter, dans un repère orthonormé (O, I, J), les points M, N, P de coordonnées polaires respectives :

$M\left(3\,;\,-\frac{5\pi}{6}\right)$ $N\left(2\,;\,-\frac{\pi}{2}\right)$ $P\left(\frac{1}{2}\,;\,\frac{2\pi}{3}\right)$.

→ EXERCICES n° 77 à 81

SF9 Déterminer les coordonnées polaires des points A et B définis ci-dessous par leurs coordonnées cartésiennes.
Le point A a pour coordonnées cartésiennes $(-\sqrt{3}\,;\,1)$. On donnera la réponse en valeur exacte, l'angle étant exprimé en radians.
Le point B a pour coordonnées $(2\,;\,-3)$. On donnera la réponse avec des valeurs arrondies à 10^{-2}, l'angle étant exprimé en degrés.

→ EXERCICES n° 86 à 90

Essentiel

1 Mesures d'un angle orienté

Soit t un réel et M le point du cercle trigonométrique repéré par t. Alors :

- le point M est aussi repéré par tout réel de la forme $t+k\times 2\pi$, où $k\in\mathbb{Z}$;
- le réel t est une **mesure en radians de l'angle orienté** $(\overrightarrow{OI}, \overrightarrow{OM})$. On note $(\overrightarrow{OI}, \overrightarrow{OM}) = t+k\times 2\pi$, où $k\in\mathbb{Z}$;
- la **mesure principale** de l'angle orienté $(\overrightarrow{OI}, \overrightarrow{OM})$ est l'unique mesure de l'angle orienté $(\overrightarrow{OI}, \overrightarrow{OM})$ située dans l'intervalle $]-\pi\,;\pi]$.

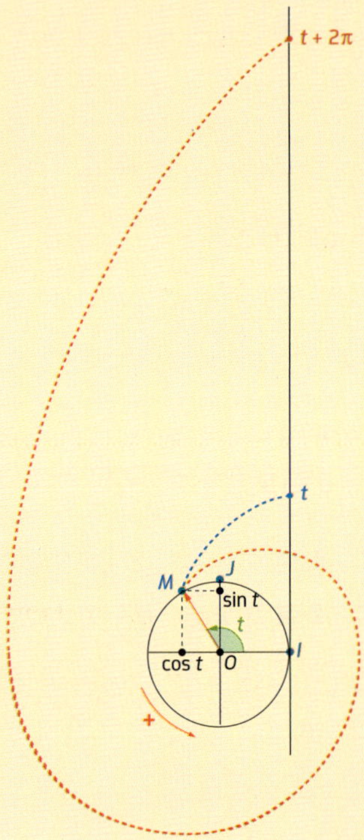

2 Cosinus et sinus d'un nombre réel

Définition

Dans le plan muni d'un repère orthonormé direct (O, I, J), le point M du cercle trigonométrique repéré par t a pour coordonnées $(\cos t\,;\sin t)$.

Propriétés

Pour tout réel t :

$-1\leqslant \cos t\leqslant 1$ et $-1\leqslant \sin t\leqslant 1$	$\cos^2 t+\sin^2 t=1$	pour tout $k\in\mathbb{Z}$, $\cos(t+k\times 2\pi)=\cos t$ et $\sin(t+k\times 2\pi)=\sin t$	$\cos(-t)=\cos t$ et $\sin(-t)=-\sin t$

Valeurs remarquables

t	0	$\frac{\pi}{6}$	$\frac{\pi}{4}$	$\frac{\pi}{3}$	$\frac{\pi}{2}$
$\cos t$	1	$\frac{\sqrt{3}}{2}$	$\frac{\sqrt{2}}{2}$	$\frac{1}{2}$	0
$\sin t$	0	$\frac{1}{2}$	$\frac{\sqrt{2}}{2}$	$\frac{\sqrt{3}}{2}$	1

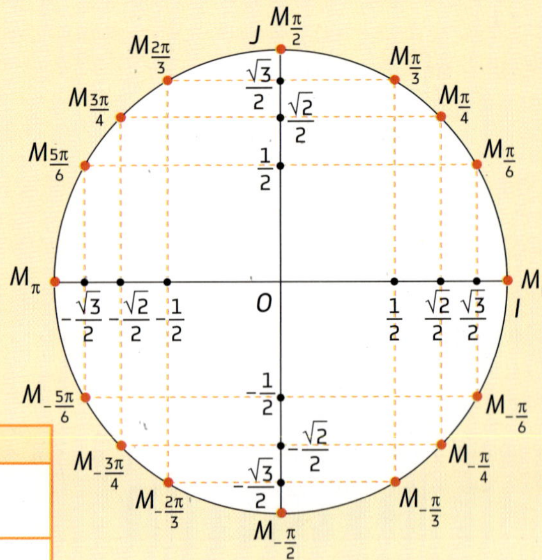

Équations trigonométriques

Équation	Solutions
$\cos t=\cos\alpha$	$t=\alpha+k\times 2\pi$ ou $t=-\alpha+k\times 2\pi$, où $k\in\mathbb{Z}$.
$\sin t=\sin\alpha$	$t=\alpha+k\times 2\pi$ ou $t=\pi-\alpha+k\times 2\pi$, où $k\in\mathbb{Z}$.

Coordonnées polaires

Tout point M différent de O est repéré de façon unique par la donnée d'un couple $(r\,;\alpha)$, où $r=OM$ et $\alpha=(\overrightarrow{OI}, \overrightarrow{OM})$.

Un tel couple est appelé **coordonnées polaires** de M.

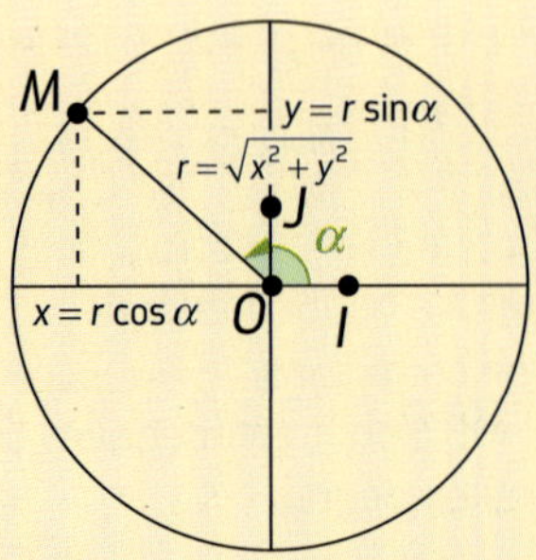

Dans tout ce qui suit, le plan est rapporté à un repère orthonormé (O, I, J) et on note $\mathscr{C}$ le cercle trigonométrique.

QUESTIONS FLASH

Les questions flash se traitent sans brouillon ni calculatrice.

1. Choisir la bonne réponse :
Dans le triangle IJK rectangle en I représenté ci-dessous, la longueur IK est égale à :

a) $JK \cos \widehat{IJK}$

b) $JK \sin \widehat{IKJ}$

c) $JK \sin \widehat{IJK}$

d) $JK \tan \widehat{IKJ}$

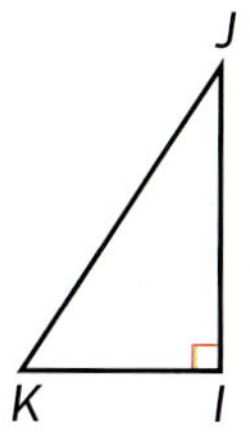

2. Dans le triangle IJK rectangle en I représenté à la question **1.**, le rapport $\frac{IJ}{IK}$ est égal à :

a) $\tan \widehat{IKJ}$ **b)** $\sin \widehat{IJK}$

c) $\tan \widehat{IJK}$ **d)** $\cos \widehat{IKJ}$

3. Lire les coordonnées de chacun des vecteurs $\vec{u}$, $\vec{v}$, $\vec{w}$ et $\vec{z}$, représentés ci-dessous.

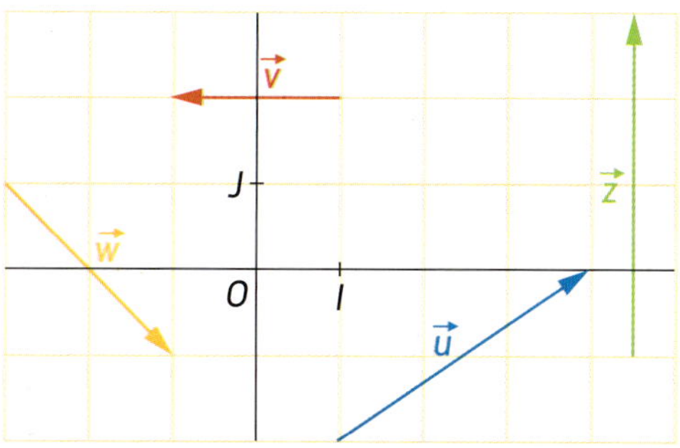

4. Donner une mesure en radians de chacun des angles orientés suivants :

a) $(\overrightarrow{OI}, \overrightarrow{OC})$ **b)** $(\overrightarrow{OI}, \overrightarrow{OE})$ **c)** $(\overrightarrow{OI}, \overrightarrow{OG})$

d) $(\overrightarrow{OI}, \overrightarrow{OK})$ **e)** $(\overrightarrow{OI}, \overrightarrow{OM})$

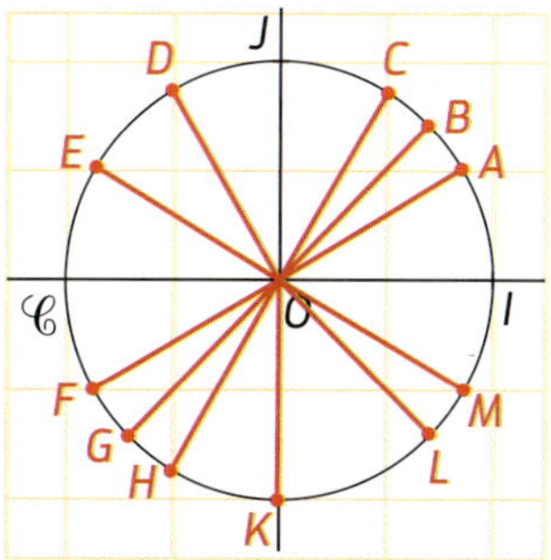

5. Sur la figure de la question **4.**, où se situe le point N du cercle $\mathscr{C}$ tel que $(\overrightarrow{OI}, \overrightarrow{ON}) = -\frac{8\pi}{3} + k \times 2\pi, k \in \mathbb{Z}$?

6. Vrai ou faux ? Les deux réels suivants sont deux mesures d'un même angle orienté :

a) $\frac{\pi}{3}$ et $\frac{5\pi}{3}$ **b)** $-\frac{\pi}{6}$ et $\frac{11\pi}{6}$

7. Donner la mesure principale d'un angle de mesure $\frac{7\pi}{6}$; $-\frac{5\pi}{4}$.

8. Donner la valeur exacte de : $\cos\frac{2\pi}{3}$; $\sin\left(-\frac{\pi}{4}\right)$.

9. Résoudre dans $\mathbb{R}$ les équations suivantes :

a) $\sin t = -\frac{\sqrt{2}}{2}$ **b)** $\cos t = 1{,}5$ **c)** $\sin t = 1$

10. Le point A a pour coordonnées polaires $\left(3 ; -\frac{5\pi}{4}\right)$.
Vrai ou Faux ?

a) Son abscisse est 3.

b) Il appartient au cercle de centre O et de rayon 3.

c) Son ordonnée est positive.

REMUE-méninges

Sauf indication contraire, on pourra utiliser un brouillon ou une calculatrice.

11. Certaines écluses ont deux portes dites « busquées » qui forment un angle pointé vers l'amont de manière à résister à la pression de l'eau. En s'appuyant sur le schéma ci-dessous, déterminer la longueur commune des deux portes, arrondie au cm.

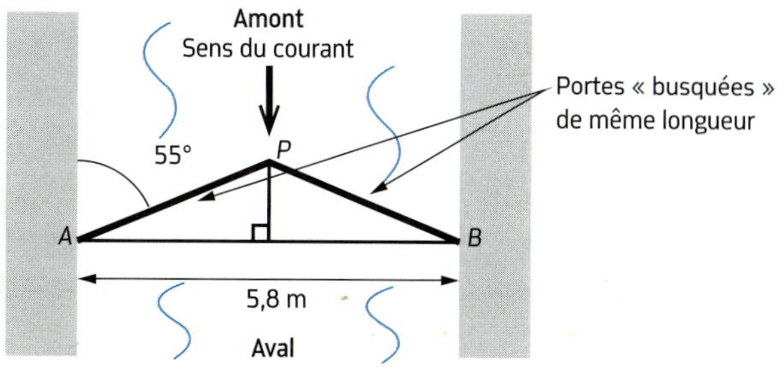

12. Je suis un réel de l'intervalle $[2\pi ; 3\pi]$.
Mon cosinus est égal à $\frac{\sqrt{2}}{2}$. Qui suis-je ?

13. Résoudre dans $\mathbb{R}$ l'équation $\cos t = \sin t$.

14. Par un procédé adapté, une barre rectiligne est déformée. On lui fait prendre la forme d'un « S » (voir la figure ci-contre). Déterminer la longueur de ce « S ».

Données :

• $\overset{\frown}{AB}$ est un arc de cercle de centre O et de rayon 1 m.

• $\overset{\frown}{BC}$ est le symétrique de $\overset{\frown}{AB}$ par rapport au point B.

• $OH = 0{,}5$ m.

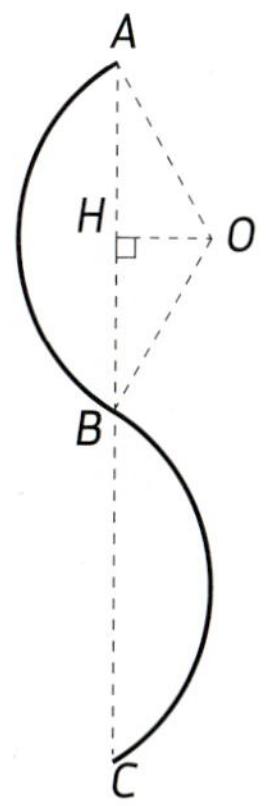

situation 1 Déplacement d'un gyropode

Objectif : Utiliser la trigonométrie pour étudier une situation issue de la mécanique.

CHERCHER Analyser un problème. Extraire, organiser et traiter l'information utile.
MODÉLISER Traduire en langage mathématique une situation réelle.

Le gyropode, moyen de transport urbain à énergie embarquée, est un véhicule à contrôle de balance automatique. Le déplacement en ligne droite se fait par inclinaison du corps du conducteur vers l'avant afin d'accélérer, ou vers l'arrière afin de décélérer.

On note :

- L la distance entre le centre O des roues et le centre de gravité G du corps du conducteur ;
- x la mesure, en radians, de l'angle orienté correspondant à l'inclinaison du corps du conducteur par rapport à la verticale (Oy) passant par le centre des roues : x appartient à l'intervalle $\left[-\frac{\pi}{2} ; \frac{\pi}{2}\right]$. (Voir la figure 1.)

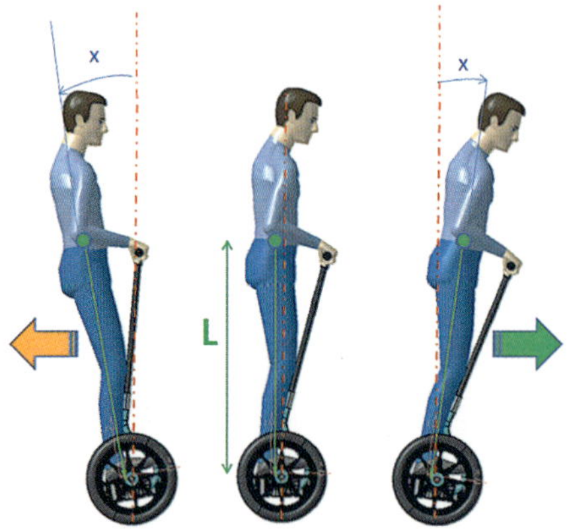

Figure 1 (freinage, équilibre, accélération)

Dans le repère orthonormé (O, I, J) d'unité 1 m, le point G associé à une inclinaison de mesure x, est repéré par ses coordonnées notées h et v, définissant ainsi les « positions horizontale et verticale » du point G (voir la figure 2).

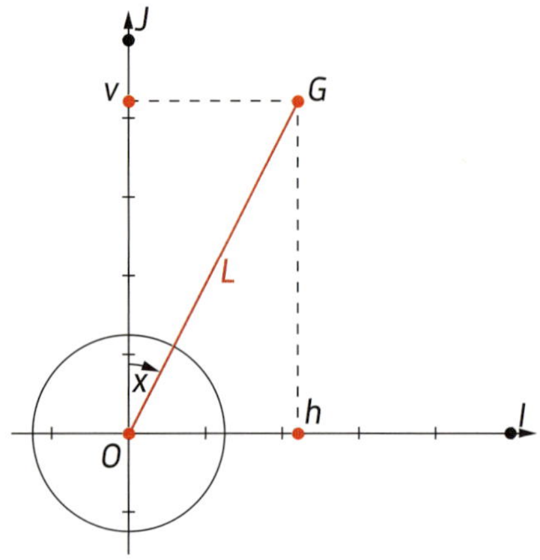

Figure 2 (cas d'une accélération)

1 **a.** Donner une mesure de l'angle $(\overrightarrow{OI}, \overrightarrow{OG})$ en fonction de x.

b. Vérifier que, pour tout x de $\left[-\frac{\pi}{2} ; \frac{\pi}{2}\right]$, on a :

$$h = -L\sin x \quad \text{et} \quad v = L\cos x.$$

c. Déduire du **b.** le signe de h et v en fonction du signe de x ; vérifier la cohérence du résultat avec le contexte (conducteur penché en avant ou en arrière).

2 Dans toute cette question, on considère que le conducteur reste bien debout sur le gyropode : la longueur L est alors constante et on la suppose égale à 0,95 m.

a. Calculer les coordonnées de G dans chacun des cas suivants (on donnera les résultats arrondis à 10^{-2}) :

- une inclinaison de 10° vers l'avant, qui permet à un conducteur débutant de démarrer « raisonnablement » le gyropode ;
- une inclinaison de 22° vers l'arrière, qui permet une décélération « normale » du gyropode ;
- une inclinaison de 45° vers l'arrière, qui permet une décélération « forte » du gyropode.

b. Si la mesure de l'angle x est telle que h est strictement inférieure à –0,5 m, le conducteur risque de basculer complètement en arrière lors d'une décélération.

Déterminer l'inclinaison en arrière limite à ne pas dépasser pour éviter le risque d'une bascule complète vers l'arrière (on en donnera la valeur arrondie à 0,1°).

c. **COMMUNIQUER** S'exprimer avec clarté et précision à l'écrit. En utilisant ce qui précède, justifier que le conducteur qui souhaite donner une décélération « forte » au gyropode, ne peut pas à la fois incliner le gyropode de 45° vers l'arrière et rester bien debout sur le gyropode.

situation 2

Objectif :
Utiliser les coordonnées polaires pour étudier une situation concrète.

Garder le cap

CHERCHER Extraire, organiser et traiter l'information utile.

Un navire doit atteindre un port situé à l'est de son emplacement actuel.

On se place dans le repère orthonormé (O, I, J), où O repère l'emplacement actuel du navire, $\overrightarrow{OI}$ est le vecteur donnant la direction est (appelé cap 90°) et $\overrightarrow{OJ}$ le vecteur donnant la direction nord (appelé cap 0°).

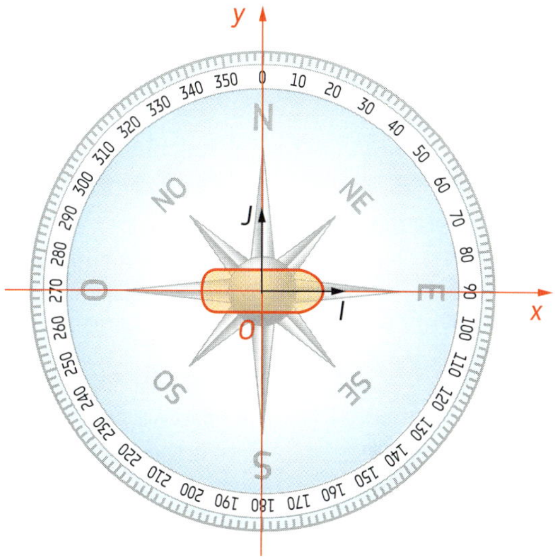

1 On remarquera que la boussole de marine est graduée à partir du nord, dans le sens contraire du sens trigonométrique.

Si le navire fait « route au 50° », cela signifie que l'angle entre la direction nord et la direction prise par le navire est de 50° dans le sens horaire.

Quelle est alors la mesure, en degrés, de l'angle entre le vecteur $\overrightarrow{OI}$ et la direction prise par le navire ?

Pour faire avancer son navire à une certaine vitesse par rapport au fond (notée $\overrightarrow{V_f}$), le commandant doit choisir sa vitesse d'avance (vitesse donnée par les machines du bateau), que l'on note $\overrightarrow{V_a}$. Pour cela, il doit tenir compte du courant de surface auquel son navire est soumis (eau qui se déplace par rapport au fond), que l'on note $\overrightarrow{V_e}$.

La vitesse par rapport au fond est la somme de la vitesse d'avance du bateau et de la vitesse de l'eau par rapport au fond, soit : $\overrightarrow{V_f} = \overrightarrow{V_a} + \overrightarrow{V_e}$.

2 Dans cette question, le commandant du navire souhaite prendre la route plein est (route au 90°) en se déplaçant à une vitesse par rapport au fond, $\overrightarrow{V_f}$, de 4 m.s^{-1}. Son navire est soumis à un courant de surface de direction plein nord, $\overrightarrow{V_e}$, de 2 m.s^{-1}.

a. Exprimer la vitesse d'avance $\overrightarrow{V_a}$ en fonction de $\overrightarrow{V_f}$ et $\overrightarrow{V_e}$.

b. **MODÉLISER** Traduire en langage mathématique une situation réelle à l'aide de configurations géométriques. Dans le repère (O,I,J) d'unité graphique 2 cm pour 1 m.s^{-1}, représenter les vecteurs $\overrightarrow{V_f}$ et $\overrightarrow{V_e}$, puis construire le vecteur $\overrightarrow{V_a}$.

On appelle M le point défini par $\overrightarrow{V_a} = \overrightarrow{OM}$.

c. Déterminer graphiquement les coordonnées polaires du point M.

d. **CALCULER** Exercer l'intelligence du calcul : organiser les differentes étapes d'un calcul complexe. Retrouver les résultats de la question précédente par le calcul. (On donnera les résultats arrondis à 10^{-1}, l'angle étant exprimé en degrés.)

e. **COMMUNIQUER** Opérer la conversion entre le langage naturel et le langage symbolique formel. On appelle « cap », la direction de la vitesse d'avance, et « route » la direction de la vitesse par rapport au fond, ces directions étant mesurées en degrés suivant la graduation de la boussole.

Recopier et compléter la phrase suivante : « Pour compenser l'effet du courant et faire route au 90° avec une vitesse par rapport au fond de 4 m.s^{-1}, le capitaine doit mettre le cap au …. avec une vitesse d'avance de … m.s^{-1}. »

Exercices

Prérequis

1 Soit ABC un triangle rectangle en A tel que $BC = 5$ cm et $\widehat{ABC} = 30°$. Calculer la longueur AB arrondie au mm.

2 Soit EFG un triangle rectangle en F tel que $EF = 3$ cm et $\widehat{EGF} = 40°$. Calculer la longueur EG arrondie au mm.

3 Soit ABC un triangle rectangle en A tel que $AB = 4$ cm et $BC = 6$ cm. Déterminer la mesure en degrés de $\widehat{ACB}$ arrondie au degré.

4 Soit EFG un triangle rectangle en F tel que $FG = 2$ cm et $EG = 5$ cm. Déterminer la mesure en degrés de $\widehat{EGF}$ arrondie au degré.

5 Dans le repère (O, I, J), le point A a pour coordonnées $(1 ; 5)$, le point H est le projeté orthogonal de A sur l'axe des abscisses. Calculer OA, puis le cosinus et le sinus de l'angle $\widehat{HOA}$.

6 Dans le repère (O, I, J), le point A a pour coordonnées $(-2 ; 4)$, le point H est le projeté orthogonal de A sur l'axe des abscisses. Calculer OA, puis le cosinus et le sinus de l'angle $\widehat{HOA}$.

7 Par lecture graphique sur la figure ci-dessous, donner les coordonnées des vecteurs $\overrightarrow{OM}$, $\overrightarrow{OR}$, $\overrightarrow{OS}$, $\overrightarrow{MN}$, $\overrightarrow{MP}$ et $\overrightarrow{RQ}$.

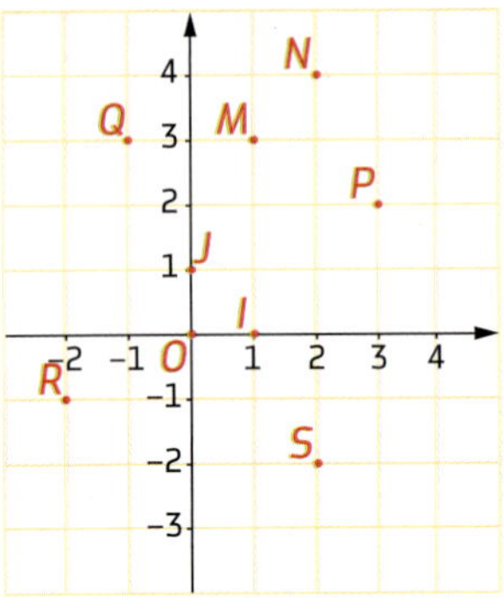

8 **a)** Reproduire la figure de l'exercice **7** et construire les vecteurs $\vec{u} = \overrightarrow{MN} + \overrightarrow{MP}$ et $\vec{v} = \overrightarrow{RQ} - \overrightarrow{MP}$.

b) Par lecture graphique, donner les coordonnées des vecteurs $\vec{u}$ et $\vec{v}$.

c) On donne $M(1;3)$, $N(2;4)$, $P(3;2)$, $Q(-1;3)$ et $R(-2;-1)$. Retrouver les coordonnées des vecteurs $\vec{u}$ et $\vec{v}$ par le calcul.

9 **a)** Par lecture graphique sur la figure ci-après, donner les coordonnées des vecteurs $\vec{u}$, $\vec{v}$ et $\vec{w}$.

b) Reproduire la figure et construire les vecteurs $\vec{u} + \vec{v}$, $\vec{v} - \vec{w}$, $-3\vec{v}$ et $\vec{u} - \frac{1}{2}\vec{w}$.

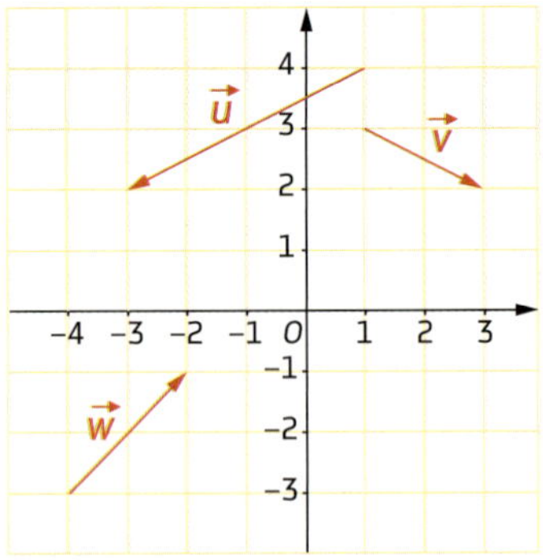

c) A partir des coordonnées lues au **a)**, calculer les coordonnées des vecteurs construits au **b)** puis vérifier la cohérence des résultats avec la construction.

Repérage sur le cercle trigonométrique

Savoir-faire 1 → P. 41

10 Sur le cercle trigonométrique ci-dessous :
- J' est le point de coordonnées $(0 ; -1)$;
- A' est le symétrique de A par rapport à la droite (OI) ;
- B' est le symétrique de B par rapport à O ;
- C' est le symétrique de C par rapport à la droite (OJ).

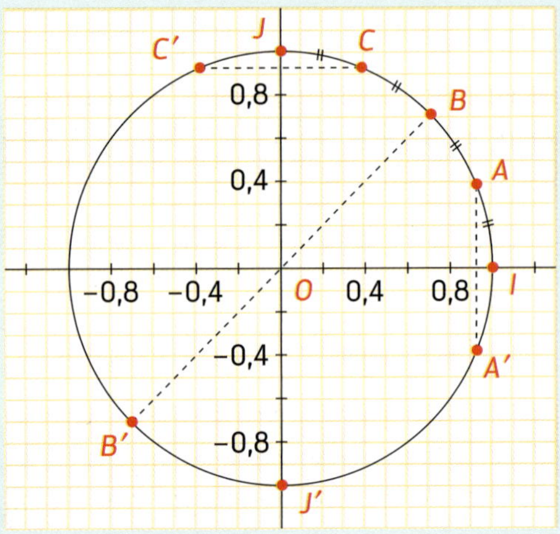

Déterminer trois réels, dont deux de signes contraires, repérant chacun des points J', A, B, C, A', B' et C' du cercle trigonométrique.

11 Sur la figure ci-après :
- $\mathscr{C}$ désigne le cercle trigonométrique ;
- I' est le point de coordonnées $(-1 ; 0)$;
- J' est le point de coordonnées $(0 ; -1)$;
- le triangle $OI'A$ est équilatéral ;
- A' est le symétrique de A par rapport à la droite (OI) ;
- B est le point d'abscisse négative tel que le triangle OBJ' soit équilatéral ;
- B' est le symétrique de B par rapport à la droite (OJ).

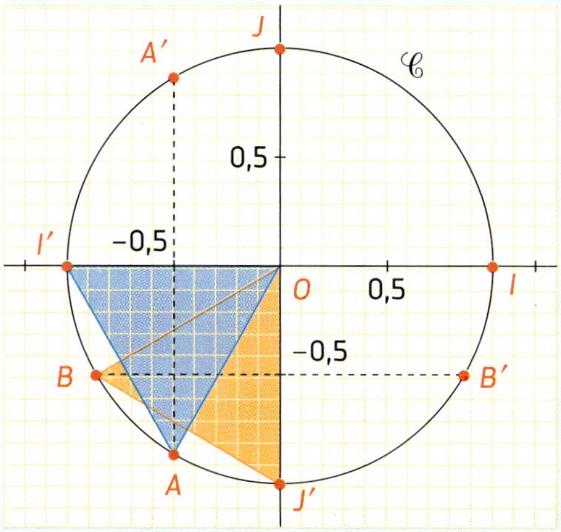

Déterminer trois réels, dont deux de signes contraires, repérant chacun des points I', A, B, A' et B'.

12 Sur le cercle trigonométrique, placer les points A, B, C, D et E respectivement repérés par les réels :

$\frac{3\pi}{2}$; $\frac{5\pi}{4}$; $-\frac{\pi}{3}$; $-\frac{5\pi}{6}$ et $\frac{13\pi}{6}$. (On laissera les éventuels traits de construction apparents.)

13 Même exercice que le précédent avec les réels :

$$-\frac{\pi}{2} ; \frac{7\pi}{4} ; \frac{2\pi}{3} ; -\frac{7\pi}{2} \text{ et } -\frac{7\pi}{3}.$$

14 **1.** Sur le cercle trigonométrique et en laissant les traits de construction apparents, placer :

a) les points A et B respectivement repérés par les réels $\frac{3\pi}{4}$ et $-\frac{\pi}{3}$;

b) les symétriques A_1 et B_1 des points A et B par rapport à l'axe des ordonnées ;

c) les symétriques A_2 et B_2 des points A et B par rapport à l'axe des abscisses ;

d) les symétriques A_3 et B_3 des points A et B par rapport au centre O du cercle trigonométrique.

2. Donner trois réels, dont deux de signes contraires, repérant chacun des points A_1, B_1, A_2, B_2, A_3 et B_3.

15 Même exercice que le précédent avec les réels :

$$\frac{5\pi}{6} \text{ et } -\frac{\pi}{4}.$$

Mesures d'un angle orienté

Savoir-Faire 2 → P. 43

16 Le plan est rapporté à un repère orthonormé (O, I, J). Représenter sur le cercle trigonométrique les points M, N et P tels que :

$(\overrightarrow{OI}, \overrightarrow{OM}) = -\frac{\pi}{3} + k \times 2\pi$, $(\overrightarrow{OI}, \overrightarrow{ON}) = \frac{7\pi}{4} + k \times 2\pi$

et $(\overrightarrow{OI}, \overrightarrow{OP}) = -\frac{\pi}{2} + k \times 2\pi$, où $k \in \mathbb{Z}$.

17 Même exercice que le précédent avec :

$(\overrightarrow{OI}, \overrightarrow{OM}) = -\frac{3\pi}{2} + k \times 2\pi$, $(\overrightarrow{OI}, \overrightarrow{ON}) = -\frac{5\pi}{4} + k \times 2\pi$

et $(\overrightarrow{OI}, \overrightarrow{OP}) = \frac{7\pi}{6} + k \times 2\pi$, où $k \in \mathbb{Z}$.

18 Même exercice que le précédent avec :

$(\overrightarrow{OI}, \overrightarrow{OM}) = 2\pi + k \times 2\pi$, $(\overrightarrow{OI}, \overrightarrow{ON}) = \frac{5\pi}{6} + k \times 2\pi$

et $(\overrightarrow{OI}, \overrightarrow{OP}) = -\frac{3\pi}{4} + k \times 2\pi$, où $k \in \mathbb{Z}$.

19 Soit a et b des réels repérant respectivement les points A et B.

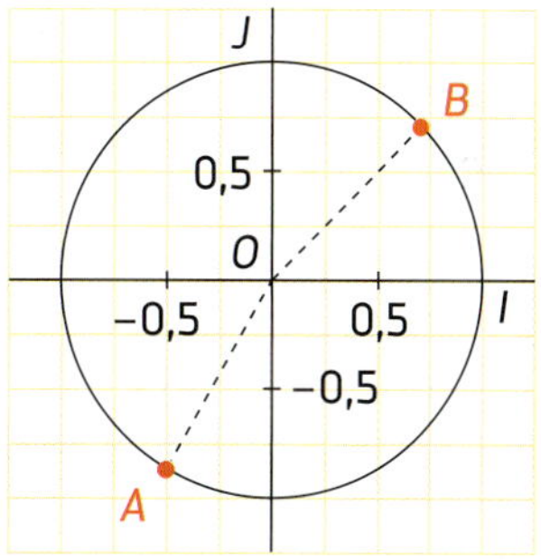

a) Préciser toutes les valeurs possibles de a et b.

b) En déduire une mesure en radians de l'angle orienté $(\overrightarrow{OA}, \overrightarrow{OB})$.

20 Même exercice que le précédent avec la figure ci-dessous.

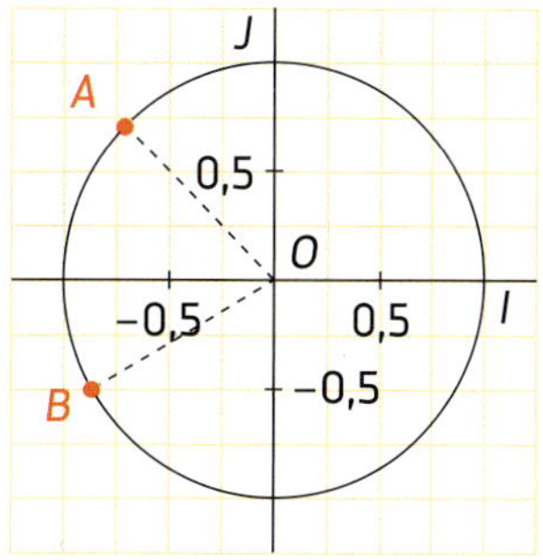

21 Sur la figure ci-après :

- $\mathscr{C}$ désigne le cercle trigonométrique ;
- le point C est à l'intersection du cercle $\mathscr{C}$ et de la bissectrice de l'angle $\widehat{AOE}$;
- le point D est à l'intersection du cercle $\mathscr{C}$ et du cercle de centre A et de rayon OA ;
- les autres points sont obtenus par des symétries.

1. Donner une mesure en radians de chacun des angles orientés suivants :

a) $(\overrightarrow{OA}, \overrightarrow{OC})$ **b)** $(\overrightarrow{OA}, \overrightarrow{OD})$ **c)** $(\overrightarrow{OA}, \overrightarrow{OE})$

d) $(\overrightarrow{OA}, \overrightarrow{OK})$ **e)** $(\overrightarrow{OA}, \overrightarrow{OR})$

2. En déduire une mesure en radians des angles orientés suivants :

a) $(\overrightarrow{OR}, \overrightarrow{OC})$ **b)** $(\overrightarrow{OD}, \overrightarrow{OE})$ **c)** $(\overrightarrow{OR}, \overrightarrow{OD})$

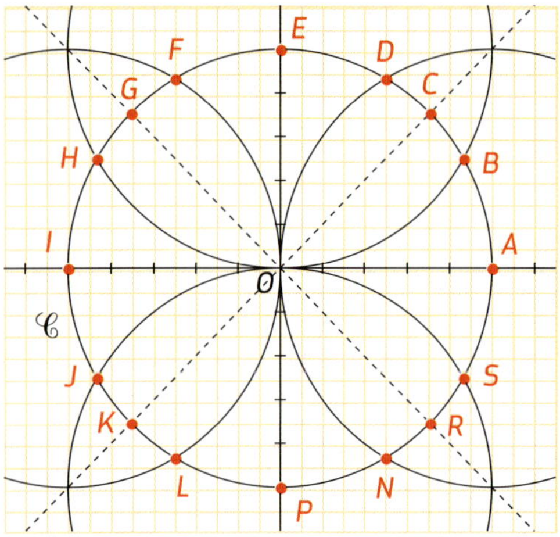

22 On reprend la figure de l'exercice précédent. Donner une mesure en radians de chacun des angles orientés suivants :

a) $(\overrightarrow{OA}, \overrightarrow{OJ})$ **b)** $(\overrightarrow{OA}, \overrightarrow{ON})$ **c)** $(\overrightarrow{OA}, \overrightarrow{OL})$
d) $(\overrightarrow{OA}, \overrightarrow{OI})$ **e)** $(\overrightarrow{OA}, \overrightarrow{OS})$

23 Sur la figure ci-dessous, $EFGH$ est un losange tel que $EH = FH$ et I est le milieu de $[EH]$.

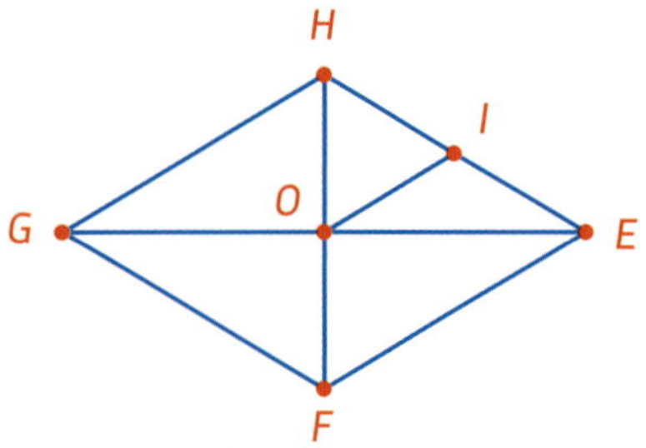

Déterminer une mesure en radians de chacun des angles orientés :

a) $(\overrightarrow{OE}, \overrightarrow{OF})$ **b)** $(\overrightarrow{EF}, \overrightarrow{EH})$ **c)** $(\overrightarrow{GF}, \overrightarrow{EH})$
d) $(\overrightarrow{HG}, \overrightarrow{HE})$ **e)** $(\overrightarrow{OI}, \overrightarrow{FE})$ **f)** $(\overrightarrow{IE}, \overrightarrow{IO})$

24 Sur la figure ci-dessous, ACD est un triangle équilatéral, AED et ABC sont deux triangles rectangles et isocèles.

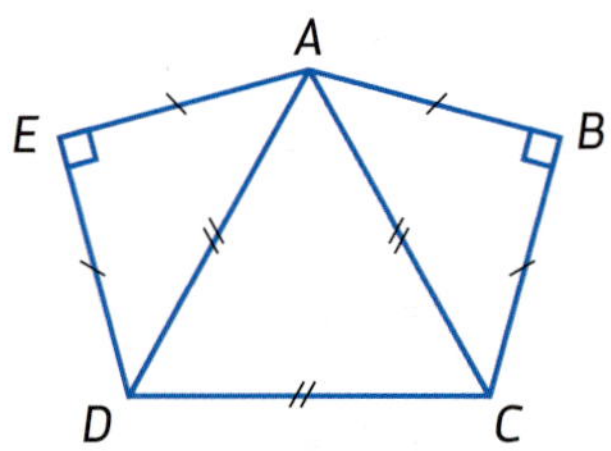

Déterminer une mesure en radians de chacun des angles orientés :

a) $(\overrightarrow{AB}, \overrightarrow{AC})$ **b)** $(\overrightarrow{DC}, \overrightarrow{DA})$ **c)** $(\overrightarrow{BA}, \overrightarrow{BC})$
d) $(\overrightarrow{CB}, \overrightarrow{CD})$ **e)** $(\overrightarrow{AB}, \overrightarrow{AE})$

25 Exprimer en radians :

a) 145° **b)** 240° **c)** 50°

26 Même exercice que le précédent avec :

a) 150° **b)** 65° **c)** 75°

27 Exprimer en degrés :

a) $\frac{5\pi}{3}$ rad **b)** $\frac{8\pi}{15}$ rad **c)** $\frac{3\pi}{2}$ rad

28 Même exercice que le précédent avec :

a) $\frac{5\pi}{8}$ rad **b)** $\frac{5\pi}{4}$ rad **c)** $\frac{18\pi}{19}$ rad

(Pour $\frac{18\pi}{19}$, on donnera la valeur exacte de la mesure en degrés, puis la valeur arrondie à 0,1° près.)

29 En utilisant seulement la conversion des angles remarquables, compléter le tableau suivant :

Mesure en degrés	135		120		
Mesure en radians		$\frac{7\pi}{4}$		$-\frac{2\pi}{3}$	0

30 Algo On donne l'algorithme suivant :

Variables :	t est un nombre réel
	α est un nombre réel
Entrée :	Entrer α
Traitement :	t prend la valeur $\frac{\alpha \times 180}{\pi}$
Sortie :	Afficher t

a) On entre $\frac{\pi}{4}$, qu'obtient-on en sortie ?

b) Expliquer à quoi sert cet algorithme.

31 Algo Élaborer et tester un algorithme qui permette de convertir une mesure d'angle de degrés en radians, la valeur en sortie étant exprimée sous la forme d'une fraction de π.

Mesure principale

Savoir-Faire 3 → p. 43

32 Déterminer la mesure principale des angles orientés suivants dont on donne une mesure ($k \in \mathbb{Z}$) :

a) $(\vec{u}, \vec{v}) = -\frac{4\pi}{3} + k \times 2\pi$ **b)** $(\vec{u}, \vec{v}) = \frac{3\pi}{2} + k \times 2\pi$

c) $(\vec{u}, \vec{v}) = \frac{77\pi}{6} + k \times 2\pi$

33 Même exercice que le précédent avec :

a) $(\vec{u}, \vec{v}) = \frac{7\pi}{4} + k \times 2\pi$ **b)** $(\vec{u}, \vec{v}) = -\frac{61\pi}{6} + k \times 2\pi$

c) $(\vec{u}, \vec{v}) = 29\pi + k \times 2\pi$

34 Même exercice que le précédent avec :

a) $(\vec{u}, \vec{v}) = -\frac{85\pi}{3} + k \times 2\pi$

b) $(\vec{u}, \vec{v}) = -\frac{125\pi}{4} + k \times 2\pi$

c) $(\vec{u}, \vec{v}) = 93\pi + k \times 2\pi$

35 Même exercice que le précédent avec :

a) $(\vec{u}, \vec{v}) = \frac{85\pi}{2} + k \times 2\pi$

b) $(\vec{u}, \vec{v}) = -\frac{53\pi}{6} + k \times 2\pi$

c) $(\vec{u}, \vec{v}) = \frac{93\pi}{4} + k \times 2\pi$

36 Parmi les nombres suivants, retrouver ceux qui sont des mesures différentes d'un même angle orienté. Écrire les égalités qui le justifient.

$-\frac{2\pi}{3}$; $\frac{5\pi}{6}$; $\frac{4\pi}{3}$; 0 ; $\frac{8\pi}{3}$; $\frac{9\pi}{4}$; $\frac{3\pi}{4}$; $-\frac{4\pi}{3}$; $\frac{6\pi}{4}$;

5π ; $-\frac{\pi}{6}$; $-\frac{7\pi}{6}$; $-\frac{\pi}{2}$; $\frac{6\pi}{3}$; $\frac{2\pi}{3}$ et -7π.

37 Cet exercice est un questionnaire à choix multiples. Pour chacune des questions, indiquer la bonne réponse.

1. Le nombre $\frac{5\pi}{6}$ est de la forme :

a. $\frac{\pi}{6} + k \times 2\pi$, avec $k \in \mathbb{Z}$ **b.** $-\frac{7\pi}{6} + k \times 2\pi$, avec $k \in \mathbb{Z}$

c. $-\frac{5\pi}{6} + k \times 2\pi$, avec $k \in \mathbb{Z}$

2. La mesure principale de $\frac{131\pi}{3}$ est :

a. $-\frac{\pi}{3}$ **b.** $\frac{5\pi}{3}$ **c.** $\frac{2\pi}{3}$

3. Parmi les nombres de la forme $\frac{3\pi}{4} + k \times 2\pi$, avec $k \in \mathbb{Z}$, il y a :

a. $-\frac{3\pi}{4}$ **b.** $\frac{9\pi}{4}$ **c.** $-\frac{5\pi}{4}$

38 Soit $\vec{u}$ un vecteur non nul. Sans justifier, donner la mesure principale des angles orientés suivants :

a) $(\vec{u}, \vec{u})$ **b)** $(-\vec{u}, \vec{u})$ **c)** $(\vec{u}, 2\vec{u})$ **d)** $(\vec{u}, -3\vec{u})$

e) $(\vec{u}, x\vec{u})$ où x est un nombre réel non nul.

39 Algo On donne l'algorithme suivant, appelé « Algo 1 » :

Variables :	x est un nombre réel positif
	k est un nombre entier
Initialisation :	k prend la valeur 0
Entrée :	Entrer x
Traitement :	Tant que $x > \pi$
	x prend la valeur $x - 2\pi$
	k prend la valeur $k + 1$
	Fin Tant que
Sortie :	Afficher k

1. a) Si on donne à x la valeur $\frac{\pi}{4}$, entre-t-on dans la boucle « tant que » ?
Qu'obtient-on en sortie ?

b) Reprendre la question **a)** avec la valeur $\frac{9\pi}{4}$.

c) Quel est l'objectif de cet algorithme ?

d) Programmer à la calculatrice puis utiliser « Algo 1 » avec la valeur $\frac{159\pi}{7}$.

En déduire la mesure principale de $\frac{159\pi}{7}$.

2. a) Proposer un algorithme qui ait le même objectif que « Algo 1 », mais pour les nombres réels négatifs. On appellera ce nouvel algorithme « Algo 2 ».

b) Programmer à la calculatrice puis utiliser « Algo 2 » avec la valeur $-\frac{148\pi}{5}$.

En déduire la mesure principale de $-\frac{148\pi}{5}$.

3. a) En utilisant « Algo 1 » et « Algo 2 », proposer un seul algorithme pour lequel l'entrée est un réel x de signe quelconque et qui a le même objectif que « Algo 1 » et « Algo 2 ».

b) Programmer à la calculatrice puis utiliser ce nouvel algorithme pour en déduire la mesure principale de $\frac{52\pi}{3}$ puis de $-\frac{97\pi}{19}$.

Cosinus et sinus d'un réel

Savoir-Faire 4 → P. 45

40 En s'aidant du cercle trigonométrique, donner les valeurs du cosinus et du sinus des réels suivants :

$$x_1 = \frac{3\pi}{2},\ x_2 = -\pi \text{ et } x_3 = \frac{2\pi}{3}.$$

41 Même exercice que le précédent avec :

$$x_1 = 0,\ x_2 = 5\pi \text{ et } x_3 = \frac{\pi}{4}.$$

42 Même exercice que le précédent avec :

$$x_1 = -7\pi,\ x_2 = \frac{9\pi}{2} \text{ et } x_3 = \frac{5\pi}{4}.$$

43 Même exercice que le précédent avec :

$$x_1 = \frac{7\pi}{6},\ x_2 = \frac{7\pi}{4} \text{ et } x_3 = \frac{13\pi}{3}.$$

44 Même exercice que le précédent avec :

$$x_1 = \frac{4\pi}{3},\ x_2 = \frac{11\pi}{6} \text{ et } x_3 = -\frac{5\pi}{4}.$$

Exercices

45 Déterminer le cosinus et le sinus de chacun des réels a et b repérant respectivement les points A et B.

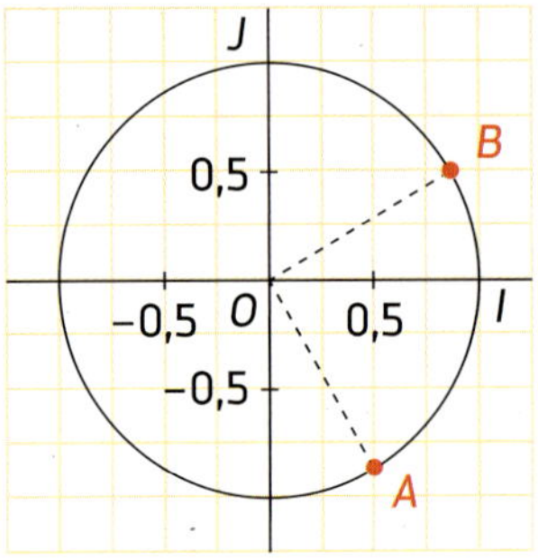

46 Même exercice que le précédent avec la figure ci-dessous.

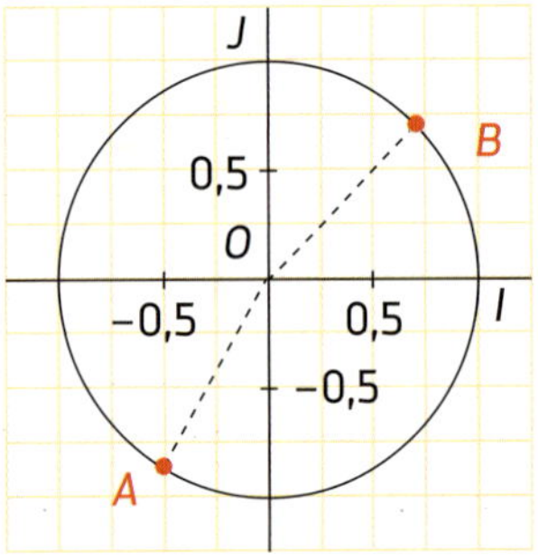

47 Déterminer le cosinus et le sinus de chacun des réels a, b, c et d repérant respectivement les points A, B, C et D.

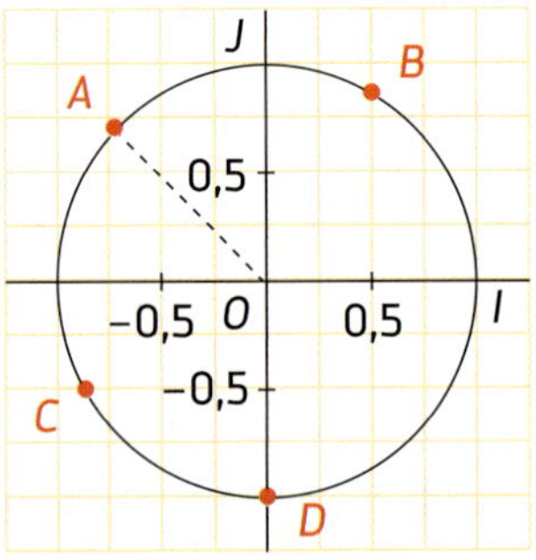

48 Dans chaque cas, déterminer toutes les valeurs possibles de x.

a) $\begin{cases} \cos x = \dfrac{1}{2} \\ \sin x = \dfrac{\sqrt{3}}{2} \end{cases}$ **b)** $\begin{cases} \cos x = -\dfrac{\sqrt{2}}{2} \\ \sin x = \dfrac{\sqrt{2}}{2} \end{cases}$

c) $\begin{cases} \cos x = \dfrac{1}{2} \\ \sin x = -\dfrac{\sqrt{3}}{2} \end{cases}$ **d)** $\begin{cases} \cos x = -\dfrac{\sqrt{3}}{2} \\ \sin x = \dfrac{1}{2} \end{cases}$

49 Même exercice que le précédent avec :

a) $\begin{cases} \cos x = \dfrac{\sqrt{3}}{2} \\ \sin x = -\dfrac{1}{2} \end{cases}$ **b)** $\begin{cases} \cos x = -1 \\ \sin x = 0 \end{cases}$

c) $\begin{cases} \cos x = -\dfrac{\sqrt{2}}{2} \\ \sin x = -\dfrac{\sqrt{2}}{2} \end{cases}$ **d)** $\begin{cases} \cos x = -\dfrac{1}{2} \\ \sin x = \dfrac{\sqrt{3}}{2} \end{cases}$

50 Un réel x de $\left]0 ; \dfrac{\pi}{2}\right[$ vérifie $\cos x = \dfrac{3}{5}$.
Déterminer $\sin x$.

51 Un réel x de $\left]\dfrac{\pi}{2} ; \pi\right[$ vérifie $\sin x = \dfrac{1}{3}$.
Déterminer $\cos x$.

52 Un réel x de $]-\pi ; 0[$ vérifie $\cos x = \dfrac{\sqrt{3}}{5}$.
Déterminer $\sin x$.

53 Un réel x de $\left[-\dfrac{\pi}{2} ; 0\right]$ vérifie $\sin x = -\dfrac{3}{7}$.
Déterminer $\cos x$.

54 Démontrer, que pour tout réel x, on a :

$$(\sin x + \cos x)^2 + (\sin x - \cos x)^2 = 2.$$

55 Démontrer, que pour tout réel x, on a :

$$\cos^4 x - \sin^4 x = \cos^2 x - \sin^2 x.$$

Angles associés

56 Soit un nombre réel x tel que $\cos x = 0{,}6$ et $\sin x = 0{,}8$.
Déterminer la valeur du cosinus et du sinus de :

a) $-x$ **b)** $\pi - x$ **c)** $\pi + x$

d) $\dfrac{\pi}{2} - x$ **e)** $\dfrac{\pi}{2} + x$

57 Même exercice que le précédent avec $\cos x = 0{,}8$ et $\sin x = -0{,}6$

58 Soit x un réel. Écrire en fonction de $\sin x$ ou $\cos x$:

a) $\sin(5\pi + x)$ **b)** $\cos(3\pi - x)$ **c)** $\sin\left(-\dfrac{7\pi}{2} - x\right)$

59 Même exercice que le précédent avec :

a) $\sin(7\pi - x)$ **b)** $\cos(x + 9\pi)$ **c)** $\cos(-x + 5\pi)$

Savoir-faire 5 → P.47

60 Déterminer le tableau de signes de :

a) $\cos(4x)$ sur $\left[0 ; \dfrac{\pi}{2}\right]$ **b)** $\sin\left(\dfrac{x}{2}\right)$ sur $[\pi ; 3\pi]$

61 Même exercice que le précédent avec :

a) $\sin(5x)$ sur $\left[\dfrac{\pi}{4} ; \dfrac{\pi}{2}\right]$ **b)** $\cos(3x)$ sur $\left[-\dfrac{\pi}{2} ; 0\right]$

62 Même exercice que le précédent avec :

a) $3\sin\left(\dfrac{1}{4}x + \dfrac{\pi}{4}\right)$ sur $[-\pi ; 3\pi]$

b) $-2\cos\left(2x + \dfrac{\pi}{6}\right)$ sur $[0 ; \pi]$

Équations et inéquations trigonométriques

Savoir-faire 6 → P. 49

63 Résoudre dans $\mathbb{R}$ les équations suivantes :

a) $\cos x = \frac{\sqrt{2}}{2}$ b) $\cos x = \cos\frac{\pi}{8}$

c) $\cos a = \frac{\sqrt{5}}{2}$ d) $\cos t = \cos 0$

64 Même exercice que le précédent avec :

a) $\cos b = -\frac{\sqrt{2}}{2}$ b) $\cos t = 0$

c) $\cos x = \cos\frac{\pi}{5}$ d) $\cos t = -\frac{5}{4}$

Savoir-faire 7 → P. 49

65 Résoudre dans $\mathbb{R}$ les équations suivantes :

a) $\sin x = \frac{1}{2}$ b) $\sin t = 1{,}4$

c) $\sin x = \frac{\sqrt{3}}{2}$ d) $\sin t = 0$

66 Même exercice que le précédent avec :

a) $\sin x = -\frac{\sqrt{2}}{2}$ b) $\sin x = \sin\frac{3\pi}{7}$

c) $\sin x = -\frac{\sqrt{3}}{2}$ d) $\sin\theta = \pi$

67 Résoudre dans $\mathbb{R}$ les équations suivantes :

a) $\sin x = \sin\frac{\pi}{7}$ b) $\cos x = \cos\frac{5\pi}{6}$

c) $\cos t = \sin\frac{3\pi}{8}$ d) $\sin t = \cos\frac{\pi}{2}$

68 Cet exercice est un questionnaire à choix multiples. Pour chaque question, indiquer la seule proposition exacte.

1. L'équation $\cos x = -\frac{1}{2}$:
   a. a exactement deux solutions : $\frac{2\pi}{3}$ et $-\frac{2\pi}{3}$
   b. a pour solution $\frac{8\pi}{3}$
   c. n'a pas pour solution $-\frac{2\pi}{3}$
2. L'équation $\sin t = -1$:
   a. a pour unique solution $-\frac{\pi}{2}$
   b. a pour solution $\frac{5\pi}{2}$
   c. n'a pas pour solution $-\frac{3\pi}{2}$

69 a) Résoudre dans $\mathbb{R}$ l'équation $\cos x = -\frac{\sqrt{3}}{2}$.

b) Donner les solutions de cette équation appartenant à $]-\pi\,;\pi]$.

c) Donner les solutions de cette équation appartenant à $]0\,;2\pi]$.

70 a) Résoudre dans $\mathbb{R}$ l'équation $\sin x = \frac{1}{2}$.

b) Donner les solutions de cette équation appartenant à $]-\pi\,;\pi]$.

c) Donner les solutions de cette équation appartenant à $]0\,;2\pi]$.

71 a) Résoudre dans $\mathbb{R}$ l'équation $\cos x = \frac{1}{2}$.

b) Donner les solutions de cette équation appartenant à $]-\pi\,;\pi]$.

c) Dans un repère orthonormé (O, I, J), tracer le cercle trigonométrique. Placer les points du cercle trigonométrique M et M' repérés par les solutions de l'équation $\cos x = \frac{1}{2}$ (on indiquera à côté des points la mesure de l'angle trouvée au a)). Repasser dans une autre couleur la partie du cercle dont les points ont une abscisse supérieure à $\frac{1}{2}$.

d) Déduire de la représentation précédente les solutions dans $]-\pi\,;\pi]$ de l'inéquation $\cos x > \frac{1}{2}$.

72 a) Résoudre dans $\mathbb{R}$ l'équation $\sin x = -\frac{\sqrt{2}}{2}$.

b) Donner les solutions de cette équation appartenant à $]-\pi\,;\pi]$.

c) Dans un repère orthonormé (O, I, J), tracer le cercle trigonométrique. Placer les points M et M' repérés par les solutions de l'équation $\sin x = -\frac{\sqrt{2}}{2}$ (on indiquera à côté des points la mesure de l'angle trouvée au a)). Repasser dans une autre couleur la partie du cercle dont les points ont une ordonnée supérieure à $-\frac{\sqrt{2}}{2}$.

d) Déduire de la représentation précédente les solutions dans $]-\pi\,;\pi]$ de l'inéquation $\sin x > -\frac{\sqrt{2}}{2}$.

73 La fonction de la calculatrice notée arccos, ou Acs, est la fonction Arccosinus : à tout réel a de l'intervalle $[-1\,;1]$, elle associe l'unique réel t de l'intervalle $[0\,;\pi]$ tel que $\cos t = a$.

Soit α un nombre réel de $[-\pi\,;\pi]$. Déterminer à l'aide de la calculatrice une valeur approchée de α, sachant que $\cos\alpha = -0{,}7$ et $\sin\alpha < 0$.

74 Soit α un nombre réel de $[0\,;2\pi]$. Déterminer à l'aide de la calculatrice une valeur approchée de α, sachant que $\cos\alpha = 0{,}7$ et $\sin\alpha < 0$.

75 La fonction de la calculatrice notée arcsin, ou Asn, est la fonction Arcsinus : à tout réel a de l'intervalle $[-1 ; 1]$, elle associe l'unique réel t de l'intervalle $\left[-\frac{\pi}{2} ; \frac{\pi}{2}\right]$ tel que $\sin t = a$.

Soit α un nombre réel de l'intervalle $[-\pi ; \pi]$. Déterminer à l'aide de la calculatrice une valeur approchée de α, sachant que $\sin \alpha = 0{,}4$ et $\cos \alpha < 0$.

76 Soit α un nombre réel de $[0 ; 180]$. Déterminer à l'aide de la calculatrice une valeur approchée de α, sachant que $\sin(\alpha°) = -0{,}3$ et $\cos(\alpha°) < 0$.

Savoir-Faire 8 → P. 51

77 Dans le plan rapporté à un repère orthonormé (O, I, J), placer les points M, N, P de coordonnées polaires respectives : $M\left(\frac{1}{2} ; -\frac{\pi}{6}\right)$, $N\left(2 ; \frac{\pi}{2}\right)$, $P(1 ; \pi)$.

78 Même exercice que le précédent avec :
$M\left(2 ; \frac{2\pi}{3}\right)$, $N\left(1 ; -\frac{\pi}{4}\right)$, $P\left(4 ; -\frac{\pi}{2}\right)$.

79 Même exercice que le précédent avec :
$M\left(3 ; \frac{3\pi}{4}\right)$, $N\left(2{,}7 ; -\frac{5\pi}{6}\right)$, $P(3{,}4 ; 0)$.

80 Même exercice que le précédent, les mesures des angles étant exprimées en degrés :
$M(2 ; 45°)$, $N(1{,}3 ; -30°)$; $P(7 ; 135°)$.

81 Lire les coordonnées polaires de chacun des points A, B, C, D, E et F représentés ci-dessous.

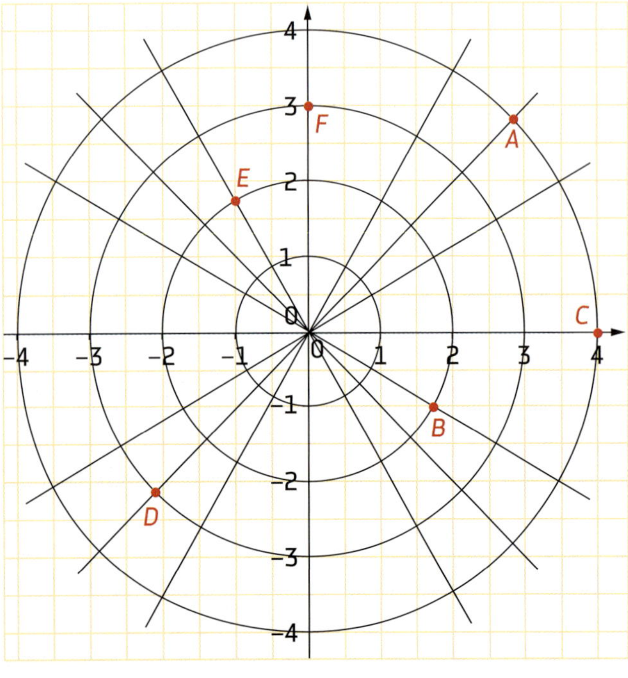

82 Pour chacun des points de l'exercice **77**, déterminer les coordonnées cartésiennes de M, N et P.

83 Pour chacun des points de l'exercice **78**, déterminer les coordonnées cartésiennes de M, N et P.

84 Pour chacun des points de l'exercice **79**, déterminer les coordonnées cartésiennes de M, N et P.

85 Pour chacun des points de l'exercice **80**, déterminer les coordonnées cartésiennes de M, N et P.

Savoir-Faire 9 → P. 51

86 Déterminer les coordonnées polaires des points A et B définis ci-dessous par leurs coordonnées cartésiennes dans un repère orthonormé (O, I, J).

Le point A a pour coordonnées cartésiennes $(2 ; -2)$. On donnera la réponse en valeur exacte, l'angle étant exprimé en radians.

Le point B a pour coordonnées cartésiennes $(-2 ; -1)$. On donnera la réponse avec des valeurs arrondies à 10^{-2}, l'angle étant exprimé en degrés.

87 Déterminer les coordonnées polaires des points A et B définis ci-dessous par leurs coordonnées cartésiennes dans un repère orthonormé (O, I, J).

Le point A a pour coordonnées cartésiennes $(-4 ; 0)$. On donnera la réponse en valeur exacte, l'angle étant exprimé en radians.

Le point B a pour coordonnées cartésiennes $(1 ; 3)$. On donnera la réponse avec des valeurs arrondies à 10^{-2}, l'angle étant exprimé en degrés.

88 Dans un repère orthonormé (O, I, J), les points M, N, P et Q ont pour coordonnées cartésiennes respectives : $M(3 ; 0)$, $N(-2 ; 0)$, $P(0 ; -1)$ et $Q(0 ; 4)$.

a) Représenter ces quatre points.

b) Par lecture graphique, donner leurs coordonnées polaires.

89 Dans un repère orthonormé (O, I, J), on donne le vecteur $\vec{u}(-2 ; 3)$.

En utilisant les coordonnées cartésiennes, puis polaires du point M tel que $\overrightarrow{OM} = \vec{u}$, déterminer une mesure en degrés de l'angle $(\overrightarrow{OI}, \vec{u})$ (on donnera le résultat arrondi à 10^{-2}).

90 Dans un repère orthonormé (O, I, J), on donne les vecteurs $\vec{u}(2 ; -4)$ et $\vec{v}(1 ; 3)$.

a) Représenter les vecteurs $\vec{u}$ et $\vec{v}$, puis construire le vecteur $\vec{u} + \vec{v}$ et le point M tel que $\overrightarrow{OM} = \vec{u} + \vec{v}$.

b) Calculer les coordonnées cartésiennes de M.

c) Déterminer les coordonnées polaires de M. On donnera la réponse avec des valeurs arrondies à 10^{-2}, l'angle étant exprimé en degrés.

Vrai-Faux

91 Dans chaque question, indiquer, pour chacune des affirmations, si elle est vraie ou fausse. Justifier.

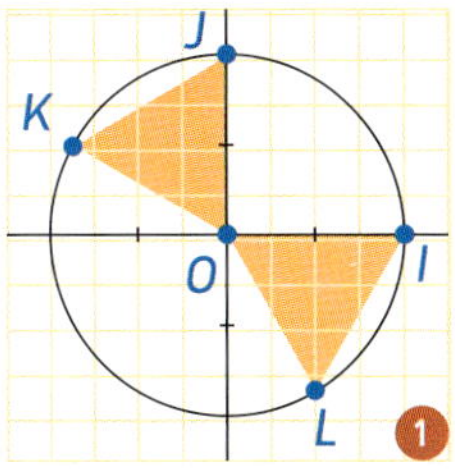

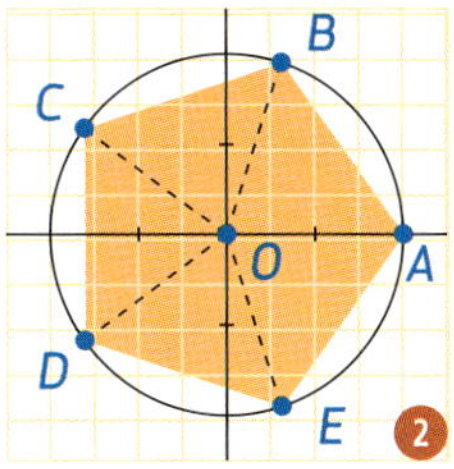

1. Sur la figure **1**, le triangle *OIL* est équilatéral. Le point *L* du cercle trigonométrique est repéré par :

a) $-\dfrac{\pi}{6}$ **b)** $\dfrac{5\pi}{3}$ **c)** $-\dfrac{7\pi}{3}$ **d)** $-\dfrac{24\pi}{3}$

2. Sur la figure **1**, le triangle *OJK* est équilatéral. Le point *K* du cercle trigonométrique est repéré par :

a) $\dfrac{2\pi}{3}$ **b)** $\dfrac{5\pi}{6}$ **c)** $-\dfrac{4\pi}{3}$ **d)** $-\dfrac{19\pi}{6}$

3. Sur la figure **2**, *ABCDE* est un pentagone régulier de centre *O*. Alors :

a) $(\overrightarrow{OA}, \overrightarrow{OB})$ a pour mesure $\dfrac{\pi}{5}$

b) $(\overrightarrow{OD}, \overrightarrow{OB})$ a pour mesure $\dfrac{4\pi}{5}$

c) $(\overrightarrow{DE}, \overrightarrow{DC})$ a pour mesure $\dfrac{8\pi}{5}$

4. Le réel $-\dfrac{1}{2}$ est la valeur de :

a) $\cos\dfrac{5\pi}{6}$ **b)** $\sin\dfrac{7\pi}{6}$ **c)** $\sin\left(-\dfrac{5\pi}{6}\right)$ **d)** $\cos\dfrac{7\pi}{6}$

5. L'équation $\cos t = \dfrac{3}{4}$ admet :

a) deux solutions dans $\mathbb{R}$

b) aucune solution dans $\left[\dfrac{\pi}{2} ; \dfrac{3\pi}{2}\right]$

c) exactement deux solutions dans $]-\pi ; \pi]$

d) une seule solution dans $\left[\dfrac{\pi}{6} ; \dfrac{\pi}{2}\right]$

92 Pour chacune des affirmations suivantes, dire si elle est vraie ou fausse. Justifier.

1. Les réels $\dfrac{\pi}{7}$ et $\dfrac{36\pi}{7}$ sont deux mesures du même angle orienté.

2. $105° = \dfrac{7\pi}{12}$ rad.

3. Pour tous réels x et y, $\cos(x+y) = \cos x + \cos y$.

4. $\cos\dfrac{7\pi}{4} = -\sin\dfrac{7\pi}{4}$.

5. Si a est un réel de $\left[0 ; \dfrac{\pi}{2}\right]$, alors $\cos(2a)$ est positif ou nul.

QCM

93 Pour chaque question, indiquer la seule proposition exacte.

	A	B	C
1. La mesure principale de $-\dfrac{127\pi}{6}$ est :	$-\dfrac{7\pi}{6}$	$\dfrac{5\pi}{6}$	$-\dfrac{\pi}{6}$
2. Trois points du plan deux à deux distincts *A*, *B* et *C* sont alignés si et seulement si $(\overrightarrow{AB}, \overrightarrow{AC}) =$	0 à 2π près	π à 2π près	0 à π près
3. Si $t = 3\pi$ alors $\cos t =$	-1	1	0
4. Si $t = -\dfrac{\pi}{6}$ alors $\cos t =$	$\dfrac{\sqrt{3}}{2}$	$-\dfrac{\sqrt{3}}{2}$	$\dfrac{1}{2}$
5. Si $t = \dfrac{\pi}{6}$ alors $\cos(2t) =$	$\sqrt{3}$	1	$\dfrac{1}{2}$
6. Pour tout réel x, $\cos(x + 5\pi) =$	$\cos x$	$-\cos x$	$\sin x$
7. L'équation $\sin t = \dfrac{\sqrt{3}}{2}$ d'inconnue $t \in \mathbb{R}$	a $\dfrac{13\pi}{3}$ pour seule solution	n'a pas $\dfrac{13\pi}{3}$ pour solution	a $\dfrac{13\pi}{3}$ pour solution
8. Les solutions de $\cos t = -\dfrac{1}{2}$ dans $\mathbb{R}$ sont :	$\dfrac{\pi}{3} + k \times 2\pi$ et $\dfrac{2\pi}{3} + k \times 2\pi$, où $k \in \mathbb{Z}$.	$\dfrac{2\pi}{3} + k \times 2\pi$, où $k \in \mathbb{Z}$.	$\dfrac{2\pi}{3} + k \times 2\pi$ et $-\dfrac{2\pi}{3} + k \times 2\pi$, où $k \in \mathbb{Z}$.

Problèmes

94 Fichier GeoGebra

Soit A et B deux points du plan. L'objectif est de déterminer l'ensemble $\mathscr{E}$ des points M du plan tels que :

$$(\overrightarrow{MA}, \overrightarrow{MB}) = \frac{\pi}{2} + 2k\pi \text{ ou } (\overrightarrow{MA}, \overrightarrow{MB}) = -\frac{\pi}{2} + 2k\pi$$

où $k \in \mathbb{Z}$.

1. CHERCHER Sur un logiciel de géométrie dynamique, placer deux points A et B. Tracer une droite d passant par A (on placera un point K libre et on tracera la droite (AK)), puis la droite d' orthogonale à d passant par B. Soit M le point d'intersection de d et d'. Que peut-on dire de l'angle $(\overrightarrow{MA}, \overrightarrow{MB})$?

Activer la trace de M et faire varier la droite d. En déduire alors une conjecture sur l'ensemble $\mathscr{E}$.

2. RAISONNER **a)** Soit M un point de l'ensemble $\mathscr{E}$.

Que peut-on dire du triangle AMB ? Quel est le cercle circonscrit au triangle AMB ? À quel ensemble $\mathscr{C}$ les points M appartiennent-ils ?

b) Soit M un point de $\mathscr{C}$ distinct de A et B.

Que peut-on dire du triangle AMB ? Quelles sont les mesures possibles de l'angle $(\overrightarrow{MA}, \overrightarrow{MB})$?

c) Conclusion : quel est l'ensemble $\mathscr{E}$?

95 Le plan est muni d'un repère orthonormé (O, I, J). On appelle A et B les points du cercle trigonométrique repérés par les réels $\frac{\pi}{3}$ et $-\frac{\pi}{6}$. On note C le point du plan tel que $OBCA$ soit un parallélogramme.

1. a) Faire une figure. Donner la mesure principale de l'angle $(\overrightarrow{OA}, \overrightarrow{OB})$.

b) Justifier que $OBCA$ est un carré.

c) On rappelle que la diagonale d'un carré de côté c a pour longueur $c\sqrt{2}$. Déterminer les coordonnées polaires de C. (On donnera la mesure principale de l'angle $(\overrightarrow{OI}, \overrightarrow{OC})$.)

2. Donner les coordonnées cartésiennes des points A et B. En utilisant $\overrightarrow{OC} = \overrightarrow{OA} + \overrightarrow{OB}$, déterminer les coordonnées cartésiennes de C.

3. En utilisant le lien entre coordonnées polaires et coordonnées cartésiennes d'un point, déduire de ce qui précède que :

$$\cos\frac{\pi}{12} = \frac{\sqrt{6}+\sqrt{2}}{4} \text{ et } \sin\frac{\pi}{12} = \frac{\sqrt{6}-\sqrt{2}}{4}.$$

Vérifier que ces résultats sont en accord avec les valeurs approchées de $\cos\frac{\pi}{12}$ et $\sin\frac{\pi}{12}$ fournies sur calculatrice.

96 Fichier GeoGebra **Un losange articulé**

Un système articulé est constitué de quatre tiges formant un losange $ABCD$ de côté 1 tel que :

- le point A et la direction de la droite (AC) soient fixes ;
- le point B se déplace sur le cercle de centre A et de rayon 1.

On étudie alors le déplacement du milieu L de $[BC]$, en utilisant un repérage au moyen de l'angle orienté $(\overrightarrow{AC}, \overrightarrow{AB})$.

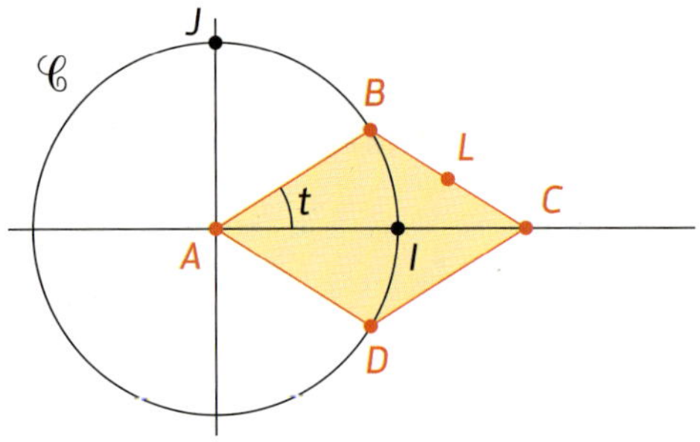

1. Étude à l'aide d'un logiciel MODÉLISER

Dans toute la suite de l'exercice, on utilise le repère orthonormé (A, I, J), où I est le point de $[AC)$ tel que $AI = 1$.

a) Avec un logiciel de géométrie dynamique, faire une figure représentant la situation, en respectant l'ordre suivant pour la construction :

- les points A, I, J et le cercle $\mathscr{C}$ de centre A et de rayon 1 ;
- le point B variant sur le cercle $\mathscr{C}$ et le réel t, mesure en radians de l'angle $(\overrightarrow{AI}, \overrightarrow{AB})$ (penser à mettre le radian comme unité de mesure des angles) ;
- les points D, C et L (on utilisera en particulier des propriétés de symétrie).

b) Activer la trace de L et observer son déplacement quand B varie sur $\mathscr{C}$.

2. Étude géométrique

a) Donner les coordonnées des points B et D en fonction de t.

b) Déterminer les coordonnées de C en fonction de t.

c) En déduire que les coordonnées de L sont :

$$\left(\frac{3}{2}\cos t ; \frac{1}{2}\sin t\right)$$

puis vérifier que, pour tout réel t de $[0 ; 2\pi]$, ces coordonnées vérifient l'équation $\frac{4}{9}x^2 + 4y^2 = 1$.

d) On admet que l'ensemble $\mathscr{E}$ décrit par L quand B décrit $\mathscr{C}$ est exactement la réunion des courbes d'équation :

$$y = \sqrt{\frac{1}{4} - \frac{1}{9}x^2} \text{ et } y = -\sqrt{\frac{1}{4} - \frac{1}{9}x^2}$$

pour x dans l'intervalle $\left[-\frac{3}{2} ; \frac{3}{2}\right]$. (Cet ensemble $\mathscr{E}$ est un exemple d'ellipse.)

Faire tracer ces deux courbes par le logiciel sur la figure précédemment obtenue et vérifier la superposition avec la trace du point L quand t varie dans $[0 ; 2\pi]$.

(Ce système articulé est un exemple de système transformant un mouvement circulaire en un mouvement ellipsoïdal.)

97 Pente d'une route

On s'intéresse ici à la pente que peut vaincre une voiture roulant à une vitesse donnée.

1. a) On suppose que la puissance utile fournie par le moteur de la voiture est de 100 kW et que cette voiture roule à 100 km/h (on prendra 27,8 $m \cdot s^{-1}$). À cette vitesse, 8,4 % de cette puissance sert à vaincre la résistance aérodynamique et 36,4 % sert à vaincre la résistance au roulement.

Déterminer alors la puissance restante en W qui peut être fournie par le moteur de la voiture pour vaincre la résistance due à la pente.

b) La puissance consommée par une voiture en W pour vaincre la résistance due à la pente d'une route faisant un angle x avec l'horizontale est donnée par :

$$P(x) = MgV\sin x$$

où :

- M est la masse du véhicule en kg : $M = 1\,000$ kg ;
- g est l'accélération de la pesanteur : $g = 9{,}81\ m \cdot s^{-2}$;
- V est la vitesse du véhicule en $m \cdot s^{-1}$;
- x est l'angle en radians que fait la route avec l'horizontale.

On suppose que la voiture roule à 100 km/h et qu'elle est sur une pente dont l'ascension nécessite l'utilisation de toute la puissance restante (puissance déterminée à la question précédente). Déterminer l'angle x, arrondi à 10^{-2}, que fait la route avec l'horizontale. Convertir en degrés la valeur obtenue et arrondir à 0,1 degré.

2. CHERCHER Lorsque la voiture roule à 50 km/h (on prendra 13,9 $m \cdot s^{-1}$), 1% de la puissance fournie sert à vaincre la résistance aérodynamique et 18,2 % sert à vaincre la résistance au roulement. Reprendre alors la question **1.** avec une puissance fournie par le moteur de la voiture de 100 kW mais une vitesse de la voiture de 50 km/h.

3. COMMUNIQUER La pente que peut prendre une voiture roulant à une vitesse donnée est-elle proportionnelle à cette vitesse ? Justifier.

98 Nageur dans une rivière

On s'intéresse ici au parcours d'un nageur qui souhaite traverser une rivière animée d'un courant. On définit le repère orthonormé (O, I, J) où O est le point de départ du nageur, $\overrightarrow{OI}$ le vecteur unitaire dont la direction est celle du courant et $\overrightarrow{OJ}$ le vecteur unitaire orthogonal au bord de la rivière.

On appelle $\overrightarrow{V_n}$ la vitesse de nage du nageur (c'est la vitesse qu'il aurait en l'absence de courant), $\overrightarrow{V_e}$ la vitesse du courant de la rivière (déplacement de l'eau par rapport au fond) et $\overrightarrow{V_r}$ la vitesse réelle du nageur (vitesse par rapport au fond). On a alors : $\overrightarrow{V_r} = \overrightarrow{V_n} + \overrightarrow{V_e}$.

1. Dans cette question, le nageur nage à une vitesse de 40 $m.min^{-1}$ perpendiculairement au bord de la rivière.

Le courant de la rivière a une vitesse de 30 $m.min^{-1}$ parallèlement au bord de la rivière.

a) REPRÉSENTER En prenant 0,2 cm pour 1 $m.min^{-1}$ dans le repère (O, I, J) et O pour origine des vecteurs, représenter $\overrightarrow{V_n}$ et $\overrightarrow{V_e}$ dans ce repère puis construire $\overrightarrow{V_r}$.

b) On appelle M le point défini par $\overrightarrow{V_r} = \overrightarrow{OM}$.

Déterminer graphiquement les coordonnées polaires du point M.

c) Retrouver les résultats de la question précédente par le calcul. (On donnera les résultats arrondis à 10^{-1}, l'angle étant exprimé en degrés.)

d) Que représentent les résultats obtenus pour le nageur ?

2. CHERCHER Dans cette question, le nageur veut arriver en face de son point de départ ($\overrightarrow{V_r}$ est alors colinéaire et de même sens que $\overrightarrow{OJ}$) en avançant à une vitesse réelle de 25 $m.min^{-1}$. Le courant de la rivière est le même que précédemment.

a) Déterminer les coordonnées polaires du point N tel que $\overrightarrow{ON} = \overrightarrow{V_n}$.

b) COMMUNIQUER En déduire la stratégie à adopter par le nageur pour arriver en face de son point de départ.

99

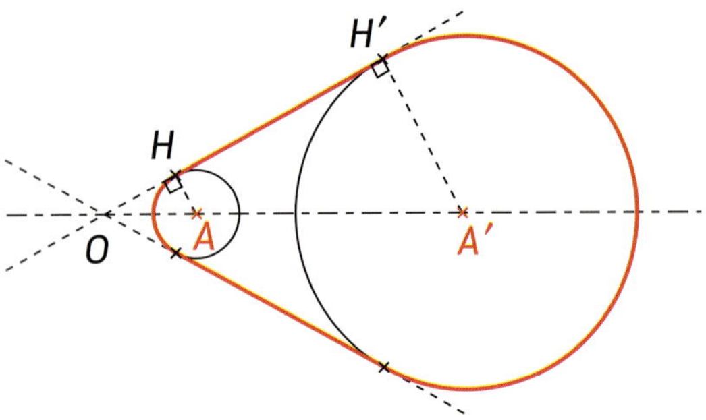

Une courroie tourne autour de deux poulies de rayons respectifs $AH = 30$ mm, $A'H' = 120$ mm et dont les centres sont distants de $AA' = 150$ mm. On cherche à déterminer une valeur arrondie au mm de la longueur totale de la courroie.

1. Montrer que $OA = 50$ mm.

2. Déduire de la question **1.** la longueur du morceau de courroie HH' en mm.

3. On note I le point d'intersection de $[OA]$ avec le cercle de centre A et de rayon AH.
Déterminer la longueur du morceau de courroie $\overset{\frown}{HI}$ (indication : la longueur d'un arc de cercle de rayon R et d'angle au sommet α en radians est égale à $R\alpha$). On donnera le résultat arrondi au dixième de millimètre.

4. Déterminer enfin la longueur totale de la courroie (on donnera la valeur arrondie au mm).

100 Piges

1. Question préliminaire :
Sur la figure ci-contre, la droite (IA) est tangente en A au cercle $\mathscr{C}$ de centre O et de rayon ρ.
Exprimer OI en fonction de ρ et de la mesure θ en degrés de l'angle $\widehat{AIO}$.
En déduire IB en fonction de ρ et θ.

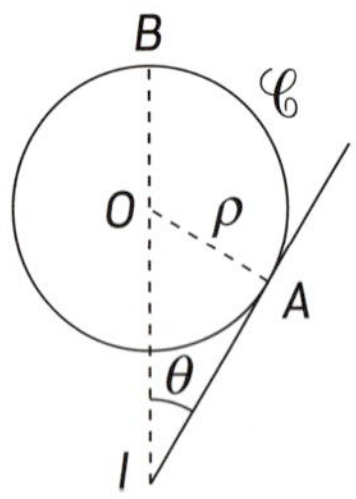

La pièce représentée ci-après comporte une rainure en V (voir la figure 1).

Figure 1

On veut contrôler la mesure a de l'angle en degrés de cette rainure ($a \in [0\,;\,180]$). Pour cela, on utilise deux cylindres (appelés piges) de rayons respectifs 6 mm et 8 mm et on mesure les longueurs l et L comme indiqué sur la figure 2.

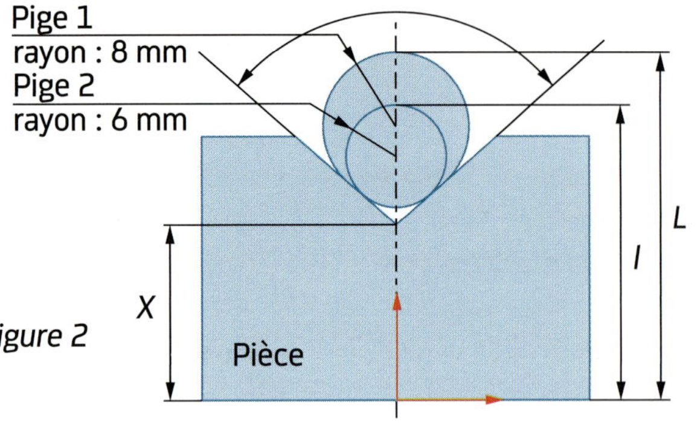

Figure 2

2. a) À l'aide de la question préliminaire, montrer que :

$$L = X + 8 + \frac{8}{\sin\left(\frac{a}{2}\right)}.$$

b) Exprimer de même l en fonction de X et a.

c) Par soustraction des deux égalités précédentes, montrer que : $\sin\left(\frac{a}{2}\right) = \frac{2}{(L-l)-2}$.

3. a) À quel intervalle appartient $\frac{a}{2}$? Combien l'équation $\sin\left(\frac{a}{2}\right) = k$ a-t-elle de solutions dans cet intervalle ?

b) On teste trois pièces avec la rainure en V pour lesquelles on donne ci-dessous les valeurs de l et L. Pour chacune d'elles :

- déterminer une valeur approchée à 10^{-1} près de a en degrés ;
- en déduire si la pièce doit être acceptée ou rejetée, sachant que a doit avoir pour mesure 90°, avec une tolérance de 1° : $a \in [89\,;\,91]$.

	Pièce 1	Pièce 2	Pièce 3
L en mm	49,32	49,20	49,44
l en mm	44,49	44,40	44,58

101 CHERCHER Le déploiement de la fibre optique jusque chez l'abonné se généralise : on parle de FTTH (*Fiber To The Home*). La fibre optique est constituée d'une gaine, d'indice de réfraction $n_g \geqslant 1$, et d'un cœur, d'indice de réfraction $n_c \geqslant n_g$ (voir la vue en coupe d'un morceau de fibre optique ci-dessous).

Pour avoir une conduction totale de la lumière le long de la fibre optique, le faisceau optique doit entrer dans le cœur de la fibre avec un angle θ plus petit qu'un angle limite noté θ_{lim}. On s'intéresse ici à cet angle limite.

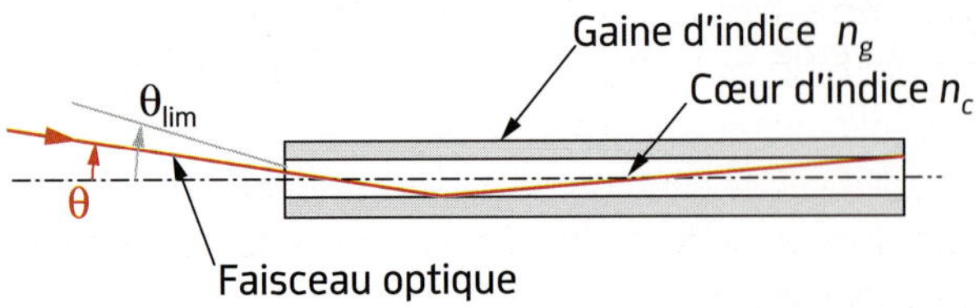

On a : $\sin(\theta_{\text{lim}}) = \sqrt{n_c^2 - n_g^2}$ et on appelle ouverture numérique de la fibre optique le réel noté O.N. défini par

$$\text{O.N.} = \sin(\theta_{\text{lim}}).$$

1. L'angle θ_{lim} est-il proportionnel à l'ouverture numérique O.N. ? Justifier.

Dans toute la suite, on considère une fibre IC-3 d'Optex dont l'ouverture numérique est égale à 0,13.

2. a) Déterminer l'angle θ_{lim} du faisceau optique entrant dans cette fibre (ce qui permet une conduction totale du faisceau). On donnera la valeur arrondie à 0,01°.

b) Si l'indice n_c du cœur de la fibre est égal à 1,48, déterminer l'indice de la gaine arrondi à 0,01.

3. Un faisceau entrant perpendiculairement à la fibre (en E) se réfléchit (en C) sur la surface de contact entre le cœur et la gaine. On montre que, pour que la conduction soit totale, l'angle de réfraction maximal (en C) est θ_{lim}. On appelle R_{lim} le rayon de courbure correspondant : sur la figure ci-dessous $R_{\text{lim}} = OE$ et d est le diamètre du cœur de la fibre.

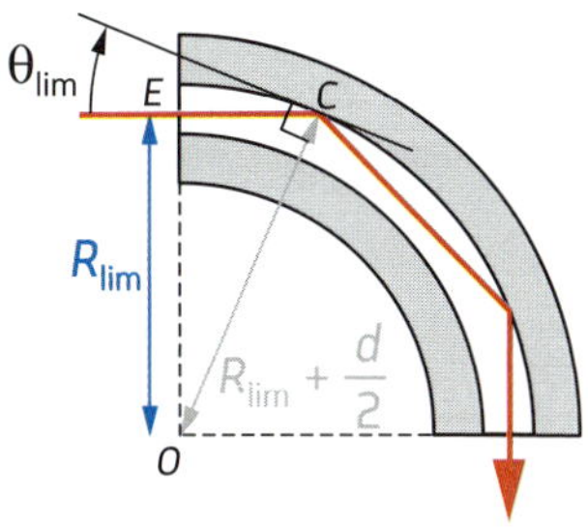

a) Justifier que la valeur exacte du cosinus de θ_{lim} est :

$$\cos(\theta_{\text{lim}}) = \sqrt{0{,}9831}.$$

b) Justifier que l'angle θ_{lim} est un des angles du triangle OEC et préciser lequel.

c) Exprimer le rayon de courbure R_{lim} en fonction du diamètre d du cœur de la fibre.

d) Pour une fibre dont le diamètre du cœur est égal à 1,3 µm, calculer R_{lim} ($1\ \mu\text{m} = 10^{-6}$ m). On donnera la valeur arrondie à 0,1 µm.

102 Fichier GeoGebra **Surfacturation**

CHERCHER, MODÉLISER Dans une usine, un moteur utilisé pour du pompage est alimenté par le réseau EDF (230 V – 50 Hz). Ce moteur consomme à pleine puissance un courant $i_M(t)$ de valeur efficace 20 A avec un déphasage de 40° entre ce courant et la tension $u(t)$. (Le courant est en retard sur la tension.)

EDF applique un surplus de facturation lorsque le courant est en retard de plus de 21,8° sur la tension.

Afin de diminuer le déphasage initial de 40°, on place un condensateur de capacité C en parallèle avec le moteur. L'objectif est de déterminer la valeur efficace du courant traversant le condensateur C permettant de ne pas avoir de surfacturation.

La situation est représentée par le montage ci-dessous.

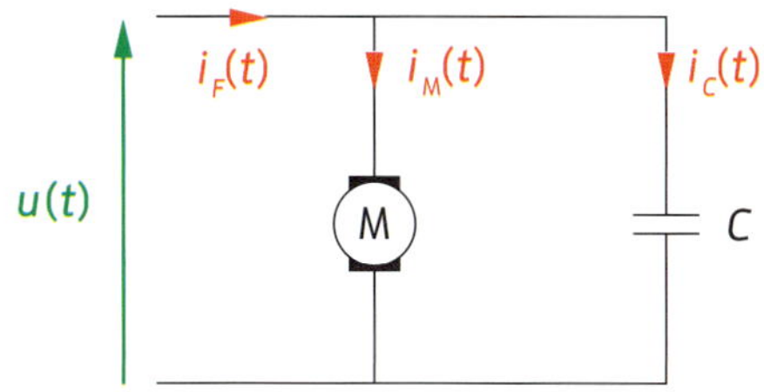

Pour un dipôle soumis à une tension sinusoïdale $u(t)$ à laquelle on associe arbitrairement un vecteur de référence $\vec{U}$ et traversé par un courant sinusoïdal $i(t)$, on représente le courant $i(t)$ par un vecteur $\vec{I}$ tel que :

- la norme de $\vec{I}$ (longueur de tout représentant) est égale à la valeur efficace du courant $i(t)$;
- l'angle orienté entre $\vec{U}$ et $\vec{I}$ est égal au déphasage entre le courant $i(t)$ et la tension $u(t)$: la mesure de l'angle orienté $(\vec{U}, \vec{I})$ est négative si le courant est en retard sur la tension et positive sinon.

On dit alors que $\vec{I}$ est le vecteur associé à $i(t)$.

1. a) Avec un logiciel de géométrie dynamique, faire une figure dans laquelle apparaissent :

- le repère d'origine O ;
- le représentant d'origine O du vecteur $\vec{U}$ associé à la tension $u(t)$ du montage précédent, qui sert de vecteur de référence des phases. (On prendra (10 ; 0) pour coordonnées de ce vecteur) ;
- le représentant d'origine O du vecteur $\vec{I_M}$ associé au courant $i_M(t)$ dont les caractéristiques sont données au début de l'énoncé.

b) On admet que le courant qui traverse un condensateur est en avance de 90° sur la tension.

Créer le représentant d'origine O du vecteur $\vec{I_C}$ associé au courant $i_C(t)$ du condensateur dont la valeur efficace varie entre 0 et 10. On pourra utiliser un curseur.

c) On admet que la relation électrique $i_F(t) = i_M(t) + i_C(t)$ devient $\vec{I_F} = \vec{I_M} + \vec{I_C}$; créer le vecteur $\vec{I_F}$.

2. a) EDF applique-t-elle un surplus de facturation si le courant efficace dans le condensateur est de 5 A ? de 8 A ?

b) Quelle semble être la plus petite valeur efficace du courant dans le condensateur (à 10^{-2} près) pour laquelle EDF n'appliquera pas de surfacturation ?

3. **CALCULER** En utilisant les coordonnées polaires et cartésiennes des vecteurs, vérifier par le calcul qu'il n'y aura pas de surfacturation avec la valeur obtenue en **2.b)**.

Vers le bac

103 Cet exercice est un questionnaire à choix multiples. Pour chacune des questions suivantes, une seule des quatre réponses proposées est exacte. Aucune justification n'est demandée.

1. La mesure principale d'un angle de mesure $-\dfrac{203\pi}{4}$ est :

a. $\dfrac{\pi}{4}$ **b.** $-\dfrac{\pi}{4}$ **c.** $\dfrac{5\pi}{4}$ **d.** $-\dfrac{3\pi}{4}$

2. Si $t = \dfrac{5\pi}{6}$ alors $\cos t =$:

a. $\dfrac{\sqrt{3}}{2}$ **b.** $-\dfrac{\sqrt{3}}{2}$ **c.** $\dfrac{1}{2}$ **d.** $-\dfrac{1}{2}$

3. L'équation $\sin t = -\dfrac{\sqrt{2}}{2}$ a :

a. une unique solution dans $[0\,;\,2\pi]$

b. $-\dfrac{\pi}{4}$ et $-\dfrac{3\pi}{4}$ comme seules solutions

c. pour solutions tous les réels de la forme $\dfrac{3\pi}{4} + k \times 2\pi$, et $-\dfrac{3\pi}{4} + k \times 2\pi$, $k \in \mathbb{Z}$

d. une infinité de solutions dans $\mathbb{R}$

4. Le plan est muni d'un repère orthonormé. Le point M est tel que $OM = 3$ et $(\overrightarrow{OI}, \overrightarrow{OM}) = -\dfrac{\pi}{6} + k \times 2\pi$, où $k \in \mathbb{Z}$. Les coordonnées du point M sont :

a. $\left(-\dfrac{3\sqrt{3}}{2} ; \dfrac{3}{2}\right)$ **b.** $\left(\dfrac{3\sqrt{3}}{2} ; -\dfrac{3}{2}\right)$

c. $\left(\dfrac{3\sqrt{3}}{2} ; \dfrac{3}{2}\right)$ **d.** $\left(-\dfrac{3\sqrt{3}}{2} ; -\dfrac{3}{2}\right)$

104 **a)** On rappelle que l'aire d'un disque de rayon R est égale à πR^2. On admet que l'aire d'un secteur circulaire est proportionnelle à son angle au centre.

Le disque représenté ci-contre a pour rayon 3. Déterminer l'aire du secteur circulaire coloré.

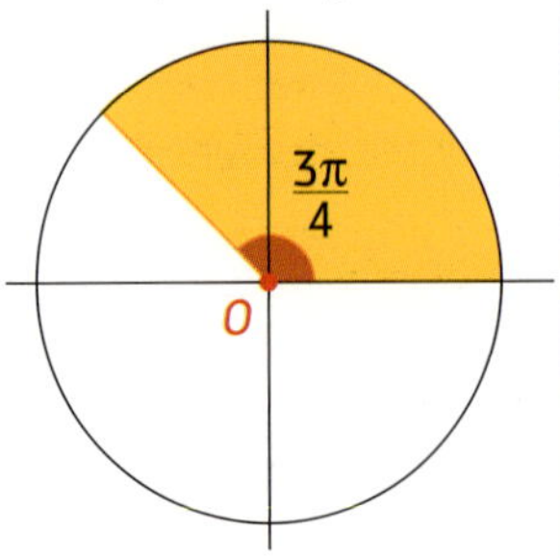

b) Une entreprise souhaite faire repeindre les parties vertes de son enseigne extérieure dont les caractéristiques sont données sur la figure ci-contre.

La peinture utilisée est vendue par pots de 1 L. Un pot coûte 5 euros et permet de couvrir une surface de 0,2 m^2.

Déterminer le budget à prévoir.

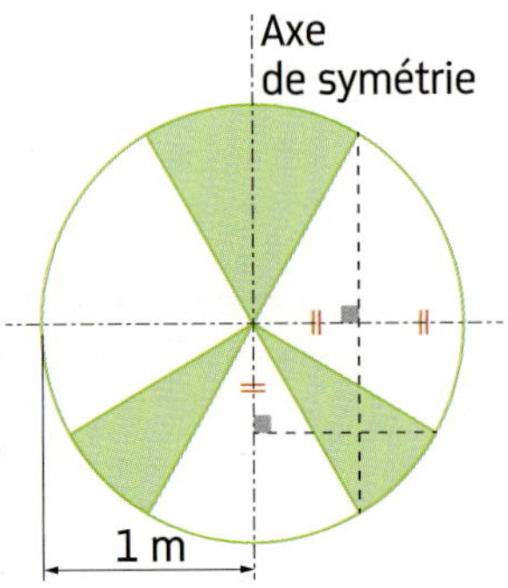

105 Un fabricant de jeux pour enfants souhaite créer une tente de jardin en forme de demi-sphère de rayon 2 m.

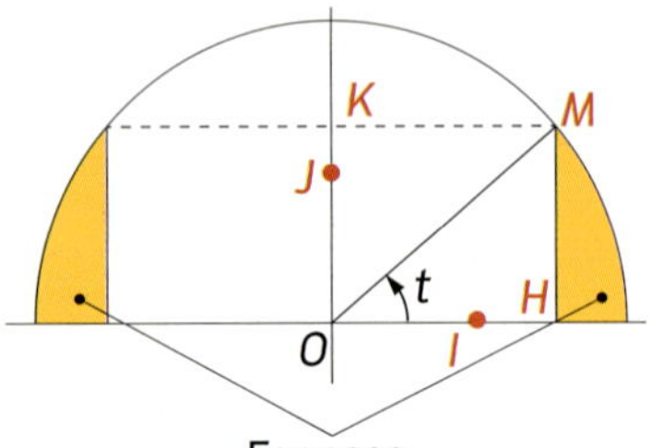

Il consacrera au rangement un espace le long de la paroi de la tente et le reste sera l'espace de jeux pour les enfants.

Le tapis de sol de la tente est un disque dont on note O le centre. Le fabricant étudie le lien entre la hauteur OK au plus bas de l'espace de jeu et le rayon OH de cet espace. On donne ci-dessus une coupe verticale schématisée de la tente.

On note t la mesure principale en radians de l'angle $(\overrightarrow{OI}, \overrightarrow{OM})$.

1. On donne ci-contre un premier extrait de la feuille de tableur utilisée par le fabricant pour son étude.

	A	B	C
1	t	OK	OH
2	0,0	0,000	2,000
3	0,1	0,200	1,990
4	0,2	0,397	1,960
5	0,3	0,591	1,911
6	0,4	0,779	1,842
7	0,5	0,959	1,755
8	0,6	1,129	1,651
9	0,7	1,288	1,530
10	0,8	1,435	1,393
11	0,9	1,567	1,243
12	1,0	1,683	1,081
13	1,1	1,782	0,907
14	1,2	1,864	0,725
15	1,3	1,927	0,535
16	1,4	1,971	0,340
17	1,5	1,995	0,141

a) Si le rayon de l'espace de jeux est de 1,53 m, quelle est la hauteur minimale de cet espace ?

b) Quelle formule le fabricant a-t-il entrée dans la cellule A3 pour obtenir ensuite, par copie vers le bas, les valeurs des cellules A4 à A17 ?

c) Quelle formule le fabricant a-t-il entrée dans chacune des cellules B2 et C2 pour obtenir ensuite, par copie vers le bas, les valeurs des cellules B3 à B17 et C3 à C17 ?

2. Le fabricant souhaite que la hauteur minimale de l'espace de jeu soit de 1,35 mètre. Il affine donc sa recherche à l'aide d'une deuxième feuille de tableur (extrait donné ci-contre).

	A	B	C
1	t	OK	OH
2	0,74	1,349	1,477
3	0,741	1,350	1,476
4	0,742	1,352	1,474
5	0,743	1,353	1,473
6	0,744	1,354	1,472
7	0,745	1,356	1,470
8	0,746	1,357	1,469
9	0,747	1,359	1,467
10	0,748	1,360	1,466
11	0,749	1,362	1,465
12	0,75	1,363	1,463

a) Quel changement a-t-il opéré pour obtenir les valeurs de la première colonne par copie vers le bas ?

b) En utilisant cet extrait de tableur, proposer la plus grande valeur possible du rayon de l'espace de jeux, arrondie au cm, qui réponde à la question.

CHAPITRE 3

Fonctions de référence

Prérequis

- Savoir lire un tableau de variation.
- Savoir lire une représentation graphique.

→ EXERCICES n°1 à 3

Capacités attendues

- Connaître les variations et la représentation graphique des fonctions :
  - affines, polynômes de degré 2, inverse ;
  - valeur absolue ;
  - sinus et cosinus.
- Connaître et interpréter les propriétés de parité et de périodicité des fonctions sinus et cosinus.
- Obtenir, à partir de la courbe représentative d'une fonction u, la courbe représentative des fonctions $t \mapsto u(t) + k$, $t \mapsto u(t + \lambda)$ et $t \mapsto |u(t)|$.

Activités

Activité 1 Des mesures à la modélisation

Objectif Montrer comment la connaissance des fonctions de référence permet de conjecturer une relation à partir d'un relevé de mesures.

Fichier GeoGebra

À l'aide d'un ohmmètre, un élève fait la mesure de la résistance aux bornes d'un radiateur électrique pour chacune des positions du bouton de commande (10 puissances possibles). Le tableau des valeurs de résistances (en ohms, arrondies à l'entier près) pour les différentes valeurs de puissances est donné ci-dessous.

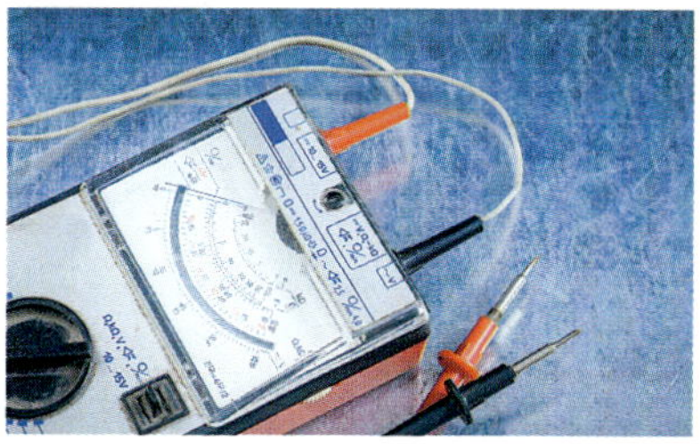

Position bouton	1	2	3	4	5	6	7	8	9	10
P (en watts)	200	400	600	800	1000	1200	1400	1600	1800	2000
R (en ohms)	264	132	88	66	53	44	38	33	29	26

1 **a.** Dans un repère orthogonal (O, I, J) (unités graphiques : 1 cm pour 200 W en abscisse, 1 cm pour 20 Ω en ordonnée), placer les points de coordonnées $(P ; R)$ pour chacun des couples donnés dans le tableau ci-dessus.

b. À partir de ces points, tracer l'allure de la courbe représentative de la fonction qui à P fait correspondre R.

c. Comparer la courbe obtenue avec les courbes des fonctions de référence étudiées en seconde (on pourra se reporter au paragraphe **A** du cours). Émettre alors une conjecture sur la forme de relation qui peut lier P à R.

2 **a.** En utilisant la question **1** **c.**, émettre une conjecture sur le produit $P \times R$.

b. Tester cette conjecture sur le produit $P \times R$ pour chacun des couples (P; R) du tableau. Corriger la conjecture si nécessaire.

c. Donner alors une expression de R en fonction de P qui soit le plus possible en accord avec les résultats du tableau, compte tenu des arrondis (à l'entier près) effectués lors des mesures des résistances R.

d. On considère que l'expression de R en fonction de P obtenue à la question **2** **c.** est utilisable pour toute valeur de R dans $[1\,;+\infty[$. Déterminer alors la valeur de la résistance que devrait présenter le radiateur pour fournir une puissance de chauffe de 3 000 W.

Activité 2 Une courbe point par point

Objectif Construire la courbe représentative de la fonction sinus point par point ; en découvrir les propriétés.

Fichier GeoGebra

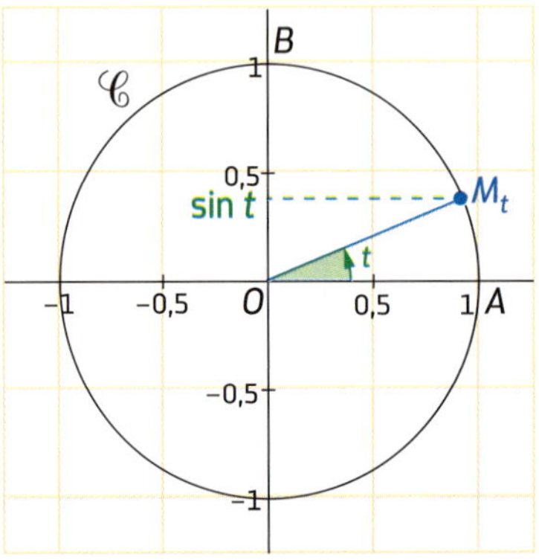

Figure 1

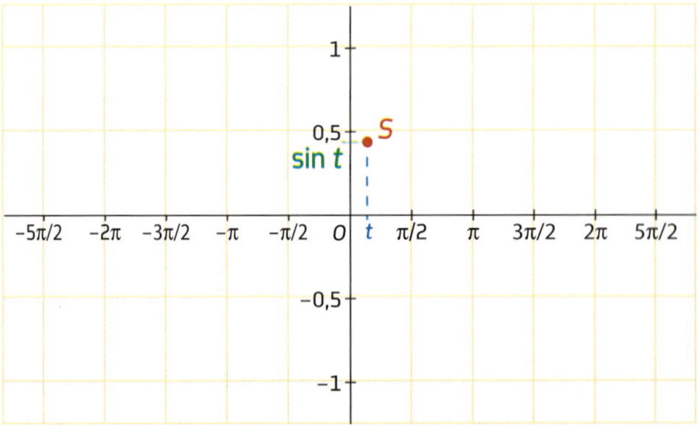

Figure 2

Dans un repère orthonormé (O, A, B) (*figure 1*), on a représenté le cercle trigonométrique $\mathscr{C}$. Soit t un nombre réel et M_t le point de $\mathscr{C}$ repéré par t.
Dans un repère orthogonal (*figure 2*), on va construire la courbe représentative de la fonction sinus, c'est-à-dire l'ensemble des points S de coordonnées (t ; sin t), lorsque t parcourt l'ensemble des nombres réels. On appelle Γ cette courbe.

1 **a.** Reproduire le repère de la figure 2 en prenant 1,5 cm pour π unités en abscisse et 2 cm pour 1 unité en ordonnée.

b. Si $t = 0$, que vaut l'ordonnée de M_t ? En déduire les coordonnées de S lorsque $t = 0$; placer ce point dans le repère de la question précédente.

c. Reprendre la question précédente lorsque t prend les valeurs

$$\frac{\pi}{6}\,;\frac{\pi}{4}\,;\frac{\pi}{3}\,;\frac{\pi}{2}\,;\frac{2\pi}{3}\,;\frac{3\pi}{4}\,;\frac{5\pi}{6} \text{ et } \pi.$$

d. En prenant appui sur le cercle trigonométrique, donner le sens de variation de la fonction sinus sur $\left[0\,;\frac{\pi}{2}\right]$ puis sur $\left[\frac{\pi}{2}\,;\pi\right]$.

e. Tracer alors Γ sur $[0\,;\pi]$.

2 **a.** Comparer $\sin\frac{\pi}{6}$ et $\sin\left(-\frac{\pi}{6}\right)$. Que peut-on en déduire concernant les points de Γ de coordonnées $\left(\frac{\pi}{6}\,;\sin\frac{\pi}{6}\right)$ et $\left(-\frac{\pi}{6}\,;\sin\left(-\frac{\pi}{6}\right)\right)$? Placer ce dernier point.

b. Soit t un réel de $[-\pi ; 0]$. Comparer $\sin t$ et $\sin(-t)$. Que peut-on en déduire concernant les points de Γ de coordonnées $(t ; \sin t)$ et $(-t ; \sin(-t))$?

c. Tracer alors Γ sur $[-\pi ; 0]$. On pourra se servir des points placés à la question **1 c.**.

3 a. Comparer $\sin\left(-\dfrac{5\pi}{6}\right)$ et $\sin\left(\dfrac{7\pi}{6}\right)$. Que peut-on en déduire concernant les points de Γ de coordonnées $\left(-\dfrac{5\pi}{6} ; \sin\left(-\dfrac{5\pi}{6}\right)\right)$ et $\left(\dfrac{7\pi}{6} ; \sin\dfrac{7\pi}{6}\right)$? Placer ce dernier point.

b. Soit t un réel. Comparer $\sin t$ et $\sin(t + 2\pi)$. Que peut-on en déduire concernant les points de Γ de coordonnées $(t ; \sin t)$ et $(t + 2\pi ; \sin(t + 2\pi))$?

c. Tracer alors Γ sur $[\pi ; 3\pi]$, puis sur $[-3\pi ; -\pi]$. On pourra se servir des points placés aux questions **1 c.** et **2 c.**.
En répétant ce procédé, on obtient toute la courbe Γ.

Activité 3 D'une courbe à l'autre

Objectif

Découvrir comment obtenir, à partir de la courbe représentative d'une fonction u, la courbe représentative des fonctions $t \mapsto u(t) + k$ et $t \mapsto u(t + \lambda)$.

Fichier GeoGebra

On considère la fonction f définie sur $\mathbb{R}$ par $f(x) = x^2 - 6x + 5$. On appelle $\mathscr{P}$ sa courbe représentative dans un repère orthogonal (O, I, J).

1 Tracer $\mathscr{P}$ à la calculatrice.

2 a. Soit g_1 la fonction définie sur $\mathbb{R}$ par $g_1(x) = f(x) + 5$ et $\mathscr{P}_5$ sa courbe représentative dans (O, I, J). Soit g_2 la fonction définie sur $\mathbb{R}$ par $g_2(x) = f(x) - 2$ et $\mathscr{P}_{-2}$ sa courbe représentative dans (O, I, J).

- Tracer $\mathscr{P}_5$ et $\mathscr{P}_{-2}$ à la calculatrice.
- Par quelle transformation géométrique semble-t-on passer de $\mathscr{P}$ à $\mathscr{P}_5$? De $\mathscr{P}$ à $\mathscr{P}_{-2}$?

b. Soit k un réel quelconque.

- Conjecturer une règle permettant d'obtenir la courbe représentative $\mathscr{P}_k$ d'une fonction dont l'expression est de la forme $f(x) + k$, à partir de $\mathscr{P}$.
- Avec la calculatrice, tester cette conjecture pour différentes valeurs de k.

3 a. Soit h_1 la fonction définie sur $\mathbb{R}$ par $h_1(x) = f(x + 2)$ et $\mathscr{C}_2$ sa courbe représentative dans (O, I, J).
Soit h_2 la fonction définie sur $\mathbb{R}$ par $h_2(x) = f(x - 4)$ et $\mathscr{C}_{-4}$ sa courbe représentative dans (O, I, J).

- Tracer $\mathscr{C}_2$ et $\mathscr{C}_{-4}$ à la calculatrice.
- Par quelle transformation géométrique semble-t-on passer de $\mathscr{P}$ à $\mathscr{C}_2$? De $\mathscr{P}$ à $\mathscr{C}_{-4}$?

b. Soit λ un réel quelconque.

- Conjecturer une règle permettant d'obtenir la courbe représentative $\mathscr{C}$ d'une fonction dont l'expression est de la forme $f(x + \lambda)$, à partir de $\mathscr{P}$.
- Avec la calculatrice, tester cette conjecture pour différentes valeurs de λ.

A Des fonctions de référence déjà étudiées

1 Fonctions affines

Définition On appelle **fonction affine** toute fonction f définie sur $\mathbb{R}$ par $f(x) = ax + b$, où a et b sont deux constantes réelles.

Voir SF1

Voir SF2

Propriété
- La courbe représentative dans un repère orthonormé de la fonction affine f définie sur $\mathbb{R}$ par $f(x) = ax + b$ est la droite d'équation $y = ax + b$. Cette droite a pour **coefficient directeur** a et **pour ordonnée à l'origine** b.
- Réciproquement, toute droite non parallèle à l'axe des ordonnées est la courbe représentative d'une fonction affine.

Propriété Soit a, b deux réels et f la fonction affine définie sur $\mathbb{R}$ par $f(x) = ax + b$.
- si $a > 0$ alors f est strictement croissante sur $\mathbb{R}$;
- si $a < 0$ alors f est strictement décroissante sur $\mathbb{R}$;
- si $a = 0$ alors f est constante sur $\mathbb{R}$.

2 Fonction polynôme de degré 2

On renvoie au cours du chapitre 1 pour les principaux résultats sur les fonctions polynômes de degré 2.

3 Fonction inverse

Soit la fonction f définie pour tout nombre réel non nul x par $f(x) = \dfrac{1}{x}$.

Sens de variation

La fonction inverse est strictement décroissante sur $]-\infty\,;0[$ et sur $]0\,;+\infty[$.

Tableau de variation

x	$-\infty$	0	$+\infty$
f	↘	‖	↘

(La « double barre » dans le tableau de variation traduit le fait que la fonction n'est pas définie en 0.)

Courbe représentative

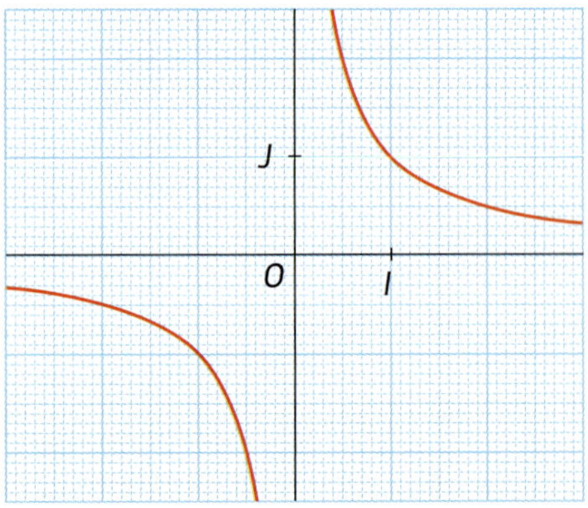

La courbe représentative de la fonction inverse est une **hyperbole**. Elle admet l'origine du repère pour centre de symétrie.

SF1 Tracer la représentation graphique d'une fonction affine f

Dans le plan muni d'un repère orthonormé (O, I, J), tracer de deux façons différentes la représentation graphique de la fonction affine f définie sur $\mathbb{R}$ par $f(x) = -2x + 5$.

• La représentation graphique de f est la droite Δ d'équation $y = -2x + 5$. En prenant $x = 1$ puis $x = 3$ dans l'équation, on constate que Δ passe par les points $A(1\,;3)$ et $B(3\,;-1)$, d'où le tracé de Δ.

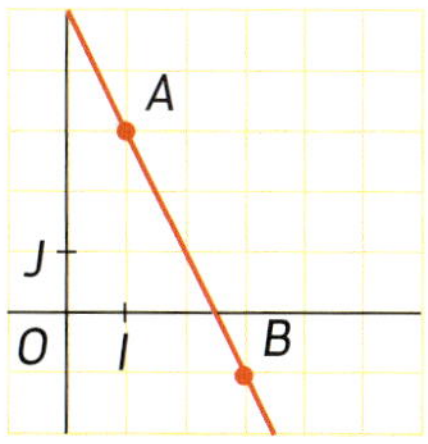

• La représentation graphique de f est la droite Δ d'équation $y = -2x + 5$. La droite Δ a pour :

• ordonnée à l'origine 5 donc Δ passe par le point $C(0\,;5)$;

• coefficient directeur -2 donc, partant du point C, il suffit d'« aller de 1 vers la droite et de descendre de 2 » pour obtenir un deuxième point D de Δ, d'où le tracé de Δ.

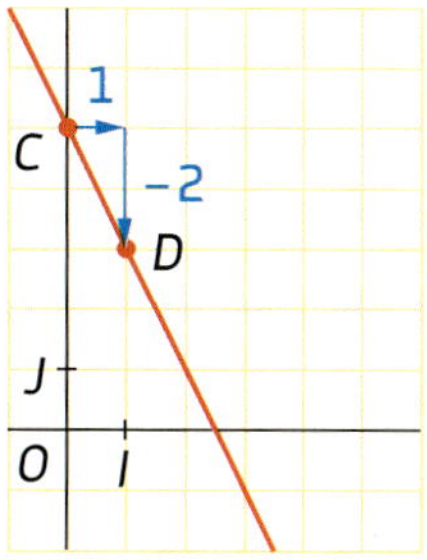

La représentation graphique d'une fonction affine f définie sur $\mathbb{R}$ par $f(x) = ax + b$ est la droite d'équation $y = ax + b$. Pour tracer cette droite, on en détermine deux points distincts :
• soit en prenant deux valeurs distinctes pour x et en calculant les valeurs de y correspondantes dans l'équation ;
• soit en utilisant l'ordonnée à l'origine b et le coefficient directeur a de la droite.

SF2 Déterminer une fonction affine dont la représentation graphique est donnée

Le plan étant muni d'un repère (O, I, J), déterminer une expression pour chacune des fonctions affines f et g dont les représentations graphiques respectives sont les droites Δ et Δ' représentées ci-contre.

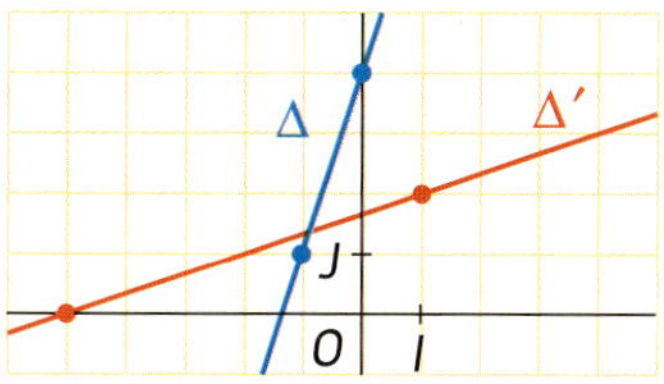

Une droite non parallèle à l'axe des ordonnées est la représentation graphique d'une fonction affine. On détermine l'équation de la droite $y = ax + b$, et on a l'expression de la fonction :

$f(x) = ax + b$.

• f est affine. On note $f(x) = ax + b$:
b est l'ordonnée du point d'intersection de Δ avec l'axe des ordonnées (ordonnée à l'origine), $b = 4$.

a est le coefficient directeur de Δ, égal à 3 (on va d'un point de Δ à un autre en se décalant de 1 vers « la droite » et en « montant » de 3).

Conclusion : $f(x) = 3x + 4$

• g est affine.
On note $g(x) = a'x + b'$.
Δ' passe par $A(-5\,;0)$ et $B(1\,;2)$.
a' est le coefficient directeur de Δ', donc : $a' = \dfrac{y_B - y_A}{x_B - x_A} = \dfrac{2}{6} = \dfrac{1}{3}$.
De plus, A appartient à Δ', donc $g(-5) = \dfrac{1}{3} \times (-5) + b' = 0$.
D'où $b = \dfrac{5}{3}$ et $g(x) = \dfrac{1}{3}x + \dfrac{5}{3}$.

On peut déterminer a et b :
• soit en lisant le coefficient directeur a et l'ordonnée à l'origine b ;
• soit en calculant a et b à partir des coordonnées de deux points A et B de la droite : $a = \dfrac{y_B - y_A}{x_B - x_A}$.

POUR S'ENTRAÎNER

SF1 Dans le plan muni d'un repère orthonormé (O, I, J), tracer de deux façons différentes la droite $\mathscr{D}$ d'équation $y = 3x - 4$.

SF2 Le plan étant muni d'un repère orthonormé (O, I, J), déterminer une équation des droites Δ et Δ' représentées ci-contre.

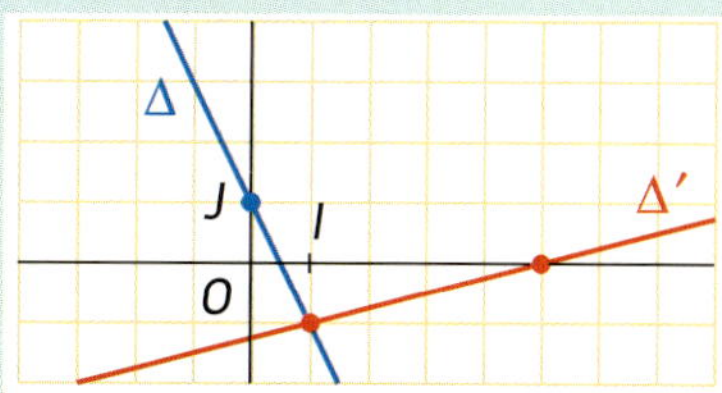

→ EXERCICES n°4 à 13

B Fonction valeur absolue

Définition Pour tout nombre réel x, on appelle valeur absolue de x, et on note $|x|$, le réel défini par $|x| = \begin{cases} x \text{ si } x \geqslant 0 \\ -x \text{ si } x < 0. \end{cases}$

Exemple : $|3| = 3$ car $3 \geqslant 0$ et $|-2| = -(-2) = 2$ car $-2 < 0$.

On déduit de la définition de la valeur absolue et du sens de variation des fonctions affines les résultats suivants.

Voir SF3

Signe

Pour tout réel x non nul, $|x| > 0$ et $|0| = 0$.

Sens de variation

La fonction valeur absolue est strictement décroissante sur $]-\infty\,;0]$ et strictement croissante sur $[0\,;+\infty[$.

Tableau de variation

x	$-\infty$	0	$+\infty$
f	↘	0	↗

Représentation graphique

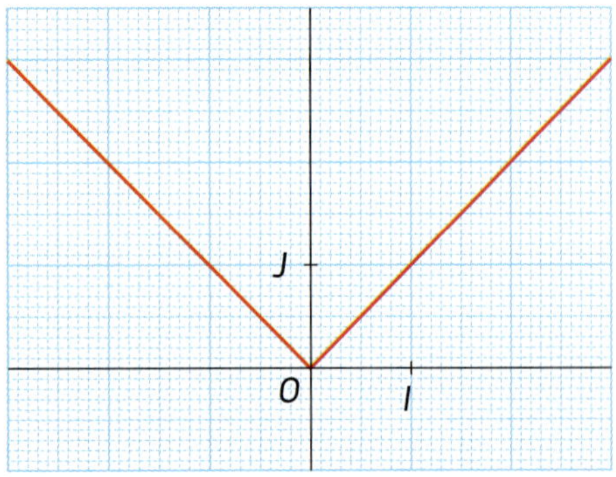

La valeur absolue est un exemple de **fonction affine par morceaux**.

C Fonctions sinus et cosinus

Dans tout ce qui suit, on se place dans un repère orthogonal (O, I, J).

Définition On appelle fonction cosinus la fonction qui à tout réel x associe $\cos x$.
On appelle fonction sinus la fonction qui à tout réel x associe $\sin x$.

Voir SF4

1 Périodicité

Pour tout réel x, $\cos(x + 2\pi) = \cos(x)$ et $\sin(x + 2\pi) = \sin(x)$. On dit alors que les fonctions sinus et cosinus **sont périodiques de période 2π** ou **2π-périodiques**. Il suffit donc d'étudier ces fonctions sur une période, par exemple $[-\pi\,;\pi]$. On interprète enfin géométriquement cette propriété de 2π-périodicité.

Soit une fonction f périodique de période 2π et $\mathscr{C}$ sa courbe représentative dans le repère (O, I, J).

Comme $f(x) = f(x + 2\pi)$, les points M et M' de $\mathscr{C}$ d'abscisses respectives x et $x + 2\pi$ ont la même ordonnée donc M' est l'image de M par la translation de vecteur $2\pi\overrightarrow{OI}$. On en déduit la propriété suivante.

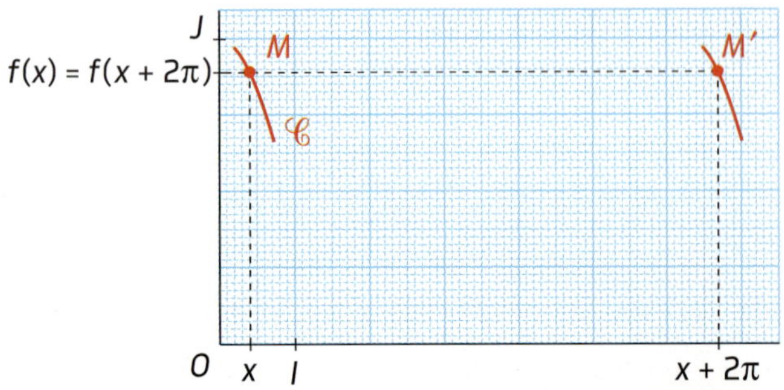

Propriété Les courbes représentatives des fonctions cosinus et sinus sont invariantes par la translation de vecteur $2\pi\overrightarrow{OI}$.

SF3 Exploiter la représentation graphique de la fonction valeur absolue

À l'aide de la représentation graphique de la fonction valeur absolue, résoudre graphiquement :

- **l'équation $|x| = 4$**

- Résoudre graphiquement l'équation $|x| = 4$ revient à lire les abscisses des points d'intersection de la courbe $\mathscr{C}$ avec la droite d'équation $y = 4$.

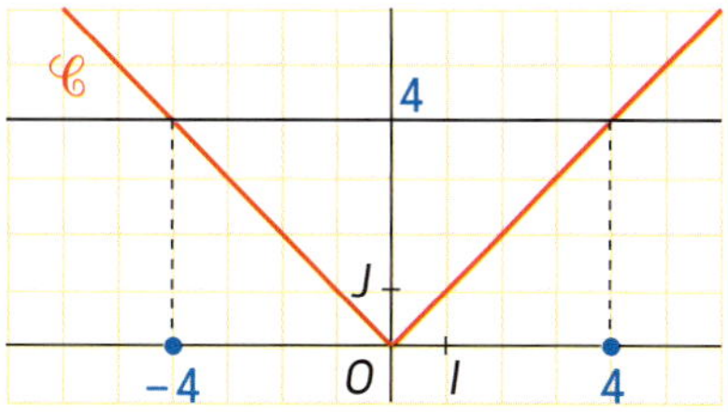

- L'équation $|x| = 4$ admet deux solutions : -4 et 4.

- **l'inéquation $|x| > 3$**

- Résoudre graphiquement l'inéquation $|x| > 3$ revient à regarder où la courbe $\mathscr{C}$ est strictement au-dessus de la droite d'équation $y = 3$ et à lire les abscisses des points de $\mathscr{C}$ correspondants.

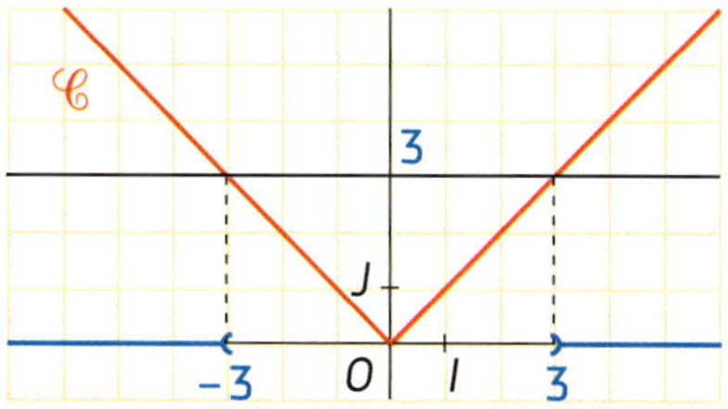

- L'inéquation $|x| > 3$ admet pour ensemble de solutions : $]-\infty\,;-3[\cup]3\,;+\infty[$.

On traduit graphiquement le problème posé par rapport à la représentation graphique $\mathscr{C}$ de la fonction valeur absolue.

On utilise alors la représentation graphique de $\mathscr{C}$ pour répondre au problème posé.

SF4 Déterminer graphiquement la période d'une fonction périodique

On donne ci-dessous la représentation graphique $\mathscr{C}$ d'une fonction périodique f. Déterminer graphiquement la période de f.

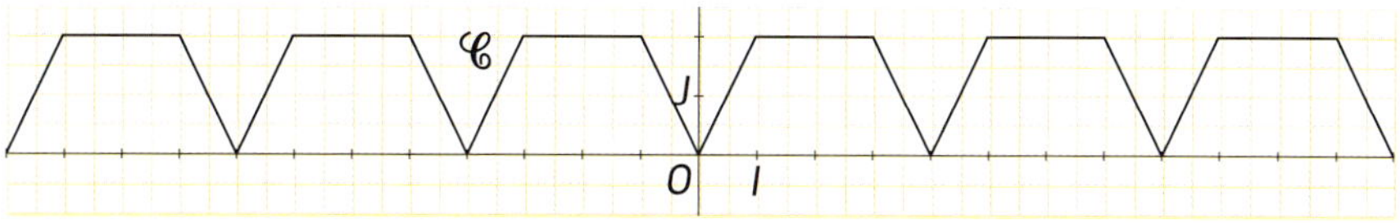

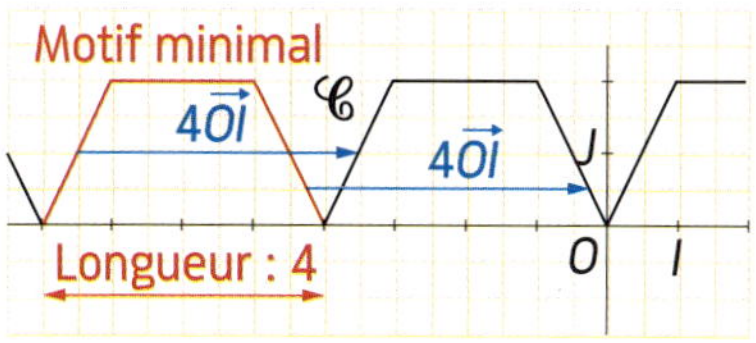

La fonction f est périodique de période 4.

Une fonction f définie sur $\mathbb{R}$ est dite T-périodique si, pour tout réel x, $f(x+T) = f(x)$. Si f est T-périodique, alors la représentation graphique de f est invariante par la translation de vecteur $T\overrightarrow{OI}$.
Pour trouver graphiquement T, on isole donc le « motif minimal » qui constitue $\mathscr{C}$.
La période T de f est alors la longueur de l'intervalle en abscisse de ce motif.

POUR S'ENTRAÎNER

SF3 Résoudre les équations et inéquations suivantes : $|x| = 5$, $|x| = -3$, $|x| \leqslant 2$ et $|x| > 1$.

→ EXERCICES n° 14 à 22

SF4 On donne ci-contre la représentation graphique $\mathscr{C}_f$ d'une fonction périodique f. Déterminer graphiquement la période de f.

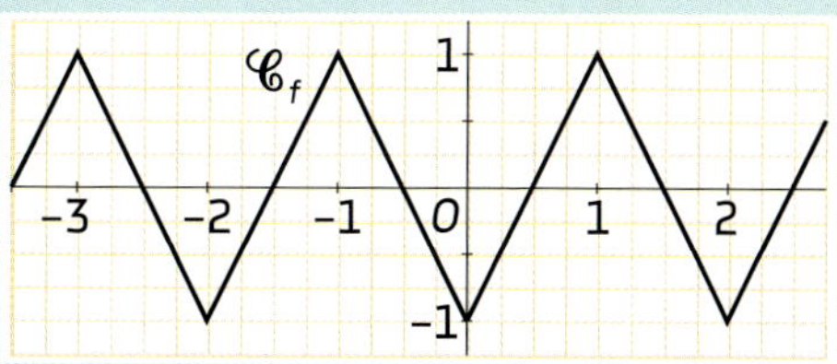

→ EXERCICES n° 23 à 26

Voir SF5

2 Parité

Dans le cours du chapitre 2, on a vu que :

Pour tout réel x, $\cos(-x) = \cos(x)$.
On dit alors que la fonction cosinus est **paire**.

Pour tout réel x, $\sin(-x) = -\sin(x)$.
On dit alors que la fonction sinus est **impaire**.

Il suffit donc d'étudier les fonctions cosinus et sinus, non pas sur $[-\pi ; \pi]$ mais sur $[0 ; \pi]$.
On interprète enfin ces propriétés de parité.

Les points M et M', de la courbe représentative de la fonction cosinus, d'abscisses respectives x et $-x$ ont des ordonnées égales donc M' est l'image de M par la symétrie axiale d'axe (Oy).

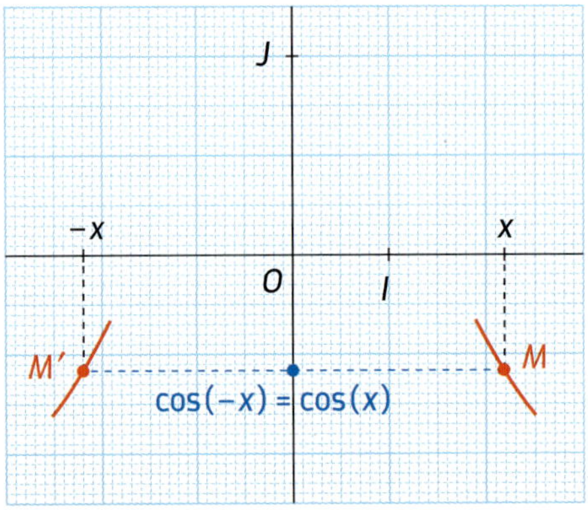

Les points M et M', de la courbe représentative de la fonction sinus, d'abscisses respectives x et $-x$ ont des ordonnées opposées donc M' est l'image de M par la symétrie centrale de centre O.

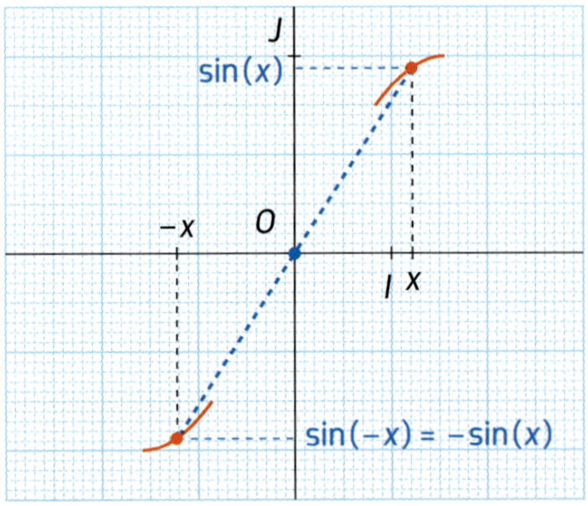

Propriété
- La courbe représentative de la fonction cosinus est symétrique par rapport à l'axe des ordonnées du repère.
- La courbe représentative de la fonction sinus est symétrique par rapport à l'origine du repère.

3 Sens de variation sur [0 ; π]

Une lecture du cercle trigonométrique $\mathscr{C}$ donne :

Pour tous réels a et b de $\left[0 ; \frac{\pi}{2}\right]$ tels que $a < b$, $\cos a > \cos b$ et $\sin a < \sin b$

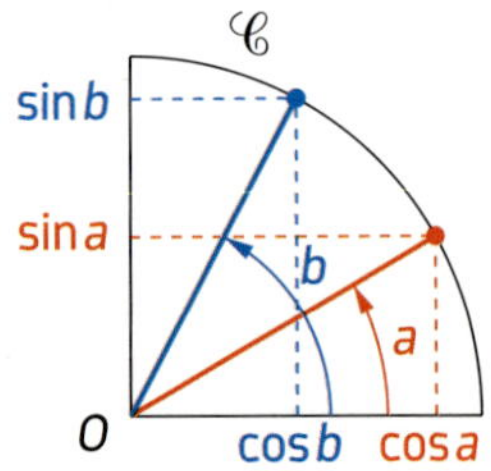

Pour tous réels a et b de $\left[\frac{\pi}{2} ; \pi\right]$ tels que $a < b$, $\cos a > \cos b$ et $\sin a > \sin b$

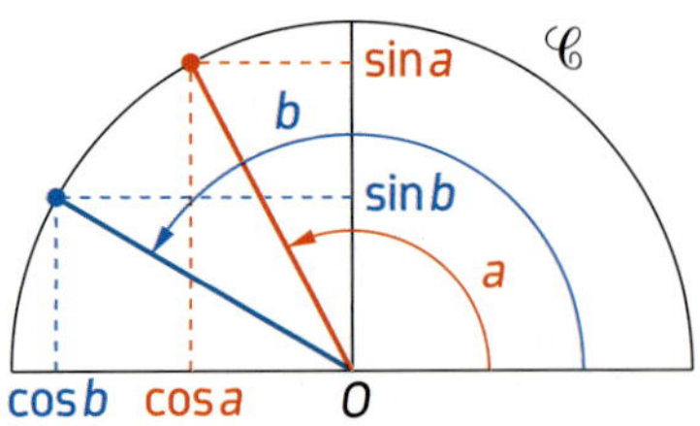

SF5 Établir et exploiter la parité d'une fonction

a. **Montrer que la fonction f définie sur $\mathbb{R}$ par $f(x) = 5\cos(2x) - 3$ est paire. Que peut-on en déduire concernant la courbe représentative de f dans un repère orthogonal ?**

- Pour tout réel x, on a :

$$f(-x) = 5\cos(2(-x)) - 3$$
$$= 5\cos(-(2x)) - 3$$
$$= 5\cos(2x) - 3 = f(x)$$

donc f est paire.

- On en déduit que la courbe représentative de f dans un repère orthogonal est symétrique par rapport à l'axe des ordonnées.

b. **On donne ci-dessous la représentation graphique $\mathscr{C}$ d'une fonction f définie sur $[-3 ; 3]$.**

Par lecture graphique, que peut-on dire de la parité de f ?

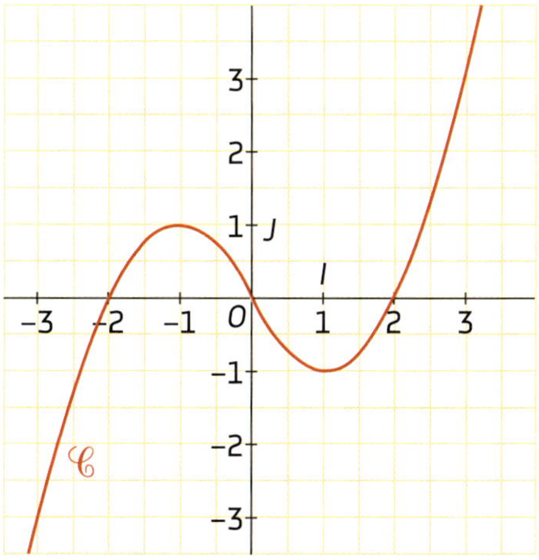

La courbe $\mathscr{C}$ admet l'origine du repère pour centre de symétrie, donc f est impaire.

Une fonction f définie sur un intervalle de la forme $I = [-A ; A]$ (avec A réel strictement positif) ou sur $I = \mathbb{R}$ est dite :
- paire si, pour tout réel x de I, $f(-x) = f(x)$;
- impaire si, pour tout réel x de I, $f(-x) = -f(x)$.

Pour tout réel x, on détermine $f(-x)$ et en exploitant la parité des fonctions cosinus et sinus, on cherche à exprimer $f(-x)$ en fonction de $f(x)$.

La courbe représentative d'une fonction paire dans un repère orthogonal est symétrique par rapport à l'axe des ordonnées.

On observe un éventuel élément de symétrie concernant la courbe représentative de la fonction.

La courbe représentative d'une fonction impaire est symétrique par rapport à l'origine du repère.

POUR S'ENTRAÎNER

SF5 **a.** Montrer que la fonction f définie sur $\mathbb{R}$ par $f(x) = -4\sin(3x)$ est impaire. Que peut-on en déduire concernant la courbe représentative de f ?

b. On donne ci-dessous la représentation graphique $\mathscr{C}$ d'une fonction g définie sur $[-4 ; 4]$. Par lecture graphique, que peut-on dire de la parité de g ?

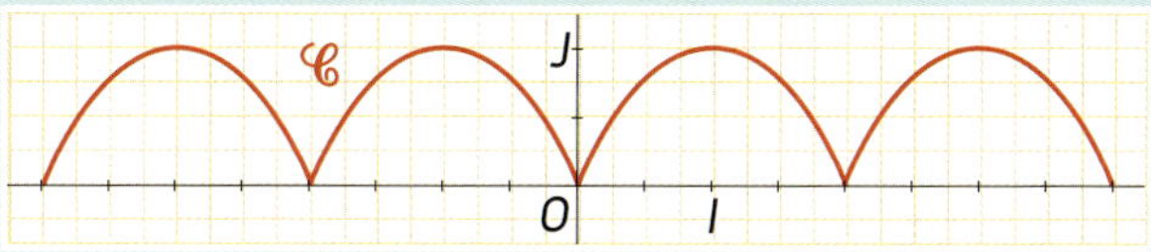

→ EXERCICES N° 27 À 38

Des inégalités précédentes, on déduit ce qui suit.

Propriété

Voir SF6

	Fonction cosinus	Fonction sinus
Sens de variation	La fonction cosinus est strictement décroissante sur $[0\,;\,\pi]$.	La fonction sinus est strictement croissante sur $\left[0\,;\,\frac{\pi}{2}\right]$ et strictement décroissante sur $\left[\frac{\pi}{2}\,;\,\pi\right]$.
Tableau de variation	x : 0 → π ; cos : 1 ↘ -1	x : 0 → $\frac{\pi}{2}$ → π ; sin : 0 ↗ 1 ↘ 0

Remarque : On déduit alors de la parité et de la 2π-périodicité des fonctions cosinus et sinus que :
- la fonction cosinus atteint son maximum 1 en $2k\pi$ et son minimum -1 en $(2k+1)\pi$, où $k \in \mathbb{Z}$;
- la fonction sinus atteint son maximum 1 en $\frac{\pi}{2}+2k\pi$ et son minimum -1 en $-\frac{\pi}{2}+2k\pi$, où $k \in \mathbb{Z}$.

(On peut aussi obtenir ces résultats par lecture du cercle trigonométrique.)

4 Représentation graphique

Pour obtenir les représentations graphiques respectives des fonctions cosinus et sinus sur $\mathbb{R}$:
- on trace d'abord leurs représentations graphiques respectives sur $[0\,;\,\pi]$ en plaçant notamment les points d'intersection avec l'axe des abscisses, ceux correspondants aux extrema et ceux correspondants aux valeurs aux bornes 0 et π ;
- on complète sur $[-\pi\,;\,0]$ par symétrie : une symétrie axiale d'axe (Oy) pour la fonction cosinus et une symétrie centrale de centre O pour la fonction sinus ;
- on complète enfin sur $\mathbb{R}$ en utilisant l'invariance des courbes par la translation de vecteur $2\pi\overrightarrow{OI}$.

Représentation graphique de la fonction cosinus	Représentation graphique de la fonction sinus
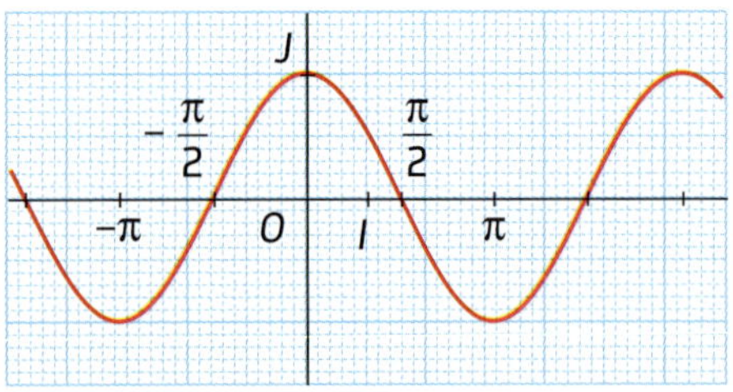	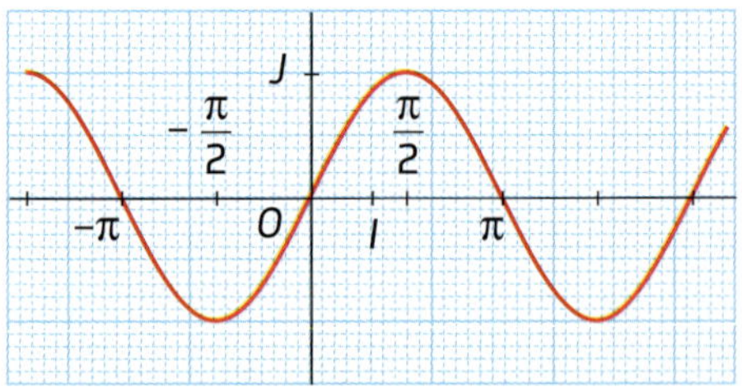

Remarques :

1. Pour simplifier le tracé, on prend un repère orthogonal qui tienne compte :
- des extrema (-1 et 1) des fonctions cosinus et sinus ;
- des valeurs remarquables de l'axe des abscisses où ces fonctions atteignent leurs extrema ou s'annulent.

2. On peut remarquer que la courbe représentative de la fonction sinus est la translatée de la courbe représentative de la fonction cosinus par la translation de vecteur $\frac{\pi}{2}\overrightarrow{OI}$.

SF6 Exploiter la représentation graphique de fonctions de la forme : $x \mapsto \cos(\omega x)$ et $x \mapsto \sin(\omega x)$

Dans le repère orthonormé (O, I, J) ci-dessous, on donne la courbe représentative d'une fonction f définie sur $\mathbb{R}$ par $f(x) = A\cos(\omega x)$ où A et ω sont deux réels strictement positifs.

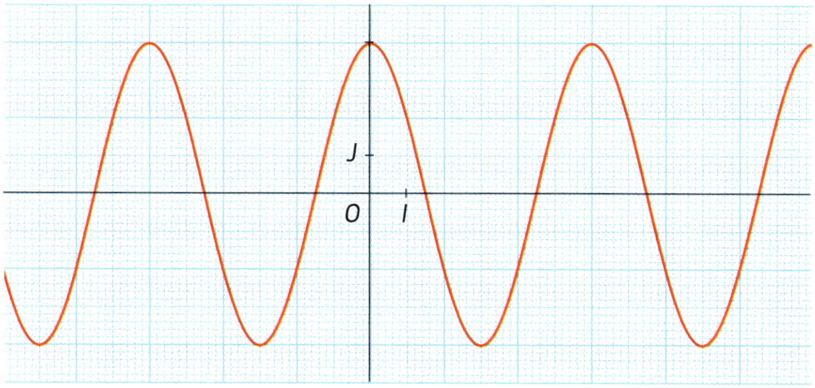

a. Déterminer graphiquement la valeur de A.

Par lecture graphique, le maximum de f sur $\mathbb{R}$ est 4 donc $A = 4$.

> Le maximum de la fonction cosinus sur $\mathbb{R}$ est égal à 1 donc le maximum de f sur $\mathbb{R}$ (que l'on lit graphiquement) est égal à A.

b. Déterminer graphiquement la période T de f.

Par lecture graphique, on a : $T = 6$.

> La période T se détermine par lecture graphique (voir le SF4).

c. En déduire la valeur de ω.

On a : $T = \frac{2\pi}{\omega}$ donc $\omega = \frac{2\pi}{T} = \frac{2\pi}{6} = \frac{\pi}{3}$.

> Toute fonction de la forme $x \mapsto A\cos(\omega x)$ et $x \mapsto A\sin(\omega x)$ est périodique de période $\frac{2\pi}{\omega}$ (c'est une conséquence de la 2π-périodicité des fonctions cosinus et sinus).

POUR S'ENTRAÎNER

SF6 Dans le repère orthonormé (O, I, J) ci-dessous, on donne la courbe représentative d'une fonction f définie sur $\mathbb{R}$ par $f(x) = A\sin(\omega x)$ où A et ω sont deux réels strictement positifs.

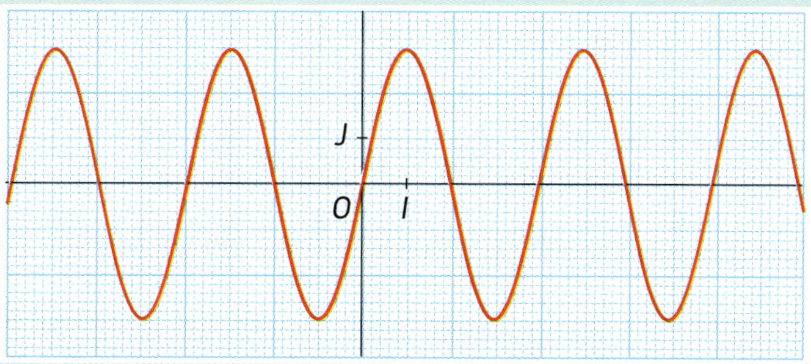

a. Déterminer graphiquement la valeur de A.

b. Déterminer graphiquement la période T de f.

c. En déduire la valeur de ω.

→ EXERCICES n° 39 à 43

D Courbes représentatives de fonctions associées

Les résultats conjecturés dans l'activité 3 sont admis.

Voir SF7

Voir SF8

Théorème Soit f une fonction et $\mathcal{C}_f$ sa courbe représentative dans un repère (O, I, J).
Soit k un nombre réel et g la fonction définie par $g(x) = f(x) + k$.
La courbe représentative $\mathcal{C}_g$ de g est l'image de $\mathcal{C}_f$ par la translation de vecteur $k\overrightarrow{OJ}$.

Exemple : Soit f une fonction et $\mathcal{C}_f$ sa courbe représentative dans le repère (O, I, J) ci-contre.
Soit g la fonction définie par $g(x) = f(x) + 3$.
La courbe représentative $\mathcal{C}_g$ de g est l'image de $\mathcal{C}_f$ par la translation de vecteur $3\overrightarrow{OJ}$.

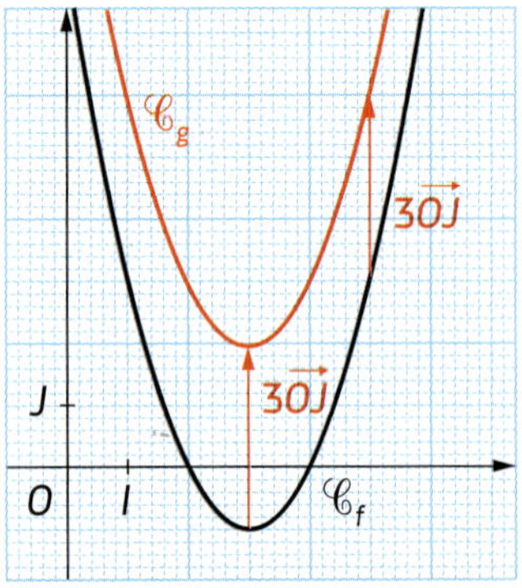

Théorème Soit f une fonction et $\mathcal{C}_f$ sa courbe représentative dans un repère (O, I, J).
Soit λ un nombre réel et h la fonction définie par $h(x) = f(x + \lambda)$.
La courbe représentative $\mathcal{C}_h$ de h est l'image de $\mathcal{C}_f$ par la translation de vecteur $-\lambda\overrightarrow{OI}$.

Exemple : Soit f une fonction et $\mathcal{C}_f$ sa courbe représentative dans le repère (O, I, J) ci-contre.
Soit h la fonction définie par $h(x) = f(x + 2)$.
La courbe représentative $\mathcal{C}_h$ de h est l'image de $\mathcal{C}_f$ par la translation de vecteur $-2\overrightarrow{OI}$.

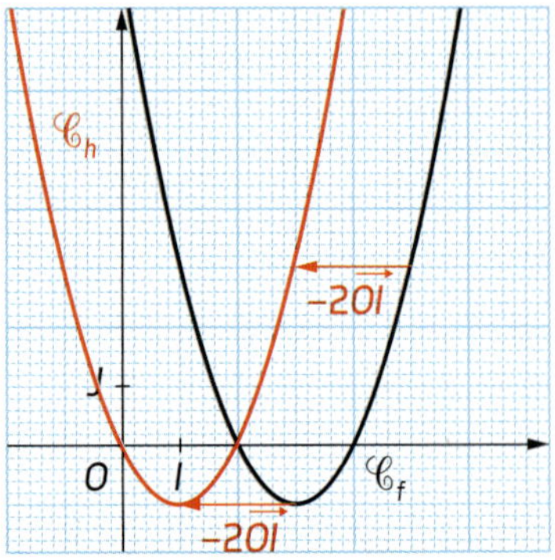

Théorème Soit f une fonction et $\mathcal{C}_f$ sa courbe représentative dans un repère (O, I, J).
Soit l la fonction définie par $l(x) = |f(x)|$.
La courbe représentative $\mathcal{C}_l$ de l est :
- confondue avec $\mathcal{C}_f$ lorsque $f(x) \geqslant 0$;
- l'image de $\mathcal{C}_f$ par la symétrie d'axe (Ox) lorsque $f(x) < 0$.

Exemple : Soit f une fonction et $\mathcal{C}_f$ sa courbe représentative dans le repère (O, I, J) ci-contre.
Soit l la fonction définie par $l(x) = |f(x)|$.
La courbe représentative $\mathcal{C}_l$ de l se déduit de $\mathcal{C}_f$ en utilisant le théorème précédent.

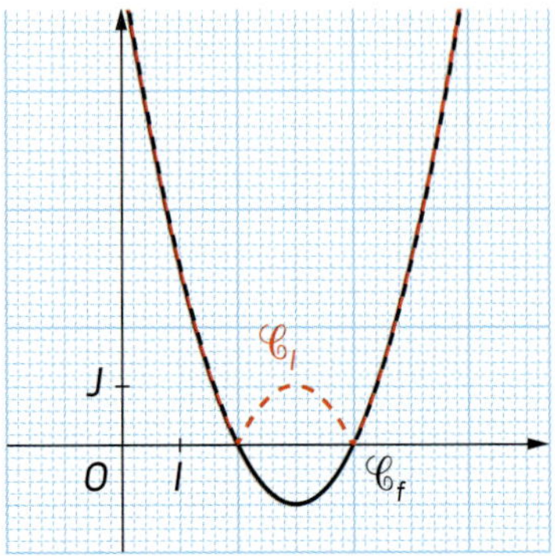

SF7 Obtenir la représentation graphique d'une fonction associée à une fonction de référence

Soit f_1 la fonction définie sur $\mathbb{R}\setminus\{0\}$ par $f_1(x)=\frac{1}{x}+2$ et $\mathscr{C}_1$ sa courbe représentative dans un repère (O, I, J).

En utilisant la courbe d'une fonction de référence, tracer $\mathscr{C}_1$.

Soit f la fonction inverse et $\mathscr{C}$ sa courbe représentative.

On reconnaît que la fonction f_1 est liée à la fonction inverse. On exprime alors f_1 en utilisant la fonction inverse et on applique l'un des théorèmes du cours.

$f_1(x)=f(x)+2$ donc $\mathscr{C}_1$ est l'image de $\mathscr{C}$ par la translation de vecteur $2\overrightarrow{OJ}$.

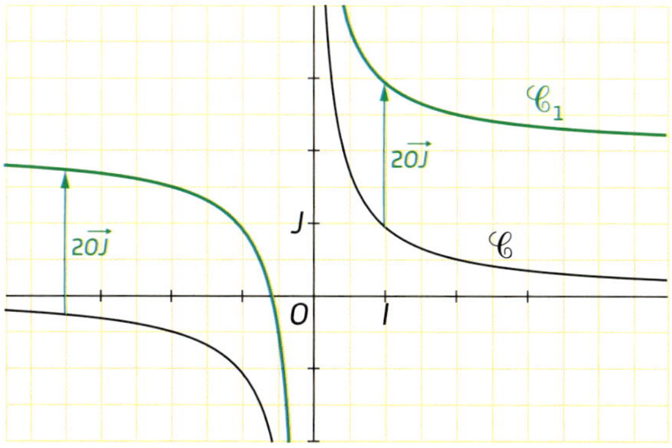

SF8 Déterminer graphiquement une expression d'une fonction associée à une fonction de référence

Dans le repère (O, I, J) ci-contre, on a tracé la représentation graphique $\mathscr{C}_f$ d'une fonction de référence f puis celle, notée $\mathscr{C}_g$, d'une fonction g.

a. Donner une expression de f.

b. En déduire une expression de g.

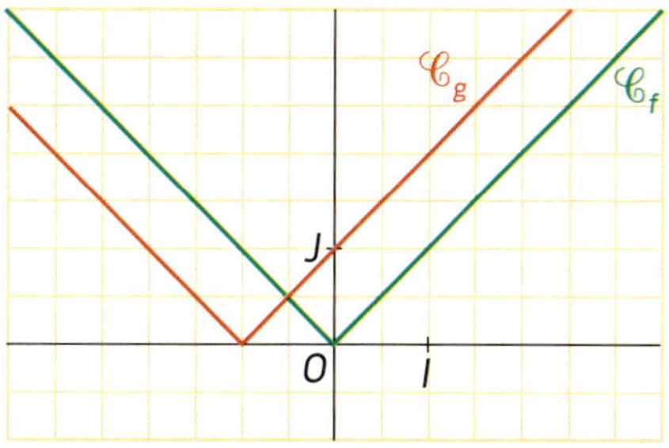

a. Pour tout réel x, $f(x)=|x|$.

On reconnaît la fonction de référence grâce au cours.

b. La courbe $\mathscr{C}_g$ est l'image de $\mathscr{C}_f$ par la translation de vecteur $-\overrightarrow{OI}$ donc, pour tout réel x, $g(x)=f(x+1)=|x+1|$.

On regarde par quelle transformation on passe de $\mathscr{C}_f$ à $\mathscr{C}_g$ puis on utilise l'un des théorèmes du cours.

POUR S'ENTRAÎNER

SF7 Soit g la fonction définie sur $\mathbb{R}$ par $g(x)=(x-4)^2$ et $\mathscr{C}_g$ sa courbe représentative dans un repère (O, I, J). En utilisant la courbe d'une fonction de référence, tracer $\mathscr{C}_g$.

→ EXERCICES N° 44 À 52

SF8 Dans le repère (O, I, J) ci-contre, on a tracé la représentation graphique $\mathscr{C}_f$ d'une fonction de référence f puis celle, notée $\mathscr{C}_h$, d'une fonction h.

Donner une expression de f puis en déduire une expression de h.

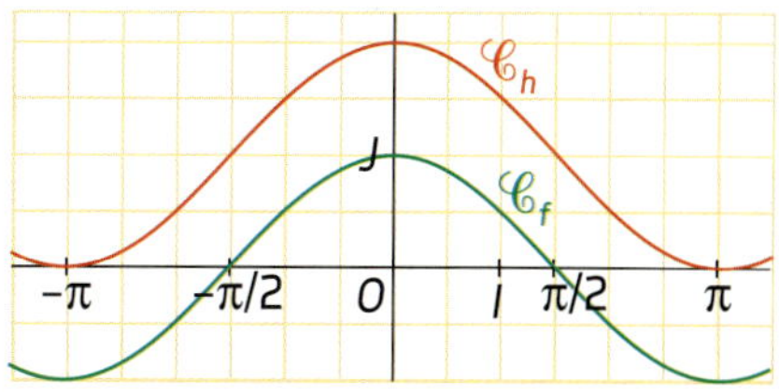

→ EXERCICES N° 53 À 62

Essentiel

1 Fonctions de référence

Fonction	Propriétés	Courbe
Affine : $x \mapsto ax + b$	• Définie sur $\mathbb{R}$. • Décroissante sur $\mathbb{R}$ si $a < 0$. • Croissante sur $\mathbb{R}$ si $a > 0$.	• Droite
Polynôme de degré 2	• Voir au chapitre 1.	• Parabole
Inverse : $x \mapsto \dfrac{1}{x}$	• Définie sur $]-\infty\,;0[\cup]0\,;+\infty[$ • Impaire • Décroissante sur $]-\infty\,;0[$ et sur $]0\,;+\infty[$.	• Hyperbole 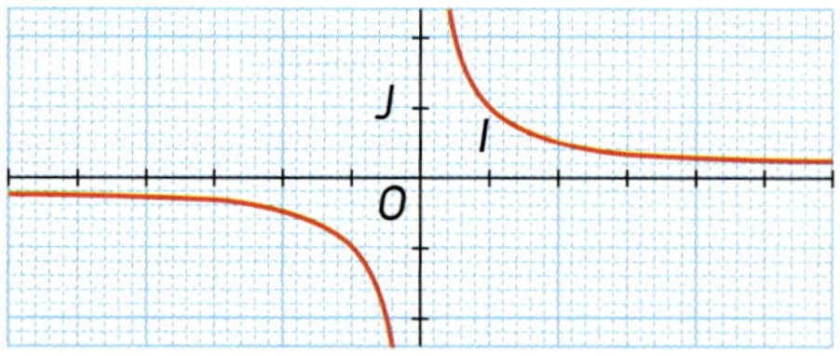
Valeur absolue : $x \mapsto \lvert x\rvert = \begin{cases} x & \text{si } x \geqslant 0 \\ -x & \text{si } x < 0. \end{cases}$	• Définie sur $\mathbb{R}$. • Positive ou nulle sur $\mathbb{R}$.	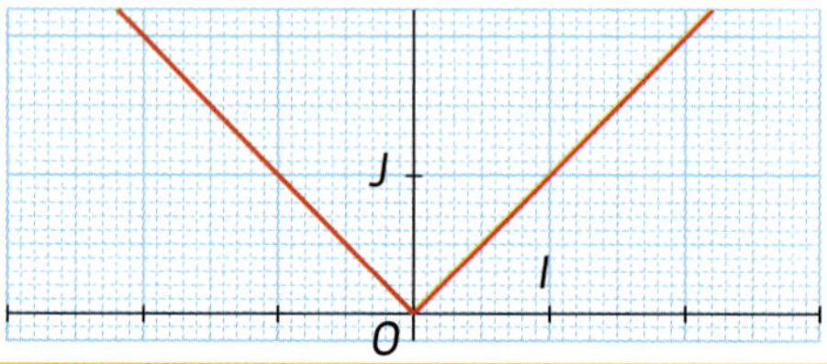
Cosinus : $x \mapsto \cos x$	• Définie sur $\mathbb{R}$. • Paire : pour tout réel x, $\cos(-x) = \cos(x)$. • 2π-périodique : pour tout réel x, $\cos(x + 2\pi) = \cos(x)$.	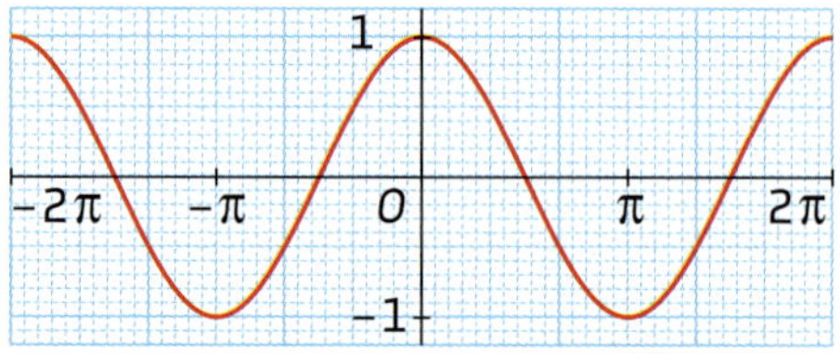
Sinus : $x \mapsto \sin x$	• Définie sur $\mathbb{R}$. • Impaire : pour tout réel x, $\sin(-x) = -\sin(x)$. • 2π-périodique : pour tout réel x, $\sin(x + 2\pi) = \sin(x)$.	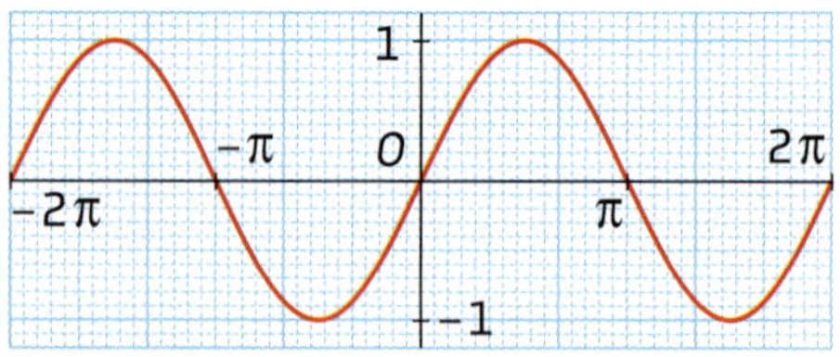

2 Représentation graphique des fonctions associées $x \mapsto f(x) + k$, $x \mapsto f(x + \lambda)$ et $x \mapsto |f(x)|$

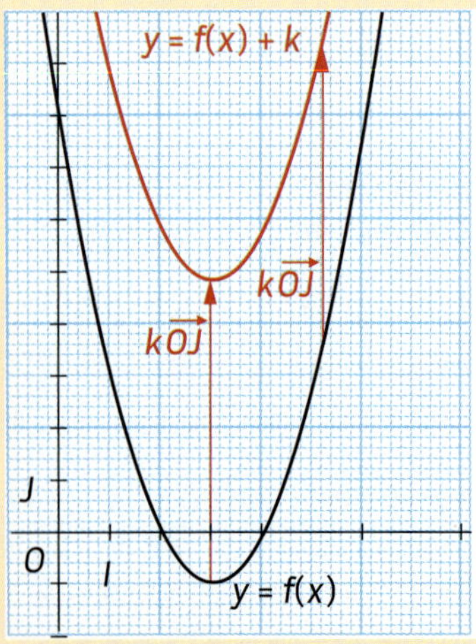

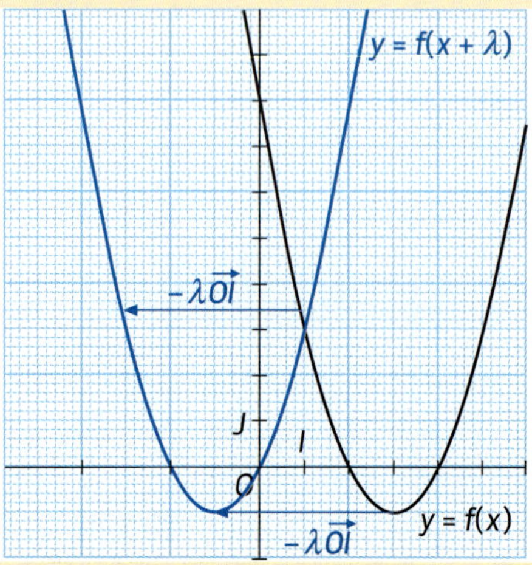

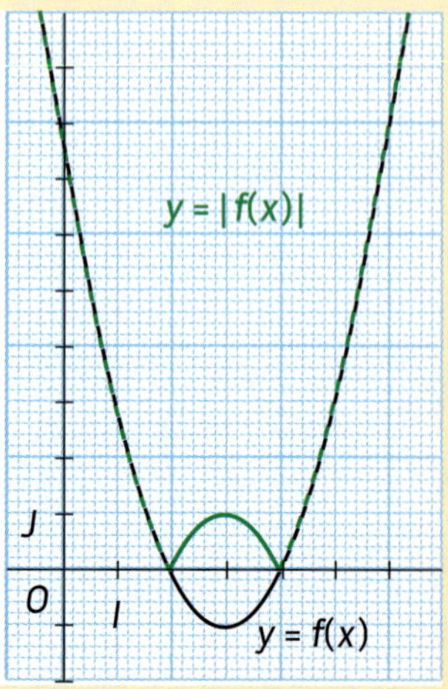

Dans tout ce qui suit, le plan est rapporté à un repère orthonormé (O, I, J).

QUESTIONS FLASH

Les questions flash se traitent sans brouillon ni calculatrice.

1. Déterminer une expression de chacune des fonctions affines f, g, h dont les représentations graphiques respectives C_f, C_g, C_h sont données ci-dessous.

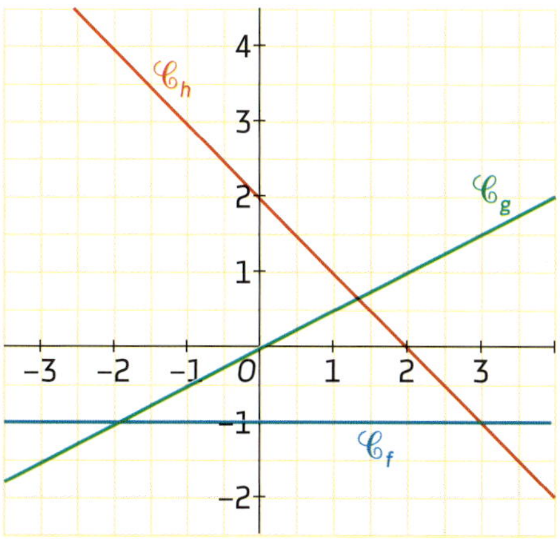

2. a) Écrire les expressions suivantes sans valeur absolue : $|-5|$, $|\sqrt{121}|$, $\left|\sin\frac{3\pi}{5}\right|$, $|2-\sqrt{2}|$ et $|t^2+2|$ avec t réel.

b) Résoudre dans $\mathbb{R}$ les équations suivantes : $|x| = 2$, $|x| = -3$.

c) Résoudre dans $\mathbb{R}$ l'inéquation : $|x| \geqslant 5$.

3. La courbe ci-dessous est la représentation graphique d'une fonction f définie sur $\mathbb{R}$ par $f(x) = A\sin(\omega x)$, A et ω étant des réels strictement positifs. Déterminer graphiquement la valeur de A puis celle de ω.

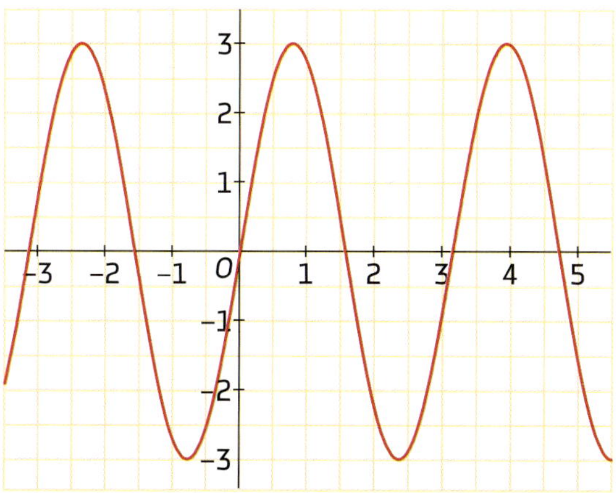

4. Ci-après, on donne les représentations graphiques des fonctions f, g et h définies par : $f(x) = \frac{1}{x+3}$, $g(x) = \frac{1}{x} - 3$ et $h(x) = \left|\frac{1}{x}\right|$. Associer à chacune de ces fonctions sa courbe représentative.

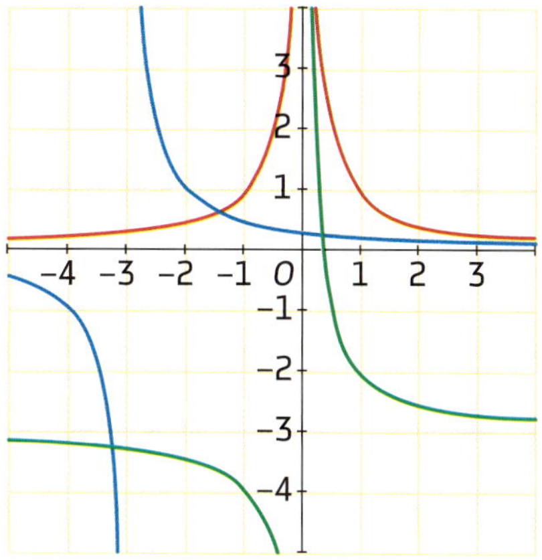

5. Trois courbes sont tracées ci-dessous. La verte est celle d'une fonction de référence f, la bleue et la rouge se déduisent de la verte par des translations ; ce sont les courbes de deux fonctions g et h. Déterminer une expression de chacune de ces trois fonctions.

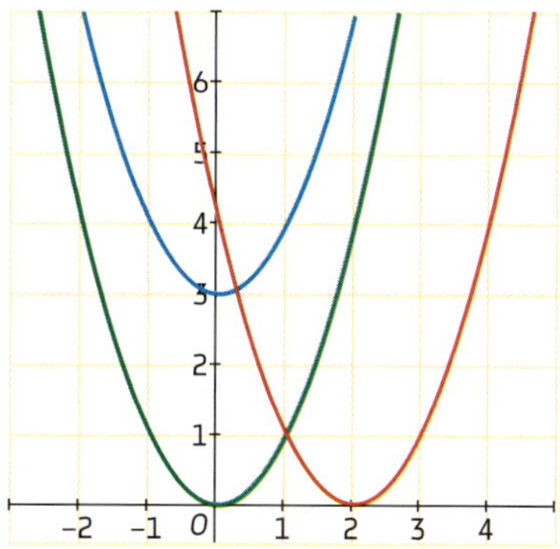

REMUE-MÉNINGES

Sauf indication contraire, on pourra utiliser un brouillon ou une calculatrice.

6. QCM :

A. L'équation $3\cos(2x) = 2{,}5$ admet sur $[0\,;\,2\pi]$:

a) aucune solution **b)** deux solutions

c) quatre solutions

B. L'équation $|x-3| = 2$ admet sur $\mathbb{R}$:

a) aucune solution **b)** une solution

c) deux solutions

7. Proposer plusieurs méthodes pour déterminer le minimum de la fonction f définie sur $\mathbb{R}$ par $f(x) = (x-5)^2 + 9$.

8. La courbe représentative de la fonction f définie sur $]-\infty\,;-2[\,\cup\,]-2\,;+\infty[$ par $f(x) = \frac{1}{x+2} + 5$ admet un centre de symétrie ; donner ses coordonnées.

9. On s'intéresse à une tension V définie sur $[0\,;+\infty[$ par $V(t) = 5\sin(100\,\pi t)$. Quel réglage doit-on faire sur la calculatrice pour avoir une représentation graphique lisible de la fonction V ?

situation 1 Équations trigonométriques et représentation graphique

Objectif : Faire le lien entre la représentation graphique des fonctions cosinus et sinus et les solutions d'une équation $\cos t = a$ ou $\sin t = a$.

Fichier GeoGebra

REPRÉSENTER Changer de registre.

Partie A Équation $\cos t = a$

1 **a.** Résoudre dans $\mathbb{R}$ l'équation $\cos t = \frac{\sqrt{2}}{2}$.

b. Sur le cercle trigonométrique, placer les points P et Q représentant les solutions de cette équation.

2 Sur le graphique ci-dessous, la courbe $\mathscr{C}$ représente la fonction cosinus définie sur $\mathbb{R}$ et la droite d a pour équation $y = \frac{\sqrt{2}}{2}$.

On appelle A, B, D, E, F, G, H, K, L et M des points d'intersection de la courbe $\mathscr{C}$ et de la droite d dans l'ordre dans lequel ils sont représentés sur le graphique.

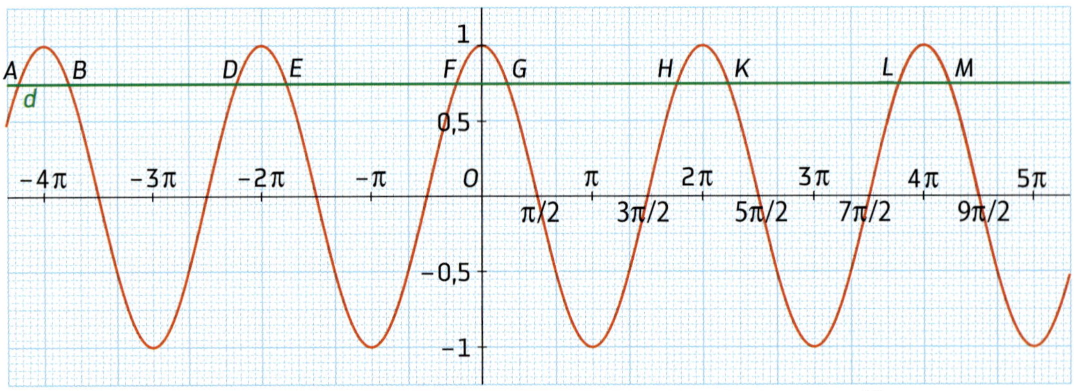

a. Déterminer graphiquement le nombre de solutions de l'équation $\cos t = \frac{\sqrt{2}}{2}$ dans $]\pi ; 3\pi]$; dans $]3\pi ; 5\pi]$; dans $]-3\pi ; -\pi]$ puis dans $]-5\pi ; -3\pi]$.
Quel est le nombre de solutions de l'équation $\cos t = \frac{\sqrt{2}}{2}$ dans un intervalle de la forme $]k\pi ; (k+2)\pi]$, où $k \in \mathbb{Z}$? Pourquoi ?

b. Quelles sont les abscisses des points F et G ?

c. Parmi les points A, B, D, E, F, G, H, K, L et M, quels sont ceux dont l'abscisse est de la forme $\frac{\pi}{4} + k \times 2\pi$?
Quelle est la forme des abscisses des autres points ?

d. Le point B a une abscisse de la forme $\frac{\pi}{4} + 2k\pi$. Quelle est la valeur de k correspondante ?
Quelle est l'abscisse de B ? Quel point du cercle trigonométrique est le point image de ce nombre ?

e. Le point L a une abscisse de la forme $-\frac{\pi}{4} + 2k\pi$. Quelle est la valeur de k correspondante ?
Quelle est l'abscisse de L ? Quel point du cercle trigonométrique est le point image de ce nombre ?

Partie B Équation $\sin t = a$

1 Citer le théorème donnant les solutions de l'équation $\sin t = a$ suivant les valeurs du réel a.

2 **a.** Sur un logiciel de géométrie dynamique, tracer la courbe de la fonction sinus. Créer un curseur a et tracer la droite d'équation $y = a$.

b. COMMUNIQUER En s'inspirant de la Partie A, rédiger une conclusion confrontant le théorème cité à la question **1** avec la représentation construite à la question **2** **a.**.

situation 2 — Météo en Bretagne

Objectif : Utiliser une fonction trigonométrique pour modéliser un phénomène cyclique.

Fichier GeoGebra

MODÉLISER Traduire en langage mathématique une situation réelle. Comprendre, élaborer une simulation numérique utilisant un logiciel.

Pour l'étude des phénomènes climatiques, Météo-France utilise des moyennes établies sur une période de trente ans. Aujourd'hui, c'est la période 1981-2010 qui sert de période de référence. On parle de « moyenne décennale glissante », c'est-à-dire que la période de référence ne changera qu'après 2020.

1 On dispose du tableau suivant qui, pour chacun des mois de la période 1981-2010, donne la durée moyenne d'ensoleillement par jour à Rennes :

Mois	Jan.	Fév.	Mars	Avril	Mai	Juin	Juil.	Août	Sept.	Oct.	Nov.	Déc.
Durée (en heures)	2,23	3,27	4,19	5,63	6,31	7,24	7,21	6,80	5,99	3,91	2,79	2,12

On souhaite disposer d'une fonction qui modélise la durée d'ensoleillement (en heures) en fonction des jours de l'année (prenant les valeurs entières de 1 à 365). On ne prendra pas en compte le cas des années bissextiles.

a. On reprend le tableau précédent en remplaçant chaque mois par le numéro du jour situé au milieu du mois.

Jour x_i	16	45	75	105	136	166	197	228	258	289	319	350
Durée y_i	2,23	3,27	4,19	5,63	6,31	7,24	7,21	6,80	5,99	3,91	2,79	2,12

En utilisant un logiciel de géométrie dynamique, placer les points de coordonnées $(x_i\,;\,y_i)$ dans un repère orthogonal aux unités bien choisies.

b. Représenter sur ce même graphique la fonction d définie sur [0 ; 365] par

$d(t)=4{,}81+2{,}56\sin(0{,}0172(t-88))$. Que constate-t-on ?

c. Quelle est la durée d'ensoleillement à Rennes le 16 juillet, obtenue en utilisant le modèle fourni par la fonction d ?

2 CHERCHER Extraire, organiser et traiter l'information utile. On peut modéliser la grandeur G d'un phénomène cyclique sur 365 jours (par exemple une température ou une durée) pour lequel on dispose d'un relevé donnant la valeur moyenne prise par la grandeur pour chacun des mois. Une fonction g qui modélise la grandeur est alors définie sur [0; 365] par

$g(t)=G_{moy}+A\sin\left(\frac{2\pi}{365}(t-t_{moy})\right)$ où :

- G_{moy} est la moyenne de la grandeur calculée à partir du relevé par mois ;
- A est défini par $A=\frac{G_{max}-G_{min}}{2}$ où G_{max} (respectivement G_{min}) représente la valeur maximale (respectivement minimale) atteinte par G dans le relevé par mois ;
- t_{moy} peut être choisi comme suit :

– on détermine le premier mois du relevé qui soit « caractéristique » de la valeur G_{moy} ;

– à partir d'un relevé journalier de la grandeur G pour ce mois, on prend pour t_{moy} le numéro du jour pour lequel la valeur de G est la plus proche de G_{moy}.

À partir d'un relevé journalier du mois de mars, on constate que le jour où la durée d'ensoleillement à Rennes a été la plus proche de 4,81 h était le 29 mars. En utilisant le tableau de la question **1 a.** et les éléments précédents sur la grandeur G, expliquer alors comment la formule $d(t)=4{,}81+2{,}56\sin(0{,}0172(t-88))$ a été construite.

situation 3 Déphasage en électricité

Objectif : Faire le lien entre déphasage en électricité et les courbes représentatives de fonctions associées.

Fichier GeoGebra

MODÉLISER **Traduire en langage mathématique une situation réelle.**

En électricité, le courant absorbé par un circuit dépend de sa nature (suivant qu'il comporte une résistance, une inductance ou une capacité, modélisée par le composant Z du circuit ci-contre).

La loi d'Ohm détermine le courant $i(t)$ absorbé par le circuit lorsqu'il est soumis à une tension $v(t)$.

En régime harmonique (c'est-à-dire quand la tension d'entrée $v(t)$ est sinusoïdale), le courant $i(t)$ est également sinusoïdal de même fréquence, mais subit un déphasage, noté φ, dépendant de la nature du circuit.

On prend ici une tension de fréquence 50 Hz et un courant d'intensité 10 A. On a alors $i(t) = 10\sin(100\pi t - \varphi)$.

1 Cas d'une résistance : le courant est en phase avec la tension.

Dans cette question, on note le courant i_1 et on a donc : $i_1(t) = 10\sin(100\pi t)$.

a. Montrer que i_1 est périodique de période $20 \cdot 10^{-3}$.

b. On donne ci-dessous le tableau de variation incomplet de la fonction i_1 sur une période.

Le recopier et le compléter (on admet que le sens de variation d'une fonction ne change pas si on la multiplie par un réel strictement positif).

t	0	?	?	$20 \cdot 10^{-3}$
$100\pi t$	0	$\frac{\pi}{2}$	$\frac{3\pi}{2}$	2π
$\sin(100\pi t)$	0 ↗	1		
$i_1(t)$	0 ↗	10		

c. On se place dans un repère orthogonal (O, I, J) d'unités graphiques 1 cm pour $2 \cdot 10^{-3}$ s en abscisses et 1 cm pour 2 A en ordonnées. (On orientera la feuille en « paysage » et on placera l'origine O du repère au centre de la feuille. Toutes les constructions demandées ci-dessous seront effectuées dans le même repère.)

Construire la courbe Γ_1 représentative de i_1 sur $[0\,;\,20 \cdot 10^{-3}]$, puis sur $[-20 \cdot 10^{-3}\,;\,20 \cdot 10^{-3}]$.

2 REPRÉSENTER **Changer de registre.** Dans le cas d'une capacité, le courant, noté i_2, est en avance de $\frac{\pi}{2}$ par rapport à la tension. Dans cette question, on prend donc $\varphi = +\frac{\pi}{2}$.

a. Vérifier que $i_2(t) = i_1(t - 5 \cdot 10^{-3})$.

b. Par quelle transformation géométrique passe-t-on de la courbe Γ_1 à la courbe Γ_2 représentative de la fonction i_2 ? Construire alors Γ_2 sur le graphique précédent, en utilisant une autre couleur.

3 CHERCHER **S'engager dans une démarche.**

Dans le cas d'une inductance et d'une résistance en série : le courant, noté i_3, est en retard de $\frac{\pi}{4}$ par rapport à la tension. Dans cette question, on prend donc $\varphi = -\frac{\pi}{4}$.

En s'inspirant de la démarche de la question **2**, construire alors la courbe Γ_3 représentative de la fonction i_3 sur le graphique précédent, en utilisant une autre couleur.

Dans tous les exercices de ce chapitre où cela est nécessaire, on se place dans un repère orthogonal (O, I, J).

Prérequis

1 On donne le tableau de variation d'une fonction f définie sur $[-2\,;6]$.

x	-2	1	3	$3{,}5$	4	6
f	-7 ↗	0 ↘	-5 ↗	0 ↗	2 ↘	1

a) Donner, pour chaque intervalle où elle est monotone, le sens de variation de la fonction f.

b) Comparer $f(-1)$ et $f(0)$, puis $f(4{,}5)$ et $f(5{,}5)$.

c) Déterminer le signe de $f(x)$, pour tout x de $[-2\,;6]$.

d) Quel est le minimum de f sur $[-2\,;6]$? Le maximum sur $[-2\,;3{,}5]$?

e) Tracer une courbe qui pourrait être la représentation graphique de f.

2 La fonction f est définie sur $[-5\,;5]$ par sa courbe représentative, donnée ci-dessous.

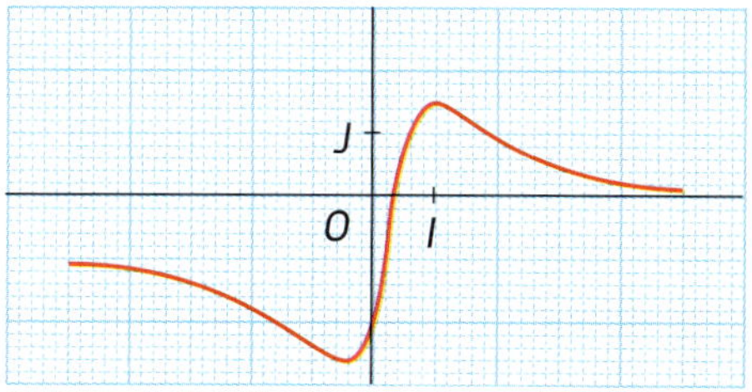

a) Donner une valeur approchée de $f(2)$, $f(4)$, $f(0)$ et $f(-4)$.

b) Combien -2 a-t-il d'antécédents par f ?

c) Résoudre graphiquement l'équation $f(x) = 0$ puis l'équation $f(x) = -1$.

d) Résoudre graphiquement l'inéquation $f(x) \leqslant 0$.

e) Quels sont le minimum et le maximum de f sur $[-5\,;5]$ et pour quelles valeurs de x sont-ils atteints ?

3 On considère la fonction f définie sur $[-5\,;5]$ dont la courbe représentative est la suivante.

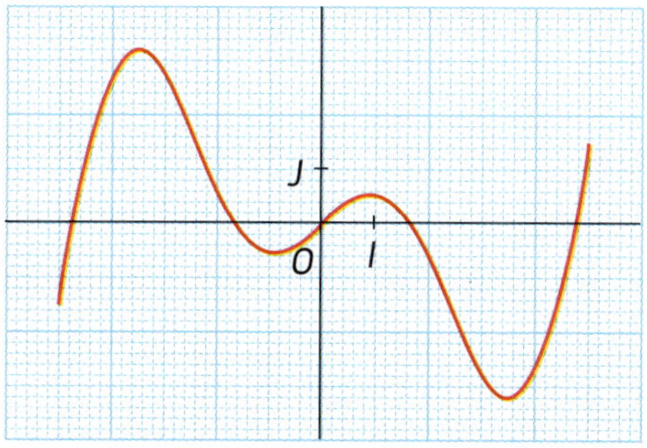

a) Donner une valeur approchée de $f(-4)$, $f(-1)$, $f(0)$ et $f(4)$.

b) Résoudre graphiquement l'équation $f(x)=0$ puis l'équation $f(x)=-4$.

c) Résoudre graphiquement l'inéquation $f(x)>0$.

Fonctions affines

Savoir-Faire 1 → P. 73

4 Dans le plan muni d'un repère orthonormé (O, I, J), tracer la courbe représentative de chacune des fonctions affines définies par les expressions suivantes (pour **a)**, **b)** et **c)** on donnera deux méthodes) :

a) $f(x) = -3x + 2$ **b)** $g(x) = 2x - 2$

c) $h(x) = \dfrac{1}{2}x + 1$ **d)** $i(x) = -5$

5 Même exercice que le précédent avec :

a) $f(x) = -\dfrac{3}{4}x$ **b)** $g(x) = 5x - 7$

c) $h(x) = 3$ **d)** $i(x) = \dfrac{6}{5}x - 3$

Savoir-Faire 2 → P. 73

6 Déterminer une expression de chacune des fonctions affines f, g et h dont les représentations graphiques sont données ci-dessous.

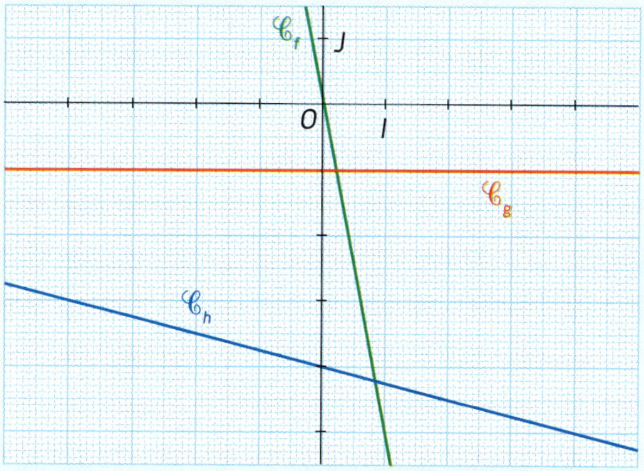

7 Même exercice que le précédent avec :

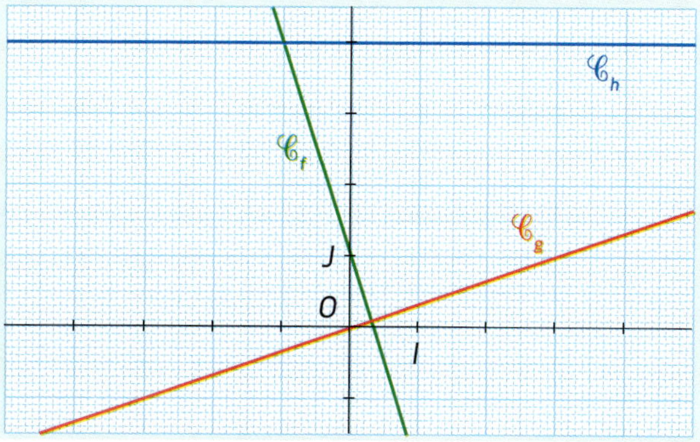

8 Déterminer une expression de la fonction affine g telle que :

$$g(1) = 2 \text{ et } g(3) = -1.$$

9 Déterminer une expression de la fonction affine h telle que :

$$h\left(\frac{1}{2}\right) = 5 \text{ et } h\left(-\frac{3}{4}\right) = 8.$$

Fonctions affines par morceaux

10 Tracer la courbe représentative de la fonction f définie sur $[-5 ; 7]$ par :

$f(x) = -3$ si $x \in [-5 ; -1[$
$f(x) = 2x - 1$ si $x \in [-1 ; 1[$
$f(x) = -\frac{1}{2}x + \frac{3}{2}$ si $x \in [1 ; 7]$.

11 Même exercice que le précédent avec f définie sur $[-3 ; 6]$ par :

$f(x) = -2x + 1$ si $x \in [-3 ; -1{,}5[$
$f(x) = -4x - 2$ si $x \in [-1{,}5 ; 0[$
$f(x) = -2$ si $x \in [0 ; 3[$
$f(x) = x - 5$ si $x \in [3 ; 6]$.

12 Voici la courbe représentative d'une fonction f définie sur $[-1 ; 8]$:

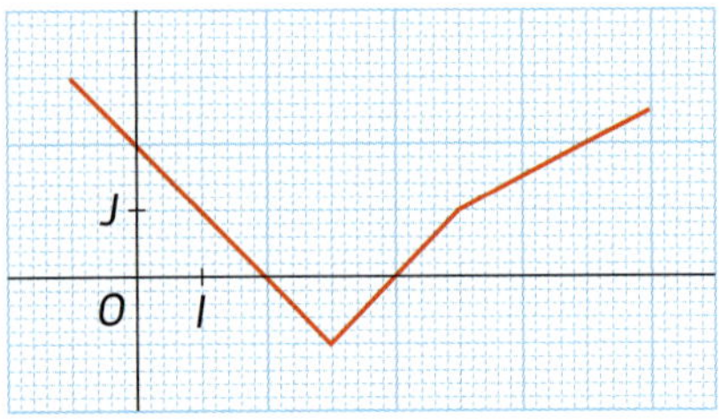

Exprimer $f(x)$ dans chacun des cas :
a) $x \in [-1 ; 3[$
b) $x \in [3 ; 5[$
c) $x \in [5 ; 8]$

13 Une tension u est définie, en fonction du temps t, par le graphe ci-dessous :

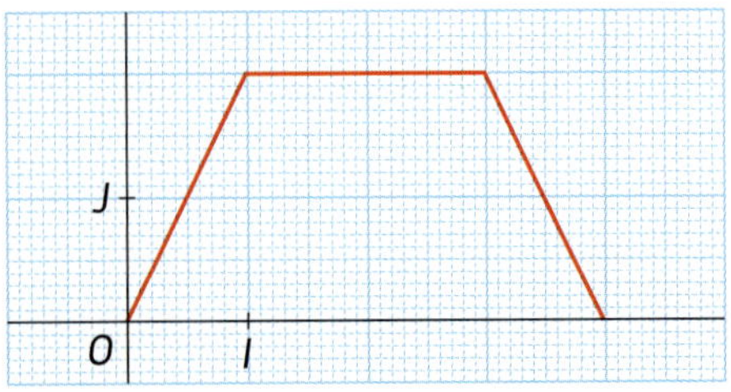

Exprimer $u(t)$ dans chacun des cas suivants :
a) $t \in [0 ; 1[$
b) $t \in [1 ; 3[$
c) $t \in [3 ; 4]$

Fonction valeur absolue

Savoir-Faire 3 → P.75

14 À l'aide de la représentation graphique de la fonction valeur absolue, résoudre les équations et inéquations suivantes :
a) $|x| = 4$ **b)** $|x| > 4$ **c)** $|x| = \frac{1}{2}$ **d)** $|x| < \frac{1}{2}$

15 Même exercice que le précédent avec :
a) $|x| = -1$ **b)** $|x| > -1$ **c)** $|x| = \frac{3}{4}$ **d)** $|x| \geqslant 5$

16 **a)** Résoudre l'équation $|x| = 3$.
b) En posant $x = a + 2$, en déduire les solutions de l'équation $|a + 2| = 3$.

17 **a)** Résoudre l'équation $|x| = \frac{7}{2}$.
b) En posant $x = a - \frac{1}{2}$, en déduire les solutions de l'équation $\left|a - \frac{1}{2}\right| = \frac{7}{2}$.

18 **1.** À l'aide de la calculatrice, tracer la courbe représentative de la fonction valeur absolue, puis celle de la fonction affine f définie par $f(x) = 3x - 1$.
2. Résoudre graphiquement l'équation $|x| = 3x - 1$.
3. Résolution exacte
a) Montrer que l'équation $|x| = 3x - 1$ n'a pas de solution sur $]-\infty ; 0[$.
b) Résoudre l'équation $|x| = 3x - 1$ sur $[0 ; +\infty[$.
c) Conclure quant aux solutions de l'équation $|x| = 3x - 1$.

19 **1.** À l'aide de la calculatrice, tracer la courbe représentative de la fonction valeur absolue, puis celle de la fonction f définie sur $\mathbb{R}$ par $f(x) = x^2 + 1$.
2. Résoudre graphiquement l'équation $|x| = x^2 + 1$.
3. Résolution exacte
a) Si x est dans $[0 ; +\infty[$, que vaut $|x|$? En déduire la résolution de $|x| = x^2 + 1$ sur $[0 ; +\infty[$.
b) Si x est dans $]-\infty ; 0[$, que vaut $|x|$? En déduire la résolution de $|x| = x^2 + 1$ sur $]-\infty ; 0[$.
c) Conclure quant aux solutions de l'équation $|x| = x^2 + 1$.

20 Algo On donne l'algorithme suivant :

```
Variables :     t réel
Entrée :        Entrer t
Traitement :    Si t < 0
                   Alors t prend la valeur –t
                Fin Si
Sortie :        Afficher t
```

1. Expliquer ce que fait cet algorithme.
2. Proposer un algorithme qui, pour deux réels a et b entrés par l'opérateur, renvoie une expression de $|at + b|$ sans valeur absolue, et cela suivant les valeurs prises par le réel t.

21 Soit f la fonction définie sur $\mathbb{R}$ par $f(x) = -2x + 1$.

a) Établir le tableau de signes de $f(x)$ pour tout x de $\mathbb{R}$.

b) En déduire une expression sans valeur absolue de $|-2x+1|$ pour $x \in \left]\frac{1}{2};+\infty\right[$, puis pour $x \in \left]-\infty;\frac{1}{2}\right]$.

c) Dans un repère orthonormé (O, I, J), tracer la courbe représentative de f puis, dans une autre couleur, la courbe représentative de la fonction g définie sur $\mathbb{R}$ par $g(x) = |f(x)|$.

22 Soit f la fonction définie sur $\mathbb{R}$ par $f(x) = 3x - 2$.

a) Établir le tableau de signes de $f(x)$ pour tout x de $\mathbb{R}$.

b) En déduire une expression sans valeur absolue de $|3x-2|$ pour $x \in \left[\frac{2}{3};+\infty\right[$, puis pour $x \in \left]-\infty;\frac{2}{3}\right[$.

c) Dans un repère orthonormé (O, I, J), tracer la courbe représentative de f puis, dans une autre couleur, la courbe représentative de la fonction g définie sur $\mathbb{R}$ par $g(x) = |f(x)|$.

Parité, périodicité

Savoir-Faire 4 → P.75

23 On donne ci-dessous la représentation graphique $\mathscr{C}_f$ d'une fonction périodique f. Déterminer graphiquement la période de f.

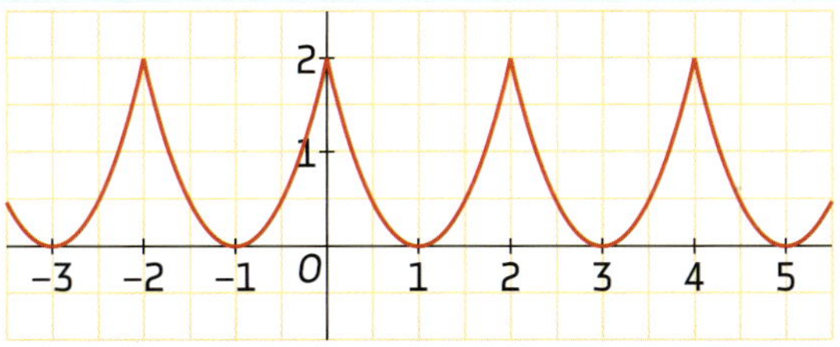

24 Même exercice que le précédent avec la courbe ci-dessous :

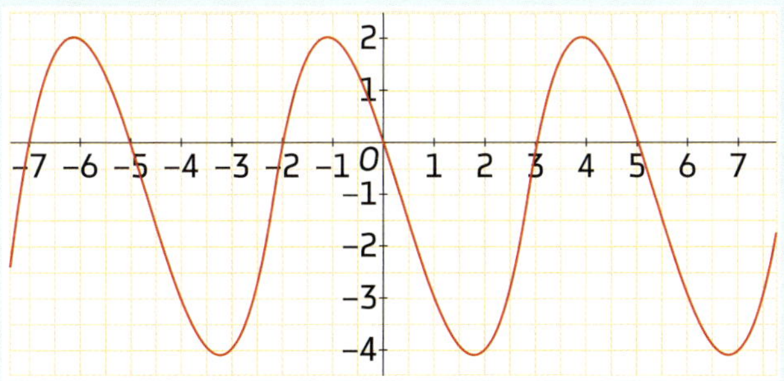

25 La fonction f est définie sur $[0 ; 3]$ par $f(x) = x^2 - 3x$ et est périodique de période 3. Tracer sa représentation graphique sur $[-3 ; 6]$.

26 La fonction g est définie sur $[-1 ; 1]$ par $g(x) = |x|$ et est périodique de période 2. Tracer sa représentation graphique sur $[-3 ; 5]$.

Savoir-Faire 5 → P.77

27 Montrer que la fonction j définie sur $\mathbb{R}$ par : $j(x) = 3\sin^2(x) - \cos(x)$ est paire.
Que peut-on en déduire pour sa courbe représentative ?

28 Montrer que la fonction f définie sur $\mathbb{R}$ par : $f(x) = -2\sin(5x)$ est impaire.
Que peut-on en déduire pour sa courbe représentative ?

29 Montrer que la fonction h définie sur $\mathbb{R}$ par : $h(x) = -3x^2 + |x|$ est paire. Que peut-on en déduire pour sa courbe représentative ?

30 Montrer que la fonction k définie sur $\mathbb{R}$ par : $k(x) = x + |x|$ n'est ni paire, ni impaire.

31 Dans chacun des cas suivants, déterminer si la fonction est paire, impaire ou ni paire ni impaire. Dire, le cas échéant, ce que l'on peut en déduire.

a) f définie sur $\mathbb{R}$ par $f(x) = \frac{x}{x^2+1}$.

b) g définie sur $\mathbb{R}$ par $g(x) = x^2 - 4$.

c) h définie sur $\mathbb{R}$ par $h(x) = \cos x + \sin x$.

32 On donne ci-dessous les courbes représentatives respectives $\mathscr{C}_f$ et $\mathscr{C}_g$ de deux fonctions f et g définies sur $[-2 ; 2]$. Que peut-on dire de la parité de f ? de la parité de g ?

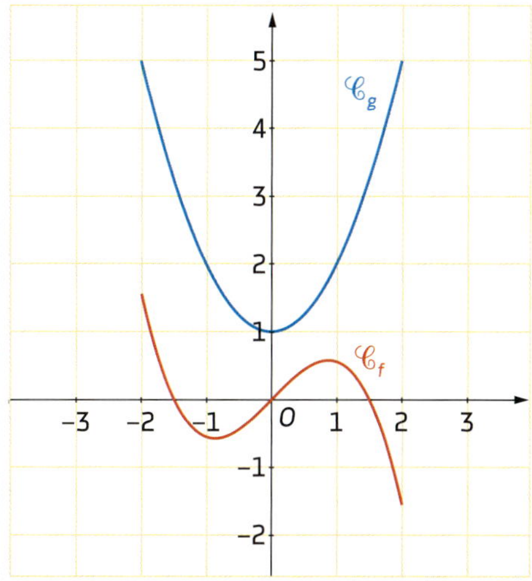

33 Même exercice que le précédent avec les courbes ci-dessous, représentatives de fonctions f et g définies sur $[-3 ; 3]$:

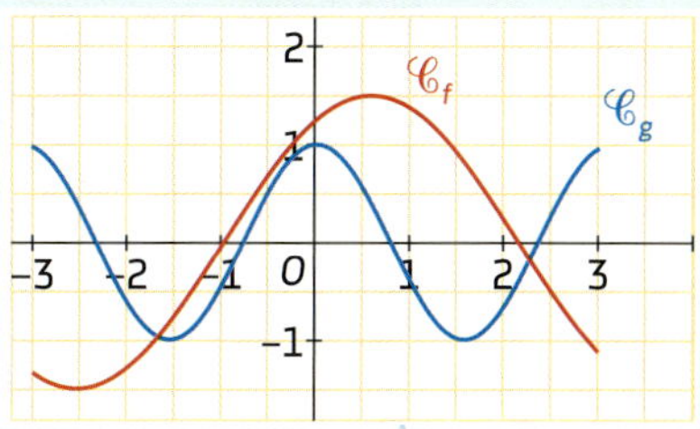

34 Recopier et compléter sur [– 6 ; 6] la représentation graphique de la fonction f ci-dessous, sachant que f est paire et f est périodique de période 4.

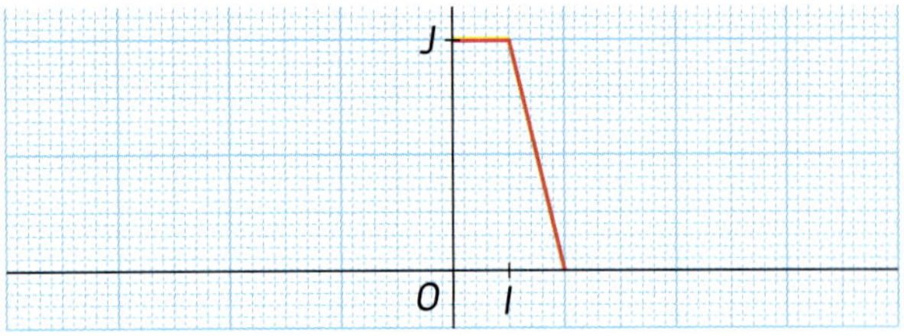

35 Recopier et compléter sur [– 8 ; 8] la représentation graphique de la fonction f suivante, sachant que f est impaire et f est périodique de période 2.

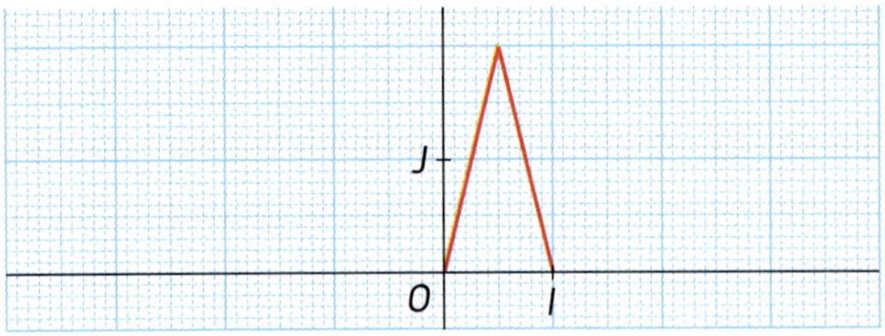

36 Recopier et compléter sur [– 10 ; 10] la représentation graphique de la fonction f suivante, sachant que f est paire et f est périodique de période 6.

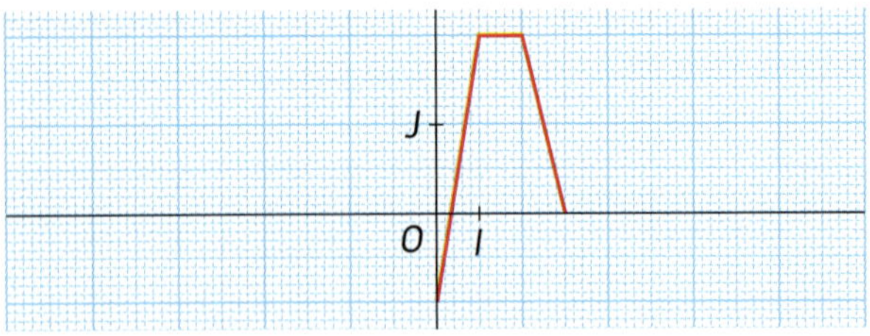

37 Cet exercice est un QCM. Pour chaque question, donner l'unique réponse exacte.

La fonction f définie sur $\mathbb{R}$ par $f(t)=2\cos\left(3t+\dfrac{\pi}{4}\right)$ est :

1. a. paire **b.** impaire

c. ni paire, ni impaire

2. a. $\dfrac{\pi}{3}$-périodique **b.** $\dfrac{2\pi}{3}$-périodique

c. non périodique

38 Cet exercice est un QCM. Pour chaque question, donner l'unique réponse exacte.

La fonction f définie sur $\mathbb{R}$ par $f(t)=2\sin(4t)+\dfrac{\pi}{4}$ est :

1. a. paire **b.** impaire

c. ni paire, ni impaire

2. a. $\dfrac{\pi}{2}$-périodique **b.** $\dfrac{\pi}{4}$-périodique

c. non périodique

Courbes représentatives des fonctions sinusoïdales

Savoir-Faire 6 → P. 79

39 Dans le repère orthogonal (O, I, J) ci-dessous, on donne la courbe représentative d'une fonction f définie sur $\mathbb{R}$ par $f(x) = A\cos(\omega x)$ où A et ω sont deux réels strictement positifs.

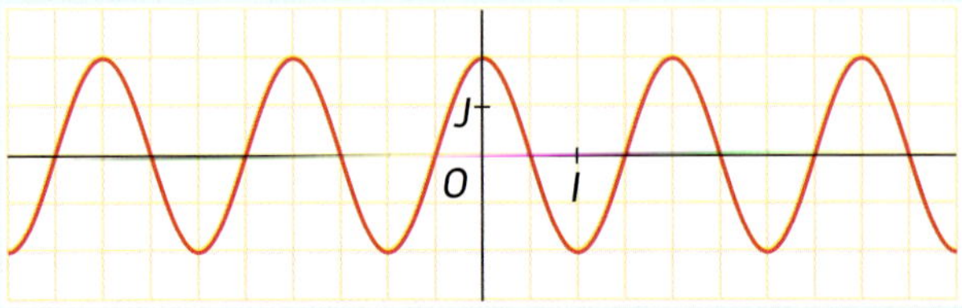

a) Déterminer graphiquement la valeur de A.

b) Déterminer graphiquement la période T de f. En déduire la valeur de ω.

40 Dans le repère orthogonal (O, I, J) ci-dessous, on donne la courbe représentative d'une fonction f définie sur $\mathbb{R}$ par $f(x) = A\sin(\omega x)$ où A et ω sont deux réels strictement positifs.

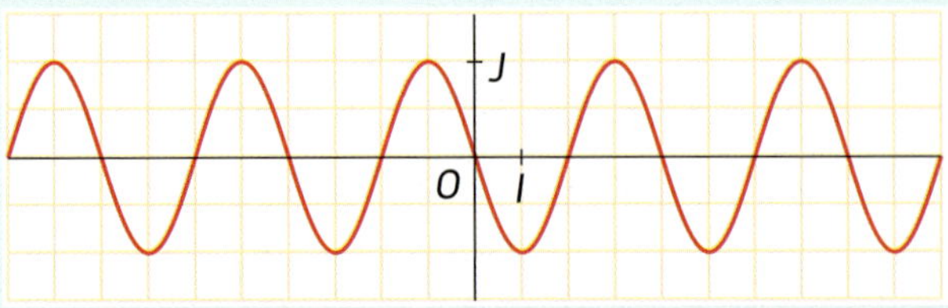

a) Déterminer graphiquement la valeur de A.

b) Déterminer graphiquement la période T de f. En déduire la valeur de ω.

41 Dans le repère orthogonal (O, I, J) ci-dessous, on donne la courbe représentative d'une fonction f définie sur $\mathbb{R}$ par $f(x) = A\cos(\omega x)$ où A et ω sont deux réels strictement positifs.

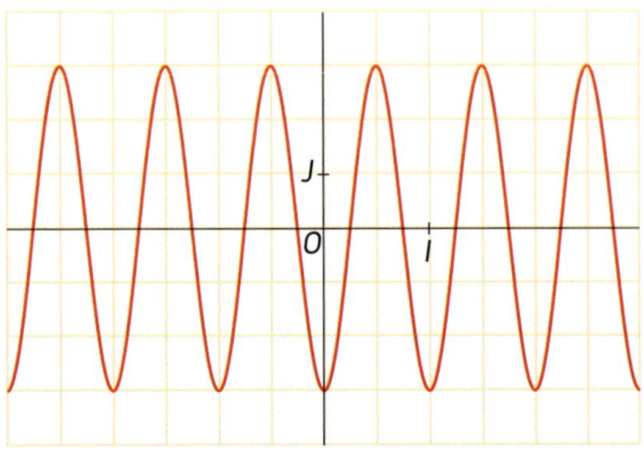

a) Déterminer graphiquement la valeur de A.

b) Déterminer graphiquement la période T de f. En déduire la valeur de ω.

42 **1. a)** Sur la calculatrice, tracer la courbe de la fonction f définie sur $\mathbb{R}$ par $f(x) = 3\cos(2x)$.

b) Déterminer graphiquement la période de f, puis justifier ce résultat par le calcul.

2. a) Sur la calculatrice, ajouter le tracé de la droite d'équation $y = -2$.

b) Déterminer graphiquement le nombre de solutions de l'équation $3\cos(2x) = -2$ dans l'intervalle $[0 ; 2\pi]$.

43 En suivant la même démarche qu'à l'exercice précédent, déterminer le nombre de solutions de l'équation $4\sin(3x) = -1$ dans l'intervalle $[0 ; 2\pi]$.

Courbes représentatives de fonctions associées

Savoir-Faire 7 → P.81

44 Soit les fonctions g et h définies sur $\mathbb{R}$ par $g(x) = x^2 - 3$ et $h(x) = (x + 2)^2$. En utilisant la courbe d'une fonction de référence que l'on construira dans un repère orthonormé (O, I, J), tracer les courbes représentatives des fonctions g et h.

45 Soit les fonctions g et h définies respectivement sur $\mathbb{R}\backslash\{0\}$ par $g(x) = \frac{1}{x} + 1$ et sur $\mathbb{R}\backslash\{1\}$ par $h(x) = \frac{1}{x-1}$.

En utilisant la courbe d'une fonction de référence que l'on construira dans un repère orthonormé (O, I, J), tracer les courbes représentatives des fonctions g et h.

46 Tracer successivement les courbes représentatives des fonctions suivantes, en choisissant des unités graphiques adaptées (on précisera à chaque étape la transformation géométrique permettant de passer d'une courbe à la suivante).

a) f définie sur $\mathbb{R}$ par $f(x) = x^2$.

b) g définie sur $\mathbb{R}$ par $g(x) = (x - 3)^2$.

c) h définie sur $\mathbb{R}$ par $h(x) = x^2 + 2$.

47 Même exercice que le précédent avec :

a) f définie sur $\mathbb{R}$ par $f(x) = \cos(x)$.

b) g définie sur $\mathbb{R}$ par $g(x) = \cos(x + \pi)$.

c) h définie sur $\mathbb{R}$ par $h(x) = \cos(x) - 2$.

48 Même exercice que le précédent avec :

a) f définie sur $\mathbb{R}$ par $f(x) = \sin(x)$.

b) g définie sur $\mathbb{R}$ par $g(x) = \sin\left(x - \frac{\pi}{2}\right)$.

c) h définie sur $\mathbb{R}$ par $h(x) = \sin\left(x - \frac{\pi}{2}\right) + 1$.

49 Même exercice que le précédent avec :

a) f définie sur $]0 ; +\infty[$ par $f(x) = \frac{1}{x}$.

b) g définie sur $]2 ; +\infty[$ par $g(x) = \frac{1}{x-2}$.

c) h définie sur $]2 ; +\infty[$ par $h(x) = \frac{1}{x-2} + 3$.

50 Même exercice que le précédent avec :

a) f définie sur $\mathbb{R}$ par $f(x) = \cos x$.

b) g définie sur $\mathbb{R}$ par $g(x) = |\cos x|$.

51 Même exercice que le précédent avec :

a) f définie sur $\mathbb{R}$ par $f(x) = x^2$.

b) g définie sur $\mathbb{R}$ par $g(x) = -x^2$.

c) h définie sur $\mathbb{R}$ par $h(x) = -x^2 + 1$.

52 Soit f la fonction définie sur $[-5 ; 5]$ par :

$$f(x) = 2x^2 + 4x - 6$$

et g la fonction définie sur $[-5 ; 5]$ par :

$$g(x) = |2x^2 + 4x - 6|.$$

1. a) Dresser le tableau de variation de f.

b) Tracer l'allure de la courbe représentative de f.

c) Dresser le tableau de signes de $f(x)$.

2. a) Tracer l'allure de la courbe représentative de g.

b) En utilisant un argument de symétrie, établir le tableau de variation de g à partir de celui de f.

Savoir-Faire 8 → P.81

53 Trois courbes sont représentées ci-dessous : la verte est celle d'une fonction f de référence, la rouge est celle d'une fonction g et la bleue, celle d'une fonction h. Déterminer des expressions des fonctions f, g et h.

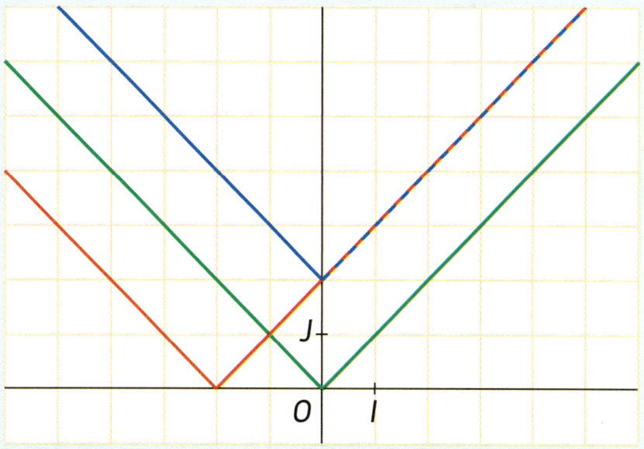

54 Même exercice que le précédent.

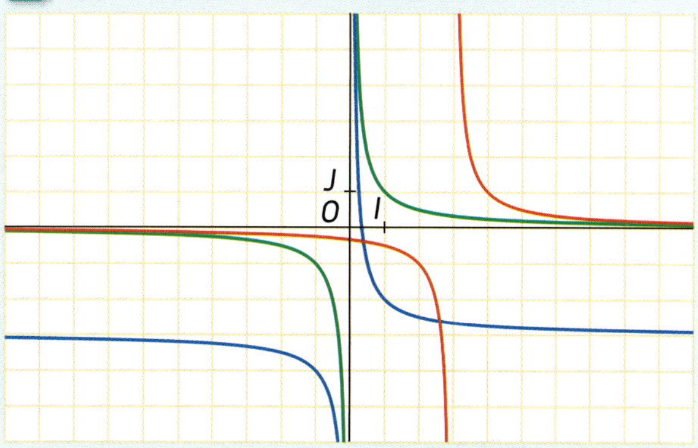

Exercices

55 Même exercice que le précédent.

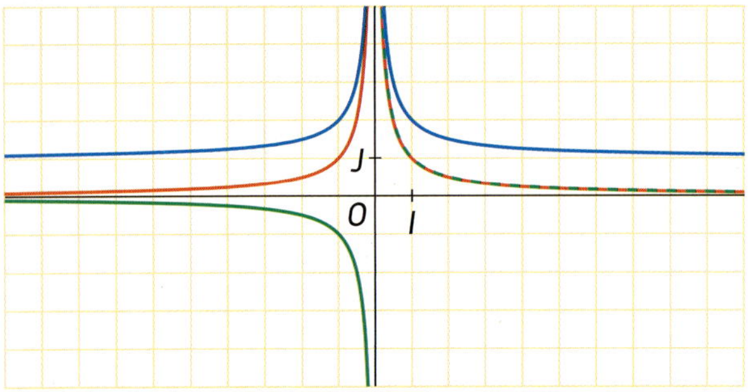

56 **1.** La courbe rouge ci-dessous est la courbe représentative d'une fonction f définie sur $\mathbb{R}$ par $f(t) = A\cos(\omega t)$ où A et ω sont deux réels strictement positifs.

En utilisant les caractéristiques de f lisibles sur le graphique (maximum, période et valeur de $f(0)$), déterminer A et ω.

2. La courbe bleue est la courbe représentative d'une fonction g définie sur $\mathbb{R}$. Déduire de la question précédente une expression de $g(x)$.

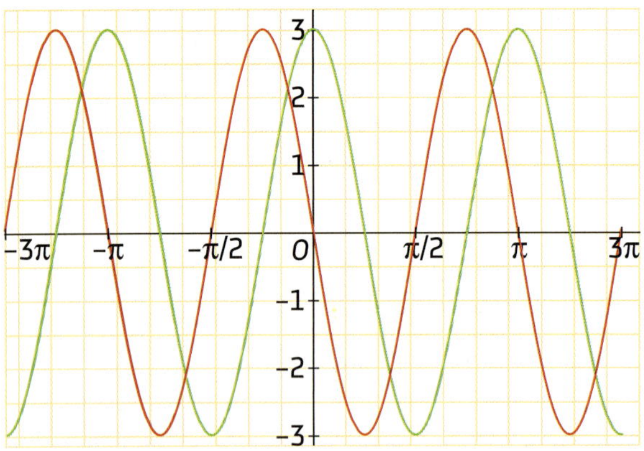

57 Fichier GeoGebra

On considère la fonction f définie sur $]-\infty\,;\,5[\,\cup\,]5\,;\,+\infty[$ par $f(x) = \dfrac{4x-19}{x-5}$.

a) Sur un logiciel de géométrie dynamique, tracer la courbe $\mathscr{C}$ représentative de f.

b) À la courbe de quelle fonction de référence la courbe $\mathscr{C}$ fait-elle penser ?

c) Créer deux curseurs k et λ, puis la courbe représentative d'une fonction g définie par $g(x) = \dfrac{1}{x+\lambda} + k$.

En faisant varier k et λ, émettre une conjecture sur une autre expression possible de la fonction f.

d) Valider ou invalider cette conjecture par le calcul.

58 Fichier GeoGebra

On considère la fonction f définie sur $\mathbb{R}$ par $f(x) = x^2 + 6x + 7$.

a) Sur un logiciel de géométrie dynamique, tracer la courbe $\mathscr{C}$ représentative de f.

b) À la courbe de quelle fonction de référence la courbe $\mathscr{C}$ fait-elle penser ?

c) Créer deux curseurs k et λ, puis la courbe représentative d'une fonction g définie par $g(x) = (x+\lambda)^2 + k$. En faisant varier k et λ, émettre une conjecture sur une autre expression possible de la fonction f.

d) Valider ou invalider cette conjecture par le calcul.

59 **a)** La courbe ci-dessous est la courbe représentative d'une fonction f définie par $f(t) = A\cos(\omega t + \varphi)$. En se servant des caractéristiques de f lisibles sur le graphique (maximum, période et valeur de $f(0)$), déterminer une expression possible de f.

b) La courbe ci-dessous est aussi la courbe représentative d'une fonction g définie par $g(t) = A'\sin(\omega' t + \varphi')$. En se servant des caractéristiques de g lisibles sur le graphique (maximum, période et valeur de $g(0)$), déterminer une expression possible de g.

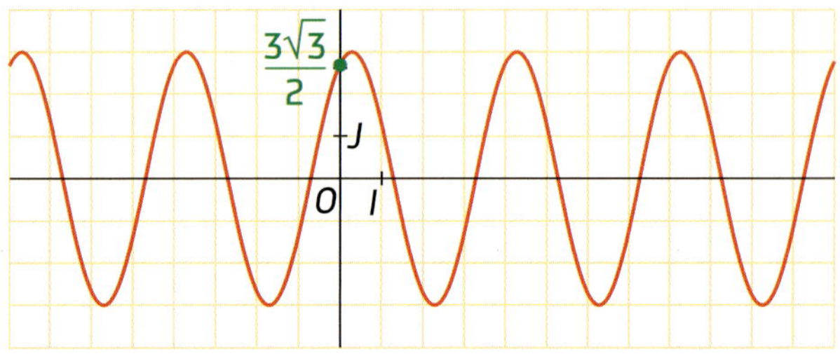

c) Le résultat obtenu en **b)** était prévisible en utilisant celui obtenu en **a)**. Pourquoi ?

60 Même exercice que le précédent avec la courbe suivante :

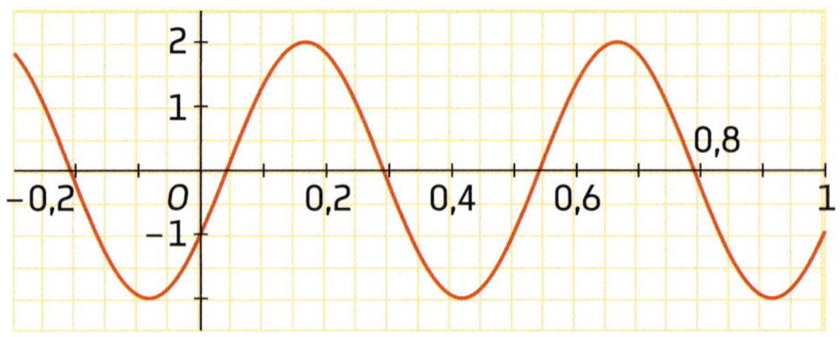

61 Redresser un signal, c'est remplacer les valeurs négatives de ce signal par leurs opposées.

À partir d'un signal f, on obtient donc le signal $|f|$. Appliquer ce redressement au signal dont la représentation est donnée à l'exercice **39**.

62 Retarder un signal f de λ, c'est remplacer ce signal par le signal $g : t \mapsto f(t+\lambda)$.

À partir du signal f représenté ci-dessous, représenter le signal retardé de 0,5.

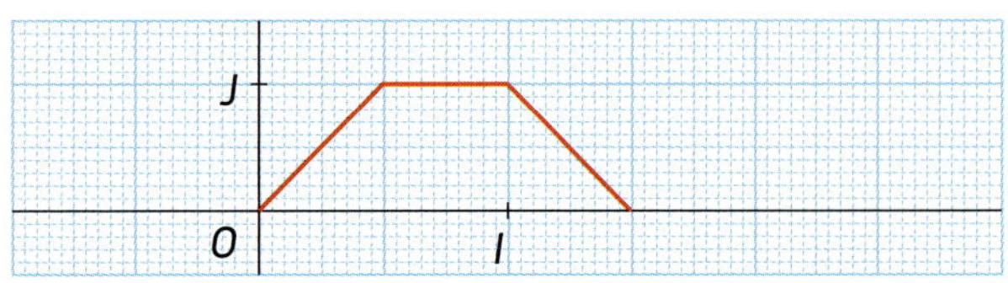

Vrai-Faux

63 Pour chacune des affirmations suivantes, dire si elle est vraie ou fausse. Justifier.

On se place dans un repère orthogonal (O, I, J).

1. La droite passant par les points de coordonnées $(4\,;4)$ et $(6\,;5)$ a pour coefficient directeur 2.

2. La fonction f définie par $f(x) = -(1 - 3x)$ est décroissante sur $\mathbb{R}$.

3. La courbe représentative de la fonction $x \mapsto \dfrac{1}{x+2}$ est l'image par la translation de vecteur $2\overrightarrow{OI}$ de la courbe représentative de la fonction inverse.

4. La courbe représentative de la fonction $x \mapsto \dfrac{1}{x} + 2$ est l'image par la translation de vecteur $2\overrightarrow{OJ}$ de la courbe représentative de la fonction inverse.

5. La fonction $x \mapsto |-5x+1|$ est croissante sur $\left[\dfrac{1}{5}\,; +\infty\right[$.

6. La fonction sinus est croissante sur $\left[\dfrac{\pi}{2}\,; \dfrac{3\pi}{2}\right]$.

7. La fonction cosinus est croissante sur $\left[-\dfrac{\pi}{2}\,; \dfrac{\pi}{2}\right]$.

QCM

64 Pour chaque question, indiquer la seule bonne réponse.

On considère les trois courbes représentatives suivantes :

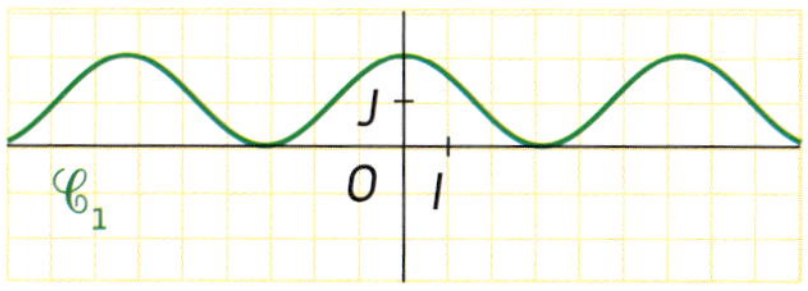

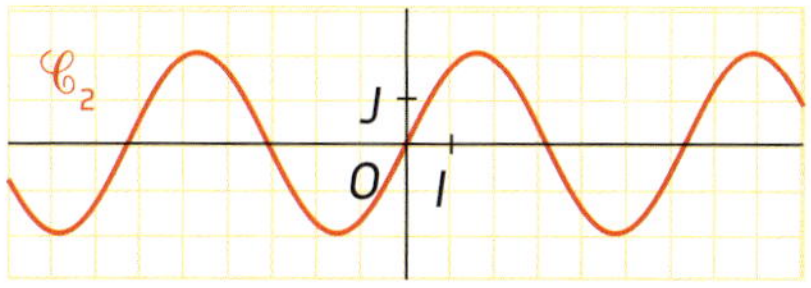

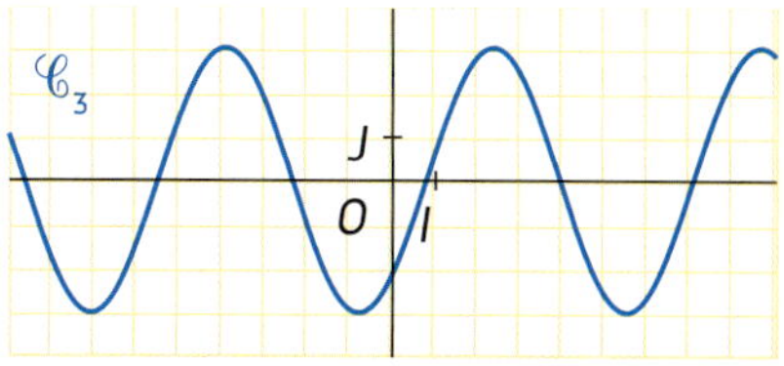

	A	B	C
1. $\mathscr{C}_1$ est la courbe représentative de la fonction :	$x \mapsto \sin(x)+1$	$x \mapsto 2\cos(x)$	$x \mapsto \cos(x)+1$
2. $\mathscr{C}_2$ est la courbe représentative de la fonction :	$x \mapsto 2\sin(x)$	$x \mapsto \sin(x)+1$	$x \mapsto 2\cos(x)-2$
3. $\mathscr{C}_3$ est la courbe représentative de la fonction :	$x \mapsto 3\sin(x)$	$x \mapsto 3\sin\left(x+\dfrac{\pi}{4}\right)$	$x \mapsto 3\sin\left(x-\dfrac{\pi}{4}\right)$

65 Pour chaque question, indiquer la seule proposition exacte.

On considère les fonctions g et h définies sur $\mathbb{R}$ par : $g(x) = 3\cos\left(2x + \dfrac{\pi}{6}\right)$ et $h(x) = 5\sin(x)$.

	A	B	C
1. La courbe représentative de la fonction h est symétrique par rapport à	l'axe des ordonnées.	l'axe des abscisses.	l'origine du repère.
2. La fonction $x \mapsto h\left(x+\dfrac{\pi}{4}\right)$	est croissante sur $\left[\dfrac{\pi}{4}\,; \dfrac{5\pi}{4}\right]$.	est positive sur $\left[\dfrac{\pi}{4}\,; \dfrac{5\pi}{4}\right]$.	est décroissante sur $\left[\dfrac{\pi}{4}\,; \dfrac{5\pi}{4}\right]$.
3. La courbe représentative de la fonction $x \mapsto h\left(x+\dfrac{\pi}{3}\right)$	est l'image de la courbe représentative de h par la translation de vecteur $\dfrac{\pi}{3}\overrightarrow{OI}$.	est l'image de la courbe représentative de h par la translation de vecteur $\dfrac{\pi}{3}\overrightarrow{OJ}$.	est la courbe représentative de la fonction $x \mapsto 5\cos\left(x-\dfrac{\pi}{6}\right)$.
4. L'équation $h(x) = -2{,}5$	a pour unique solution $-\dfrac{\pi}{6}$.	admet $-\dfrac{\pi}{3}$ comme solution.	admet $\dfrac{23\pi}{6}$ comme solution.
5. La fonction g	atteint son minimum en 0.	a pour maximum 3.	est $\dfrac{\pi}{6}$-périodique.
6. La fonction g est	π-périodique.	paire.	impaire.
7. L'équation $g(x) = -3$	a deux solutions par période.	a une seule solution par période.	n'a pas de solution dans $\mathbb{R}$.

66 Marée brestoise CHERCHER

Dans cet exercice, on s'intéresse à la marée dans le port de Brest. On désigne par zéro hydrographique l'altitude 0 des géographes. On appelle :

• **hauteur absolue de la mer à un instant donné**, la hauteur de la mer par rapport au zéro hydrographique à cet instant ; et, pour une marée donnée :

• **hauteur absolue de pleine mer**, la hauteur absolue de la mer quand elle atteint son maximum à la fin d'une marée montante ;

• **hauteur absolue de basse mer** la hauteur absolue de la mer quand elle atteint son minimum après une marée descendante ;

• **hauteur de mi-marée**, la moyenne des hauteurs absolues de pleine et basse mer successives.

1. Dans cette question, on s'intéresse au lundi 31 août 2015. Ce jour-là, la hauteur absolue de pleine mer était de 7,50 m à 6 h 47 min. On prend 6 h 47 min comme origine des temps. Pour les 18 heures suivantes, on peut modéliser la hauteur absolue de la mer (en mètres) en fonction du temps (en heures) par une fonction périodique h_a définie sur [0 ; 18] par $h_a(t) = 3{,}5\cos\left(\frac{\pi}{6}t\right) + 4$.

a) Quel est le minimum de la fonction cosinus sur $\mathbb{R}$? En déduire la hauteur absolue de basse mer qui suit 6 h 47. À quelle heure a lieu cette basse mer ? Quelle est, pour cette marée, la hauteur de mi-marée ?

b) On appelle **hauteur relative de la mer à un instant donné**, la différence entre la hauteur absolue de la mer à cet instant et la hauteur de mi-marée.

Déduire de la question précédente une expression de la fonction h_r qui modélise la hauteur relative de la mer le lundi 31 août 2015 pour les 18 heures qui suivent la pleine mer de 6 h 47, heure prise pour origine des temps.

c) Comment obtient-on la représentation graphique de h_a à partir de celle de h_r ?

2. MODÉLISER Le 7 septembre 2015, la pleine mer était à 0 h 28, avec une hauteur absolue de 5,45 m. La basse mer suivante était à 6 h 52 avec une hauteur absolue de 2,75 m. En prenant 0 h 28 pour origine des temps, on considère que l'on peut modéliser la hauteur absolue de la mer pour les 18 heures à venir avec une fonction h de la forme $h(t) = A\cos\left(\frac{\pi}{6{,}4}t\right) + B$, A et B étant deux réels strictement positifs.

a) Déterminer les valeurs de A et B.

b) Vérifier la cohérence de l'expression de h obtenue avec toutes les données concernant la marée du 7 septembre fournies dans l'énoncé de la question **2.**

67 Raideur d'un ressort

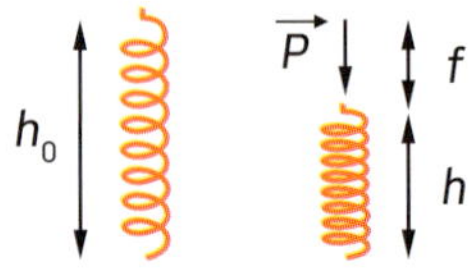

Sous l'action d'une force $\vec{P}$, la longueur initiale h_0 d'un ressort hélicoïdal est diminuée d'une distance f, appelée flèche. On admet que la flèche f est proportionnelle à l'effort de compression $P = \|\vec{P}\|$.

Un essai sur un ressort de longueur initiale $h_0 = 0{,}1$ m avec $P = 50$ N a donné : $f = 10^{-2}$ m.

1. Déterminer la raideur k du ressort, coefficient de proportionnalité entre l'effort de compression et la flèche ($P = kf$).

2. a) Exprimer la hauteur h du ressort en fonction de l'effort P. On définit ainsi une fonction qui à tout effort de compression P associe la hauteur h du ressort correspondante.

b) Quelle est la nature de cette fonction ? Son sens de variation ?

c) Tracer la représentation graphique de cette fonction, pour P variant de 0 à 200 newtons (on déterminera le minimum et le maximum pris par la fonction sur [0 ; 200] afin de choisir une unité pertinente sur l'axe des ordonnées).

68 Deux roues électriques

Lors de la conception d'un cycle motorisé se déplaçant sur route, on impose une vitesse de déplacement et on cherche à déterminer le système motorisation-transmission-roues permettant ce déplacement.

Dans les nouveaux cycles électriques, le moteur est directement intégré dans la roue : la fréquence de rotation de la roue est donc celle du moteur.

Entre la vitesse de déplacement V (en km/h), le diamètre des roues D (en m) et la fréquence de rotation des roues N (en tours par minute), on a la relation suivante :

$$N = \frac{V}{0{,}06\pi} \times \frac{1}{D}.$$

Pour un vélo ou un scooter, le diamètre des roues est compris entre 10" et 24" (" : pouces) soit D entre 0,25 et 0,61 mètre.

1. a) Soit k une constante positive ; on admet que le sens de variation de la fonction kf est le même que celui de la fonction f. Quel est le sens de variation des fonctions de la forme $D \mapsto \frac{k}{D}$ sur $]0\,;+\infty[$?

b) On rappelle que la vitesse de déplacement est fixée : si on réduit la taille des roues, que peut-on dire de la fréquence de rotation du moteur ? Si on réduit la fréquence de rotation du moteur, que peut-on dire de la taille des roues ?

Le choix de roues trop grandes pose des problèmes d'encombrement, le choix de roues trop petites pose des problèmes de limites technologiques pour la fréquence de rotation du moteur. On va donc étudier les différentes possibilités à l'aide d'une famille de courbes.

2. a) REPRÉSENTER Pour une vitesse de déplacement $V = 25$ (vitesse maximale autorisée pour un vélo à assistance électrique), on prend $N_1(D) = \frac{133}{D}$; pour une vitesse de déplacement $V = 45$ (vitesse maximale autorisée pour un scooter sans permis de conduire), on prend $N_2(D) = \frac{239}{D}$.

On se place dans un repère orthonormé d'unités graphiques 10 cm en abscisse et 10^{-2} cm en ordonnée.

Tracer dans ce repère les courbes représentatives des fonctions N_1 et N_2 pour D appartenant à $[0{,}25\,;\,0{,}61]$.

b) Pour un scooter avec des roues de 12" (0,3 m), déterminer graphiquement la fréquence de rotation des roues nécessaires pour atteindre les vitesses de 25 km/h, de 45 km/h.

c) Un fabricant de scooters choisit, pour des raisons de taille et de coût, un moteur qui a pour fréquence de rotation maximale 480 $\text{tr}\cdot\text{min}^{-1}$. Déterminer graphiquement le diamètre minimal des roues pour pouvoir atteindre la vitesse maximale autorisée pour un scooter sans permis de conduire.

d) COMMUNIQUER Un fabricant de vélos électriques ne veut pas que les roues aient un diamètre supérieur à 24 pouces. Peut-il équiper le vélo d'un moteur ayant une fréquence de rotation maximale de 200 $\text{tr}\cdot\text{min}^{-1}$ s'il veut que ce vélo atteigne la vitesse maximale autorisée ? Pourquoi ?

69 Fichier GeoGebra **Point de fonctionnement**

On dispose d'une diode D dont le fonctionnement est caractérisé par l'intensité i (exprimée en ampères) en fonction de la tension à ses bornes v_D (exprimée en volts). Le lien entre i et v_D est donné par : $i = 0$ pour $v_D \in [0\,;\,2{,}6]$ et le tableau de valeurs ci-dessous :

v_D	2,7	2,8	2,9	3,0	3,1	3,2	3,3
i	0,001	0,002	0,005	0,010	0,015	0,020	0,027

1. À l'aide d'un logiciel de géométrie dynamique, tracer le nuage de points correspondant au tableau de valeurs ci-dessus, puis la ligne brisée passant par ces points. Le graphique obtenu est le graphique caractéristique de la diode.

On place cette diode dans le montage électrique donné ci-dessous, dans lequel la résistance R sert à limiter l'intensité du courant dans cette diode.

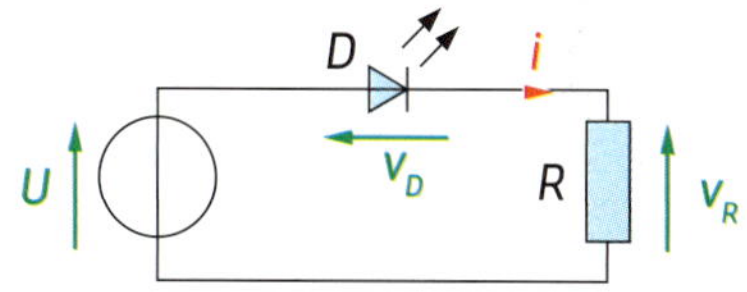

Les relations électriques régissant ce montage sont alors les suivantes :

$$\begin{cases} v_R = R \cdot i \\ U = v_D + v_R \end{cases}$$ où U est la tension délivrée par le générateur,

v_R est la tension aux bornes du résistor de résistance R.

Dans toute la suite, on prend $U = 5$ V.

2. a) À partir du système, exprimer i en fonction de v_D et de R.

b) L'expression précédente est de la forme $i = f(v_D)$ où f est une fonction de la variable v_D et dépendant du paramètre R. Justifier alors que le graphique de cette fonction est une droite dont on précisera l'équation réduite en fonction de R. Cette droite est appelée droite de charge.

3. a) Créer un curseur R allant de 1 à 300 et tracer la droite de charge.

b) Faire varier R. Énoncer une conjecture sur l'existence d'un point appartenant à toutes les droites de charges, quelle que soit la valeur de R.

c) Démontrer cette conjecture.

4. CHERCHER, COMMUNIQUER On appelle point de fonctionnement du montage le couple de coordonnées du point d'intersection du graphique caractéristique de la diode et de la droite de charge.

a) Élaborer une démarche qui permette de déterminer graphiquement la valeur de la résistance R pour laquelle le point de fonctionnement est (3,2 ; 0,020).

b) Mettre en œuvre cette démarche. Vérifier le résultat obtenu par le calcul.

Problèmes

70 Température d'un microprocesseur

La puissance thermique créée dans un microprocesseur (P) est proportionnelle au produit de sa fréquence de cadencement (f exprimée en hertz) par le carré de sa tension d'alimentation (U exprimée en volts). L'élévation de température de la puce du microprocesseur (θ_p exprimée en degrés Celsius) par rapport à la température ambiante (θ_a) est proportionnelle à cette puissance thermique.

1. a) Justifier qu'il existe une constante réelle k telle que :

$$\theta_p - \theta_a = kfU^2.$$

b) Un essai à une température ambiante de 20 °C avec une tension d'alimentation de 5 V et une fréquence de cadencement de 100 MHz (10^8 Hz) a donné une température sur la puce de 120 °C. Déterminer alors la valeur du réel k.

2. a) Exprimer la température de la puce en fonction de la tension d'alimentation pour une fréquence de cadencement de 100 MHz et une température ambiante de 0 °C.

b) Soit la fonction f définie sur $[0 ; +\infty[$ par $f(U) = 4U^2$. Tracer la représentation graphique de la fonction f, pour U variant de 3 à 6. On prendra un repère orthogonal d'unités 5 cm sur l'axe des abscisses et 0,1 cm sur l'axe des ordonnées.

3. a) On considère de même la fonction $g : U \mapsto \theta_p$ lorsque la température ambiante vaut 20 °C et la fonction $h : U \mapsto \theta_p$ lorsque la température ambiante vaut 40 °C pour la même fréquence de cadencement de 100 MHz. Déterminer une expression de g et une expression de h. Quelle relation existe-t-il entre f et g ? f et h ? Que peut-on en déduire sur les courbes représentatives de g et de h par rapport à celle de f ? Tracer alors les courbes de g et h sur le même graphique que précédemment.

b) Sachant que l'on ne doit pas dépasser la température de 120 °C sur la puce pour garantir le bon fonctionnement du processeur, déterminer graphiquement la tension maximale à laquelle on peut alimenter le microprocesseur pour une température ambiante de 20 °C, puis de 40 °C.

71 Redressement double alternance

Pour faire un redressement double alternance, on utilise un pont de diodes (4 diodes). Le montage est représenté ci-dessous :

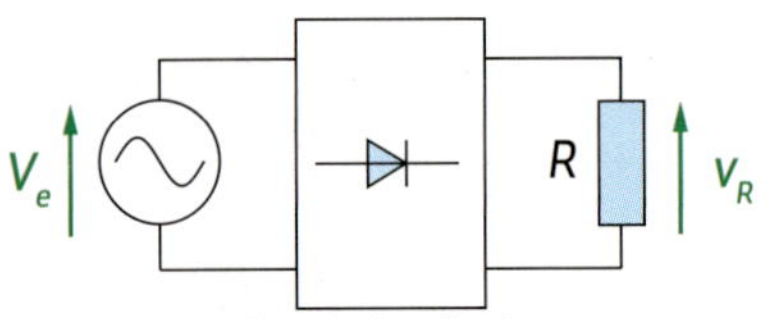

Pont de diodes

On considère les diodes comme idéales.
On a alors : $V_R = |V_e|$.
Ici, pour tout $t \geqslant 0$, on prend : $V_e(t) = 300\sin(100\pi t)$.

1. a) On rappelle qu'une tension sinusoïdale représentée par une fonction u du temps t définie sur $[0 ; +\infty[$ par $u(t) = A\sin(\omega t + \varphi)$ est périodique de période $T = \dfrac{2\pi}{\omega}$.

Déterminer la période de la fonction V_e.

b) Quel est le maximum (respectivement le minimum) de la fonction V_e ?

2. a) Régler la fenêtre de la calculatrice de façon à visualiser la représentation graphique de la fonction V_e sur $[-0{,}02 ; 0{,}02]$. Entrer l'expression de la fonction V_e en Y1 et afficher sa courbe représentative.

b) Entrer en Y2 la fonction $V_R = |V_e|$, désactiver Y1 et afficher la courbe représentative de V_R sur $[-0{,}02 ; 0{,}02]$.

3. Soit l'équation $V_R(t) = 200$.

a) Déterminer graphiquement le nombre de solutions par période de cette équation.

b) Déterminer par le calcul une valeur approchée à 10^{-4} près de chacune des solutions appartenant à $[-0{,}01 ; 0{,}01]$.

c) À l'aide de la fonction « Trace » de la calculatrice, vérifier les résultats de la question **b)**.

72 Fichier GeoGebra Dosage par immunodiffusion radiale (Mancini)

CHERCHER, MODÉLISER

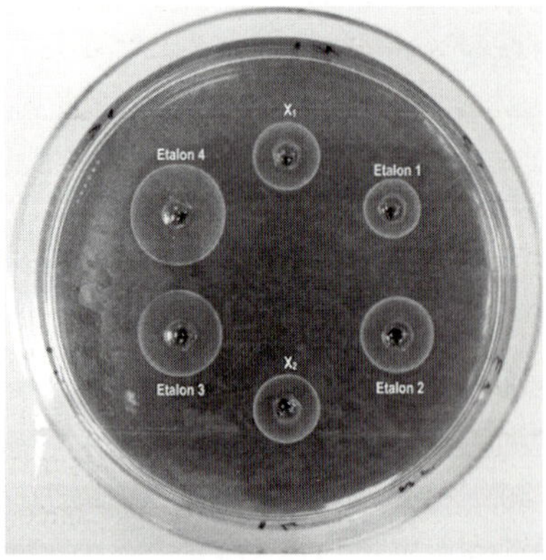

Pour éviter une contamination du lait de vache par du lait de chèvre lors de la production, les industriels mettent en place des techniques de contrôle qualité.

Une entreprise de biotechnologie développe ainsi un kit de dosage fondé sur l'utilisation d'anticorps se liant à l'albumine de chèvre, mais pas à celle de vache (l'albumine est une protéine présente dans le lait). Un kit est constitué d'une boîte de Petri dans laquelle se trouve un gel contenant des anticorps dirigés contre l'albumine de chèvre. À l'aide d'un emporte-pièce, des puits d'un même diamètre sont creusés dans le gel. Lorsqu'on dépose une solution contenant de l'albumine dans un puits, l'albumine se diffuse dans le gel dans toutes les directions d'où le nom de la technique : immunodiffusion radiale. La concentration d'albumine diminue au fur et à mesure de sa diffusion et atteint une valeur limite pour laquelle l'anticorps forme avec elle un précipité dans le gel. Le diamètre du cercle formé par le précipité dépend de la concentration en albumine dans la solution déposée. On utilise donc une gamme étalon d'échantillons d'albumine de chèvre de concentrations connues pour déterminer la concentration en albumine de chèvre dans l'échantillon de lait de vache à tester.

Un même volume de lait de vache à tester est déposé dans deux de ces puits (X_1 et X_2, double essai) et dans chacun des autres puits, on met un échantillon d'albumine de chèvre de concentration connue (étalons 1 à 4).

Après 24 à 28 heures, on mesure le diamètre des cercles formés.

Des résultats expérimentaux correspondants à 4 étalons distincts sont présentés dans le tableau ci-dessous.

Numéro *i* de l'étalon	1	2	3	4
Diamètre du cercle de précipité d_i (en mm)	8,5	10,5	14	18
Concentration en albumine de chèvre C_i (en µg/mL)	30	45	80	140

1. a) Avec un logiciel de géométrie dynamique, construire le nuage de points $(d_i\,;\,C_i)$ correspondant à ce tableau (on pourra utiliser la fenêtre « tableur » disponible sur certains logiciels).

b) Soit f la fonction définie sur $[0\,;\,+\infty[$ par $f(x)=0{,}4436x^2-2{,}589$. Sur le graphique précédent, créer la courbe représentative de f.

c) Observer la position des points par rapport à cette courbe. L'utilisation de la fonction f pour modéliser la concentration en albumine de chèvre en fonction du diamètre du cercle de précipité est-elle compatible avec les résultats expérimentaux ?

d) Pour l'échantillon à tester, le diamètre mesuré dans chacun des deux puits-tests est de 9,5 mm. En utilisant la fonction f pour modéliser les résultats de l'immunodiffusion radiale, déterminer la concentration de cet échantillon.

e) Sachant qu'une concentration d'albumine de chèvre supérieure à 30 µg/mL permet de conclure à une contamination du lait de vache par le lait de chèvre, conclure sur la qualité de l'échantillon à tester.

2. Dans la pratique, en laboratoire, on utilise une modélisation du carré du diamètre d du cercle de précipité (d^2) en fonction de la concentration en albumine de chèvre (C) pour tester des échantillons.

a) Sur un nouveau graphique, en utilisant les données du tableau, placer les points de coordonnées $(C_i\,;\,d_i^2)$. Qu'observe-t-on ?

b) À partir du modèle établi au **1.**, on considère la relation : $C=0{,}4436\,d^2-2{,}589$. Exprimer alors d^2 en fonction de C.

Si on appelle D le carré du diamètre d, quel type de relation obtient-on entre D et C ?

c) En complétant le graphique de la question **2.a)**, retrouver graphiquement le résultat de la question **1.d)**. (On exposera la méthode utilisée.)

Vers le bac

73 Cet exercice est un questionnaire à choix multiples. Pour chacune des questions suivantes, une seule des quatre réponses proposées est exacte. Aucune justification n'est demandée.

1. Le réel $|3{,}14-\pi|$ est égal à :

a. 0 **b.** $-0{,}0015926536$
c. 0,0015926536 **d.** $\pi-3{,}14$

2. Soit $\mathscr{C}$ la courbe représentative de la fonction carré dans un repère orthonormé (O, I, J). Soit f la fonction définie sur $\mathbb{R}$ par $f(x)=(x+3)^2$ et $\mathscr{C}_f$ sa courbe représentative dans (O, I, J). La courbe $\mathscr{C}_f$ est l'image de $\mathscr{C}$ par la translation de vecteur :

a. $3\overrightarrow{OI}$ **b.** $-3\overrightarrow{OI}$ **c.** $3\overrightarrow{OJ}$ **d.** $-3\overrightarrow{OJ}$

3. Dans le repère orthonormé (O, I, J) ci-contre, $\mathscr{C}$ est la courbe représentative de la fonction inverse et $\mathscr{C}_f$ est la courbe représentative d'une fonction f. Une expression de f est :

a. $f(x)=\dfrac{1}{x+2}$ **b.** $f(x)=\dfrac{1}{x-2}$
c. $f(x)=\dfrac{1}{x}+2$ **d.** $f(x)=\dfrac{1}{x}-2$

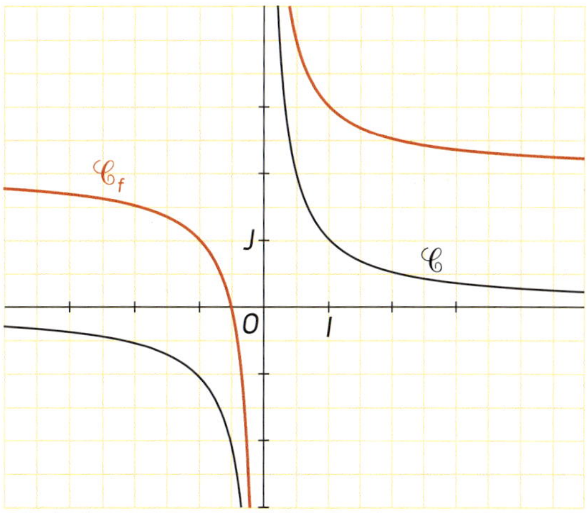

4. La fonction cosinus est croissante sur :

a. $[0\,;\,+\infty[$ **b.** $\left[-\dfrac{\pi}{2}\,;\,0\right]$
c. $\left[\dfrac{3\pi}{4}\,;\,\dfrac{5\pi}{4}\right]$ **d.** $[0\,;\,\pi]$

5. Le maximum sur $\mathbb{R}$ de la fonction $t\mapsto 5\sin(5{,}01t+5{,}03)$ est égal à :

a. 5 **b.** 5,01 **c.** 5,03 **d.** 25,05

Problèmes

74 Un club de randonnées propose deux formules différentes :

- formule 1 : frais d'adhésion de 50 € et participation de 5 € par randonnée ;
- formule 2 : pas de frais d'adhésion et participation de 8 € par randonnée.

1. Quelle est la formule la plus intéressante pour 10 randonnées ? Justifier.

2. Soit x le nombre de randonnées auxquelles participe un adhérent. On appelle $p_1(x)$ et $p_2(x)$ les prix payés par l'adhérent pour x randonnées, respectivement avec la formule 1 et la formule 2.

On utilise un tableur (copie d'écran ci-dessous) pour comparer les deux formules.

	A	B	C
1	x	$p_1(x)$	$p_2(x)$
2	0	50	0
3	1	55	8
4	2	60	16
5	3	65	24
6	4	70	32
7	5	75	40
8	6	80	48
9	7	85	56
10	8	90	64
11	9	95	72
12	10	100	80

a) Quelles formules a-t-on saisies dans les cellules B2 et C2 pour obtenir, par recopie vers le bas, les résultats observés ?

b) Quelles cellules permettent de répondre à la question **1.** ?

c) Les résultats affichés permettent-ils de savoir à partir de combien de randonnées la formule 1 devient plus intéressante que la formule 2 ? Pourquoi ?

3. a) Proposer une démarche qui permet de savoir à partir de combien de randonnées la formule 1 devient plus intéressante que la formule 2.

b) Mettre en œuvre cette démarche et répondre à la question posée.

75 Un pendule est constitué d'une petite sphère attachée à l'extrémité d'un fil fixé en un point. On l'écarte de sa position d'équilibre et on lui donne une impulsion ; le pendule fait des oscillations que l'on entretient en contrant les frottements. Cela permet de maintenir constante l'amplitude des oscillations.

On appelle θ la fonction qui, à tout instant t exprimé en secondes, associe l'angle orienté noté $\theta(t)$ exprimé en radians, que fait le fil à l'instant t avec sa position d'équilibre (figure ci-après).

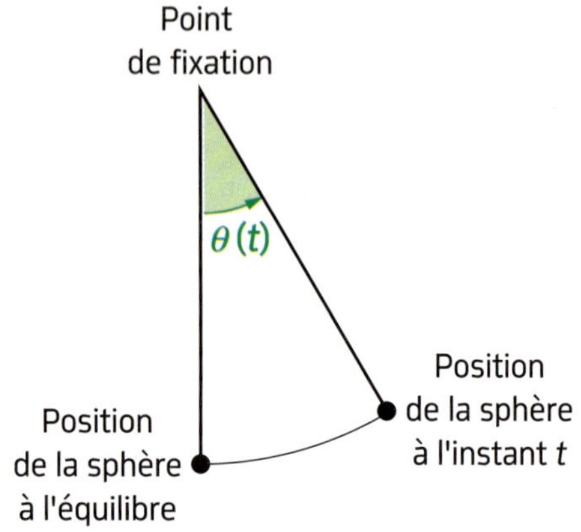

On admet que la fonction θ est périodique de période T. On donne ci-dessous sa représentation graphique.

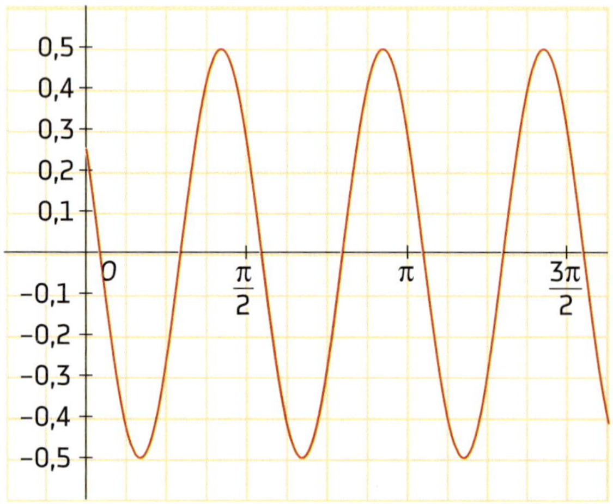

1. a) Par lecture graphique, déterminer $\theta(0)$. Interpréter cette valeur dans le contexte de l'exercice.

b) Karim affirme que la valeur maximale de $\theta(t)$ est 60°. A-t-il raison ? Justifier.

2. Par lecture graphique, déterminer la période T.

En déduire la valeur de la pulsation $\omega = \dfrac{2\pi}{T}$.

On admet que pour tout réel $t \geqslant 0$, $\theta(t) = A\cos(4t + \varphi)$ où A et φ sont des constantes réelles strictement positives, avec φ appartenant à $[0\,;2\pi[$.

3. Par lecture graphique, déterminer la valeur de A.

4. a) Proposer une démarche qui permette de déterminer la valeur de φ.

b) Une des trois valeurs suivantes est la valeur correcte de φ : $\dfrac{\pi}{3}$; $\dfrac{\pi}{4}$ ou $\dfrac{\pi}{6}$. Laquelle ? Pourquoi ?

5. On souhaite estimer les instants pour lesquels la sphère se trouve écartée d'un angle de 25° par rapport à sa position d'équilibre. Sans la mettre en œuvre, proposer une démarche qui permette de répondre à cette question.

CHAPITRE

4 Fonction dérivée

Prérequis

- Savoir construire une droite à partir d'un point et du coefficient directeur.
- Savoir calculer le coefficient directeur d'une droite à partir des coordonnées de deux points de cette droite. →EXERCICES n°1 à 6

Objectifs

- Découvrir le concept de dérivée.
- Utiliser la dérivation pour modéliser un déplacement.
- Déterminer une fonction dont la courbe satisfait à des contraintes liées aux tangentes.

Capacités attendues

- Tracer une tangente connaissant le nombre dérivé.
- Calculer la dérivée de fonctions.

Activités

Activité 1 Du déplacement d'un chariot d'imprimante 3D au nombre dérivé

Objectif Introduire la notion de nombre dérivé d'une fonction en un point par une approche cinématique.

Afin de vérifier la programmation du déplacement en translation d'un chariot d'imprimante 3D, on réalise des relevés de position de ce chariot en fonction du temps pendant la phase de démarrage.

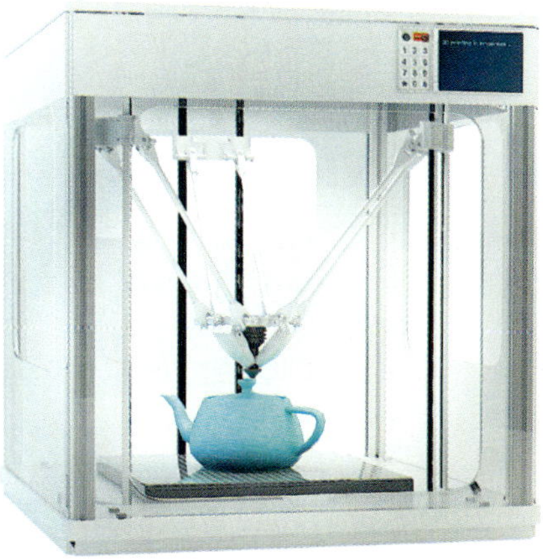

On note $d(t)$ la distance (en cm) parcourue par le chariot depuis sa position de départ à l'instant t (en s).

1 a. On effectue un premier relevé de la distance parcourue toutes les 0,05 secondes :

Temps t (en s)	0	0,05	0,1	0,15	0,2	0,25	0,3	0,35	0,4	0,45	0,5
Distance $d(t)$ (en cm)	0	0,05	0,36	1,15	2,56	4,69	7,56	11,15	15,4	20,05	25

À l'aide de ce tableau, calculer la vitesse moyenne du chariot (en $\text{cm}\cdot\text{s}^{-1}$) entre les instants 0,1 et 0,5. Faire de même entre les instants 0,2 et 0,4 ; puis entre les instants 0,25 et 0,35.

Rappel : la vitesse moyenne du chariot entre les instants t_1 et t_2 est $\dfrac{d(t_2)-d(t_1)}{t_2-t_1}$.

b. On effectue un second relevé de la distance parcourue toutes les 0,01 secondes (pour des valeurs de t proches de 0,3 s) :

Temps t (en s)	0,28	0,29	0,3	0,31	0,32
Distance $d(t)$ (en cm)	6,32	6,93	7,56	8,22	8,91

À l'aide de ce tableau, calculer la vitesse moyenne du chariot (en $\text{cm}\cdot\text{s}^{-1}$) entre les instants 0,28 et 0,32. Faire de même entre les instants 0,29 et 0,31.

c. Les deux questions précédentes permettent d'obtenir des valeurs approchées d'une vitesse particulière du chariot : la vitesse instantanée à l'instant 0,3. Que peut-on faire pour améliorer la précision de la mesure de cette vitesse particulière ?

2 On veut donner ici une définition plus formelle de la vitesse instantanée du chariot à l'instant 0,3. Soit h un nombre réel de l'intervalle $[-0,2 ; 0,2]$.

a. Que représente $d(0,3)$ pour le chariot ? Et $d(0,3+h)$?

b. Que représente la grandeur $\dfrac{d(0,3+h)-d(0,3)}{h}$?

c. Comment doit-on prendre h pour que l'expression $\dfrac{d(0,3+h)-d(0,3)}{h}$ se rapproche de la vitesse instantanée du chariot à l'instant 0,3 ?

Activité 2 — Approche expérimentale de la notion de tangente

Objectif
Découvrir la notion de tangente comme limite de sécantes.

Fichier GeoGebra

On considére la fonction f définie sur $\mathbb{R}$ par $f(x) = x^2 - 2x$ et on note $\mathscr{C}$ sa courbe représentative dans un repère orthogonal.

1 À l'aide d'un logiciel de géométrie dynamique, créer :
- la fonction f et sa courbe représentative $\mathscr{C}$;
- le point A de la courbe $\mathscr{C}$ d'abscisse -1 ;
- un curseur h variant de -2 à 2 avec un incrément de 0,01 ;
- le point M de $\mathscr{C}$ d'abscisse $-1+h$;
- la droite (AM) et l'affichage de son coefficient directeur.

2 a. Faire varier h, observer la droite (AM) et son coefficient directeur. De quel nombre m semble s'approcher le coefficient directeur de (AM) lorsque h tend vers 0 ?

b. Que se passe-t-il lorsque $h = 0$? Pourquoi ?
(On pourra zoomer autour du point A pour observer plus précisément la situation.)

3 Soit $\mathscr{D}$ la droite passant par A et ayant pour coefficient directeur la valeur m trouvée à la question **2 a.**
Construire le point $B(x_A + 1 ; y_A + m)$. Expliquer pourquoi B appartient à la droite $\mathscr{D}$.
Construire $\mathscr{D}$.

D'après l'approche graphique précédente, lorsque h tend vers 0, la droite (AM) tend vers une droite fixe, appelée tangente à la courbe $\mathscr{C}$ au point A. Le coefficient directeur de la droite (AM) tend donc vers le coefficient directeur de cette tangente lorsque h tend vers 0.

4 Le point A a pour coordonnées $(-1\,;\,f(-1))$ et les coordonnées du point M sont $(-1+h\,;\,f(-1+h))$.

a. Justifier que le coefficient directeur de la droite (AM) est $\dfrac{f(-1+h)-f(-1)}{h}$.

b. Un logiciel de calcul formel donne les résultats suivants (que l'on pourra vérifier) :

```
1  f(x):=x^2-2x
                x -> x^2-2*x
2  simplifier((f(-1+h)-f(-1))/h)
                h-4
```

De quel nombre s'approche $\dfrac{f(-1+h)-f(-1)}{h}$ lorsque h tend vers 0 ?

Comparer avec le résultat de la question **2 a.** Cela était-il prévisible ? Expliquer.

Activité 3 Du nombre dérivé à la fonction dérivée

Objectif Découvrir la notion de fonction dérivée.

Fichier GeoGebra

On considère la fonction f définie sur $\mathbb{R}$ par $f(x)=1+x^2$. On donne ci-dessous sa courbe représentative $\mathscr{C}_f$ dans un repère orthogonal.

De plus, les droites $\mathscr{C}_A$, $\mathscr{C}_B$, $\mathscr{C}_C$ et $\mathscr{C}_D$ sont tangentes à la courbe $\mathscr{C}_f$, respectivement aux points A, B, C et D d'abscisses respectives -3, -2, -1 et 0.

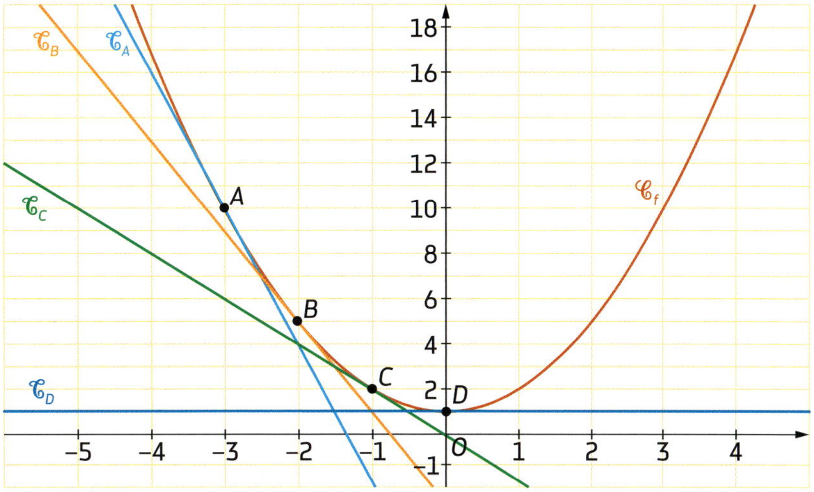

1 Donner, par lecture graphique, les coefficients directeurs respectifs des droites $\mathscr{C}_A$, $\mathscr{C}_B$, $\mathscr{C}_C$ et $\mathscr{C}_D$.

2 Compléter le tableau suivant (on admettra que la tangente à $\mathscr{C}_f$ au point d'abscisse a est l'image de la tangente à la courbe $\mathscr{C}_f$ au point d'abscisse $-a$ par symétrie axiale d'axe (Oy)) :

Réel a	-3	-2	-1	0	1	2	3
Nombre dérivé de f en a : $f'(a)$							

3 **a.** En exploitant le tableau précédent, conjecturer une expression de $f'(a)$ en fonction de a.

b. En s'inspirant de la démarche mise en œuvre aux questions **1** et **2**, tester cette conjecture pour une valeur de a autre que celles figurant dans le tableau.

Comprendre

A Dérivation en un point

1 Taux d'accroissement

Définition Soit f une fonction définie sur un intervalle I de $\mathbb{R}$, a un réel de I et h un réel non nul tel que $a+h$ soit dans I.
On appelle **taux d'accroissement** de f entre a et $a+h$ le réel $\dfrac{f(a+h)-f(a)}{h}$.

Remarque : Si $\mathscr{C}$ est la courbe représentative de f dans un repère (O, I, J), ce taux d'accroissement est le coefficient directeur de la droite (AM) où A et M sont les points de $\mathscr{C}$ d'abscisses respectives a et $a+h$.

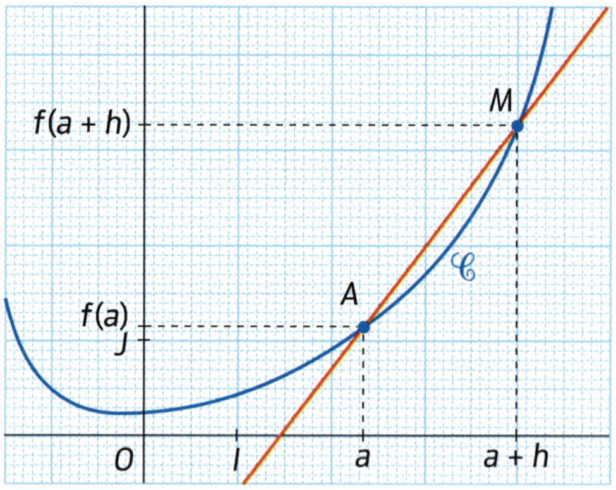

2 Nombre dérivé d'une fonction f en un réel *a*

Définition Soit f une fonction définie sur un intervalle I de $\mathbb{R}$ et a un réel de I.
On dit que f est **dérivable** en a si le taux d'accroissement $\dfrac{f(a+h)-f(a)}{h}$ tend vers un nombre réel lorsque h tend vers 0. Ce nombre est appelé **nombre dérivé** de f en a et est noté $f'(a)$.
On écrit alors : $f'(a)=\lim\limits_{h\to 0}\dfrac{f(a+h)-f(a)}{h}$.

Remarque : $\lim\limits_{h\to 0}\dfrac{f(a+h)-f(a)}{h}$ se lit : « limite de $\dfrac{f(a+h)-f(a)}{h}$ lorsque h tend vers 0 ».

→ EXERCICES n°7 à 10

B Tangente à une courbe en un point

1 Définition

Voir SF1
Voir SF2

Définition Soit a un réel et f une fonction dérivable en a. On appelle **tangente à la courbe représentative de f au point A d'abscisse a** la droite passant par le point de coordonnées $(a\,; f(a))$ et de coefficient directeur $f'(a)$.

Remarque : La connaissance des coordonnées $(a\,; f(a))$ du point A et de $f'(a)$ suffisent pour tracer la tangente à la courbe représentative de f au point A.

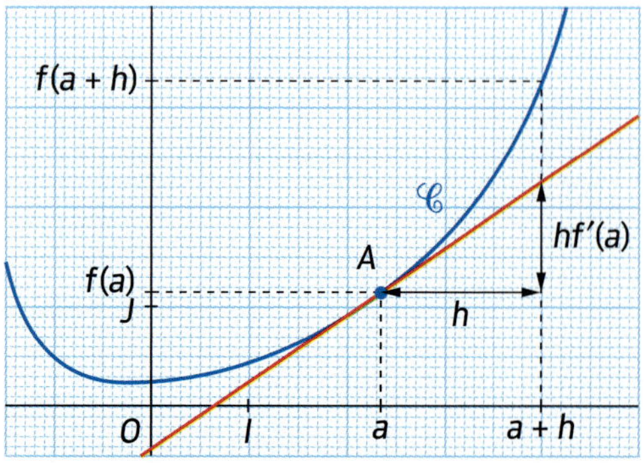

SF1 Tracer une tangente à une courbe connaissant le nombre dérivé

On appelle $\mathscr{C}$ la courbe représentative d'une fonction *f* dans un repère (*O*, *I*, *J*).

On donne $f(2) = \dfrac{1}{2}$; on admet que *f* est dérivable en 2 et que $f'(2) = -\dfrac{1}{4}$.

Tracer la tangente à $\mathscr{C}$ au point d'abscisse 2.

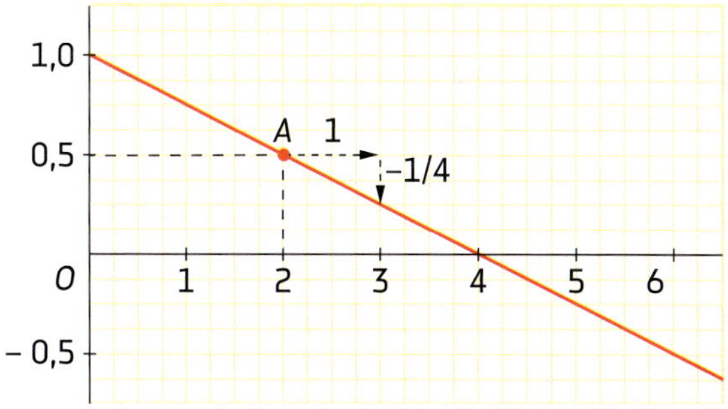

On place le point *A* de coordonnées $(a\,;f(a))$.
On utilise alors le coefficient directeur $f'(a)$ pour construire la tangente, droite passant par *A* et de coefficient directeur $f'(a)$.

SF2 Déterminer le nombre dérivé par lecture graphique

La courbe $\mathscr{C}$ ci-dessous est la représentation graphique d'une fonction *f* dans un repère (*O*, *I*, *J*). Les points *A*, *B* et *D* sont trois points de la courbe $\mathscr{C}$, le point *M* appartient à la tangente à $\mathscr{C}$ au point *A*, le point *N* appartient à la tangente à $\mathscr{C}$ au point *B*, la droite $\mathscr{D}$ est la tangente à $\mathscr{C}$ au point *D*.

Par lecture graphique, déterminer $f'(6)$, $f'(4)$ et $f'(3)$.

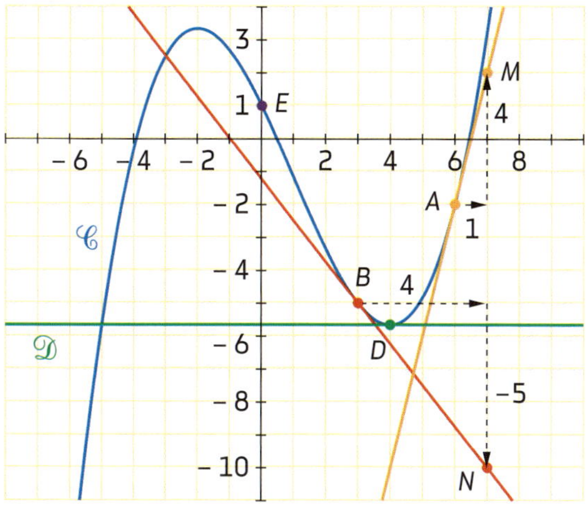

Le nombre $f'(x)$ est le coefficient directeur de la tangente à la courbe $\mathscr{C}$ au point d'abscisse *x*.

- On lit le coefficient directeur de la droite (*AM*) : $f'(6) = 4$;
- La droite $\mathscr{D}$ est parallèle à l'axe des abscisses, donc son coefficient directeur est 0 : $f'(4) = 0$;
- On lit le coefficient directeur de (*BN*) : $f'(3) = -\dfrac{5}{4}$.

POUR S'ENTRAÎNER

SF1 Soit *g* une fonction définie sur ℝ et dérivable en – 1. On donne $g(-1) = 3$ et $g'(-1) = -4$. Construire la tangente à la courbe représentative de *g* au point d'abscisse – 1.

→ EXERCICES n° 11 à 14

SF2 Sur la représentation ci-dessus, le point *E* est un point de la courbe $\mathscr{C}$ et la droite (*EB*) est tangente à la courbe $\mathscr{C}$ au point *E*. Déterminer graphiquement $f(0)$ et $f'(0)$.

→ EXERCICES n° 15 à 19

Voir SF3

2 Équation de la tangente

Il peut être utile de connaître une équation de cette tangente que l'on appelle $\mathscr{C}$ dans la suite du chapitre. Comme $\mathscr{C}$ a pour coefficient directeur $f'(a)$, $\mathscr{C}$ a une équation de la forme : $y=f'(a)x+b$ où b est un réel à déterminer. Or $\mathscr{C}$ passe par le point A de coordonnées $(a\,;f(a))$ donc $f(a)=f'(a)a+b$ soit $b=f(a)-f'(a)a$. La tangente admet alors pour équation $y=f'(a)(x-a)+f(a)$. Dans la pratique, on trouve une équation de la tangente en suivant la démarche décrite au SF3.

C Dérivation sur un intervalle Fonction dérivée

1 Définition

On établit dans cette partie des méthodes de calcul qui permettront de ne pas avoir à utiliser la définition pour chaque calcul d'un nombre dérivé d'une fonction f en a. On va voir comment, si une fonction est dérivable pour toutes les valeurs d'un intervalle, on peut établir une formule de calcul pour tous les nombres dérivés de cette fonction sur cet intervalle.

Définition Soit f une fonction définie sur un intervalle I de $\mathbb{R}$.
Si, pour tout a de I, f est dérivable en a, on dit que f est **dérivable** sur I.
La fonction qui, à tout x de I, associe le nombre dérivé de f en x est appelée **fonction dérivée de f** et est notée f'.

Remarque : En physique, on utilise souvent une autre notation pour la dérivée : si f est une fonction de la variable réelle x, f' est notée $\frac{\mathrm{d}f}{\mathrm{d}x}$. Cette notation est appelée notation différentielle ou notation de Leibniz (Leibniz : 1646-1716). Par exemple, dans un circuit électrique, un condensateur de capacité C, soumis à une tension $u(t)$, est parcouru par un courant $i(t)$, et on a la relation : $i=C\,\frac{\mathrm{d}u}{\mathrm{d}t}$.

Voir SF4

2 Fonctions dérivées des fonctions usuelles

On admettra les résultats suivants.

Ensemble de définition de f	Fonction f	Fonction dérivée f'	Ensemble de dérivabilité de f
$\mathbb{R}$	$f(x)=k$ (constante)	$f'(x)=0$	$\mathbb{R}$
$\mathbb{R}$	$f(x)=x$	$f'(x)=1$	$\mathbb{R}$
$\mathbb{R}$	$f(x)=ax+b$	$f'(x)=a$	$\mathbb{R}$
$\mathbb{R}$	$f(x)=x^n,\ n\in\mathbb{N}^*$	$f'(x)=nx^{n-1}$	$\mathbb{R}$
$]-\infty\,;0[\cup]0\,;+\infty[$	$f(x)=\frac{1}{x}$	$f'(x)=-\frac{1}{x^2}$	$]-\infty\,;0[\cup]0\,;+\infty[$
$\mathbb{R}$	$f(x)=\cos x$	$f'(x)=-\sin x$	$\mathbb{R}$
$\mathbb{R}$	$f(x)=\sin x$	$f'(x)=\cos x$	$\mathbb{R}$

SF3 Déterminer une équation de la tangente à la courbe représentative d'une fonction en un point d'abscisse *a*

- La fonction f_1 est définie sur $\mathbb{R}$ par $f_1(x) = x^2$. On donne $f'_1(3) = 6$.

Déterminer une équation de la tangente $\mathscr{C}_1$ à la courbe représentative de f_1 au point d'abscisse 3.

- Ici, $a = 3$ et $f'_1(3) = 6$ donc $\mathscr{C}_1$ admet une équation de la forme : $y = 6x + b$ où b est un réel à déterminer.

- On a : $f_1(3) = 9$ donc $\mathscr{C}_1$ passe par le point de coordonnées $(3\ ;\ 9)$. On en déduit que $9 = 6 \times 3 + b$ donc $b = -9$.

- **Conclusion** : la tangente $\mathscr{C}_1$ a pour équation $y = 6x - 9$.

- La fonction f_2 est définie sur $]0\,;+\infty[$ par $f_2(x) = \frac{1}{x}$.

On donne $f'_2(2) = -\frac{1}{4}$. Déterminer une équation de la tangente $\mathscr{C}_2$ à la courbe de f_2 au point d'abscisse 2.

- Ici, $a = 2$ et $f'_2(2) = -\frac{1}{4}$ donc $\mathscr{C}_2$ admet une équation de la forme : $y = -\frac{1}{4}x + b$ où b est un réel à déterminer.

- On a : $f_2(2) = \frac{1}{2}$ donc $\mathscr{C}_2$ passe par le point de coordonnées $\left(2\ ;\ \frac{1}{2}\right)$.

On en déduit que $\frac{1}{2} = -\frac{1}{4} \times 2 + b$ donc $b = 1$.

- **Conclusion** : la tangente $\mathscr{C}_2$ a pour équation $y = -\frac{1}{4}x + 1$.

La tangente $\mathscr{C}$ à la courbe représentative d'une fonction f au point d'abscisse a admet $f'(a)$ pour coefficient directeur. Elle a donc une équation de la forme $y = f'(a)x + b$.

La tangente $\mathscr{C}$ passe par le point A de coordonnées $(a\,;\ f(a))$, ce qui permet de déterminer b en remplaçant x par a et y par $f(a)$ dans l'équation $y = f'(a)x + b$.

SF4 Déterminer une fonction dérivée à l'aide du tableau des dérivées usuelles

Déterminer la fonction dérivée des fonctions suivantes :

- $f_1(x) = 2 - 3x$
- La fonction f_1 est de la forme $f_1(x) = ax + b$ avec $a = -3$ et $b = 2$.
- $f'_1(x) = -3$

- $f_2(x) = x^3$
- La fonction f_2 est de la forme $f_2(x) = x^n$, avec $n = 3$.
- $f'_2(x) = 3x^2$

- $f_3(x) = 4$
- La fonction f_3 est de la forme $f_3(x) = k$, avec $k = 4$.
- $f'_3(x) = 0$

On reconnaît la formule du tableau à appliquer.

On applique la formule de référence.

POUR S'ENTRAÎNER

SF3 Pour chacune des fonctions f suivantes de courbe représentative $\mathscr{C}$, on donne a et $f'(a)$. Déterminer une équation de la tangente $\mathscr{C}$ à $\mathscr{C}$ au point d'abscisse a.

- $f(x) = \frac{1}{x}$; $a = -3$; $f'(a) = -\frac{1}{9}$
- $f(x) = x^2$; $a = \frac{1}{2}$; $f'(a) = 1$

→ EXERCICES n°20 à 27

SF4 Déterminer les fonctions dérivées des fonctions suivantes :

- $f_1(x) = \frac{1}{x}$
- $f_2(x) = 4x - 5$
- $f_3(x) = \sin x$
- $f_4(x) = x^2$

→ EXERCICES n°28 à 33

3 Opérations sur les fonctions dérivables

On admettra les résultats suivants.

Somme de deux fonctions dérivables

Théorème Si u et v sont deux fonctions dérivables sur un même intervalle I de $\mathbb{R}$, alors $u+v$ est dérivable sur I et : $(u+v)'=u'+v'$.

Voir SF5

Exemple : Soit f la fonction définie sur $\mathbb{R}$ par $f(x)=x^5+\sin x$.
La fonction f est de la forme $u+v$ avec $u(x)=x^5$ et $v(x)=\sin x$.
Les fonctions u et v sont dérivables sur $\mathbb{R}$, $u'(x)=5x^4$ et $v'(x)=\cos x$.
Donc f est dérivable sur $\mathbb{R}$ et $f'(x)=5x^4+\cos x$.

Produit d'une fonction dérivable par une constante

Théorème Si u est une fonction dérivable sur un intervalle I de $\mathbb{R}$ et k une constante réelle, alors ku est dérivable sur I et : $(ku)'=ku'$.

Voir SF5

Exemple : Soit f la fonction définie sur $\mathbb{R}$ par $f(x)=3x^7$.
La fonction f est de la forme ku avec $k=3$ et $u(x)=x^7$.
La fonction u est dérivable sur $\mathbb{R}$ et $u'(x)=7x^6$.
Donc f est dérivable sur $\mathbb{R}$ et $f'(x)=3\times 7x^6=21x^6$.

Produit de deux fonctions dérivables

Théorème Si u et v sont deux fonctions dérivables sur un même intervalle I de $\mathbb{R}$, alors $u\times v$ est dérivable sur I et : $(u\times v)'=u'v+uv'$.

Voir SF5

Exemple : Soit f la fonction définie sur $\mathbb{R}$ par $f(x)=(3x+2)\sin x$.
La fonction f est de la forme $u\times v$ avec $u(x)=3x+2$ et $v(x)=\sin x$.
Les fonctions u et v sont dérivables sur $\mathbb{R}$, $u'(x)=3$ et $v'(x)=\cos x$.
Donc f est dérivable sur $\mathbb{R}$ et $f'(x)=3\sin x+(3x+2)\cos x$.

Remarque : Attention ! On a vu précédemment que la dérivée d'une somme est la somme des dérivées, mais la dérivée d'un produit **n'est pas égale** au produit des dérivées.

SF5 Calculer la dérivée d'une fonction (partie 1)

a. Calculer la dérivée de la fonction f définie sur $\mathbb{R}$ par :

$$f(x) = x^3 + 5x.$$

La fonction f est la somme de deux fonctions u et v :
$f(x) = u(x) + v(x)$ avec :
$u(x) = x^3$ et $v(x) = 5x$.
On a : $u'(x) = 3x^2$ et $v'(x) = 5$
$f' = u' + v'$, soit $f'(x) = u'(x) + v'(x) = 3x^2 + 5$.

On reconnaît la forme de la fonction (est-ce une somme, un produit… ?)

On identifie les fonctions de référence qui la composent et on calcule leurs fonctions dérivées.

On applique la formule adaptée.

b. Calculer la dérivée de la fonction f définie sur $\mathbb{R}$ par :

$$f(x) = \frac{3}{x}.$$

La fonction f est le produit d'une constante k par une fonction u :
$f(x) = k\,u(x)$ avec :
$k = 3$ et $u(x) = \frac{1}{x}$.
On a : $u'(x) = -\frac{1}{x^2}$
$f' = k\,u'$, soit $f'(x) = k\,u'(x) = 3 \times \left(-\frac{1}{x^2}\right) = -\frac{3}{x^2}$.

On reconnaît la forme de la fonction (est-ce une somme, un produit… ?)

On identifie les fonctions de référence qui la composent et on calcule leurs fonctions dérivées.

On applique la formule adaptée.

c. Calculer la dérivée de la fonction f définie sur $\mathbb{R}$ par :

$$f(x) = x^2 \times \cos x.$$

La fonction f est le produit de deux fonctions u et v :
$f(x) = u(x) \times v(x)$ avec :
$u(x) = x^2$ et $v(x) = \cos x$.
On a : $u'(x) = 2x$ et $v'(x) = -\sin x$.
$f' = u'v + uv'$, soit $f'(x) = u'(x) \times v(x) + u(x) \times v'(x)$
$= 2x\cos x + x^2(-\sin x)$
$= 2x\cos x - x^2 \sin x$.

On reconnaît la forme de la fonction (est-ce une somme, un produit… ?)

On identifie les fonctions de référence qui la composent et on calcule leurs fonctions dérivées.

On applique la formule adaptée.

POUR S'ENTRAÎNER

SF5 Calculer la dérivée de chacune des fonctions suivantes :

- f_1 est définie sur $]0\,;+\infty[$ par $f_1(x) = \frac{1}{x} + 7$.
- f_2 est définie sur $\mathbb{R}$ par $f_2(x) = x^5 - 5\sin x$.
- f_3 est définie sur $\mathbb{R}$ par $f_3(x) = 4\cos x$.
- f_4 est définie sur $\mathbb{R}$ par $f_4(x) = 4x^2 + 3x - 2$.
- f_5 est définie sur $\mathbb{R}$ par $f_5(x) = (5x - 2)\sin x$.

→ EXERCICES N° 34 À 46

Comprendre

Inverse d'une fonction dérivable

Théorème Si u est une fonction dérivable sur un intervalle I de $\mathbb{R}$ et si pour tout x de I, $u(x) \neq 0$, alors $\frac{1}{u}$ est dérivable sur I et : $\left(\frac{1}{u}\right)' = -\frac{u'}{u^2}$.

Voir SFG

Exemple : Soit f la fonction définie sur $]5\,;+\infty[$ par $f(x) = \frac{1}{2x-10}$.

La fonction f est de la forme $\frac{1}{u}$ avec $u(x) = 2x - 10$.

La fonction u est dérivable sur $\mathbb{R}$ et $u'(x) = 2$.

Donc f est dérivable sur $]5\,;+\infty[$ et $f'(x) = -\frac{2}{(2x-10)^2}$.

Remarque : Attention ! La dérivée de l'inverse **n'est pas égale** à l'inverse de la dérivée.

Quotient de deux fonctions dérivables

Théorème Si u et v sont deux fonctions dérivables sur un intervalle I de $\mathbb{R}$ et si pour tout x de I, $v(x) \neq 0$, alors $\frac{u}{v}$ est dérivable sur I et : $\left(\frac{u}{v}\right)' = -\frac{u'v - uv'}{v^2}$.

Voir SFG

Exemple : Soit f la fonction définie sur $\mathbb{R}$ par $f(x) = \frac{5x}{x^2+1}$.

La fonction f est de la forme $\frac{u}{v}$ avec $u(x) = 5x$ et $v(x) = x^2 + 1$.

Les fonctions u et v sont dérivables sur $\mathbb{R}$, $u'(x) = 5$ et $v'(x) = 2x$.

Donc f est dérivable sur $\mathbb{R}$ et $f'(x) = \frac{5(x^2+1) - 5x \times 2x}{(x^2+1)^2} = \frac{-5x^2+5}{(x^2+1)^2}$.

Remarques :

- La dérivée d'un quotient **n'est pas égale** au quotient des dérivées.
- On verra ultérieurement qu'il est utile de garder le carré au dénominateur, donc on ne le développe pas.
- Attention à ne pas utiliser inutilement la formule de dérivation d'un quotient dans le cas où le dénominateur est une constante. Par exemple, pour déterminer la fonction dérivée de la fonction $f : x \mapsto \frac{x^2+3}{5}$, il suffit de considérer que $f(x) = \frac{1}{5}(x^2+3)$ et d'utiliser la dérivation de ku :

$$f'(x) = \frac{1}{5} \times 2x = \frac{2x}{5}.$$

Fonctions de la forme $t \mapsto \cos(\omega t + \varphi)$ ou $t \mapsto \sin(\omega t + \varphi)$

Théorème Soit ω et φ deux réels. Les fonctions f et g définies sur $\mathbb{R}$ par $f(t) = \cos(\omega t + \varphi)$ et $g(t) = \sin(\omega t + \varphi)$ sont dérivables sur $\mathbb{R}$ et $f'(t) = -\omega \sin(\omega t + \varphi)$ et $g'(t) = \omega \cos(\omega t + \varphi)$.

Voir SFG

Exemple : Soit f la fonction définie sur $\mathbb{R}$ par $f(t) = \cos\left(5t + \frac{\pi}{6}\right)$.

$f(t)$ est de la forme $\cos(\omega t + \varphi)$ avec $\omega = 5$ et $\varphi = \frac{\pi}{6}$.

Donc f est dérivable sur $\mathbb{R}$ et $f'(t) = 5 \times \left(-\sin\left(5t + \frac{\pi}{6}\right)\right) = -5\sin\left(5t + \frac{\pi}{6}\right)$.

SF6 Calculer la dérivée d'une fonction (partie 2)

a. Calculer la dérivée de la fonction f définie sur $\mathbb{R}$ par :

$$f(x)=\frac{1}{x^2+1}.$$

La fonction f est l'inverse d'une fonction u :

On reconnaît la forme de la fonction (est-ce une somme, un produit... ?)

$f(x)=\frac{1}{u(x)}$ avec :

$u(x)=x^2+1.$

On identifie les fonctions de référence qui la composent et on calcule leurs fonctions dérivées.

On a : $u'(x)=2x$

$f'=\frac{-u'}{u^2}$, soit $f'(x)=\frac{-u'(x)}{(u(x))^2}=\frac{-2x}{(x^2+1)^2}.$

On applique la formule adaptée.

b. Calculer la dérivée de la fonction f définie sur $\left]-\frac{1}{3};+\infty\right[$ par :

$$f(x)=\frac{2x-3}{3x+1}.$$

La fonction f est le quotient de deux fonctions u et v :

On reconnaît la forme de la fonction (est-ce une somme, un produit... ?)

$f(x)=\frac{u(x)}{v(x)}$ avec :

$u(x)=2x-3$ et $v(x)=3x+1.$

On identifie les fonctions de référence qui la composent et on calcule leurs fonctions dérivées.

On a : $u'(x)=2$ et $v'(x)=3$

$$f'=\frac{u'v-uv'}{v^2} \text{ soit } f'(x)=\frac{u'(x)\times v(x)-u(x)\times v'(x)}{(v(x))^2}$$

$$=\frac{2\times(3x+1)-(2x-3)\times 3}{(3x+1)^2}$$

$$=\frac{11}{(3x+1)^2}.$$

On applique la formule adaptée.

c. Calculer la dérivée de la fonction f définie sur $\mathbb{R}$ par :

$$f(t)=\sin\left(3t+\frac{\pi}{4}\right).$$

On reconnaît la forme de la fonction.

La fonction f est de la forme $f(t)=\sin(\omega t+\phi)$ avec :

On identifie les éléments de cette fonction.

$\omega=3$ et $\varphi=\frac{\pi}{4}.$

$f(t)=\omega\cos(\omega t+\varphi)=3\cos\left(3t+\frac{\pi}{4}\right).$

On applique la formule adaptée.

POUR S'ENTRAÎNER

SF6 Calculer la dérivée de chacune des fonctions suivantes :

- f_1 est définie sur $\left]-\frac{\pi}{2};\frac{\pi}{2}\right[$ par $f_1(x)=\frac{1}{\cos x}.$
- f_2 est définie sur $]1;+\infty[$ par $f_2(x)=\frac{1}{x^2-1}.$
- f_3 est définie sur $]-\infty;2[$ par $f_3(x)=\frac{4x-7}{10-5x}.$
- f_4 est définie sur $\mathbb{R}$ par $f_4(t)=\sin\left(6t-\frac{\pi}{2}\right).$
- f_5 est définie sur $\mathbb{R}$ par $f_5(t)=\cos\left(5t+\frac{\pi}{3}\right).$

→ EXERCICES N°47 À 69

Essentiel

1 Tangente

Soit a un réel et f une fonction dérivable en a.

La tangente à la courbe représentative $\mathscr{C}$ de f au point A d'abscisse a est la droite qui :

- a pour **coefficient directeur $f'(a)$** ;
- **passe par le point A, d'ordonnée $f(a)$.**

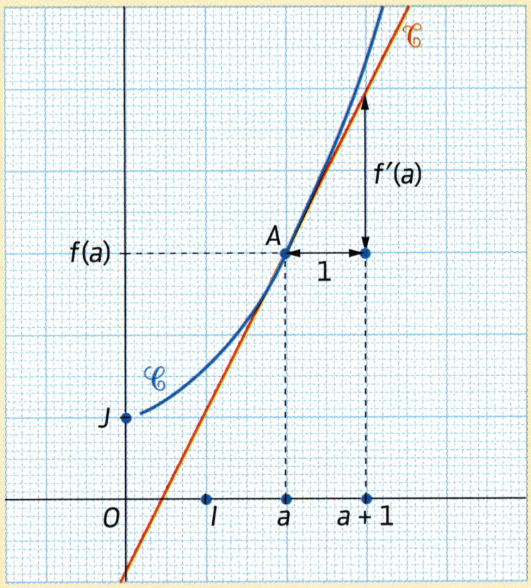

2 Fonctions dérivées des fonctions usuelles

Fonction f	Fonction dérivée f′
$f(x) = k$ (constante)	$f'(x) = 0$
$f(x) = x$	$f'(x) = 1$
$f(x) = ax + b$	$f'(x) = a$
$f(x) = x^n,\ n \in \mathbb{N}^*$	$f'(x) = nx^{n-1}$
$f(x) = \dfrac{1}{x}$	$f'(x) = -\dfrac{1}{x^2}$
$f(x) = \cos x$	$f'(x) = -\sin x$
$f(x) = \sin x$	$f'(x) = \cos x$
$f(t) = \cos(\omega t + \varphi)$	$f'(t) = -\omega \sin(\omega t + \varphi)$
$f(t) = \sin(\omega t + \varphi)$	$f'(t) = \omega \cos(\omega t + \varphi)$

3 Opérations sur les fonctions dérivables

Opération	Formule
Somme	$(u + v)' = u' + v'$
Produit par un réel k	$(ku)' = k \times u'$
Produit	$(uv)' = u'v + uv'$
Inverse	$\left(\dfrac{1}{u}\right)' = -\dfrac{u'}{u^2}$
Quotient	$\left(\dfrac{u}{v}\right)' = \dfrac{u'v - uv'}{v^2}$

QUESTIONS FLASH

Les questions flash se traitent sans brouillon ni calculatrice.

1. Sur la figure ci-contre, $\mathscr{C}$ est la courbe représentative d'une fonction f. Les droites $\mathscr{D}_1$, $\mathscr{D}_2$ et $\mathscr{D}_3$ sont tangentes à $\mathscr{C}$ respectivement en A, B et C. Par lecture graphique, donner :

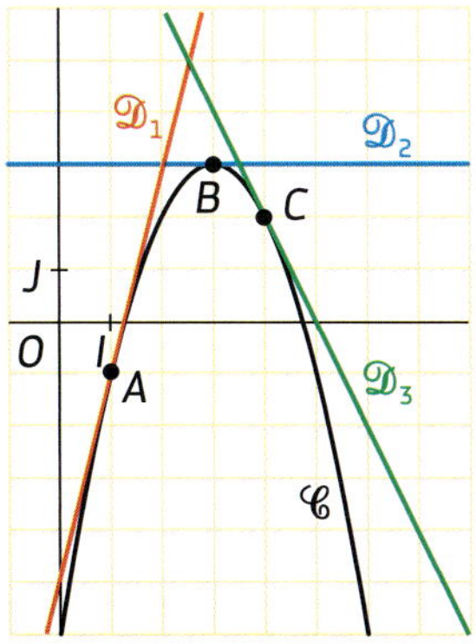

a) $f(1)$ **b)** $f'(1)$
c) $f(3)$ **d)** $f'(3)$
e) $f(4)$ **f)** $f'(4)$

2. Soit f une fonction dérivable en 3 telle que $f(3) = 2$ et $f'(3) = 1$. L'équation réduite de la tangente à la courbe représentative de f au point d'abscisse 3 est :

a) $y = x + 1$ **b)** $y = x - 1$ **c)** $y = -x + 1$ **d)** $y = -x - 1$

3. Donner la fonction dérivée de la fonction f, définie et dérivable sur l'intervalle I.

a) $f(x) = 3x^5 - 4x + \sqrt{2}$; $I = \mathbb{R}$

b) $f(x) = \dfrac{4}{x} - x$; $I =]0\,;+\infty[$

c) $f(t) = 5\cos t + 3\sin t$; $I = \mathbb{R}$

d) $f(x) = \dfrac{1}{x^2 + 4}$; $I = \mathbb{R}$

e) $f(t) = \cos\left(5t - \dfrac{\pi}{3}\right)$; $I = \mathbb{R}$

4. Que renvoie le logiciel de calcul formel en réponse à cette ligne :

```
1 deriver(x^3-x^2+x-1,x)
```

?

5. Dans chaque cas, f est une fonction définie et dérivable sur $\mathbb{R}$ et $\mathscr{C}$ est sa courbe représentative dans un repère orthonormé (O, I, J). Calculer le coefficient directeur de la tangente $\mathscr{T}$ à la courbe $\mathscr{C}$ au point d'abscisse a.

a) $f(x) = x^2 - 3x + 5$; $a = -4$

b) $f(x) = 2\cos x$; $a = \dfrac{\pi}{3}$

6. Combien la courbe d'équation $y = x^3 - 3x + 2$ admet-elle de tangentes horizontales ?

7. Soit f une fonction définie et dérivable sur $[0\,;3]$. On donne ci-contre la courbe représentative de la fonction f' dérivée de f.

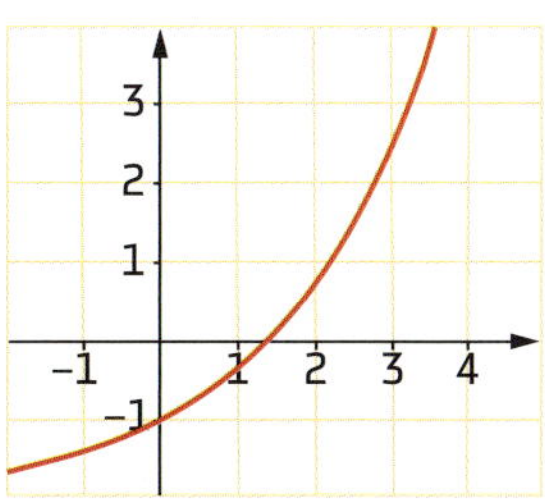

La courbe représentative de f admet-elle des tangentes horizontales ? Pourquoi ?

8. Vrai ou faux ?

a) Si f est une fonction dérivable sur $\mathbb{R}$ telle que pour tout réel x, $f'(x) = 2x + 5$ alors $f(x) = x^2 + 5x$.

b) Soit f une fonction dérivable sur $\mathbb{R}$, $\mathscr{C}$ sa courbe représentative et T la tangente à $\mathscr{C}$ au point d'abscisse a (a étant un réel quelconque). Alors T et $\mathscr{C}$ ont un unique point commun.

REMUE-MÉNINGES

Sauf indication contraire, on pourra utiliser un brouillon ou une calculatrice.

9. Soit a un nombre réel non nul et f la fonction définie sur $\mathbb{R}$ par $f(x) = ax^2 - 8x + 3$. Soit $\mathscr{C}$ sa courbe représentative dans un repère (O, I, J).

Déterminer la valeur de a pour laquelle la tangente à $\mathscr{C}$ au point d'abscisse 1 est horizontale.

10. Dans le repère orthonormé (O, I, J) ci-dessous, la courbe $\mathscr{C}$ d'équation $y = -\dfrac{1}{24}x^3 + \dfrac{1}{8}x^2 + x$ représente le profil d'un talus, de son point le plus bas (O) à son sommet (A).

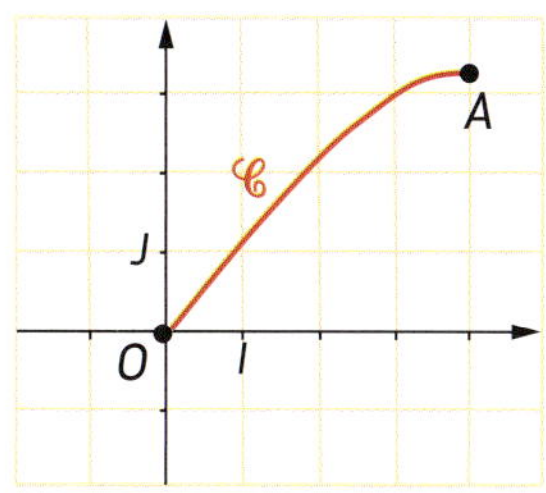

On considère que la pente du talus en un point M d'abscisse $x \in [0\,;4]$ est égale à la pente de la tangente à $\mathscr{C}$ en M.

Pour quelle valeur de x la pente du talus est-elle maximale ?

11. Sur le graphique ci-dessous, on a tracé les courbes représentatives de trois fonctions d, v et a : respectivement la distance parcourue, la vitesse et l'accélération du chariot d'une machine.

On rappelle que $v = d'$ et $a = v'$.

Identifier la courbe représentant chacune de ces trois fonctions.

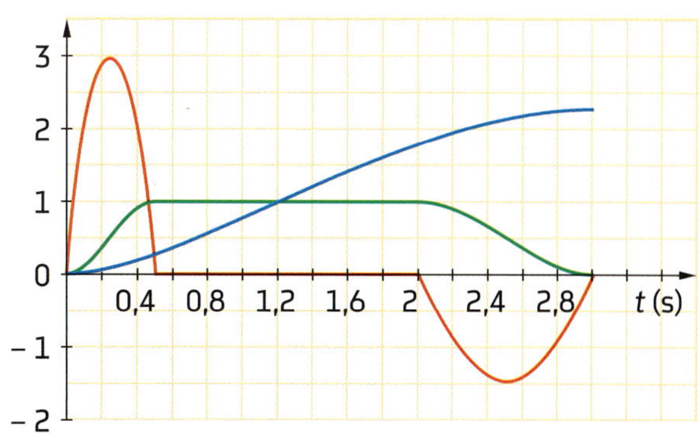

Développer ses compétences

situation 1 Programmation d'un chariot de machine de découpe laser

Objectif :
Utiliser la dérivation pour modéliser un déplacement.

MODÉLISER Utiliser le langage mathématique pour décrire une situation.

On s'intéresse ici à la programmation d'un chariot de machine de découpe laser animé d'un mouvement de translation.

Pour le chariot sont imposées les contraintes suivantes :

- les positions initiale et finale avec une vitesse nulle à ces positions ;
- une vitesse constante de $1\ m \cdot s^{-1}$ durant la découpe qui correspond à un temps t compris entre 0,5 et 2 s (afin d'avoir une découpe optimale et une cadence suffisante) ;
- une accélération maximale de $3\ m \cdot s^{-2}$ (afin de ne pas dépasser par un effet d'inertie la vitesse maximale de $1\ m \cdot s^{-1}$ sur l'ensemble du déplacement).

Machine de découpe laser

Pour programmer et simuler le fonctionnement de la machine, on souhaite réaliser une modélisation qui nécessite de connaître la position, la vitesse et l'accélération du chariot à chaque instant.

Partie A Une première modélisation

Avec les contraintes précédentes, on choisit une première modélisation simple de la vitesse instantanée du chariot par une fonction dont la courbe est donnée par le graphique ci-dessous.

1 En utilisant le graphique, exprimer la vitesse instantanée $v_1(t)$ du chariot en fonction du temps pour $t \in [0 ; 0{,}5]$.

2 Sachant que l'accélération est la dérivée de la vitesse par rapport au temps, en déduire l'accélération $a_1(t)$ du chariot en fonction du temps t pour $t \in [0 ; 0{,}5]$.

3 CHERCHER Extraire, organiser et traiter l'information utile. Déterminer l'accélération $a_2(t)$ du chariot en fonction du temps t, pour $t \in [0{,}5 ; 2]$, puis l'accélération $a_3(t)$ pour $t \in [2 ; 3]$.

4 On dit qu'il y a une « cassure » dans l'accélération à l'instant 0,5 si $a_1(0,5) \neq a_2(0,5)$.

a. Est-ce le cas ?

b. COMMUNIQUER S'exprimer avec clarté et précision à l'oral et à l'écrit. Indiquer comment on peut voir ce résultat sur le graphique précédent.
Cette « cassure » dans l'accélération provoque des à-coups dans le déplacement du chariot. C'est pourquoi l'on cherche une autre modélisation.

Partie B Une deuxième modélisation

Compte-tenu des limites de la première modélisation, on modélise la vitesse avec « un trapèze amélioré » comme ci-dessous.

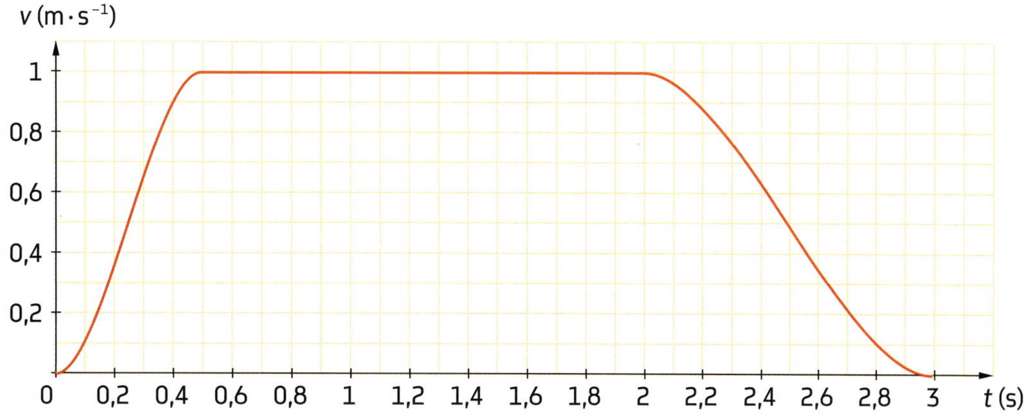

1 Dans cette question, on se place dans la première phase du déplacement : $t \in [0\,;\,0,5]$ et on cherche une vitesse $v_1(t)$ du chariot en fonction du temps t sous la forme :

$$v_1(t) = at^3 + bt^2 + ct + d.$$

a. La vitesse du chariot à l'instant $t = 0$ est nulle. Déterminer alors d.

b. Pour avoir un déplacement sans à-coups du chariot, on souhaite que l'accélération du chariot à l'instant $t = 0$ soit nulle. Déterminer c.

c. CALCULER Exercer l'intelligence du calcul : organiser les différentes étapes d'un calcul complexe.
À l'instant $t = 0,5$, le chariot doit avoir atteint sa vitesse maximale de $1\ \text{m}\cdot\text{s}^{-1}$ et on souhaite qu'il n'y ait pas de « cassure » dans l'accélération. Déterminer a et b.

Vérifier alors que, pour tout t de $[0\,;\,0,5]$, $v_1(t) = -16t^3 + 12t^2$.

Dans la deuxième phase du déplacement ($t \in [0,5\,;\,2]$), la vitesse $v_2(t)$ du chariot est constante et égale à $1\ \text{m}\cdot\text{s}^{-1}$. On admet que, dans la troisième phase de déplacement ($t \in [2\,;\,3]$), la vitesse v_3 du chariot est définie par $v_3(t) = 2t^3 - 15t^2 + 36t - 27$.

2 COMMUNIQUER Opérer la conversion entre le langage naturel et le langage symbolique formel. Le nouveau modèle proposé évite-t-il les à-coups dans le déplacement du chariot ? Justifier.

situation 2 Rampe d'accès

Objectif :
Déterminer une fonction dont la courbe satisfait à des contraintes liées aux tangentes.

MODÉLISER **Utiliser le langage mathématique pour décrire une situation.**

Dans un hôpital, deux services sont à des niveaux différents. On désire créer une rampe d'accès reliant les deux plates-formes horizontales. Pour le confort des patients, on souhaite que la rampe d'accès soit tangente au niveau inférieur en O et au niveau supérieur en A (voir la figure). Dans tout le problème, on considère le plan rapporté au repère orthogonal (O, I, J) dans lequel A a pour coordonnées $(5\,;\,0{,}2)$.

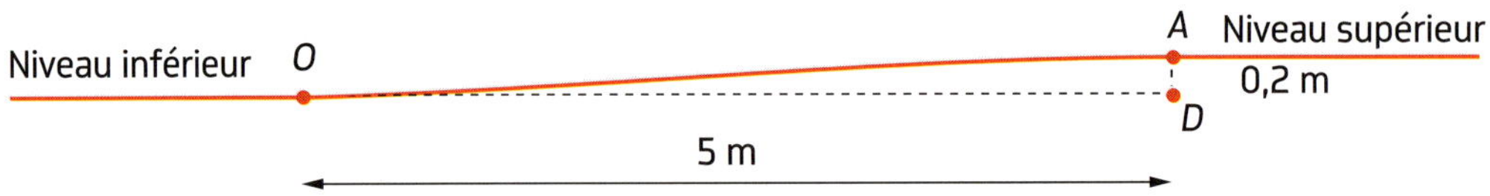

Le but du problème est de trouver une fonction f définie sur $[0\,;\,5]$ dont la courbe représentative $\mathscr{C}$ dans le repère (O, I, J) vérifie les contraintes suivantes :

- $\mathscr{C}$ passe par le point O ;
- $\mathscr{C}$ passe par le point A ;
- la tangente à $\mathscr{C}$ en O est horizontale ;
- la tangente à $\mathscr{C}$ en A est horizontale.

Soit f une fonction dont la courbe représentative vérifie les contraintes précédentes.

1 Donner les valeurs de $f(0)$, $f(5)$, $f'(0)$ et $f'(5)$.

2 **RAISONNER** **Utiliser différents types de raisonnement.**

a. Montrer que f ne peut pas être une fonction affine.

b. La fonction dérivée d'une fonction polynôme de degré 2 peut-elle être nulle en 2 réels distincts ? Pourquoi ?

La fonction cherchée f peut-elle être une fonction polynôme de degré 2 ?

3 On cherche maintenant si une fonction polynôme du troisième degré peut convenir. Soit une fonction f définie sur $[0\,;\,5]$ par $f(x) = ax^3 + bx^2 + cx + d$ où a, b, c et d sont quatre réels, dont la courbe représentative vérifie les contraintes du problème.

a. À partir des valeurs de $f(0)$ et $f'(0)$, déterminer c et d.

b. À partir des valeurs de $f(5)$ et $f'(5)$, écrire un système de deux équations vérifiées par a et b.

c. Résoudre le système et en déduire une expression de $f(x)$.

4 Les normes pour les rampes d'accès pour handicapés imposent une pente maximale de 5 % ; cette pente peut être portée à 8 % sur une longueur maximale de 2 mètres.

On admet qu'en tout point, la pente de la rampe est le coefficient directeur de la tangente à la courbe en ce point.

On choisit pour modéliser la rampe la fonction f définie sur $[0\,;\,5]$ par

$$f(x) = -0{,}0032\,x^3 + 0{,}024\,x^2.$$

a. **CHERCHER** **Analyser un problème. Extraire, organiser et traiter l'information utile. S'engager dans une démarche.** Élaborer une stratégie pour vérifier si les normes en termes de pente sont respectées par une rampe modélisée par la fonction f.

b. Mettre en œuvre cette stratégie pour valider ou invalider le modèle.

Prérequis

Dans les exercices 1 à 5, on se place dans un repère orthonormé (O, I, J) du plan.

1 Représenter la droite $\mathscr{D}$ passant par le point A de coordonnées $(1\,;3)$ et de coefficient directeur -2.

2 Même exercice que le précédent avec le point $A(-2\,;1)$ et le coefficient directeur 3.

3 Même exercice que le précédent avec le point $A(0\,;2)$ et le coefficient directeur $\frac{1}{2}$.

4 Déterminer le coefficient directeur de la droite $\mathscr{D}$ passant par les points $A(-1\,;2)$ et $B(3\,;-5)$.

5 Même exercice que le précédent avec $A\left(\frac{1}{2}\,;-3\right)$ et $B(-2\,;6)$.

6 Lire, sur la représentation graphique ci-dessous, les coefficients directeurs des droites (AB), (CD), (EF) et (GH).

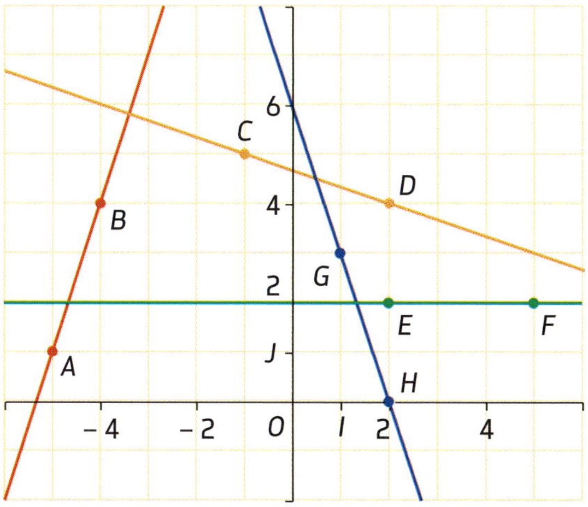

Nombre dérivé et tangente

7 Soit la fonction f définie sur $\mathbb{R}$ par $f(x)=-3x+4$. Montrer que f est dérivable en -2 et calculer $f'(-2)$.

8 Soit la fonction f définie sur $\mathbb{R}$ par $f(x)=2x^2+1$. Montrer que f est dérivable en 0 et calculer $f'(0)$.

9 Fichier GeoGebra

Soit la fonction f définie sur $\mathbb{R}$ par $f(x)=x^2+x+1$ et $\mathscr{C}$ sa courbe représentative dans un repère orthonormé (O, I, J).

1. Montrer que f est dérivable en 2 et calculer $f'(2)$.

2. Illustration avec un logiciel de géométrie dynamique

a) Modifier l'échelle du repère en choisissant une unité en abscisse pour 10 unités en ordonnée.
Construire la courbe représentative de f puis placer le point A de $\mathscr{C}$ d'abscisse 2. Créer un curseur h variant de -2 à 2 avec un pas de 0,1 puis le point M de $\mathscr{C}$ d'abscisse $2+h$ et la droite (AM).
Faire afficher le coefficient directeur de la droite (AM).

b) Donner la valeur du coefficient directeur de (AM) lorsque $h=-0{,}1$ et lorsque $h=0{,}1$. Modifier le pas de h, choisir 0,01 et donner le coefficient directeur de (AM) lorsque $h=-0{,}01$ et lorsque $h=0{,}01$. Ces observations confirment-elles le résultat du **1.** ?

c) Tracer la tangente à la courbe $\mathscr{C}$ au point A. Que peut-on dire de cette tangente et de la droite (AM) lorsque h s'approche de 0 ?

10 Fichier GeoGebra

Soit la fonction f définie sur $]-\infty\,;0[$ par $f(x)=\frac{1}{x}$ et $\mathscr{C}$ sa courbe représentative dans un repère orthonormé (O, I, J).

1. Montrer que f est dérivable en -3 et calculer $f'(-3)$.

2. Reprendre la question **2.** de l'exercice précédent avec : une unité en abscisse pour 0,2 unité en ordonnée, -3 pour abscisse du point A et $-3+h$ pour abscisse du point M.

Savoir-Faire 1 →P.103

11 On considère une fonction f définie et dérivable sur $\mathbb{R}$ telle que $f(2)=1$ et $f'(2)=-5$. On appelle $\mathscr{C}$ sa courbe représentative dans un repère orthonormé (O, I, J).
Tracer la tangente à la courbe $\mathscr{C}$ au point d'abscisse 2.

12 On considère une fonction f définie et dérivable sur $\mathbb{R}$ telle que $f(-1)=-5$ et $f'(-1)=3$. On appelle $\mathscr{C}$ sa courbe représentative dans un repère orthonormé (O, I, J).
Tracer la tangente à la courbe $\mathscr{C}$ au point d'abscisse -1.

13 On considère une fonction f définie et dérivable sur $\mathbb{R}$ telle que $f(1)=2$ et $f'(1)=\frac{1}{2}$. On appelle $\mathscr{C}$ sa courbe représentative dans un repère orthonormé (O, I, J).
Tracer la tangente à la courbe $\mathscr{C}$ au point d'abscisse 1.

14 On considère une fonction f définie et dérivable sur $\mathbb{R}$ telle que $f(2)=-3$ et $f'(2)=0$. On appelle $\mathscr{C}$ sa courbe représentative dans un repère orthonormé (O, I, J).
Tracer la tangente à la courbe $\mathscr{C}$ au point d'abscisse 2.

Savoir-Faire 2 →P.103

15 La courbe $\mathscr{C}$ ci-après est la représentation graphique d'une fonction f dérivable en 1 et en 4. Les droites $\mathscr{D}$ et $\mathscr{D}'$ sont les tangentes à la courbe $\mathscr{C}$ respectivement aux points d'abscisses 1 et 4.

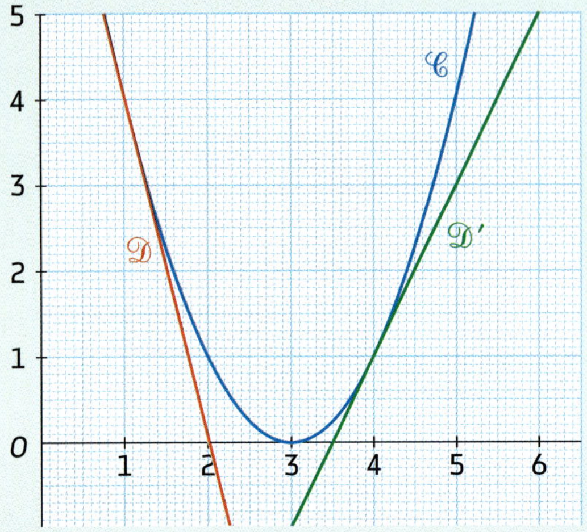

Par lecture graphique, déterminer $f(1)$, $f(4)$, $f'(1)$ et $f'(4)$.

16 La courbe $\mathscr{C}$ ci-dessous est la représentation graphique d'une fonction f dérivable en -5 et en -10. Les droites $\mathscr{D}$ et $\mathscr{D}'$ sont les tangentes à la courbe $\mathscr{C}$ respectivement aux points d'abscisses -5 et -10.

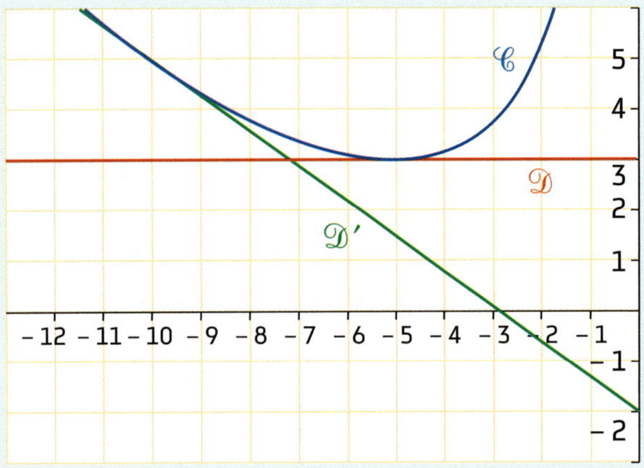

Par lecture graphique, déterminer $f(-5)$, $f(-10)$, $f'(-5)$ et $f'(-10)$.

17 La courbe $\mathscr{C}$ ci-dessous est la représentation graphique d'une fonction f dérivable en -3, en 0, en 1 et en 3.

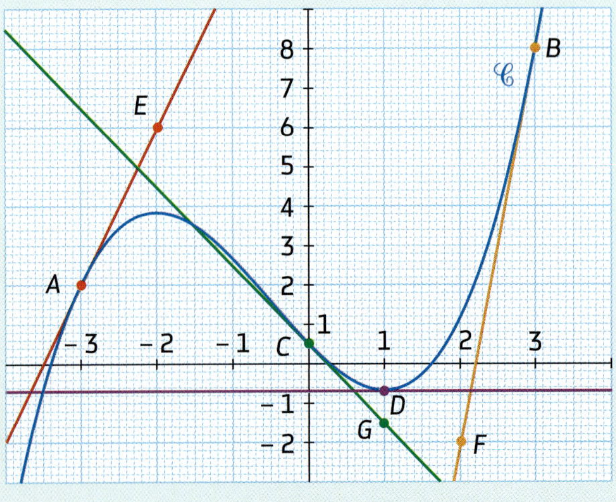

La droite (AE) est tangente à $\mathscr{C}$ en A, la droite (CG) est tangente à $\mathscr{C}$ en C, la droite (BF) est tangente à $\mathscr{C}$ en B, la tangente à $\mathscr{C}$ au point D est parallèle à l'axe des abscisses.

Par lecture graphique, déterminer $f(-3)$, $f'(-3)$, $f(0)$, $f'(0)$, $f(3)$, $f'(3)$ et $f'(1)$.

18 Soit la fonction f définie sur $]0\,;+\infty[$ par $f(x)=\dfrac{1}{x}$ et soit $\mathscr{C}$ sa courbe représentative dans un repère orthonormé (O, I, J). On donne $f'(1)=-1$.

Dans le repère (O, I, J) (unité graphique 2 cm), tracer la partie de la courbe $\mathscr{C}$ pour x compris entre 0,5 et 2.

Placer le point A de $\mathscr{C}$ d'abscisse 1 puis tracer la tangente à la courbe $\mathscr{C}$ au point A.

19 Soit la fonction f définie sur $\mathbb{R}$ par $f(x)=x^2$ et soit $\mathscr{C}$ sa courbe représentative dans un repère orthonormé (O, I, J). On donne $f'(-1)=-2$.

Dans le repère (O, I, J) (unité graphique 2 cm), tracer la partie de la courbe $\mathscr{C}$ pour x compris entre -2 et 0.

Placer le point A de $\mathscr{C}$ d'abscisse -1 puis tracer la tangente à la courbe $\mathscr{C}$ au point A.

Savoir-Faire 3 → P. 105

20 Soit la fonction f définie sur $]0\,;+\infty[$ par $f(x)=\dfrac{1}{x^2}$ et $\mathscr{C}$ sa courbe représentative dans un repère orthonormé (O, I, J). On donne $f'\left(\dfrac{1}{2}\right)=-16$.

Déterminer une équation de la tangente $\mathcal{T}$ à la courbe $\mathscr{C}$ au point d'abscisse $\dfrac{1}{2}$.

21 Soit la fonction f définie sur $\mathbb{R}$ par $f(x)=x^3$ et $\mathscr{C}$ sa courbe représentative dans un repère orthonormé (O, I, J). On donne $f'(-2)=12$.

Déterminer une équation de la tangente $\mathcal{T}$ à $\mathscr{C}$ au point d'abscisse -2.

22 Soit f une fonction définie sur $\mathbb{R}$ et dérivable en $\sqrt{2}$ telle que $f(\sqrt{2})=6$ et $f'(\sqrt{2})=3\sqrt{2}$. On appelle $\mathscr{C}$ sa courbe représentative dans un repère orthonormé (O, I, J). Déterminer une équation de la tangente à $\mathscr{C}$ au point d'abscisse $\sqrt{2}$.

23 On considère la fonction f définie sur $\left[\dfrac{3}{2}\,;+\infty\right[$ par $f(x)=\sqrt{2x-3}$ et $\mathscr{C}$ sa courbe représentative dans un repère orthonormé (O, I, J). Soit A le point d'abscisse a de la courbe $\mathscr{C}$. On donne $a=6$ et $f'(a)=\dfrac{1}{3}$.

Déterminer une équation de la tangente $\mathcal{T}$ à la courbe $\mathscr{C}$ au point A.

Sur la calculatrice, régler la fenêtre pour que le point A soit visible, puis tracer la courbe $\mathscr{C}$ et la tangente $\mathcal{T}$.

24 Même exercice que le précédent avec f définie sur $\mathbb{R}$ par $f(x) = \sin x$, $a = \frac{2\pi}{3}$ et $f'(a) = -\frac{1}{2}$.

25 On considère une fonction f définie et dérivable sur $[-2\,;\,5]$ telle que :
– f est décroissante sur $[-2\,;\,0]$ et croissante sur $[0\,;\,5]$;
– les images et les nombres dérivés de f en -2 ; 0 ; 3 et 5 sont donnés dans le tableau ci-dessous.

x	-2	0	3	5
$f(x)$	2	$\frac{1}{2}$	4	5
$f'(x)$	-1	0	2	0

On appelle $\mathscr{C}_f$ la courbe représentative de la fonction f dans un repère orthonormé (O, I, J).
a) Placer les points de $\mathscr{C}_f$ dont les coordonnées sont données dans le tableau.
b) Toujours à l'aide des données du tableau, tracer les tangentes à $\mathscr{C}_f$ en ces points.
c) Tracer une courbe compatible avec les éléments de cette construction.

26 Même exercice que le précédent avec la fonction f définie et dérivable sur $[-1\,;\,5]$ telle que :
– f est croissante sur $[-1\,;\,2]$ et décroissante sur $[2\,;\,5]$;
– les images et les nombres dérivés de f en -1 ; 2 ; 3 et 5 sont donnés dans le tableau ci-dessous.

x	-1	2	3	5
$f(x)$	1	5	$\frac{9}{2}$	2
$f'(x)$	2	0	-1	0

27 Cet exercice est un questionnaire à choix multiples. Pour chaque question, donner l'unique réponse exacte.

On donne ci-contre la courbe $\mathscr{C}$ représentative d'une fonction f définie sur $[-3\,;\,5]$.

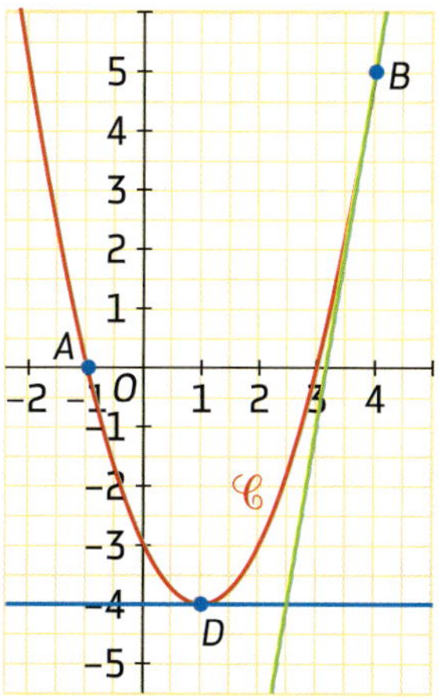

1. L'équation $f(x) = 0$ a pour solution :
a. 3 **b.** 1 **c.** -4

2. L'équation $f'(x) = 0$ a pour solution :
a. 3 **b.** 1 **c.** -4

3. Le coefficient directeur de la tangente à $\mathscr{C}$ au point A est :
a. $-\frac{1}{4}$ **b.** 4 **c.** -4

4. Une équation de la tangente à $\mathscr{C}$ au point B est :
a. $y = 6x + 5$ **b.** $y = \frac{1}{6}x - 19$ **c.** $y = 6x - 19$

Calcul de dérivées

Savoir-Faire 4 → P.105

*Dans les exercices **28** à **31**, déterminer la fonction dérivée de la fonction f définie et dérivable sur l'intervalle I de ℝ à l'aide du tableau des dérivées usuelles.*

28 **a)** $f(x) = x^4$; $I = \mathbb{R}$. **b)** $f(x) = \frac{1}{x}$; $I =]-\infty\,;\,0[$.

29 **a)** $f(x) = x^7$; $I = \mathbb{R}$. **b)** $f(x) = -2x + 5$; $I = \mathbb{R}$.

30 **a)** $f(x) = \cos x$; $I = \mathbb{R}$. **b)** $f(x) = \frac{1}{3}$; $I = \mathbb{R}$.

31 **a)** $f(x) = 1 - 5x$; $I = \mathbb{R}$.
b) $f(x) = \sqrt{3}$; $I = \mathbb{R}$.

32 Donner la fonction dérivée de la fonction f définie sur $\mathbb{R}$ par $f(x) = x^4$.
Déterminer une équation de la tangente à la courbe représentative de f au point d'abscisse $\sqrt{3}$.

33 Soit la fonction f définie sur $]0\,;\,+\infty[$ par $f(x) = \sqrt{x}$.
Un logiciel de calcul formel donne $f'(x) = \frac{1}{2\sqrt{x}}$.
Déterminer une équation de la tangente à la courbe représentative de f au point d'abscisse 4.

Savoir-Faire 5 → P.107

*Dans les exercices **34** à **58**, déterminer la fonction dérivée de la fonction f définie et dérivable sur l'intervalle I de ℝ à l'aide des théorèmes sur les fonctions dérivables.*

34 **a)** $f(x) = x^4 + x^3 + x^2 + x + 4$; $I = \mathbb{R}$.
b) $f(x) = 5 + \frac{1}{x}$; $I =]0\,;\,+\infty[$.

35 **a)** $f(t) = t^3 + t^2 - t - 4$; $I = \mathbb{R}$.
b) $f(x) = x + \frac{1}{x} - 3$; $I =]-\infty\,;\,0[$.

36 **a)** $f(x) = -\sqrt{3} + x^2$; $I = \mathbb{R}$.
b) $f(x) = x + 3 + \sin x$; $I = \mathbb{R}$.

37 **a)** $f(t) = 4t^3$; $I = \mathbb{R}$.
b) $f(t) = -\frac{1}{t}$; $I =]-\infty\,;\,0[$.

38 **a)** $f(x) = -5\cos x$; $I = \mathbb{R}$.
b) $f(x) = -2x^7$; $I = \mathbb{R}$.

39 a) $i(t)=\frac{1}{2}t^4$; $I=\mathbb{R}$.

b) $f(x)=\frac{x^2}{3}$; $I=\mathbb{R}$.

40 a) $f(x)=3x^4-4x^3+2x+9$; $I=\mathbb{R}$.

b) $f(x)=x^2+2x-\frac{3}{x}$; $I=]0\,;+\infty[$.

41 a) $f(x)=-\frac{1}{6}x^4+\frac{2}{3}x^3-\frac{1}{4}x^2+2x-\frac{1}{5}$; $I=\mathbb{R}$.

b) $f(x)=\frac{2x^5}{5}-\frac{x^3}{3}+x^2-x+3$; $I=\mathbb{R}$.

42 a) $u(t)=2\cos t-3\sin t$; $I=\mathbb{R}$.

b) $f(x)=\frac{x^4}{3}+\frac{5x^3}{2}-\frac{x^2}{5}+2x+4$; $I=\mathbb{R}$.

43 a) $f(x)=(3x^2+4)(2x^4+1)$; $I=\mathbb{R}$.

b) $f(x)=(x^2-x+1)(3x^3-1)$; $I=\mathbb{R}$.

44 a) $f(t)=(2t-1)\cos t$; $I=\mathbb{R}$.

b) $f(x)=\left(-\frac{1}{x}+2\right)(2x^2+x-1)$; $I=]0\,;+\infty[$.

45 a) $f(x)=\left(\frac{x^3}{5}-\frac{x^2}{3}+x-3\right)(5x-1)$; $I=\mathbb{R}$.

b) $f(x)=3x\sin x$; $I=\mathbb{R}$.

46 a) $f(x)=(3x-2)^2$; $I=\mathbb{R}$.

b) $f(x)=\sin^2 x$; $I=\mathbb{R}$.

Savoir-Faire 6 → P.109

47 a) $f(x)=\frac{1}{x^2+3}$; $I=\mathbb{R}$.

b) $f(x)=\frac{1}{2x+1}$; $I=\left]-\frac{1}{2}\,;+\infty\right[$.

48 a) $f(x)=\frac{1}{x^2}$; $I=]-\infty\,;0[$.

b) $f(x)=\frac{1}{\cos x}$; $I=\left]-\frac{\pi}{2}\,;\frac{\pi}{2}\right[$.

49 a) $f(x)=\frac{-2}{3x-2}$; $I=\left]\frac{2}{3}\,;+\infty\right[$.

b) $f(x)=\frac{-3}{x^2+x-2}$; $I=]1\,;+\infty[$.

50 a) $f(x)=3x+1-\frac{5}{2x-1}$; $I=\left]\frac{1}{2}\,;+\infty\right[$.

b) $f(x)=-x^2+\frac{1}{2}x-1+\frac{2}{-x+1}$; $I=]1\,;+\infty[$.

51 a) $f(x)=\frac{2x-3}{x+1}$; $I=]-1\,;+\infty[$.

b) $f(x)=\frac{-2x+3}{5x-1}$; $I=\left]\frac{1}{5}\,;+\infty\right[$.

52 a) $f(x)=\frac{x}{\sin x}$; $I=]0\,;\pi[$.

b) $f(t)=\frac{t}{2t^2-2t+1}$; $I=\mathbb{R}$.

53 a) $f(x)=\frac{x-1}{x^2+3x+4}$; $I=\mathbb{R}$.

b) $f(x)=2x-3+\frac{x}{x^2+3}$; $I=\mathbb{R}$.

54 a) $f(x)=\cos(3x+1)$; $I=\mathbb{R}$.

b) $f(x)=\sin(2x)$; $I=\mathbb{R}$.

55 a) $f(t)=\sin(3t+\pi)$; $I=\mathbb{R}$.

b) $f(x)=5\cos(3x)$; $I=\mathbb{R}$.

56 a) $u(t)=-3\cos\left(t+\frac{\pi}{2}\right)$; $I=\mathbb{R}$.

b) $f(x)=\frac{1}{\sin(2x)}$; $I=\left]0\,;\frac{\pi}{2}\right[$.

57 a) $f(x)=-x^3+2x^2-6x+3$; $I=\mathbb{R}$.

b) $g(x)=x+3+\frac{1}{2x+1}$; $I=\left]-\frac{1}{2}\,;+\infty\right[$.

c) $h(t)=\frac{t-3}{t^2+2t+3}$; $I=\mathbb{R}$.

d) $f(x)=3x-5+\frac{3}{4x-1}$; $I=\left]-\infty\,;\frac{1}{4}\right[$.

e) $f(x)=x\sin(2x)$; $I=\mathbb{R}$.

58 a) $f(x)=\frac{x^2}{3}-\frac{x}{2}+3$; $I=\mathbb{R}$.

b) $g(t)=\frac{2}{t}+3t-1$; $I=]0\,;+\infty[$.

c) $f(t)=(t^2-1)\cos t$; $I=\mathbb{R}$.

d) $f(x)=-2x+3-\frac{5}{3-x}$; $I=]-\infty\,;3[$.

e) $f(x)=\frac{\sin x}{\cos x}$; $I=\left]-\frac{\pi}{2}\,;\frac{\pi}{2}\right[$.

Fonctions dérivées et tangentes

*Dans les exercices **59** à **61**, on considère une fonction f définie et dérivable sur un intervalle I de $\mathbb{R}$ et on note $\mathscr{C}$ sa courbe représentative dans un repère orthonormé (O, I, J). Calculer le coefficient directeur de la tangente $\mathscr{T}$ à la courbe $\mathscr{C}$ au point d'abscisse a, puis, sans autre calcul, tracer $\mathscr{T}$.*

59 a) $f(x)=2x^2-6x+4$, $I=\mathbb{R}$, $a=3$.

b) $f(x)=\frac{4}{x-2}$, $I=]-\infty\,;2[$, $a=0$.

60 a) $f(x)=3x^3-6x^2-7x+10$, $I=\mathbb{R}$, $a=2$.

b) $f(x)=\frac{2}{x-3}$, $I=]3\,;+\infty[$, $a=4$.

61 a) $f(x)=(2x+1)^2$, $I=\mathbb{R}$, $a=-1$.

b) $f(x)=\frac{5x-2}{3x-4}$, $I=\left]\frac{4}{3}\,;+\infty\right[$, $a=2$.

Dans les exercices **62** *et* **63**, *on considère une fonction f définie et dérivable sur un intervalle I de ℝ et on note 𝒞 sa courbe représentative dans un repère orthonormé (O, I, J). Établir une équation de la tangente à 𝒞 au point A d'abscisse a. Régler la fenêtre de la calculatrice pour que le point A soit visible, puis tracer 𝒞 et la tangente à 𝒞 en A.*

62 **a)** $f(x)=\dfrac{2}{x^3}$, $I=]0\,;+\infty[$, $a=2$.

b) $f(x)=\dfrac{1}{x^2+2x+2}$, $I=\mathbb{R}$, $a=0$.

63 **a)** $f(x)=\dfrac{x}{x^2+1}$, $I=\mathbb{R}$, $a=1$.

b) $f(x)=\cos(3x)$; $I=\mathbb{R}$, $a=\dfrac{\pi}{3}$.

64 La courbe ci-dessous est une partie de la courbe représentative 𝒞 de la fonction f définie sur ℝ par :

$$f(x)=x^3-3x.$$

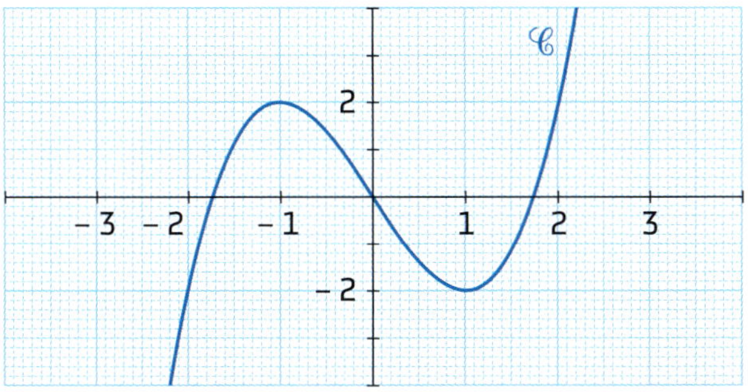

Déterminer graphiquement, puis par le calcul, la ou les abscisses des points de 𝒞 où la tangente à 𝒞 est parallèle à l'axe des abscisses.

65 Même exercice que le précédent avec la fonction f définie sur ℝ par $f(x)=x^3-3x^2+3x+1$.

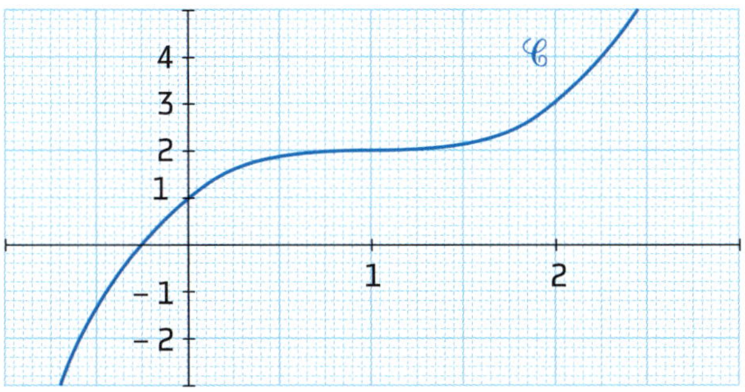

66 On considère la fonction f définie sur $]-\infty\,;-1[$ par :

$$f(x)=\frac{2x^2+4x-1}{x+1}.$$

On appelle 𝒞 sa courbe représentative dans un repère orthonormé (O, I, J) et 𝒟 la droite d'équation $y=5x-3$ dans ce même repère.

Déterminer les coordonnées du (ou des) point(s) de 𝒞 où la tangente à 𝒞 est parallèle à 𝒟.

Vérifier le résultat obtenu en traçant la courbe 𝒞, la droite 𝒟 et cette (ou ces) tangente(s) à 𝒞 sur une calculatrice graphique.

67 Même exercice que le précédent avec la fonction f définie sur $]-\infty\,;0[$ par $f(x)=x-1+\dfrac{1}{x}-\dfrac{3}{x^2}-\dfrac{9}{x^3}$

et la droite 𝒟 d'équation $y=x+1$.

68 Soit la fonction f définie sur ℝ par :

$$f(x)=x^2+4x+1\,.$$

On appelle 𝒞 la courbe représentative de la fonction f dans un repère orthonormé (O, I, J). Soient 𝒯 et 𝒯′ les tangentes à 𝒞 respectivement au point A d'abscisse −3 et au point B d'abscisse 0.

a) Écrire une équation de 𝒯 et une équation de 𝒯′.

b) Déterminer les coordonnées de K, point d'intersection de 𝒯 et 𝒯′.

c) Sur la calculatrice, après avoir réglé la fenêtre, tracer la courbe 𝒞, les tangentes 𝒯 et 𝒯′ puis vérifier graphiquement le résultat de la question **b)**.

69 L'exercice suivant est un questionnaire à choix multiples. Pour chaque question, donner l'unique réponse exacte.

Soit f la fonction définie sur ℝ par $f(x)=\dfrac{9x}{x^2+3}$.

Un logiciel de calcul formel donne pour la fonction dérivée de f :

```
1 deriver(9x/(x^2+3))
```

$$-\frac{18\cdot x^2}{(x^2+3)^2}+\frac{9}{x^2+3}$$

1. Le coefficient directeur de la tangente à la courbe de f au point d'abscisse 0 est :

a. 0 **b.** 3 **c.** 9

2. La fonction dérivée de f est définie sur ℝ par $f'(x)=$:

a. $\dfrac{-18x^2+9}{(x^2+3)^2}$ **b.** $\dfrac{-18x^2+9}{x^2+3}$ **c.** $\dfrac{-9x^2+27}{(x^2+3)^2}$

3. La courbe 𝒞 admet au point d'abscisse 1 une tangente d'équation :

a. $y=x+\dfrac{9}{4}$ **b.** $y=\dfrac{9}{8}x+\dfrac{9}{4}$ **c.** $y=\dfrac{9}{8}x+\dfrac{9}{8}$

Exercices

Vrai-Faux

70 **Pour chacune des affirmations suivantes, dire si elle est vraie ou fausse. Justifier.**

1. Sur le graphique ci-dessous, la courbe $\mathscr{C}$ est la courbe représentative d'une fonction f. La droite $\mathscr{D}$ est la tangente à $\mathscr{C}$ au point A d'abscisse -3 et la droite $\mathscr{D}'$ est la tangente à $\mathscr{C}$ au point B d'abscisse 1.

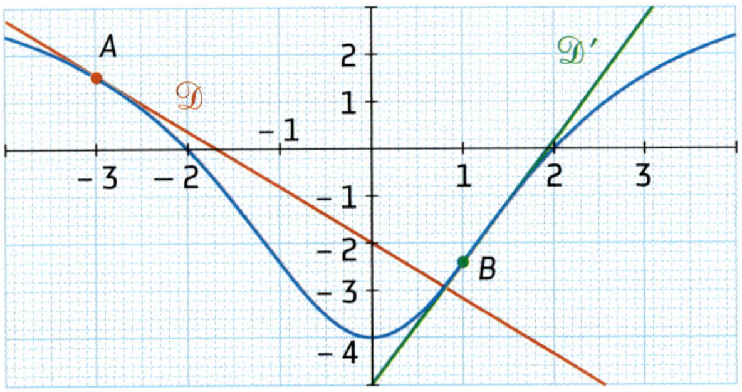

On a alors :

a) $f(-3) > 0$ **b)** $f'(-3) > 0$ **c)** $f(1) > 0$ **d)** $f'(1) > 0$

2. Soit la fonction f définie sur $]-\infty\,;3[$ par $f(x) = \dfrac{2x+1}{x-3}$ et soit $\mathscr{C}$ la courbe représentative de f dans un repère (O, I, J).

a) La tangente à $\mathscr{C}$ au point d'abscisse 0 a pour coefficient directeur $-\dfrac{1}{3}$.

b) La tangente à $\mathscr{C}$ au point d'abscisse 2 passe par le point $A(2\,;-5)$.

c) La tangente à $\mathscr{C}$ au point d'abscisse $-\dfrac{1}{2}$ est parallèle à (Ox).

d) La tangente à $\mathscr{C}$ au point d'abscisse 1 passe par le point $B\left(0\,;\dfrac{1}{4}\right)$.

3. Soit la fonction f définie sur $\mathbb{R}$ par :

$$f(x) = x^3 + 3x^2 + 2x - 13.$$

La courbe représentative de f dans un repère (O, I, J) :

a) admet en trois points une tangente parallèle à (Ox) ;

b) admet une tangente de coefficient directeur -8 ;

c) admet la droite d'équation $y = -x - 13$ comme tangente en un point ;

d) admet la droite d'équation $y = 2x - 9$ comme tangente en un point.

QCM

71 **Pour chaque question, indiquer la seule proposition exacte.**

	A	B	C
1. La courbe $\mathscr{C}$ est la représentation graphique d'une fonction f telle que : $f(-1) = 3$ et $f'(-1) = -4$. Une équation de la tangente à $\mathscr{C}$ au point d'abscisse -1 est :	$y = -4x + 7$	$y = 3x - 1$	$y = -4x - 1$
2. La courbe $\mathscr{C}$ est la représentation graphique de la fonction f définie sur $\mathbb{R}$ par : $f(x) = x^2 + 2x - 1$. Une équation de la tangente à $\mathscr{C}$ au point d'abscisse 0 est :	$y = 2x$	$y = 2x - 1$	$y = -x + 2$
3. Si $f(x) = \dfrac{1}{x^2}$ alors :	$f'(x) = \dfrac{2}{x}$	$f'(x) = \dfrac{1}{2x}$	$f'(x) = -\dfrac{2}{x^3}$
4. Si $f(x) = (3x+1)\sin x$ alors :	$f'(x) = 3\cos x$	$f'(x) = 3\sin x + (3x+1)\cos x$	$f'(x) = (3x+1)\cos x$
5. Si $f(x) = \dfrac{1}{3x+2}$ alors :	$f'(x) = \dfrac{-3}{(3x+2)^2}$	$f'(x) = \dfrac{1}{3}$	$f'(x) = -\dfrac{1}{(3x+2)^2}$
6. Si $f(x) = \dfrac{2x+1}{5x-3}$ alors :	$f'(x) = \dfrac{2}{5}$	$f'(x) = -\dfrac{11}{(5x-3)^2}$	$f'(x) = \dfrac{11}{(5x-3)^2}$
7. Si $f(t) = \cos(2t + \pi)$ alors :	$f'(t) = -\sin(2t+\pi)$	$f'(t) = -2\sin(2t+\pi)$	$f'(t) = -2\sin(2t)$

72 La courbe Γ ci-dessous est la représentation graphique d'une fonction g définie sur $\mathbb{R}$ par :

$$g(x) = x^3 - x^2 + ax + b$$

où a et b désignent deux nombres réels.

Cette courbe coupe les axes de coordonnées aux points $A(1\,;0)$ et $B(0\,;-2)$.

La droite Δ est la tangente à la courbe au point d'abscisse 1. Elle coupe l'axe des ordonnées au point $C(0\,;-3)$.

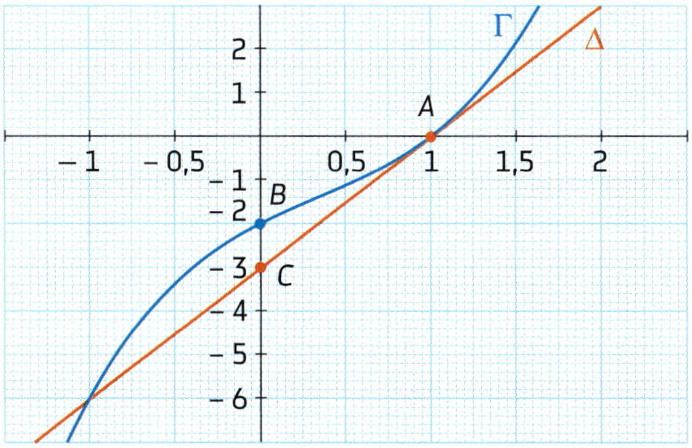

1. Lire $g(1)$ sur le graphique. En déduire une relation entre a et b.

2. Donner, par lecture graphique, la valeur de $g'(1)$. En déduire la valeur de a puis celle de b.

3. a) Écrire une équation de la droite Δ.

b) CALCULER Soit la fonction h définie sur $\mathbb{R}$ par :

$$h(x) = (x^3 - x^2 + 2x - 2) - (3x - 3).$$

Vérifier que, pour tout réel x, $h(x) = (x-1)(x^2-1)$.

c) Déterminer le signe de $h(x) = (x-1)(x^2-1)$ pour tout réel x.

d) REPRÉSENTER Donner une interprétation graphique du signe de $h(x)$.

73 La courbe $\mathscr{C}$ ci-dessous est la courbe représentative de la fonction f définie sur $[0\,;2]$ par $f(x) = \dfrac{32-8x^2}{x^2+12}$.

La partie coloriée est limitée par la courbe $\mathscr{C}$, l'axe des abscisses et l'axe des ordonnées.
L'objectif est de déterminer un encadrement de l'aire de cette partie de plan.

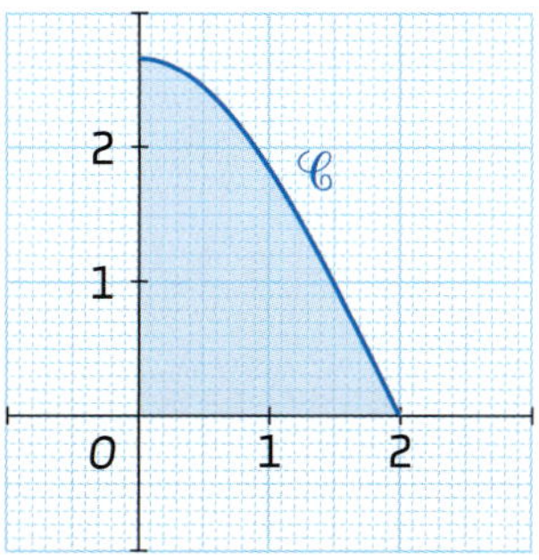

1. a) Dans un repère orthonormé (O, I, J) (unité 1 cm), placer les points $K(0\,;f(0))$ et $L(2\,;f(2))$.
b) Calculer l'aire $\mathscr{A}_1$ du triangle OKL.

2. a) Vérifier que, pour tout réel x de $[0\,;2]$:

$$f'(x) = \frac{-256x}{(x^2+12)^2}.$$

b) En déduire le coefficient directeur de la tangente $\mathscr{T}_1$ à $\mathscr{C}$ en K et celui de la tangente $\mathscr{T}_2$ à $\mathscr{C}$ en L.
c) Sur le même graphique qu'au **1.**, tracer la tangente $\mathscr{T}_1$ et la tangente $\mathscr{T}_2$.
d) Déterminer une équation de $\mathscr{T}_1$ et une équation de $\mathscr{T}_2$.
e) Déterminer les coordonnées du point d'intersection M de $\mathscr{T}_1$ et $\mathscr{T}_2$.
f) Déterminer l'aire $\mathscr{A}_2$ du trapèze $OKML$.

3. On admet que les aires $\mathscr{A}_1$ et $\mathscr{A}_2$ encadrent l'aire cherchée. Écrire alors un encadrement de l'aire coloriée et donner l'amplitude de l'encadrement obtenu.

74 Fichier GeoGebra
Soit la fonction f définie sur $\mathbb{R}^*$ par $f(x) = \dfrac{2}{x}$. On appelle $\mathscr{C}$ sa courbe représentative dans un repère (O, I, J).
L'objectif est de savoir s'il existe une ou plusieurs tangentes à la courbe $\mathscr{C}$ passant par le point K de coordonnées $(10\,;-1)$.

1. CHERCHER En utilisant un logiciel de géométrie dynamique, émettre une conjecture sur l'existence d'une ou plusieurs tangentes à la courbe $\mathscr{C}$ passant par K.

2. a) Pour tout x de $\mathbb{R}^*$, calculer $f'(x)$.
b) CALCULER Soit a un réel de $\mathbb{R}^*$ et A le point d'abscisse a de $\mathscr{C}$. Écrire, en fonction de a, les nombres $f(a)$ et $f'(a)$, puis écrire une équation de la tangente $\mathscr{T}_a$ à la courbe $\mathscr{C}$ en A.
c) Pour quelle(s) valeur(s) de a, la droite $\mathscr{T}_a$ passe-t-elle par le point K ?

3. Confronter la réponse obtenue à la question **2.c)** à la conjecture émise au **1.**

75 Fichier GeoGebra
Soit la fonction f définie sur $\mathbb{R}$ par $f(x) = x^3 - x^2 + x + 2$.
On appelle $\mathscr{C}$ sa courbe représentative dans un repère (O, I, J).
L'objectif est de savoir si, pour un nombre réel k fixé, il existe un ou plusieurs points où la tangente à la courbe $\mathscr{C}$ a pour coefficient directeur k.

1. Dans cette question, on prend $k = 4$.
a) CHERCHER En utilisant un logiciel de géométrie dynamique, émettre une conjecture sur l'existence d'une tangente à la courbe $\mathscr{C}$ de coefficient directeur 4.
b) Déterminer f', fonction dérivée de f.
c) Résoudre l'équation $f'(x) = 4$.
d) RAISONNER Expliquer en quoi le résultat du **c)** valide ou invalide la conjecture émise à la question **a)**.

2. RAISONNER Pour quelles valeurs de k la courbe $\mathscr{C}$ admet-elle au moins une tangente de coefficient directeur k ?

76 Fichier GeoGebra Le toboggan

Cet exercice peut être traité sans les TICE, en commençant à la question 2.

Le profil d'un toboggan pour enfant, représenté ci-dessous, correspond à la courbe $\mathscr{C}$ représentative d'une fonction f définie sur $[0\,;\,2]$ par $f(x) = 0{,}3x^3 - 0{,}9x^2 + 1{,}4$.

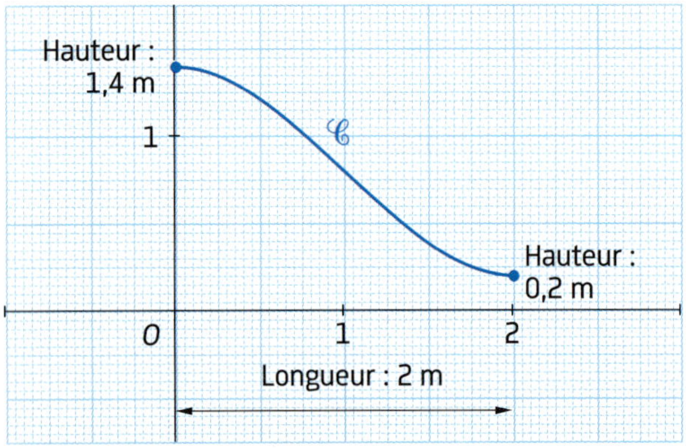

On convient d'appeler pente en un point du toboggan la valeur absolue du coefficient directeur de la tangente en ce point. On s'intéresse à la pente la plus forte sur le toboggan.

1. CHERCHER, MODÉLISER À l'aide d'un logiciel de géométrie dynamique, faire une figure permettant de représenter la situation. Quelle semble être la pente la plus forte sur ce toboggan ?

2. RAISONNER, COMMUNIQUER

a) Élaborer une démarche qui permette de déterminer la pente la plus forte sur ce toboggan.

b) Mettre en œuvre cette démarche et répondre au problème posé.

77 Distance de freinage

On suppose que lors d'un freinage, la décélération d'une voiture est constante. Le cours de mécanique montre alors que la distance parcourue par la voiture à partir de l'instant du freinage est donnée par :

$$d(t) = \alpha t^2 + \beta t \text{ où :}$$

- $d(t)$ est exprimée en mètres ;
- t désigne le temps en secondes écoulé depuis le début du freinage ;
- α et β sont deux constantes réelles.

1. MODÉLISER **a)** Déterminer la fonction dérivée d'. ($d'(t)$ représente la vitesse de la voiture à l'instant t.)

b) On suppose que la vitesse de la voiture juste avant le freinage (instant $t = 0$) est de 90 $\text{km}\cdot\text{h}^{-1}$ (soit 25 $\text{m}\cdot\text{s}^{-1}$). Déterminer β.

c) On suppose que la voiture a besoin de 4,5 s pour s'arrêter. Que vaut $d'(4{,}5)$? Déterminer alors α, puis donner une expression de $d(t)$.

d) Déterminer la distance parcourue par la voiture entre l'instant du freinage et l'arrêt.

2. À partir de ce qui précède, on exprime la distance parcourue à partir de l'instant 0 de début de freinage par :

$$d(t) = -2{,}78t^2 + 25t.$$

a) Calculer la dérivée de la fonction d', que l'on notera d''. ($d''(t)$ représente l'accélération de la voiture à l'instant t.)

b) COMMUNIQUER La législation impose à une voiture une décélération minimale de 5,5 $\text{m}\cdot\text{s}^{-2}$ en cas de freinage. La voiture considérée respecte-t-elle la législation ? Justifier.

3. CHERCHER La voiture roule à 90 $\text{km}\cdot\text{h}^{-1}$. Le chauffeur voit un obstacle à 30 m. Il freine.
Déterminer combien de temps la voiture met pour parcourir les 30 m qui la séparent de l'obstacle (on donnera la valeur arrondie de ce temps à 10^{-2}).
À quelle vitesse la voiture va-t-elle percuter l'obstacle ? (On donnera le résultat arrondi à 10^{-1} en $\text{m}\cdot\text{s}^{-1}$, puis en $\text{km}\cdot\text{h}^{-1}$.)

78 Fichier GeoGebra L'antenne parabolique

Dans un repère orthonormé (O, I, J), la courbe représentant la coupe verticale d'une antenne parabolique a pour équation $y = \dfrac{1}{4}x^2$. L'objectif est de découvrir, par une construction minutieuse, la propriété géométrique des paraboles qui explique l'utilisation de cette forme pour une antenne.

1. Dans le repère (O, I, J), d'unité 2 cm, tracer avec soin la parabole $\mathscr{C}$ représentative de la fonction f définie sur $[-3\,;\,3]$ par $f(x) = \dfrac{1}{4}x^2$.

2. a) Tracer les tangentes $\mathscr{C}_1$, $\mathscr{C}_2$ et $\mathscr{C}_3$ à la courbe $\mathscr{C}$ respectivement aux points A_1 d'abscisse $x_1 = 1$, A_2 d'abscisse $x_2 = -2$ et A_3 d'abscisse $x_3 = 3$.

b) Tracer les droites Δ_1, Δ_2, Δ_3, respectivement perpendiculaires à $\mathscr{C}_1$ en A_1, à $\mathscr{C}_2$ en A_2 et à $\mathscr{C}_3$ en A_3.

3. Étant donné la distance parcourue, on considère que tous les rayons émis par un satellite arrivent à la parabole suivant la même direction. On règle donc l'axe de la parabole (axe (Oy)) dans cette direction.

a) Représenter le rayon atteignant la parabole au point A_1 (demi-droite parallèle à (Oy) passant par A_1).

Suivant les lois de l'optique, le rayon se réfléchit symétriquement par rapport à Δ_1. Représenter en rouge le rayon réfléchi.

b) Représenter de même les rayons atteignant la parabole en A_2 et en A_3 et leurs rayons réfléchis (en rouge).

c) Quelle propriété géométrique de la parabole peut-on conjecturer à partir de cette construction ?

d) REPRÉSENTER, COMMUNIQUER Proposer une construction sur un logiciel de géométrie dynamique qui permette de conforter cette conjecture.

79 La piscine

Pour la construction d'une piscine privée, un architecte a imaginé la forme de la figure ci-après, où (O, I, J) est un repère orthonormé d'unité graphique 1 cm. Le contour de la piscine est constitué de deux demi-cercles : $\overset{\frown}{AB}$ de centre O et de rayon 3 et $\overset{\frown}{CD}$ de centre O' et de rayon 4, reliés par deux courbes Γ et Γ'. L'axe des abscisses est un axe de symétrie de la figure.

On suppose que la courbe Γ reliant les points A et D est la courbe représentative d'une fonction f définie sur $[0 ; 8]$ par $f(x) = ax^3 + bx^2 + cx + d$ où a, b, c et d sont des réels. On admet que la courbe Γ passe par les points A d'abscisse 0 et D d'abscisse 8 et qu'en ces points elle admet une tangente horizontale.

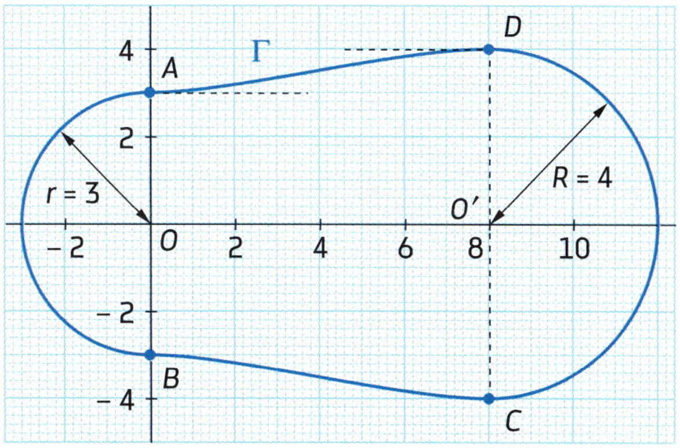

1. a) Déterminer une expression de $f'(x)$ en fonction de a, b, c et d.

b) En utilisant $f(0)$ et $f'(0)$, déterminer c et d.

c) En utilisant $f(8)$ et $f'(8)$, écrire un système de deux équations vérifiées par a et b.

d) Un logiciel de calcul formel donne :

```
1 resoudre_systeme_lineaire([512*a+64*b=1,192*a+16*b=0],[a,b])
```

$\left[-\frac{1}{256}, \frac{3}{64}\right]$

Donner alors, pour tout réel x de l'intervalle $[0 ; 8]$, une expression de f.

2. a) Dans un repère orthonormé (O, I, J) d'unité graphique 1 cm, tracer la tangente $\mathscr{C}_A$ à la courbe Γ au point A et la tangente $\mathscr{C}_D$ à la courbe Γ au point D ; placer le point E d'abscisse 4 de Γ, calculer $f'(4)$ et tracer la tangente $\mathscr{C}_E$ à Γ au point E.

b) Établir une équation de $\mathscr{C}_E$.

c) Déterminer les coordonnées du point d'intersection K de $\mathscr{C}_E$ et $\mathscr{C}_A$, puis celles du point d'intersection L de $\mathscr{C}_E$ et $\mathscr{C}_D$.

d) Calculer l'aire du polygone $OAKLDO'$. On admet que cette aire est égale à l'aire de la partie de plan limitée par l'axe (Ox), la courbe Γ et les droites (OA) et $(O'D)$.

3. La figure est à l'échelle 1/100 de la réalité. La profondeur d'eau de la piscine est constante, égale à 1,60 m.

a) COMMUNIQUER Élaborer une démarche permettant de calculer le volume d'eau en m^3 nécessaire au remplissage de la piscine.

b) Calculer ce volume d'eau, en donner la valeur arrondie au m^3.

80 L'eau de Javel CHERCHER, REPRÉSENTER

L'eau de Javel est un produit utilisé pour son pouvoir désinfectant : aucune bactérie connue à ce jour ne survit à un contact avec l'eau de Javel. Ses propriétés sont dues aux ions hypochlorites ClO^-. Quand on dilue un berlingot d'eau de Javel concentrée avec de l'eau, ces ions réagissent suivant une réaction chimique (R) et leur concentration diminue avec le temps. Le graphique ci-après donne l'évolution de la concentration en ions ClO^- ($[ClO^-]$

exprimée en $mol \cdot L^{-1}$) en fonction du temps t exprimé en semaines, et cela à différentes températures.

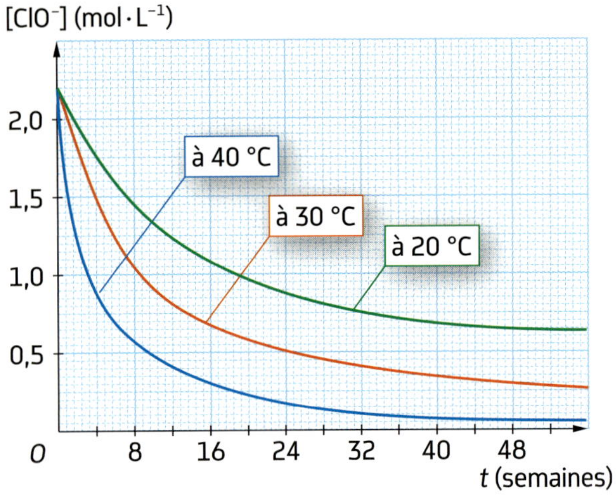

1. On s'intéresse ici à la courbe correspondant à la réaction à 20 °C.

a) Donner la concentration d'ions ClO^- à la date $t = 8$.

b) Placer une règle approximativement selon la tangente à la courbe correspondant au point d'abscisse 8.
Lire l'abscisse du point d'intersection de cette tangente avec l'axe des abscisses.

c) Déduire de ces deux relevés le coefficient directeur de cette tangente. On admet que ce coefficient directeur est la vitesse instantanée de disparition des ions ClO^- à la date $t = 8$ (vitesse en $mol \cdot L^{-1} \cdot semaine^{-1}$).

2. En utilisant le lien entre tangente et vitesse de disparition vu à la question **1.** :

a) Comparer les vitesses de disparition des ions ClO^- à la date $t = 8$ aux différentes températures. Quel premier facteur influence la vitesse de la réaction (R) ?

b) Comparer les vitesses de disparition des ions ClO^- sur une même courbe à différentes dates. Quel deuxième facteur influence la vitesse de la réaction (R) ?

81 Dépistage d'une affection hépatique

CHERCHER, COMMUNIQUER La phosphatase alcaline (PAL) est une enzyme dont la concentration dans le sang augmente en cas d'affection hépatique. Son dosage dans le sérum, liquide obtenu à partir d'une prise de sang, est couramment utilisé lorsqu'une affection hépatique est suspectée.
Dans ce cas, on évalue l'activité de l'enzyme en ajoutant au sérum de l'individu une molécule avec laquelle la PAL réagit pour donner un produit coloré, dont on mesure la vitesse d'apparition.
La formation de ce produit coloré en fonction du temps est elle-même suivie en mesurant l'absorbance (capacité d'un milieu à absorber la lumière qui le traverse) de la solution obtenue.

On note $A(t)$ l'absorbance (sans unité) de la solution à l'instant t, exprimé en secondes.

Le graphe ci-dessous représente l'absorbance en fonction du temps (en s) pour le sérum d'un patient P de 45 ans. On a représenté en rouge la tangente à la courbe représentative de A à l'origine.

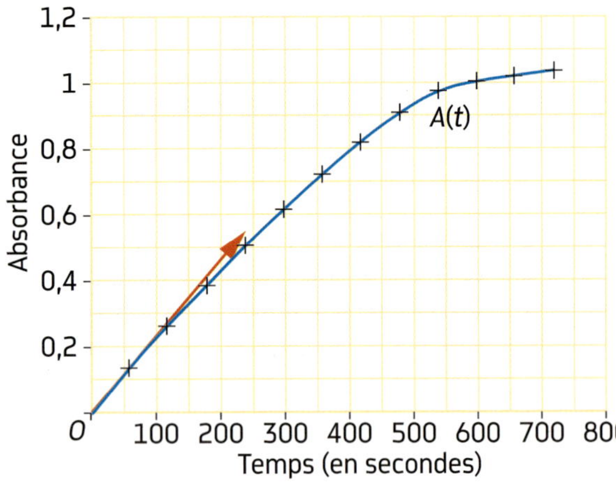

1. Déterminer graphiquement $A'(0)$. On en donnera une valeur arrondie à 10^{-4}.

La loi de Beer-Lambert, appliquée aux conditions de l'expérience, donne la relation $A(t) = 17\,500\, C(t)$, où $C(t)$ est la concentration en produit coloré (en $mol \cdot L^{-1}$) en fonction du temps (en s).

Pour tout $t \geqslant 0$, on appelle alors vitesse de la PAL à l'instant t, la dérivée de la concentration en produit coloré à l'instant t.

2. En déduire la valeur de la vitesse initiale de la PAL, $V_i = C'(0)$ en $mol \cdot L^{-1} \cdot s^{-1}$. On en donnera une valeur arrondie à 10^{-9}.

3. À l'aide du graphique, expliquer pourquoi la vitesse maximale de la PAL au cours de cette expérience est égale à la vitesse initiale V_i.

4. Afin de comparer le résultat à des valeurs de référence, on multiplie la vitesse initiale V_i par un coefficient k qui prend en compte les conditions expérimentales ; ici, on prend $k = 101$. On obtient ainsi l'activité catalytique enzymatique (en $kat \cdot L^{-1}$) de la PAL sérique.

a) Donner la valeur de l'activité catalytique enzymatique de la PAL sérique du patient P. On en donnera la valeur arrondie à 10^{-7} $kat \cdot L^{-1}$.

b) L'activité catalytique enzymatique de la PAL sérique chez un homme sain de 45 ans est comprise entre 1,7 et 6,0 $\mu kat \cdot L^{-1}$. Peut-on suspecter une affection hépatique pour le patient P ? Pourquoi ?

82 Un pilote collé à son siège

Après un départ à l'arrêt, la voiture électrique Tesla atteint la vitesse de 100 $km \cdot h^{-1}$ (on prendra 27,8 $m \cdot s^{-1}$ dans ce qui suit) en 3,9 secondes, avec une accélération quasiment constante grâce à son moteur électrique. L'objectif de l'exercice est de calculer cette accélération.
On appelle A la fonction qui, au temps t exprimé en secondes, associe l'accélération de la voiture exprimée en $m \cdot s^{-2}$, et V la fonction qui, au temps t exprimé en secondes, associe sa vitesse exprimée en $m \cdot s^{-1}$.

1. Sachant que l'accélération est la dérivée de la vitesse par rapport au temps, si l'accélération est constante, quelle peut être la forme de la fonction V ?

2. On admet que $V(t) = at + b$ où a et b sont deux réels à déterminer. La vitesse au départ est nulle, elle est de 27,8 $m \cdot s^{-1}$ après 3,9 secondes. En déduire la valeur de a et celle de b (on donnera la valeur de a arrondie à 10^{-2}).

3. Exprimer alors $A(t)$.

4. On rappelle que l'accélération de la pesanteur est $g = 9{,}81$ $m \cdot s^{-2}$. Quel pourcentage de g subit le pilote pendant les 3,9 secondes d'accélération ?

83 Un émetteur

Dans un émetteur radiofréquence, on utilise un composant appelé diode varicap pour faire varier la fréquence du signal transmis, donc pour émettre des données. Une diode varicap présente une capacité à ses bornes C_d qui varie en fonction de la tension moyenne V_d appliquée à ses bornes. C_d est en pF (picofarads) et V_d en V (volts), avec 1 pF $= 10^{-12}$ F.
Les valeurs de C_d en fonction de V_d données par le constructeur sont les suivantes :

V_d (V)	0,5	1	2	3	4
C_d (pF)	19	16,5	13	10,73	9,05

V_d (V)	5	6	7	8	9	10
C_d (pF)	7,78	6,78	5,98	5,34	4,86	4,44

1. Dans un repère orthogonal (abscisses : 1 cm pour 1 V et ordonnées : 1 cm pour 1 pF), placer les points de coordonnées (V_d ; C_d) du tableau précédent. Tracer alors la courbe la plus régulière possible passant par ces points (courbe caractéristique de la diode).

2. Sur la représentation graphique, tracer la droite la plus proche possible de la tangente à la courbe au point d'abscisse 2. Donner par lecture graphique son coefficient directeur.

3. Déterminer de même graphiquement une valeur approchée du coefficient directeur de la tangente aux points d'abscisses respectives 1,5 et 6.

4. L'étude du montage nous indique que le coefficient directeur des tangentes en chaque point de la courbe doit être compris entre – 3 pF/V et – 1 pF/V pour garantir le fonctionnement de l'appareil. Déterminer graphiquement la plage de variation possible de la tension de commande V_d.

Vers le bac

84 On donne ci-contre une partie de la courbe représentative $\mathscr{C}$ d'une fonction f définie et dérivable sur $\mathbb{R}$, dans un repère orthonormé (O, I, J). On note f' la fonction dérivée de f.
La courbe $\mathscr{C}$ passe par le point $A(0 ; 5)$ et par le point B d'abscisse 2.

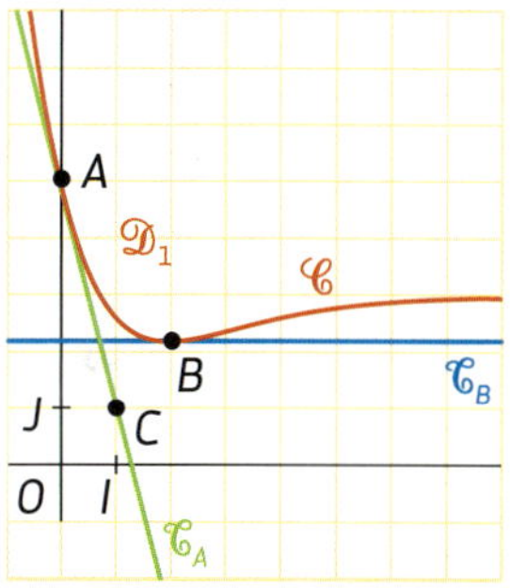

La tangente $\mathscr{C}_A$ à la courbe au point A passe par le point $C(1 ; 1)$ et la tangente $\mathscr{C}_B$ au point B est horizontale.

Dans ce questionnaire à choix multiples, aucune justification n'est demandée. Pour chacune des questions, indiquer la seule réponse correcte.

1. La valeur de $f(0)$ est :
a. – 4 **b.** 4
c. 1,2 **d.** autre réponse

2. La valeur de $f'(0)$ est :
a. – 4 **b.** 4
c. 1,2 **d.** autre réponse

3. La valeur de $f'(2)$ est :
a. 0 **b.** 2,1
c. 3 **d.** autre réponse

4. L'équation réduite de $\mathscr{C}_A$ est :
a. $y = 0$ **b.** $y = 4x + 5$
c. $y = -4x + 5$ **d.** $y = 5x - 4$

Problèmes

85 Cet exercice est un questionnaire à choix multiples. Pour chaque question, indiquer la seule réponse correcte. Aucune justification n'est demandée.

1. La dérivée de la fonction f définie sur [0 ; 10] par $f(x)=\dfrac{x^2+5x}{3x+4}$ a pour expression :

a. $f'(x)=\dfrac{2x+5}{3}$ **b.** $f'(x)=\dfrac{9x^2+38x+20}{(3x+4)^2}$

c. $f'(x)=\dfrac{3x^2+8x+20}{(3x+4)^2}$

2. On considère la fonction g définie pour tout nombre réel x par $g(x)=2x^3+4x+2$.
Une équation de la tangente à la courbe représentative de g au point d'abscisse 2 est :

a. $y=26x+2$ **b.** $y=28x-30$ **c.** $y=28x+26$

3. Le nombre de tangentes horizontales à la courbe représentative de la fonction f définie sur $\mathbb{R}$ par $f(x)=2x^3-6{,}3x^2+6{,}6x+6$ est :

a. 0 **b.** 1 **c.** 2

86 Un designer de l'entreprise « Duo » lance un projet de fauteuil double (*figure 1*). Le profil du dossier de ce fauteuil est modélisé mathématiquement. On se propose, au cours des deux parties du problème, d'en effectuer le tracé.

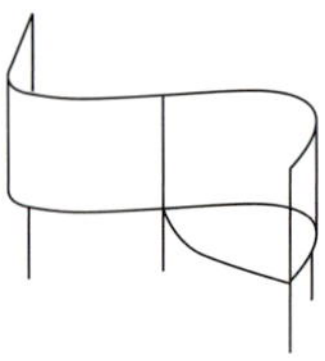

Figure 1

Partie A

Dans un repère approprié, le profil de l'un des deux dossiers de ce fauteuil peut être modélisé par un arc de parabole noté P_f représentant la fonction f définie sur [2 ; 4] par $f(x)=-x^2+6x-8$.

1. Dresser le tableau de variation de la fonction f sur l'intervalle [2 ; 4].

2. Dans un repère orthonormé d'unité graphique 2 cm, placer les points de P_f d'abscisses 2, 3 et 4 ; tracer les tangentes à P_f en ces points puis la courbe P_f.

Partie B

Dans un repère approprié, le profil du second dossier du fauteuil est un arc de parabole noté P_g représentant la fonction g définie sur [0 ; 2] par $g(x)=ax^2+bx+c$, où a, b et c sont des nombres réels.
On souhaite que P_g passe par l'origine du repère et se raccorde à P_f au point A de coordonnées (2 ; 0) en ayant la même tangente en ce point.

1. Élaborer une stratégie permettant de déterminer les valeurs de a, b et c.

2. Mettre en œuvre cette stratégie.

87 Dans une entreprise, un technicien étudie le profil d'un morceau de piste pour un circuit de voitures télécommandées. Une première ébauche de cette piste est modélisée par la courbe représentative $\mathscr{C}$ de la fonction f définie sur $\left[0\ ;\ \dfrac{20}{3}\right]$ par $f(x)=\dfrac{1}{128}x^4-\dfrac{7}{48}x^3+\dfrac{5}{8}x^2$.

On cherche à aménager ce tracé dans les parties de forte pente.

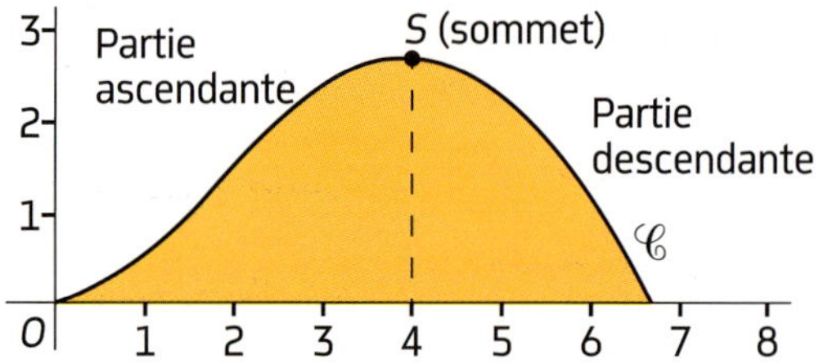

On appelle pente de la piste en un point d'abscisse x, le coefficient directeur de la tangente à $\mathscr{C}$ en x.
Pour procéder à des aménagements, le technicien étudie la pente de sa piste. Soit g la fonction qui à tout réel x de $\left[0\ ;\ \dfrac{20}{3}\right]$ associe la pente de la piste au point d'abscisse x.

1. a) Quel est le lien entre les fonctions f et g ? Donner une expression de $g(x)$.

b) Tracer la courbe représentative de g à la calculatrice.
Semble-t-il exister des valeurs de x pour lesquelles $g(x)\geqslant 0{,}9$?

2. Le technicien décide de recouvrir d'une matière antidérapante la partie de la piste comprise entre le point A, premier point où la pente est supérieure ou égale à 0,9 et le sommet S. Pour déterminer l'abscisse a de A, il utilise l'algorithme ci-dessous.

Variables :	a, p nombres réels
Initialisation :	a prend la valeur 0
	p prend la valeur 0
Traitement :	Tant que ....
	a prend la valeur $a+0{,}1$
	p prend la valeur ....
	Fin Tant que
Sortie :	Afficher a

a) Dans cet algorithme, que représente p ?

b) Compléter l'algorithme et le programmer sur la calculatrice. Quelle est l'abscisse du point A ainsi déterminée ?

c) Proposer une modification de l'algorithme qui permettrait d'obtenir une valeur approchée de a à 10^{-2} près.

3. Le technicien veut modifier le profil de la fin de la piste à partir du point B d'abscisse b où la pente devient inférieure à -1.

a) Proposer une démarche permettant de déterminer une valeur approchée de b.

b) Mettre en œuvre cette démarche et donner la valeur trouvée.

CHAPITRE

5 Applications de la dérivation

Objectifs

- Faire le lien entre signe de la dérivée et sens de variation d'une fonction.
- Modéliser et étudier une situation concrète liée à un problème d'optimisation.

Capacité attendue

- Exploiter le tableau de variation d'une fonction f afin de déterminer :
  - un éventuel extremum de f ;
  - le signe de f ;
  - le nombre de solutions d'une équation du type $f(x) = k$.

Activités

Activité 1 « Méfiez-vous de votre calculatrice ! »

Objectif : Observer, sur un exemple, que la calculatrice graphique ne suffit pas pour déterminer le sens de variation d'une fonction.

On considère la fonction f définie sur $[-1 ; 1]$ par $f(x) = 100x^4 - 2x^2$.

1. À la calculatrice, tracer la représentation graphique de f, puis faire une conjecture sur le sens de variation de f.
2. Voit-on à l'écran l'intégralité de la courbe représentative de f ?
3. Changer la fenêtre d'affichage de manière à visualiser l'axe des abscisses entre -1 et 1 et l'axe des ordonnées entre -2 et 100, puis tracer la représentation graphique de f.
4. Est-ce que la conjecture faite à la question 1 se confirme ?
5. Changer à nouveau la fenêtre d'affichage de manière à visualiser l'axe des abscisses entre $-0{,}2$ et $0{,}2$ et l'axe des ordonnées entre $-0{,}1$ et $0{,}1$ puis tracer la représentation graphique de f.
6. Que peut-on dire de la conjecture faite aux questions 1 et 4 ? Est-ce que la calculatrice graphique permet de déterminer sans risque d'erreur le sens de variation d'une fonction ?

Activité 2 Des tangentes au sens de variation

Objectif

Observer sur des exemples le lien entre le sens de variation d'une fonction et le signe de sa dérivée.

Fichier GeoGebra

On considère la fonction f définie sur $[-2\ ;\ 3]$ par :

$$f(x)=\frac{2}{3}x^3-x^2-4x+2.$$

On appelle $\mathscr{C}$ sa courbe représentative dans un repère orthogonal et $\mathscr{C}_x$ la tangente à $\mathscr{C}$ au point d'abscisse x où x est un réel de $[-2\ ;\ 3]$.

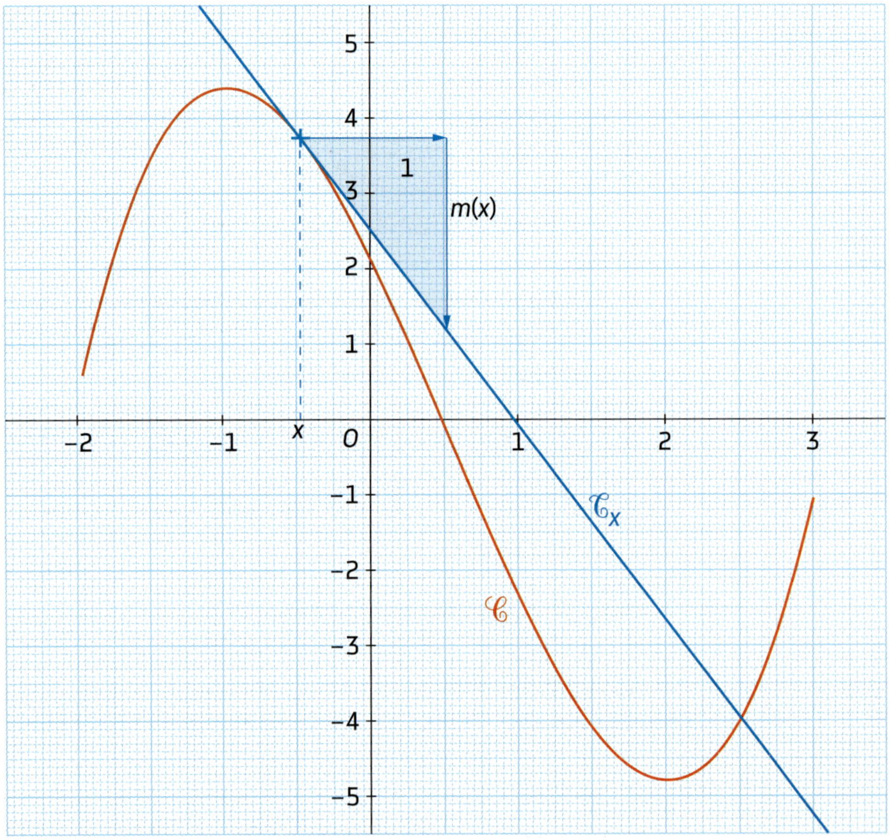

1 **a.** Tracer la courbe $\mathscr{C}$ à la calculatrice.

b. Lorsque $x=-2$, tracer la tangente $\mathscr{C}_x$ et donner le signe de son coefficient directeur.

c. Reprendre la question précédente pour chacune des valeurs de x suivantes :

$$-1{,}5\ ;\ 0\ ;\ 1\ ;\ 2{,}5\ ;\ 3.$$

On appelle $m(x)$ le coefficient directeur de la tangente $\mathscr{C}_x$ à $\mathscr{C}$ au point d'abscisse x.

2 **a.** Établir, par le calcul, le tableau de signes de $m(x)$ sur $[-2\ ;3]$.

b. Le tableau obtenu à la question précédente est-il en accord avec ce que l'on peut observer sur le graphique ?

3 **a.** On admet que la représentation graphique donnée ci-dessus permet de visualiser la totalité des variations de la fonction f sur $[-2\ ;\ 3]$. En utilisant cette représentation graphique, donner le tableau de variation de f sur $[-2\ ;\ 3]$.

b. Quel semble être le lien entre le sens de variation de f et le signe de la fonction m ?

c. Émettre alors une conjecture sur le lien entre le sens de variation de f et le signe de sa fonction dérivée.

4 Tester la conjecture de la question précédente sur la fonction inverse, puis sur une fonction polynôme du second degré de votre choix.

Activité 3 Autour du tableau de variation

Objectif
Mettre en évidence l'utilité d'un tableau de variation.

On s'intéresse à la profondeur de la mer au large d'une côte. On s'éloigne de la côte en suivant un cap fixé. On appelle x la distance parcourue, en km, depuis le point de départ et $g(x)$ la mesure de l'altitude du sol, en m, à cet endroit, l'altitude 0 correspondant au niveau de la mer.

On définit ainsi une fonction g dont les variations sont données par le tableau ci-dessous.

x	1		5		8		10		13		20
g	-3	↘	-10	↗	-2	↘	‖	↗	$-0,1$	↘	-10

1 Y a-t-il un endroit où la terre émerge ? Traduire la réponse par une inégalité faisant intervenir $g(x)$.

2 À 10 km de la côte se trouve une faille si profonde qu'il n'a pas été possible de prendre de mesure. Comment ceci est-il matérialisé dans le tableau ?

3 **a.** Donner l'altitude maximale du fond sur le trajet effectué entre 1 et 10 km de la côte ; entre 10 et 20 km.
Quel est le maximum de g sur l'intervalle $[1 ; 10[$? En quelle valeur est-il atteint ?
Mêmes questions sur l'intervalle $]10 ; 20]$.

b. Peut-on donner, dans les mêmes conditions qu'à la question précédente, l'altitude minimale ?
Choisir un intervalle sur lequel il est possible de donner le minimum de g, indiquer l'intervalle, le minimum et la valeur pour laquelle ce minimum est atteint.

4 Combien de fois l'altitude est-elle égale à $-2,5$ m ?
Donner le nombre de solutions de l'équation $g(x) = -2,5$ et un encadrement de chacune de ces solutions par deux entiers.

5 Les renseignements fournis par le tableau permettent-ils de connaître les parties du trajet pour lesquelles l'altitude est supérieure à -3 mètres ? De quelle(s) indication(s) supplémentaire(s) aurait-on besoin pour répondre à cette question ?

6 On complète le relevé avec les indications suivantes :

$$g(7) = -3,\ g(8,5) = -3,\ g(11,5) = -3 \text{ et } g(18) = -3.$$

Résoudre alors l'inéquation $g(x) > -3$.

A Dérivation et sens de variation

On généralise le résultat conjecturé dans l'activité 2.

Voir SF1

Voir SF2

Théorème Soit f une fonction dérivable sur un intervalle I de $\mathbb{R}$.
Si, pour tout x de I, $f'(x) > 0$, alors f est strictement croissante sur I.
Si, pour tout x de I, $f'(x) < 0$, alors f est strictement décroissante sur I.

Exemple : Soit g une fonction définie et dérivable sur l'intervalle $[-2 ; 5]$ telle que $g'(x) < 0$ sur $\left[-2 ; \frac{1}{3}\right[$, $g'\left(\frac{1}{3}\right) = 0$ et $g'(x) > 0$ sur $\left]\frac{1}{3} ; 5\right]$. On en déduit que g est strictement décroissante sur $\left[-2 ; \frac{1}{3}\right[$ et strictement croissante sur $\left]\frac{1}{3} ; 5\right]$.

Cela peut se résumer par le tableau de variation suivant :

x	-2		$\frac{1}{3}$		5
$g'(x)$		$-$	0	$+$	
g	$g(-2)$	↘	$g\left(\frac{1}{3}\right)$	↗	$g(5)$

En pratique, si l'on doit utiliser la dérivée pour étudier le sens de variation d'une fonction, il faut passer par une étude du signe de la dérivée.

Remarque : Ce théorème ne doit pas faire oublier les résultats vus auparavant. Dans bien des cas, il est inutile d'utiliser la dérivée pour étudier le sens de variation d'une fonction. Par exemple, la fonction $x \mapsto 2x^2 - x + 1$ est décroissante sur $\left]-\infty ; \frac{1}{4}\right]$ et croissante sur $\left[\frac{1}{4} ; +\infty\right[$, car c'est une fonction polynôme du second degré $x \mapsto ax^2 - bx + c$ avec $a > 0$ et $-\frac{b}{2a} = -\frac{(-1)}{2 \times 2} = \frac{1}{4}$.

B Exploitation du tableau de variation

Le tableau de variation permet d'obtenir des informations quant aux extrema de la fonction étudiée. Il permet également d'orienter la recherche des solutions d'une équation ou éventuellement d'étudier le signe d'une expression.

Exemple : On suppose que la fonction g de l'exemple précédent vérifie :

$$g(-2) = 15,\ g\left(\frac{1}{3}\right) = 1 \text{ et } g(5) = 20.$$

x	-2		$\frac{1}{3}$		5
$g'(x)$		$-$	0	$+$	
g	15	↘	1	↗	20

D'après son tableau de variation, que l'on peut compléter par les informations données ci-dessus, cette fonction a pour minimum 1 et pour maximum 20 sur $[-2 ; 5]$. On peut aussi constater que l'équation $g(x) = 0$ n'a pas de solution, que l'équation $g(x) = 16$ a une unique solution, située dans l'intervalle $\left]\frac{1}{3} ; 5\right[$ et que, pour tout x de $[-2 ; 5]$, $g(x) > 0$.

SF1 Faire le lien entre sens de variation et signe de la dérivée

Compléter le tableau de variation suivant :

x	-3		1		2		5		7		9
$f'(x)$			0		0		0	$-$	0	$+$	0
f	2	↘	-1	↗	3	↗	4				

- Fonction dérivable et croissante : dérivée positive.
- Fonction dérivable et décroissante : dérivée négative.

On obtient :

x	-3		1		2		5		7		9
$f'(x)$		$-$	0	$+$	0	$+$	0	$-$	0	$+$	0
f	2	↘	-1	↗	3	↗	4	↘		↗	

- Dérivée positive : fonction croissante.
- Dérivée négative : fonction décroissante.

SF2 Étudier le sens de variation d'une fonction en utilisant la dérivée

Déterminer les variations de la fonction f définie sur $[-5\,;-1]$ par :

$$f(x)=x^3+4x^2-3x+1.$$

$f'(x)=3x^2+8x-3.$

On calcule la dérivée de la fonction.

f' est une fonction polynôme du second degré, de discriminant $\Delta=100$, s'annulant en -3 et $\frac{1}{3}$. D'où le tableau de signes ci-dessous. On ne se préoccupe du signe de $f'(x)$ que sur $[-5\,;-1]$ car f n'est définie que sur cet intervalle.

x	$-\infty$		-3		$\frac{1}{3}$		$+\infty$
$3x^2+8x-3$		$+$	0	$-$	0	$+$	

On étudie le signe de la dérivée.

f est donc croissante sur $[-5\,;-3]$ et décroissante sur $[-3\,;-1]$.

x	-5		-3		-1
$f'(x)$		$+$	0	$-$	
f	-9	↗	19	↘	7

On en déduit les variations de la fonction.

POUR S'ENTRAÎNER

SF1 Compléter les tableaux de variations suivants.

→ EXERCICES n°1 à 4

x	-7		3		8
$f'(x)$		$-$	0	$+$	
f					

x	3		4		6		17
$f'(x)$			0		0		
f	5	↘	3	↗	8	↘	-1

SF2 **a.** Étudier les variations de la fonction f définie sur $[-1\,;5]$ par $f(x)=\frac{2}{x^2+1}$.

b. Même question avec la fonction g définie sur $[-2\,;6]$ par $g(x)=x^3-3x^2-9x+2$.

→ EXERCICES n°5 à 15

Essentiel

1 Dérivation et sens de variation

Soit f une fonction dérivable sur un intervalle I de $\mathbb{R}$.

Si, pour tout x de I, $f'(x) > 0$, alors f est strictement croissante sur I.

Si, pour tout x de I, $f'(x) < 0$, alors f est strictement décroissante sur I.

2 Exploitation du tableau de variation

Le tableau de variation d'une fonction f peut permettre d'obtenir :

– un éventuel extremum de f ;

– le signe de f ;

– le nombre de solutions d'une équation du type $f(x) = k$.

À l'oral

Diaporama OpenOffice

QUESTIONS FLASH

Les questions flash se traitent sans brouillon ni calculatrice.

1. Déterminer le signe de chacune des expressions suivantes :

a) $-x + 2$, avec $x \in \mathbb{R}$ **b)** $x^2 + 1$, avec $x \in \mathbb{R}$

c) $x^2 - 25$, avec $x \in \mathbb{R}$ **d)** $3 - 2\cos x$, avec $x \in \mathbb{R}$

e) $\dfrac{3x-4}{(-x+5)^2}$, avec $x \in]-\infty\,;5[\cup]5\,;+\infty[$

2. Déterminer la dérivée puis le sens de variation de chacune des fonctions f suivantes définies sur l'intervalle I :

a) $f(x) = x^3 + x - 1$ avec $I = \mathbb{R}$;

b) $f(x) = x - \cos x$ avec $I = \mathbb{R}$;

c) $f(w) = -7w + \dfrac{1}{w}$ avec $I =]-\infty\,;0[$.

3. La représentation graphique $\mathscr{C}$ de la fonction g définie sur $\mathbb{R}$ par $g(x) = 50x^4 - x^2$ obtenue avec une calculatrice est donnée ci-après :

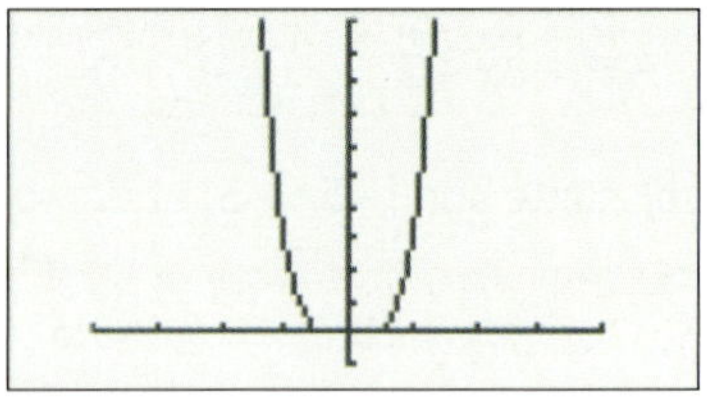

De plus, un logiciel de calcul formel indique que pour tout x de $\mathbb{R}$, $g'(x) = 2x(10x+1)(10x-1)$.

La courbe laisse supposer un certain sens de variation. Est-ce réellement le cas ?

4. On dispose de la copie d'écran suivante d'un logiciel de calcul formel :

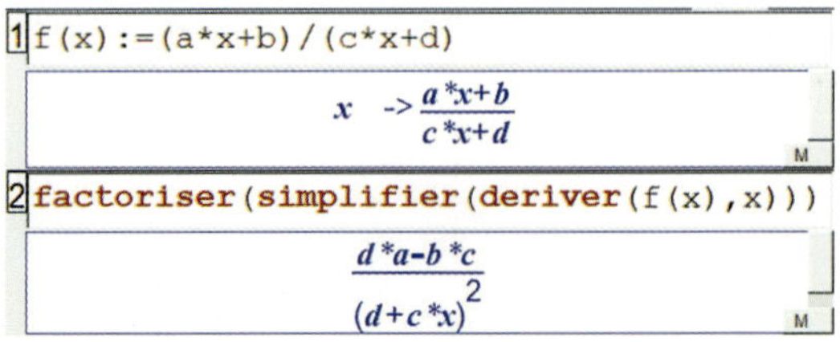

Déterminer alors le sens de variation de chacune des fonctions f et g définies sur $]1\,;+\infty[$ par :

a) $f(x) = \dfrac{3x+2}{x-1}$ **b)** $g(x) = \dfrac{-5x+4}{x-1}$.

5. On donne ci-dessous la courbe représentative de la fonction dérivée f' d'une fonction f définie sur $[-3 ; 4]$:

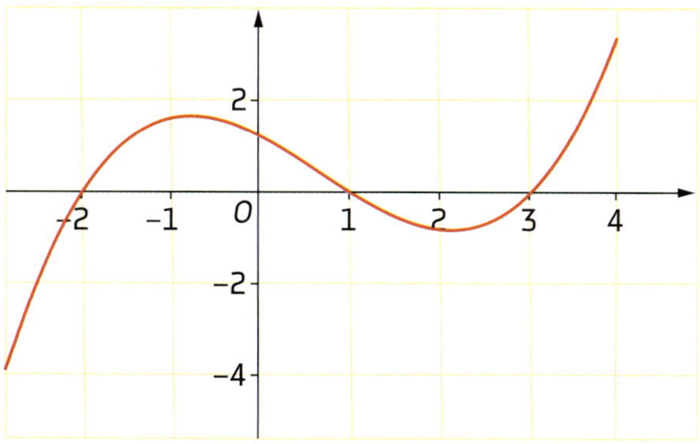

Donner alors les variations de la fonction f.

6. Dans un repère orthogonal, on donne ci-dessous les courbes représentatives d'une fonction f et de sa dérivée f'.

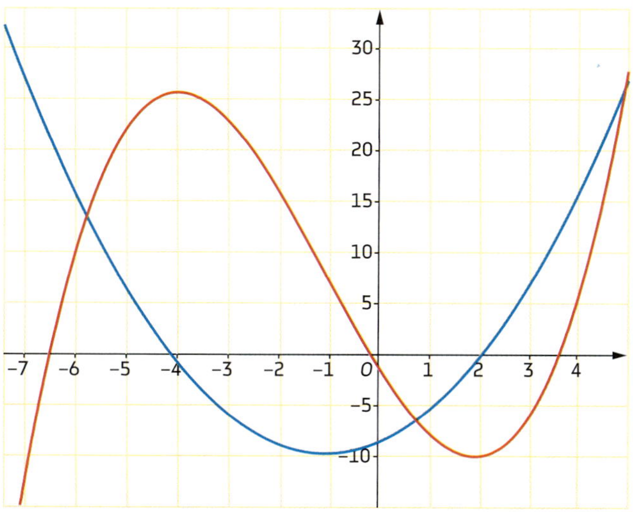

Quelle courbe correspond à la fonction f ?
À la fonction f' ?

7. Déterminer les extrema de chacune des fonctions f suivantes définies sur l'intervalle I :

a) $f(x) = -x^3 - 3x + 7$ avec $I = [-1 ; 2]$;

b) $f(t) = 7\cos\left(3t + \frac{\pi}{4}\right)$ avec $I = \mathbb{R}$;

c) $f(x) = x(1 - x)$ avec $I = [-1 ; 1]$.

8. Une fonction f est définie et dérivable sur $[-3 ; 7]$. Son tableau de variation est :

x	-3		-2		0		7
f	6	↗	9	↘	-3	↗	0

A. Donner :

a) le signe de la fonction dérivée f' ;

b) les extrema de f.

B. Que peut-on dire des solutions de l'équation $f(x) = 0$?

9. Une fonction f est définie et dérivable sur $[-3 ; 4]$. Son tableau de variation est :

x	-3		0		2		4
f	5	↘	-6	↗	3	↘	0

a) Comparer $f(3)$ et $f(3,5)$.

b) Donner le nombre de solutions de l'équation $f(x) = -2$.

c) On ajoute l'information $f(-2) = 4$. Résoudre l'inéquation $f(x) \geqslant 4$.

d) On ajoute les informations suivantes : $f(-1) = 0$ et $f(1) = 0$. Établir le tableau de signes de $f(x)$.

REMUE-méninges

Sauf indication contraire, on pourra utiliser un brouillon ou une calculatrice.

10. On s'intéresse à la propagation d'une maladie dans une ville. La fonction f définie sur $[0 ; 40]$ par $f(t) = -30t^2 + 1\,200t + 4\,000$ modélise le nombre de personnes touchées par la maladie au bout de t jours de suivi de la propagation. Au bout de combien de jours de suivi le nombre de personnes touchées par la maladie est-il maximal ? Combien y a-t-il alors de personnes touchées ?

11. Une entreprise fabrique des bouteilles en verre.
La production quotidienne, exprimée en tonnes, varie entre 0 et 10. Pour l'entreprise, le bénéfice, exprimé en milliers d'euros, correspondant à la fabrication de x tonnes de bouteilles est $B(x) = -0,5x^3 + 4x^2 + 20x - 72$. Combien de tonnes de bouteilles de verre doit produire quotidiennement l'entreprise pour avoir un bénéfice maximal ? On donnera le résultat arrondi à 0,01.

12. Une agence de publicité organise une campagne de promotion pour un nouveau smartphone. La fréquence $f(t)$ de personnes connaissant le nouveau nom de ce smartphone après t semaines de publicité est donnée par $f(t) = \frac{3t}{3t+2}$ avec $t \geqslant 0$.
L'agence décide d'arrêter cette campagne de promotion au bout de 6 semaines. Comment justifie-t-elle ce choix auprès de l'entreprise qui a commandité la campagne de promotion ?

13. Déterminer le nombre de solutions de l'équation $12x^5 + 71x^3 + 199x - 1 = 0$ pour $x \in \mathbb{R}$.

14. Comparer $0,99999 + \frac{1}{0,99999}$

et $0,999999 + \frac{1}{0,999999}$.

Développer ses compétences

situation 1

Objectif :
Exploiter le tableau de variation d'une fonction f afin de déterminer le nombre de solutions d'une équation du type $f(x) = k$ (k constante réelle).

Tableau de variation et équations

REPRÉSENTER Passer d'un mode de représentation à un autre. Changer de registre.

Partie A Un premier exemple

On considère l'équation (E) : $x^3 + 15x^2 - 45x + 22 = 0$. On définit sur $\mathbb{R}$ la fonction f par $f(x) = x^3 + 15x^2 - 45x + 22$; résoudre l'équation (E) revient donc à résoudre l'équation $f(x) = 0$.

1 **a.** Tracer la représentation graphique de la fonction f à la calculatrice.

b. Que peut-on alors conjecturer sur le nombre de solutions de l'équation (E) ?

c. COMMUNIQUER Développer une argumentation mathématique correcte à l'écrit ou à l'oral.

Nils conjecture que l'équation (E) admet une solution entière. Confirmer ou infirmer cette conjecture.

2 **a.** Déterminer la fonction dérivée de f, étudier son signe puis établir le tableau de variation de f.

b. Compléter le tableau en y plaçant $f(-20)$ et $f(1)$.

c. Utiliser alors le tableau de variation pour donner le nombre de solutions de l'équation $f(x) = 0$ dans $[-20 ; 1]$, puis dans $\mathbb{R}$.

d. La conjecture de la question **1 b.** obtenue à l'aide de la calculatrice est-elle confirmée ou infirmée ?

3 On appelle a la plus petite des solutions de l'équation (E).

a. À l'aide d'un tableau de valeurs de $f(x)$ ayant un pas de 1, déterminer un encadrement de a entre deux entiers consécutifs.

b. Reprendre le tableau de valeurs, à partir de l'entier directement inférieur à a, avec un pas de 0,1. En déduire un encadrement de a d'amplitude 0,1.

c. Reprendre à nouveau le tableau de valeurs à partir de la borne inférieure de l'encadrement précédent, avec un pas de 0,01. En déduire une valeur approchée de a à 10^{-2} près.

4 On appelle b la solution de l'équation (E) la plus proche de a. Reprendre la démarche de la question **3** et déterminer une valeur approchée à 10^{-2} près de b.

Partie B Un second exemple

CHERCHER Observer, s'engager dans une démarche, expérimenter en utilisant éventuellement des outils logiciels.

Déterminer le nombre de solutions de l'équation $-x^3 + 7x^2 - 13x + 9 = 0$ et pour chacune d'elle(s), donner un encadrement d'amplitude 10^{-1}.

situation 2 À la fête foraine !

MODÉLISER Traduire en langage mathématique une situation réelle.

Objectif :
Modéliser et étudier une situation contextualisée à l'aide des acquis sur les fonctions.

On s'intéresse ici à un manège de type pendulaire. La nacelle, lorsque le manège est à l'arrêt, est à un mètre du sol. Ce manège peut être modélisé par une masse au bout d'une tige de longueur $L = 10$ m. La mesure, en radians, de l'angle orienté que fait la tige par rapport à la verticale est appelée x, x appartenant à $]-\pi\,;\,\pi]$.

On définit alors sur $]-\pi\,;\,\pi]$ une fonction h qui, à toute mesure x, associe la hauteur $h(x)$ de la masse par rapport au sol. (Voir la figure 1.)

1 **CHERCHER** Analyser un problème.

a. Pour quelle(s) valeur(s) de x, la tige est-elle à l'horizontale ?

Quelle est alors la hauteur correspondante ?

b. Indiquer « de tête » les valeurs prises par $h(0)$, $h\left(\frac{\pi}{2}\right)$, $h(\pi)$ et $h\left(-\frac{\pi}{2}\right)$.

2 **a.** Montrer que pour tout réel x de $]-\pi\,;\,\pi]$, $h(x) = 1 + 10\,(1 - \cos x)$.

b. Retrouver, avec cette expression, les résultats de la question **1 b.**

3 **a.** Déterminer la dérivée de la fonction h, puis dresser le tableau de variation de h.

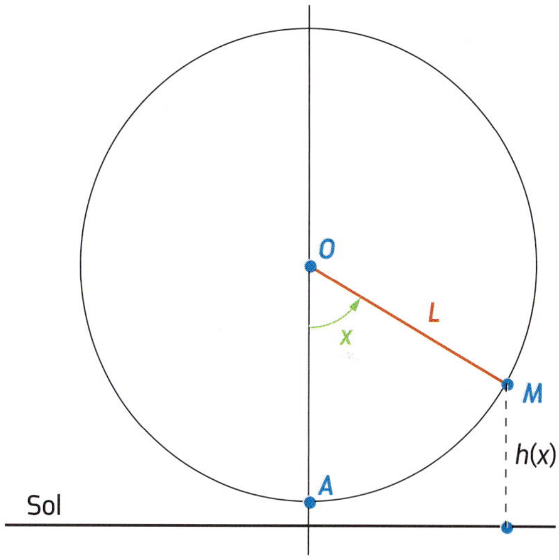

Figure 1

b. Le sens de variation ainsi déterminé est-il en adéquation avec le mouvement pendulaire ?

c. Les extrema de la fonction h obtenus dans le tableau de variation sont-ils en adéquation avec le mouvement pendulaire ?

4 **COMMUNIQUER** S'exprimer avec clarté et précision à l'oral et à l'écrit.

Pour des raisons de sécurité, on impose $h(x) \leqslant 9$.

a. Élaborer une stratégie qui permette de déterminer l'intervalle I dans lequel x doit se situer pour que la sécurité soit respectée sur le manège.

b. Mettre en œuvre cette stratégie et déterminer l'intervalle I (on en donnera les bornes arrondies à 0,01).

Exercices

Dérivée et variations

Savoir-Faire 1 → P. 131

1 Dans chacun des cas, recopier et compléter le tableau. Tracer une courbe qui pourrait être la représentation graphique de la fonction f dans un repère orthogonal.

a)

x	-2		4
$f'(x)$		$+$	
f	0		5

b)

x	$-\infty$		-3		1		$+\infty$
$f'(x)$		$-$	0	$+$	0	$-$	
f			0		4		

2 Même exercice que le précédent.

a)

x	-5		-3		1		$+\infty$
$f'(x)$		$+$	0	$-$	0	$+$	
f	2		4		-3		

b)

x	-1		3		5
$f'(x)$		$-$	0	$-$	
f	2		-1		-3

3 Dans chacun des cas, à partir de la représentation graphique de la fonction f dans un repère orthogonal, recopier et compléter le tableau.

a)

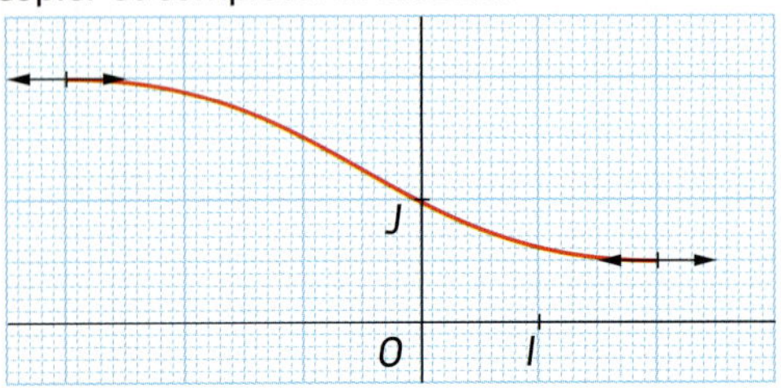

x	-3		2
$f'(x)$	?	?	?
f	?		?

b)

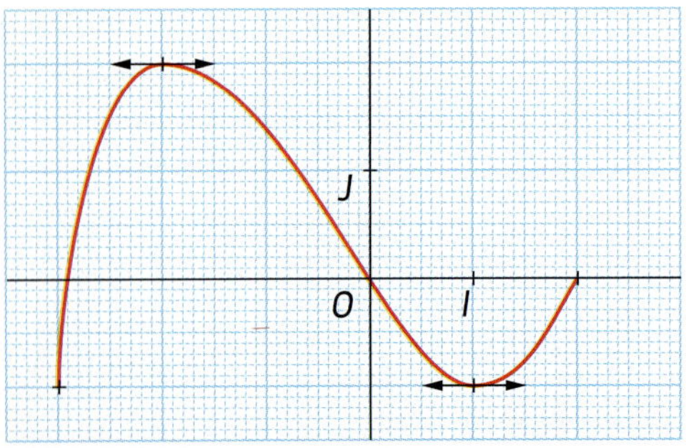

x	-3		-2		1		2
$f'(x)$		$+$	?	$-$	?	$+$	
f							

4 Même exercice que le précédent.

a)

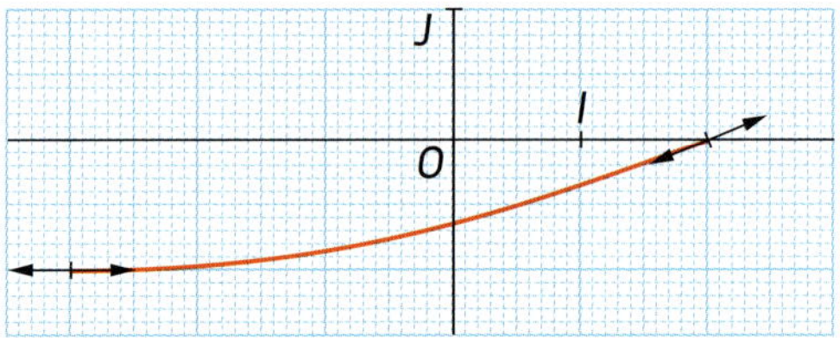

x	-3		2
$f'(x)$	?	$+$	?
f			

b)

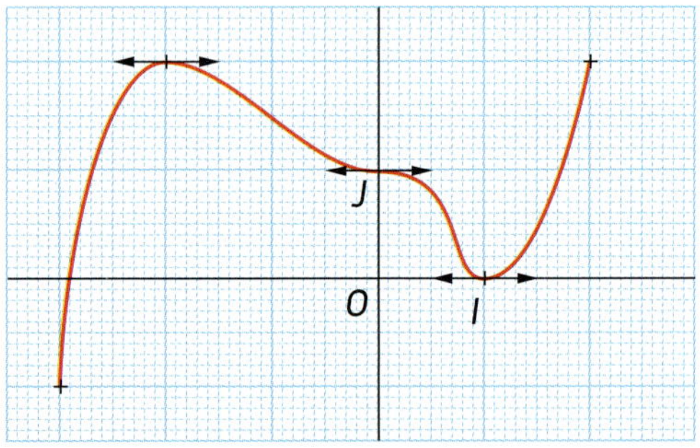

x	-3		-2		0		1		2
$f'(x)$		?	?	$-$	?	$-$	?	?	
f	?		?				?		?

Savoir-Faire 2 → P. 131

5 On considère une fonction f définie et dérivable sur l'intervalle I (ou sur la réunion d'intervalles I). Calculer alors la dérivée f' de f, étudier son signe et dresser le tableau de variation de f.

a) $f(x) = x^2 + x - 2$ et $I = [-3\,;2]$.

b) $f(t) = t^3 - 3t + 2$ et $I = \mathbb{R}$.

6 Même exercice que le précédent avec :

a) $f(x) = 3x^2 - 6x + 4$ et $I = [-2\,;4]$.

b) $f(x) = -2x^3 + \dfrac{7}{2}x^2 - 2x + 1$ et $I = [-2\,;+\infty[$.

7 Même exercice que le précédent avec :

a) $f(x) = \dfrac{x-1}{2-x}$ et $I =]-\infty\,;2[$.

b) $f(x) = x - 2 - \dfrac{4}{x+1}$ et $I =]-\infty\,;-1[\cup]-1\,;+\infty[$.

8 On considère une fonction définie et dérivable sur l'intervalle I (ou sur la réunion d'intervalles I). Calculer alors la dérivée de la fonction, étudier son signe et dresser le tableau de variation de la fonction.

a) $f(\omega)=\omega^4+\omega^3+7\omega^2$ et $I=\mathbb{R}$. (On factorisera $f'(\omega)$ par ω.)

b) $g(x)=2x^4-8x^2+1$ et $I=\mathbb{R}$. (On factorisera $g'(x)$ par x.)

9 Même exercice que le précédent avec :

a) $f(x)=\dfrac{2x-5}{x-3}$ et $I=]-\infty\,;3[\cup]3\,;+\infty[$.

b) $f(p)=2p+2+\dfrac{3}{2p+1}$ et $I=]-0{,}5\,;+\infty[$.

10 Même exercice que le précédent avec :

a) $f(x)=\dfrac{x}{x^2+1}$ et $I=[-3\,;3]$.

b) $h(t)=\dfrac{1}{2t-1}+\dfrac{1}{t+2}$ et $I=\left]-2\,;\dfrac{1}{2}\right[$.

11 Cet exercice est un questionnaire à choix multiples. Pour chaque question, indiquer l'unique réponse exacte.

1. La courbe $\mathscr{C}$ ci-dessous est la représentation graphique d'une fonction f définie sur $[0\,;3{,}5]$. Pour tout x de $[0\,;3{,}5]$:

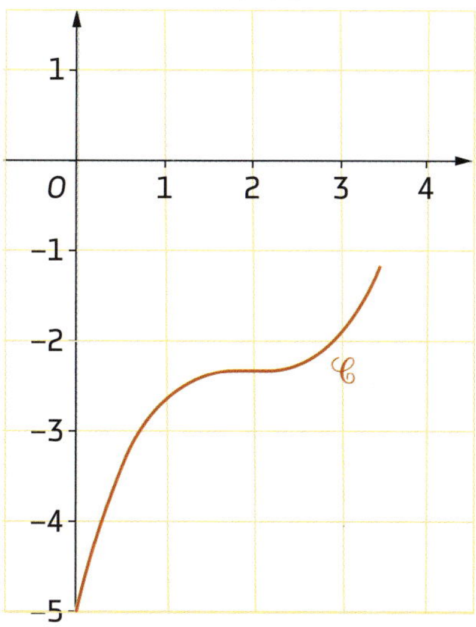

a. $f'(x)>0$

b. $f'(x)\geqslant 0$

c. $f'(x)<0$

2. Soit f la fonction définie sur $\mathbb{R}$ par : $f(t)=\dfrac{1}{1+t^2}$.

a. f est strictement croissante sur $\mathbb{R}$

b. f est strictement décroissante sur $\mathbb{R}$

c. f n'est pas monotone sur $\mathbb{R}$

12 Soit la fonction f définie sur $\mathbb{R}$ par :

$$f(x)=4x+\cos(3x).$$

a) Calculer la fonction dérivée de f.

b) Justifier que, pour tout x de $\mathbb{R}$, $f'(x)\geqslant 1$.

c) En déduire le signe de $f'(x)$ pour tout x de $\mathbb{R}$.

d) Établir le tableau de variation de f.

13 Soit la fonction f définie sur $[0\,;\pi]$ par $f(x)=\sin^2 x$.

a) Calculer la fonction dérivée de f (on pensera à écrire $f(x)=\sin x\cdot\sin x$).

b) Étudier le signe de $f'(x)$ pour tout x de $[0\,;\pi]$.

c) Établir le tableau de variation de f.

14 Soit la fonction f définie sur $\left[0\,;\dfrac{\pi}{4}\right]$ par :

$$f(t)=2\sin\left(2t+\frac{\pi}{4}\right).$$

a) Calculer la fonction dérivée de f.

b) Résoudre dans $\mathbb{R}$ l'équation $\cos T=0$.

c) En posant $T=2t+\dfrac{\pi}{4}$, résoudre alors dans $\mathbb{R}$, puis dans $\left[0\,;\dfrac{\pi}{4}\right]$, l'équation $\cos\left(2t+\dfrac{\pi}{4}\right)=0$.

d) En s'appuyant sur le cercle trigonométrique, établir le tableau de signes de $f'(t)$ pour tout t de $\left[0\,;\dfrac{\pi}{4}\right]$.

e) Établir le tableau de variation de f.

15 Soit la fonction u définie sur $[0\,;2\pi]$ par :

$$u(t)=5\cos\left(\frac{1}{4}t+\frac{\pi}{5}\right).$$

a) Calculer la fonction dérivée de u.

b) Montrer que pour tout $t\in[0\,;2\pi]$, $\left(\dfrac{1}{4}t+\dfrac{\pi}{5}\right)\in[0\,;\pi]$.

c) En déduire le signe de $u'(t)$ pour tout t de $[0\,;2\pi]$.

d) Établir le tableau de variation de u.

e) Sur la calculatrice, après avoir réglé la fenêtre d'affichage à l'aide des données du tableau de variation, tracer la courbe représentative de la fonction u.

Dérivée et représentation graphique

16 Soit la fonction f définie sur $\mathbb{R}$ par :

$$f(x)=-\frac{1}{2}x^2+3x-4.$$

On note Γ la courbe représentative de f dans un repère orthonormé (O, I, J) d'unité 1 cm.

a) Déterminer la fonction dérivée f' de f, étudier son signe et en déduire le tableau de variation de f. Vérifier que ce tableau de variation est correct en utilisant les résultats connus sur les fonctions polynômes de degré 2.

b) Déterminer les coordonnées des points d'intersection de la courbe Γ avec chacun des axes du repère.

c) Déterminer le coefficient directeur des tangentes $\mathscr{C}_A$, $\mathscr{C}_B$ et $\mathscr{C}_C$ à la courbe Γ aux points A, B et C d'abscisses respectives 0, 2 et 4.

d) Tracer les tangentes $\mathscr{C}_A$, $\mathscr{C}_B$, $\mathscr{C}_C$, la tangente au sommet de Γ et la courbe Γ.

17 Même exercice que le précédent avec la fonction f définie sur $\mathbb{R}$ par $f(x)=x^2-6x+5$ et les points A, B et C d'abscisses respectives 0, 1 et 5.

18 Soit la fonction f définie sur l'intervalle $[-1~;~2]$ par $f(x)=-2x^3+3x^2+2$. On note $\mathscr{C}$ la courbe représentative de f dans un repère orthonormé (O, I, J) d'unité 1 cm.

a) Déterminer la fonction dérivée f' de f, étudier son signe et en déduire le tableau de variation de f.

b) Déterminer le coefficient directeur des tangentes $\mathscr{T}_A$ et $\mathscr{T}_B$ à la courbe $\mathscr{C}$ aux points A et B d'abscisses respectives -1 et 2.

c) Tracer les tangentes $\mathscr{T}_A$, $\mathscr{T}_B$, les éventuelles tangentes horizontales et la courbe $\mathscr{C}$.

19 Même exercice que le précédent avec la fonction f définie sur l'intervalle $[-2{,}5~;~2]$ par $f(x)=x^3-3x+1$ et les points A et B d'abscisses respectives -2 et 2.

20 Soit la fonction f définie sur l'intervalle $]-3~;~+\infty[$ par $f(t)=\dfrac{-t+2}{t+3}$. On note $\mathscr{C}$ la courbe représentative de f dans un repère orthogonal (O, I, J) d'unités 2 cm en abscisse et 4 cm en ordonnée.

a) Déterminer la fonction dérivée f' de f, étudier son signe et en déduire le tableau de variation de f.

b) Déterminer les coordonnées du point d'intersection de la courbe $\mathscr{C}$ avec l'axe (Ox).

c) Déterminer le coefficient directeur des tangentes $\mathscr{T}_A$ et $\mathscr{T}_B$ à la courbe $\mathscr{C}$ aux points A et B d'abscisses respectives -1 et 2.

d) Tracer les tangentes $\mathscr{T}_A$, $\mathscr{T}_B$ et la courbe $\mathscr{C}$.

21 Soit la fonction f définie sur $[-4~;~4]$ par :

$$f(x)=\frac{-4x-3}{x^2+1}.$$

On note $\mathscr{C}$ la courbe représentative de f dans un repère orthonormé d'unité 1 cm.

a) Montrer que, pour tout réel x de $[-4~;~4]$, on a :

$$f'(x)=\frac{4x^2+6x-4}{(x^2+1)^2}.$$

b) En déduire le signe de $f'(x)$ puis dresser le tableau de variation de f.

c) Déterminer le coefficient directeur de la tangente $\mathscr{T}$ à la courbe $\mathscr{C}$ au point A d'abscisse 0.

d) Tracer la tangente $\mathscr{T}$, les éventuelles tangentes horizontales et la courbe $\mathscr{C}$.

22 Soit la fonction f définie sur $\mathbb{R}^*$ par :

$$f(x)=x-3+\frac{7}{x}-\frac{3}{x^2}.$$

1. a) Déterminer la fonction dérivée f'de f.

b) Déterminer le signe de $f'(x)$ (on pourra se servir de la copie d'écran ci-dessous) puis dresser le tableau de variation de f.

```
1 factoriser(x^3-7x+6)
        (x-2)*(x-1)*(x+3)
```

2. Soit la courbe représentative $\mathscr{C}$ de la fonction f dans un repère orthonormé (O, I, J).

a) Déterminer une équation de la tangente $\mathscr{T}$ à la courbe $\mathscr{C}$ au point d'abscisse 3.

b) Après avoir réglé la fenêtre de la calculatrice à l'aide des données du tableau de variation, tracer la tangente $\mathscr{T}$ et la courbe $\mathscr{C}$ sur la calculatrice.

23 Soit la fonction f définie sur l'intervalle $[-3~;~3]$ par $f(x)=\dfrac{x^2-1}{x^2+1}$. On note $\mathscr{C}$ sa courbe représentative dans un repère orthogonal (O, I, J) d'unités 2 cm en abscisse et 5 cm en ordonnée.

1. Étude sur [0 ; 3]

a) Déterminer la fonction dérivée f' de f, étudier son signe et en déduire le tableau de variation de f sur $[0~;~3]$.

b) Déterminer le coefficient directeur de la tangente $\mathscr{T}$ à $\mathscr{C}$ au point d'abscisse 2.

c) Tracer la tangente $\mathscr{T}$, les éventuelles tangentes horizontales puis la courbe $\mathscr{C}$ sur $[0~;~3]$.

2. Étude sur [– 3 ; 3]

a) Montrer que, pour tout réel x de $[-3~;~3]$, $f(-x)=f(x)$.

b) Sachant que la fonction f est paire, tracer alors la courbe $\mathscr{C}$ sur $[-3~;~3]$.

24 Soit la fonction f définie sur l'intervalle $[-2~;~2]$ par $f(x)=-x^3+x$. On note $\mathscr{C}$ sa courbe représentative dans un repère orthogonal (O, I, J) d'unités 4 cm en abscisse et 2 cm en ordonnée.

1. Étude sur [0 ; 2]

a) Déterminer la fonction dérivée f' de f, étudier son signe et en déduire le tableau de variation de f sur $[0~;~2]$.

b) Déterminer les coordonnées des points d'intersection de la courbe $\mathscr{C}$ sur $[0~;~2]$ avec chacun des axes de coordonnées.

c) Déterminer le coefficient directeur des tangentes $\mathscr{T}_A$ et $\mathscr{T}_B$ à $\mathscr{C}$ aux points d'abscisses 0 et 1.

d) Tracer les tangentes $\mathscr{T}_A$ et $\mathscr{T}_B$, les éventuelles tangentes horizontales puis la courbe $\mathscr{C}$ sur $[0~;~2]$.

2. Étude sur [– 2 ; 2]

a) Montrer que pour tout réel x de $[-2~;~2]$, $f(-x)=-f(x)$.

b) Sachant que la fonction f est impaire, tracer alors la courbe $\mathscr{C}$ sur $[-2~;~2]$.

25 En traçant la représentation graphique de la fonction f définie sur $\mathbb{R}$ par $f(x) = 30x^3 - x$ à la calculatrice, on obtient :

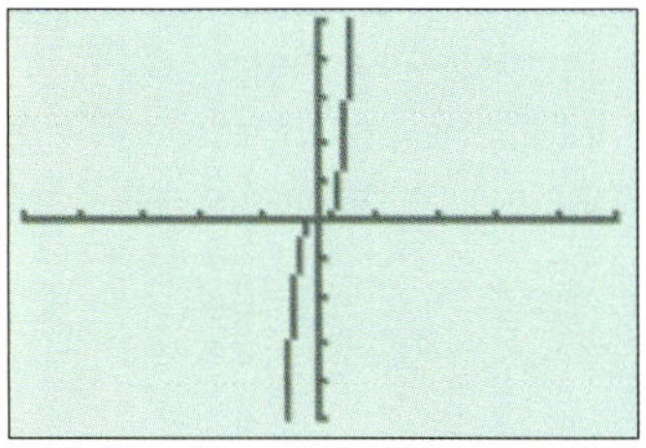

a) La courbe laisse supposer un certain sens de variation de la fonction f sur $\mathbb{R}$. Est-ce réellement le cas ? Justifier la réponse en calculant la fonction dérivée de f.

b) Si la courbe ci-dessus induit en erreur, proposer un réglage de la fenêtre de la calculatrice qui permette de rendre visible tous les changements de sens de variation. Afficher la courbe sur la calculatrice.

26 Même exercice que le précédent avec la fonction f définie sur $\mathbb{R}$ par $f(x) = -40x^4 + x^2$ et la représentation graphique obtenue à la calculatrice :

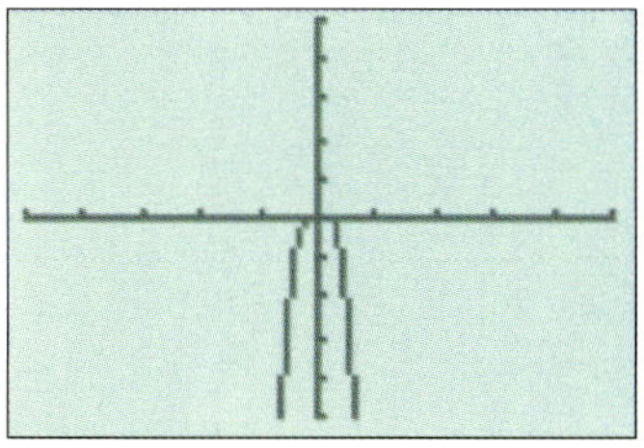

Extrema et tableau de variation

27 Donner les extrema de la fonction f qui peuvent être obtenus par lecture du tableau de variation.

a)

x	$-\infty$		3		$+\infty$
f		↗	1	↘	

b)

x	-5		-3		-1		$+\infty$
f	4	↘	-1	↗	2	↘	

28 Même exercice que le précédent.

a)

x	-7		-3		6
f	-3	↘	-4	↗	2

b)

x	-5		-3		-1		7
f	4	↗	9	↘	-6	↗	8

29 Même exercice que le précédent.

a)

x	-1		2		$+\infty$
f	-100	↗	-4	↘	

b)

x	-5		-4		-1		$+\infty$
f	-3	↗	5	↘	-3	↗	

30 On considère la fonction f définie sur l'intervalle $I = [-4 ; -1]$ par $f(x) = \dfrac{2x+3}{x-1}$.

Après avoir calculé la fonction dérivée f', dresser le tableau de variation de f et en déduire alors les extrema de f sur I.

31 Même exercice que le précédent avec :

$$f(x) = -x + 3 - \frac{4}{x+1} \text{ et } I = [-5 ; -2].$$

32 Même exercice que le précédent avec :

$$f(u) = 3u^4 - 8u^3 + 8 \text{ et } I = [-1 ; 3].$$

33 Même exercice que le précédent avec :

$$f(x) = \cos x - 3x \text{ et } I = [0 ; \pi].$$

34 Soit la fonction f définie sur $[0 ; \pi]$ par :

$$f(x) = 5\cos(2x).$$

a) Après avoir calculé la fonction dérivée f', dresser le tableau de variation de f.

b) En déduire alors les extrema de f. Ce résultat était-il prévisible ? Pourquoi ?

35 Même exercice que le précédent avec la fonction f définie sur $[0 ; 3\pi]$ par $f(t) = 3\sin\left(\dfrac{1}{3}t\right)$.

Signe et tableau de variation

36 Dans chaque cas, f désigne une fonction définie et dérivable sur $\mathbb{R}$.

Déterminer le signe de $f(x)$ pour tout réel x à partir du tableau de variation de f.

Justifier succinctement la réponse.

a)

x	$-\infty$		0		$+\infty$
f		↘	$\frac{1}{3}$	↗	

b)

x	$-\infty$		2		3		5		$+\infty$
f		↘	1	↗	4	↘	0	↘	

37 Même exercice que le précédent.

a)

x	-3		-2		7		$+\infty$
f	1	↗	4	↘	0	↘	

b)

x	$-\infty$		2		3		5		$+\infty$
f		↗	0	↗	1	↘	$0{,}5$	↗	

38 Même exercice que le précédent.

a)

x	-4		2		3		5		$+\infty$
f	$\sqrt{2}$	↘	0	↘	$-\sqrt{2}$	↗	0	↗	

b)

x	$-\infty$		-2		1		2
f		↗	0	↘	-3	↗	$-0{,}01$

39 Soit la fonction f définie sur $I = [0\,;+\infty[$ par :

$$f(x) = x^3 - x^2 - x + 1.$$

a) Après avoir calculé la fonction dérivée f' de f, dresser le tableau de variation de f.

b) En déduire le signe de f sur I. Que peut-on en conclure sur la courbe représentative $\mathscr{C}$ de la fonction f dans un repère orthogonal (O, I, J) ?

40 Soit la fonction f définie sur $\mathbb{R}^*$ par $f(x) = x + 3 - \dfrac{4}{x^2}$.

a) Déterminer la fonction derivée f' de f.

b) Déterminer le signe de $f'(x)$ pour tout réel x de $\mathbb{R}^*$ (on pourra se servir de la copie d'écran ci-dessous) puis dresser le tableau de variation de f.

```
1 factoriser(x^3+8)
        (x+2)*(x^2-2*x+4)
```

c) Après avoir reporté la valeur de $f(1)$ dans ce tableau de variation, en déduire le signe de f sur $\mathbb{R}^*$. Que peut-on en conclure sur la courbe représentative $\mathscr{C}$ de la fonction f dans un repère orthogonal (O, I, J) ?

41 Soit la fonction f définie sur $\mathbb{R}$ par $f(t) = t - \sin t$.

a) Après avoir calculé la fonction dérivée f' de f, dresser le tableau de variation de f.

b) Après avoir reporté la valeur de $f(0)$ dans ce tableau, en déduire le signe de f sur $\mathbb{R}$. Que peut-on en conclure sur la courbe représentative $\mathscr{C}$ de la fonction f dans un repère orthogonal (O, I, J) ?

Équations et tableau de variation

42 Pour chacune des équations proposées, utiliser le tableau de variation de f pour :

- indiquer le nombre de solutions ;
- donner une inégalité, un encadrement ou une égalité satisfait par chacune de ses éventuelles solutions.

x	-4		-2		1
f	-3	↘	-7	↗	-2

a) $f(x) = 0$ **b)** $f(x) = -4$ **c)** $f(x) = -2{,}5$

43 Même exercice que le précédent.

x	-3		0		4
f	0	↗	1	↘	-2

a) $f(x) = 0$ **b)** $f(x) = -3$ **c)** $f(x) = 0{,}5$

44 Même exercice que le précédent.

x	-5		-3		-1		1
f	-4	↗	9	↘	-6	↗	11

a) $f(x) = 9$ **b)** $f(x) = -5$ **c)** $f(x) = 10$

45 Soit la fonction f définie sur $[-4\,;3]$ par :

$$f(x) = 2x^3 + 3x^2 - 12x.$$

a) Déterminer la fonction dérivée f' de f, étudier le signe de f' et dresser alors le tableau de variation de f.

b) À l'aide de ce tableau de variation, recopier et compléter le tableau ci-dessous :

Équation	Nombre de solutions de l'équation sur $[-4\,;3]$
$f(x) = 0$	
$f(x) = 19$	
$f(x) = -33$	
$f(x) = 25$	
$f(x) = 20$	

46 Soit la fonction f définie sur $[-2\,;-1{,}1]$ par :

$$f(x) = \frac{x^3 - x - 1}{x + 1}.$$

Un logiciel de calcul formel donne :

```
1 factoriser(deriver((x^3-x-1)/(x+1),x))
        x^2*(2*x+3)
        -----------
          (x+1)^2
```

a) Étudier le signe de la fonction derivée f' de f et dresser alors le tableau de variation de f.

b) À l'aide de ce tableau de variation, recopier et compléter le tableau ci-dessous :

Équation	Nombre de solutions de l'équation sur $[-2 ; -1{,}1]$
$f(x) = 0$	
$f(x) = 6$	
$f(x) = -1{,}1$	
$f(x) = 5{,}75$	
$f(x) = 12{,}32$	

47 Cet exercice est un questionnaire à choix multiples. Pour chaque question, indiquer l'unique réponse exacte.

On donne ci-dessous le tableau de variation d'une fonction f définie sur $[-10 ; 10]$.

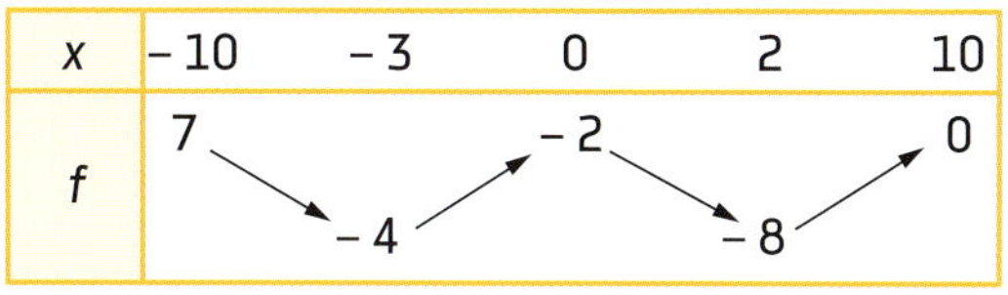

1. Le maximum et le minimum de f sur $[-10 ; 10]$ sont respectivement :

a. 10 et – 10 **b.** 7 et – 8 **c.** 7 et 0

2. La fonction f est :

a. de signe constant sur $[-10 ; 10]$

b. positive sur $[-3 ; 0]$ et $[2 ; 10]$

c. négative sur $[-3 ; 10]$

3. L'équation $f(x) = -1$ a :

a. 0 solution **b.** 2 solutions **c.** 4 solutions

48 Soit la fonction f définie sur $\mathbb{R}$ par :

$$f(x) = -x^3 - 6x + 3.$$

1. Déterminer la fonction dérivée f' de f, étudier le signe de f' et dresser alors le tableau de variation de f.

2. En déduire que l'équation $-x^3 - 6x + 3 = 0$ admet une solution unique a dans l'intervalle $[0 ; 1]$. En utilisant un tableau de valeurs de $f(x)$, déterminer la valeur arrondie de a à 0,1.

3. À l'aide du tableau de variation de f, répondre aux questions suivantes en justifiant :

a) donner l'ensemble de solutions de l'équation :

$$-x^3 - 6x + 3 = 0 \text{ sur } \mathbb{R} ;$$

b) donner le signe de $f(x)$ pour tout réel x.

49 Soit la fonction définie sur $[0 ; \pi]$ par :

$$f(x) = 2\sin x - x.$$

1. a) Déterminer la fonction dérivée f' de f.

b) Résoudre l'équation $\cos x = \frac{1}{2}$ sur $[0 ; \pi]$.

c) En s'appuyant sur le cercle trigonométrique, en déduire le signe de f'.

d) Dresser alors le tableau de variation de f.

2. a) En déduire que l'équation $2\sin x - x = 0$ admet exactement deux solutions dans l'intervalle $[0 ; \pi]$.

On note a et b ces deux solutions avec $a < b$.

b) Donner la valeur exacte de a et, en utilisant un tableau de valeurs de $f(x)$, déterminer une valeur approchée de b à 0,1 près.

c) Donner enfin le signe de $f(x)$ pour tout réel x de $[0 ; \pi]$.

50 Soit la fonction f définie sur $\mathbb{R}$ par :

$$f(x) = x^5 - 5x^3.$$

a) Déterminer la fonction dérivée f' de f, étudier le signe de f' et dresser alors le tableau de variation de f.

b) En déduire que l'équation $x^5 - 5x^3 = 12$ admet une seule solution dans l'intervalle $[-3 ; 3]$.

c) Déterminer une valeur approchée à 10^{-1} près de cette solution.

d) À l'aide du tableau de variation de f, donner l'ensemble de solutions de l'équation $x^5 - 5x^3 = 12$ sur $\mathbb{R}$.

51 Soit la fonction f définie sur $]0 ; +\infty[$ par :

$$f(x) = -3x - \frac{3}{2x^2}.$$

1. On a réalisé une copie d'écran d'un logiciel de calcul formel :

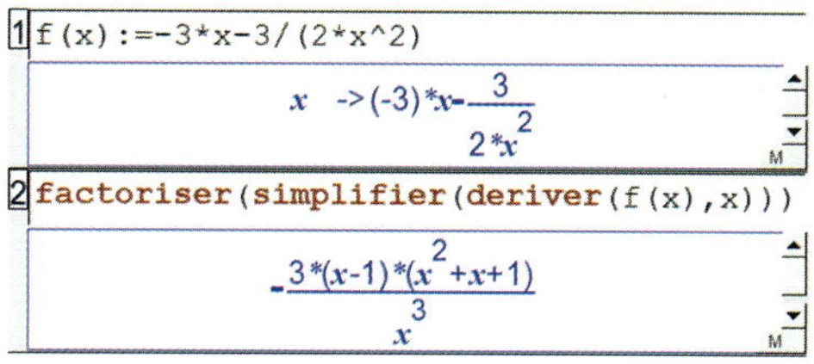

a) Donner une expression de la fonction dérivée f' de f.

b) Déterminer le signe de f' puis dresser le tableau de variation de f.

2. a) En utilisant le tableau de variation précédent, montrer que l'équation $-3x - \frac{3}{2x^2} = -5$ admet deux solutions dans l'intervalle $\left[\frac{1}{2} ; 2\right]$.

b) Donner une valeur approchée à 10^{-1} près de chacune de ces solutions.

c) Que peut-on dire de l'équation $-3x - \frac{3}{2x^2} = -5$ sur $]0 ; +\infty[$? Justifier.

Exercices

52 On considère la fonction f définie par :

$$f(x) = x^3 - 3x.$$

1. a) Calculer la fonction dérivée de f et étudier son signe.
b) Établir le tableau de variation de f.

Dans toute la suite, on s'intéresse à l'équation $x^3 - 3x = 3$.

2. À l'aide du tableau de variation, justifier que cette équation admet une unique solution a dans $\mathbb{R}$.

3. On donne la feuille de calcul ci-dessous, établie à l'aide d'un tableur.

	A	B
1	x	f(x)
2	1	-2
3	2	2
4	3	18
5	4	52
6	5	110
7	6	198
8	7	322
9	8	488
10	9	702
11	10	970
12	11	1298

a) Proposer une formule à saisir dans la cellule A3 pour obtenir la colonne A par recopie vers le bas.
b) Proposer une formule à saisir dans la cellule B2 pour obtenir la colonne B par recopie vers le bas.
c) Donner un intervalle de longueur 1 contenant a.
d) Comment doit-on modifier la feuille de calcul pour obtenir un encadrement de a d'amplitude 10^{-2} ?

53 Algo On considère la fonction f définie sur $\mathbb{R}^*$ par :

$$f(x) = x^2 + \frac{2}{x}.$$

1. a) Calculer la fonction f' dérivée de f et montrer que, pour tout x de $\mathbb{R}^*$:

$$f'(x) = \frac{2(x-1)(x^2+x+1)}{x^2}.$$

b) Étudier le signe de f' puis établir le tableau de variation de f.

Dans toute la suite, on s'intéresse à l'équation (E) :

$$x^2 + \frac{2}{x} = 2.$$

2. a) À l'aide d'une représentation graphique sur la calculatrice, conjecturer un intervalle I de longueur 1 dans lequel l'équation (E) admet une solution.
b) À l'aide du tableau de variation, justifier que cette équation admet une unique solution a dans $\mathbb{R}^*$.

3. On donne l'algorithme suivant :

```
Variables :       a, b et p sont des réels
Initialisation :  a prend la valeur – 2
                  p prend la valeur 0,1
                  b prend la valeur a² + 2/a
Traitement :      Tant que b > 2
                     a prend la valeur a + p
                     b prend la valeur a² + 2/a
                  Fin Tant que
Sortie :          Afficher « [ », a-p, « ; », a, « ] »
```

a) À quoi correspond l'intervalle que l'on obtient en utilisant cet algorithme ?
b) Comment doit-on modifier cet algorithme pour obtenir un intervalle d'amplitude 10^{-3} ?

54 Fichier GeoGebra On considère la fonction f définie sur $\mathbb{R}$ par :

$$f(x) = x^4 - 2x^2.$$

1. a) Calculer la fonction dérivée de f et étudier son signe.
b) Établir le tableau de variation de f.

2. Dans cette question, on s'intéresse à l'équation $x^4 - 2x^2 = -0{,}5$.

a) À l'aide du tableau de variation, justifier que cette équation admet 4 solutions dans $[-2\ ;\ 2]$, puis dans $\mathbb{R}$.
b) Sur un logiciel de géométrie dynamique, proposer une construction qui permette de déterminer une valeur arrondie à 10^{-2} de chacune de ces solutions.

3. Dans cette question, on s'intéresse à l'équation $x^4 - 2x^2 = a$, où a est un nombre réel.

Élaborer une stratégie qui permette de déterminer, à l'aide d'un logiciel de géométrie dynamique, le nombre de solutions de cette équation suivant les valeurs de a.

Vrai-Faux

55 Dans chaque question, indiquer, pour chacune des affirmations, si elle est vraie ou fausse. Justifier.

1. Soit la fonction f définie sur $]0\,;+\infty[$ par :

$$f(x)=\frac{1}{2}x^2+\frac{1}{x}.$$

Alors :

a) $f'(x)=\dfrac{(x-1)(x^2+x+1)}{x^2}$;

b) f est croissante sur $]0\,;+\infty[$;

c) le minimum de f sur $]0\,;+\infty[$ est $\dfrac{3}{2}$;

d) le maximum de f sur $]0\,;+\infty[$ est 40.

2. La fonction f définie sur $\mathbb{R}$ par :

$$f(x)=-2x^3-3x^2-2x+7$$

est :

a) décroissante sur $\mathbb{R}$;

b) négative sur $\mathbb{R}$;

c) négative sur $]-\infty\,;1[$;

d) positive sur $[0\,;+\infty[$.

3. Soit la fonction f définie sur $[0\,;+\infty[$ par :

$$f(x)=2x-\frac{3}{x^2+1}.$$

Alors :

a) l'équation $f(x)=1$ admet une unique solution sur $[0\,;1]$;

b) l'équation $f(x)=0$ admet une unique solution sur $[0\,;1]$;

c) l'équation $f(x)=0$ admet une unique solution sur $[0\,;+\infty[$;

d) la valeur arrondie à 0,1 de l'abscisse du point d'intersection de la courbe représentative de f et de l'axe des abscisses est 0,9.

4. Soit la fonction f définie sur $\mathbb{R}$ par :

$$f(t)=3t+\sin(2t).$$

Alors :

a) f est croissante sur $\mathbb{R}$;

b) f est périodique de période 2π ;

c) f est positive sur $[0\,;+\infty[$;

d) l'équation $f(t)=3$ admet une unique solution sur $\mathbb{R}$.

5. Soit la fonction f définie sur $[-3\,;4]$ par :

$$f(x)=\frac{2}{3}x^3+x^2-4x.$$

Alors :

a) f est croissante sur $[-3\,;-2]$;

b) f est négative sur $[-2\,;1]$;

c) f admet $\dfrac{20}{3}$ pour maximum sur $[-3\,;4]$;

d) l'inéquation $f(x)\leqslant 15$ admet $[-3\,;3]$ pour ensemble de solutions.

QCM

56 Pour chaque question, indiquer la seule proposition exacte.

	A	B	C	D
1. La fonction f définie sur $\mathbb{R}$ par $f(x)=30x^6-x^5$ est :	croissante sur $[0;+\infty[$	positive sur $[0;+\infty[$	croissante sur $[0;1]$	positive sur $[1;+\infty[$
2. La fonction f définie sur $[1;4]$ par $f(x)=\dfrac{1}{x}-\dfrac{1}{x^2}$	admet un maximum atteint en 4	admet un maximum atteint en 1	admet un maximum atteint en 2	n'a pas de maximum
3. Le tableau de signes : x : $-\infty$ … 1 … $+\infty$ … : $-$ 0 $+$ est celui de :	$2x^3+3x^2+5$	$-2x^3-3x^2+5$	$2x^3-3x^2+1$	$2x^3+3x^2-5$
4. L'équation $\dfrac{1}{3}x^3-0{,}01x-0{,}01=0$ d'inconnue $x\in\mathbb{R}$:	n'a pas de solution	a une seule solution	a exactement trois solutions	a une infinité de solutions

Problèmes

57 La courbe $\mathscr{C}$ ci-dessous possède les propriétés suivantes :

- le point A de coordonnées $(0\ ;\ 3)$ appartient à $\mathscr{C}$;
- la droite d d'équation $y = x + 3$ est tangente à $\mathscr{C}$ au point A ;
- la courbe $\mathscr{C}$ est la représentation d'une fonction croissante sur $[0\ ;\ 1]$ et décroissante sur $[1\ ;\ 2]$.

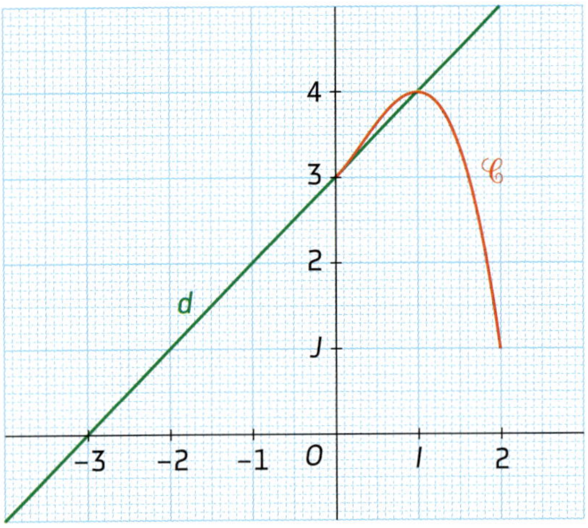

Le but de l'exercice est de déterminer quelle fonction, parmi les suivantes, toutes définies sur $[0\ ;\ 2]$, admet pour représentation graphique la courbe $\mathscr{C}$:

- $f(x) = 5 - \dfrac{4}{x+2}$
- $g(x) = -x^3 + x^2 + x + 3$
- $h(x) = \dfrac{x+3}{x^2+1}$

a) Recopier et compléter le tableau suivant.

	Valeur de la fonction en 0	Valeur de la fonction dérivée en 0	Sens de variation de la fonction sur [0; 2]
f			
g			
h			

b) À la lecture de ce tableau, déterminer la fonction représentée par $\mathscr{C}$.

58 **Étude de l'équation $x^3 = 15x + 4$** REPRÉSENTER

1. Conjectures à l'aide de la calculatrice

Sur une calculatrice graphique, tracer la courbe représentative de la fonction $x \mapsto x^3$ et la droite d'équation $y = 15x + 4$. Émettre une conjecture sur le nombre de solutions de l'équation $x^3 = 15x + 4$.

2. À l'aide d'une étude de fonction

On considère la fonction f définie sur $\mathbb{R}$ par :

$$f(x) = x^3 - 15x - 4.$$

a) Déterminer la fonction dérivée de f. Étudier le signe de $f'(x)$.

b) Établir le tableau de variation de f.

c) Utiliser le tableau de variation pour déterminer le nombre de solutions de l'équation $f(x) = 0$ dans l'intervalle $[-5\ ;\ 5]$, puis le nombre de solutions dans $\mathbb{R}$. Cela confirme-t-il ou non la conjecture émise au **1.** ?

3. Recopier et compléter le tableau suivant.

x	-4	-3	-2	-1	0	1	2	3	4
$f(x)$									

En déduire un encadrement entre deux entiers consécutifs, ou la valeur exacte, de chacune des solutions.

4. Résolution algébrique CALCULER

a) Montrer que, pour tout réel x, on a :

$$x^3 - 15x - 4 = (x-4)(x^2 + 4x + 1).$$

b) Résoudre alors l'équation $x^3 - 15x - 4 = 0$. (On comparera avec les résultats obtenus à la question **3.**)

59 Fichier GeoGebra **La piscine municipale**

Cet exercice peut être traité sans les TICE en ne traitant pas la question 3.

Le budget d'une commune lui permet d'acquérir un terrain de 1 800 m². Elle se propose d'acheter un terrain rectangulaire $ABCD$ et d'y construire une piscine constituée d'un bassin rectangulaire entouré d'un dallage, avec les dimensions indiquées sur la figure ci-dessous.

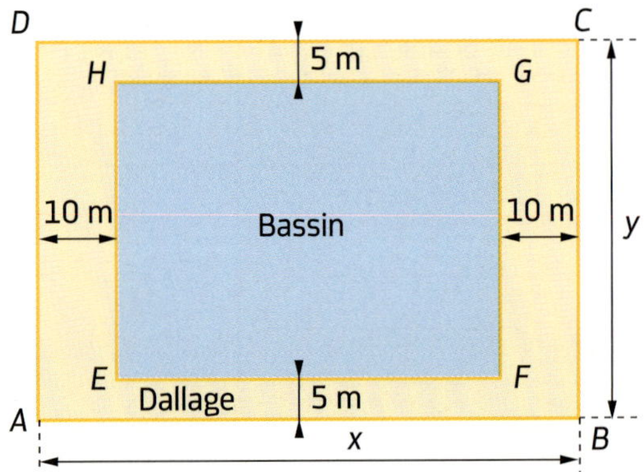

1. On rappelle que le terrain $ABCD$ a une aire de 1 800 m². Déterminer une expression de y en fonction de x.

2. Montrer que x varie dans l'intervalle $[20\ ;\ 180]$.

3. CHERCHER **a)** À l'aide d'un logiciel de géométrie dynamique, créer sur l'axe des abscisses un point B dont l'abscisse varie entre 20 et 180. Créer alors le rectangle $ABCD$, puis le rectangle $EFGH$ suivant les conditions données dans le texte.

b) Faire varier la position de B et observer l'aire de $EFGH$. Émettre une conjecture sur l'aire maximale du rectangle $EFGH$ et la position de B donnant cette aire maximale.

4. MODÉLISER **a)** Exprimer en fonction de x, les distances EF et FG, puis l'aire du rectangle $EFGH$.
Pour tout réel x de [20 ; 180], on note $f(x)$ l'aire du rectangle $EFGH$. Vérifier que, pour tout réel x de [20 ; 180],

$$f(x) = -10x - \frac{36\,000}{x} + 2\,000.$$

b) Calculer la fonction dérivée de f et montrer que, pour tout réel x de [20 ; 180], $f'(x) = \dfrac{-10x^2 + 36\,000}{x^2}$.

c) Étudier le signe de $f'(x)$ pour tout réel x de [20 ; 180].

d) Établir le tableau de variation de f sur [20 ; 180].

e) En déduire la valeur de x pour laquelle l'aire du bassin est maximale et la valeur de ce maximum.

60 Le conteneur CHERCHER, MODÉLISER

Les dimensions d'un conteneur sont normalisées pour faciliter son transport à l'international. Elles sont données en pieds, et le conteneur de référence mesure 20 pieds de long. Il a un volume de 1 360 pieds^3. On désigne par x la profondeur du conteneur et par h sa hauteur (voir la figure ci-dessous).

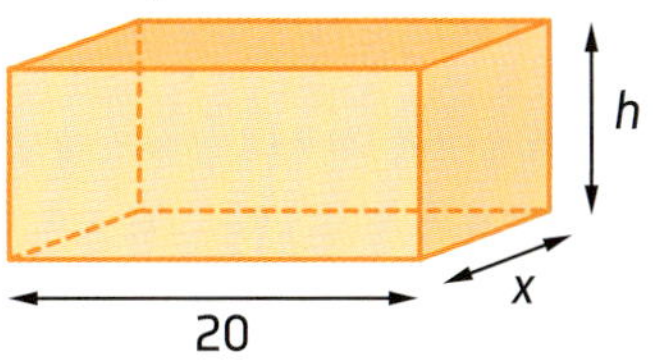

1. Si le conteneur a une profondeur x de 10 pieds, quelle est sa hauteur ?

2. a) Élaborer une stratégie pour déterminer les dimensions x et h d'un conteneur telles que la surface d'acier à utiliser pour le construire soit minimale.

b) Mettre en œuvre cette stratégie.

61

Fichier GeoGebra **Cet exercice peut être traité sans les TICE en ne traitant pas la partie A.**

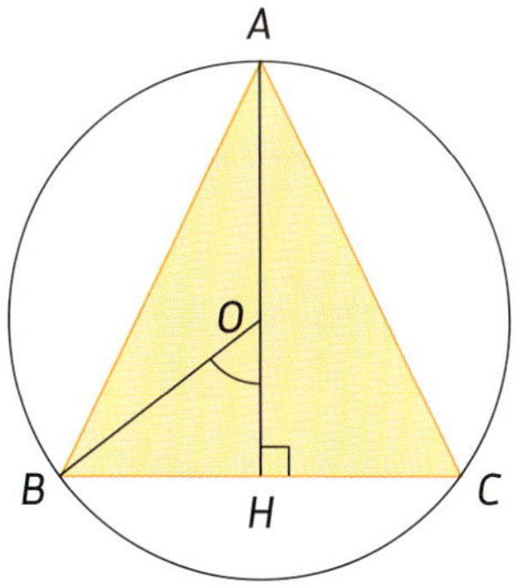

Un triangle ABC isocèle de sommet principal A est inscrit dans un cercle de centre O et de rayon 1. On appelle H le pied de la hauteur issue de A.
L'objectif est de déterminer les triangles ABC vérifiant les contraintes précédentes et d'aire maximale.

Partie A

À l'aide d'un logiciel de géométrie dynamique, construire une figure correspondant au problème posé, à partir d'un point B libre sur le cercle de centre O et de rayon 1. Afficher alors la mesure de l'angle $\widehat{HOB}$ en radians et l'aire du triangle ABC. Déplacer le point B et émettre une conjecture sur la mesure de l'angle pour lequel l'aire est maximale, la valeur de cette aire maximale et la nature du triangle lorsque l'aire est maximale.

Partie B

Soit α la mesure en radians de l'angle $\widehat{HOB}$ avec :

$$0 \leqslant \alpha \leqslant \pi.$$

1. a) Exprimer OH, HB puis BC et AH en fonction de α.

b) En déduire, en fonction de α, l'aire du triangle ABC.

2. On considère la fonction f définie sur $[0\ ;\ \pi]$ par $f(\alpha) = \sin\alpha\,(1 + \cos\alpha)$.
On donne ci-dessous une copie d'écran d'un logiciel de calcul formel :

```
1 f(x):=sin(x)*(1+cos(x))
      x -> sin(x)*(1+cos(x))
2 factoriser(simplifier(deriver(f(x),x)))
      (cos(x)+1)*(2*cos(x)-1)
```

a) Donner le signe de $\cos\alpha + 1$.

b) Résoudre l'équation $(\cos\alpha + 1)(2\cos\alpha - 1) = 0$ dans $[0\ ;\ \pi]$.

c) En s'aidant du cercle trigonométrique, établir le tableau de signes de $2\cos\alpha - 1$ pour tout α de $[0\ ;\ \pi]$.

d) En déduire le signe de $f'(\alpha)$ suivant les valeurs de α appartenant à $[0\ ;\ \pi]$.

e) Établir alors le tableau de variation de la fonction f.

3. L'exploitation du tableau de variation permet-elle de confirmer ou non les conjectures émises à la **partie A** ?

62 Problème d'emballage CHERCHER, MODÉLISER

Un fabricant veut commercialiser un produit qui a la forme d'un parallélépipède rectangle à base carrée, dans un emballage qui a la forme d'une pyramide régulière à base carrée (voir la représentation ci-après). Les carrés $PP'Q'Q$ et $BB'C'C$ ont même centre I et leurs côtés sont deux à deux parallèles.

Le parallélépipède a pour dimensions, en centimètres :

$$BC = BB' = 8 \text{ et } AB = 6.$$

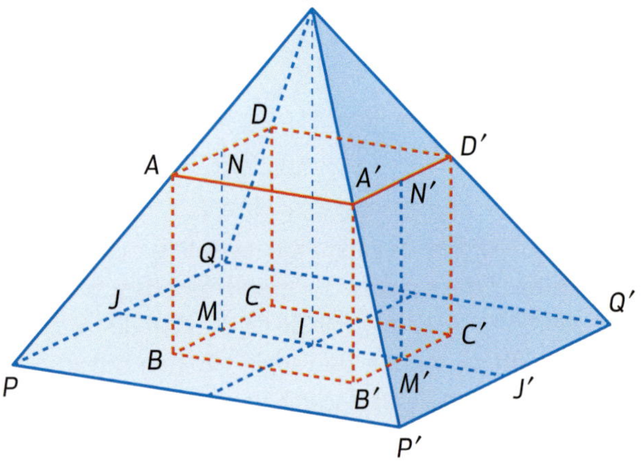

Le but du problème est de trouver les dimensions de la pyramide de telle sorte que son volume soit minimal.

Le fabricant souhaite que la longueur PQ soit inférieure ou égale à 20 cm. On pose $x = PQ$ et $h = IS$.

1. a) Dans quel intervalle le nombre x varie-t-il ?

b) Exprimer h en fonction de x. (On pourra se placer dans le plan (JSJ') comme sur la figure ci-dessous.)

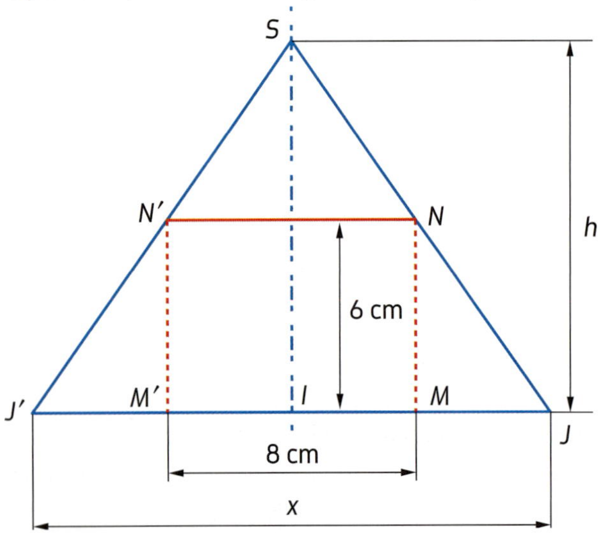

c) On rappelle que le volume d'une pyramide est $V = \frac{1}{3} B \times h$ où B est l'aire de sa base et h sa hauteur.

En déduire une expression du volume $V(x)$ de la pyramide $PQQ'P'S$.

2. Soit f la fonction définie sur l'intervalle $]8\,;20]$ par :

$$f(x) = \frac{x^3}{x-8}.$$

a) Démontrer que sur l'intervalle $]8\,;20]$, la dérivée de f est définie par $f'(x) = \frac{2x^2(x-12)}{(x-8)^2}$.

b) Étudier les variations de la fonction f.

c) Construire la courbe représentative de f dans le plan muni d'un repère orthogonal (O, I, J) (unités graphiques : 1 cm en abscisse et 2 cm pour 100 en ordonnée).

3. a) Montrer que pour tout $x \in]8\,;20]$, $V(x) = 2f(x)$.

b) En déduire la valeur de x pour laquelle le volume de la pyramide est minimal.

c) Quel est alors ce volume ? Quelle est la hauteur de la pyramide ? Quel est le volume à remplir entre le produit et l'emballage ?

63 Sous un pont

Partie A

Soit la fonction f définie sur $[-17\,;17]$ par :

$$f(x) = \frac{2}{5}\sqrt{289 - x^2}.$$

On appelle $\mathscr{C}$ sa courbe représentative dans un repère orthogonal (O, I, J) (unités graphiques : 0,5 cm en abscisse et 1 cm en ordonnée).

Un logiciel de calcul formel donne, pour la fonction dérivée, la fonction f' définie pour tout x de $]-17\,;17[$ par :

$$f'(x) = \frac{-2x}{5\sqrt{289 - x^2}}.$$

1. a) Étudier le signe de $f'(x)$ pour tout réel x de $]-17\,;17[$ et en déduire le tableau de variation de f.

b) Tracer les éventuelles tangentes horizontales, puis la courbe $\mathscr{C}$.

2. En exploitant le tableau de variation de f :

a) donner le maximum de f sur $[-17\,;17]$;

b) donner le nombre de solutions de l'équation $f(x) = 5$;

c) à l'aide d'un tableau de valeurs sur la calculatrice, donner une valeur approchée à 10^{-2} près de chacune des solutions.

Partie B

La voûte d'une arche de pont est une demi-ellipse, qui, dans le repère orthogonal (O, I, J), a pour équation $y = \frac{2}{5}\sqrt{289 - x^2}$ (les distances x et y sont en mètres).

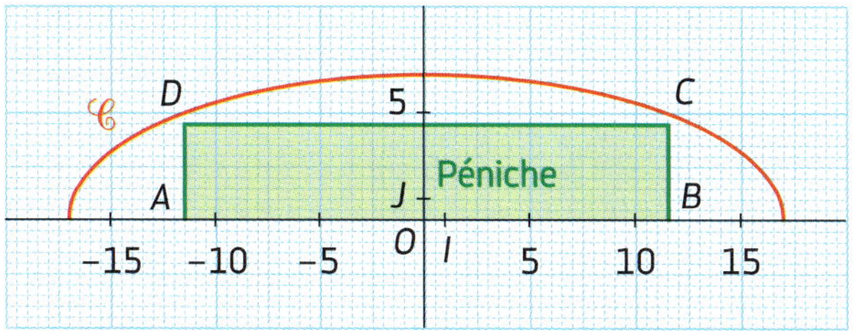

1. Quelle est la hauteur maximale sous cette arche ?

2. La coupe d'une péniche est assimilée à un rectangle, comme sur la figure ci-dessus.
On suppose que la péniche a un tirant d'air (hauteur au-dessus de la ligne de flottaison) de 4,5 m. Pour des raisons de sécurité, elle passe au plus près à 0,5 m sous la voûte du pont. Donner une valeur approchée au cm près de la largeur maximale que doit avoir une telle péniche.

64 Fichier GeoGebra Motif de carrelage

Soit la fonction f définie sur l'intervalle $[0 ; 3]$ par :

$$f(x) = -\frac{1}{3}x^3 + \frac{4}{3}x^2 - 2x + 3.$$

1. Étudier les variations de f sur l'intervalle $[0 ; 3]$.

2. Dans un repère orthonormé (O, I, J) (unité graphique 2 cm), on appelle $\mathscr{C}$ la courbe représentative de f.
a) Calculer le coefficient directeur des tangentes $\mathscr{C}_A$ et $\mathscr{C}_B$ à la courbe $\mathscr{C}$ respectivement au point A d'abscisse 0 et au point B d'abscisse 3.
b) Tracer les tangentes $\mathscr{C}_A$ et $\mathscr{C}_B$ puis la courbe $\mathscr{C}$.

3. CHERCHER Cette courbe est utilisée pour un motif de carrelage ; on veut l'intégrer dans un triangle rectangle en O dont un côté est $[OA]$ et l'autre côté est porté par la demi-droite $[OB)$. Le troisième côté de ce triangle doit passer par A et être tangent à la courbe $\mathscr{C}$ en un point E à déterminer.

a) Utiliser un logiciel de géométrie dynamique pour visualiser la situation, conjecturer l'existence d'un tel point E et la valeur de son abscisse.
b) COMMUNIQUER Élaborer une stratégie pour valider ou invalider cette conjecture.
c) Mettre en œuvre cette stratégie.

65 Résistance d'une poutre à la flexion

Dans un tronc d'arbre, on découpe une poutre de forme parallélépipédique rectangle. La figure ci-dessous représente une section du tronc (assimilée à un cercle de rayon R) et de la poutre (rectangle de dimensions l et h). On cherche la largeur et la hauteur de la poutre lui assurant la plus grande résistance possible à la flexion.

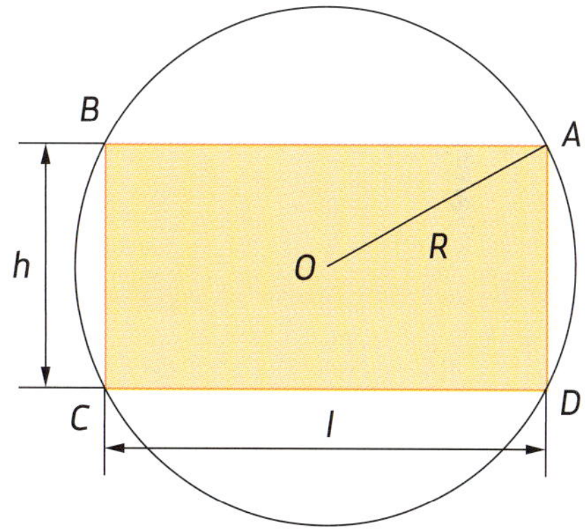

On admet que la résistance à la flexion varie comme le produit $l \times h^2$.

1. a) Exprimer h^2 en fonction de R et l.
b) En déduire que $l \times h^2 = -l^3 + 4R^2 l$.

2. Soit la fonction f définie sur $\mathbb{R}$ par :

$$f(x) = -x^3 + 4R^2 x.$$

Étudier les variations de la fonction f sur $\mathbb{R}$.

3. Comment doit-on choisir l et h pour que la poutre ait une résistance maximale à la flexion ?
En déduire le rapport $\frac{h}{l}$ qui permet d'avoir une résistance maximale à la flexion.

Problèmes

66 Résistance d'une poutre à la compression

Fichier GeoGebra

On reprend la situation (figure et notation) de l'exercice précédent et on s'intéresse cette fois à la résistance de la poutre à la compression.

On admet que la résistance à la compression est maximale quand l'aire de la section est maximale.

1. Avec un logiciel de géométrie dynamique, créer une figure dans laquelle on a un cercle de centre O et de rayon R (R variable numérique), un rectangle $ABCD$ de centre O inscrit dans le cercle (où A est libre sur le cercle et où B, C et D sont liés à A) et l'affichage de l'aire de ce rectangle. Déplacer le point A sur le cercle et observer le rectangle lorsque son aire est maximale. Faire alors varier R et reprendre la même observation.
Faire apparaître sur la figure l'angle $\widehat{AOJ}$, où J est le milieu de $[AD]$. On appelle α la mesure principale de cet angle. Quelle semble être la mesure de l'angle α qui correspond à l'aire maximale ? Quelle forme particulière semble avoir le rectangle d'aire maximale ?

2. MODÉLISER **a)** Exprimer h et l en fonction de R et α.

b) Montrer que l'aire de $ABCD$ en fonction de α est :

$$\mathcal{A}(\alpha) = 4R^2 \sin(\alpha)\cos(\alpha).$$

c) Calculer la fonction dérivée $\mathcal{A}'$ de $\mathcal{A}$, et montrer que, pour tout α de $\left]0\,;\frac{\pi}{2}\right[$, $\mathcal{A}'(\alpha) = 4R^2[2\cos^2(\alpha) - 1]$.

d) Résoudre l'équation $2\cos^2(\alpha) - 1 = 0$ dans $\left]0\,;\frac{\pi}{2}\right[$.

e) En s'aidant du cercle trigonométrique, déduire de la question précédente le signe de $\mathcal{A}'(\alpha)$ pour tout α de $\left]0\,;\frac{\pi}{2}\right[$.

f) Dresser le tableau de variation de $\mathcal{A}$.

g) En déduire la valeur de α pour laquelle la poutre résiste le mieux à la compression. Quelle forme particulière a alors la section de la poutre ?

67 L'adaptateur secteur

On souhaite modifier un adaptateur secteur (voir la photo suivante) pour avoir une tension de sortie moins ondulée. Pour ce faire, on place un condensateur à la sortie de l'adaptateur (en parallèle). On relève la tension v_S (en V) aux bornes de ce condensateur en fonction du temps t (en s).

On obtient alors la représentation sur le graphique ci-dessous (on admet que la tension v_S est périodique de période 0,01). Le but est de connaître le courant traversant le condensateur pour savoir s'il ne dépasse pas la limite constructeur (ici ± 2A) qui risque de le détériorer.

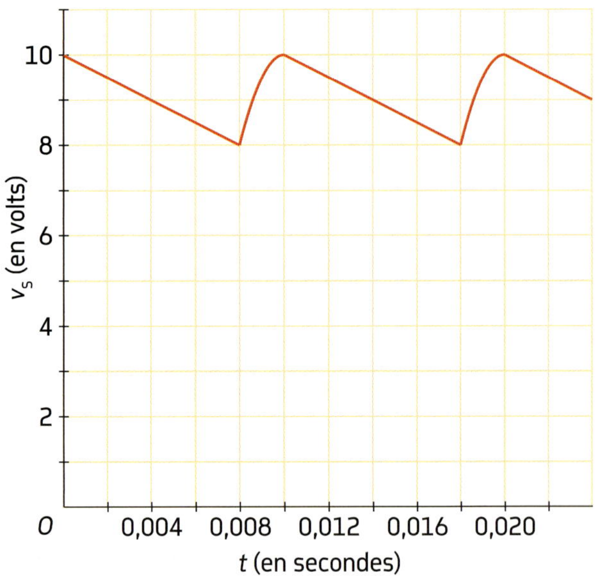

On rappelle que, pour un condensateur, la relation liant le courant i_C (en ampères) qui le traverse à la tension à ses bornes v_S est : $i_C(t) = C\cdot\frac{dv_S}{dt}(t)$ où C est la valeur de la capacité du condensateur (en farads).

On donne $C = 10^{-3}$ F.

1. Dans cette question, on travaille pour $t \in [0\,;0{,}008]$, intervalle sur lequel on considère que v_S est affine.

a) Par lecture graphique, déterminer une expression de v_S sur l'intervalle $[0\,;0{,}008]$.

b) En déduire celle de i_C sur le même intervalle.

2. Dans cette question, on travaille pour $t \in]0{,}008\,;0{,}01]$.
Sur cet intervalle, on a $v_S(t) = -10\cos(100\pi t)$.

a) Par le calcul, déterminer une expression de i_c sur cet intervalle.

b) Si $t \in]0{,}008\,;0{,}01]$, dans quel intervalle J varie $100\pi t$? Quel est le sens de variation de la fonction cosinus sur J ? Quel est alors le sens de variation de la fonction i_C sur $]0{,}008\,;0{,}01]$?

3. Vérifier enfin que i_C ne dépasse pas la limite fixée de $\pm$ 2 A sur $]0\,;0{,}01]$.

Vers le bac

68 Cet exercice est un questionnaire à choix multiples. Pour chacune des questions suivantes, une seule des quatre réponses proposées est exacte. Aucune justification n'est demandée.

1. La fonction g définie sur $\mathbb{R}$ par

$$g(x) = x^3 - 3{,}03x^2 + 3{,}06x + 2 \text{ est :}$$

a. croissante sur $\mathbb{R}$ **b.** constante sur $[0{,}9 ; 1{,}1]$

c. décroissante sur $\mathbb{R}$

d. décroissante sur un intervalle I inclus dans $\mathbb{R}$

2. La condition suivante est suffisante pour affirmer qu'une fonction h dérivable sur $\mathbb{R}$ admet un extremum en 1 :

a. $h(1) = 0$

b. $h'(1) = 0$

c. h est négative sur $]-\infty ; 1]$, nulle en 1 et positive sur $[1 ; +\infty[$

d. h' est négative sur $]-\infty ; 1]$, nulle en 1 et positive sur $[1 ; +\infty[$

3. Le nombre de solutions de l'équation $-0{,}15x^3 + x + 1 = 0$ d'inconnue $x \in \mathbb{R}$ est :

a. 0 **b.** 1 **c.** 2 **d.** 3

69 Quatre fonctions f_1, f_2, f_3 et f_4 définies et dérivables sur l'intervalle $[-3 ; 2]$ sont représentées respectivement par les courbes $\mathscr{C}_1$, $\mathscr{C}_2$, $\mathscr{C}_3$ et $\mathscr{C}_4$ ci-après.

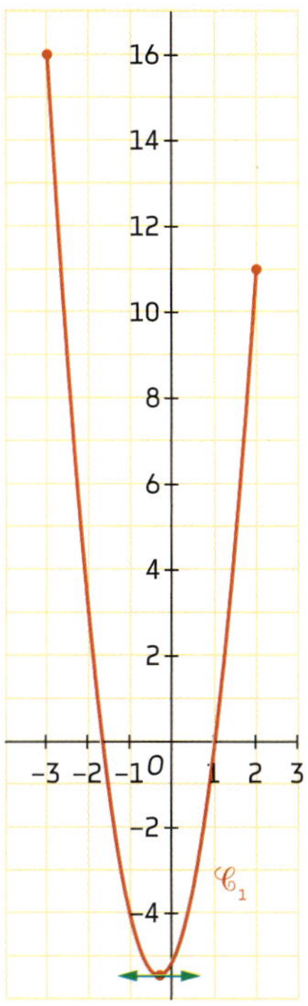

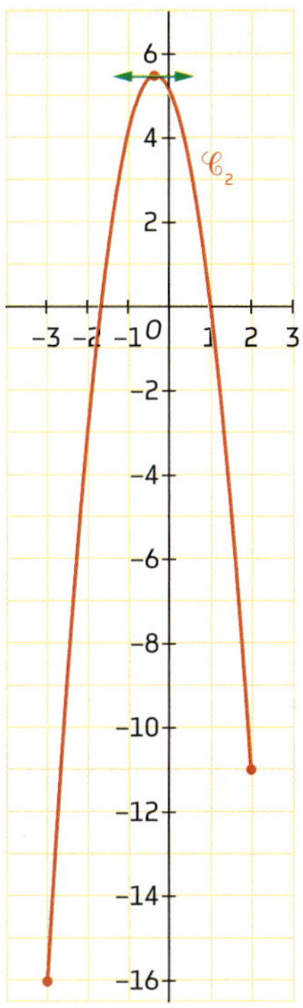

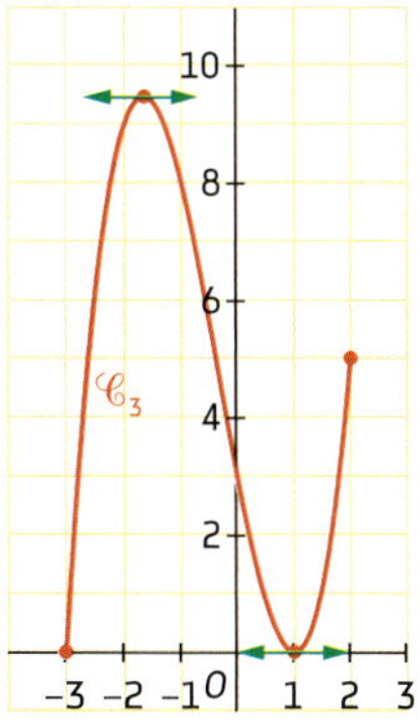

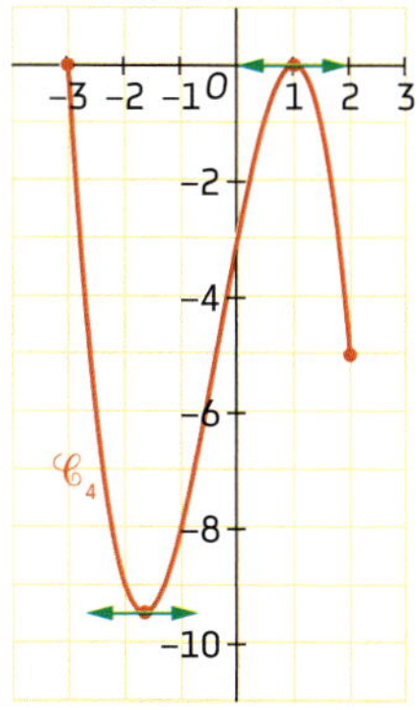

On admet que $f_1\left(-\frac{5}{3}\right) = 0$; $f_2\left(-\frac{5}{3}\right) = 0$; $f_3\left(-\frac{5}{3}\right) \approx 9{,}5$ et $f_4\left(-\frac{5}{3}\right) \approx -9{,}5$.

1. Par lecture graphique et sans justifier :

a) Donner le tableau de variation de la fonction f_3.

b) Donner le tableau de signes de la fonction f_1.

c) Donner le signe de $f_2'(-2)$, f_2' étant la dérivée de la fonction f_2.

d) Donner l'image de 2 par la fonction f_4.

2. Dans cette question, on considère la fonction g définie sur $[-3 ; 2]$ par $g(x) = (x-1)^2(x+3)$.

a) Vérifier que, pour tout réel x de $[-3 ; 2]$, on a :

$$g(x) = x^3 + x^2 - 5x + 3.$$

b) Calculer $g'(x)$, g' étant la dérivée de la fonction g.

c) En déduire le tableau de variation de la fonction g.

d) Sachant que la fonction g est l'une des quatre fonctions f_1, f_2, f_3 ou f_4 représentées précédemment, quelle est cette fonction ? Justifier la réponse.

70 *Les parties A, B et C sont dans une large mesure indépendantes.*

On s'intéresse à la production d'acier par un fabricant donné. La production journalière varie entre 0 et 18 tonnes d'acier.

Partie A

La fonction C représentée graphiquement ci-dessous donne le coût total de production en euros en fonction du nombre de tonnes d'acier produites par jour.

À l'aide de cette courbe, répondre aux questions suivantes avec la précision permise par le graphique :

1. Quel est le coût total de production pour 12 tonnes d'acier produites par jour ?

2. Combien de tonnes d'acier sont produites par jour pour un coût total de production de 1 600 € ?

Partie B

La fonction coût de la partie précédente est la fonction définie sur l'intervalle [0 ; 18] par :

$$C(x) = x^3 - 24x^2 + 217x + 200.$$

On suppose que, chaque jour, tout l'acier est vendu, au prix de 100 € la tonne.

1. a) Calculer la recette, en euros, réalisée pour la vente de 12 tonnes d'acier.

b) On appelle $R(x)$ la recette, en euros, réalisée pour la vente de x tonnes d'acier. Exprimer $R(x)$ en fonction de x.

c) On appelle $B(x)$ le bénéfice (éventuellement négatif), en euros, réalisé pour la vente de x tonnes d'acier.

Justifier que $B(x) = -x^3 + 24x^2 - 117x - 200$.

2. a) Déterminer une expression de $B'(x)$ où B' est la fonction dérivée de B sur l'intervalle [0 ; 18].

b) En déduire le signe de $B'(x)$ puis le tableau de variation complet de la fonction B.

c) Quel est le bénéfice maximal réalisé par le fabricant ? Pour quel nombre de tonnes d'acier vendues est-il réalisé ?

Partie C

1. On a préparé une feuille de calcul où figure le bénéfice total (en euros), en fonction de la quantité d'acier produite par jour.

a) Proposer une formule à saisir dans la cellule B2 permettant, par recopie vers le bas, de compléter les cellules de B3 à B20.

b) Proposer de même une formule à saisir dans la cellule D2, permettant, par recopie vers le bas, de compléter les cellules de D3 à D20.

2. Quelles sont les productions, en nombres entiers de tonnes, permettant au fabricant de faire du profit ?

3. L'affirmation « plus la production d'acier est grande, plus le bénéfice est grand » est-elle vraie ? Pourquoi ?

	A	B	C	D
1	Tonnes d'acier par jour	Recette	Coût	Bénéfice total en €
2	0	0	200	-200
3	1	100	394	-294
4	2	200	546	-346
5	3	300	662	-362
6	4	400	748	-348
7	5	500	810	-310
8	6	600	854	-254
9	7	700	886	-186
10	8	800	912	-112
11	9	900	938	-38
12	10	1000	970	30
13	11	1100	1014	86
14	12	1200	1076	124
15	13	1300	1162	138
16	14	1400	1278	122
17	15	1500	1430	70
18	16	1600	1624	-24
19	17	1700	1866	-166
20	18	1800	2162	-362

71 Soit $ABCD$ un rectangle tel que $AB = 1$ et $AD = 2$. On note M un point variable sur $[DC]$ et on pose $DM = x$. Les droites (AM) et (DB) se coupent en un point E. On désigne par $S(x)$ la somme des aires des triangles ABE et DEM.

Le but de l'exercice est de déterminer pour quelle valeur a de x cette somme $S(x)$ est minimale.

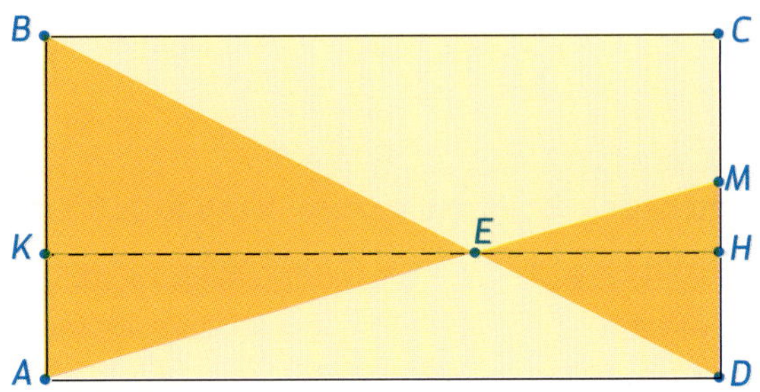

1. Dans quel intervalle varie x ? Pourquoi ?

2. On note H le pied de la hauteur issue de E dans le triangle DEM et K celui de la hauteur issue de E dans le triangle ABE.

a) Justifier que $\dfrac{EH}{EK} = \dfrac{DM}{AB}$.

b) En déduire que la hauteur EK du triangle ABE est égale à $\dfrac{2}{x+1}$ et que la hauteur EH du triangle DEM est égale à $\dfrac{2x}{x+1}$.

c) En conclure que $S(x) = \dfrac{x^2+1}{x+1}$.

3. a) Calculer la dérivée de la fonction S.

b) Établir le tableau de variation de la fonction S définie sur [0 ; 1].

c) En déduire la valeur exacte de a.

4. Comment contrôler le résultat obtenu à la question **3. c)** à l'aide d'un logiciel de géométrie dynamique ? On exposera une démarche possible.

CHAPITRE

6 Suites

Prérequis

- Savoir appliquer une hausse ou une baisse exprimée en pourcentage.

→ EXERCICES n°1 à 5

Objectifs

- Découvrir les suites numériques, outil de modélisation des phénomènes discrets.
- Étudier différents modes de génération d'une suite numérique.
- Connaître et exploiter les suites géométriques.
- Se familiariser avec la notion de limite à partir d'exemples.

Capacités attendues

- Mettre en œuvre un algorithme permettant de calculer un terme de rang donné.
- Exploiter une représentation graphique des termes d'une suite.
- Modéliser et étudier une situation à l'aide de suites.
- Écrire le terme général d'une suite géométrique définie par son premier terme et sa raison.

Activités

Activité 1 Jouer avec les nombres

Objectif Introduire sur des exemples la notion de suite de réels et les notations qui y sont attachées.

1 a. De la manière qui semble la plus logique, trouver le nombre qui « doit » suivre dans la liste :

$$16\ ;\ 8\ ;\ 4\ ;\ 2\ ;\ 1\ ;\ 0{,}5\ ;\ \ldots$$

Pour repérer les termes d'une suite de nombres, on nomme la suite par une lettre (très souvent u ou v) et on donne ensuite un numéro à chaque terme en fonction de sa place dans la suite. On parle alors de la suite (u_n) ou (v_n). Par exemple, on peut choisir de poser : $u_0 = 16$ et on dit que u_0 est le 1er terme de la suite (u_n) ou que u_0 est le terme d'indice 0 de la suite (u_n) ; et on a alors :

- $u_1 = 8$ et on dit que u_1 est le 2^e^ terme de la suite (u_n) ou que u_1 est le terme d'indice 1 de la suite (u_n) ;
- $u_2 = 4$ et on dit que u_2 est le 3e terme de la suite (u_n) ou que u_2 est le terme d'indice 2 de la suite (u_n) ;
- etc.

(On pouvait aussi choisir de poser $u_1 = 16$, dans ce cas $u_2 = 8$, $u_3 = 4$, etc.)

b. On a $u_0 = 16$. En s'inspirant du modèle précédent, recopier et compléter :

$u_5 = \ldots$ et on dit que u_5 est le … terme de la suite (u_n) ou que …

c. Indiquer par une phrase comment passer d'un terme au suivant dans la suite (u_n). Si n désigne un entier naturel, donner alors une relation très simple entre u_{n+1} et u_n.

2 **a.** De la manière qui semble la plus logique, trouver le nombre qui « doit » suivre dans la liste :

$$1\ ;\ 3\ ;\ 7\ ;\ 15\ ;\ 31\ ;\ \ldots$$

On note (v_n) cette suite et on choisit de poser : $v_1 = 1$, $v_2 = 3$, etc.

b. Recopier et compléter :

$v_6 = \ldots$ et on dit que v_6 est le … terme de la suite (v_n) ou que …

c. Indiquer par une phrase comment passer d'un terme au suivant dans la suite (v_n). Si n désigne un entier naturel supérieur ou égal à 2, donner une relation entre v_n et v_{n-1}.

3 **a.** De la manière qui semble la plus logique, trouver le nombre qui « doit » suivre dans la liste :

$$1\ ;\ 1\ ;\ 2\ ;\ 3\ ;\ 5\ ;\ 8\ ;\ 13\ ;\ \ldots$$

On note (w_n) cette suite et on choisit de poser : $w_0 = 1$, $w_1 = 1$, $w_2 = 2$, etc.

b. Comment calcule-t-on le terme qui suit 13 ? Comment le note-t-on ?

c. Déterminer w_9.

d. Pour tout entier naturel n supérieur ou égal à 2, écrire une relation entre w_{n-2}, w_{n-1} et w_n.

(Cette suite (w_n) est appelée suite de Fibonacci, du nom du mathématicien italien du Moyen Âge qui l'étudia.)

4 **a.** Construire une suite de nombres (t_n) en définissant une méthode pour calculer le terme t_n pour n'importe quel entier naturel n.

b. Proposer les quatre premiers termes à un camarade. Il devra proposer les deux termes suivants et définir une méthode de construction de la suite proposée.

Activité 2 Une suite, deux relations…

Objectif

Introduire, sur un même exemple, les notions de suite définie par une relation de récurrence et de suite définie par une relation explicite.

Algo

On considère la suite de réels notée (u_n) définie par $u_1 = 1$ et, pour tout entier naturel $n \geqslant 1$, $u_n = u_{n-1} + 2n - 1$.

1 Déterminer les valeurs de u_2, u_3, u_4 et u_5.

2 **a.** Quels calculs seraient nécessaires pour déterminer la valeur de u_{100} ?

b. On donne ci-dessous un algorithme :

Variables :	N est un entier, U est un réel
Initialisation :	N prend la valeur 1, U prend la valeur 1
Traitement :	Tant que N …..
	N prend la valeur ….
	U prend la valeur …..
	Fin Tant que
Sortie :	Afficher U

Compléter cet algorithme pour qu'il permette de calculer u_{100}.

3 **a.** En observant les cinq premiers termes de la suite (u_n), conjecturer la valeur de u_6 sans utiliser la relation définissant la suite (u_n), puis confirmer ou infirmer cette conjecture par un calcul utilisant cette relation.

b. Conjecturer une expression de u_n en fonction de n. Cette expression, si elle était effectivement correcte, permettrait-elle de déterminer directement la valeur de u_{100} ? Si oui, quelle serait cette valeur ?

c. En implémentant l'algorithme de la question **2 b.** sur la calculatrice, calculer u_{100} et conforter ou invalider la conjecture.

4 On note (v_n) la suite des entiers naturels impairs (avec $v_1 = 1$).

a. Pour tout entier naturel $n \geqslant 2$, donner une relation liant v_n et v_{n-1}.

b. Pour tout entier naturel $n \geqslant 1$, exprimer v_n en fonction de n.

c. Pour déterminer v_{500} de tête, laquelle des deux égalités précédentes employer ? Pourquoi ?

Activité 3 Atténuation du signal TV dans un câble de descente d'antenne

Objectif : Introduire en situation la notion de suite géométrique.

Le signal capté par une antenne de télévision de type « râteau » est transformé en une tension par l'antenne. En parcourant le câble coaxial de liaison, la valeur efficace de cette tension diminue de 18 % par tronçon de 10 m de câble. On suppose que la tension efficace initiale en sortie d'antenne est $U_0 = 300$ mV (1 mV $= 10^{-3}$ V).

1 Calculer la valeur efficace U_1 de la tension que l'on retrouve à la sortie d'un premier tronçon de 10 m de câble.
Par quel nombre réel multiplie-t-on U_0 pour trouver U_1 ?

On dispose maintenant n tronçons de 10 m de câble identiques les uns à la suite des autres.
On note U_n la tension efficace à la sortie du n-ième tronçon de câble (n désigne un entier naturel).

2 **a.** Calculer les valeurs des tensions efficaces U_2, U_3 et U_4. En donner la valeur arrondie au mV.

b. Par quel nombre réel multiplie-t-on U_n pour trouver U_{n+1} ? Écrire l'égalité correspondant à cette multiplication.

c. Calculer la valeur efficace U_{15} en sortie du câble après le passage dans 15 tronçons. Combien d'opérations ont été nécessaires à ce calcul ?

3 **a.** Déterminer le nombre maximal de tronçons de 10 m à utiliser pour que la tension disponible sur le téléviseur soit au moins de 100 mV.

b. Peut-on déterminer facilement le nombre maximal de tronçons de 10 m à utiliser pour que la tension disponible sur le téléviseur soit strictement supérieure à 2 mV (limite de réception standard des TV) ? Pourquoi ?

Comprendre

A Notion de suite réelle

1 Définition, notations et vocabulaire

Définition Une **suite** de réels est une liste ordonnée de nombres réels.
Chaque nombre de cette liste est un **terme** de la suite.
On donne un numéro à chaque terme en fonction de sa place dans la liste : ce numéro est **l'indice**, ou **le rang**, du terme. (En fonction du contexte, on numérote en général les termes à partir de l'indice 0 ou de l'indice 1.)

Voir SF1

Exemple 1 : On considère la suite des puissances de 2. Le premier terme de cette suite est $2^0 = 1$, le deuxième terme est $2^1 = 2$, le troisième terme est $2^2 = 4$, etc.
Si on donne au premier terme le numéro 0, on peut alors le noter u_0 et on a $u_0 = 1$, puis $u_1 = 2$, $u_2 = 4$, $u_3 = 8, \ldots$
Pour un entier naturel n quelconque, le terme d'indice n de cette suite est alors $u_n = 2^n$. On dit qu'on a écrit le **terme général** de la suite.

Exemple 2 : On considère la suite des chiffres de l'écriture décimale de π (on peut obtenir les premiers termes de cette suite sur la calculatrice).
Si on donne au premier terme l'indice 1, on peut écrire : $v_1 = 3$, $v_2 = 1$, $v_3 = 4$, etc.
On ne peut pas ici donner une formule permettant de calculer le terme général de cette suite.

Notations Le terme d'indice n d'une suite u est noté u_n.
Si le premier terme de la suite est u_0 alors la suite est notée $(u_n)_{n \in \mathbb{N}}$.
Si le premier terme de la suite est u_1 alors la suite est notée $(u_n)_{n \geqslant 1}$.
Quand il n'y a pas d'ambiguïté, on note la suite (u_n).

2 Définir une suite

Par une relation explicite

Définition On dit qu'une suite est définie par une **relation explicite** si on connaît une expression de son terme général u_n en fonction de n.

Exemple : Soit la suite $(u_n)_{n \in \mathbb{N}}$ définie pour tout entier naturel n par $u_n = 3n + 1$. Cette suite est définie par une relation explicite et on peut calculer n'importe quel terme de cette suite :

$$u_0 = 3 \times 0 + 1 = 1 \; ; \; u_3 = 3 \times 3 + 1 = 10 \; ; \; u_{10} = 3 \times 10 + 1 = 31.$$

Voir SF2

Pour tout entier naturel n, on a $u_n = f(n)$ où f est la fonction définie sur $\mathbb{R}$ par $f(x) = 3x + 1$.

Par une relation de récurrence

Définition On dit qu'une suite est définie par une **relation de récurrence**, si on connaît son premier terme (ou ses premiers termes) et que chaque terme s'obtient à partir du ou des termes précédents.

Exemple : Soit la suite (u_n) définie par : $u_0 = 1$ et, pour tout entier $n \geqslant 1$, $u_n = 3u_{n-1} + 1$. Cette suite est définie par une relation de récurrence.
On peut calculer u_1 à partir de u_0 avec $u_1 = 3u_0 + 1 = 3 \times 1 + 1 = 4$,
u_2 à partir de u_1 avec $u_2 = 3u_1 + 1 = 3 \times 4 + 1 = 13$.
On ne peut pas calculer u_{10} sans avoir calculé u_9 et donc tous les termes précédents.

Remarque 1 : Quand une suite est définie par une relation de récurrence, on ne peut calculer un terme qu'après avoir calculé tous les précédents, alors que pour une suite définie par une relation explicite, on peut calculer directement n'importe quel terme.

Remarque 2 : On peut définir des suites par d'autres moyens, comme pour la suite des chiffres de l'écriture décimale de π (voir le paragraphe 1). Cette définition n'utilise ni une relation explicite ni une relation de récurrence.

SF1 Calculer les termes successifs d'une suite

Calculer les trois premiers termes de la suite (u_n) dans chacun des cas suivants :

- **Pour tout entier $n \geqslant 1$, u_n est l'inverse du carré de n.**
- Le premier terme est u_1.
- Chaque terme se calcule à l'aide de son indice :
$u_1 = \frac{1}{1^2} = 1$, $u_2 = \frac{1}{2^2} = \frac{1}{4}$, $u_3 = \frac{1}{3^2} = \frac{1}{9}$.
Plus généralement, pour tout entier $n \geqslant 1$, $u_n = \frac{1}{n^2}$.

- **On donne $u_0 = 2$ et pour tout entier $n \geqslant 1$, u_n est le triple du terme précédent.**
- Le premier terme est $u_0 = 2$.
- Chaque terme se calcule à partir du précédent :
$u_0 = 2$, $u_1 = 3 \times u_0 = 3 \times 2 = 6$, et $u_2 = 3 \times u_1 = 3 \times 6 = 18$.
Plus généralement, pour tout entier $n \geqslant 1$, $u_n = 3 \times u_{n-1}$.

On regarde quel est l'indice du premier terme (le terme d'indice n n'est pas nécessairement le n-ième terme).

On regarde la façon dont se calcule un terme.

SF2 Reconnaître le mode de définition d'une suite

Parmi les suites données ci-dessous, reconnaître celles qui sont définies par une relation explicite et celles qui sont définies par une relation de récurrence.

- **Pour tout entier naturel n,**
$$u_n = n^2 + 1.$$
- On peut calculer directement n'importe quel terme de la suite :

– par exemple, $u_4 = 4^2 + 1 = 17$;

– plus généralement, si on connaît n, on connaît $u_n = n^2 + 1$

donc la suite (u_n) est définie par une relation explicite.

- **$u_0 = 1$ et, pour tout entier supérieur ou égal à 1,**
$$u_n = u_{n-1}{}^2 + 3.$$
- On ne peut pas calculer directement n'importe quel terme de la suite :

– par exemple, calculer u_4 nécessite de connaître u_3 : $u_4 = u_3^2 + 1$;

– plus généralement, le terme $u_n = u_{n-1}{}^2 + 3$ s'obtient à partir du terme précédent u_{n-1} donc la suite (u_n) est définie par récurrence.

On regarde la façon dont se calcule un terme.

POUR S'ENTRAÎNER

SF1 Soit la suite (u_n) définie par : $u_0 = 1$, $u_1 = 3$, $u_2 = 5$ et, pour tout entier supérieur ou égal à 3, $u_n = u_{n-1} + u_{n-2} + u_{n-3}$. Calculer u_3, u_4, u_5 et u_6.

→ EXERCICES n° 6 à 12

SF2 Dire si chacune des suites proposées est définie par récurrence ou par une relation explicite.

a. Pour tout entier naturel n, $u_n = \cos(n\pi)$.

b. Pour tout entier naturel non nul n, $u_n = -3u_{n-1} + 2$ et $u_0 = -1$.

→ EXERCICES n° 13 à 31

B Représentation graphique d'une suite de nombres réels

1 Cas général

Propriété Une suite (u_n) étant définie, on peut représenter ses premiers termes par un nuage de points de coordonnées $(n\,;u_n)$, et cela quelle que soit la forme de la définition de la suite.

Voir SF3

Exemple : Ci-dessous, on a représenté les 15 premiers termes de la suite des chiffres de l'écriture décimale de π : $u_0 = 3$, $u_1 = 1$, $u_2 = 4$, etc.

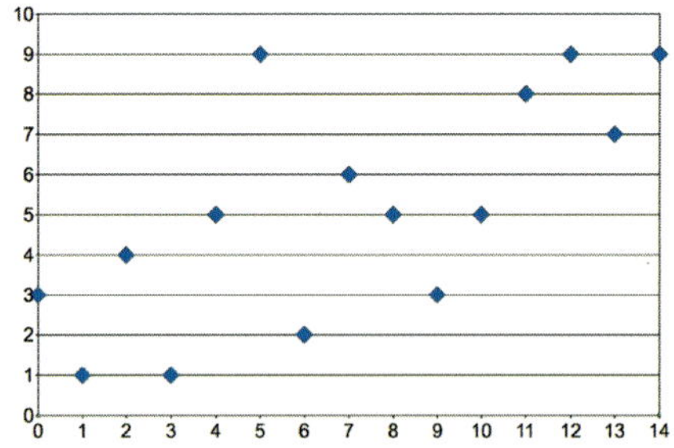

2 Cas d'une suite définie par une relation explicite

Propriété Soit (u_n) la suite définie pour tout entier naturel n par $u_n = f(n)$ où f est une fonction définie sur $\mathbb{R}^+$, de courbe représentative $\mathscr{C}$ dans un repère orthogonal (O, I, J).
Les termes de la suite (u_n) sont alors les ordonnées des points de la courbe $\mathscr{C}$ d'abscisses entières.

Remarque : Ici, on ne calcule pas les valeurs des termes de la suite avant de les représenter. Une telle représentation de la suite à partir de la courbe $\mathscr{C}$ rend lisible le lien entre les propriétés de la fonction f et celles de la suite (u_n).

Exemple : Sur l'axe des ordonnées, on a représenté les 5 premiers termes de la suite définie par $u_n = \dfrac{2}{n^2+1}$.

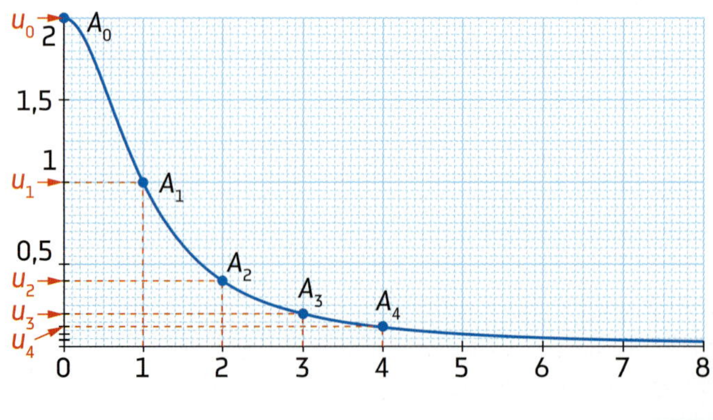

→ EXERCICES n° 32 à 35

SF3 Représenter les termes d'une suite à l'aide d'un tableur et exploiter la représentation

On considère la suite (u_n) définie par : $u_0 = 1$, et pour tout entier naturel n,

$$u_{n+1} = u_n + 2n + 3.$$

a. À l'aide d'un tableur, calculer les cinquante premiers termes de la suite (u_n).

Ici, le premier terme a pour indice 0 donc l'indice du cinquantième terme est 49.

La suite est définie par une relation de récurrence.

En B2, on entre la valeur 1 et en B3 on entre la formule : =B2+2*A2+3. (Ici, on utilise le terme précédent et l'indice précédent.)

b. À l'aide du tableur, faire la représentation en nuage de points des cinquante premiers termes de la suite (u_n).

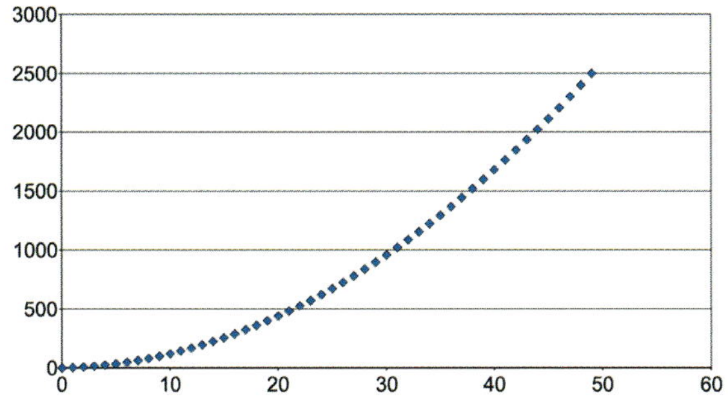

Ici, on a mis les n (qui représentent les abscisses) et les u_n (qui représentent les ordonnées) en colonne, donc on sélectionne « séries de données en colonne ».

c. En observant le graphique, émettre une conjecture sur une expression de u_n en fonction de n. Vérifier cette conjecture sur les 50 premiers termes (on ne demande pas de démontrer la conjecture).

Les points semblent être sur une parabole. Si c'est le cas, cela signifie que l'on peut trouver une fonction f polynôme de degré 2 telle que, pour tout entier naturel n, $u_n = f(n)$. En observant les premiers termes, on remarque que, pour n **compris entre 0 et 49 :** $u_n = (n+1)^2$.

Vérifier la conjecture sur les 50 premiers termes ne suffit pas à démontrer qu'elle est vraie pour tout entier n.

On réserve la première colonne (A) aux indices : en A1, on indique le titre de la colonne (par exemple, n), en A2, on entre le premier indice et on « tire » enfin jusqu'à l'indice voulu.

La deuxième colonne (B) est réservée aux calculs des termes de la suite : en B1, on indique le titre de la colonne (par exemple u_n).
- Si la suite est définie par une relation explicite, en B2, on entre la formule de calcul qui utilise l'indice, donc A2.
- Si la suite est définie par une relation de récurrence, en B2, on entre le premier terme, puis en B3, on entre la formule de calcul qui utilise le terme précédent (donc B2). Puis, on « tire » la formule sur la colonne B.

On sélectionne les cellules de A1 à B51 et on insère une représentation en « nuage de points ».

POUR S'ENTRAÎNER

SF3 Sur le dessin ci-contre, on a placé un point sur une ligne, puis, à chaque ligne suivante, on place deux points de plus qu'à la précédente. Soit la suite (u_n) où u_n est le nombre de points sur la n-ième ligne.

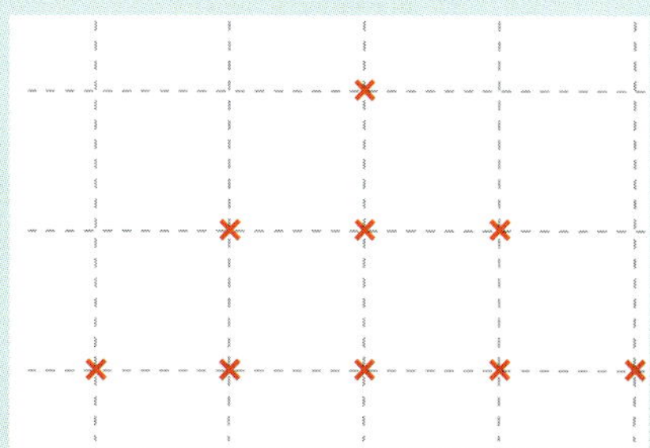

a. Calculer les cinq premiers termes de la suite. Pour un entier $n \geqslant 1$, comment obtient-on le terme u_{n+1} à partir du terme précédent u_n ?

b. Au tableur, représenter les 20 premiers termes de la suite.

c. Observer la position des points et faire une conjecture sur une expression de u_n en fonction de n. À l'aide du tableur, vérifier cette conjecture sur les cinquante premiers termes de la suite (on ne demande pas de démontrer la conjecture).

→ EXERCICES n°36 à 40

Comprendre

C Suites géométriques

1 Définition

Voir SF4

Définition Une **suite géométrique** est une suite dont chaque terme s'obtient en multipliant le terme précédent par un réel constant q, appelé **raison**.
Autrement dit : la suite $(u_n)_{n\in\mathbb{N}}$ est géométrique s'il existe un réel q tel que, pour tout entier naturel n, $u_{n+1} = qu_n$.

Remarque : Une suite géométrique est entièrement connue par son premier terme et sa raison.

Exemple : Soit la suite (u_n) définie par $u_0 = 1$ et pour tout entier n, $u_{n+1} = 3u_n$. Cette suite est une suite géométrique, sa raison est 3. Ses quatre premiers termes sont :

$$u_0 = 1,\quad u_1 = 3u_0 = 3\times 1 = 3,\quad u_2 = 3u_1 = 3\times 3 = 9 \quad\text{et}\quad u_3 = 3u_2 = 3\times 9 = 27.$$

Propriété Soit (u_n) une suite dont tous les termes sont non nuls.
Si, pour tout entier naturel n, le quotient $\dfrac{u_{n+1}}{u_n}$ est constant (c'est-à-dire ne dépend pas de n) alors la suite (u_n) est géométrique. Cette constante est la raison de la suite.

Exemple : Soit la suite (u_n) définie pour tout entier naturel n par $u_n = 5\times 2^n$.
Quel que soit n, u_n est différent de 0 et $\dfrac{u_{n+1}}{u_n} = \dfrac{5\times 2^{n+1}}{5\times 2^n} = \dfrac{2^{n+1}}{2^n} = \dfrac{2^n\times 2^1}{2^n} = 2.$
La suite (u_n) est la suite géométrique de premier terme $u_0 = 5$ et de raison $q = 2$.

→ EXERCICES n° 41 à 47

2 Terme général d'une suite géométrique

Remarque : Une suite géométrique définie par son premier terme et sa raison est une suite définie par une relation de récurrence. On va voir ici que l'on peut aussi la définir par une relation explicite.

Soit (u_n) une suite géométrique de premier terme u_0 et de raison q (u_0 et q étant non nuls). On écrit les relations entre chaque terme comme ci-contre.

$$\begin{aligned} u_n &= qu_{n-1}\\ u_{n-1} &= qu_{n-2}\\ \dots &= \dots\\ \dots &= \dots\\ u_1 &= qu_0 \end{aligned}$$

En multipliant membre à membre ces n égalités, on obtient :

$$u_n\times u_{n-1}\times\dots\times u_1 = qu_{n-1}\times qu_{n-2}\times\dots\times qu_0.$$

En divisant les deux membres par les facteurs qui leur sont communs (tous non nuls), on obtient : $u_n = u_0q^n$.

On remarque enfin que si $q = 0$ ou $u_0 = 0$, l'égalité précédente reste vraie, d'où le théorème qui suit.

Voir SF5

Théorème Si (u_n) est la suite géométrique de premier terme u_0 et de raison q, alors, pour tout entier naturel n, $u_n = u_0q^n$.

Exemple : Soit (u_n) la suite géométrique de premier terme $u_0 = 3$ et de raison (-2). Alors, pour tout entier naturel n, $u_n = 3\times(-2)^n$.

Remarques :

1. Si le premier terme est u_1, la relation précédente devient $u_n = u_1q^{n-1}$. De façon plus générale, si le premier terme est u_p où $p\in\mathbb{N}$, la relation devient $u_n = u_pq^{n-p}$.

2. On a ainsi, pour une suite géométrique définie par son premier terme et sa raison (donc par une relation de récurrence), une relation qui permet de calculer un terme quelconque à partir de son indice (définition par une relation explicite).

SF4 Reconnaître une suite géométrique dans une situation contextualisée

Une somme de 1 000 € a été déposée sur un compte en banque rémunéré à 0,75 % par an. On appelle u_0 la somme déposée et u_n la somme qui se trouve sur le compte après n années. Prouver que la suite proposée est géométrique et préciser son premier terme et sa raison.

- On a $u_0 = 1000$. Après un an, la somme sur le compte est la somme déposée, à laquelle s'ajoutent les intérêts, soit 0,75 % de u_0 :

$$u_1 = u_0 + \frac{0,75}{100} \times u_0 = u_0 + 0,0075\,u_0 = 1,0075\,u_0.$$

De même, à la fin de la deuxième année,

$$u_2 = u_1 + \frac{0,75}{100} \times u_1 = u_1 + 0,0075\,u_1 = 1,0075\,u_1.$$

Remarque : une augmentation (respectivement une diminution) de t % correspond à une multiplication par $1 + \frac{t}{100}$ (respectivement par $1 - \frac{t}{100}$).

- À la fin de la n+1-ième année, la somme sur le compte est celle qui s'y trouvait à la fin de l'année précédente, soit u_n, à laquelle s'ajoutent les intérêts, soit 0,75 % de u_n.

$$u_{n+1} = u_n + \frac{0,75}{100} \times u_n = u_n + 0,0075\,u_n = 1,0075\,u_n.$$

- Chaque terme s'obtient en multipliant le précédent par le même nombre 1,0075, donc (u_n) est la suite géométrique de premier terme $u_0 = 1000$ et de raison $q = 1,0075$.

Pour comprendre la situation, on peut calculer les premiers termes de la suite en étant attentif au mode de définition utilisé.

Chaque terme se calcule à l'aide du précédent, on a donc une définition par récurrence de la suite.
On cherche comment se calcule le terme d'indice $n+1$ si l'on suppose que l'on connaît le terme d'indice n.

On compare la forme de cette relation de récurrence avec la définition d'une suite géométrique.

SF5 Déterminer le terme général d'une suite géométrique donnée par son premier terme et sa raison

Déterminer le vingtième terme de la suite définie ci-dessus.

Pour tout entier naturel n, $u_n = u_0 q^n = 1000 \times (1,0075)^n$.

Le vingtième terme est le terme d'indice 19 (somme accumulée après 19 ans) : $u_{19} = u_0 q^{19} = 1000 \times (1,0075)^{19}$ soit 1 152,54 € en arrondissant au centime d'euro.

On utilise l'expression explicite d'une suite géométrique en étant attentif à l'indice du premier terme, puis on détermine le terme cherché.

POUR S'ENTRAÎNER

SF4 La droite des réels est munie d'un repère $(O\,;I)$ et le point A_0 est le point d'abscisse $x_0 = 0,25$. Pour tout entier $n \geqslant 1$, A_n est le symétrique de O par rapport à A_{n-1} et x_n est l'abscisse du point A_n.
Prouver que la suite (x_n) est une suite géométrique dont on précisera le premier terme et la raison.

→ EXERCICES n° 48 à 51

SF5 Calculer le seizième terme de la suite définie ci-dessus.

→ EXERCICES n° 52 à 60

Essentiel

1 Vocabulaire sur les suites réelles

• Soit (u_n) une suite réelle. Pour tout entier naturel n, le nombre u_n est un terme de la suite, l'entier n est l'indice ou le rang de ce terme.

• Une relation de la forme $u_n = f(n)$ est une relation explicite.

• Une relation de la forme $u_{n+1} = f(u_n)$ est une relation de récurrence.

2 Suites géométriques

• Une suite (u_n) est dite géométrique s'il existe un réel q, appelé raison, tel que, pour tout entier naturel n :

$$u_{n+1} = qu_n.$$

• Pour une suite géométrique de raison q :

– et de premier terme u_0 : pour tout entier $n \geqslant 0$, $u_n = u_0 q^n$;

– et de premier terme u_1 : pour tout entier $n \geqslant 1$, $u_n = u_1 q^{n-1}$.

À l'oral

Diaporama OpenOffice

QUESTIONS FLASH

Les questions flash se traitent sans brouillon ni calculatrice.

1. a) Une quantité augmente de 7 %.
Par combien est-elle multipliée ?
b) Une quantité diminue de 11 %.
Par combien est-elle multipliée ?

2. a) Une quantité augmente de 1,6 %.
Par combien est-elle multipliée ?
b) Une quantité diminue de 5,4 %.
Par combien est-elle multipliée ?

3. a) Soit (u_n) la suite définie pour tout entier naturel n par $u_n = 2n + 3$.
Calculer u_5.
b) Même question avec $u_n = -n^2$.

4. a) Soit (u_n) la suite définie par $u_0 = 1$ et pour tout entier naturel n, $u_{n+1} = 4u_n - 1$.
Calculer u_1 et u_2.
b) Soit (b_n) la suite définie par $b_1 = 256$ et pour tout entier naturel $n \geqslant 1$, $b_{n+1} = \sqrt{b_n}$.
Calculer b_2, b_3 et b_4.

5. a) Soit (u_n) la suite définie pour tout entier naturel n par $u_n = 2n + 5$.
Exprimer u_{n+1} en fonction de n.
b) Soit (v_n) la suite définie pour tout entier naturel n par $v_n = (n + 1)^2$. Pour tout entier $n \geqslant 1$, exprimer v_{n-1} en fonction de n.
c) Soit (w_n) la suite définie par $w_0 = -2$ et pour tout entier naturel n, $w_{n+1} = 3w_n + 5$. Exprimer w_n en fonction de w_{n-1}.

6. Soit (u_n) la suite des puissances de 2 d'exposant entier naturel.
a) Donner une relation explicite définissant la suite (u_n).
b) Donner une relation de récurrence définissant la suite (u_n).
c) Calculer u_5.

7. Algo
a) On considère l'algorithme ci-dessous :

Variables :	n entier naturel, V réel
Entrée :	Lire n
Traitement :	V prend la valeur 0
	Pour i variant de 1 à n
	V prend la valeur $(5V + 7)^2$
	Fin Pour
Sortie :	Afficher V

Que fait-il ?
b) Même question si on intervertit les commandes « Fin Pour » et « Afficher V » dans l'algorithme précédent.

8. Soit (u_n) la suite géométrique de premier terme $u_0 = 2$ et de raison 0,1. Calculer u_3.

9. Soit (u_n) la suite géométrique de premier terme $u_0 = -4$ et de raison 5. Pour tout entier naturel n, exprimer u_n en fonction de n.

10. Les suites (u_n) et (v_n) définies ci-dessous pour tout entier naturel n sont-elles géométriques ? Si oui, préciser leur premier terme et leur raison.

a) $u_n = 3^n$ **b)** $v_n = n^2$

11. Soit (u_n) la suite définie pour tout entier naturel n par $u_n = n^2 + 12$.

Pour calculer les termes de (u_n) dans la colonne B du tableur par recopie vers le bas, quelle formule doit-on saisir dans la cellule B2 ?

	A	B
1	n	un
2	0	
3	1	

12. Soit (u_n) la suite définie par $u_0 = 10$ et pour tout entier naturel n, $u_{n+1} = -2u_n + 1$.

Pour calculer les termes de (u_n) dans la colonne B du tableur par recopie vers le bas, quelle formule doit-on saisir dans la cellule B3 ?

	A	B
1	n	un
2	0	10
3	1	

13. Déterminer une expression de la suite (u_n) dont les termes seront calculés dans la colonne B du tableur par recopie vers le bas.

B2 | =5*A2^2+3*A2

	A	B	C
1	n	un	
2	0	0	
3	1		

14. Déterminer une expression de la suite (u_n) dont les termes seront calculés dans la colonne B du tableur par recopie vers le bas.

B3 | =B2+1/B2

	A	B	C
1	n	un	
2	0	7	
3	1	7,142857143	

15. Algo Soit (u_n) la suite géométrique de premier terme $u_0 = 3$ et de raison $\frac{1}{3}$. Que faut-il mettre à la place de **A**, **B**, **C** et **D** pour que l'algorithme ci-après affiche le plus petit entier n tel que $u_n < 10^{-3}$?

Variables :	N entier naturel, U nombre réel
Initialisation :	N prend la valeur 0
	U prend la valeur 3
Traitement :	Tant que **A**
	N prend la valeur **B**
	U prend la valeur **C**
	Fin Tant que
Sortie :	Afficher **D**

REMUE-méninges

Sauf indication contraire, on pourra utiliser un brouillon ou une calculatrice.

16. Soit (u_n) la suite définie par $u_0 = 2$ et pour tout entier naturel n, $u_{n+1} = \sqrt{3u_n + 3}$. Donner une valeur approchée à 10^{-2} près de u_8.

17. L'évolution de la population de saumons dans un cours d'eau est modélisée par la suite (u_n) définie par : $u_0 = 59$ et pour tout entier naturel n, $u_{n+1} = 0{,}85u_n + 50$ où u_n désigne le nombre de saumons présents dans le cours d'eau en $2016 + n$.

En quelle année le nombre de saumons dans ce cours d'eau sera-t-il supérieur à 300 ?

18. Soit (u_n) la suite géométrique telle que $u_1 = \frac{1}{8}$ et $u_4 = 8$. Quelle est la raison de cette suite ?

19. Dans une commune française, 400 kg de déchets ménagers ont été produits en moyenne par habitant en 2015. Le maire met en place une campagne de sensibilisation visant à réduire cette production de 1,5 % par an.

Si la campagne du maire porte ses fruits, quelle sera la production moyenne de déchets ménagers par habitant dans cette commune en 2020 ?

20. Algo (u_n) est une suite géométrique de premier terme $u_0 = 5$. Sa raison q est positive. On donne l'algorithme suivant :

Variables :	u un nombre réel, q un nombre réel positif
Initialisation :	Affecter à u la valeur 5
	Affecter à q la valeur 1
Traitement :	Tant que $u > 0{,}001$
	q prend la valeur $q - 0{,}1$
	u prend la valeur $5 \times q^{10}$
	Fin Tant que
Sortie :	Afficher q

À quelle question cet algorithme permet-il de répondre ?

21. Déterminer une valeur approchée à 10^{-3} près de la somme $1 + \frac{1}{2} + \frac{1}{3} + \frac{1}{4} + \ldots + \frac{1}{200}$.

situation 1 Étude expérimentale d'une famille de suites

Objectif : Introduire sur des exemples, à l'aide d'un algorithme et d'une représentation graphique, la notion de limite d'une suite.

Algo

Fichier Algobox

Fichier OpenOffice

REPRÉSENTER Passer d'un mode de représentation à un autre.

CALCULER Effectuer un calcul automatisable à l'aide d'un instrument (logiciel).

Partie A Approche algorithmique

On donne l'algorithme suivant :

```
Variables :        n et p entiers naturels, u réel
Entrée :           Lire n
Initialisation :   u prend la valeur 4
Traitement :       Pour p allant de 1 à n
                       u prend la valeur – 0,13u² + 2,69u + 1,82
                   Fin Pour
Sortie :           Afficher u
```

1 Quelle valeur renvoie l'algorithme lorsque l'utilisateur entre 1 ? Même question lorsqu'il entre 2.

2 Dans l'algorithme intervient une suite, que l'on note (u_n). Donner le premier terme u_0 de (u_n) ainsi qu'une relation définissant u_n.

3 **a.** Implémenter cet algorithme sur un ordinateur.

b. À l'aide de l'algorithme, vérifier les résultats de la question **1** puis donner les valeurs de u_{10}, u_{11}, u_{100} et u_{101}.

c. De quelle valeur les termes u_n semblent-ils se rapprocher quand n devient de plus en plus grand ?

Partie B Approche avec le tableur

Soit la suite (u_n) définie par $u_0 = 4$ et pour tout entier $n \geqslant 1$, $u_n = -0{,}13u_{n-1}^2 + 2{,}69u_{n-1} + 1{,}82$.

1 En utilisant un tableur, calculer les 200 premiers termes de la suite (u_n) et afficher le nuage de points correspondant.

2 CHERCHER Observer, expérimenter en utilisant des outils logiciels. Observer le comportement de la suite pour les grandes valeurs de n. Comparer avec la réponse à la question **3** **c.** de la Partie A.

Partie C Exploration pour d'autres valeurs de u_0

1 Modifier le programme de la Partie A pour qu'il demande à l'utilisateur de saisir la valeur de u_0.

2 En utilisant le tableur puis l'algorithme, observer le comportement de la suite (u_n) lorsque $u_0 = -2$. Quelle conjecture peut-on faire pour les grandes valeurs de n lorsque $u_0 = -2$?

3 CHERCHER Observer, expérimenter en utilisant des outils logiciels.

a. À partir des questions précédentes, et en procédant à d'autres expérimentations, compléter le tableau de conjectures suivant. (On notera $-\infty$, lorsque les termes de la suite (u_n) semblent prendre des valeurs négatives aussi grandes que l'on veut en valeur absolue.)

u_0	$u_0 = -2$	$u_0 = 4$	$u_0 = 14$	$u_0 = 21$	$u_0 = 22$
Les termes de (u_n) semblent tendre vers :					

b. COMMUNIQUER Critiquer un résultat. Pour $u_0 = -1$, que conjecture-t-on sur le comportement de la suite pour les grandes valeurs de n : au tableur ? avec l'algorithme ? à la main ? Commenter.

situation 2

Objectifs :
- Étudier une situation concrète à l'aide de suites.
- Étudier des suites couplées à l'aide du tableur.

Fichier OpenOffice

Proies et prédateurs

MODÉLISER Utiliser, comprendre, élaborer une simulation numérique ou géométrique prenant appui sur la modélisation et utilisant un logiciel.

L'île (imaginaire) de Zaglos est un parc naturel qui abrite une espèce rare de lapins, les fameux lapins violets de l'île de Zaglos. Hélas, depuis quelques années, la population de lapins a énormément augmenté et risque de mettre en péril l'équilibre écologique de l'île en dévorant toute la végétation.

Les scientifiques du parc décident donc d'introduire 200 renards gris, prédateurs des lapins violets. Ils s'intéressent alors à l'évolution des deux populations.

Pour tout entier naturel n, on note l_n le nombre de lapins violets et r_n celui de renards gris au bout de n années d'introduction des renards.

Les scientifiques modélisent la situation par le système $\begin{cases} l_{n+1} = 1{,}08 l_n - 0{,}0002 l_n r_n \\ r_{n+1} = 0{,}00003 l_n r_n + 0{,}97 r_n \end{cases}$.

L'année 0 est l'année où on introduit 200 renards, alors qu'il y a sur l'île 600 lapins.

On a donc : $l_0 = 600$ et $r_0 = 200$.

1 Selon ce modèle, combien y a-t-il de renards et de lapins au bout d'un an (on donnera les valeurs arrondies à l'unité) ? Au bout de deux ans ?

2 **a.** **CALCULER** Effectuer un calcul automatisable à l'aide d'un instrument (calculatrice, logiciel). En utilisant un tableur, calculer les 401 premiers termes des suites (l_n) et (r_n).

b. Quelles sont les populations respectives de lapins et de renards au bout de 10 ans ? Au bout de 100 ans ? Au bout de 400 ans ?

c. Les populations de lapins et de renards semblent-elles se stabiliser ?

3 **a.** **REPRÉSENTER** Passer d'un mode de représentation à un autre. Afficher un graphique faisant apparaître, en abscisses, les années et en ordonnées, d'une part la population de lapins, et d'autre part celle de renards.

b. **COMMUNIQUER** S'exprimer avec clarté et précision. Commenter les évolutions des populations respectives de renards et de lapins.

4 **CHERCHER** Extraire, organiser et traiter l'information utile.

Par lecture graphique, répondre alors aux questions suivantes :

a. Sur une période de 400 ans, quelle sera la population minimale de lapins ? de renards ? Vérifier ces résultats en employant la fonction « MIN » du tableur.

b. Même question pour les populations maximales.

c. Donner la durée séparant chaque « pic » de population, pour les lapins puis pour les renards. Que constate-t-on ?

d. Combien de temps sépare les pics de population des lapins de ceux des renards ?

5 Au-delà de 3 700 lapins, la végétation de l'île risque d'être détruite. Si on introduit 200 renards gris, est-ce que la végétation sera protégée durant les 400 années suivantes ?

Exercices

Prérequis

1 Lors des soldes dans un magasin, on peut lire « tous les articles à – 40 % ». Par quel facteur sont multipliés les prix des articles avant solde ?

2 Sur un paquet de lessive, on peut lire « +30 % gratuits ». Par quel facteur est multiplié le poids de lessive de ce paquet avant la promotion ?

3 Un produit est vendu *x* euros pour un litre. Quelle est la promotion la plus intéressante : une baisse de 25 % du prix ou un flacon contenant 25 % de produit gratuit en plus ?

4 Le prix d'un produit a augmenté de 10 %, puis baissé de 10 %. Ce prix est-il revenu à sa valeur initiale ?

5 Selon le site www.developpement-durable.gouv.fr, le prix moyen du litre d'essence sans plomb 95 à la pompe était :

- pour le mois de novembre 2014 : 1,4073 € ;
- pour le mois de mai 2015 : 1,4305 € ;
- pour le mois de novembre 2015 : 1,2791 €.

Quelle augmentation, en pourcentage, a subi ce prix entre novembre 2014 et mai 2015 ? Quelle baisse, en pourcentage, entre mai 2015 et novembre 2015 ?

Notion de suite réelle

Savoir-Faire 1 → P. 155

6 Dans chaque cas, calculer les trois premiers termes de la suite (u_n) dont le terme général a pour expression :

a) pour tout entier naturel n, $u_n = 2n^3 + 1$;

b) pour tout entier naturel n, $u_n = 3^n$.

7 Même exercice que le précédent avec :

a) pour tout entier naturel n, $u_n = \dfrac{2}{n+1}$;

b) pour tout entier naturel n, $u_n = \sin\left(n\dfrac{\pi}{2}\right)$.

8 Dans chaque cas, calculer les quatre premiers termes de la suite (u_n) définie par :

a) $u_0 = 1$ et pour tout entier $n \geqslant 1$, $u_n = u_{n-1} + 3$;

b) $u_1 = 2$ et pour tout entier $n \geqslant 1$, $u_{n+1} = 5u_n$.

9 Même exercice que le précédent avec :

a) $u_0 = 0$ et pour tout entier $n \geqslant 1$, $u_n = -2u_{n-1} + 4$;

b) $u_1 = -1$ et pour tout entier $n \geqslant 1$, $u_{n+1} = \dfrac{1}{u_n^2 + 1}$.

10 Même exercice que le précédent avec :

a) pour tout entier naturel n, $u_n = -5n$;

b) $u_0 = 1$ et pour tout entier $n \geqslant 1$, $u_n = -2u_{n-1}$;

c) pour tout entier $n \geqslant 5$, $u_n = \dfrac{1}{n-4}$;

d) $u_1 = 0$ et pour tout entier $n \geqslant 1$, $u_{n+1} = (-u_n - 3)^2$.

11 Soit (v_n) la suite des chiffres de l'écriture décimale de $\dfrac{80}{9}$. En utilisant la calculatrice, donner les six premiers termes de cette suite. Que remarque-t-on ?
La suite (v_n) est un exemple de suite constante.

12 Soit (w_n) la suite des chiffres de l'écriture décimale de $\dfrac{50}{11}$. En utilisant la calculatrice, donner les six premiers termes de cette suite. Quelle semble être la valeur des termes de rang pair de (w_n) ? De ses termes de rang impair ? La suite (w_n) est un exemple de suite périodique de période 2.

Savoir-Faire 2 → P. 155

13 Parmi les suites de l'exercice **10**, préciser celles qui sont définies par une relation explicite et celles qui sont définies par une relation de récurrence.

14 Parmi les suites suivantes, indiquer celles qui sont définies par une relation explicite et celles qui sont définies par une relation de récurrence, puis calculer les quatre premiers termes.

a) $u_0 = 1$, $u_1 = 2$ et pour tout entier $n \geqslant 2$, $u_n = u_{n-1} + u_{n-2}$.

b) $u_1 = 3$ et pour tout entier $n \geqslant 1$, $u_{n+1} = \dfrac{u_n + 1}{n+1}$.

c) Pour tout entier naturel n, $u_n = \dfrac{(-1)^n}{n+1}$.

d) $u_0 = 1$ et pour tout entier $n \geqslant 0$, $u_{n+1} = u_n + n$.

e) Pour tout entier naturel n, $u_n = \cos\left((n+1)\dfrac{\pi}{2}\right)$.

15 On considère la suite (u_n) dont chaque terme est le double du précédent et ayant pour premier terme $u_0 = 5$.

a) (u_n) est-elle définie par une relation explicite ou une relation de récurrence ?

b) Écrire alors une relation définissant le terme général u_n.

c) Calculer les quatre premiers termes de (u_n).

16 Même exercice que le précédent avec la suite (u_n) dont chaque terme est l'inverse du cube de n.

17 Soit (v_n) la suite des entiers naturels pairs.

a) Donner une définition de cette suite par une relation explicite.

b) Donner une définition de cette suite par une relation de récurrence (on pensera alors à définir le premier terme).

18 Même exercice que le précédent avec la suite (w_n) dont les termes sont les puissances entières positives ou nulles de 3.

19 Algo On donne l'algorithme suivant, qui sert à calculer le terme de rang n d'une suite (u_n) :

Variables :	u est un nombre réel, n est un entier naturel
Entrée :	Lire n
Traitement :	u prend la valeur 3 Pour i allant de 1 à n u prend la valeur $\frac{1}{u+1}$ Fin Pour
Sortie :	Afficher u

a) Cette suite est-elle définie par une relation explicite ou par récurrence ?

b) Donner son premier terme et la relation qui définit son terme général.

20 On donne ci-dessous un extrait d'une feuille de tableur sur laquelle on souhaite afficher les termes successifs d'une suite (u_n) en recopiant vers le bas les cellules A2 et B2.

	A	B
1	n	un
2	0	=A2^3

a) Cette suite est-elle définie par une relation explicite ou par récurrence ?

b) Donner son premier terme et la relation qui définit son terme général.

21 Dans chaque cas, donner une expression de la fonction f telle que $u_n = f(n)$:

a) pour tout entier naturel n, $u_n = n^2 - 8$;

b) pour tout entier naturel n, $u_n = n\cos(n\pi)$;

c) pour tout entier naturel $n \geqslant 4$, $u_n = \frac{n+2}{n-3}$;

d) pour tout entier naturel n, $u_n = |n - 7|$.

22 Utiliser la calculatrice ou le tableur pour calculer les dix premiers termes de chacune des suites de l'exercice précédent. On donnera la valeur arrondie au dixième lorsque le résultat n'est pas entier.

23 Soit (u_n) la suite définie par $u_0 = 2$ et pour tout entier $n \geqslant 1$, $u_n = -2u_{n-1} + 1$.

En utilisant la calculatrice, calculer les dix premiers termes de (u_n).

24 Même exercice que le précédent avec la suite (u_n) définie par : $u_0 = -2$ et pour tout entier naturel n, $u_{n+1} = \sqrt{5u_n + 13}$.

On donnera la valeur arrondie au centième lorsque le résultat n'est pas entier.

25 **a)** En utilisant un tableur, faire afficher les 50 premiers termes de la suite (u_n) définie par $u_0 = 0$ et pour tout entier $n \geqslant 1$, $u_n = (u_{n-1} - 1)^2$.

b) Reprendre la question précédente avec $u_0 = 1$ puis $u_0 = 2$. Que peut-on conjecturer ?

c) Essayer d'autres valeurs de u_0. La conjecture de la question **b)** est-elle toujours valable ?

26 Pour chacune des suites suivantes, exprimer, pour tout entier naturel n, u_{n+1} en fonction de n :

a) pour tout entier naturel n, $u_n = -7n + 11$;

b) pour tout entier naturel n, $u_n = 13^n$.

27 Pour chacune des suites suivantes, exprimer, pour tout entier naturel n, u_{n+1} en fonction de n :

a) pour tout entier naturel n, $u_n = 3n - 1$;

b) pour tout entier naturel n, $u_n = 2n^2 - n$.

28 **a)** Exprimer pour tout entier naturel n, u_{n+1} en fonction de u_n si $u_0 = 1$ et pour tout entier $n \geqslant 1$, $u_n = 2u_{n-1} + 5$.

b) Exprimer pour tout entier $n \geqslant 2$, u_n en fonction de u_{n-1} si $u_1 = 2$ et pour tout entier $n \geqslant 1$, $u_{n+1} = 7{,}2u_n$.

29 **a)** Exprimer pour tout entier naturel n, u_{n+1} en fonction de u_n si $u_0 = 0$ et pour tout entier $n \geqslant 1$, $u_n = -3u_{n-1} + 7$.

b) Exprimer pour tout entier $n \geqslant 2$, u_n en fonction de u_{n-1} si $u_1 = -1$ et pour tout entier $n \geqslant 1$, $u_{n+1} = \frac{1}{u_n^2 + 3}$.

30 Cet exercice est un questionnaire à choix multiples. Pour chaque question, indiquer la seule réponse exacte.

On considère la suite définie par :

$u_1 = 0$ et pour tout entier $n \geqslant 1$, $u_{n+1} = (u_n + 1)^2$

1. a. $u_2 = 9$ **b.** $u_2 = 1$ **c.** $u_2 = 4$

2. Pour tout entier $n \geqslant 1$:

a. $u_n = (u_{n-1} + 2)^2$ **b.** $u_n = (u_{n-1})^2$ **c.** $u_n = (u_{n-1} + 1)^2$

31 Algo On donne l'algorithme suivant, qui, pour un rang n entré par l'utilisateur, affiche le terme de rang n d'une suite (u_n).

Variables :	u est un nombre réel, n est un entier naturel
Entrée :	Lire n
Traitement :	u prend la valeur -2 Pour i allant de 1 à n u prend la valeur u^2 Fin Pour
Sortie :	Afficher u

1. a) Donner le premier terme et la relation qui définit le terme général de cette suite.

b) Implémenter cet algorithme sur la calculatrice et afficher u_5.

2. a) Modifier l'algorithme pour qu'il affiche tous les termes de la suite jusqu'au terme de rang n.

b) Modifier l'algorithme sur la calculatrice et afficher les termes de la suite jusqu'à u_5.

Représentation graphique de suites

32 Dans un repère orthogonal (O, I, J) aux unités bien choisies, représenter par un nuage de points les six premiers termes des suites (u_n) et (v_n) définies respectivement par :

a) pour tout entier naturel n, $u_n = (-1)^n + n$;

b) pour tout entier naturel n, v_n est le n-ième chiffre de l'écriture décimale de $\sqrt{3}$.

33 Même exercice que le précédent avec :

a) $u_0 = 8$ et pour tout entier naturel $n \geqslant 1$, $u_n = \frac{1}{2}u_{n-1} + 2$;

b) pour tout entier naturel n, $v_n = n^2 - n$.

34 a) Soit la fonction f définie sur $\mathbb{R}^+$ par $f(x) = \frac{10}{x+2}$. Établir le tableau de variation de f.

b) Dans un repère orthogonal (O, I, J) d'unités graphiques 1 cm en abscisses et 2 cm en ordonnées, tracer la représentation graphique de f.

c) On considère la suite (u_n) définie pour tout entier naturel n par $u_n = \frac{10}{n+2}$. En utilisant la courbe représentative de f, représenter les 9 premiers termes de la suite (u_n).

35 On s'intéresse à la suite (u_n) définie pour tout entier naturel n par $u_n = -0{,}2n^2 + 2{,}2n - 2$.

a) Donner une expression de la fonction f définie sur $\mathbb{R}$ telle que, pour tout entier naturel n, $u_n = f(n)$.

b) Établir le tableau de variation de f et tracer sa courbe représentative dans un repère orthonormé (O, I, J) d'unité graphique 1 cm.

c) En utilisant la courbe représentative de f, représenter les 8 premiers termes de la suite (u_n).

Savoir-Faire 3 → P. 157

36 Fichier OpenOffice

La suite (u_n) est définie par $u_1 = 0$ et pour tout entier $n \geqslant 1$, $u_n = u_{n-1} + 2n - 1$.

a) À l'aide d'un tableur, calculer les cinquante premiers termes de la suite (u_n) puis faire la représentation en nuage de points de ces cinquante premiers termes.

b) À l'aide de la représentation et de la liste des valeurs, émettre une conjecture sur une relation explicite permettant de définir la suite (u_n).

c) À l'aide du tableur, vérifier cette conjecture sur les 50 premiers termes (on ne demande pas de démontrer la conjecture).

37 Fichier OpenOffice

Pour tout entier naturel n, on note u_n la partie entière du nombre $n \times \sqrt{2}$ (la partie entière d'un réel a est le plus grand entier inférieur ou égal à a).

a) À l'aide d'un tableur, calculer les cinquante premiers termes de la suite (u_n).

b) À l'aide du tableur, faire la représentation en nuage de points des cinquante premiers termes de la suite (u_n).

c) Les points obtenus semblent « presque » alignés. Démontrer ou infirmer cette conjecture par un calcul.

38 La suite (u_n) est définie par $u_0 = 3$ et pour tout entier $n \geqslant 0$, $u_{n+1} = u_n - 1$.

a) À l'aide de la calculatrice, afficher les dix premiers termes de la suite (u_n) puis faire la représentation en nuage de points de ces dix premiers termes.

b) Observer la position des points et faire une conjecture sur la forme d'une expression de u_n en fonction de n, pour tout entier naturel n.

c) À l'aide de la conjecture précédente et des valeurs des deux premiers termes de la suite, conjecturer, pour tout entier naturel n, une expression possible de u_n en fonction de n.

d) À l'aide de la calculatrice, vérifier que cette expression est valable pour les dix premiers termes de la suite (on ne demande pas de démontrer cette conjecture).

39 Fichier OpenOffice

Sur le dessin ci-contre, on a placé un point sur une colonne, puis, à chaque colonne suivante, on place un point de plus qu'à la précédente. Pour tout entier $n \geqslant 1$, on note u_n le nombre total de points lorsque la n-ième colonne est constituée.

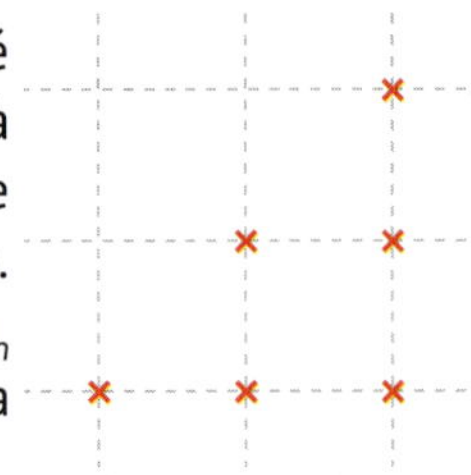

1. a) Calculer les cinq premiers termes de la suite (u_n). Pour un entier $n \geqslant 1$, comment obtient-on le terme u_{n+1} à partir du terme précédent u_n et de n ?

b) À l'aide du tableur ou de la calculatrice, représenter les vingt premiers termes de la suite.

c) Observer la position des points et faire une conjecture sur la forme d'une expression de u_n en fonction de n.

2. On cherche maintenant à conjecturer une expression de u_n en fonction de n. D'après la conjecture faite à la question **1.c)**, on cherche des réels a, b et c tels que pour tout entier $n \geqslant 1$, $u_n = an^2 + bn + c$.

a) En utilisant u_1, u_2 et u_3, écrire un système de trois équations ayant pour inconnues a, b et c.

b) On donne ci-après la saisie d'écran d'un logiciel de calcul formel.

```
1 resoudre([a+b+c=1,4a+2b+c=3,9a+3b+c=6],[a,b,c])
```

$$\left[\frac{1}{2}, \frac{1}{2}, 0\right]$$

Proposer une expression de u_n en fonction de n.

c) À l'aide du tableur ou de la calculatrice, vérifier que cette expression est valable sur les vingt premiers termes de la suite (on ne demande pas de démontrer cette conjecture).

40 Fichier OpenOffice

La suite (u_n) est définie par $u_0 = 0{,}5$ et pour tout entier naturel n, $u_{n+1} = 3{,}7u_n(1 - u_n)$.

a) À l'aide d'un tableur ou de la calculatrice, calculer les 20 premiers termes de la suite (u_n) puis faire la représentation en nuage de points de ces 20 premiers termes.

b) Observer la position des points. Peut-on facilement énoncer une conjecture sur la forme d'une expression de u_n en fonction de n ?

Suites géométriques

41 La suite (u_n) est géométrique de premier terme $u_0 = 3$ et de raison 2. Calculer u_1, u_2 et u_3.

42 La suite (v_n) est géométrique de premier terme $v_1 = 81$ et de raison $\frac{1}{3}$. Calculer v_2, v_3, v_4 et v_5.

43 La suite (w_n) est géométrique de premier terme $w_1 = 1$ et de raison -2. Calculer w_2, w_3, w_4 et w_5.

44 Soit la suite (u_n) définie pour tout entier naturel n par : $u_n = 5 \times \left(\frac{2}{3}\right)^n$.

a) Calculer u_0, u_1 et u_2.

b) Pour tout entier naturel n, exprimer u_{n+1} en fonction de n.

c) Montrer que (u_n) est une suite géométrique dont on précisera le premier terme et la raison.

45 Même exercice que le précédent avec :

$$u_n = 2 \times \left(-\frac{5}{4}\right)^n.$$

46 Les suites (u_n) et (v_n) définies ci-dessous sont-elles géométriques ? Si oui, préciser alors leur premier terme et leur raison.

a) $u_n = 2^n$. **b)** $v_n = \frac{1}{n^3}$.

47 Même exercice que le précédent avec :

a) $u_n = 3 \times \frac{1}{5^n}$. **b)** $v_n = \left(\frac{1}{2}\right)^n + 1$.

Savoir-Faire 4 → P.159

48 Une somme de 3 000 € est placée sur un compte rémunéré à 0,75 % par an. On appelle u_0 la somme déposée à son ouverture et u_n la somme qui se trouve sur le compte après n années. Prouver que la suite (u_n) est géométrique et préciser son premier terme et sa raison.

49 La droite des réels est munie d'un repère (O, I) et le point A_1 est le point d'abscisse $x_1 = 16$. Pour tout entier $n \geqslant 2$, on appelle A_n le milieu de $[OA_{n-1}]$ et x_n l'abscisse du point A_n.

Prouver que la suite (x_n) est une suite géométrique et préciser son premier terme et sa raison.

50 Dans un village, la population diminue de 3 % par an. À la fin de l'année 2015, ce village comptait 350 habitants. On note u_n le nombre d'habitants de ce village à la fin de l'année $2015 + n$. Prouver que la suite (u_n) est géométrique et préciser son premier terme et sa raison.

51 Deux magasins voisins commencent les soldes avec l'affichage suivant :

- Magasin 1 : « −10 % aujourd'hui, et pendant une semaine, chaque jour les prix de la veille sont réduits de 10 % . »
- Magasin 2 : « −10 % aujourd'hui, et pendant une semaine, chaque jour la réduction sur le prix initial est de 10 % de plus que la veille. »

Pour chacun des deux magasins, répondre à la question suivante :

Le prix d'un article durant cette semaine de solde suit-il une progression géométrique ? Justifier.

Savoir-Faire 5 → P.159

Dans les exercices **52** *à* **54**, *(u_n) est une suite géométrique de raison q.*

52 **a)** On donne $u_0 = 5$ et $q = -2$; calculer u_1 puis u_8.

b) On donne $u_0 = -3$ et $q = \frac{1}{3}$; calculer u_2 et u_{10}.

53 **a)** On donne $u_0 = 3$ et $q = -\frac{1}{2}$; calculer le quinzième terme.

b) On donne $u_2 = -1$ et $q = -2$; calculer u_{13}.

54 **a)** On donne $u_0 = 2$ et $u_3 = 54$; calculer q et le dix-neuvième terme.

b) On donne $u_0 = 3$ et $u_2 = 21$; calculer q et le quatrième terme.

55 Cet exercice est un questionnaire à choix multiples. Pour chaque question, indiquer l'unique bonne réponse.

1. La suite (u_n) est une suite géométrique de raison q. On donne $u_1 = 3$ et $q = 2$. Alors :

a. $u_7 = 42$ **b.** $u_7 = 192$ **c.** $u_7 = 384$

2. La suite (v_n) est une suite géométrique de raison q. On donne $v_0 = 4$ et $q = -2$. Alors :

a. $v_{11} = 4\,096$ **b.** $v_{11} = -4\,096$

c. Aucune des deux réponses précédentes.

3. La suite (w_n) est une suite géométrique.
On donne $w_4 = 3$ et $w_7 = 81$. Alors :

a. $w_0 = \frac{1}{27}$ **b.** $w_0 = 3$ **c.** $w_0 = \frac{1}{3}$

56 Reprendre l'énoncé de l'exercice **48**. Calculer la valeur du capital au bout de 10 ans puis au bout de 20 ans.

57 Reprendre l'énoncé de l'exercice **50**. Calculer le nombre d'habitants que comptera le village en 2030 puis en 2035.

58 Dans une ville, on constate une hausse annuelle des prix des loyers de 0,8 %. Un jeune couple emménage en 2015 dans un appartement dont le loyer est de 800 € par mois. Il suppose que la hausse des loyers va continuer de la même façon dans les années à venir. On note u_0 le montant du loyer en 2015 et u_n le montant du loyer n années plus tard.

a) Montrer que la suite (u_n) est une suite géométrique dont on précisera le premier terme et la raison.

b) Quel sera le montant du loyer en 2020 ? en 2025 ?

59 Changements de vitesses

Un moteur électrique entraîne en rotation une broche de perceuse par l'intermédiaire de deux poulies étagées P et P' et d'une courroie.

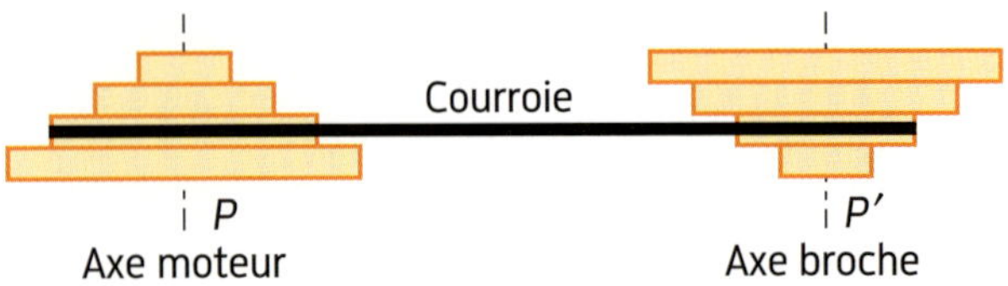

À chacune des positions de la courroie sur les poulies correspond une vitesse de la broche. Cette dernière possède donc quatre vitesses de rotation v_1, v_2, v_3 et v_4.
Les diamètres des poulies sont calculés de telle manière que les vitesses de rotation de la broche soient en progression géométrique.
La vitesse minimale v_1 est de 270 $\text{tr}\cdot\text{min}^{-1}$ et la vitesse maximale v_4 est de 3 430 $\text{tr}\cdot\text{min}^{-1}$.
Déterminer la raison q de la progression géométrique puis les deux vitesses intermédiaires v_2 et v_3.

60 Jouets et sécurité

Un jouet pour enfant est constitué de sphères creuses en plastique qui se rangent les unes dans les autres.
Le diamètre de la plus grande sphère est de 10 cm et chaque sphère a pour diamètre 85 % du diamètre précédent.
Les normes européennes de sécurité imposent, pour des jouets destinés aux enfants de moins de 36 mois, des dimensions strictement supérieures à 31,7 mm.
Quel est le nombre maximal de sphères dont ce jouet peut être composé ?

Notion de limite

61 On considère la suite (u_n) définie par $u_1 = \frac{1}{2}$ et, pour tout entier $n \geqslant 2$, $u_n = u_{n-1} + \frac{1}{2^n}$.

1. À la calculatrice, afficher les dix premiers termes de la suite.
De quel nombre semblent s'approcher les termes de la suite (u_n) lorsque n augmente ?

2. Une puce part d'un point A vers un point B situé à 1 mètre de distance. Son premier saut lui fait parcourir la moitié du chemin, chaque saut supplémentaire a pour longueur la moitié de celle du saut précédent.

a) Sans aucune justification, diriez-vous que la puce va :
- atteindre le point B ?
- dépasser le point B ?
- s'approcher du point B sans jamais l'atteindre ?

b) Expliquer en quoi les réponses de la question **1.** peuvent conforter la réponse précédente.

62 Soit la suite (u_n) définie par $u_0 = -3$ et pour tout entier $n \geqslant 0$,

$$u_{n+1} = \frac{1}{2}u_n + 2.$$

Sur la feuille de tableur ci-contre, on a calculé les treize premiers termes de la suite u_n et on a affiché le nuage de points correspondant.

	A	B
1	n	Un
2	0	-3
3	1	0,5
4	2	2,25
5	3	3,125
6	4	3,5625
7	5	3,78125
8	6	3,890625
9	7	3,9453125
10	8	3,97265625
11	9	3,986328125
12	10	3,993164063
13	11	3,996582031
14	12	3,998291016

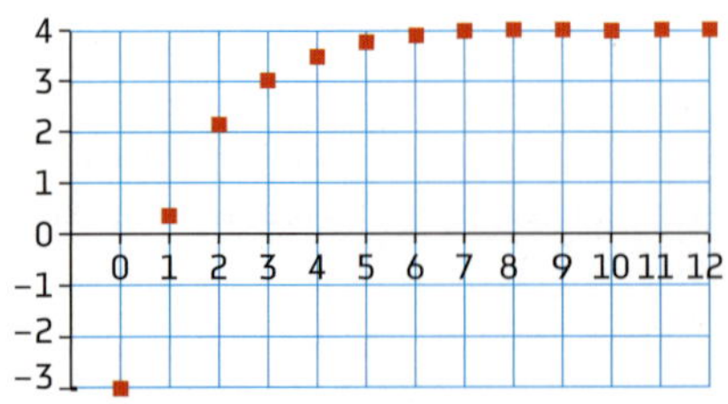

1. Quelle formule doit-on entrer dans la cellule B3 pour que, par recopie vers le bas, on obtienne les termes suivants de la suite (u_n) ?

2. a) De quel nombre semblent s'approcher les termes de la suite (u_n) lorsque n augmente ?

b) À la calculatrice, afficher les termes de la suite (u_n) pour n allant de 12 à 20. Les valeurs affichées confirment-elles la conjecture précédente ?

3. a) Résoudre l'équation $\frac{1}{2}x+2=4$.

b) S'il existait un indice n pour lequel $u_n=4$, que vaudrait u_{n-1} ? et, de proche en proche, que vaudrait u_0 ?

c) Conclure : existe-t-il un terme de la suite (u_n) qui prend la valeur 4 ?

63 Fichier OpenOffice

1. Soit la suite (u_n) définie par $u_0=-3$ et pour tout entier $n \geqslant 0$, $u_{n+1}=-\frac{1}{4}u_n+\frac{5}{2}$.

a) À l'aide d'un tableur, construire une feuille de calcul donnant les 20 premiers termes de la suite (u_n).
Afficher le nuage de points correspondant.

b) Quelle conjecture peut-on faire sur les termes de cette suite pour les grandes valeurs de n ?

2. On considère maintenant la suite (v_n) définie par $v_0=6$ et pour tout entier $n \geqslant 0$, $v_{n+1}=-\frac{1}{4}v_n+\frac{5}{2}$.

a) Que doit-on modifier sur la feuille de calcul pour obtenir les 20 premiers termes de cette suite et leur représentation en nuage de points ?

b) Quelle conjecture peut-on faire sur les termes de cette suite pour les grandes valeurs de n ?

3. Que peut-on dire de la suite (w_n) définie par la même relation de récurrence que les deux précédentes et ayant pour premier terme $w_0=2$?

64 Fichier OpenOffice

1. Soit la suite (u_n) définie par $u_0=0{,}8$ et pour tout entier $n \geqslant 0$, $u_{n+1}=(u_n)^2$.

a) À l'aide d'un tableur, construire une feuille de calcul donnant les 20 premiers termes de la suite (u_n).

b) Quelle conjecture peut-on faire sur les termes de cette suite pour les grandes valeurs de n ?

2. On considère maintenant la suite (v_n) définie par $v_0=1{,}001$ et pour tout entier $n \geqslant 0$, $v_{n+1}=(v_n)^2$.

a) Que doit-on modifier sur la feuille de calcul pour obtenir les 20 premiers termes de cette suite ?

b) Quelle conjecture peut-on faire sur les termes de cette suite pour les grandes valeurs de n ?

65 Fichier OpenOffice

Soit (u_n) une suite géométrique de raison q positive et de premier terme u_0.

a) Dans cette question, on prend $q=0{,}7$ et $u_0=15$.

- Ouvrir une feuille de calcul d'un tableur.
- Dans la cellule A1, entrer : « raison » et dans la cellule A2 entrer la valeur de q.
- Dans la colonne B, entrer les valeurs de n de 0 jusqu'à 50.
- Dans la colonne C, entrer la formule de calcul des termes de la suite (u_n) en utilisant, pour la raison q, l'adresse \$A\$2 (adresse fixe, en recopiant la formule, cette adresse ne se modifie pas).
- Afficher enfin la représentation des termes de la suite par un nuage de points.

b) Quelle conjecture peut-on faire sur les termes de la suite (u_n) pour les grandes valeurs de n ?

c) Prendre successivement pour valeurs de q les nombres 0,25 ; 0,5 ; 1 ; 1,5 ; 2 (on pourra faire d'autres essais) et répondre dans chaque cas à la question **b)**.

d) Faire de nouveaux essais en reprenant $q=0{,}7$ et en modifiant la valeur de u_0.

e) Faire de nouveaux essais en prenant $q=1{,}5$ et en modifiant la valeur de u_0.

f) Quelles conjectures peut-on faire sur le comportement des termes d'une suite géométrique pour les grandes valeurs de n, suivant la valeur de sa raison, lorsque celle-ci est positive ?

66 Algo

1. On donne l'algorithme ci-dessous.

```
Variables :        n entier naturel
Initialisation :   n prend la valeur 0
Traitement :       Tant que 4n² + 1 ⩽ 2 000
                       n prend la valeur n + 1
                   Fin Tant que
Sortie :           Afficher n
```

a) À quoi sert-il ?

b) Programmer cet algorithme sur la calculatrice ou sur un logiciel. Quel résultat obtient-on ?

2. Soit (u_n) la suite définie pour tout entier naturel n par $u_n=2n^3+5$.

a) Écrire un algorithme permettant de déterminer le plus petit entier naturel n_0 tel que $u_{n_0}>5\,000$. Programmer cet algorithme et déterminer la valeur de n_0.

b) Modifier l'algorithme du **a)** pour obtenir le plus petit entier naturel n_1 tel que $u_{n_1}>10\,000$. Déterminer la valeur de n_1.

67 Algo Reprendre la question **2.** de l'exercice précédent avec la suite (u_n) définie par $u_0=4$ et pour tout entier naturel $n \geqslant 0$, $u_{n+1}=1{,}25u_n+3$.

Exercices

Vrai-Faux

68 Pour chacune des affirmations suivantes, dire si elle est vraie ou fausse. Justifier.

1. Soit (u_n) la suite définie pour tout entier naturel n par $u_n = 3n + 5$.

a) $u_{12} = 41$.

b) Pour tout entier $n \geqslant 1$, $u_{n-1} = 3n + 4$.

c) La relation $u_n = 3n + 5$ est une relation de récurrence qui définit u_n.

d) Pour tout entier naturel n, $u_{n+1} = u_n + 3$.

2. Soit (v_n) la suite définie pour tout entier naturel n par :

$$v_n = \frac{3^{n+1}}{4^n}.$$

a) $v_0 = \frac{3}{4}$.

b) La suite (v_n) est une suite géométrique.

c) La relation $v_n = \frac{3^{n+1}}{4^n}$ est une relation de récurrence qui définit v_n.

d) Pour tout entier naturel n, $v_{n+1} = \frac{3}{4} v_n$.

3. Soit (r_n) la suite définie pour tout entier naturel n non nul par $r_n = \frac{(-1)^n}{n^3} + 2$.

Le plus petit entier naturel n_0 tel que $|r_{n_0} - 2| \leqslant 10^{-6}$ est 100.

69 Pour chacune des affirmations suivantes, dire si elle est vraie ou fausse. Justifier.

1. Si (u_n) est la suite géométrique de premier terme $u_1 = -2$ et de raison 3 alors $u_5 = -486$.

2. Si (v_n) est la suite géométrique de premier terme $v_0 = 128$ et de raison $\frac{1}{2}$ alors $v_5 = 4$.

3. La suite (w_n) définie pour tout entier naturel n non nul par $w_n = \frac{5}{2n} \times 3^n$ est géométrique de raison 3.

4. Les réels $\frac{3}{4}$, $\frac{1}{2}$, $\frac{1}{3}$, $\frac{2}{9}$ et $\frac{4}{15}$ sont cinq termes consécutifs d'une suite géométrique.

QCM

70 Pour chaque question, indiquer la seule proposition exacte.

	A	B	C
1. La courbe $\mathscr{C}$ ci-contre représente la fonction définie sur $]0\,;+\infty[$ par $f(x) = 1 + \frac{1}{x}$. 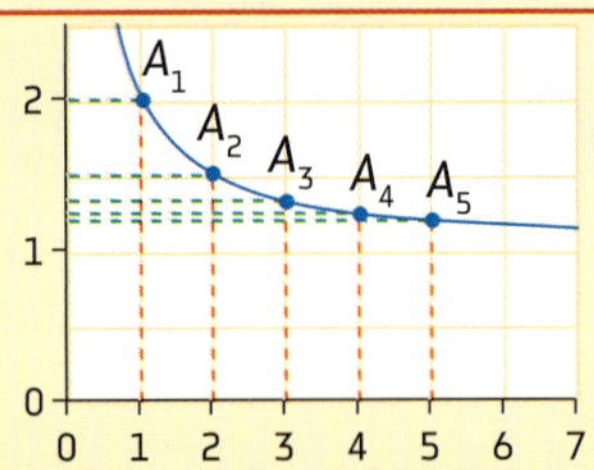	Les termes u_1 à u_5 de la suite (u_n) définie pour tout entier $n \geqslant 1$ par $u_n = f(n)$ sont les ordonnées respectives des points A_1 à A_5.	Les termes u_1 à u_5 de la suite (u_n) définie par $u_1 = 2$ et, pour tout entier $n \geqslant 1$ $u_{n+1} = f(u_n)$ sont les abscisses respectives des points A_1 à A_5.	Les termes de la suite (u_n) définie pour tout entier $n \geqslant 1$ par $u_n = f(n)$ semblent s'approcher de la valeur 0 lorsque n devient grand.
2. Un article de 120 € subit chaque année une hausse de 5 %. On note $p_0 = 120$ et pour tout entier naturel $n \geqslant 1$, on appelle p_n le prix de cet article au bout de n années.	La suite (p_n) est une suite géométrique de raison $\frac{5}{100}$.	Le prix de cet article dépassera 200 € au bout de 11 ans.	Le prix de cet article au bout de 6 ans est de 126,30 €.
3. Algo On donne l'algorithme suivant : Variables : n et N entiers naturels, u réel Initialisation : n prend la valeur 0 u prend la valeur 1 Traitement : Entrer N Tant que $n \leqslant N$ u prend la valeur $\frac{1}{u+1}$ n prend la valeur $n + 1$ Afficher u et n Fin Tant que	Cet algorithme calcule la plus petite valeur de n pour laquelle le terme d'indice n d'une suite est inférieur à un nombre N donné.	Cet algorithme calcule les premiers termes d'une suite définie par la relation $u_n = \frac{1}{n+1}$.	Cet algorithme calcule les premiers termes d'une suite définie par son premier terme et la relation $u_{n+1} = \frac{1}{u_n + 1}$.

71 Pression atmosphérique MODÉLISER

Au niveau de la mer (altitude 0), la pression atmosphérique est 1 013 hectopascals. Dans cet exercice, on admet que la pression atmosphérique diminue de 1,25 % à chaque élévation de 100 m.

Pour tout entier naturel n, on note P_n la pression, exprimée en hectopascals, à l'altitude $100n$, exprimée en mètres.

On a alors $P_0 = 1\,013$.

1. Calculer les pressions P_1 et P_2, arrondies à l'hectopascal, aux altitudes 100 m et 200 m.

2. a) Pour tout entier naturel n, exprimer P_{n+1} en fonction de P_n.

b) Quelle est la nature de la suite (P_n) ? Préciser sa raison et son premier terme.

c) En déduire, pour tout entier naturel n, une expression de P_n en fonction de n.

3. Calculer la pression atmosphérique, arrondie à l'unité, à l'altitude 3 200 m.

72 Chiffre d'affaires MODÉLISER

Pour l'année 2015, le chiffre d'affaires d'une entreprise s'élevait à 150 000 €. Chaque année, ce chiffre d'affaires augmente de 7,4 %. Pour tout entier naturel n, on appelle v_n le chiffre d'affaires de l'année $2015 + n$.

1. Calculer le chiffre d'affaires v_1 en 2016.

2. RAISONNER Justifier que la suite (v_n) est une suite géométrique de raison 1,074. On précisera son premier terme.

3. Pour tout entier naturel n, exprimer alors le terme général v_n de cette suite en fonction de n.

4. Calculer le chiffre d'affaires de l'entreprise en 2023. On donnera le résultat arrondi à l'unité.

5. Déterminer en quelle année le chiffre d'affaires de l'entreprise dépassera 350 000 €.

73 Algo Fichier Algobox Évaporation

MODÉLISER Dans un laboratoire de chimie, un employé utilise un liquide dont l'évaporation est importante.

À l'origine, il y a 75 cL de liquide dans la bouteille. L'employé referme mal cette bouteille et on considère alors que le liquide perd chaque jour 5 % de son volume par évaporation.

1. Pour tout entier naturel n, on note u_n la quantité de liquide, exprimée en cL, présente dans la bouteille au bout de n jours. Ainsi, $u_0 = 75$.

a) Calculer u_1 et u_2. On donnera les résultats arrondis au mL.

b) Pour tout entier naturel n, exprimer u_{n+1} en fonction de u_n. Quelle est la nature de la suite (u_n) ?

c) Pour tout entier naturel n, exprimer u_n en fonction de n.

d) Calculer la quantité de liquide restant dans la bouteille au bout de sept jours (on donnera le résultat arrondi au mL).

2. CALCULER On cherche le nombre minimum de jours nécessaires pour que la bouteille contienne moins de 25 cL.

a) Écrire un algorithme permettant de déterminer ce nombre minimum.

b) Programmer cet algorithme sur la calculatrice ou sur un logiciel et répondre à la question posée.

74 Algo Fichier Algobox Marteau pilon MODÉLISER

Pour former une pièce métallique à partir d'un profilé de 2 centimètres d'épaisseur, on utilise un marteau pilon. Il frappe toutes les 6 secondes, et à chaque coup, l'épaisseur de métal diminue de 2 %.

Pour tout entier naturel n, on note u_n l'épaisseur en millimètres de la pièce après n frappes.

On a donc $u_0 = 20$.

1. Calculer u_1, u_2 et u_3. On donnera les résultats arrondis au centième de millimètre.

2. RAISONNER Démontrer que la suite (u_n) est géométrique et préciser sa raison.

3. Pour tout entier naturel n, déterminer u_n en fonction de n.

4. Quelle est l'épaisseur, arrondie au centième de millimètre, de la pièce après 10 frappes ?

5. CALCULER On considère que la pièce est terminée dès que son épaisseur est inférieure ou égale à 14 millimètres.

a) Écrire un algorithme permettant de déterminer le nombre minimal de frappes nécessaires pour que la pièce soit terminée.

b) Programmer cet algorithme sur la calculatrice. En déduire le temps minimal pour que la pièce soit terminée.

Problèmes

75 **Isolation phonique** MODÉLISER

En traversant une plaque d'isolation phonique, un son perd 10 % de son intensité (exprimée en décibels).

1. Soit I_0 l'intensité d'un son à l'entrée dans une plaque d'isolation phonique et I_1 son intensité à la sortie. Exprimer I_1 en fonction de I_0.

2. On superpose n plaques d'isolation phonique identiques, avec $n \geqslant 1$. On note I_n l'intensité du son à la sortie de la n-ième plaque.

a) Pour tout entier $n \geqslant 1$, exprimer I_n en fonction de I_{n-1}.

b) Quelle est la nature de la suite (I_n) ? Justifier.

c) Pour tout entier $n \geqslant 1$, en déduire une expression de I_n en fonction de n et de I_0.

3. Applications

a) Si on considère un son d'intensité initiale $I_0 = 105$ dB, quelle est l'intensité du son après la traversée de quatre plaques d'isolation phonique ? On donnera le résultat arrondi au dixième.

b) CHERCHER À l'aide d'une calculatrice, déterminer le nombre minimum de plaques à utiliser pour que l'intensité du son sortant soit inférieure ou égale au quart de l'intensité du son entrant (et cela quelle que soit la valeur du son entrant).

76 **Radioactivité**

Tout élément radioactif est instable : ses atomes se désintègrent au cours du temps. On appelle période radioactive T (ou « demi-vie ») le temps au bout duquel la moitié des atomes, initialement présents dans un échantillon, se sont désintégrés.

On considère un échantillon de 50 g de combustible nucléaire contenant 93 % de plutonium 239 (plutonium de qualité militaire, les 7 % restants étant du plutonium 240). Dans ce qui suit, on s'intéresse à la désintégration du plutonium 239 dont la période radioactive est $T = 24\,000$ ans.

1. a) Quelle est la masse de plutonium 239 contenu dans cet échantillon ?

b) Quelle est la masse de plutonium 239 contenu dans cet échantillon au bout de 24 000 ans ? 48 000 ans ?

MODÉLISER Dans ce qui suit, on note u_n la masse en grammes, de plutonium 239 contenu dans cet échantillon après un temps nT.

2. a) Préciser u_0, u_1 et u_2.

b) Pour tout entier naturel n, exprimer u_{n+1} en fonction de u_n. En déduire la nature de la suite (u_n), puis, pour tout entier naturel n, une expression de u_n en fonction de n.

3. a) Quelle est la masse de plutonium 239 contenu dans cet échantillon au bout de 144 000 ans ? On donnera la valeur exacte puis une valeur approchée à 0,1 gramme près.

b) À l'aide de la calculatrice, indiquer au bout de combien d'années il restera moins de 1 mg de plutonium 239 dans cet échantillon. Justifier.

77 **Archéologie** MODÉLISER

Durant leur vie, les organismes animaux et végétaux possèdent une proportion de carbone 14 par rapport au carbone 12 constante. Après la mort de l'organisme, cette proportion baisse de 1,24 % à chaque siècle.

On note u_0 la proportion de carbone 14 par rapport au carbone 12 présent dans un organisme au moment de sa mort et u_n la proportion de carbone 14 par rapport au carbone 12 présent dans cet organisme n siècles après sa mort.

1. RAISONNER Montrer que la suite (u_n) est géométrique et préciser sa raison.

2. Pour tout entier $n \geqslant 1$, exprimer u_n en fonction de n et de u_0.

3. a) Par quel coefficient a été multipliée la proportion de carbone 14 par rapport au carbone 12 dans un organisme dont la mort remonte à 5 000 ans ? (On donnera le résultat arrondi au centième.) Justifier.

b) On a retrouvé des fragments d'os dont la proportion de carbone 14 par rapport au carbone 12 est inférieure à 40 % de celle d'un fragment d'os actuel comparable. Déterminer l'âge minimal de ces os.

78 On construit une suite de triangles rectangles isocèles comme indiqué sur la figure ci-dessous.

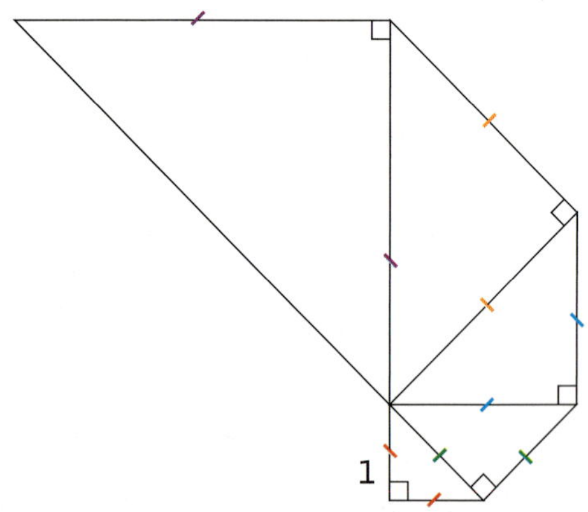

Pour tout entier $n \geqslant 1$, on appelle c_n la longueur du côté de l'angle droit du n-ième triangle.

a) Donner la valeur de c_1. Calculer c_2 et c_3.

b) MODÉLISER, RAISONNER, CHERCHER, COMMUNIQUER Proposer une démarche permettant de déterminer le premier triangle de la « spirale » dont le côté de l'angle droit est supérieur à 100.

c) Mettre en œuvre cette démarche et donner alors la longueur du côté correspondant.

79 Fichier OpenOffice Club de football

Le président d'un club de football amateur constate que, chaque année, le club conserve 80 % des adhérents de l'année précédente et qu'il y a 20 nouveaux licenciés. En 2014, le club comptait 150 adhérents.

1. Déterminer le nombre de licenciés en 2015 puis en 2016.

MODÉLISER Dans ce qui suit, on note u_n le nombre de licenciés l'année $2014 + n$.

2. Sans calcul supplémentaire, donner u_1 et u_2.

3. Pour tout entier naturel n, exprimer u_{n+1} en fonction de u_n. La suite (u_n) est-elle géométrique ?

4. CHERCHER En utilisant un tableur, répondre aux deux questions suivantes :

a) Quel est le nombre de licenciés prévisible pour l'année 2021 ? On arrondira le résultat à l'unité.

b) En observant le comportement de la suite (u_n) pour les grandes valeurs de n, émettre une conjecture sur l'évolution « à long terme » du nombre d'adhérents à ce club.

80 Astronomie

Soit (R_n) la suite définie par $R_1 = 0{,}7$ et, pour tout entier naturel n non nul, $R_{n+1} = 2R_n - 0{,}4$.

1. Calculer R_2 et R_3. La suite (R_n) est-elle géométrique ? Justifier la réponse.

2. RAISONNER Soit (U_n) la suite définie pour tout entier naturel n par : $U_n = R_n - 0{,}4$.

a) Pour tout entier $n \geqslant 1$, exprimer U_{n+1} en fonction de R_n, puis montrer que $U_{n+1} = 2U_n$.

b) En déduire la nature de la suite (U_n) puis, pour tout entier $n \geqslant 1$, exprimer U_n en fonction de n.

c) Montrer alors que pour tout entier $n \geqslant 1$,

$$R_n = 0{,}4 + 0{,}3 \times 2^{n-1}.$$

3. Cette dernière relation permet de calculer de façon approximative les distances, exprimées en unités astronomiques, des planètes au Soleil (unités astronomiques : 1 U.A. vaut environ 149 600 000 km). Elle est connue sous le nom de « loi de Titius-Bode ». Calculer R_7, rayon de l'orbite d'Uranus, septième planète du système solaire.

81 Algo Fichier OpenOffice Population de bactéries

L'exercice peut être traité sans les TICE en ne traitant pas la question **2.**

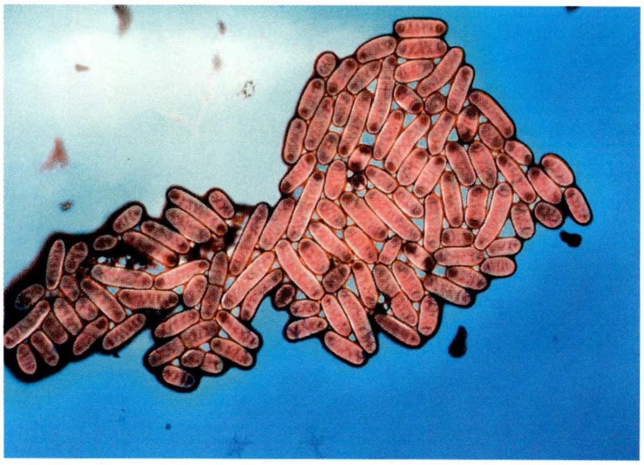

On a étudié le nombre de bactéries du type coliforme dans un litre d'une culture liquide.

Au départ, il y avait 150 bactéries.

On a constaté que, chaque minute, le nombre de bactéries était approximativement multiplié par 1,035 mais qu'à chaque minute, une bactérie était aussi détruite.

1. On appelle u_n le nombre de bactéries vivantes présentes au bout de n minutes. On a donc $u_0 = 150$.

a) Calculer u_1 et u_2 en arrondissant les résultats à l'entier.

b) Pour tout entier naturel n, exprimer u_{n+1} en fonction de u_n.

2. a) À l'aide d'un tableur, représenter par un nuage de points les termes u_0 à u_{100} de la suite (u_n).

b) Est-il possible qu'il y ait plus de 500 bactéries dans la culture ? Si oui, au bout de combien de temps ?

c) Conjecturer l'évolution du nombre de bactéries dans la culture pour les grandes valeurs de n.

3. a) CALCULER Écrire un algorithme permettant de déterminer le nombre de minutes nécessaires pour que u_n soit strictement supérieur à 10^6.

b) Programmer cet algorithme et le faire fonctionner. Le résultat obtenu conforte-t-il la conjecture établie à la question **2.c)** ?

82 Fichier OpenOffice Une petite différence qui fait toute la différence…

Soit k un nombre réel appartenant à l'intervalle $[-0{,}2 ; 1{,}6]$. On considère la suite (u_n) définie par $u_0 = 0$ et pour tout entier naturel n, $u_{n+1} = (u_n)^2 - k$.

On s'intéresse alors au comportement de la suite (u_n) pour différentes valeurs de k.

Problèmes

1. a) Dans un tableur, ouvrir une feuille de calcul.

• Dans la colonne A, intitulée « n », faire apparaître les entiers de 0 à 50.

• Dans la cellule D1, taper « k = ». Dans la cellule E1, entrer la valeur − 0,2.

• Dans la colonne B, intitulée « u_n », faire apparaître les termes u_0 à u_{50} de la suite (u_n), en prenant pour k la valeur contenue dans la cellule E1. (Attention à utiliser la référence absolue de cette cellule.) On affichera 8 décimales dans les cellules de la colonne B.

b) Faire la représentation en nuage de points des cinquante premiers termes de la suite (u_n).

c) Que se passe-t-il pour les termes u_n lorsque n devient très grand ?

2. a) Dans la cellule E1, entrer 0,6. Observer le nuage de points obtenu lorsque $k = 0{,}6$. La suite (u_n) évolue-t-elle de façon comparable au cas où $k = -0{,}2$ pour les grandes valeurs de n ?

b) Même question lorsque $k = 0{,}8$. Que peut-on conjecturer sur la suite (u_{2n}) des termes de rang pair et sur la suite (u_{2n+1}) des termes de rang impair ?

c) Observer le nuage de points obtenu lorsque $k = 1{,}3$. Peut-on faire les mêmes observations qu'à la question précédente ?

d) Dans les quatre cas ci-dessus, on constate que pour des valeurs de k très proches, l'évolution des termes de la suite (u_n) pour les grandes valeurs de n change énormément. Cependant, dans ces quatre cas, on note une certaine « régularité » des valeurs prises par les termes de la suite. Observer le nuage de points obtenu lorsque $k = 1{,}54$. Peut-on parler de « régularité » dans ce cas ?

3. COMMUNIQUER Justifier enfin le titre donné à l'exercice.

83 Algo Fichier Algobox **Suites de Syracuse**

On appelle « suite de Syracuse », une suite (u_n) d'entiers naturels définie sur $\mathbb{N}$ par la donnée d'un entier naturel non nul u_0 et la relation de récurrence :

$$\text{si } u_n \text{ est pair, } u_{n+1} = \frac{u_n}{2} \text{ ; sinon, } u_{n+1} = 3u_n + 1.$$

Les suites de Syracuse sont aussi appelées « suites de Collatz », du nom du mathématicien qui, le premier, les étudia, à partir de 1928.

1. a) Calculer « à la main » les termes u_1 à u_8 dans chacun des cas suivants : $u_0 = 1$; $u_0 = 2$; $u_0 = 3$; $u_0 = 4$; $u_0 = 5$. Ordonner ces résultats dans un tableau.

b) Que peut-on conjecturer ?

2. a) Étudier l'algorithme ci-après. Expliquer à quoi il sert.

```
Variables :       u réel, n entier naturel
Entrée :          Lire u
Initialisation :  n prend la valeur 0
Traitement :      Tant que u ≠ 1
                      Si (−1)^u = 1
                          Alors u prend la valeur u/2
                          Sinon u prend la valeur 3u + 1
                      Fin Si
                      n prend la valeur n + 1
                      Afficher u
                  Fin Tant que
Sortie :          Afficher n
```

b) Programmer cet algorithme à la calculatrice ou avec un logiciel.

Vérifier la justesse du programme avec les résultats de la question **1.a)**.

c) Quel est le premier rang pour lequel $u_n = 1$ lorsque :

• $u_0 = 6$?

• $u_0 = 9$?

• $u_0 = 20$?

Ce rang est appelé « temps de vol » de la suite.

La « conjecture de Syracuse » est la conjecture selon laquelle, quel que soit l'entier strictement positif choisi pour premier terme, la suite atteint 1.

En dépit de la simplicité de son énoncé, cette conjecture n'est toujours pas démontrée et les « temps de vol » des suites de Syracuse font toujours actuellement l'objet de recherches.

Vers le bac

84 Cet exercice est un questionnaire à choix multiples. Pour chacune des questions suivantes, une seule des quatre réponses proposées est exacte. Aucune justification n'est demandée.

1. Une somme de 600 € est placée en 2015 sur un compte rémunéré à 2,75 % par an. Pour tout entier naturel n, on appelle u_n la somme disponible en 2015 + n. Alors $u_{n+1} =$:

a. $2015 + n + 1$ **b.** $1{,}0275\, u_n$

c. $2{,}75\, u_n$ **d.** $u_n + 2{,}75$

2. On considère la suite géométrique (u_n) telle que $u_1 = 12$ et $u_4 = 96$.

La raison de cette suite est :

a. 2 **b.** 8 **c.** 84

d. aucune des réponses précédentes

3. Voici un extrait d'une feuille de calcul utilisée pour calculer les premiers termes de la suite géométrique (u_n) de premier terme $u_1 = 1000$ et de raison 1,005 (la valeur de chaque terme de la suite est donnée à 0,01 près) :

	A	B	C	D	E
1	n	un		raison	1,005
2	1	1000,00			
3	2	1005,00			
4	3	1010,03			

Pour obtenir la colonne B par une copie vers le bas, la formule entrée dans la cellule B3 est :

a. =1000*1,005 **b.** =B2*E1

c. =B2*E1 **d.** =A2*E1

4. On considère la suite géométrique (u_n) de premier terme $u_0 = 5$ et de raison 0,98 et la suite géométrique (v_n) de premier terme $v_0 = 2{,}8$ et de raison 1,02.
Le plus petit entier n vérifiant $u_n \leqslant v_n$ est :

a. 14 **b.** 15 **c.** 16 **d.** 17

5. On considère la suite géométrique (u_n) de premier terme $u_0 = 1$ et de raison $\frac{5}{3}$.
On donne l'algorithme suivant :

```
Variables :       n entier naturel, u nombre réel
Initialisation :  u prend la valeur 1
                  n prend la valeur 0
Traitement :      Tant que u < 1000
                     n prend la valeur n + 1
                     u prend la valeur u × 5/3
                  Fin Tant que
Sortie :          Afficher n
```

Cet algorithme affiche en sortie :

a. 1 001

b. la plus grande valeur de n vérifiant $u_n < 1\,000$

c. la plus petite valeur de n vérifiant $u_n \geqslant 1\,000$

d. la plus petite valeur de u_n vérifiant $u_n \geqslant 1\,000$

85 Étude du déficit d'une multinationale

Le déficit d'une multinationale a été de 15 millions d'euros en 2014. L'équipe de direction décide de prendre des mesures afin de ramener ce déficit annuel à moins de 5 millions d'euros. Jusqu'à ce que cet objectif soit atteint, l'équipe s'engage à ce que le déficit baisse de 8,6 % tous les ans.
On définit la suite (u_n) de la manière suivante : on note u_n le déficit en millions d'euros de cette multinationale lors de l'année $2014 + n$. Ainsi $u_0 = 15$.

1. a) Montrer que $u_1 = 0{,}914\, u_0$.
b) Si l'équipe de direction tient ses engagements, quel sera le déficit de la multinationale en 2016 ?
c) Démontrer que la suite (u_n) est géométrique, puis exprimer u_n en fonction de n.

2. On considère l'algorithme ci-après, qui permet de savoir en quelle année l'engagement de l'équipe de direction, à savoir ramener le déficit de la multinationale en dessous des 5 millions d'euros, sera atteint.

```
Variables :       N entier naturel
                  Q et U nombres réels
Initialisation :  N prend la valeur 0
                  Q prend la valeur 0,914
                  U prend la valeur 15
Traitement :      Tant que ..........................
                     N prend la valeur ....
                     U prend la valeur ....
                  Fin Tant que
Sortie :          Afficher ....
```

a) Recopier et compléter les lignes en pointillés afin que l'algorithme renvoie l'année à partir de laquelle le déficit de la multinationale est ramené en dessous de 5 millions d'euros.

b) Programmer et faire fonctionner cet algorithme sur la calculatrice. En quelle année le déficit de la multinationale est-il ramené en dessous de 5 millions d'euros ?

c) Proposer une modification de l'algorithme afin que celui-ci affiche le montant du déficit de la multinationale chaque année, jusqu'à ce que celui-ci soit ramené en dessous de 5 millions d'euros.

86 En 2010, un pays produisait 550 millions de tonnes de gaz à effet de serre. Depuis 2010, ce pays réduit chaque année ses émissions de gaz à effet de serre de 3 %.

a) Combien de millions de tonnes de gaz à effet de serre ce pays a-t-il produit en 2011 ?

b) *Dans cette question, toute trace de recherche, même incomplète, sera prise en compte dans l'évaluation.*

Déterminer en quelle année la production de gaz à effet de serre de ce pays passera sous la barre des 100 millions de tonnes.

87 Le parc de véhicules particuliers (VP) et de véhicules utilitaires légers (VUL) circulant en France est essentiellement constitué de véhicules thermiques (principalement essence, gasoil et GPL). Pour lutter contre la pollution, il intègre de plus en plus de véhicules à « faible émission de CO2 », c'est-à-dire des véhicules hybrides (véhicules thermiques assistés d'un moteur électrique) et des véhicules électriques.

En 2010, le taux moyen d'émission de CO2 par véhicule était de 165 g/km. Pour répondre aux enjeux environnementaux, l'ADEME (Agence de l'Environnement et de la Maîtrise de l'Énergie) prévoit de réduire ce taux moyen à 100 g/km pour le parc VP et VUL en 2030. Pour atteindre cet objectif, l'ADEME présente les prévisions indiquées en page suivante.

Véhicules (VP- VUL)	Prévisions ventes 2030	Prévisions parc 2030
Véhicules thermiques	64 %	89 %
Véhicules hybrides	24 %	7 %
Véhicules électriques	12 %	4 %
Total des voitures VP et VUL	2 millions	35 millions
Émission moyenne de CO2 par véhicule	49 g/km	100 g/km

Partie A

1. Selon les prévisions de l'ADEME, quel serait en 2030 le nombre de véhicules électriques vendus ?

2. Selon les prévisions de l'ADEME, quel serait en 2030 le pourcentage de véhicules à faible émission de CO2 dans le parc automobile ?

Partie B

1. En 2012, il s'est vendu, en France, 9 314 véhicules électriques (VP et VUL) ; en 2013, il s'en est vendu 13 954. Déterminer le pourcentage d'augmentation des ventes de véhicules électriques de 2012 à 2013.

2. Après un fort démarrage des ventes de véhicules électriques, les professionnels de l'automobile envisagent une augmentation de leurs ventes de 16 % par an de 2013 à 2030.
On décide de modéliser les ventes annuelles de véhicules électriques par une suite géométrique de raison 1,16.
On note u_n le nombre de véhicules électriques vendus durant l'année $2013 + n$.
a) Donner u_0.
b) Exprimer u_n en fonction de n.
c) L'augmentation de 16 % par an des ventes de véhicules électriques permettrait-elle d'atteindre la prévision de l'ADEME pour l'année 2030 ?

3. Les professionnels de l'automobile cherchent un pourcentage d'augmentation annuelle des ventes de véhicules électriques qui permettrait d'atteindre les prévisions de l'ADEME en 2030.
On considère l'algorithme suivant :

```
Variables :        u nombre réel, q nombre réel
Initialisation :   Affecter à u la valeur 173 974
                   Affecter à q la valeur 1,16
Traitement :       Tant que u ⩽ 240 000
                       q prend la valeur q + 0,01
                       u prend la valeur 13 954 × q^17
                   Fin Tant que
Sortie :           Afficher (q –1) × 100
```

a) Que représente la valeur 173 974 prise par la variable u dans l'initialisation de l'algorithme ?
b) Faire fonctionner cet algorithme. Pour cela, reproduire et compléter le tableau ci-dessous. Des lignes supplémentaires pourront être ajoutées.

Étapes de l'algorithme	Variables	
	q	u
Initialisation	1,16	173 974
Étape 1	…	…
Étape 2	…	…
…	…	…

c) Quelle est la valeur affichée par l'algorithme ? Interpréter le résultat.

CHAPITRE 7

Statistiques et probabilités

Prérequis

- Savoir déterminer la médiane, la moyenne et les quartiles d'une série statistique.
- Savoir déterminer les fréquences et les fréquences cumulées croissantes pour une série statistique.
- Savoir déterminer et interpréter un intervalle de fluctuation à l'aide de la formule vue en seconde.
- Savoir calculer la probabilité d'un événement dans le cas de l'équiprobabilité.

→ EXERCICES N°1 À 8

Objectifs

- Disposer d'une nouvelle caractéristique de dispersion en statistique : l'écart type.
- Découvrir la loi binomiale, son espérance, sa variance et son écart type.
- Utiliser la loi binomiale pour une prise de décision à partir d'une fréquence observée sur un échantillon.

Capacités attendues

- Utiliser de façon appropriée les deux couples usuels qui permettent de résumer une série statistique : (moyenne ; écart type) et (médiane ; écart interquartile).
- Étudier une série statistique ou mener une comparaison de deux séries statistiques à l'aide d'un logiciel ou d'une calculatrice.
- Représenter un schéma de Bernoulli par un arbre pondéré.
- Simuler un schéma de Bernoulli.
- Reconnaître des situations relevant de la loi binomiale.
- Calculer une probabilité dans le cadre de la loi binomiale à l'aide de la calculatrice ou du tableur.
- Représenter graphiquement la loi binomiale.
- Interpréter l'espérance comme valeur moyenne dans le cas d'un grand nombre de répétitions.
- Déterminer à l'aide de la loi binomiale l'intervalle de fluctuation, à environ 95 %, d'une fréquence.
- Exploiter un intervalle de fluctuation pour rejeter ou non une hypothèse sur une proportion.

Activités

Activité 1 Choisir un spot de kitesurf

Objectif
Mettre en évidence l'utilité d'un nouveau paramètre d'étude d'une série statistique : l'écart type.

Des kitesurfeurs préparent leur prochain séjour de trois jours en bord de mer. Ils s'intéressent à la vitesse du vent relevée un an plus tôt à la même époque de l'année pour deux spots différents, Capbreton et Le Touquet.
Les deux tableaux suivants indiquent la durée, en heures, pendant laquelle les différentes vitesses du vent, en nœuds, ont été relevées entre 7 h et 22 h, durant les trois jours.

Capbreton :

Vitesse x_i	8	9	10	11	13	14	17	19	20
Durée h_i	1	3	7	12	6	3	4	7	2

Le Touquet :

Vitesse x'_i	2	3	4	10	12	13	18	19	25
Durée h'_i	1	4	3	12	3	7	5	3	7

1 **a.** Dans la calculatrice, entrer la série des vitesses du vent à Capbreton et les durées correspondantes dans les listes L_1 et L_2. Faire de même pour Le Touquet dans les listes L_3 et L_4. Afficher la moyenne et la médiane des deux séries statistiques (L_1 ; L_2) et (L_3 ; L_4) ainsi définies.

b. Les résultats précédents permettent-ils de différencier les deux destinations potentielles des kitesurfeurs ?

2 **a.** En utilisant la calculatrice, donner les 1er et 3e quartiles de chacune des séries. En déduire l'écart interquartile de chacune d'elles.

b. Le résultat précédent permet-il de différencier les deux destinations potentielles des kitesurfeurs ?

3 Pour choisir la destination, on va définir et utiliser un autre paramètre.

a. Pour chaque valeur x_i du 1er tableau, on remplace x_i (vitesse du vent) par $(x_i - \overline{x})^2$ (carré de l'écart à la moyenne $\overline{x}$). On garde la deuxième ligne inchangée.
Dans la calculatrice, entrer comme nouvelle liste $L_5 = (L_1 - 13{,}2888889)^2$. Calculer alors la moyenne de la série (L_5 ; L_2) , puis la racine carrée de cette moyenne.
b. Retrouver cette valeur dans la liste des résultats fournis par la calculatrice concernant la série (L_1 ; L_2). Avec quelle notation la calculatrice l'affiche-t-elle ? Cette valeur est appelée écart type de la série. C'est un paramètre de dispersion, qui « mesure » les écarts des valeurs de la série par rapport à la moyenne.

c. En utilisant la calculatrice, donner l'écart type de la série statistique relative à la vitesse du vent au Touquet.

d. Quelle destination les kitesurfeurs vont-ils choisir s'ils souhaitent pratiquer leur sport avec une vitesse du vent relativement régulière ?

Activité 2 Le feu vert tous les matins !

Objectifs
- **Découvrir sur un exemple un schéma de Bernoulli et sa représentation par un arbre pondéré.**
- **S'initier sur un exemple à la notion de variable aléatoire et introduire la loi binomiale.**

1 Un automobiliste passe tous les jours à la même intersection en partant de chez lui. Cette intersection est équipée d'un feu tricolore. On appelle S l'événement « l'automobiliste arrive devant le feu alors qu'il est vert ».
On suppose que la probabilité de S est :

$$P(S) = \frac{3}{5}.$$

Quelle est la probabilité de $\overline{S}$?

Dans ce qui suit, on étudie la situation deux jours de suite.

On appelle :
- S_1 l'événement « le 1er jour, l'automobiliste arrive devant le feu alors qu'il est vert » ;
- S_2 l'événement « le 2e jour, l'automobiliste arrive devant le feu alors qu'il est vert ».

On définit ainsi une expérience aléatoire que l'on représente par l'arbre ci-après.

2 **a.** Il y a quatre issues à cette expérience. La première peut s'écrire $S_1 \cap S_2$. Écrire les trois autres issues de façon analogue.

b. On considère que la couleur du feu lorsque l'automobiliste arrive à l'intersection ne dépend pas de la couleur du feu rencontrée la veille.
Sur chaque branche de l'arbre, on indique la probabilité de l'événement écrit à droite de la branche.

Recopier et compléter l'arbre en y indiquant les probabilités manquantes.

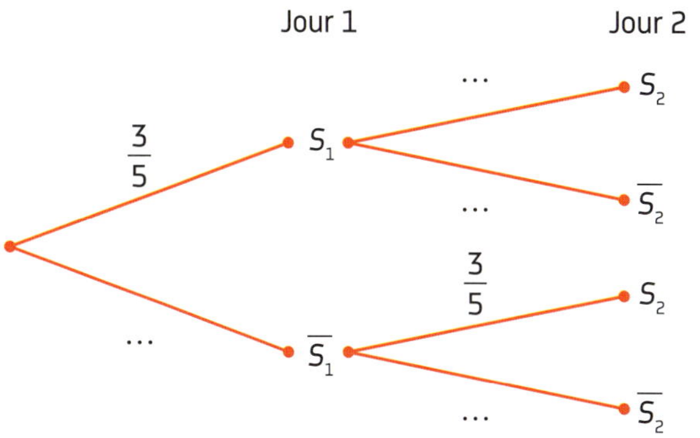

c. On admet que, comme dans le cas étudié ici, deux événements R_1 et R_2 étant indépendants, on a : $p(R_1 \cap R_2) = p(R_1) \times p(R_2)$.
Quelle est la probabilité de chacune des quatre issues décrites dans la question **a.** ?

3 On note X la fonction qui, à chacune de ces issues, associe le nombre de fois où le feu est vert. On dit que X est une variable aléatoire.
Par exemple, « $X = 2$ » correspond à l'événement « le feu est vert lors des deux passages » et contient une seule issue : $S_1 \cap S_2$.

a. Donner la liste des valeurs prises par X.

b. Donner une phrase décrivant l'événement « $X = 0$ », puis écrire cet événement comme un ensemble d'issues. Même question avec « $X = 1$ ».

c. Déduire de ce qui précède les probabilités : $P(X = 0)$, $P(X = 1)$ et $P(X = 2)$.
(On note $P(X = k)$, en omettant les guillemets, la probabilité de l'événement « $X = k$ ».)

Activité 3 Proportion filles/garçons

Objectif
Réactiver les acquis de seconde sur l'échantillonnage et percevoir les limites d'utilisation de l'intervalle de fluctuation d'une fréquence au seuil de 95 % vu alors.

On rappelle le résultat suivant, vu en classe de seconde et valable pour des échantillons de taille $n \geqslant 25$ et des proportions p du caractère étudié comprises entre 0,2 et 0,8 : si f désigne la fréquence du caractère dans l'échantillon, alors f appartient à l'intervalle $\left[p - \frac{1}{\sqrt{n}} \,;\, p + \frac{1}{\sqrt{n}}\right]$ avec une probabilité d'au moins 0,95. Cet intervalle est appelé intervalle de fluctuation de la fréquence f au seuil de 95 %.

1 On considère que la proportion de filles inscrites en 1re STL en France est égale à 57,1 % (Source : Repères et références statistiques, ministère de l'Éducation nationale, rentrée 2015). Erwan, élève de 1re STL, constate que, dans sa classe constituée de 32 élèves, 23 sont des filles.

a. Comparer le pourcentage de filles dans la classe d'Erwan avec le pourcentage de filles en 1re STL au niveau national.

b. Justifier que l'on peut utiliser la propriété énoncée en introduction pour déterminer l'intervalle de fluctuation, au seuil de 95 %, de la fréquence de filles dans un échantillon de 32 élèves en 1re STL.

c. D'après cet intervalle, peut-on considérer que la classe d'Erwan est « représentative » de la proportion de filles en 1re STL ? Pourquoi ?

2 On considère que la proportion de filles inscrites en 1re STI2D en France est égale à 6,6 % (Source : Repères et références statistiques, ministère de l'Éducation nationale, rentrée 2015). Amal, élève de 1re STI2D, constate qu'elle est la seule fille de sa classe constituée de 32 élèves.

a. Comparer le pourcentage de filles dans la classe d'Amal avec le pourcentage de filles en 1re ST2D au niveau national.

b. Peut-on utiliser la propriété énoncée en introduction pour considérer si la classe d'Amal est « représentative » de la proportion de filles en 1re STI2D ? Pourquoi ?

A Variance et écart type d'une série statistique

Rappels : En 3e et 2de, on a défini trois indicateurs permettant d'étudier une série statistique :

- deux indicateurs de position :

– la **moyenne** : $\bar{x} = \dfrac{n_1 \times x_1 + n_2 \times x_2 + \ldots + n_p \times x_p}{n_1 + n_2 + \ldots + n_p}$;

– la **médiane** : c'est une valeur supérieure ou égale à au moins 50 % des valeurs de la série et inférieure ou égale à au moins 50 % des valeurs de la série.

- un indicateur de dispersion associé à la médiane : l'**écart interquartile** qui est la différence $Q_3 - Q_1$ où Q_1 et Q_3 sont respectivement le premier et le troisième quartile de la série :

– le premier quartile, Q_1, est une valeur supérieure ou égale à au moins 25 % des valeurs de la série et inférieure ou égale à au moins 75 % des valeurs de la série ;

– le troisième quartile Q_3 est une valeur supérieure ou égale à au moins 75 % des valeurs de la série et inférieure ou égale à au moins 25 % des valeurs de la série.

Comme découvert dans l'activité 1, on peut aussi construire un indicateur de dispersion lié à la moyenne.

Définition Soit la série statistique donnée par le tableau :

Valeur	x_1	x_2	...	x_p
Effectif	n_1	n_2	...	n_p

On note $\bar{x}$ sa moyenne et $N = n_1 + n_2 + \ldots + n_p$ son effectif total.
On appelle **variance** de la série, et on note V, le réel :

$$V = \frac{1}{N}\left[n_1(x_1 - \bar{x})^2 + n_2(x_2 - \bar{x})^2 + \ldots + n_p(x_p - \bar{x})^2\right].$$

(V est la moyenne des carrés des écarts entre les valeurs et la moyenne de la série.)

Exemple : On cherche à déterminer la variance de la série statistique donnée par le tableau :

Valeur	8	10	11	14	15
Effectif	2	1	2	1	1

La moyenne de cette série est : $\bar{x} = \dfrac{8 \times 2 + 10 \times 1 + 11 \times 2 + 14 \times 1 + 15 \times 1}{7} = \dfrac{77}{7} = 11.$

La variance de cette série est alors :

$$V = \frac{1}{7}\left[2 \times (8 - 11)^2 + (10 - 11)^2 + 2 \times (11 - 11)^2 + (14 - 11)^2 + (15 - 11)^2\right] = \frac{44}{7}.$$

Définition On appelle **écart type** d'une série statistique, et on note σ, la racine carrée de sa variance : $\sigma = \sqrt{V}$.

Exemple : L'écart type de la série précédente est $\sigma = \sqrt{V} = \sqrt{\dfrac{44}{7}} \approx 2{,}5.$

→ EXERCICES n° 9 à 12

Voir SF1

Remarques : 1. Dans la pratique, la variance et l'écart type d'une série statistique se calculent en utilisant la calculatrice ou un logiciel.

2. L'écart type d'une série statistique donne une idée de la dispersion des valeurs de la série autour de sa moyenne. Il a la même unité que les valeurs de la série.

3. Les couples (médiane ; écart interquartile) et (moyenne ; écart type) permettent d'étudier une série statistique ou de comparer plusieurs séries statistiques. La moyenne et l'écart type sont des paramètres sensibles aux valeurs extrêmes de la série. La médiane et l'écart interquartile ne présentent pas cet inconvénient.

SF1 Utiliser de façon appropriée les deux couples usuels qui permettent de résumer une série statistique : (moyenne ; écart type) et (médiane ; écart interquartile)

Dans une entreprise de 200 employés, on compte différents niveaux de rémunération. La répartition des salariés suivant leur salaire mensuel brut est donnée dans le tableau ci-dessous :

Salaire mensuel en €	1420	1500	1700	2000	2200	2350	4000	7500
Effectif	45	72	30	25	10	8	7	3

1. **Déterminer la médiane et l'écart interquartile de cette série statistique.**

- La médiane de cette série statistique est 1 500 €. Le 1er et le 3e quartiles sont respectivement 1 500 € et 2 000 € donc l'écart interquartile est : 2 000 – 1 500 = 500 €.

Calculer sa moyenne et son écart type.

- La moyenne de cette série statistique est 1 821 € ; son écart type est environ 865 €.

On utilise la calculatrice en mode statistiques (voir les pages 284 et 287). La calculatrice affiche la médiane, la moyenne et l'écart type (noté σX ou xσn) ainsi que les 1er et 3e quartiles Q_1 et Q_3, on en déduit l'écart interquartile $Q_3 - Q_1$.

2. **Dans une plaquette de présentation de l'entreprise, on peut lire : « Le salaire mensuel brut moyen dans l'entreprise est de 1 821 €. » Comment se situe le salaire de la majorité des salariés par rapport à ce salaire moyen ? Quelle information pourrait-on donner qui semblerait plus réaliste aux salariés ?**

On constate que 147 salariés (45 + 72 + 30) gagnent moins de 1 821 €. La majorité des salariés gagne donc moins que le salaire moyen. On peut donner la valeur du salaire médian, qui est de 1 500 € et qui permet de prendre conscience qu'au moins la moitié des salaires de l'entreprise est inférieure ou égale à 1 500 €.

La médiane permet de séparer les valeurs de la série en deux groupes de même effectif, ce qui n'est pas le cas de la moyenne : on peut avoir plus de la moitié des valeurs strictement inférieures ou strictement supérieures à la moyenne.

POUR S'ENTRAÎNER

SF1 On donne dans le tableau ci-dessous la répartition des prix des maisons d'environ 90 m^2 en vente dans une agence immobilière.

Prix en €	170 000	185 000	195 000	210 000	225 000
Nombre de maisons	1	3	7	12	5

Prix en €	235 000	250 000	290 000	340 000
Nombre de maisons	7	4	3	3

1. a. Déterminer la médiane et l'écart interquartile de cette série statistique.

b. Calculer sa moyenne et son écart type.

2. a. Comment peut-on expliquer la différence entre la moyenne et la médiane de cette série ?

b. Un agent immobilier souhaite faire de la publicité pour cette agence : lequel des couples (médiane ; écart interquartile) et (moyenne ; écart type) est-il le plus judicieux de mentionner s'il s'adresse à de futurs acheteurs ? Et s'il s'adresse à de futurs vendeurs ? Pourquoi ?

→ EXERCICES N° 13 À 19

B Probabilités : loi binomiale

1 Schéma de Bernoulli

Épreuve de Bernoulli

Définition On appelle **épreuve de Bernoulli** une expérience aléatoire dans laquelle on s'intéresse uniquement à deux issues : l'une, que l'on nomme « succès » et que l'on note S, ayant une probabilité p, l'autre que l'on nomme « échec » et que l'on note $\overline{S}$, ayant alors une probabilité $1-p$.

Exemple : Dans un jeu télévisé, on propose au candidat quatre réponses à une question, une seule de ces réponses étant juste. Le candidat, ne connaissant pas la réponse, répond au hasard. Il s'agit d'une épreuve de Bernoulli pour laquelle on choisit pour succès S l'événement « le candidat donne la bonne réponse » et $p=P(S)=\frac{1}{4}$.

Schéma de Bernoulli

Définition Lorsqu'on répète n fois de façon identique et indépendante une épreuve de Bernoulli dont la probabilité de succès est p, on dit qu'on a un **schéma de Bernoulli de paramètres n et p.**

Voir SF2

Propriétés • Un schéma de Bernoulli peut être représenté par un arbre pondéré : sur chaque branche de l'arbre, on indique la probabilité de l'événement placé à droite de cette branche.
• La probabilité d'un événement correspondant à un chemin sur l'arbre est obtenue en multipliant les probabilités portées par les branches de ce chemin.
• La probabilité d'un événement correspondant à plusieurs chemins est obtenue en ajoutant les probabilités des événements correspondant à chaque chemin.

Exemple : On reprend l'exemple précédent. Si le candidat répond à trois questions de ce jeu (en supposant que sa réponse à une question est indépendante de ses réponses aux autres questions), on a un schéma de Bernoulli de paramètres $n=3$ et $p=\frac{1}{4}$.
Ce schéma de Bernoulli peut être représenté par l'arbre pondéré ci-contre. Cette expérience a 8 issues possibles ; par exemple, $S_1 \cap \overline{S_2} \cap \overline{S_3}$ est l'issue « le candidat a donné la bonne réponse à la première question, et une mauvaise réponse aux deux autres questions ».

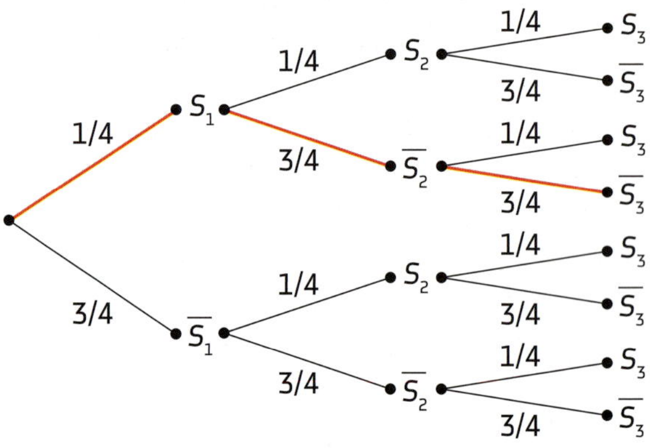

La probabilité de cette issue est :

$$P(S_1 \cap \overline{S_2} \cap \overline{S_3}) = \frac{1}{4}\times\frac{3}{4}\times\frac{3}{4}=\frac{9}{64}.$$

La probabilité de l'événement « donner exactement une bonne réponse » est :

$$P(S_1 \cap \overline{S_2} \cap \overline{S_3})+P(\overline{S_1} \cap S_2 \cap \overline{S_3})+P(\overline{S_1} \cap \overline{S_2} \cap S_3)=\frac{9}{64}+\frac{3}{4}\times\frac{1}{4}\times\frac{3}{4}+\frac{3}{4}\times\frac{3}{4}\times\frac{1}{4}=\frac{27}{64}.$$

SF2 Représenter un schéma de Bernoulli par un arbre pondéré et utiliser l'arbre

Un vendeur d'appareils électroménagers propose sur ses appareils une garantie de deux ans. Une étude a montré que la probabilité qu'un appareil tombe en panne pendant sa période de garantie est égale à 0,15. On considère que les appareils fonctionnent indépendamment les uns des autres. En une journée, quatre appareils sont vendus. On s'intéresse au nombre d'appareils parmi ceux vendus ce jour-là qui tombent en panne pendant leur période de garantie.

On traduit le texte par la répétition n fois d'une épreuve de Bernoulli ayant une probabilité de « succès » égale à p.

a. Représenter la situation par un arbre pondéré.

Ici, on répète quatre fois de façon identique et indépendante l'épreuve consistant à faire fonctionner un appareil pendant deux ans. Le « succès » correspond à l'événement « l'appareil tombe en panne pendant sa période de garantie ». On a $p = 0{,}15$.

On note S_i l'événement « l'appareil i tombe en panne pendant sa période de garantie ».

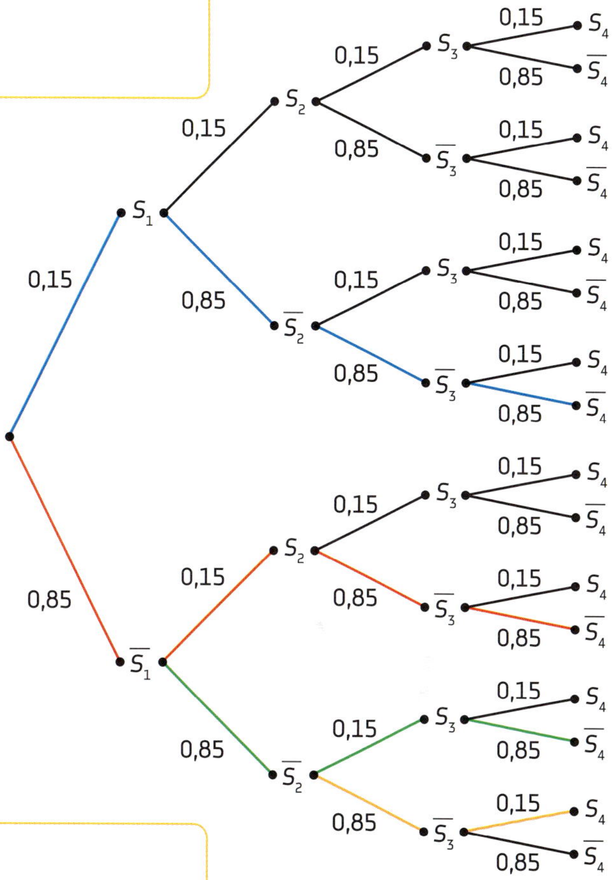

b. Quelle est la probabilité de l'événement E : « un appareil et un seul tombe en panne pendant sa période de garantie » ?

- Ici, il y a quatre issues qui réalisent l'événement (chemin bleu, chemin rouge, chemin rouge-vert, chemin rouge-vert-orange).
- Le chemin en rouge correspond à l'issue $\overline{S_1} \cap S_2 \cap \overline{S_3} \cap \overline{S_4}$. La probabilité de cette issue est :

$$0{,}85 \times 0{,}15 \times 0{,}85 \times 0{,}85 = 0{,}15 \times 0{,}85^3.$$

Chacune de ces issues a pour probabilité $0{,}15 \times 0{,}85^3$.
La probabilité de E est :

$$P(E) = 4 \times 0{,}15 \times 0{,}85^3 \approx 0{,}368.$$

On suit les chemins correspondant à chacune des issues réalisant cet événement.

Chacune de ces issues a la même probabilité : le produit des probabilités rencontrées sur ce chemin.

POUR S'ENTRAÎNER

SF2 Un représentant de commerce propose à la vente un produit. Une étude statistique a permis d'établir que, chaque fois qu'il rencontre un client, la probabilité qu'il vende son produit est 0,2. On considère que le fait de conclure une vente avec un client est indépendant du résultat de la transaction avec un autre client. Dans une matinée, il rencontre trois clients.

a. Représenter la situation par un arbre pondéré.

b. Quelle est la probabilité qu'il vende deux produits dans la matinée ?

→ EXERCICES N° 20 À 24

2 Loi binomiale

Variable aléatoire associée à un schéma de Bernoulli

Voir SF3

Définition On considère un schéma de Bernoulli de paramètres n et p. Soit X la fonction qui, à chaque issue de ce schéma de Bernoulli, associe le nombre de succès obtenus.

- On dit que X est la variable aléatoire associée à ce schéma de Bernoulli.
- Pour tout entier k de 0 à n, on note « $X = k$ » l'événement « on obtient k succès » et $P(X = k)$ la probabilité de cet événement.
- On appelle loi de probabilité de X la donnée de chacune des valeurs de $P(X = k)$, et cela pour toutes les valeurs de k de 0 à n. On dit alors que X suit la **loi binomiale** de paramètres n et p.

Exemple : On reprend l'exemple du paragraphe précédent. L'événement « $X = 1$ » correspond à « le candidat donne exactement une bonne réponse ». En utilisant l'arbre pondéré, on a calculé $P(X = 1)$ au paragraphe précédent. On procède de même pour déterminer les autres probabilités. On obtient alors la loi de probabilité de X, donnée dans le tableau suivant :

k	0	1	2	3
$P(X = k)$	$\frac{27}{64}$	$\frac{27}{64}$	$\frac{9}{64}$	$\frac{1}{64}$

→ EXERCICES n° 29 et 30

Voir SF4

Remarque : Lorsque $n \leqslant 4$, on peut déterminer la loi de probabilité de X à l'aide d'un arbre. Mais dès que $n > 4$, on utilise la calculatrice ou le tableur, capables de déterminer $P(X = k)$ et $P(X \leqslant k)$ (on parle de probabilité cumulée) à partir des paramètres n, p et de la valeur de k.

Espérance, variance et écart type de la loi binomiale

Par analogie avec la moyenne, la variance et l'écart type en statistiques, on définit, pour une variable aléatoire X, des grandeurs appelées espérance mathématique, variance et écart type de X en remplaçant les fréquences statistiques par les probabilités. On admet alors les formules suivantes.

Propriétés Soit X une variable aléatoire suivant la loi binomiale de paramètres n et p.

- L'espérance mathématique de X, notée $E(X)$, est donnée par : $E(X) = np$.
- La variance de X, notée $V(X)$, est donnée par : $V(X) = np(1 - p)$.
- L'écart type de X, noté $\sigma(X)$, est donné par : $\sigma(X) = \sqrt{np(1-p)}$.

Remarque : Si on répète un grand nombre de fois l'expérience liée à un schéma de Bernoulli de paramètres n et p, auquel est associée la variable aléatoire X, alors on obtient en moyenne $E(X) = np$ succès sur les n tentatives.

Exemple : En reprenant l'exemple précédent, on a : $E(X) = 3 \times \frac{1}{4} = \frac{3}{4}$. En répétant ce jeu de trois questions un très grand nombre de fois, on obtient en moyenne 0,75 bonne réponse sur les trois questions.

→ EXERCICES n° 38 et 39

Représentation graphique de la loi binomiale

On représente la loi binomiale avec un diagramme en bâtons.

Exemple : Pour $n = 10$ et $p = 0,4$:

$E(X) = 10 \times 0,4 = 4$

Les valeurs les « plus probablement » prises par X se répartissent autour de la valeur 4.

$P(X = 5) \approx 0,2$

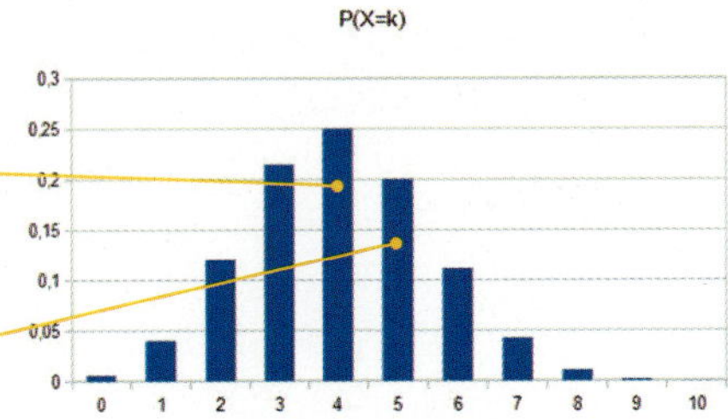

→ EXERCICES n° 40 et 41

SF3 Reconnaître une situation relevant de la loi binomiale

Dans une urne se trouvent neuf jetons indiscernables au toucher : 3 blancs, 4 rouges et 2 jaunes.

Dans chacun des cas suivants, dire si la variable aléatoire X suit une loi binomiale, et si oui préciser ses paramètres.

On tire un jeton, on le met de côté, on en tire un deuxième que l'on met de côté, puis un troisième. X prend pour valeurs le nombre de jetons rouges obtenus.

On regarde si l'expérience est la répétition identique et indépendante d'une épreuve de Bernoulli et si la variable définie prend pour valeurs le nombre de succès.

Dans ce cas, le tirage ne se fait pas de façon identique et indépendante : lors du deuxième tirage, il y a un jeton de moins dans l'urne que lors du premier tirage.

La variable X ne suit donc pas une loi binomiale.

On tire un jeton, on note sa couleur, on le remet dans l'urne. On répète trois fois cette épreuve. X prend pour valeurs le nombre de jetons rouges obtenus.

On répète trois fois de façon identique et indépendante la même épreuve, qui donne lieu à deux résultats : avoir un jeton rouge ou non. Il s'agit donc bien d'un schéma de Bernoulli. La probabilité du succès est $p = \frac{4}{9}$. La variable X prend pour valeurs le nombre de succès, donc suit la loi binomiale de paramètres $n = 3$ et $p = \frac{4}{9}$.

SF4 Calculer une probabilité dans le cadre de la loi binomiale à l'aide de la calculatrice ou du tableur

Une compagnie aérienne constate que sur la ligne « Paris-Marseille », pour une personne ayant réservé sa place sur un vol, la probabilité qu'elle se présente à l'embarquement est $p = 0{,}9$. Elle considère que la présence d'une personne à l'embarquement est indépendante de la présence des autres voyageurs.
La compagnie prend pour ce vol 140 réservations alors qu'elle dispose de 136 places.

Quelle est la probabilité que l'avion compte 125 passagers lors de l'embarquement ?

Quelle est la probabilité qu'il y ait plus de passagers que de places lors de l'embarquement ?

On reconnaît un schéma de Bernoulli de paramètres n et p.

La compagnie prend la réservation d'un voyageur sur le vol. Cette épreuve donne lieu à deux issues : le voyageur se présente à l'embarquement (avec une probabilité $p = 0{,}9$) ou non. Il s'agit bien d'une épreuve de Bernoulli. On répète $n = 140$ fois de façon identique et indépendante cette épreuve. Il s'agit donc d'un schéma de Bernoulli.

On définit la variable aléatoire qui compte le nombre de succès ; elle suit la loi binomiale de paramètres n et p. On traduit alors la question en termes de probabilités.

Soit X la variable qui prend pour valeurs le nombre de passagers se présentant à l'embarquement. X suit la loi binomiale de paramètres $n = 140$ et $p = 0{,}9$.

On cherche ici la probabilité $P(X = 125)$.

On cherche ici la probabilité $P(X > 136)$.

On utilise la calculatrice (voir les pages 285 et 287) ou le tableur (voir les rabats).

On obtient $P(X = 125) \approx 0{,}10427$.

On obtient $P(X \leqslant 136) \approx 0{,}99971$
soit $P(X > 136) = 1 - P(X \leqslant 136) = 0{,}00029$.

POUR S'ENTRAÎNER

SF3 On lance une pièce équilibrée 10 fois de suite. On gagne 1 point si on obtient « pile », on perd un point (on gagne -1 point) si on obtient face. Soit X la variable aléatoire qui, à chaque issue de ce jeu, associe le nombre de points obtenus. La variable X suit-elle une loi binomiale ? Justifier. → EXERCICES N° 25 À 28

SF4 Un employé d'une compagnie de sondage appelle 100 numéros de téléphone. La probabilité qu'une personne décroche et réponde au sondage est 0,3. On considère que les appels sont indépendants les uns des autres. Quelle est la probabilité que l'employé obtienne plus de 50 réponses à son sondage ?
→ EXERCICES N° 31 À 37

C Utilisation de la loi binomiale en échantillonnage

1 La problématique de l'échantillonnage

On considère une population dont on étudie un caractère C de proportion p. On constitue aléatoirement et avec remise un échantillon de taille n. On note f la fréquence du caractère C dans l'échantillon (en général, $f \neq p$). On s'intéresse alors aux fluctuations de la fréquence f.

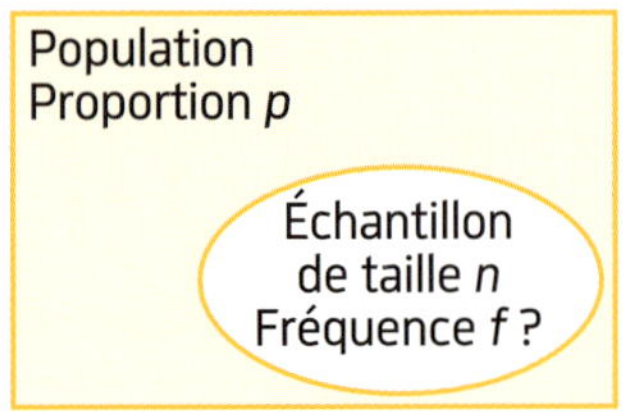

En classe de seconde, pour $n \geqslant 25$ et p compris entre 0,2 et 0,8, on a vu que f appartient à l'intervalle $\left[p-\frac{1}{\sqrt{n}}\,;p+\frac{1}{\sqrt{n}}\right]$ avec une probabilité d'au moins 0,95. L'intervalle $\left[p-\frac{1}{\sqrt{n}}\,;\,p+\frac{1}{\sqrt{n}}\right]$ est un exemple d'intervalle de fluctuation de la fréquence f au seuil de 95 %.

On poursuit ici ce travail d'échantillonnage en utilisant la loi binomiale pour déterminer et exploiter un intervalle de fluctuation de f au seuil de 95 %, notamment sans les conditions restrictives précédentes sur n et p.

2 Intervalle de fluctuation au seuil de 95 % avec la loi binomiale

Voir SF5

Propriétés Soit une population dans laquelle une proportion p d'individus possède un caractère C. On appelle X la fonction qui, à tout échantillon de taille n constitué au hasard et avec remise, associe le nombre d'individus possédant le caractère C et f la fréquence d'apparition du caractère C dans l'échantillon. Alors :

- X est une variable aléatoire qui suit la loi binomiale de paramètres n et p ;
- l'intervalle $\left[\frac{a}{n};\frac{b}{n}\right]$, où a est le plus petit entier de $\{0, \ldots, n\}$ tel que $P(X \leqslant a) > 0{,}025$ et b est le plus petit entier de $\{0, \ldots, n\}$ tel que $P(X \leqslant b) \geqslant 0{,}975$, est un intervalle de fluctuation de la fréquence f au seuil de 95 %.

Remarque : Par définition de a, $P(X \leqslant a-1) \leqslant 0{,}025$ et par définition de b, $P(X \geqslant b+1) \leqslant 0{,}025$ donc $P(a \leqslant X \leqslant b) \geqslant 0{,}95$: l'intervalle $\left[\frac{a}{n};\frac{b}{n}\right]$ est bien un intervalle de fluctuation de la fréquence f au seuil de 95 %.

Exemple : On prend ici $p = 0{,}47$ et $n = 20$. On donne ci-dessous la courbe correspondant aux probabilités cumulées $P(X \leqslant k)$.

On constate que :

- $P(X \leqslant 4) \leqslant 0{,}025$ et $P(X \leqslant 5) > 0{,}025$ donc $a = 5$;
- $P(X \leqslant 13) < 0{,}975$ et $P(X \leqslant 14) \geqslant 0{,}975$ donc $b = 14$.

On en conclut que l'intervalle $\left[\frac{5}{20};\frac{14}{20}\right] = [0{,}25\,;0{,}7]$ est un intervalle de fluctuation de la fréquence f au seuil de 95 %.

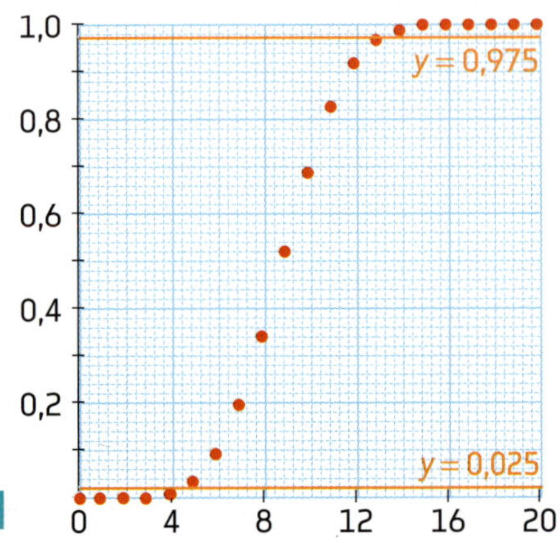

→ EXERCICES n° 42 à 44

SF5 Déterminer, à l'aide de la loi binomiale, l'intervalle de fluctuation d'une fréquence au seuil de 95 %

Déterminer l'intervalle de fluctuation au seuil de 95 % construit à l'aide de la loi binomiale de paramètres $n = 100$ et $p = 0{,}06$.

- On obtient l'extrait suivant de la table de probabilités cumulées croissantes pour la loi binomiale de paramètres $n = 100$ et $p = 0{,}06$.

À la calculatrice :

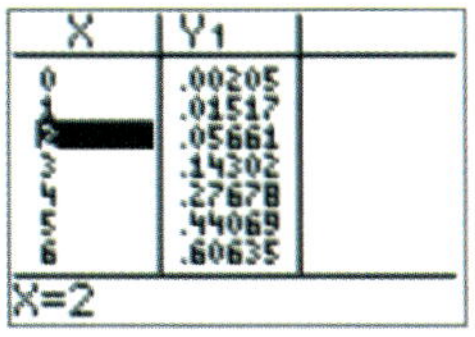

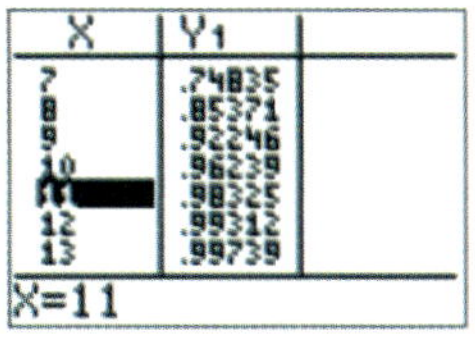

Au tableur :

	A	B
1	k	P(X≤k)
2	0	0,002
3	1	0,015
4	**2**	**0,057**
5	3	0,143
6	4	0,277
7	5	0,441
8	6	0,606
9	7	0,748
10	8	0,854
11	9	0,922
12	10	0,962
13	**11**	**0,983**
14	12	0,993
15	13	0,997

On établit le tableau des probabilités cumulées croissantes de la loi binomiale de paramètres n et p à la calculatrice (voir les pages 285 et 287) ou au tableur (voir les rabats).

- On constate que :
$P(X \leqslant 1) \leqslant 0{,}025$ et $P(X \leqslant 2) > 0{,}025$
donc $a = 2$.

On lit la plus petite valeur de k pour laquelle $P(X \leqslant k) > 0{,}025$. La valeur ainsi obtenue est a.

- On constate aussi que :
$P(X \leqslant 10) < 0{,}975$ et $P(X \leqslant 11) \geqslant 0{,}975$
donc $b = 11$.

On lit la plus petite valeur de k pour laquelle $P(X \leqslant k) \geqslant 0{,}975$. La valeur ainsi obtenue est b.

- On en conclut que l'intervalle $\left[\frac{2}{100} ; \frac{11}{100}\right] = [0{,}02 ; 0{,}11]$ est l'intervalle de fluctuation de la fréquence f au seuil de 95 % construit à l'aide de la loi binomiale de paramètres $n = 100$ et $p = 0{,}06$.

L'intervalle cherché est alors l'intervalle $\left[\frac{a}{n} ; \frac{b}{n}\right]$.

POUR S'ENTRAÎNER

SF5 Déterminer l'intervalle de fluctuation au seuil de 95 % construit à l'aide de la loi binomiale de paramètres $n = 150$ et $p = 0{,}76$. Donner une valeur approchée à 10^{-3} près de chacune des bornes de l'intervalle.

→ EXERCICES n° 45 à 48

3 Exploitation d'un intervalle de fluctuation

Règle de décision

Comme cela a déjà été abordé en seconde, il est intéressant d'utiliser un intervalle de fluctuation pour rejeter ou non une hypothèse sur une proportion p.

Voir SFG

Propriétés On fait l'hypothèse que la proportion d'un caractère étudié dans une population est égale à p.
Pour tester l'hypothèse, on constitue dans cette population, au hasard et avec remise, un échantillon de taille n dans lequel on observe une fréquence f du caractère. Soit X la variable aléatoire qui compte, dans chaque échantillon de taille n prélevé au hasard et avec remise dans cette population, le nombre d'individus possédant le caractère étudié. La variable aléatoire X suit la loi binomiale de paramètres n et p.
L'intervalle de fluctuation à 95 % construit avec cette loi binomiale, $\left[\frac{a}{n}\,;\frac{b}{n}\right]$, permet de fixer le seuil de décision de façon à ce que la probabilité de rejeter l'hypothèse, alors qu'elle est vraie, est inférieure à 5 % :

- Si $f \notin \left[\frac{a}{n}\,;\frac{b}{n}\right]$ alors la fréquence f est trop éloignée de la proportion p : la différence est significative.

On rejette l'hypothèse selon laquelle la proportion est égale à p dans la population, avec un risque d'erreur de 5 %.

- Si $f \in \left[\frac{a}{n}\,;\frac{b}{n}\right]$, l'hypothèse selon laquelle la proportion est égale à p dans la population n'est pas remise en question.

Remarque : Dans le cas où $f \in \left[\frac{a}{n}\,;\frac{b}{n}\right]$, on ne valide pas l'hypothèse, on peut seulement conclure que l'échantillon ne la remet pas en cause.

Lien avec l'intervalle de fluctuation $\left[p-\frac{1}{\sqrt{n}}\,;p+\frac{1}{\sqrt{n}}\right]$

En seconde, on a vu un autre intervalle de fluctuation au seuil de 95 % : $\left[p-\frac{1}{\sqrt{n}}\,;p+\frac{1}{\sqrt{n}}\right]$.
Les intervalles $\left[\frac{a}{n}\,;\frac{b}{n}\right]$ et $\left[p-\frac{1}{\sqrt{n}}\,;p+\frac{1}{\sqrt{n}}\right]$ sont très proches, mais ne sont pas valides dans les mêmes conditions : $\left[p-\frac{1}{\sqrt{n}}\,;p+\frac{1}{\sqrt{n}}\right]$ est un intervalle de fluctuation si les conditions $n \geqslant 25$ et p compris entre 0,2 et 0,8 sont vérifiées alors que $\left[\frac{a}{n}\,;\frac{b}{n}\right]$ ne nécessite pas ces conditions restrictives.

Il nécessite cependant que l'échantillonnage se fasse au hasard et :

- ou bien avec remise : chaque individu prélevé est remis dans la population avant le prélèvement de l'individu suivant ;
- ou bien sans remise mais, dans ce cas, il faut que le rapport entre la taille n de l'échantillon et la taille de la population soit suffisamment petit (inférieur à 10 %) pour que le prélèvement puisse être assimilé à un prélèvement avec remise.

SF6 Exploiter l'intervalle de fluctuation pour rejeter ou non une hypothèse sur une proportion

Une usine produit des tablettes numériques. Le directeur de l'usine affirme que seulement 6 % des tablettes numériques produites sont défectueuses. On prélève aléatoirement un échantillon de 100 tablettes numériques (on suppose que la production de l'usine est suffisamment importante pour que ce prélèvement soit assimilé à un prélèvement au hasard et avec remise). On appelle f la fréquence de tablettes défectueuses dans l'échantillon.

À l'aide de la loi binomiale de paramètres $n = 100$ et $p = 0{,}06$, on obtient l'intervalle de fluctuation de la fréquence f au seuil de 95 % : [0,02 ; 0,11].

Dans chacun des cas suivants, déterminer s'il est « raisonnable » de douter de l'affirmation du directeur indiquant que seulement 6 % des tablettes numériques produites sont défectueuses.

a. 9 % des tablettes numériques de l'échantillon sont défectueuses.

Ici, $f = 0{,}09$ donc f appartient bien à l'intervalle de fluctuation [0,02 ; 0,11].

Conclusion : même si l'écart entre les 9 % de l'échantillon et les 6 % annoncés par le directeur d'usine peut sembler important (notamment pour le client), l'observation faite sur l'échantillon n'est pas anormale et il n'y a pas de raison *a priori* de douter des 6 % annoncés par le directeur d'usine. L'hypothèse $p = 0{,}06$ n'est pas rejetée, ce qui ne signifie pas pour autant que l'on puisse affirmer que $p = 0{,}06$.

b. 12 % des tablettes numériques de l'échantillon sont défectueuses.

Ici, $f = 0{,}12$ donc f n'appartient pas à l'intervalle de fluctuation [0,02 ; 0,11].

Conclusion : au seuil de 95 %, on rejette l'hypothèse $p = 0{,}06$: il est donc raisonnable de s'interroger sur l'affirmation du directeur ; le hasard seul n'explique pas *a priori* l'écart entre les 12 % de l'échantillon et les 6 % annoncés par le directeur d'usine.

On cherche si on doit rejeter ou non, au seuil de 95 %, une hypothèse sur la proportion p d'un caractère dans une population. On constate une fréquence f de ce caractère sur un échantillon de taille n. On utilise alors la règle de décision citée dans la propriété du cours et on adapte la réponse au contexte de l'exercice.

- *si f appartient à l'intervalle, alors l'hypothèse faite sur p est « raisonnable » : le hasard seul peut expliquer l'écart entre la proportion p de la population et la fréquence f de l'échantillon (même si cet écart peut sembler important). On peut qualifier f et p de « compatibles » ;*
- *si f n'appartient pas à l'intervalle, alors l'hypothèse faite sur p doit être remise en question : le hasard seul n'explique pas l'écart entre la proportion p de la population et la fréquence f de l'échantillon. On peut qualifier f et p d'« incompatibles ».*

POUR S'ENTRAÎNER

SF6 Le gouvernement d'un pays affirme que 76 % de la population est favorable à la réforme qu'il propose. Un parti d'opposition réalise un sondage sur 150 personnes (on suppose que la population du pays est suffisamment importante pour que ce sondage soit assimilé à un prélèvement au hasard et avec remise). On appelle f la fréquence d'habitants favorables à cette réforme dans l'échantillon.

À l'aide de la loi binomiale de paramètres $n = 150$ et $p = 0{,}76$, on obtient l'intervalle de fluctuation de la fréquence f au seuil de 95 % : [0,693 ; 0,827].

Le parti d'opposition souhaite vérifier l'affirmation du gouvernement en analysant les résultats du sondage. Dans chacun des cas suivants, déterminer s'il est « raisonnable » de douter de l'affirmation du gouvernement indiquant que 76 % des habitants du pays sont favorables à la réforme proposée.

a. 107 des 150 personnes interrogées par le parti d'opposition sont favorables à la réforme proposée ;

b. 102 des 150 personnes interrogées par le parti d'opposition sont favorables à la réforme proposée.

→ EXERCICES N° 49 À 55

Essentiel

1 Écart type d'une série statistique

- Indicateur de dispersion des valeurs de la série autour de sa moyenne.
- Se calcule avec la calculatrice ou le tableur.
- Généralement noté σ.

2 Loi binomiale de paramètres n et p

- Conditions d'application :

On répète n fois de façon identique et indépendante une épreuve de Bernoulli, c'est-à-dire une expérience aléatoire qui admet seulement deux issues :

« le succès » de probabilité p et « l'échec » de probabilité $1 - p$.

On s'intéresse au nombre de « succès » obtenus lors de ces n répétitions.

- Calcul d'une probabilité à l'aide d'un arbre pondéré ou de la calculatrice ou du tableur.
- Espérance : np. Écart type : $\sqrt{np(1-p)}$.
- Interprétation de l'espérance : si on répète un grand nombre de fois l'expérience liée au schéma de Bernoulli de paramètres n et p auquel est associée la variable aléatoire X, alors on obtient en moyenne $E(X) = np$ succès sur les n tentatives.

3 Échantillonnage à l'aide de la loi binomiale

- Intervalle de fluctuation au seuil de 95 % construit à l'aide de la loi binomiale : $\left[\frac{a}{n} ; \frac{b}{n}\right]$, où a est le plus petit entier de $\{0, \ldots, n\}$ tel que $P(X \leqslant a) > 0{,}025$ et b est le plus petit entier de $\{0, \ldots, n\}$ tel que $P(X \leqslant b) \geqslant 0{,}975$, X suivant la loi binomiale de paramètres n et p.
- S'utilise pour rejeter ou non une hypothèse sur la proportion d'un caractère dans une population.

À l'oral

Diaporama OpenOffice

QUESTIONS FLASH

Les questions flash se traitent sans brouillon ni calculatrice.

1. On a utilisé une calculatrice pour calculer les paramètres d'une série statistique. On obtient l'écran ci-dessous. Pour cette série :

a) quelle est la moyenne ? **b)** quel est l'écart type ?
c) quelle est la médiane ? **d)** quel est l'écart interquartile ?

```
x̄=16.44214876
Σx=19895
Σx²=329629
Sx=1.441569546
σx=1.440973733
↓n=1210
```

```
minX=14
Q1=15
Med=16.5
Q3=17
maxX=20
```

2. On considère la série statistique suivante :

Valeur	126	132	147	154	162	174
Effectif	16	12	20	23	15	14

L'effectif total de la série est 100 : si on ajoute deux valeurs égales à 513 à cette série, modifie-t-on la valeur de :

a) la moyenne ? **b)** l'écart type ?
c) la médiane ? **d)** l'écart interquartile ?

3. Dans une pisciculture, on s'intéresse à la série des tailles des truites arc-en-ciel.

a) La médiane de cette série est de 25 cm. Interpréter cette valeur.

b) Le premier quartile Q_1 de la série vaut 20 cm et le troisième quartile Q_3 vaut 35 cm. Interpréter ces valeurs ainsi que la valeur de l'écart interquartile.

4. Une urne contient 10 jetons rouges et 5 jetons noirs.

a) On tire au hasard un jeton, on note sa couleur et on le remet dans l'urne. On renouvelle cette expérience 4 fois de suite. Soit X la variable aléatoire égale au nombre de jetons noirs obtenus lors des 4 tirages. La variable aléatoire X suit-elle une loi binomiale ? Justifier.

b) Même question lorsque le jeton tiré est mis de côté au lieu d'être remis dans l'urne.

5. On donne ci-après l'arbre pondéré représentant le schéma de Bernoulli de paramètres $n = 3$ et $p = \frac{1}{3}$. On note S le succès.

a) Calculer la probabilité de n'avoir aucun succès.
b) Calculer la probabilité d'avoir 2 succès.

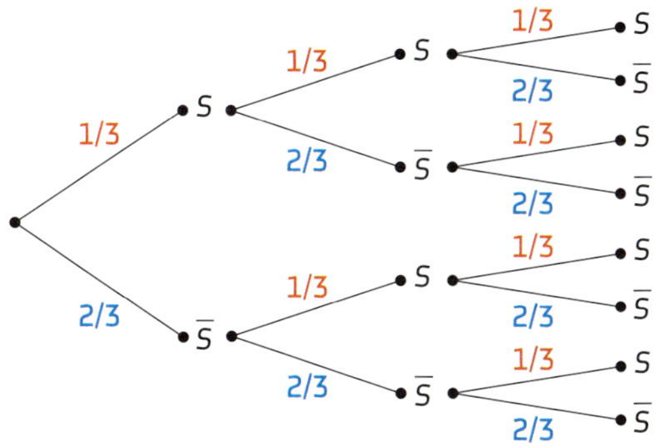

6. Soit X la variable aléatoire qui compte le nombre de succès d'une épreuve de Bernoulli répétée 9 fois.
Traduire, à l'aide d'une probabilité liée à X :
a) la probabilité d'avoir 3 succès ;
b) la probabilité d'avoir au plus 5 succès ;
c) la probabilité d'avoir au moins 2 succès ;
d) la probabilité d'avoir entre 5 et 8 succès.

7. Soit X une variable aléatoire qui suit la loi binomiale de paramètres $n = 100$ et $p = 0{,}02$.
a) Calculer $E(X)$, $V(X)$ et $\sigma(X)$.
b) Donner une interprétation de $E(X)$.

8. Dans une jardinerie, on produit des graines de fleurs dont 14 % donneront des fleurs rouges. Un employé de la jardinerie se demande comment fluctue le nombre de graines qui donneront des fleurs rouges dans un paquet de 50 graines choisies au hasard dans la production.
a) Donner les paramètres de la loi binomiale à utiliser pour déterminer un intervalle de fluctuation au seuil de 95 % répondant aux interrogations de l'employé.
b) L'intervalle de fluctuation déterminé à l'aide de la loi binomiale est [0,06 ; 0,24]. Interpréter cet intervalle dans le contexte de l'exercice.

9. On donne ci-après un extrait de table de valeurs de $P(X \leqslant k)$ où X suit la loi binomiale de paramètres $n = 50$ et $p = 0{,}21$.

k	P(X≤k)	k	P(X≤k)
0	0,0000	12	0,7617
1	0,0001	13	0,8510
2	0,0008	14	0,9138
3	0,0036	15	0,9538
4	0,0123	16	0,9771
5	0,0337	17	0,9895
6	0,0764	18	0,9955
7	0,1477	19	0,9982
8	0,2495	20	0,9994
9	0,3759	21	0,9998
10	0,5136	22	0,9999
11	0,6467	23	1,0000

Donner les valeurs décimales exactes des bornes de l'intervalle de fluctuation au seuil de 95 % déterminé à l'aide de cette loi binomiale.

10. Un commercial affirme que 87 % des clients sont satisfaits des services de son entreprise. Le directeur interroge 200 clients de cette entreprise, 166 d'entre eux se disent satisfaits. Cela remet-il en cause l'affirmation du commercial ?

Donnée : l'intervalle de fluctuation au seuil de 95 % d'une proportion égale à 0,87 dans les échantillons de taille 200 est [0,820 ; 0,915].

REMUE-méninges

Sauf indication contraire, on pourra utiliser un brouillon ou une calculatrice.

11. Une usine produit en très grande quantité des pièces métalliques conditionnées par lots de 50. Sur un grand nombre de lots, on observe en moyenne 1 pièce défectueuse par lot. Quelle est la probabilité qu'une pièce tirée au hasard dans la production soit défectueuse ?

12. Deux séries statistiques de même effectif ayant la même moyenne ont nécessairement la même médiane. Vrai ou faux ? Justifier.

13. Une entreprise fabrique en grande quantité des médailles circulaires en argent. Un contrôle de qualité consiste à vérifier que le diamètre et l'épaisseur (exprimés en millimètres) sont conformes. On suppose que la probabilité qu'une médaille prélevée au hasard dans la production soit conforme est égale à 0,9. Le nombre de médailles fabriquées est suffisant pour assimiler le choix d'un échantillon de 10 médailles à un tirage avec remise. Calculer la probabilité que dans un échantillon de 10 médailles, au moins 8 médailles soient conformes. On donnera le résultat arrondi à 10^{-2}.

14. Une chocolaterie industrielle fabrique des tablettes de chocolat de 200 grammes. La machine qui fabrique les tablettes est préréglée afin de respecter cette masse de 200 grammes.

Lors de la fabrication, toutes les tablettes de chocolat sont pesées et celles dont la masse est inférieure à 195 g sont rejetées.

Une étude statistique a montré que, si la machine est bien réglée, la proportion de tablettes de chocolat rejetées est de 4 %. Afin de vérifier le réglage de la machine, le responsable qualité prélève de manière aléatoire un échantillon de 150 tablettes et observe que 10 tablettes sont rejetées. Cette observation remet-elle en cause le réglage de la machine ? Justifier.

Développer ses compétences

situation 1 Simulateur de vols

Objectifs :
- Modéliser une situation par un schéma de Bernoulli.
- Créer et exploiter la simulation d'un schéma de Bernoulli.
- Interpréter l'espérance d'une loi binomiale comme valeur moyenne dans le cas d'un grand nombre de répétitions.

Fichier OpenOffice

MODÉLISER Traduire en langage mathématique une situation réelle.

CALCULER Effectuer un calcul automatisable à l'aide d'un instrument (logiciel).

Le célèbre voleur Arsène Lupin a décidé de s'emparer de pierres précieuses chez un joaillier. Ces pierres sont de 4 types : rubis, diamant, saphir et topaze ; elles sont entreposées dans 4 salles, chacune étant dédiée à l'un des types de pierre. Dans chaque salle, il y a 100 pierres et étant donné les systèmes d'alarme, Arsène Lupin ne pourra dérober qu'une pierre par salle. Un de ses informateurs lui apprend qu'en fait, toutes les pierres ne sont pas de vraies pierres précieuses (pour décourager les voleurs). Arsène Lupin n'aura pas le temps de déterminer si les pierres qu'il vole sont des vraies ou des fausses. Il décide donc de faire une simulation pour savoir combien de vraies pierres il peut espérer dérober, en supposant que le choix de chaque pierre se fait au hasard et indépendamment du choix des autres pierres.

Partie A Construction d'une simulation

On suppose ici que chaque salle contient 25 vraies pierres.

1 **COMMUNIQUER** Opérer la conversion entre le langage naturel et le langage symbolique formel. S'exprimer avec clarté et précision à l'oral et à l'écrit.

Expliquer pourquoi le vol d'Arsène Lupin peut être modélisé par un schéma de Bernoulli.

2 Compléter les premières cellules d'un tableur comme suit :

	A	B	C	D	E	F	G	H	I	J	K
1	p=	0,25							Bilan	Nombre de vraies pierres dérobées	Fréquence
2										0	
3			Rubis	Diamant	Saphir	Topaze	Total			1	
4	simulation n°	1								2	
5										3	
6										4	
7										Moyenne	

3 **a.** Pour simuler une épreuve de Bernoulli de paramètre p, on utilise la fonction « =ENT(ALEA()+p) ».

- Si ALEA() renvoi un nombre de l'intervalle $[0 ; 1-p[$, à quel intervalle appartient ALEA()+p ? Quelle valeur est alors renvoyée par la commande « =ENT(ALEA()+p) » ?
- Répondre aux mêmes questions si ALEA() renvoie un nombre de l'intervalle $[1-p ; 1[$.

On a ainsi le nombre 1 avec une probabilité de p et 0 avec une probabilité de $1-p$.

b. En utilisant une adresse absolue pour la valeur de p, compléter la cellule C4 afin d'y afficher 1 avec la probabilité p entrée en B1 et 0 avec la probabilité $1-p$. Compléter ensuite les cellules D4 à F4 par recopie, puis la cellule G4.

c. **COMMUNIQUER** Opérer la conversion entre le langage naturel et le langage symbolique formel. S'exprimer avec clarté et précision à l'oral et à l'écrit.

Que signifient, dans le contexte, les valeurs obtenues dans les cellules C4 à G4 ?

d. Par recopie vers le bas, afficher les résultats de 500 simulations.

4 **a.** Compléter la cellule K2 par « =NB.SI(G4:G503 ;J2)/500 », puis par recopie les cellules K3 à K6.

b. Compléter enfin la cellule K7 par la formule « =MOYENNE(G4:G503) ».

Partie B **Exploitation de la simulation**

COMMUNIQUER **Opérer la conversion entre le langage naturel et le langage symbolique formel. S'exprimer avec clarté et précision à l'oral et à l'écrit.**

1 Recopier et compléter la phrase suivante : « Sur les 500 simulations affichées, Arsène Lupin ne récupère aucune vraie pierre dans … % des cas. »
Interpréter de même les valeurs prises par les cellules K3 à K6, puis la valeur affichée dans la cellule K7.

2 **a.** On appelle X la variable aléatoire égale au nombre de vraies pierres précieuses volées par Arsène Lupin. Quelle est la loi de X ? Quelle est l'espérance de X ?

b. Donner une interprétation de cette espérance. Avec le résultat de quelle cellule du tableur est-il pertinent de comparer cette espérance ? Renouveler plusieurs fois la simulation (touche F9) et commenter.

situation 2 Autour de la loi binomiale

Objectifs :
- Utiliser le tableur pour calculer une probabilité dans le cadre de la loi binomiale et représenter graphiquement la loi binomiale.
- Observer la répartition des valeurs prises par une variable aléatoire suivant une loi binomiale ainsi que les liens de cette répartition avec l'espérance et l'écart type de cette loi.

Fichier OpenOffice

CHERCHER **Observer, expérimenter en utilisant des outils logiciels.**

On considère une variable aléatoire X suivant la loi binomiale de paramètres n et p.

1 **a.** Sur un tableur, compléter les premières cellules d'une feuille de calcul comme ci-dessous :

B5 | =LOI.BINOMIALE(A5;D2;B2;0)

	A	B	C	D	E	F
1					Espérance	Écart type
2	p=	0,3	n=	100		
3						
4	k	P(X=k)				
5	0	3,2345E-016				

b. Que représente le contenu de la cellule B5 ?
c. Par recopie vers le bas, on souhaite compléter la feuille de calcul pour afficher la loi de X. Jusqu'à quelle ligne doit-on faire la copie ? Compléter alors la feuille de calcul par recopie.
d. Quelle formule doit-on entrer dans la cellule E2 pour obtenir l'espérance de X à partir des valeurs entrées pour n et p ? Compléter la cellule E2.
Compléter la cellule F2 pour y faire afficher l'écart type de X.
e. À l'aide du tableau ainsi obtenu, donner les valeurs arrondies à 10^{-5} de $P(X = 15)$ et de $P(X = 26)$.

2 **a.** Faire afficher un diagramme en colonnes de la loi de X (on sélectionnera l'option « première colonne comme étiquette »).
b. Que représentent les valeurs lues sur l'axe des abscisses ? Sur l'axe des ordonnées ?
c. En observant le graphique obtenu, indiquer autour de quelle valeur on trouve les valeurs les « plus probables » de X.
d. Remplacer la valeur de p par 0,7. L'espérance est-elle modifiée ? L'écart type est-il modifié ? Qu'observe-t-on sur le graphique ?
e. **COMMUNIQUER** **S'exprimer avec clarté et précision à l'oral et à l'écrit.**

Que penser du lien entre la répartition des valeurs de X « les plus probables » et la valeur de l'espérance de X ?

3 Soit une variable aléatoire Y suivant une loi binomiale de paramètre n et p'.
a. Compléter la feuille de calcul précédente en entrant « $p'=$ » dans la cellule A3, la valeur 0,9 dans la cellule B3, l'espérance de Y dans la cellule E3 et son écart type dans la cellule F3 ; afficher les valeurs de $P(Y = k)$ à partir de la cellule C5.

b. Sélectionner les cellules nécessaires pour avoir, sur le même graphique, les diagrammes en colonne de la loi de X et de la loi de Y.

c. COMMUNIQUER S'exprimer avec clarté et précision à l'oral et à l'écrit.

Modifier les valeurs de p et p' et commenter le lien entre l'espérance, puis l'écart type, d'une loi binomiale et sa représentation en colonnes.

4 Soit U, V et W trois variables aléatoires qui suivent une loi binomiale. On donne ci-contre trois diagrammes représentant chacun la loi d'une des variables U, V et W. On sait que U a pour espérance 50 et pour écart type 6,89 ; V a pour espérance 25 et pour écart type 4,83; W a pour espérance 50 et pour écart type 5.
Associer à chacune des variables la représentation de sa loi ; justifier.

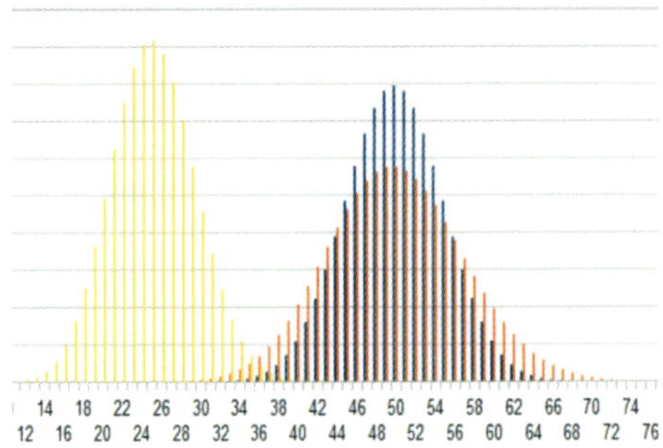

situation 3 Contrôle de qualité d'une production

CHERCHER Extraire, organiser et traiter l'information utile.

Objectifs :
- Déterminer à l'aide de la loi binomiale l'intervalle de fluctuation au seuil de 95 %, puis de 99 % d'une fréquence.
- Exploiter des intervalles de fluctuation dans un contexte technologique.

Une entreprise produit en grande série des briques de construction dont 4 % ne sont pas conformes au cahier des charges. Le directeur de l'usine souhaite contrôler la qualité de la production et intervenir rapidement si nécessaire. La procédure de contrôle est fondée sur un prélèvement aléatoire d'un échantillon de $n = 800$ briques (on suppose que la production de l'usine est suffisamment importante pour que ce prélèvement soit assimilé à un prélèvement au hasard et avec remise). On note f la fréquence correspondant aux briques non conformes dans cet échantillon.

1 CALCULER Effectuer un calcul automatisable à l'aide d'un instrument (calculatrice).

a. À l'aide d'un tableau de valeurs sur la calculatrice, déterminer à 0,001 près, les bornes de l'intervalle de fluctuation $[L_1 ; L_2]$ de la fréquence f au seuil de 95 %.

b. Avec ce même tableau de valeurs, déterminer à 0,001 près, les bornes de l'intervalle de fluctuation $[L'_1 ; L'_2]$ de la fréquence f au seuil de 99 %. Il s'agit de l'intervalle $\left[\frac{c}{n} ; \frac{d}{n}\right]$, où c (resp. d) est le plus petit entier de $\{0,\ldots n\}$ tel que $P(X \leqslant c) > 0{,}005$ (resp. $P(X \leqslant d) \geqslant 0{,}995$).

2 COMMUNIQUER Opérer la conversion entre le langage naturel et le langage symbolique formel.

La procédure de contrôle prévoit qu'après chaque prélèvement d'un échantillon de 800 briques, on détermine la fréquence F de briques non conformes dans l'échantillon et :
- si $F > L'_2$, on stoppe la production et on procède aux réglages nécessaires ;
- si F appartient à l' intervalle $[L_2 ; L'_2]$, on prélève immédiatement un autre échantillon (procédure d'alerte) ;
- si $F \leqslant L_2$, on poursuit la production et on procède au prélèvement d'un autre échantillon un nombre fixé d'heures plus tard.

On donne ici, dans l'ordre chronologique, les fréquences en % correspondant aux briques non conformes dans cinq prélèvements distincts effectués durant une même journée. La production a-t-elle été arrêtée durant cette journée ? Si oui, les réglages ont-ils corrigé le problème rencontré ? Justifier.

N° du prélèvement	1	2	3	4	5
Fréquence F	2,9 %	5,8 %	7,1 %	5,5 %	4,3 %

Prérequis

1 On donne la série statistique ci-dessous :

Valeur	5	8	9	10	12	14	17	19
Effectif	1	1	4	5	10	4	6	5

a) Calculer la moyenne de cette série statistique.
b) Recopier le tableau et le compléter avec une ligne donnant les fréquences, puis une ligne donnant les fréquences cumulées croissantes de cette série statistique. On donnera les valeurs arrondies à 10^{-2}.
c) Construire le polygone des fréquences cumulées croissantes.
d) Déterminer la médiane de cette série statistique.
e) Déterminer les premier et troisième quartiles, Q_1 et Q_3, puis l'écart interquartile de cette série statistique.

2 On considère la série statistique suivante : 45-47-42-46-46-47-42-45-45-48-45-47-42-41-41-41-45-48-46-43-47-42-45-48-42-46-41-47-47-43-43-48-45-49-47-45-42-46-41-41.
a) Dresser le tableau des effectifs des valeurs de cette série.
b) Reprendre les questions **a)** à **e)** de l'exercice précédent.

3 En utilisant le menu « statistiques » de la calculatrice, retrouver la moyenne, la médiane et les premier et troisième quartiles, Q_1 et Q_3, de la série statistique de l'exercice **1**.

4 Même exercice que le précédent avec la série statistique de l'exercice **2**.

5 **1. a)** Quelle est la probabilité p d'obtenir « pile » lors du lancer d'une pièce de monnaie équilibrée ?
b) On lance $n = 100$ fois une pièce de monnaie équilibrée. On note f la fréquence d'apparition de « pile » sur ces 100 lancers. Calculer les bornes de l'intervalle :

$$\left[p - \frac{1}{\sqrt{n}} ; p + \frac{1}{\sqrt{n}}\right].$$

Que représente concrètement cet intervalle par rapport à la situation proposée ?
2. a) On lance 100 fois une pièce de monnaie, on obtient 59 fois « pile ». Peut-on « raisonnablement » conclure que la pièce est truquée ? Justifier à l'aide de la question **1.**
b) Même question avec 38 fois « pile ».

6 **1. a)** Quelle est la probabilité p d'obtenir la face « 1 » lors du lancer d'un dé tétraédrique (à 4 faces) équilibré dont les faces sont numérotées de 1 à 4 ?
b) On lance $n = 200$ fois un dé tétraédrique équilibré. On note f la fréquence d'apparition de la face « 1 » sur ces 200 lancers. Calculer, à 0,01 près, les bornes de l'intervalle :

$$\left[p - \frac{1}{\sqrt{n}} ; p + \frac{1}{\sqrt{n}}\right].$$

Que représente concrètement cet intervalle par rapport à la situation proposée ?
2. a) On lance 200 fois un dé tétraédrique. On obtient 34 fois la face « 1 ». Peut-on « raisonnablement » conclure que le dé est truqué ? Justifier à l'aide de la question **1.**
b) Même question avec 20 fois la face « 1 ».

7 Un candidat se présente à un jeu : il tire au hasard une question dans une urne contenant deux questions de sport, trois questions de cinéma et cinq questions d'histoire. Il y a trois questions à 5 points (une de chaque catégorie), trois questions à 10 points (une de chaque catégorie), deux questions à 15 points (une de cinéma et une d'histoire) et deux questions à 20 points (questions d'histoire).
a) Quelle est la probabilité qu'il tire une question de cinéma ?
b) Quelle est la probabilité qu'il ne tire pas de question de sport ?
c) Quelle est la probabilité qu'il tire une question à plus de 10 points ?
d) Quelle est la probabilité qu'il tire une question à au moins 10 points ?
e) Quelle est la probabilité qu'il tire une question de cinéma ou une question à 10 points ?

8 Un jeu de 52 cartes est composé de cartes de quatre « couleurs » (trèfle, cœur, carreau, pique) et dans chaque couleur, une carte de chaque valeur (de 1 à 10) et une carte de chaque figure (valet, dame, roi).
On tire au hasard une carte dans le jeu.
a) Quelle est la probabilité de tirer un valet ?
b) Quelle est la probabilité de tirer un cœur ?
c) Quelle est la probabilité de tirer une figure ou un pique ?
d) Quelle est la probabilité de tirer une figure de carreau ?

Variance et écart type d'une série statistique

9 **a)** Calculer la moyenne $\bar{x}$ de la série statistique suivante :

Valeur x_i	2	4	6	8	10	12
Effectif n_i	5	8	6	4	1	6

b) Recopier et compléter le tableau précédent en ajoutant une ligne comportant les valeurs $(x_i - \bar{x})^2$.
Calculer alors la variance et l'écart type de la série. On donnera la valeur arrondie à 10^{-2} de l'écart type.

10 Même exercice que le précédent avec la série statistique suivante :

Valeur x_i	10	20	30	40	50	60
Effectif n_i	3	5	9	12	7	4

Exercices

11 En utilisant le menu « statistiques » de la calculatrice, donner une valeur approchée à 10^{-1} près de l'écart type de chacune des séries statistiques suivantes :

a)

Valeur	1	3	5	7	9	11	13	15	17	19
Effectif	5	4	9	5	7	10	15	8	4	1

b) 51-56-51-51-54-52-58-54-52-59-55-55-55-58-51-54-57-54-52-51-58-51-56-56-59-52-52-53-58-51-54-51-59-59-53.

(On pourra entrer toute la liste dans la calculatrice, sans l'ordonner et sans utiliser d'effectifs.)

12 Même exercice que le précédent avec les séries statistiques suivantes :

a)

Valeur	100	105	110	120	130	150	170	175	180	190
Effectif	10	12	13	16	14	14	10	12	13	10

b) 1-5-9-7-5-7-8-5-4-4-4-6-2-8-5-9-3-5-4-9-5-7-5-6-1-4-3-8-2-5-9-6-4-2-4-5-6-4-2-5.

(On pourra entrer toute la liste dans la calculatrice, sans l'ordonner et sans utiliser d'effectifs.)

Savoir-Faire 1 → P.181

13 La répartition des âges dans une entreprise de 50 salariés est donnée dans le tableau suivant :

Âge	24	27	30	32	35	38	41	46	59
Effectif	5	8	8	7	4	3	6	6	3

1. a) Déterminer la médiane et l'écart interquartile de cette série.

b) Donner sa moyenne et son écart type.

2. Deux des trois salariés de 59 ans partent à la retraite. Comment les quatre paramètres précédents vont-ils être modifiés ?

14 On donne la série statistique suivante :

Valeur	18	20	21	23	24	25	500
Effectif	8	12	10	12	10	8	2

1. a) Déterminer la médiane et l'écart interquartile de cette série.

b) Donner sa moyenne et son écart type.

c) Que peut-on dire de la moyenne par rapport aux valeurs de la série ? Comment peut-on l'expliquer ?

2. Lequel des couples (médiane ; écart interquartile) et (moyenne ; écart type) est le plus adapté pour résumer cette série statistique ? Justifier la réponse.

15 Le graphique ci-dessous donne la répartition du nombre moyen de SMS envoyés par jour par les élèves d'une classe de 1re STI2D d'un lycée :

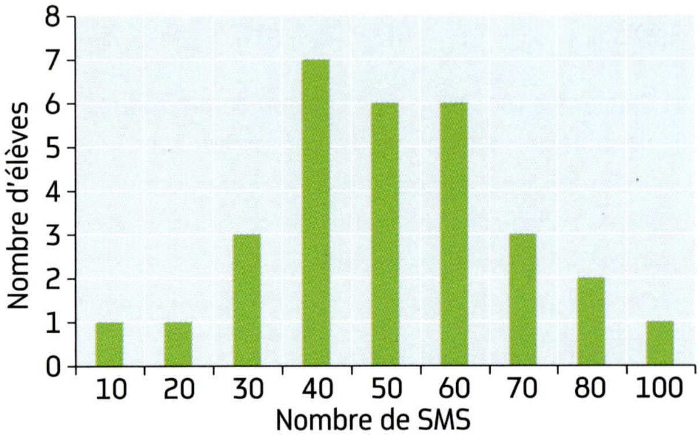

1. a) Déterminer la médiane et l'écart interquartile de cette série. Interpréter ces valeurs dans le contexte de l'exercice.

b) Donner sa moyenne et son écart type.

2. Quel effet sur les deux couples d'indicateurs (moyenne ; écart type) et (médiane ; écart interquartile) aurait l'arrivée dans la classe d'un nouvel élève qui enverrait en moyenne 220 SMS par jour ?

16

La répartition du nombre total d'essais marqués par journée du Top 14 de rugby au cours de la saison 2014/2015, est donnée dans le tableau suivant :

Nombre d'essais	16	17	19	22	23	25	26	28	29
Nombre de journées	2	1	2	2	1	2	2	4	2

Nombre d'essais	30	33	36	37	39	41	42
Nombre de journées	1	1	2	1	1	1	1

1. a) Déterminer la médiane et l'écart interquartile de cette série. Interpréter ces valeurs dans le contexte de l'exercice.

b) Donner sa moyenne et son écart type.

2. a) Sur la calculatrice, représenter la série par un nuage de points.

b) La moyenne et la médiane sont très proches : commenter ce résultat.

17 On a relevé le nombre de buts marqués à domicile et à l'extérieur lors des matchs du championnat de France de la ligue 1 de football, saison 2014/2015. Les résultats sont donnés ci-dessous :

À domicile :

Nombre de buts	0	1	2	3	4	5	6
Nombre de matchs	93	127	90	41	11	4	3

À l'extérieur :

Nombre de buts	0	1	2	3	4	5	6	7
Nombre de matchs	136	133	58	26	7	4	1	1

À l'aide des différents indicateurs statistiques, comparer ces deux séries.

18

Sur deux sites de surf, la hauteur des vagues a été relevée toutes les 3 heures entre 4 h et 22 h pendant une semaine. Les résultats sont donnés dans les tableaux suivants :

Hossegor :

Hauteur (en m)	[1 ; 1,5[	[1,5 ; 2[	[2 ; 2,5[	[2,5 ; 3[
Effectif	6	19	14	2
Hauteur (en m)	[3 ; 3,5[	[3,5 ; 4[	[4 ; 4,5[	[4,5 ; 5]
Effectif	1	0	3	4

Wissant :

Hauteur (en m)	[0,5 ; 1[	[1 ; 1,5[	[1,5 ; 2[	[2 ; 2,5[
Effectif	5	19	4	5
Hauteur (en m)	[2,5 ; 3[	[3 ; 3,5[	[3,5 ; 4]	
Effectif	2	3	11	

1. a) Donner la moyenne et l'écart type de chacune des deux séries statistiques ainsi définies. On rappelle que pour une série dont la répartition est donnée par classes, on prend généralement le centre de la classe comme valeur du caractère dans les calculs.

b) Les résultats obtenus dans la question **a)** permettent-ils de différencier les deux sites de surf ?

2. a) Donner la médiane de chacune des deux séries statistiques. Les comparer.

b) Déterminer l'écart interquartile de chacune de ces deux séries. Quelle information sur la hauteur des vagues dans chacun des deux sites peut-on tirer de ce résultat ?

19 On donne ci-dessous la quantité d'énergie photovoltaïque (exprimée en GWh) produite dans chacune des 22 régions françaises en 2013 (série A) et en 2014 (série B).

Série A : 125 – 533 – 179 – 45 – 119 – 153 – 166 – 82 – 113 – 31 – 47 – 58 – 467 – 80 – 202 – 523 – 77 – 304 – 30 – 217 – 813 – 294.

Série B : 136 – 776 – 265 – 58 – 153 – 177 – 198 – 92 – 124 – 40 – 55 – 66 – 621 – 120 – 230 – 684 – 82 – 368 – 35 – 276 – 1015 – 372.

(Source : RTE, Réseau de transport d'électricité.)

1. Pour chacune de ces deux séries :

a) Calculer la moyenne et l'écart type (on donnera les résultats arrondis à 10^{-1}) ;

b) Déterminer la médiane et l'écart interquartile.

2. a) Comment la production d'énergie photovoltaïque a-t-elle évolué entre 2013 et 2014 ? Justifier.

b) Comment les disparités de production de l'énergie photovoltaïque entre les différentes régions ont-elles évolué entre 2013 et 2014 ? Justifier.

Schéma de Bernoulli

Savoir-Faire 2 → P. 183

20 Dans un magasin, une étude a montré que 5 % des clients qui entrent achètent un certain produit. On considère le choix de chaque client indépendant du choix des autres clients.

À l'ouverture, quatre clients entrent dans le magasin. On se demande combien d'entre eux vont acheter ce produit.

a) Montrer que l'on a ici la répétition n fois d'une épreuve de Bernoulli. On précisera ce que l'on considère comme « le succès » et on donnera la probabilité p de ce succès.

b) Traduire cette situation par un arbre pondéré.

c) Quelle est la probabilité qu'un et un seul de ces clients achète le produit ? On donnera le résultat arrondi à 10^{-2}.

d) Quelle est la probabilité qu'au moins un de ces clients achète le produit ? On donnera le résultat arrondi à 10^{-2}.

21 Un lycéen a sur son smartphone 250 titres, dont 15 de son groupe préféré.

Chaque matin, en montant dans l'autobus, il met en route son lecteur en mode « Random ». On suppose que ce mode lit au hasard l'un des 250 titres et que la mise en route de ce mode génère chaque jour le choix d'un titre indépendant du titre lu les jours précédents.

Exercices

Sur trois jours, on s'intéresse au nombre de fois où le premier titre lu est un titre du groupe préféré du lycéen.

a) Montrer que l'on a ici la répétition n fois d'une épreuve de Bernoulli. On précisera ce que l'on considère comme « le succès » et on donnera la probabilité p de ce succès.

b) Traduire cette situation par un arbre pondéré.

c) Quelle est la probabilité qu'exactement une fois sur les trois jours, le premier titre lu soit un titre du groupe préféré du lycéen ? On donnera le résultat arrondi à 10^{-3}.

d) Quelle est la probabilité que plus d'une fois sur les trois jours, le premier titre lu soit un titre du groupe préféré du lycéen ? On donnera le résultat arrondi à 10^{-3}.

22 Durant la saison 2014/2015, l'un des meilleurs buteurs du Top 14 de rugby réussit la transformation d'un essai avec une probabilité de 0,83. On s'intéresse au nombre d'essais transformés par ce joueur lors d'un match au cours duquel l'équipe marque 3 essais. On considère que la réussite d'une transformation ne dépend pas de celle de la transformation précédente.

a) Montrer que l'on a ici la répétition n fois d'une épreuve de Bernoulli. On précisera ce que l'on considère comme « le succès » et on donnera la probabilité p de ce succès.

b) Traduire cette situation par un arbre pondéré.

c) Quelle est la probabilité que le joueur transforme exactement 2 essais ? On donnera le résultat arrondi à 10^{-3}.

d) Quelle est la probabilité que le joueur transforme au moins un essai ? Donner le résultat arrondi à 10^{-3}.

23 Un examen comporte un QCM ; il y a trois questions indépendantes et pour chaque question, il y a quatre propositions dont une seule est juste. Un candidat, n'ayant aucune connaissance sur le thème de ce QCM, décide de répondre au hasard (la probabilité qu'il choisisse la proposition juste à une question est donc $p = 0{,}25$). Ses réponses aux trois questions sont indépendantes les unes des autres.

Quelle est la probabilité que le candidat donne la réponse juste à au plus une question sur les trois ? On donnera le résultat arrondi à 10^{-3}.

24 Algo **Jouer au dé sur sa calculatrice**

1. On lance un dé équilibré à six faces et on gagne lorsqu'on obtient un 3.

L'objectif de cette question est de simuler ce jeu sur la calculatrice.

a) Quelle est la probabilité de gagner ?

b) La calculatrice a une commande qui crée au hasard un nombre de l'intervalle $[0\,;1[$; dans cet exercice, on appelle cette commande ALEA. Si p est un nombre donné de $[0\,;1[$, la probabilité que ALEA renvoie un nombre de l'intervalle $[0\,; p[$ est égale à p.

• Quelle est la probabilité que ALEA renvoie un nombre A de l'intervalle $\left[0\,;\frac{5}{6}\right[$? Dans ce cas, à quel intervalle appartient $A+\frac{1}{6}$? Quelle valeur prend alors le nombre $\text{ENT}\left(A+\frac{1}{6}\right)$?

• Quelle est la probabilité que ALEA renvoie un nombre de l'intervalle $\left[\frac{5}{6}\,;1\right[$? Dans ce cas, à quel intervalle appartient $A+\frac{1}{6}$? Quelle valeur prend alors le nombre $\text{ENT}\left(A+\frac{1}{6}\right)$?

• Quelles sont les valeurs que peut renvoyer la commande $\text{ENT}\left(\text{ALEA}+\frac{1}{6}\right)$ et quelle est la probabilité de chacune de ces valeurs ?

c) Utiliser à plusieurs reprises sur la calculatrice la commande $\text{ENT}\left(\text{ALEA}+\frac{1}{6}\right)$. Interpréter le résultat affiché dans le contexte du jeu proposé dans cette question.

2. Dans cette question, on répète 4 fois de suite le jeu de la question **1.**

On propose l'algorithme suivant :

```
Variables :        i est un entier, L est une liste de
                   nombres, r est un réel
Initialisation :   i prend la valeur 1
Traitement :       Tant que i ≤ 4
                       r prend la valeur ENT(ALEA + 1/6)
                       L(i) prend la valeur r
                       i prend la valeur i + 1
                   Fin Tant que
Sortie :           Afficher L
```

a) Implémenter cet algorithme sur la calculatrice et le faire fonctionner (on pensera à effacer le contenu de la liste L avant de faire tourner cet algorithme).

Qu'obtient-on ? Interpréter l'affichage obtenu dans le contexte du jeu proposé.

b) En utilisant une variable P que l'on initialise avec le nombre 1, modifier l'algorithme afin qu'il affiche la probabilité d'obtenir le résultat symbolisé par la liste L.

Loi binomiale

Savoir-Faire 3 → P. 185

25 Une entreprise fabrique des ampoules électriques. Une étude a montré que 1 % des ampoules sont défectueuses. On conditionne une partie de la production par lots de 5 ampoules, pour une vente promotionnelle. La production est suffisamment importante pour que le choix de cinq ampoules soit assimilé à un choix avec remise.

La variable X prend pour valeurs le nombre d'ampoules défectueuses dans un lot de cinq ampoules. La variable X suit-elle une loi binomiale ? Justifier.

26 Un magasin a reçu une livraison de 50 pantalons.
En fin de matinée, le fabricant lui fait savoir que, par erreur, quatre pantalons ayant un défaut ont été mis dans le lot au lieu d'être mis de côté. Dans la matinée, deux clients ont acheté l'un de ces 50 pantalons.
La variable X prend pour valeurs le nombre de pantalons défectueux vendus (0, 1 ou 2). La variable X suit-elle une loi binomiale ? Justifier.

27 Dans un bureau de vote, une fois par quart d'heure, on demande à un électeur pris au hasard à ce moment-là dans la pièce s'il accepte de venir participer au dépouillement. On estime que la probabilité qu'un électeur sollicité accepte de participer au dépouillement est 0,1. On considère que la réponse d'un électeur est indépendante de celle d'un autre électeur. Dans la matinée, on demande donc à 50 électeurs. On a besoin de 20 assesseurs pour dépouiller.
On souhaite calculer la probabilité qu'en fin de matinée, on ait au moins 10 réponses positives. Peut-on utiliser une variable aléatoire suivant une loi binomiale ? Si oui, définir cette variable et donner les paramètres de la loi.

28 Une urne contient 5 jetons verts et 7 jetons blancs. Une partie consiste à tirer successivement et sans remise deux jetons dans l'urne. On souhaite calculer la probabilité d'obtenir deux jetons blancs. Peut-on utiliser une variable aléatoire suivant une loi binomiale ? Si oui, définir cette variable et donner les paramètres de la loi.

29 Un club de natation propose à ses adhérents de venir s'entraîner le lundi, mardi, mercredi ou jeudi soir. Trois amis du club choisissent au hasard et sans se consulter un soir d'entraînement. Soit X la variable aléatoire qui prend pour valeurs le nombre d'entre eux qui choisissent le lundi.

a) Justifier que X suit une loi binomiale dont on précisera les paramètres.

b) Représenter le schéma de Bernoulli associé par un arbre pondéré.

c) Quelles sont les valeurs prises par X ? Pour chacune de ces valeurs k, calculer $P(X=k)$.

d) Déterminer la probabilité qu'au moins deux des trois amis choisissent le lundi.

30 Un magasin engage une campagne de fidélisation de ses clients. On propose à chaque client se présentant à la caisse du magasin une carte de fidélité. Une enquête préalable a permis d'estimer que la probabilité qu'un client se présentant à la caisse prenne la carte de fidélité est 0,8. On considère que chacun des clients fait son choix indépendamment du choix des autres clients. Pendant la première heure d'ouverture, quatre clients se présentent à la caisse. Soit X la variable aléatoire qui compte combien parmi eux prennent la carte de fidélité.

a) Justifier que X suit une loi binomiale dont on précisera les paramètres.

b) Représenter le schéma de Bernoulli associé par un arbre pondéré.

c) Quelles sont les valeurs prises par X ? Pour chacune de ces valeurs k, calculer $P(X=k)$.

d) Déterminer la probabilité que plus de deux clients prennent la carte de fidélité.

Savoir-Faire 4 → P. 185

31 Une entreprise fabriquant des appareils électriques commande à un fournisseur 50 condensateurs du même modèle.
Le fournisseur considère que la probabilité qu'un condensateur de ce modèle soit défectueux est 0,02 et que le fonctionnement d'un condensateur est indépendant du fonctionnement des autres condensateurs du lot.
La production de ces condensateurs est suffisamment importante pour que l'on considère le choix des 50 condensateurs reçus comme un tirage avec remise.
Soit X la variable aléatoire qui, à un lot de 50 condensateurs, associe le nombre de condensateurs défectueux.

a) Justifier que X suit une loi binomiale dont on précisera les paramètres.

Dans la suite de l'exercice, on donnera les résultats arrondis à 10^{-4}.

b) Déterminer la probabilité qu'il n'y ait aucun condensateur défectueux dans le lot.

c) Déterminer la probabilité qu'il y ait :
- exactement deux condensateurs défectueux dans le lot ;
- au plus deux condensateurs défectueux dans le lot ;
- plus de 5 condensateurs défectueux dans le lot.

32 Une entreprise fabrique des petites tiges métalliques. La probabilité qu'une tige ait un défaut de longueur est 0,05. L'entreprise fournit ces tiges par lot de 10. La production est suffisamment importante pour que l'on assimile le choix de 10 tiges à un tirage avec remise.
Soit X la variable aléatoire qui, à un lot de 10 tiges, associe le nombre de tiges défectueuses.

a) Justifier que X suit une loi binomiale dont on précisera les paramètres.

Dans la suite de l'exercice, on donnera les résultats arrondis à 10^{-3}.

b) Déterminer la probabilité qu'il n'y ait aucune tige défectueuse dans le lot.

c) Déterminer la probabilité qu'il y ait moins de 2 tiges défectueuses dans le lot.

d) Déterminer la probabilité qu'il y ait au moins 3 tiges défectueuses dans le lot.

33 Cet exercice est un questionnaire à choix multiples. Pour chaque proposition, indiquer la seule réponse exacte.

Soit X une variable aléatoire suivant la loi binomiale de paramètres $n = 60$ et $p = 0{,}4$.

1. La probabilité d'obtenir au moins 25 succès est environ :
a. 0,656 **b.** 0,344 **c.** 0,444

2. La probabilité d'obtenir moins de 25 succès est environ :
a. 0,556 **b.** 0,656 **c.** 0,100

3. La valeur arrondie à 10^{-3} de la probabilité $P(20 \leqslant X \leqslant 25)$ est :
a. 0,539 **b.** 0,478 **c.** 0,039

34 On donne ci-dessous un extrait de la table de valeurs des probabilités $P(X = k)$, où X suit la loi binomiale de paramètres $n = 80$ et $p = 0{,}1$.

	A	B
1	k	$P(X = k)$
2	0	0,0002
3	1	0,0019
4	2	0,0085
5	3	0,0246
6	4	0,0527
7	5	0,0889
8	6	0,1235
9	7	0,1451

a) Quelle formule a-t-on saisie dans la cellule B2 pour obtenir les résultats de la colonne B par recopie vers le bas ?

b) Donner la valeur arrondie à 10^{-3} de $P(X = 2)$ et $P(X = 6)$.

c) À partir de ce tableau, calculer $P(X \leqslant 7)$ et $P(3 \leqslant X \leqslant 7)$.

35 On donne ci-dessous un extrait de la table de valeurs des probabilités $P(X \leqslant k)$, où X suit la loi binomiale de paramètres $n = 50$ et $p = 0{,}2$.

	A	B
1	k	$P(X \leq k)$
2	7	0,1904
3	8	0,3073
4	9	0,4437
5	10	0,5836
6	11	0,7107
7	12	0,8139
8	13	0,8894
9	14	0,9393

a) Quelle formule a-t-on saisie dans la cellule B2 pour obtenir les résultats de la colonne B par recopie vers le bas ?

b) Donner la valeur arrondie à 10^{-3} de $P(X \leqslant 8)$ et $P(X \leqslant 13)$.

c) À partir de ce tableau, calculer $P(X = 10)$ et $P(9 \leqslant X \leqslant 12)$.

36 Fichier OpenOffice

Au service de soutien téléphonique d'un magasin d'informatique, une étude statistique a montré que la probabilité que le problème soulevé par le client soit résolu au téléphone dans un délai de 10 min est 0,7. On considère que les appels sont indépendants les uns des autres. On estime que le centre d'appels reçoit 120 appels par jour. Soit X la variable aléatoire qui, aux appels d'une journée, associe le nombre de problèmes résolus au téléphone dans un délai de 10 min.

a) Justifier que X suit une loi binomiale dont on précisera les paramètres.

b) Sur une feuille de calcul de tableur, dans la colonne A, mettre les valeurs k prises par X, dans la colonne B entrer la formule nécessaire pour obtenir $P(X = k)$, dans la colonne C, entrer la formule nécessaire pour obtenir $P(X \leqslant k)$ (on affichera les valeurs avec cinq décimales).

Dans la suite de l'exercice, on donnera les résultats arrondis à 10^{-5}.

c) À l'aide de ce tableau, déterminer la probabilité qu'il y ait exactement 69 appels pour lesquels le problème est résolu au téléphone dans un délai de 10 min.

d) Déterminer la probabilité $P(70 \leqslant X \leqslant 100)$. Exprimer en une phrase ce que représente cette probabilité.

37 Fichier OpenOffice

Un club de sport compte 75 adhérents. Il met une salle de musculation à leur disposition. Un sondage a permis au club d'estimer que, s'il n'y a pas de réservation préalable, la probabilité qu'un adhérent utilise la salle le vendredi soir est 0,4. On considère que chacun des adhérents décide de se rendre ou non à la salle de musculation indépendamment des autres adhérents.

En utilisant un tableur, déterminer la probabilité que, un vendredi soir :

a) moins de 30 adhérents se présentent à la salle de musculation ;

b) au moins 45 adhérents se présentent à la salle de musculation ;

c) plus de 25 adhérents se présentent à la salle de musculation ;

d) entre 25 et 45 adhérents se présentent à la salle de musculation.

Espérance et écart type

38 **a)** Reprendre l'exercice **31** et calculer l'espérance et l'écart type de X. Donner une interprétation de l'espérance.

b) Même question avec l'exercice **32**.

c) Même question avec l'exercice **36**.

39 Un jeu consiste à lancer cinq fois de suite un dé à six faces. On s'intéresse au nombre de fois où on obtient la face 1. Le dé est truqué, c'est-à-dire que la probabilité d'obtenir la face 1 n'est pas $\frac{1}{6}$, mais p avec $p \neq \frac{1}{6}$.

Soit X la variable aléatoire qui prend pour valeurs le nombre de 1 obtenus.

a) Justifier que X suit une loi binomiale et préciser ses paramètres en fonction de p.

b) Exprimer en fonction de p, l'espérance et l'écart type de X.

c) Calculer $E(X)$ pour $p = 0{,}2$, puis pour $p = 0{,}5$, puis pour $p = 0{,}9$. Interpréter ces trois valeurs.

40 On donne ci-dessous les représentations graphiques de trois lois binomiales notées B_1, B_2 et B_3. Elles ont pour paramètres respectifs $n_1 = 200$ et $p_1 = 0{,}6$; $n_2 = 200$ et $p_2 = 0{,}3$; $n_3 = 1\,000$ et $p_3 = 0{,}12$.

Associer chaque loi binomiale à sa représentation graphique. Justifier.

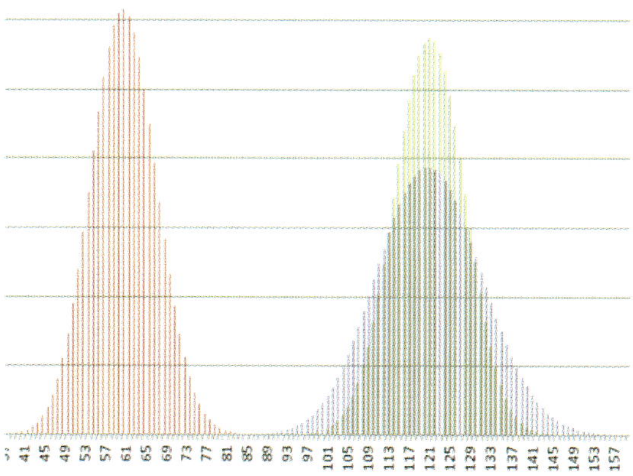

41 Même exercice que le précédent avec les représentations graphiques ci-dessous et les lois binomiales B_1, B_2 et B_3 de paramètres respectifs $n_1 = 1\,000$ et $p_1 = 0{,}035$; $n_2 = 50$ et $p_2 = 0{,}7$; $n_3 = 50$ et $p_3 = 0{,}2$.

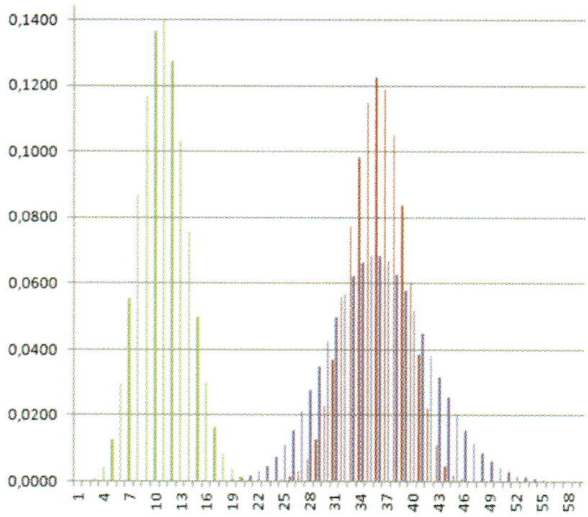

Échantillonnage

42 On donne ci-après un extrait de la table des probabilités cumulées croissantes de la loi binomiale de paramètres $n = 50$ et $p = 0{,}85$.

	A	B
1	k	$P(X \leq k)$
2	36	0,0132
3	37	0,0301
4	38	0,0628
5	39	0,1199
6	40	0,2089
7	41	0,3319
8	42	0,4812
9	43	0,6387
10	44	0,7806
11	45	0,8879
12	46	0,9540
13	47	0,9858
14	48	0,9971

Déterminer l'intervalle de fluctuation au seuil de 95 % d'une fréquence, construit à l'aide de cette loi binomiale.

43 Même exercice que le précédent avec la loi binomiale de paramètres $n = 500$ et $p = 0{,}012$ et l'extrait ci-dessous.

	A	B
1	k	$P(X \leq k)$
2	0	0,0024
3	1	0,0169
4	2	0,0609
5	3	0,1496
6	4	0,2834
7	5	0,4447
8	6	0,6063
9	7	0,7448
10	8	0,8485
11	9	0,9173
12	10	0,9584
13	11	0,9806
14	12	0,9916

44 On donne ci-dessous la courbe correspondant aux probabilités cumulées croissantes d'une loi binomiale de paramètres $n = 20$ et $p \in [0 ; 1]$.

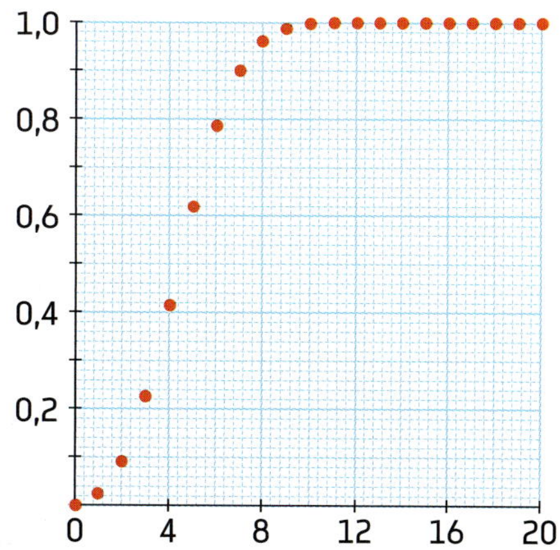

Déterminer graphiquement l'intervalle de fluctuation au seuil de 95 % d'une fréquence, construit à l'aide de cette loi binomiale.

Exercices

Savoir-Faire 5 → P.187

45 Fichier OpenOffice

Dans chacun des cas suivants, déterminer l'intervalle de fluctuation au seuil de 95 % construit à l'aide de la loi binomiale de paramètres n et p. Si nécessaire, donner une valeur approchée à 10^{-3} près de chacune des bornes de l'intervalle.

a) $n = 40$ et $p = 0{,}3$;
b) $n = 20$ et $p = 0{,}14$;
c) $n = 30$ et $p = 0{,}98$.

46 Fichier OpenOffice

Même exercice que le précédent avec :

a) $n = 100$ et $p = 0{,}77$;
b) $n = 200$ et $p = 0{,}3$;
c) $n = 20$ et $p = 0{,}17$.

47 Fichier OpenOffice

Déterminer l'intervalle de fluctuation au seuil de 95 % construit à l'aide de la loi binomiale de paramètres

$$n = 80 \text{ et } p = 0{,}24.$$

Comparer le résultat obtenu avec l'intervalle de fluctuation $\left[p - \frac{1}{\sqrt{n}} ; p + \frac{1}{\sqrt{n}}\right]$ étudié en classe de seconde.

48 Algo Fichier Algobox

1. a) On donne l'algorithme ci-dessous :

```
Variables :        c, p réels ; a, b, n entiers
Initialisation :   a prend la valeur 0
                   c prend la valeur P (X = 0)
Traitement :       Tant que c ⩽ 0,025
                       a prend la valeur ............
                       c prend la valeur c + P (X = a)
                   Fin Tant que
                   b prend la valeur a
                   Tant que ...............
                       b prend la valeur ............
                       c prend la valeur ............
                   Fin Tant que
Sorties :          Afficher a, b, a/n, b/n.
```

Compléter cet algorithme afin qu'il permette de déterminer les entiers a et b qui interviennent dans l'intervalle de fluctuation au seuil de 95 % construit à l'aide de la loi binomiale de paramètres n et p suivie par une variable aléatoire X.

b) Utiliser cet algorithme pour déterminer cet intervalle de fluctuation au seuil de 95 % dans le cas où $p = 0{,}14$ et $n = 50$.

2. a) Adapter l'algorithme précédent pour déterminer l'intervalle de fluctuation au seuil de 99 % construit à l'aide de la loi binomiale.

Remarque : il s'agit de l'intervalle $\left[\frac{c}{n} ; \frac{d}{n}\right]$ où c (respectivement d) est le plus petit entier de $\{0,\ldots n\}$ tel que $P(X \leqslant c) > 0{,}005$ (respectivement $P(X \leqslant d) \geqslant 0{,}995$).

b) Utiliser cet algorithme pour déterminer cet intervalle de fluctuation au seuil de 99 % dans le cas où $p = 0{,}14$ et $n = 50$.

Savoir-Faire 6 → P.189

49 Le responsable d'un service après-vente affirme que 82 % de ses clients sont satisfaits des prestations de son service. Une association de consommateurs souhaite vérifier cette affirmation. Pour ce faire, dans le fichier des clients du SAV, elle choisit aléatoirement 100 clients (on suppose que l'activité du SAV est suffisamment importante pour que ce prélèvement soit assimilé à un prélèvement au hasard et avec remise). On appelle f la fréquence de clients satisfaits dans l'échantillon.

À l'aide de la loi binomiale de paramètres $n = 100$ et $p = 0{,}82$, on obtient l'intervalle de fluctuation de la fréquence f au seuil de 95 % : [0,74 ; 0,89].

Dans chacun des cas suivants, déterminer s'il est « raisonnable » de douter de l'affirmation du responsable du SAV selon laquelle 82 % des clients de son service sont satisfaits :

a) 76 % des clients de l'échantillon sont satisfaits du SAV ;
b) 71 % des clients de l'échantillon sont satisfaits du SAV.

50 Le responsable marketing d'une entreprise de téléphones mobiles affirme que 15 % de la population ciblée a acheté le dernier smartphone commercialisé par l'entreprise. Le PDG de l'entreprise doute de cette affirmation. Pour se faire une idée, il interroge aléatoirement 200 personnes dans la population ciblée (on suppose que la population ciblée est suffisamment importante pour que ce prélèvement soit assimilé à un prélèvement au hasard et avec remise).

On appelle f la fréquence de clients ayant acheté le smartphone dans l'échantillon.

À l'aide de la loi binomiale de paramètres $n = 200$ et $p = 0{,}15$, on obtient l'intervalle de fluctuation de la fréquence f au seuil de 95 % : [0,1 ; 0,2].

Dans chacun des cas suivants, déterminer s'il est « raisonnable » de douter de l'affirmation du responsable marketing selon laquelle 15 % de la population visée a acheté le smartphone :

a) 26 personnes sur les 200 de l'échantillon ont acheté le smartphone ;
b) 18 personnes sur les 200 de l'échantillon ont acheté le smartphone.

51 Fichier OpenOffice Cet exercice est un questionnaire à choix multiples. Pour chacune des questions, indiquer la seule réponse exacte.

1. On considère une variable aléatoire X suivant la loi binomiale de paramètres $n = 100$ et $p = 0{,}17$.

L'intervalle de fluctuation au seuil de 95 % d'une fréquence, construit à l'aide de cette loi binomiale est :

a. $[0{,}1 ; 0{,}25]$ **b.** $[0{,}14 ; 0{,}25]$ **c.** $[0{,}1 ; 0{,}24]$

2. On donne l'intervalle de fluctuation construit à partir de la loi binomiale de paramètres $n = 500$ et $p = 0{,}34$:

$$[0{,}298 ; 0{,}382].$$

Sur un échantillon de taille 500, on obtient une fréquence $f = 0{,}37$. Alors :

a. On peut affirmer, au seuil de 95 %, que $p = 0{,}34$.

b. On peut affirmer, au seuil de 95 %, que $p \neq 0{,}34$.

c. On ne peut pas rejeter, au seuil de 95 %, l'hypothèse que $p = 0{,}34$.

52 Fichier OpenOffice

Le maire d'une ville affirme que 83 % de ses administrés sont satisfaits de son action. Ses opposants politiques contestent cette affirmation et choisissent d'interroger aléatoirement 150 administrés (on suppose que la population de la ville est suffisamment importante pour que ce prélèvement soit assimilé à un prélèvement au hasard et avec remise).

1. À l'aide de la loi binomiale, déterminer l'intervalle de fluctuation au seuil de 95 % de la fréquence f correspondante aux administrés satisfaits dans l'échantillon (on donnera une valeur approchée à 0,01 près de chacune des bornes de l'intervalle).

2. Dans chacun des cas suivants, déterminer s'il est « raisonnable » de douter de l'affirmation du maire affirmant que 83 % de ses administrés sont satisfaits de son action :

a) 78 % des administrés de l'échantillon sont satisfaits de l'action du maire ;

b) 75 % des administrés de l'échantillon sont satisfaits de l'action du maire.

53 Fichier OpenOffice

Une usine de fabrication d'appareils de gymnastique produit des poutres en très grand nombre. Parmi les poutres produites, la proportion de celles présentant un défaut de revêtement est égale à 0,15. Afin de contrôler la production, on y prélève au hasard 60 poutres (la production est suffisamment importante pour que ce prélèvement soit assimilé à un prélèvement avec remise).

1. On appelle f la fréquence de poutres présentant un défaut de revêtement dans l'échantillon.
À l'aide de la loi binomiale, déterminer l'intervalle de fluctuation au seuil de 95 % de la fréquence f. On donnera une valeur approchée de chacune des bornes à 0,001 près.

2. Dans chacun des cas suivants, déterminer s'il est « raisonnable » de procéder à un contrôle plus poussé de la production.

a) 16 des 60 poutres contrôlées présentent un défaut de revêtement ;
b) 14 des 60 poutres contrôlées présentent un défaut de revêtement.

54 Fichier OpenOffice

Dans une usine informatique, on fabrique des écrans d'ordinateur. Lorsque la fabrication est « correcte », 13 % des écrans ont un défaut. On contrôle aléatoirement 50 écrans, et on considère le choix de ces écrans assimilable à un tirage avec remise.
a) Il y a 9 écrans qui présentent un défaut. Y a-t-il lieu d'arrêter la production ?
b) Même question avec 12 écrans.

55 Fichier OpenOffice

Un mage affirme qu'il est doté de « pouvoirs » lui permettant de trouver où se situe l'as parmi huit cartes (sept, huit, neuf, dix, valet, dame, roi et as) dont les faces sont cachées, et cela avec 3 fois plus de « chances » qu'une personne qui choisit aléatoirement une carte. Pour vérifier cette affirmation, on répète 100 fois la même expérience de façon indépendante : le mage tire une carte parmi les huit cartes dont les faces sont cachées et on regarde s'il a effectivement tiré l'as.
Sur ces 100 tentatives, le mage a trouvé 27 fois l'as. Est-il raisonnable de douter des propos du mage ?

Exercices

Vrai-Faux

56 Dans chaque question, indiquer, pour chacune des affirmations, si elle est vraie ou fausse. Justifier.

1. On considère une série statistique comportant plus de deux valeurs, chaque valeur affectée d'un effectif de 1.

a) Si on multiplie par 3 la valeur minimale, l'écart type reste inchangé.

b) Si on augmente la valeur maximale, on ne modifie pas la médiane.

c) Si on diminue la valeur minimale, on ne modifie pas la moyenne.

2. Un QCM comporte 6 questions. Pour chaque question, trois propositions sont données dont une seule est juste. Un élève répond au hasard à chacune des questions. La réponse donnée à une des questions est indépendante des réponses données aux autres questions.

a) La probabilité que l'élève ait exactement une réponse juste est, à 0,001 près, 0,351.

b) La probabilité que l'élève ait au plus quatre réponses justes est, à 0,001 près, 0,982.

3. On note I l'intervalle de fluctuation d'une fréquence au seuil de 95 % déterminé à l'aide de la loi binomiale de paramètres n et p. Soit f une fréquence constatée sur un échantillon de taille n. Alors :

a) la fréquence f se situe nécessairement dans l'intervalle I ;

b) la probabilité que la fréquence f ne se situe pas dans l'intervalle I est inférieure ou égale à 0,05 ;

c) $I = \left[p - \frac{1}{\sqrt{n}} ; p + \frac{1}{\sqrt{n}}\right]$ où p est la proportion du caractère dans la population et n la taille de l'échantillon.

57 Pour chacune des affirmations suivantes, dire si elle est vraie ou fausse. Justifier.

1. On donne la série statistique suivante :

Valeur	2	5	6	8	9	11	50
Effectif	5	7	8	4	5	3	2

Le couple (moyenne, écart type) est plus représentatif de cette série que le couple (médiane, écart interquartile).

2. On tire successivement et sans remise trois cartes dans un jeu de 52 cartes. La variable aléatoire qui prend pour valeur le nombre d'as obtenus suit une loi binomiale.

3. Si X suit une loi binomiale de paramètres n et p telle que $E(X) = 4$ et $\sigma(X) = 0,6$ alors $p = 0,1$.

4. Un fabricant de caisses enregistreuses de supermarché garantit que 91 % des caisses produites n'ont aucune défaillance dans les six premiers mois. Le directeur d'un supermarché s'aperçoit que sur les 100 caisses livrées au cours de l'année, 14 ont eu une défaillance au cours des six premiers mois (on suppose que la production de caisses est suffisamment importante pour que le choix des 100 caisses livrées dans l'année soit assimilé à un prélèvement au hasard et avec remise). Le directeur de supermarché peut alors raisonnablement affirmer que le fabricant ne tient pas ses engagements.

QCM

58 Pour chaque question, indiquer la seule proposition exacte.

	A	B	C
1. Pour un jeu de hasard sur Internet, la probabilité de gagner est 0,47. Chaque jour, 1 200 personnes se connectent et jouent de façon indépendante les unes des autres.	En une journée, il y a 564 gagnants.	Sur une longue période, il y a en moyenne 47 gagnants par jour.	Sur une longue période, il y a en moyenne 564 gagnants par jour.
2. On lance une pièce de monnaie équilibrée plusieurs fois. Pour que la probabilité d'avoir au moins une fois « PILE » soit supérieure ou égale à 0,99, le nombre minimal de lancers est :	7	10	6
3. Un intervalle de fluctuation d'une fréquence au seuil de 95 % pour un échantillon de taille $n = 20$ (constitué au hasard et avec remise) et une proportion $p = 0,18$ est	$\left[0,18 - \frac{1}{\sqrt{20}} ; 0,18 + \frac{1}{\sqrt{20}}\right]$	$[0,05 ; 0,35]$	$[1 ; 7]$
4. On suppose qu'une pièce de monnaie n'est pas truquée. Sur 40 lancers de cette pièce, on obtient 16 fois « FACE » et 24 « PILE ».	L'expérience des 40 lancers ne contredit pas l'hypothèse que la pièce n'est pas truquée.	On peut raisonnablement conclure que la pièce est truquée.	L'expérience des 40 lancers contredit l'hypothèse que la pièce n'est pas truquée.

59 Des éoliennes

Le maire d'une commune souhaite installer des éoliennes sur son sol afin de produire une partie de l'électricité nécessaire à ses concitoyens. Deux sites lui semblent adaptés à ce type de projet. Afin de choisir celui qui permettra d'obtenir la meilleure production, il décide de comparer la vitesse du vent pendant une année sur chacun de ces deux sites. Voici les relevés obtenus :

Site A :

Vitesse (en m/s)	[0 ; 5[	[5 ; 10[	[10 ; 15[	[15 ; 20[
Nombre de jours	19	34	51	60

Vitesse (en m/s)	[20 ; 25[	[25 ; 30[	[30 ; 35[	[35 ; 40]
Nombre de jours	60	65	56	20

Site B :

Vitesse (en m/s)	[0 ; 5[	[5 ; 10[	[10 ; 15[	[15 ; 20[
Nombre de jours	21	25	78	75

Vitesse (en m/s)	[20 ; 25[	[25 ; 30[	[30 ; 35[	[35 ; 40]
Nombre de jours	60	40	36	29

1. Le modèle d'éolienne repéré par le maire fonctionne avec un rendement maximal lorsque la vitesse du vent est comprise entre 20 et 25 m/s. Cette information permet-elle de choisir le site d'implantation ?

2. On rappelle que pour une série dont la répartition est donnée par classes, on prend généralement le centre de la classe comme valeur du caractère dans les calculs.

a) Déterminer la médiane et l'écart interquartile de chacune de ces deux séries. Interpréter ces résultats dans le contexte de l'exercice.

b) Donner la moyenne et l'écart type de chacune des deux séries.

c) Ces informations permettent-elles de choisir le site d'implantation ? Justifier.

60 Transactions aux distributeurs MODÉLISER

Pour éviter certaines fraudes, une banque a équipé les distributeurs automatiques de billets de toutes ses agences d'un système de sécurité.

Ce système interrompt la transaction engagée dès que certaines manipulations dites « alarmantes » sont tentées sur le distributeur. La banque observe ce système en enregistrant toutes les manipulations faites lors de 10 000 transactions. Elle constate que :

- pour 120 transactions, il y a eu une manipulation qui aurait dû bloquer la transaction (manipulation alarmante), mais dans 12 cas, la transaction ne s'est pas interrompue ;
- il y a eu 158 transactions interrompues par le système.

1. a) CHERCHER Recopier et compléter :

	Nombre de transactions avec manipulation dite « alarmante »	Nombre de transactions sans manipulation « alarmante »	Total
Nombre de transactions interrompues			
Nombre de transactions non interrompues			
Total			10 000

b) On choisit au hasard un enregistrement parmi les 10 000.

On appelle M l'événement : « la transaction a donné lieu à une manipulation alarmante ».

On appelle I l'événement : « la transaction a été interrompue ».

Déterminer la probabilité des événements : I, $M \cap I$.

Calculer la probabilité de l'événement T « la transaction a été interrompue sans raison ».

2. On considère que les résultats de cette étude sont fiables et on prend 0,005 comme probabilité que le système interrompe une transaction sans raison. On considère que les défaillances du système sont indépendantes d'une transaction à une autre. On s'intéresse à 2 500 transactions choisies au hasard parmi toutes les transactions d'une journée dans les distributeurs de cette banque. Le nombre de transactions par jour est suffisamment important pour que le choix de ces 2 500 transactions soit assimilé à un choix avec remise.

Soit X la variable aléatoire qui compte le nombre de ces transactions interrompues sans raison.

a) Justifier que X suit une loi binomiale dont on précisera les paramètres.

b) CALCULER À la calculatrice, déterminer la probabilité qu'il y ait eu plus de 25 transactions interrompues sans raison par le système de sécurité.

c) Calculer l'espérance et l'écart type de X. Donner une interprétation de l'espérance.

Problèmes

61 **1.** Une compagnie d'autocars estime, à partir d'une étude statistique, que la probabilité qu'un usager oublie un objet dans un autobus est $p = 0{,}02$. On considère que le comportement d'un usager est indépendant de celui d'un autre.

Du lundi au vendredi, la compagnie transporte chaque jour 2 700 personnes.

Soit X la variable aléatoire qui prend pour valeurs le nombre d'objets oubliés un jour de semaine donné.

a) Justifier que X suit une loi binomiale dont on précisera les paramètres.

b) Déterminer l'espérance de X et son écart type (on donnera les résultats arrondis à 10^{-2}).

c) On estime que dans 99 % des cas (c'est-à-dire 99 % des jours de semaine), le nombre d'objets oubliés est compris entre $E(X) - 3 \times \sigma(X)$ et $E(X) + 3 \times \sigma(X)$.

Indiquer cet intervalle de valeurs. On donnera les valeurs des bornes de l'intervalle arrondies à l'unité.

2. La compagnie souhaite diminuer le nombre d'objets oubliés. Elle met en place un système de messages rappelant aux passagers d'être attentifs à ne rien laisser dans les autocars. Soit Y la variable aléatoire qui, dans ces nouvelles conditions, prend pour valeurs le nombre d'objets oubliés un jour de semaine donné.

a) Justifier que Y suit une loi binomiale. Dans ces nouvelles conditions, on ne connaît pas la valeur de p.

b) La compagnie observe le nombre moyen d'objets oubliés par jour de semaine sur une période suffisamment longue pour qu'on puisse considérer que cette moyenne est proche de l'espérance de Y : ce nombre moyen est maintenant de 36 objets par jour.

En déduire une estimation de la probabilité qu'un voyageur oublie un objet. On donnera le résultat arrondi à 10^{-3}.

Calculer l'écart type de Y dans ces nouvelles conditions. On donnera le résultat arrondi à 10^{-3}.

c) Reprendre la question **1.c)** en utilisant la variable Y (on donnera les valeurs des bornes de l'intervalle arrondies à l'unité) et comparer.

62 Fichier OpenOffice **MODÉLISER, COMMUNIQUER**

Le serveur web d'une entreprise reçoit des requêtes venant de ses clients. La réception de trop nombreuses requêtes est susceptible d'engendrer des problèmes de surcharge du serveur. On considère que la probabilité pour que le serveur connaisse au moins un problème de surcharge en une journée est $p = 0{,}1$ et que les problèmes de surcharge survenant au cours d'une journée sont indépendants de ceux survenant au cours d'une autre journée.

On s'intéresse au nombre de jours où le serveur connaît au moins un problème de surcharge au cours d'une période de 10 jours. Il s'agit ici de simuler cette situation.

1. Justifier que l'on est dans le cadre d'un schéma de Bernoulli.

2. a) Pour simuler une épreuve de Bernoulli de paramètre p, on utilise la fonction « =ENT(ALEA()+p) ».

Si ALEA() renvoie un nombre de l'intervalle $[0 ; 1 - p[$, à quel intervalle appartient ALEA()+p ? Quelle valeur est alors renvoyée par la commande « =ENT(ALEA()+p) » ?

Répondre aux mêmes questions si ALEA() renvoie un nombre de l'intervalle $[1 - p ; 1[$.

On a ainsi le nombre 1 avec une probabilité de p et 0 avec une probabilité de $1 - p$.

b) Sur un tableur, on veut simuler 100 fois le fonctionnement du serveur sur 10 jours.

Disposer la feuille de calcul comme ci-dessous :

	A	B	C	D	E	F	G	H	I	J	K	L
1	jour		1	2	3	4	5	6	7	8	9	10
2	simulation	1										
3		2										

Afficher dans la colonne B les numéros 1 à 100 des simulations.

c) Utiliser la question **2.a)** pour afficher dans la cellule C2 un 1 avec une probabilité égale à 0,1 ou un 0 avec une probabilité égale à 0,9. Interpréter cet affichage dans le contexte de l'exercice.

Copier le contenu de C2 dans toutes les cellules de la plage C2:L101.

d) Dans la colonne M, afficher le nombre de jours où le serveur a connu au moins un problème de surcharge, et cela pour chacune des 100 simulations.

3. On étudie la série statistique : « nombre de jours où le serveur connaît un problème de surcharge sur 10 jours de fonctionnement ».

a) Préparer la suite de la feuille de calcul comme ci-dessous.

M	N	O	P	Q	R	S	T	U	V	W	X	Y
Nombre de jours de panne		0	1	2	3	4	5	6	7	8	9	10
	Fréquences											
	Fréquences cumulées											

Pour obtenir les fréquences, on utilise la fonction « NB.SI(plage ; k) » qui compte le nombre de fois où apparaît k sur la plage choisie, et on divise par le nombre de simulations. Entrer la formule qui convient dans chacune des cellules de O2 à Y2 (attention, pour pouvoir copier la formule, il faut donner une adresse fixe à la plage utilisée).

b) Sélectionner la plage O1 : Y2 et faire une représentation en nuage de points (on sélectionnera « XY (dispersion) », puis « Plage de données/données en ligne »).

c) Compléter les cellules O3 à Y3 pour avoir les fréquences cumulées croissantes. Sélectionner la plage O1:Y1 ; O3:Y3 et faire une représentation de la courbe de ces fréquences cumulées (on sélectionnera « diagramme XY / Points et lignes » puis « données en ligne »).

4. En appuyant sur la touche F9, on obtient une nouvelle simulation. Observer et commenter les résultats obtenus sur plusieurs simulations de 100 fois dix jours.

63 Algo Fichier Algobox **Pièces défectueuses**

Soit n un entier naturel non nul. Une entreprise fabrique des petites pièces qui sont commercialisées par lot de n pièces. La production est suffisamment importante pour que l'on puisse assimiler le choix des n pièces à un tirage avec remise. La probabilité qu'une pièce soit défectueuse est $p = 0{,}01$. Soit X_n la variable aléatoire qui, à un lot de n pièces, associe le nombre de pièces défectueuses.

1. On constitue au hasard un lot de $n = 3$ pièces.
Construire un arbre pondéré et calculer la probabilité que le lot ne contienne aucune pièce défectueuse.
Dans la suite, on constitue des lots de n pièces.

2. Justifier que X_n suit une loi binomiale dont on précisera les paramètres en fonction de n.

3. On donne l'algorithme suivant :

Variables :	n est un entier naturel
	X est une variable aléatoire qui suit la loi binomiale de paramètres ……..
Initialisation :	n prend la valeur 3
Traitement :	Tant que $P(X = 0) \geqslant 0{,}85$
	n prend la valeur $n + 1$
	Fin Tant que
Sortie :	Afficher $n - 1$

a) Compléter la deuxième ligne de l'algorithme puis implémenter ce dernier sur une calculatrice ou un ordinateur muni d'un logiciel adapté.
Quelle valeur s'affiche ?

b) COMMUNIQUER Que peut-on conclure quant au conditionnement par lots de n pièces à partir de ce dernier résultat ?

64 Fichier OpenOffice

Soit n un entier naturel non nul. Dans une urne, on a n jetons, dont 1 vert et $n - 1$ rouges. Une partie consiste à répéter n fois de suite l'expérience : on tire un jeton dans l'urne, on note sa couleur et on le remet dans l'urne.

1. Dans cette question uniquement, on prend $n = 2$. Représenter la situation par un arbre pondéré puis calculer la probabilité d'avoir au moins un jeton vert lors d'une partie.
Dans la suite, on appelle X_n la variable aléatoire qui prend pour valeurs le nombre de jetons verts obtenus.

2. Justifier que X_n suit une loi binomiale dont on précisera les paramètres en fonction de n.

3. On appelle p_n la probabilité, dans une partie, d'avoir au moins un jeton vert.

a) CALCULER À l'aide d'une calculatrice ou d'un tableur, construire le tableau des 100 premières valeurs de p_n.

b) COMMUNIQUER Faire une conjecture sur l'évolution des termes de la suite (p_n) pour les grandes valeurs de n. Interpréter dans le contexte de l'exercice.

65 Algo Fichier Algobox **Production de vis**

Une entreprise fabrique des vis. La probabilité qu'une vis ait un défaut est 0,02. Ces vis sont commercialisées en lots de n vis. La production est suffisamment importante pour que le choix des n vis d'un lot soit assimilé à un tirage avec remise. Soit X_n la variable aléatoire qui, à un lot de n vis, associe le nombre de vis défectueuses.

1. Justifier que X_n suit une loi binomiale et donner ses paramètres en fonction de n.

2. CALCULER On fait des lots de 20 vis. À l'aide de la calculatrice, déterminer la probabilité qu'il y ait plus d'une vis défectueuse dans un lot de 20 vis. Arrondir le résultat à 0,001.

3. CHERCHER, MODÉLISER L'entreprise souhaite commercialiser des lots de plus de 20 vis, mais pour lesquels la probabilité qu'il y ait plus d'une vis défectueuse dans un tel lot reste inférieure ou égale à 0,1.

a) Écrire un algorithme qui affiche la taille maximale d'un lot répondant à cette contrainte.

b) Implémenter cet algorithme sur la calculatrice ou sur un ordinateur muni d'un logiciel adapté et répondre à la question posée.

66 Fichier OpenOffice **Système de sécurité**

MODÉLISER Une entreprise fabrique des systèmes de sécurité qui comportent n composants identiques (n est un entier pair). On choisit chaque composant dans la production (la production est suffisamment importante pour qu'on assimile ce choix à un choix avec remise). La probabilité qu'un composant soit défaillant est 0,01. Le système ne fonctionne pas si plus de la moitié des composants est défaillant.

1. Dans cette question, on prend $n = 4$. Soit X la variable aléatoire qui, à tout système, associe le nombre de composants défaillants.

a) Justifier que X suit une loi binomiale et préciser ses paramètres.

b) CALCULER Justifier que la probabilité que le système ne fonctionne pas est $1 - P(X \leqslant 2)$.
À l'aide de la calculatrice, donner la probabilité que le système ne fonctionne pas.

2. Dans cette question, on considère un système à n composants (on rappelle que n est pair).

On appelle X_n la variable aléatoire qui, à tout système, associe le nombre de composants défaillants.

a) Justifier que X_n suit une loi binomiale et préciser ses paramètres en fonction de n.

b) Sur un tableur, ouvrir une feuille de calcul et la compléter comme ci-dessous.

B3 | =1-LOI.BINOMIALE(A3/2;A3;0,01;1)

	A	B	C	D	E
1					
2	n	P			
3	4	0,00000397			
4	6				

Expliquer ce que l'on obtient dans la cellule B3.

c) COMMUNIQUER Utiliser cette feuille de calcul, pour répondre à la question suivante : existe-il des valeurs de n pour lesquelles la probabilité que le système ne fonctionne pas est inférieure à 10^{-10} ? Si c'est le cas, déterminer la plus petite valeur de n qui convient.

67 Fichier OpenOffice Recensement

CHERCHER, COMMUNIQUER, CALCULER

Le maire d'une ville de 1 500 habitants justifie sa volonté de faire construire une maison de retraite en affirmant que 15 % des habitants de la ville ont plus de 75 ans. Un élu de l'opposition se sert alors du recensement réalisé l'année même pour contredire le maire : lors de ce recensement qui portait sur un échantillon aléatoire de 8 % de la population, seulement 10 % des personnes avaient effectivement plus de 75 ans. Le maire répond : « Ce pourcentage ne remet pas en cause mon affirmation que 15 % de la population a plus de 75 ans. » Commenter.

68 Fichier OpenOffice Groupes sanguins

On donne ci-dessous la répartition des groupes sanguins pour l'ensemble de la population française :

Groupe sanguin	O	A	B	AB
Fréquence population française	43 %	45 %	9 %	3 %

On effectue une étude sur la population du sud-ouest de la France en réalisant un prélèvement sanguin sur 500 habitants de cette région pris aléatoirement. On obtient alors le tableau suivant :

Groupe sanguin	O	A	B	AB
Fréquence population sud-ouest	56 %	39 %	4 %	1 %

Partie A

CALCULER On considère une variable aléatoire X suivant la loi binomiale de paramètres 500 et p.

1. a) Ouvrir une feuille de calcul sur un tableur en la présentant comme ci-dessous :

B5 | =LOI.BINOMIALE(A5;500;B$2;1)

	A	B	C	D	E	F
1		p	a	b	intervalle de fluctuation	
2		0,43			borne inférieure	borne supérieure
3						
4	k	$P(X\leq k)$	recherche de a	recherche de b		
5	0	8,7E-123				

b) Par recopie vers le bas, compléter les cellules de la plage A6:B505.

c) Expliquer alors la formule choisie pour la cellule B5 : ce que l'on obtient, la raison de la présence du symbole $, le sens du « 1 » en dernier argument.

2. a) Dans la cellule C5, rentrer la formule « =SI(B5>0.025;A5;" ") » puis copier cette formule vers le bas jusqu'à la cellule C505.

b) Expliquer ce que l'on obtient dans la cellule C5, puis dans la cellule C198.

3. a) Dans la cellule C2, entrer la formule « =MIN(C5:C505) ». Que représente le résultat obtenu ?

b) En s'inspirant de la question précédente, compléter la plage D5:D505 puis la cellule D2.

c) Compléter enfin les cellules E3 et F3.

Partie B

CHERCHER, COMMUNIQUER À l'aide de la feuille de calcul établie dans la ***partie A***, peut-on « raisonnablement » conclure que la répartition des groupes sanguins des habitants du sud-ouest diffère de celle de la population française ? Justifier.

Vers le bac

69 Cet exercice est un questionnaire à choix multiples. Pour chacune des questions suivantes, une seule des trois réponses proposées est exacte. Aucune justification n'est demandée.

1. Un fabricant de terreau répartit sa production en sacs de 50 litres. Afin de vérifier sa mise en sac, il mesure le volume, en litres, de terreau contenu dans 15 sacs différents. Les résultats sont consignés dans le tableau ci-dessous :

50,5	50,1	49	50,9	47,9
49,8	50	48,9	51,1	49,7
50,2	52,2	49,7	49,4	52

La moyenne et l'écart type, éventuellement arrondis à 10^{-3}, de cette série sont :

a. 50,093 et 1,141 **b.** 50,093 et 1,102
c. 50 et 1,5

2. Une entreprise produit un grand nombre d'ampoules. La proportion d'ampoules défectueuses dans la production est de 0,03. On prélève successivement et de façon indépendante quatre ampoules dans la production.
La probabilité, éventuellement arrondie à 10^{-3}, que parmi ces quatre ampoules, exactement une soit défectueuse est égale à :

a. $\frac{1}{4}$ **b.** $0,03 \times 0,97^3$ **c.** 0,110

3. Une entreprise de cosmétiques lance une nouvelle crème hydratante. Parmi les pots de crème produits, la proportion de pots conformes est de 0,94. Une boutique reçoit un lot de 50 pots de cette nouvelle crème prélevés au hasard dans la production. Soit X la variable aléatoire égale au nombre de pots conformes parmi les 50 pots reçus. On admet que X suit une loi binomiale.

Une valeur approchée au millième près de la probabilité que la boutique reçoive au moins 45 pots conformes est égale à :

a. 0,922 **b.** 0,821 **c.** 0,179

4. En France, le 1er janvier 2015, 87,9 % des foyers possédaient au moins un écran plat de télévision. Une étude s'intéresse à un échantillon de 150 foyers. On donne ci-contre un extrait de la table de valeurs de $P(X \leqslant k)$ où X suit la loi binomiale de paramètres $n = 150$ et $p = 0,879$.

k	$P(X \leq k)$
122	0,012972465
123	0,022551088
124	0,037702346
125	0,060596021
126	0,093594087
127	0,138894223
128	0,198025993
129	0,271284381
...	...
137	0,926999674
138	0,958657311
139	0,978511331
140	0,989843593
141	0,995682089

Un intervalle de fluctuation au seuil de 95 % de la fréquence des foyers possédant un écran plat dans un échantillon de 150 foyers est :

a. [0,826 ; 0,927]
b. [0,86 ; 0,927]
c. [124 ; 139]

5. La représentation graphique donnée ci-dessous est celle de la loi binomiale de paramètres $n = 50$ et :

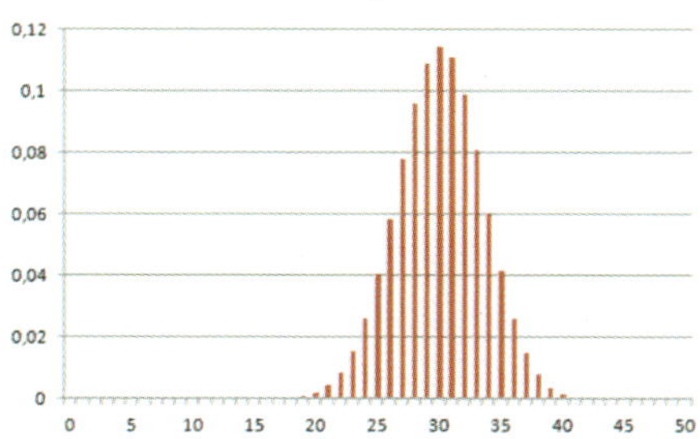

a. $p = 0,115$
b. $p = 0,6$
c. $p = 0,44$

70 *Les résultats seront arrondis à 10^{-3}.*
Dans un atelier, deux apprentis s'exercent à fabriquer des pièces en bois. Afin de comparer leur savoir-faire, ils relèvent chacun la longueur de 100 pièces, mesurant théoriquement 130 mm, réalisées par leurs soins. Les mesures obtenues sont présentées dans les tableaux ci-dessous :
Julien :

Longueur (en mm)	126	127	128	129	130
Nombre de pièces	2	7	13	18	20

Longueur (en mm)	131	132	133	134
Nombre de pièces	17	16	5	2

Victor :

Longueur (en mm)	126	127	128	129	130
Nombre de pièces	2	2	3	16	48

Longueur (en mm)	131	132	133	185
Nombre de pièces	21	5	2	1

1. a) À l'aide de la calculatrice, déterminer la médiane et l'écart interquartile de chacune de ces deux séries.

b) Les résultats précédents permettent-ils de départager les deux apprentis ?

2. a) À l'aide de la calculatrice, donner la moyenne et l'écart type de chacune des deux séries.
b) Quel apprenti semble être le plus précis ? Justifier la réponse.

3. Le patron doit confier un travail de précision à l'un des deux apprentis. Il demande à chacun de lui présenter les couples (moyenne, écart type) et (médiane, écart interquartile) des 100 pièces réalisées.

a) À première vue, à quel apprenti va-t-il confier la mission ?

b) Victor explique qu'il a éternué lors de la fabrication d'une pièce et qu'il a alors fait un faux mouvement. Il tente de convaincre le patron de lui confier la mission en disant que si on ne tient pas compte de cette pièce ratée, ses résultats sont meilleurs que ceux de Julien. Que peut-on penser de cet argument ? Justifier la réponse en donnant les paramètres adéquats.

71 *Les résultats seront arrondis à 10^{-3}.*
Une usine pharmaceutique fabrique des comprimés. Elle est dotée d'un service « contrôle et qualité » qui est chargé de trier les comprimés et d'écarter ceux qui ont un défaut d'enrobage. Lors d'un contrôle, ce service constate que 4 % des comprimés ont un défaut d'enrobage.

1. Un technicien, responsable de la chaîne de fabrication, prélève un échantillon de 200 comprimés. La production de comprimés est suffisamment importante pour que l'on puisse assimiler ce prélèvement à un tirage aléatoire avec remise. On désigne par X la variable aléatoire qui, à tout prélèvement de 200 comprimés, associe le nombre de comprimés présentant un défaut d'enrobage.

a) Justifier que la variable aléatoire X suit une loi binomiale et donner les paramètres de cette loi.

b) Calculer l'espérance $E(X)$ et l'écart type $\sigma(X)$ de cette variable aléatoire. Donner une interprétation de $E(X)$.

c) Déterminer la probabilité de l'évènement A : « L'échantillon contient exactement 3 comprimés présentant un défaut d'enrobage ».

d) Déterminer la probabilité de l'évènement B : « Le prélèvement contient au moins 3 comprimés présentant un défaut d'enrobage ».

2. Le technicien estime que ce pourcentage de 4 % de comprimés présentant un défaut d'enrobage est trop élevé. Il décide alors de procéder à des réglages sur la chaîne de fabrication pour abaisser ce taux à 0,8 %. Après avoir terminé son réglage, le technicien fait un prélèvement de 700 comprimés.

a) Déterminer l'intervalle de fluctuation au seuil de 95 % de la fréquence des comprimés présentant un défaut d'enrobage dans cet échantillon de 700 comprimés.

b) Parmi les 700 comprimés, le technicien trouve 12 comprimés présentant un défaut d'enrobage.

Le sondage réalisé permet-il de considérer le réglage comme efficace ? Justifier la réponse.

72 *Les deux questions de cet exercice peuvent être traitées de manière indépendante. Les résultats seront arrondis à 10^{-3}.*

Une entreprise produit en grande quantité des emballages alimentaires de forme cubique en polypropylène. Elle utilise pour cela la technique du thermoformage, qui consiste à chauffer une plaque de plastique puis à la former à l'aide d'un moule. Lors du refroidissement, la pièce rétrécit légèrement mais conserve la forme du moule. Une boîte est dite non conforme si ses dimensions ne répondent pas au cahier des charges.

1. On prélève au hasard une boîte dans la production. On appelle p la probabilité qu'une boîte prélevée au hasard dans la production soit non conforme.

L'entreprise conditionne ces boîtes par lots de 200 prélevées au hasard dans la production. La production est assez importante pour que l'on puisse assimiler ce prélèvement à un tirage aléatoire avec remise.

On considère la variable aléatoire X qui, à un lot de 200 boîtes, associe le nombre de boîtes non conformes qu'il contient. On admet que X suit une loi binomiale de paramètres 200 et p et, qu'en moyenne, chaque lot de 200 boîtes en contient 6 non conformes.

a) Justifier que $p = 0{,}03$.

b) Calculer la probabilité qu'il y ait au plus deux boîtes non conformes dans ce lot de 200 boîtes.

2. Dans le cadre d'un fonctionnement correct du thermoformage, on admet que la proportion p de boîtes non conformes dans la production est de 3 %. On prélève au hasard dans la production un échantillon de 200 boîtes. Dans cet échantillon, on compte 10 boîtes non conformes.

Doit-on prendre la décision d'effectuer des réglages sur la thermoformeuse ? Justifier la réponse.

73 Une urne contient 50 jetons, indiscernables au toucher, dont 6 sont rouges. Un jeu consiste à répéter 5 fois successivement l'épreuve suivante : tirer un jeton, noter sa couleur et le remettre dans l'urne. On appelle X la variable aléatoire qui, à tout tirage de 5 jetons, associe le nombre de jetons rouges tirés.

1. a) On admet que X suit une loi binomiale. Préciser ses paramètres.

b) Sur un grand nombre de parties, quel sera le nombre moyen de jetons rouges tirés par partie ?

Le joueur gagne la partie lorsqu'il a tiré au moins 3 jetons rouges parmi les 5.

2. Calculer la probabilité de gagner une partie. Donner le résultat arrondi à 10^{-3}.

3. Afin d'augmenter les chances de gagner une partie, on réfléchit au nombre de jetons rouges à ajouter dans l'urne. On utilise pour cela l'algorithme ci-dessous.

```
Variables :       R entier naturel, G, p nombres réels
Initialisation :  R prend la valeur 6
                  G prend la valeur 0,014
Traitement :      Tant que G < 0,3
                      R prend la valeur R + 1
                      p prend la valeur R/50
                      G prend la valeur P(X ⩾ 3)
                  Fin Tant que
Sortie :          Afficher R – 6
```

a) Que désignent les variables R, G et p de cet algorithme en termes de jeu ?

b) Expliquer la ligne de sortie « Afficher $R - 6$ ».

c) Que peut-on dire de la probabilité de gagner une partie une fois le nombre de jetons modifié conformément au résultat de l'algorithme ?

CHAPITRE

8 Produit scalaire

Prérequis

- À partir des coordonnées de deux points, calculer :
  - les coordonnées d'un vecteur ;
  - une distance ;
  - les coordonnées du milieu d'un segment.
- Savoir caractériser l'alignement ou le parallélisme à l'aide des coordonnées.

→ EXERCICES n°1 et 2

Objectifs

- Découvrir le produit scalaire de deux vecteurs du plan.
- Connaître différentes méthodes de calcul du produit scalaire.
- Utiliser le produit scalaire dans une situation issue du domaine technologique.

Capacités attendues

- Calculer le produit scalaire de deux vecteurs par différentes méthodes :
  - par projection orthogonale ;
  - analytiquement ;
  - à l'aide des normes et d'un angle.
- Choisir la méthode la plus adaptée en vue de la résolution d'un problème.
- Calculer des angles et des longueurs.

Activités

Activité 1 Puissance en électricité

Objectif : Introduire le produit scalaire dans une situation contextualisée en lien avec l'électricité.

1 Une maison d'habitation est alimentée par le réseau EDF avec une tension sinusoïdale $u(t)$ de valeur efficace $U = 230$ V. Cette tension est représentée par un vecteur $\vec{U}$, qui sert de vecteur de référence, et dont la norme est égale à U.

L'intensité $i(t)$ du courant consommé est représentée par un vecteur $\vec{I}$ tel que :
- la norme de $\vec{I}$, notée I, est égale à la valeur efficace (en A) du courant $i(t)$;
- l'angle orienté $(\vec{U}, \vec{I})$ est égal au déphasage entre le courant $i(t)$ et la tension $u(t)$: la mesure de l'angle orienté $(\vec{U}, \vec{I})$ est négative si l'intensité est en retard sur la tension et positive sinon.

Pour un appareil électrique, la puissance consommée P, exprimée en watts, se calcule en utilisant la formule suivante : $P = U \times I \times \cos(\vec{U}, \vec{I})$ où $\vec{I}$ est le courant consommé par l'appareil électrique.

a. On considère un moment de la nuit où les seuls appareils de la maison en fonctionnement sont les radiateurs. Ils consomment une puissance P_R.
Sachant que le courant $\vec{I_R}$ consommé par les radiateurs est en phase avec la tension (ce qui signifie que les vecteurs $\vec{U}$ et $\vec{I_R}$ sont colinéaires et de même sens) et que sa valeur efficace est de 13 A, calculer P_R.

b. On met en fonctionnement une pompe à chaleur pour laquelle le courant consommé $\vec{I_C}$ a une valeur efficace $I_C = 10$ A et est en retard de $\alpha = 25°$ sur la tension (l'angle $(\vec{U}, \vec{I_C})$ a pour mesure $-\alpha$).
Calculer la puissance P_C consommée par cet appareil.

c. Dans cette maison, on utilise un récupérateur d'eau de pluie. Pour alimenter le circuit d'eau, ce récupérateur est équipé d'une pompe. Sur la documentation de celle-ci, on indique que la valeur efficace du courant consommé est $I_E = 11{,}8$ A et que la puissance consommée est $P_E = 1850$ W pour une tension de 230 V.
Déterminer le déphasage entre l'intensité et la tension (soit une mesure de l'angle $(\vec{U}, \vec{I_E})$ sachant que l'intensité est en retard sur la tension). On donnera le résultat arrondi au degré.

2 On donne la représentation ci-dessous.

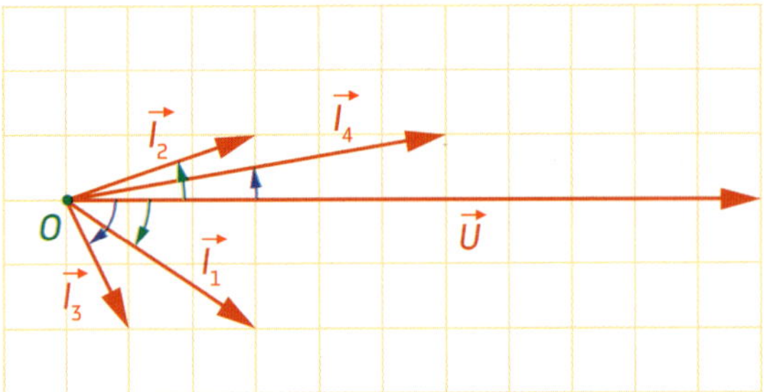

Pour n entier allant de 1 à 4, comparer les puissances P_n consommées par des appareils alimentés sous une tension $\vec{U}$ et consommant une intensité $\vec{I_n}$.

Activité 2 Travail d'une force de traction

Objectif Introduire le produit scalaire en liaison avec son utilisation en mécanique.

On s'intéresse à l'influence d'une force de traction sur le mouvement rectiligne d'un wagonnet.

1 Le wagonnet se déplace sur des rails.
On considère le déplacement de son centre d'inertie G d'un point A à un point B.
Le wagonnet est soumis à plusieurs forces, on s'intéresse à l'influence de chacune de ces forces sur le déplacement de A à B.
Sur la figure ci-dessous sont tracés des vecteurs $\vec{F_i}$ (pour i variant de 1 à 4), qui représentent des forces qui peuvent être exercées sur le wagonnet :
- la norme du vecteur $\vec{F_i}$ est proportionnelle à l'intensité de la force ;
- la direction et le sens du vecteur correspondent à la direction et au sens de la force.

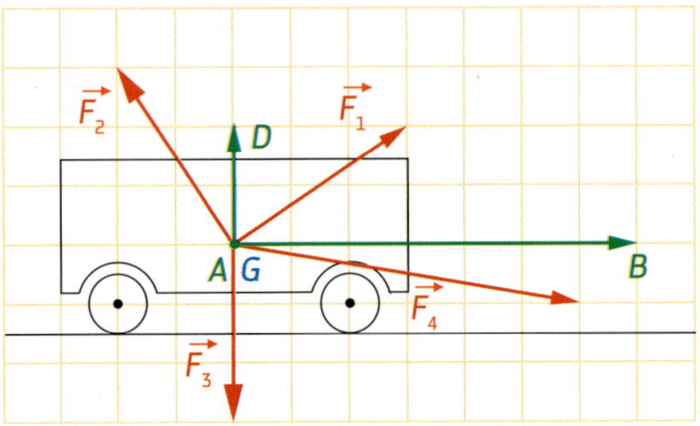

a. Le wagonnet est soumis à la force représentée par le vecteur $\vec{F_1}$; son déplacement est représenté par $\overrightarrow{AB}$. Préciser si la force $\vec{F_1}$ favorise le déplacement du wagonnet, s'oppose à ce déplacement ou n'a pas d'effet sur ce déplacement.

b. Reprendre la question précédente lorsque le wagonnet est soumis à la force représentée par le vecteur $\vec{F_2}$ puis par celle représentée par le vecteur $\vec{F_3}$.

c. Recopier la figure de la page précédente, et, pour chaque valeur de i de 1 à 4, placer le point C_i, extrémité du représentant de $\vec{F_i}$ d'origine A, et le point H_i, projeté orthogonal de C_i sur (AB).

• Dans les cas où la force favorise le mouvement, que peut-on dire du sens des vecteurs $\overrightarrow{AB}$ et $\overrightarrow{AH_i}$?

• Même question dans les cas où la force s'oppose au mouvement.

• Que peut-on dire du vecteur $\overrightarrow{AH_i}$ dans les cas où la force n'a aucun effet sur le mouvement ?

Pour rendre compte de l'effet d'une force sur un déplacement, on définit en mécanique le travail de la force $\overrightarrow{AC}$ dans le déplacement $\overrightarrow{AB}$. En notant H le projeté orthogonal de C sur (AB), on a alors :

• si l'angle $(\overrightarrow{AB}, \overrightarrow{AC})$ a une mesure dans $\left]-\frac{\pi}{2}; \frac{\pi}{2}\right[$ (angle $\widehat{CAB}$ aigu), le travail est égal à $AB \times AH$; il est strictement positif et la force favorise le mouvement.

• si l'angle $(\overrightarrow{AB}, \overrightarrow{AC})$ a une mesure dans $\left]\frac{\pi}{2}; \frac{3\pi}{2}\right[$ (angle $\widehat{CAB}$ obtus), le travail est égal à $-AB \times AH$; il est strictement négatif et la force s'oppose au mouvement.

• si l'angle $(\overrightarrow{AB}, \overrightarrow{AC})$ est droit, le travail est égal à zéro et la force n'a pas d'effet sur le mouvement.

d. L'intensité des forces s'exprime en newtons, les distances en mètres, le travail en joules. On considère que, sur le graphique, un carreau représente 100 N (pour l'intensité des forces $\vec{F_i}$ et de leurs projections $\overrightarrow{AH_i}$) et 100 m (pour le déplacement).
Préciser, pour chaque valeur de i de 1 à 4, la valeur du travail de la force $\vec{F_i}$ dans le déplacement $\overrightarrow{AB}$.

2 Dans cette question, le wagonnet est soulevé par une grue. Il se déplace de A à D.
Préciser, pour chaque valeur de i de 1 à 4, la valeur du travail de la force $\vec{F_i}$ dans le déplacement $\overrightarrow{AD}$.

A Définition du produit scalaire

1 Norme d'un vecteur

Définition Soit $\vec{u}$ un vecteur du plan.
Si A et B sont deux points tels que $\vec{u} = \overrightarrow{AB}$, on appelle norme de $\vec{u}$, et on note $\|\vec{u}\|$, le réel défini par $\|\vec{u}\| = AB$.

Remarque :
Pour tous points A, B, C et D tels que $\vec{u} = \overrightarrow{AB} = \overrightarrow{DC}$, $ABCD$ est un parallélogramme, donc $AB = DC$. La définition qui précède a donc bien un sens (elle est indépendante du choix des points A et B).

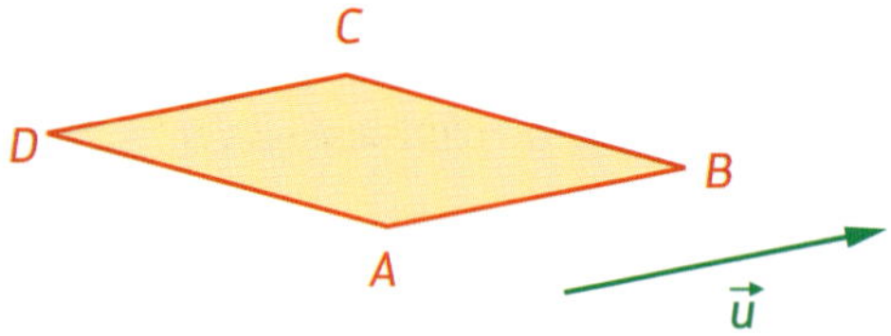

De la formule sur la longueur d'un segment dans un repère orthonormé du plan, on déduit la propriété suivante.

Propriété Dans le plan muni d'un repère orthonormé (O, I, J), la norme d'un vecteur $\vec{u}$ de coordonnées $(x\,;y)$ est : $\|\vec{u}\| = \sqrt{x^2 + y^2}$.

Exemple :
Si $\vec{u}$ est le vecteur du plan de coordonnées $(2\,; -3)$ dans un repère orthonormé alors :

$$\|\vec{u}\| = \sqrt{2^2 + (-3)^2} = \sqrt{4+9} = \sqrt{13}.$$

2 Produit scalaire de deux vecteurs

Dans l'activité 1, on a calculé la puissance P consommée par un appareil électrique en utilisant la formule $P = \|\vec{U}\| \times \|\vec{I}\| \times \cos(\vec{U}, \vec{I})$ où $\vec{U}$ est le vecteur représentant la tension $u(t)$ alimentant l'appareil et $\vec{I}$ le vecteur représentant l'intensité consommée par l'appareil.

Définition Soit $\vec{u}$ et $\vec{v}$ deux vecteurs du plan.
On appelle **produit scalaire** de $\vec{u}$ et $\vec{v}$, et on note $\vec{u} \cdot \vec{v}$ le nombre réel défini par :
- $\vec{u} \cdot \vec{v} = \|\vec{u}\| \times \|\vec{v}\| \times \cos(\vec{u}, \vec{v})$ lorsque $\vec{u}$ et $\vec{v}$ sont tous deux non nuls ;
- $\vec{u} \cdot \vec{v} = 0$ lorsqu'au moins l'un des deux vecteurs $\vec{u}$ et $\vec{v}$ est nul.

Voir SF1

Exemple :
Soit $\vec{u}$ et $\vec{v}$ deux vecteurs de normes respectives 4 et 5 tels que l'angle $(\vec{u}, \vec{v})$ ait pour mesure $\frac{\pi}{6}$.
On a alors : $\vec{u} \cdot \vec{v} = 4 \times 5 \times \cos\frac{\pi}{6} = 10\sqrt{3}$.

Remarque :
En particulier, pour tout vecteur $\vec{u}$, on a : $\vec{u} \cdot \vec{u} = \|\vec{u}\| \times \|\vec{u}\| \times \cos(\vec{u}, \vec{u}) = \|\vec{u}\|^2 \times 1$
donc $\vec{u} \cdot \vec{u} = \|\vec{u}\|^2$.

SF1 Calculer un produit scalaire à l'aide des normes et d'un angle

Soit ABC un triangle équilatéral de côté 4 et I le milieu de $[BC]$.

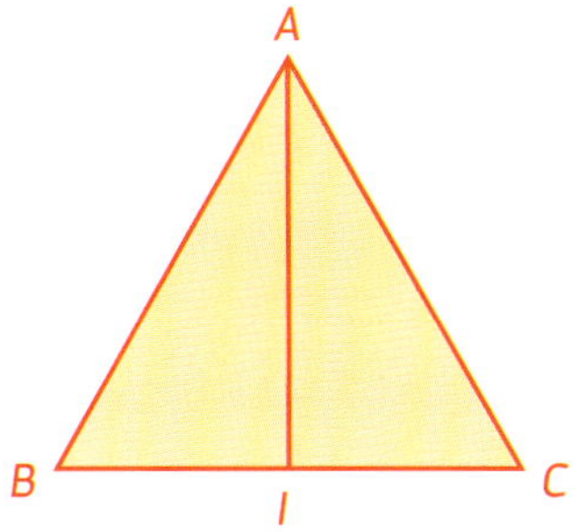

À l'aide de normes et d'un angle, calculer chacun des produits scalaires suivants :

a. $\overrightarrow{AB} \cdot \overrightarrow{AC}$

$\overrightarrow{AB} \cdot \overrightarrow{AC} = \|\overrightarrow{AB}\| \times \|\overrightarrow{AC}\| \times \cos(\overrightarrow{AB}, \overrightarrow{AC}) = AB \times AC \times \cos\frac{\pi}{3}$

$= 4 \times 4 \times \frac{1}{2} = 8.$

> Pour calculer le produit scalaire $\vec{u} \cdot \vec{v}$ à l'aide de normes et d'un angle, on a besoin de déterminer :
> • *des longueurs :* les normes de $\vec{u}$ et $\vec{v}$;
> • *une mesure d'angle :* l'angle $(\vec{u}, \vec{v})$.

b. $\overrightarrow{AB} \cdot \overrightarrow{AI}$

$\overrightarrow{AB} \cdot \overrightarrow{AI} = \|\overrightarrow{AB}\| \times \|\overrightarrow{AI}\| \times \cos(\overrightarrow{AB}, \overrightarrow{AI})$

La médiane $[AI]$ du triangle équilatéral ABC en est aussi la hauteur issue de A donc $\|\overrightarrow{AI}\| = \frac{4\sqrt{3}}{2}$.

Elle est aussi la bissectrice de l'angle géométrique $\widehat{BAC}$ donc :

$(\overrightarrow{AB}, \overrightarrow{AI}) = \frac{1}{2} \times \frac{\pi}{3} = \frac{\pi}{6}$

d'où : $\overrightarrow{AB} \cdot \overrightarrow{AI} = AB \times AI \times \cos\frac{\pi}{6} = 4 \times \frac{4\sqrt{3}}{2} \times \frac{\sqrt{3}}{2} = 12.$

> Il est souvent utile de connaître les deux résultats suivants, qui correspondent à deux configurations fréquemment rencontrées en géométrie :
> • la diagonale d'un carré de côté a est $a\sqrt{2}$;
> • la hauteur d'un triangle équilatéral de côté a est $\frac{a\sqrt{3}}{2}$.

c. $\overrightarrow{IB} \cdot \overrightarrow{BC}$

Les vecteurs $\overrightarrow{IB}$ et $\overrightarrow{BC}$ sont colinéaires et $(\overrightarrow{IB}, \overrightarrow{BC}) = \pi$ à 2π près, d'où :

$\overrightarrow{IB} \cdot \overrightarrow{BC} = \|\overrightarrow{IB}\| \times \|\overrightarrow{BC}\| \times \cos(\overrightarrow{IB}, \overrightarrow{BC}) = IB \times BC \times \cos\pi = 2 \times 4 \times (-1) = -8.$

> Si les vecteurs $\vec{u}$ et $\vec{v}$ sont colinéaires alors :
> $(\vec{u}, \vec{v}) = 0$ ou π à 2π près donc $\cos(\vec{u}, \vec{v}) = 1$ ou -1.

d. $\overrightarrow{AI} \cdot \overrightarrow{BC}$

La médiane $[AI]$ du triangle équilatéral ABC en est aussi une hauteur donc $\overrightarrow{AI}$ et $\overrightarrow{BC}$ sont orthogonaux, d'où $\overrightarrow{AI} \cdot \overrightarrow{BC} = 0$.

> Si les vecteurs $\vec{u}$ et $\vec{v}$ sont orthogonaux alors :
> $(\vec{u}, \vec{v}) = \pm\frac{\pi}{2}$ à 2π près donc $\cos(\vec{u}, \vec{v}) = 0$ et $\vec{u} \cdot \vec{v} = 0$.

POUR S'ENTRAÎNER

SF1 Soit $ABCD$ un carré de côté 1 et de centre O. Calculer les produits scalaires suivants :

$\overrightarrow{AB} \cdot \overrightarrow{AD}$, $\overrightarrow{CA} \cdot \overrightarrow{CB}$, $\overrightarrow{BD} \cdot \overrightarrow{BO}$ et $\overrightarrow{OD} \cdot \overrightarrow{OB}$.

→ EXERCICES n°3 à 9

B Différentes formes du produit scalaire

1 Produit scalaire et projection orthogonale

Soit $\overrightarrow{AB}$ et $\overrightarrow{AC}$ deux vecteurs du plan. On note H le projeté orthogonal du point C sur la droite (AB).

- Si $(\overrightarrow{AB}, \overrightarrow{AC})$ a une mesure dans $\left]-\frac{\pi}{2}; \frac{\pi}{2}\right[$

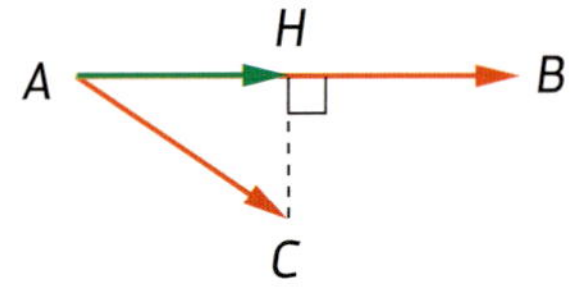

(les vecteurs colinéaires $\overrightarrow{AB}$ et $\overrightarrow{AH}$ sont dits de même sens),

alors $\cos(\overrightarrow{AB}, \overrightarrow{AC}) = \frac{AH}{AC}$

donc $AH = AC \times \cos(\overrightarrow{AB}, \overrightarrow{AC})$,

d'où $\overrightarrow{AB} \cdot \overrightarrow{AC} = AB \times AC \times \cos(\overrightarrow{AB}, \overrightarrow{AC}) = AB \times AH$.

- Si $(\overrightarrow{AB}, \overrightarrow{AC})$ a une mesure dans $\left]\frac{\pi}{2}; \frac{3\pi}{2}\right[$

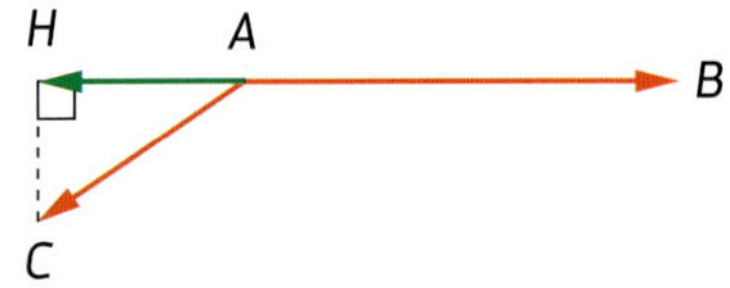

(les vecteurs colinéaires $\overrightarrow{AB}$ et $\overrightarrow{AH}$ sont dits de sens contraire), alors $\cos(\overrightarrow{AC}, \overrightarrow{AH}) = \frac{AH}{AC}$ donc :

$AH = AC \times \cos(\overrightarrow{AC}, \overrightarrow{AH}) = AC \times \cos[\pi - (\overrightarrow{AB}, \overrightarrow{AC})] = -AC \times \cos(\overrightarrow{AB}, \overrightarrow{AC})$,

d'où $\overrightarrow{AB} \cdot \overrightarrow{AC} = AB \times AC \times \cos(\overrightarrow{AB}, \overrightarrow{AC}) = -AB \times AH$.

- Si $(\overrightarrow{AB}, \overrightarrow{AC})$ est égal à $\frac{\pi}{2}$ ou à $\frac{3\pi}{2}$,

alors $\overrightarrow{AB} \cdot \overrightarrow{AC} = AB \times AC \times \cos(\overrightarrow{AB}, \overrightarrow{AC}) = AB \times AC \times 0 = 0$

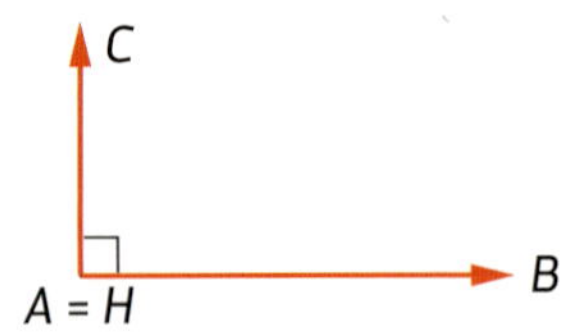

et par ailleurs, le point H est confondu avec A donc les deux égalités obtenues dans les deux cas précédents restent vraies.

On obtient alors une autre expression du produit scalaire qui a été découverte dans l'activité 2.

Théorème Soit $\overrightarrow{AB}$ et $\overrightarrow{AC}$ deux vecteurs du plan. On note H le projeté orthogonal du point C sur la droite (AB).
- Si $\overrightarrow{AB}$ et $\overrightarrow{AH}$ sont de même sens, alors $\overrightarrow{AB} \cdot \overrightarrow{AC} = AB \times AH$.
- Si $\overrightarrow{AB}$ et $\overrightarrow{AH}$ sont de sens contraire, alors $\overrightarrow{AB} \cdot \overrightarrow{AC} = -AB \times AH$.

Voir SF2

Exemple :

Soit $ABCD$ un losange de centre O dont la diagonale $[DB]$ a pour longueur 6. Comme O est le projeté orthogonal de C sur (DB) et que les vecteurs $\overrightarrow{DB}$ et $\overrightarrow{DO}$ ont même sens, on a :

$$\overrightarrow{DB} \cdot \overrightarrow{DC} = DB \times DO = 6 \times 3 = 18.$$

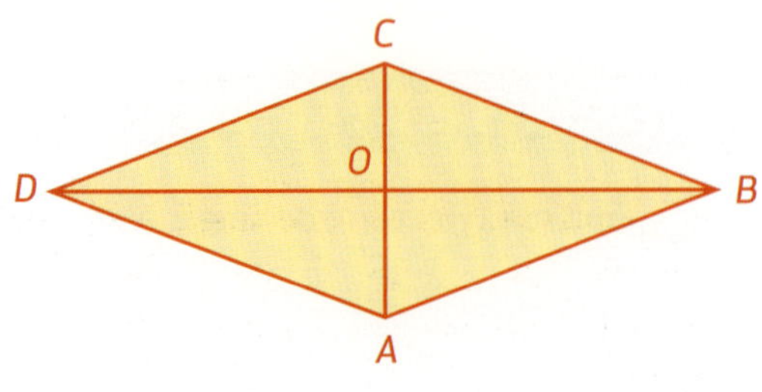

SF2 Calculer un produit scalaire à l'aide d'une projection orthogonale

Soit $ABCD$ un rectangle de centre O, avec $AB = 4$ et $AD = 3$.

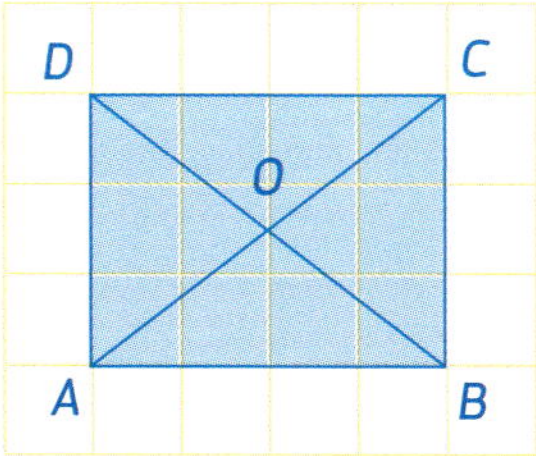

En utilisant les projections, calculer les produits scalaires suivants :

- $\overrightarrow{AB} \cdot \overrightarrow{AO}$
- $\overrightarrow{AB} \cdot \overrightarrow{AD}$
- $\overrightarrow{AB} \cdot \overrightarrow{BD}$

Pour calculer le produit scalaire de $\overrightarrow{AB}$ par un autre vecteur, en utilisant la projection :
- *si ce n'est pas déjà le cas, on utilise un représentant du deuxième vecteur ayant la même origine que le premier ;*
- *on considère le projeté orthogonal H de l'extrémité du deuxième vecteur sur la droite (AB).*

- Le projeté orthogonal H de O sur (AB) est le milieu de $[AB]$.

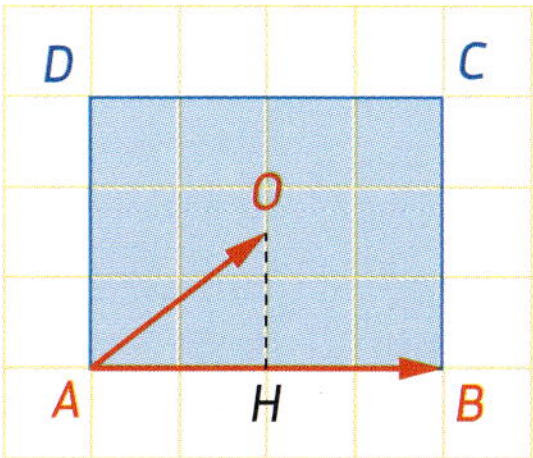

- Le projeté orthogonal H de D sur (AB) est A.

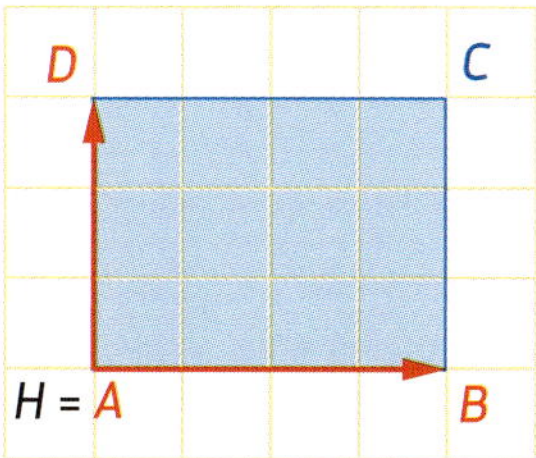

- On construit A' tel que $\overrightarrow{BA'} = \overrightarrow{AB}$; le projeté orthogonal H de D sur (BA') est A et

$$\overrightarrow{AB} \cdot \overrightarrow{BD} = \overrightarrow{BA'} \cdot \overrightarrow{BD}.$$

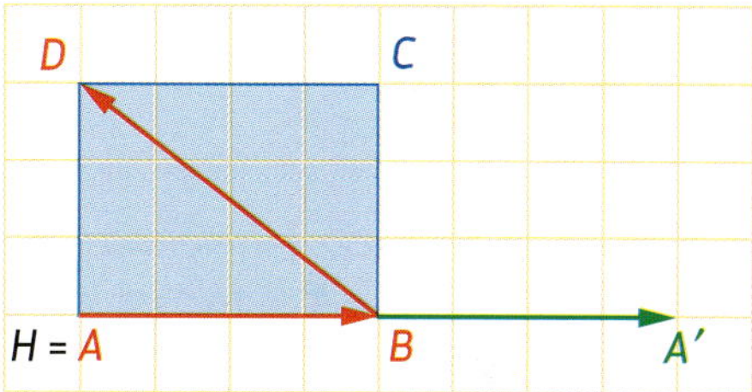

On regarde les sens des vecteurs colinéaires $\overrightarrow{AB}$ et $\overrightarrow{AH}$, puis on utilise la formule du produit scalaire avec la projection orthogonale :
- *si $\overrightarrow{AH} = \vec{0}$, alors le produit scalaire est nul ;*
- *si $\overrightarrow{AB}$ et $\overrightarrow{AH}$ sont de même sens, alors le produit scalaire est égal à $AB \times AH$;*
- *si $\overrightarrow{AB}$ et $\overrightarrow{AH}$ sont de sens contraire, alors le produit scalaire est égal à $-AB \times AH$.*

- Ici, $\overrightarrow{AB}$ et $\overrightarrow{AH}$ sont de même sens donc :

$$\overrightarrow{AB} \cdot \overrightarrow{AO} = AB \times AH = 4 \times 2 = 8.$$

- Les vecteurs $\overrightarrow{AB}$ et $\overrightarrow{AD}$ sont orthogonaux donc $\overrightarrow{AH}$ est le vecteur nul :

$$\overrightarrow{AB} \cdot \overrightarrow{AD} = 0$$

- Ici, $\overrightarrow{BA'}$ et $\overrightarrow{BH}$ sont de sens contraire donc :

$$\overrightarrow{AB} \cdot \overrightarrow{BD} = \overrightarrow{BA'} \cdot \overrightarrow{BD} = -BA' \times BH = -4 \times 4 = -16$$

POUR S'ENTRAÎNER

SF2 Soit ABC un triangle équilatéral de côté 2 et I le milieu de $[AB]$. À l'aide d'une projection orthogonale, calculer les produits scalaires suivants : $\overrightarrow{AB} \cdot \overrightarrow{AC}$ et $\overrightarrow{CI} \cdot \overrightarrow{CB}$.

→ EXERCICES n°10 à 14

2 Produit scalaire et coordonnées

On admet le théorème suivant qui permet de calculer le produit scalaire de deux vecteurs dont on connaît les coordonnées dans un repère orthonormé du plan.

Théorème Dans le plan muni d'un repère orthonormé, si $\vec{u}$ et $\vec{v}$ sont deux vecteurs de coordonnées respectives $(x\,;y)$ et $(x';y')$ alors $\vec{u}\cdot\vec{v} = xx'+yy'$.

Exemple :

Dans le plan muni d'un repère orthonormé, on considère trois points A, B et C de coordonnées respectives $(6\,;-2)$, $(-1\,;0)$ et $(1\,;3)$. Comme $\overrightarrow{AB}$ a pour coordonnées $(-7\,;2)$ et $\overrightarrow{AC}$ a pour coordonnées $(-5\,;5)$ alors $\overrightarrow{AB}\cdot\overrightarrow{AC} = -7\times(-5)+2\times 5 = 45$.

→ EXERCICES N°15 À 21

Remarque :

L'expression analytique du produit scalaire, qui provient d'un calcul de normes, n'est valable que dans un repère orthonormé.

Bilan :

On dispose finalement de trois formes différentes pour le produit scalaire :

- la forme avec les normes et un angle :
$$\vec{u}\cdot\vec{v} = \|\vec{u}\|\times\|\vec{v}\|\times\cos(\vec{u},\vec{v})\,;$$
- la forme avec le projeté orthogonal H de C sur (AB) :
$$\overrightarrow{AB}\cdot\overrightarrow{AC} = AB\times AH \text{ ou } -AB\times AH \text{ selon le sens de } \overrightarrow{AB} \text{ et } \overrightarrow{AH}\,;$$
- la forme analytique : $\vec{u}\cdot\vec{v} = xx'+yy'$.

Selon les informations dont on dispose pour calculer un produit scalaire, l'emploi d'une de ces trois formes est souvent plus pertinent que l'emploi d'une des deux autres formes.

Exemple :

Sur la figure ci-contre, EFG est un triangle isocèle en E ; A est le milieu de $[FG]$ et $AHKF$ est un rectangle. On a :

$$FG = 8,\ EA = 6 \text{ et } AH = 2.$$

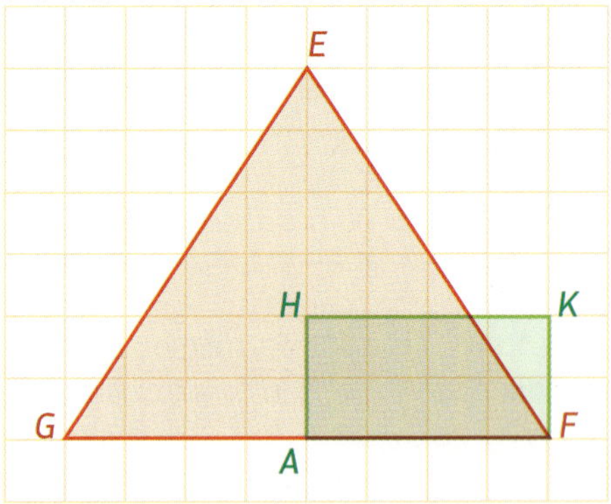

Calcul de $\overrightarrow{EA}\cdot\overrightarrow{EG}$:

La formule avec le projeté orthogonal apparaît la plus immédiate. Comme A est le projeté orthogonal de G sur (EA), on a : $\overrightarrow{EA}\cdot\overrightarrow{EG} = EA\times EA = 36$.

Calcul de $\overrightarrow{EF}\cdot\overrightarrow{GK}$:

La formule avec les coordonnées apparaît la plus immédiate. On se place dans le repère orthonormé d'origine A dans lequel F a pour coordonnées $(4\,;0)$ et $E\,(0\,;6)$.

Dans ce repère, $\overrightarrow{EF}$ et $\overrightarrow{GK}$ ont respectivement pour coordonnées $(4\,;-6)$ et $(8\,;2)$ donc $\overrightarrow{EF}\cdot\overrightarrow{GK} = 4\times 8+(-6)\times 2 = 20$.

→ EXERCICE N°22

Voir SF3

Remarque :

L'exploitation de deux formes différentes d'un même produit scalaire peut être utile pour déterminer une longueur, une distance ou un angle.

SF3 Exploiter deux formes différentes du produit scalaire

Dans le plan muni d'un repère orthonormé, on considère les points $A(-3\,;-1)$, $B(-1\,;0)$ et $C(-1\,;2)$.
En utilisant deux formes différentes du produit scalaire $\overrightarrow{AB}\cdot\overrightarrow{AC}$, déterminer :

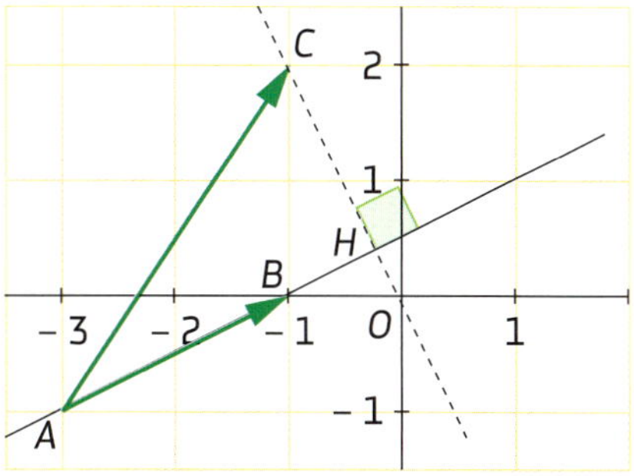

- une valeur approchée à 0,1° près de l'angle $\widehat{BAC}$.
- une valeur approchée à 0,1 près de AH où H est le pied de la hauteur issue de C du triangle ABC.

Comme $\overrightarrow{AB}$ et $\overrightarrow{AC}$ ont pour coordonnées respectives $(2\,;1)$ et $(2\,;3)$, on a :

$$\overrightarrow{AB}\cdot\overrightarrow{AC}=2\times2+1\times3=7.$$

On calcule le produit scalaire $\overrightarrow{AB}\cdot\overrightarrow{AC}$ en choisissant une première forme appropriée parmi les trois formes possibles du produit scalaire, et cela en fonction des données de l'exercice.

On a : $\|\overrightarrow{AB}\|=\sqrt{2^2+1^2}=\sqrt{5}$ et $\|\overrightarrow{AC}\|=\sqrt{2^2+3^2}=\sqrt{13}$.
On a :

$$\overrightarrow{AB}\cdot\overrightarrow{AC}=\sqrt{5}\times\sqrt{13}\times\cos(\overrightarrow{AB},\overrightarrow{AC})=\sqrt{65}\times\cos(\overrightarrow{AB},\overrightarrow{AC}).$$

Comme H est le projeté orthogonal de C sur (AB) et que les vecteurs $\overrightarrow{AB}$ et $\overrightarrow{AH}$ sont de même sens, on a :

$$\overrightarrow{AB}\cdot\overrightarrow{AC}=AB\times AH=\sqrt{5}\,AH.$$

On utilise ensuite une des deux formes restantes du produit scalaire pour avoir une nouvelle expression de $\overrightarrow{AB}\cdot\overrightarrow{AC}$ dans laquelle apparaît la distance (ou l'angle) cherché(e).

On a $\overrightarrow{AB}\cdot\overrightarrow{AC}=7$ et
$\overrightarrow{AB}\cdot\overrightarrow{AC}=\sqrt{65}\cos(\overrightarrow{AB},\overrightarrow{AC})$
d'où : $\sqrt{65}\cos(\overrightarrow{AB},\overrightarrow{AC})=7$ soit
$\cos(\overrightarrow{AB},\overrightarrow{AC})=\dfrac{7}{\sqrt{65}}$
donc $\widehat{BAC}\approx 29{,}7°$.

Remarque : la connaissance du cosinus de l'angle $(\overrightarrow{AB},\overrightarrow{AC})$ ne permet pas de connaître le sens et la mesure de l'angle orienté $(\overrightarrow{AB},\overrightarrow{AC})$.

On a $\overrightarrow{AB}\cdot\overrightarrow{AC}=\sqrt{5}\,AH$
et $\overrightarrow{AB}\cdot\overrightarrow{AC}=7$ donc
$\sqrt{5}\,AH=7$ d'où
$AH=\dfrac{7}{\sqrt{5}}\approx 3{,}1.$

On égale les deux expressions du produit scalaire $\overrightarrow{AB}\cdot\overrightarrow{AC}$ et on en déduit la distance (ou l'angle) cherché(e).

POUR S'ENTRAÎNER

SF3 a. On reprend les points $A(-3\,;-1)$, $B(-1\,;0)$ et $C(-1\,;2)$ définis ci-dessus. Déterminer une valeur approchée à 0,1° près de l'angle $\widehat{ABC}$.

b. Soit ABC un triangle tel que $AB=6$, $AC=7$ et $(\overrightarrow{AB},\overrightarrow{AC})=70°$. On appelle H le projeté orthogonal de C sur $[AB]$. En utilisant deux formes différentes du produit scalaire $\overrightarrow{AB}\cdot\overrightarrow{AC}$, calculer AH.

→ EXERCICES n° 23 à 29

C Propriétés du produit scalaire

1 Symétrie et bilinéarité du produit scalaire

En utilisant l'expression analytique du produit scalaire, on montre facilement la propriété suivante.

Voir SF4

Propriété Pour tous vecteurs $\vec{u}$, $\vec{v}$, $\vec{w}$ et tout nombre réel α, on a :
- $\vec{u}\cdot\vec{v}=\vec{v}\cdot\vec{u}$;
- $\vec{u}\cdot(\vec{v}+\vec{w})=\vec{u}\cdot\vec{v}+\vec{u}\cdot\vec{w}$;
- $\alpha(\vec{u}\cdot\vec{v})=(\alpha\vec{u})\cdot\vec{v}=\vec{u}\cdot(\alpha\vec{v})$.

→ EXERCICES n° 30 à 34

2 Orthogonalité et produit scalaire

Au fil du cours et des applications a émergé un lien entre orthogonalité et nullité du produit scalaire. On précise et établit ici ce lien :

$$\vec{u}\cdot\vec{v}=0 \text{ revient à } \|\vec{u}\|\times\|\vec{v}\|\times\cos(\vec{u},\vec{v})=0 \text{ soit } \|\vec{u}\|=0 \text{ ou } \|\vec{v}\|=0 \text{ ou } \cos(\vec{u},\vec{v})=0.$$

Or :
- $\|\vec{u}\|=0$ équivaut à $\vec{u}=\vec{0}$;
- $\|\vec{v}\|=0$ équivaut à $\vec{v}=\vec{0}$;
- $\cos(\vec{u},\vec{v})=0$ si et seulement si l'angle $(\vec{u},\vec{v})$ a une mesure de $\frac{\pi}{2}$ ou $-\frac{\pi}{2}$, c'est-à-dire si et seulement si $\vec{u}$ et $\vec{v}$ sont orthogonaux.

En considérant que le vecteur nul est orthogonal à tout vecteur, on aboutit au théorème suivant.

Théorème Deux vecteurs sont orthogonaux si et seulement si leur produit scalaire est nul :

$$\vec{u}\perp\vec{v} \text{ si et seulement si } \vec{u}\cdot\vec{v}=0.$$

Voir SF5

Exemple :
Dans le plan muni d'un repère orthonormé, les vecteurs $\vec{u}$ et $\vec{v}$ de coordonnées respectives $(-2 ; 3)$ et $(6 ; 4)$ sont orthogonaux car :

$$\vec{u}\cdot\vec{v}=-2\times6+3\times4=0.$$

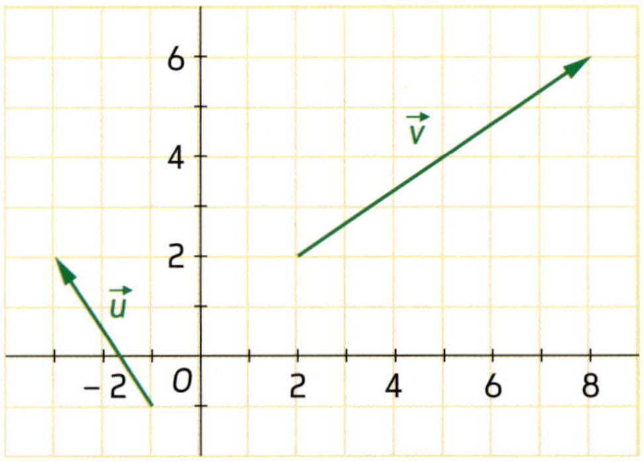

→ EXERCICES n° 39 à 47

Remarque :
Le produit scalaire permet de préciser si un angle géométrique est aigu ou obtus. En utilisant la forme avec la projection orthogonale, on montre aisément que :
- un angle $(\overrightarrow{AB}, \overrightarrow{AC})$ a une mesure dans $\left]-\frac{\pi}{2} ; \frac{\pi}{2}\right[$ (angle $\widehat{CAB}$ aigu) si et seulement si $\overrightarrow{AB}\cdot\overrightarrow{AC}>0$;
- un angle $(\overrightarrow{AB}, \overrightarrow{AC})$ a une mesure dans $\left]\frac{\pi}{2} ; \pi\right[$ ou $\left]-\pi ; -\frac{\pi}{2}\right[$ (angle $\widehat{CAB}$ obtus) si et seulement si $\overrightarrow{AB}\cdot\overrightarrow{AC}<0$.

SF4 Calculer un produit scalaire à l'aide de la relation de Chasles

Soit $ABCD$ un rectangle tel que $AB = 3$ et $BC = 5$.
En décomposant les vecteurs $\overrightarrow{AC}$ et $\overrightarrow{BD}$, calculer $\overrightarrow{AC} \cdot \overrightarrow{BD}$.

On a $\overrightarrow{AC} \cdot \overrightarrow{BD} = (\overrightarrow{AB} + \overrightarrow{BC}) \cdot (\overrightarrow{BA} + \overrightarrow{AD})$
$= \overrightarrow{AB} \cdot \overrightarrow{BA} + \overrightarrow{AB} \cdot \overrightarrow{AD} + \overrightarrow{BC} \cdot \overrightarrow{BA} + \overrightarrow{BC} \cdot \overrightarrow{AD}$.

Or $\overrightarrow{AB}$ et $\overrightarrow{AD}$ sont orthogonaux donc $\overrightarrow{AB} \cdot \overrightarrow{AD} = 0$. De même, $\overrightarrow{BC} \cdot \overrightarrow{BA} = 0$.
Les vecteurs $\overrightarrow{AB}$ et $\overrightarrow{BA}$ sont colinéaires de sens contraire, les vecteurs $\overrightarrow{BC}$ et $\overrightarrow{AD}$ sont colinéaires de même sens, donc
$\overrightarrow{AC} \cdot \overrightarrow{BD} = \overrightarrow{AB} \cdot \overrightarrow{BA} + \overrightarrow{BC} \cdot \overrightarrow{AD} = -AB \times AB + BC \times AD = -3 \times 3 + 5 \times 5 = 16$.

Pour calculer un produit scalaire $\vec{u} \cdot \vec{v}$ à l'aide de la relation de Chasles, on décompose un des deux vecteurs, par exemple $\vec{v}$, sous la forme $\vec{v} = \vec{v_1} + \vec{v_2}$, de façon à ce que les produits scalaires $\vec{u} \cdot \vec{v_1}$ et $\vec{u} \cdot \vec{v_2}$ se calculent facilement. On en déduit
$\vec{u} \cdot \vec{v} = \vec{u} \cdot \vec{v_1} + \vec{u} \cdot \vec{v_2}$.
(On peut aussi décomposer les deux vecteurs $\vec{u}$ et $\vec{v}$.)

SF5 Utiliser un produit scalaire pour étudier une orthogonalité de deux vecteurs

Soit $ABCD$ un carré et M le point de $[BD]$ tel que $\overrightarrow{DM} = \frac{1}{4}\overrightarrow{DB}$.

On note H et K les projetés orthogonaux respectifs de M sur (AB) et sur (AD).

Montrer que (CM) et (HK) sont perpendiculaires.

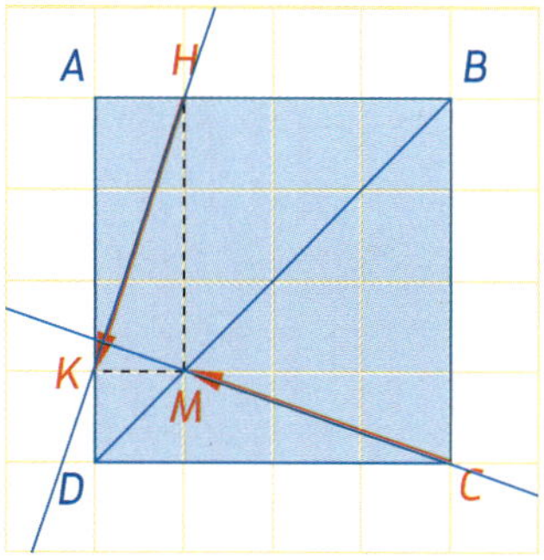

- On se place dans le repère orthonormé $(D ; \overrightarrow{DC}, \overrightarrow{DA})$.

Montrer l'orthogonalité de deux vecteurs $\vec{u}$ et $\vec{v}$ revient à calculer le produit scalaire $\vec{u} \cdot \vec{v}$ et à prouver qu'il est nul. Comme on veut prouver que les vecteurs sont orthogonaux, on ne peut utiliser ni la forme avec le cosinus de l'angle, ni la forme avec une projection orthogonale.
Il est donc intéressant de munir la figure d'un repère orthonormé pour calculer ce produit scalaire.

- Dans le repère $(D ; \overrightarrow{DC}, \overrightarrow{DA})$, les points ont les coordonnées suivantes :

$$C(1 ; 0),\ M\left(\frac{1}{4} ; \frac{1}{4}\right),\ K\left(0 ; \frac{1}{4}\right),\ H\left(\frac{1}{4} ; 1\right).$$

On en déduit que $\overrightarrow{CM}\left(-\frac{3}{4} ; \frac{1}{4}\right)$ et $\overrightarrow{HK}\left(-\frac{1}{4} ; -\frac{3}{4}\right)$ donc

$$\overrightarrow{CM} \cdot \overrightarrow{HK} = -\frac{3}{4} \times \left(-\frac{1}{4}\right) + \frac{1}{4} \times \left(-\frac{3}{4}\right) = 0.$$

Conclusion : comme $\overrightarrow{CM} \cdot \overrightarrow{HK} = 0$, les vecteurs $\overrightarrow{CM}$ et $\overrightarrow{HK}$ sont orthogonaux : les droites (CM) et (HK) sont perpendiculaires.

On détermine alors les coordonnées des points utiles au calcul des coordonnées de $\vec{u}$ et $\vec{v}$.
On en déduit les coordonnées de $\vec{u}$ et $\vec{v}$.
On calcule alors le produit scalaire $\vec{u} \cdot \vec{v}$ et on conclut sur l'orthogonalité de $\vec{u}$ et $\vec{v}$.

POUR S'ENTRAÎNER

SF4 Soit $ABCD$ un parallélogramme tel que $AB = 6$, $AC = 8$ et $BD = 5$. En décomposant les deux vecteurs avec le point O centre du parallélogramme, calculer le produit scalaire $\overrightarrow{AB} \cdot \overrightarrow{AD}$.

→ EXERCICES n°35 à 38

SF5 Soit $ABCD$ un carré. On note I et J les milieux respectifs de $[AB]$ et $[BC]$.
Montrer que les droites (ID) et (AJ) sont perpendiculaires. (On pourra utiliser un repère orthornormé bien choisi.)

→ EXERCICES n°48 à 55

Essentiel

1 Différentes formes du produit scalaire

Avec les normes et un angle	$\vec{u}\cdot\vec{v} = \lVert\vec{u}\rVert \times \lVert\vec{v}\rVert \times \cos(\vec{u},\vec{v})$
Avec le projeté orthogonal 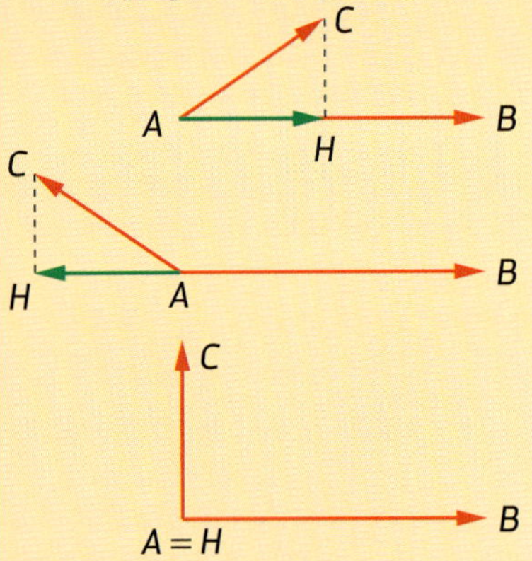	Pour H projeté orthogonal du point C sur (AB), on a : • si $\overrightarrow{AB}$ et $\overrightarrow{AH}$ sont de même sens, alors $\overrightarrow{AB}\cdot\overrightarrow{AC} = AB \times AH$; • si $\overrightarrow{AB}$ et $\overrightarrow{AH}$ sont de sens contraire, alors $\overrightarrow{AB}\cdot\overrightarrow{AC} = -AB \times AH$; • si A et H sont confondus, alors $\overrightarrow{AB}\cdot\overrightarrow{AC} = 0$.
Avec les coordonnées	$\vec{u}\cdot\vec{v} = xx' + yy'$ où $(x\,;\,y)$ et $(x'\,;\,y')$ sont les coordonnées respectives de $\vec{u}$ et $\vec{v}$ dans un repère orthonormé.

2 Propriétés du produit scalaire

Symétrie et bilinéarité	• $\vec{u}\cdot\vec{v} = \vec{v}\cdot\vec{u}$ • $\vec{u}\cdot(\vec{v}+\vec{w}) = \vec{u}\cdot\vec{v} + \vec{u}\cdot\vec{w}$ • $\alpha(\vec{u}\cdot\vec{v}) = (\alpha\vec{u})\cdot\vec{v} = \vec{u}\cdot(\alpha\vec{v})$
Orthogonalité	$\vec{u}$ et $\vec{v}$ sont orthogonaux si et seulement si $\vec{u}\cdot\vec{v} = 0$.
Produit scalaire et norme	$\vec{u}\cdot\vec{u} = \lVert\vec{u}\rVert^2$

À l'oral

Diaporama OpenOffice

QUESTIONS FLASH

Les questions flash se traitent sans brouillon ni calculatrice.

1. Calculer $(2+5)^2$, $\sqrt{4^2+3^2}$, $-2\times 7+1$ et $\sqrt{(-3)^2}$.

Dans les questions **2.** *à* **6.**, *le plan est muni d'un repère orthonormé (O, I, J).*

2. On donne $A(5\,;\,1)$ et $B(7\,;\,4)$, déterminer :

a) les coordonnées du milieu M de $[AB]$;

b) les coordonnées du vecteur $\overrightarrow{AB}$;

c) la distance AB.

3. Les points D, E, F, G et H du plan sont tels que $D(-2\,;\,-1{,}5)$, $\overrightarrow{EF}(4\,;\,3)$ et $\overrightarrow{GH}(12\,;\,9)$. Que peut-on dire :

a) des droites (EF) et (GH) ?

b) du quadrilatère $ODEF$?

4. On considère les vecteurs $\vec{u}(3\,;\,1)$ et $\vec{v}(-1\,;\,2)$.

Déterminer : $\lVert\vec{u}\rVert$, $\lVert\vec{v}\rVert$, $\lVert\vec{u}+\vec{v}\rVert$ et $\lVert-3\vec{u}\rVert$.

5. Dans chaque cas, calculer $\overrightarrow{AB} \cdot \overrightarrow{AC}$:

a)

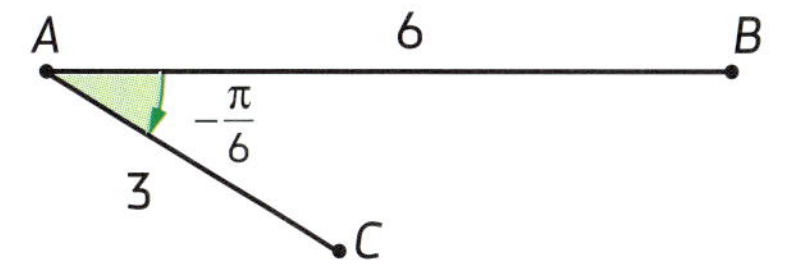

b)

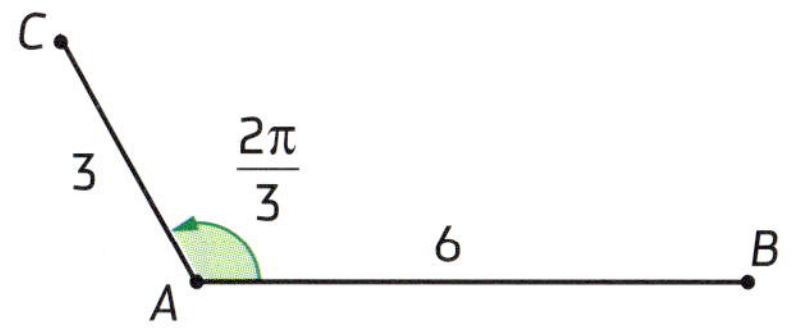

6. Soit $ABCD$ un losange tel que $AC = 4$ et $BD = 2$. On note O son centre. Calculer les produits scalaires suivants :

a) $\overrightarrow{DB} \cdot \overrightarrow{AC}$ **b)** $\overrightarrow{OD} \cdot \overrightarrow{OB}$

c) $\overrightarrow{DA} \cdot \overrightarrow{DB}$ **d)** $\overrightarrow{AC} \cdot \overrightarrow{AO}$

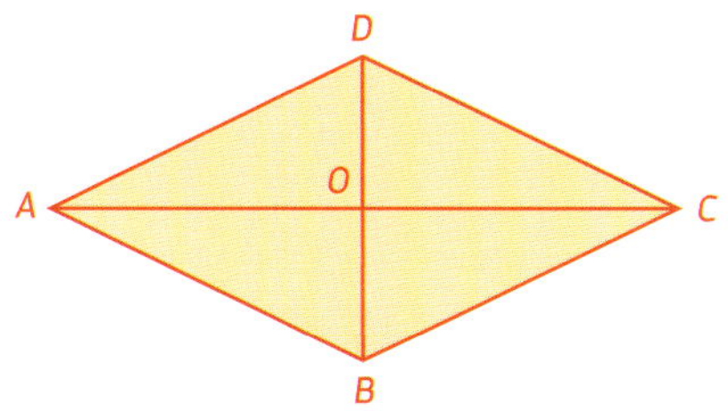

7. On considère les vecteurs $\vec{u}(2 ; 1)$ et $\vec{v}(-1 ; 3)$. Déterminer $\vec{u} \cdot \vec{v}$, $\|\vec{u}\|$, $\|\vec{v}\|$ puis $\cos(\vec{u}, \vec{v})$.

8. Existe-t-il un réel a tel que les deux vecteurs $\vec{u}(a + 3 ; 5)$ et $\vec{v}(1 ; 2)$ soient orthogonaux ?

9. Dans chacun des cas suivants, calculer $\overrightarrow{EF} \cdot \overrightarrow{EG}$.

a)

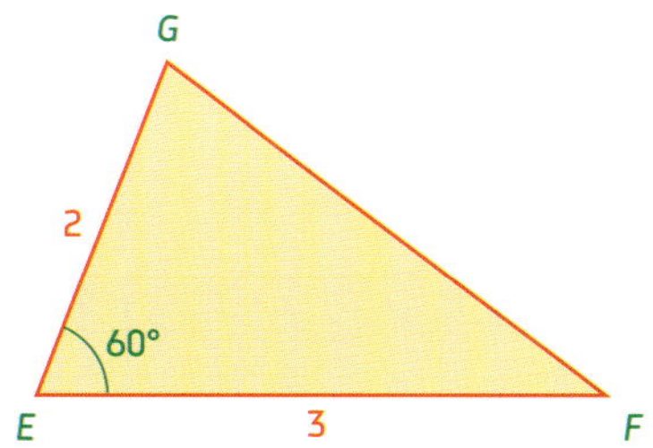

b)

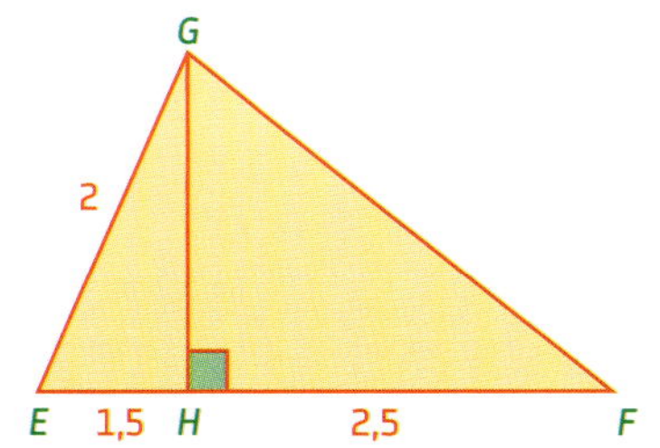

c) Les mailles du quadrillage sont des carrés de côté 1 :

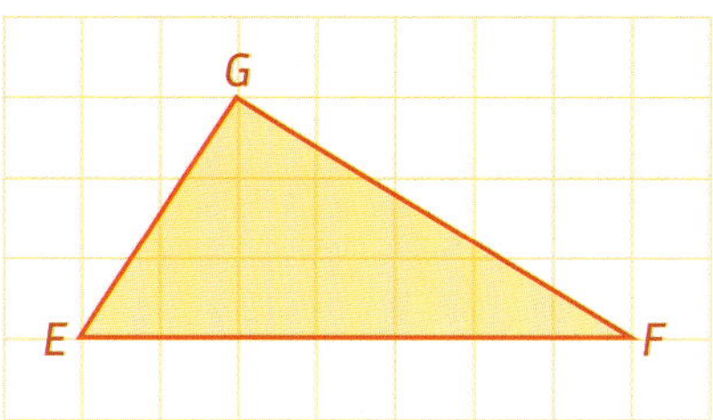

d) (O, I, J) est un repère orthonormé :

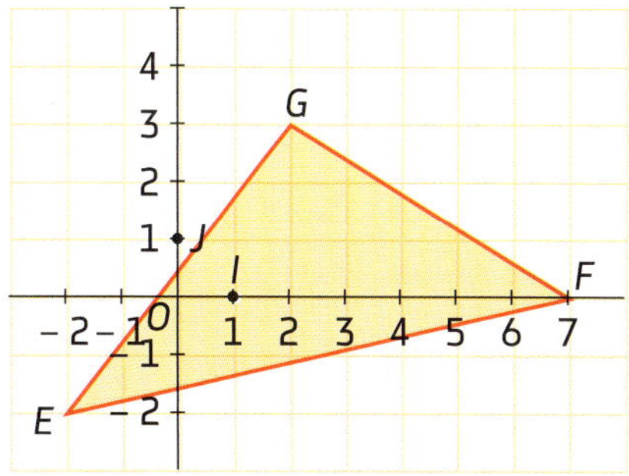

10. *Tout rectangle est un carré…*

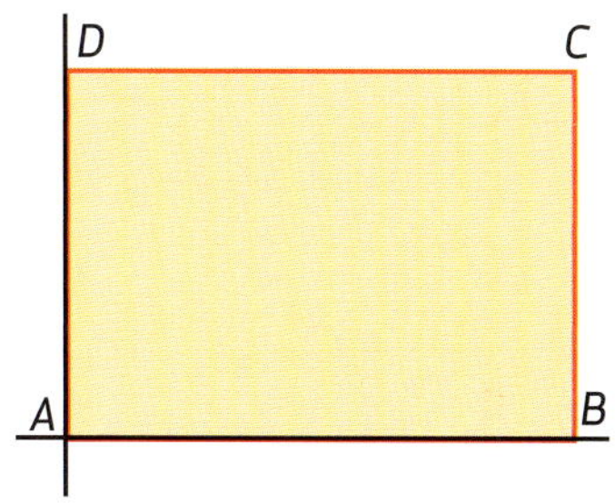

Que penser du raisonnement suivant ?

On considère un rectangle $ABCD$. Dans le repère (A, B, D), les vecteurs $\overrightarrow{AC}$ et $\overrightarrow{BD}$ ont pour coordonnées respectives $(1 ; 1)$ et $(-1 ; 1)$.

On a alors : $\overrightarrow{AC} \cdot \overrightarrow{BD} = 1 \times (-1) + 1 \times 1 = 0$ donc $\overrightarrow{AC}$ et $\overrightarrow{BD}$ sont orthogonaux.

Conclusion : le rectangle $ABCD$ a ses diagonales perpendiculaires donc c'est un carré.

REMUE-méninges

Sauf indication contraire, on pourra utiliser un brouillon ou une calculatrice.

Dans les questions **11.** *à* **14.**, *le plan est muni d'un repère orthonormé* (O, I, J).

11. Les points $E(-1 ; -2)$, $F(7 ; 12)$ et $G(-10 ; -18)$ sont-ils alignés ? Pourquoi ?

12. On considère les points $A(\sqrt{3} ; 3)$, $B(2\sqrt{3} ; 0)$, $C(0 ; 2)$ et $D(\sqrt{3} ; -1)$. Déterminer la nature du quadrilatère $ABDC$.

13. On considère les points $A(1 ; 3)$, $B(2 ; 0)$ et $C(-1 ; 1)$. Déterminer la mesure, à 1° près, de l'angle $\widehat{ABC}$.

14. Le point $M(6 ; 16)$ appartient-il à la médiatrice du segment $[AB]$ où $A(-1 ; 1)$ et $B(2 ; 0)$? Pourquoi ?

15. Élaborer une démarche qui permette de construire le triangle LMN tel que $LM = 4$ cm, $LN = 3$ cm et $\overrightarrow{LM} \cdot \overrightarrow{LN} = 6$.

16. Soit A et B deux points distincts du plan. Où se situent les points M du plan tel que $\overrightarrow{MA} \cdot \overrightarrow{MB} = 0$? Pourquoi ?

17. Soit $ABCD$ un rectangle tel que $AB = 2$ et $AD = \sqrt{2}$. On note I le milieu de $[AB]$. Claire affirme que les droites (AC) et (DI) sont perpendiculaires. Cette affirmation est-elle correcte ou non ? Justifier.

situation 1 Puissance d'une voiture électrique

Objectif : Utiliser le produit scalaire dans une situation issue du domaine technologique.

CHERCHER Extraire, organiser et traiter l'information utile.

Un véhicule électrique se déplace sur une route. On schématise le parcours comme indiqué ci-dessous. On note α la mesure principale en degrés de l'angle $(\overrightarrow{BE}, \overrightarrow{BC})$ et β la mesure principale en degrés de l'angle $(\overrightarrow{DE}, \overrightarrow{CD})$.

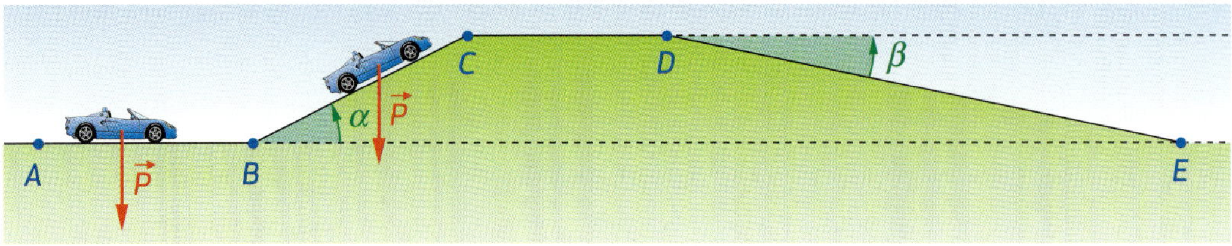

Le poids du véhicule est représenté par le vecteur $\vec{P}$, formant un angle de $-90°$ avec le vecteur $\overrightarrow{AE}$, et de norme $P = Mg$ (en newtons), où M est la masse du véhicule (en kg) et g l'accélération de la pesanteur (en m.s^{-2}).

Le véhicule se déplace à une vitesse $\vec{V}$ représentée par un vecteur colinéaire au vecteur déplacement, et de norme V.

La puissance du poids $\vec{P}$ (exprimée en watts), pour un déplacement à la vitesse $\vec{V}$ est :

$$\mathcal{P}(\vec{P}) = \vec{P} \cdot \vec{V}.$$

On prend $M = 1\,200$ kg, $g = 9{,}81$ m.s^{-2}, $\alpha = 7°$, $\beta = 5°$ et $V = 13{,}9$ m.s^{-1} (soit 50 km/h environ).

1 Pour chacun des déplacements $\overrightarrow{AB}$, $\overrightarrow{BC}$, $\overrightarrow{CD}$ et $\overrightarrow{DE}$, déterminer une expression de la puissance du poids en fonction de M, g, V et α ou β, puis en donner la valeur arrondie à l'entier.

La voiture est soumise à la résistance aérodynamique dont la puissance, pour la vitesse considérée est $\mathcal{P}_a = -1\,190$ W et à la résistance au roulement dont la puissance est $\mathcal{P}_r = -1\,635$ W.

2 **a.** Sur les parties horizontales ([AB] et [CD]), quelle puissance doit fournir le moteur pour que la voiture roule à la vitesse $\vec{V}$ (c'est-à-dire pour compenser les puissances dépensées) ?

b. Quel est le signe de la puissance de $\vec{P}$ en montée (partie [BC]) ?
Quelle puissance doit fournir le moteur pour que le véhicule roule à la vitesse $\vec{V}$ (c'est-à-dire pour compenser les puissances dépensées) ?

3 **a.** Quel est le signe de la puissance $\vec{P}$ en descente (partie [DE]) ? Pour que le véhicule roule à la vitesse $\vec{V}$, le moteur doit-il fournir de la puissance ?
Lorsque la somme des puissances (poids, résistance aérodynamique et résistance au roulement) est positive, le véhicule récupère la puissance ainsi fournie.
Sur la portion [DE], quelle est la puissance $\mathcal{P}_T$ récupérée par la voiture ?

b. On donne $DE = 1\,000$ m.
Combien de temps met le véhicule à parcourir cette portion de route ?
L'énergie (en joules ou watts-secondes) récupérée par la batterie du véhicule est $E = \mathcal{P}_T \times t$, où t est le temps de parcours en secondes.
Calculer l'énergie récupérée par le véhicule en W.s, puis en W.h (watts-heures).

c. MODÉLISER Traduire en langage mathématique une situation réelle. Les batteries d'une Autolib chargées contiennent 30 kW.h d'énergie. Quel pourcentage de la quantité d'énergie a-t-on récupéré dans la batterie sur le parcours [DE] ?

4 MODÉLISER Traduire en langage mathématique une situation réelle.
Sur une autre portion de route, la voiture roule à la vitesse $\vec{V}$ sans dépenser ni récupérer d'énergie. Déterminer la mesure principale arrondie au degré de l'angle orienté γ que fait la route avec l'horizontale.

situation 2 À la recherche du point E

Objectif : Utiliser les différentes formes du produit scalaire pour résoudre un problème de géométrie.

Fichier GeoGebra

Soit $ABCD$ un rectangle tel que $AB = 3$ et $AD = 4$.
On appelle E un point du segment $[BC]$.

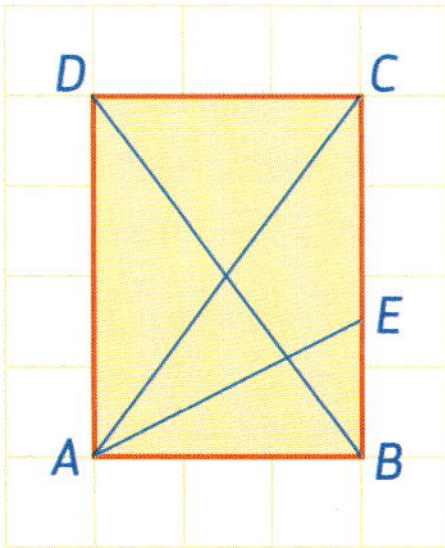

1 L'objectif de cette question est de déterminer s'il existe une position du point E telle que les droites (AE) et (DB) soient perpendiculaires.

a. MODÉLISER **Utiliser, comprendre, élaborer une simulation numérique ou géométrique.**
Utiliser un logiciel de géométrie dynamique pour émettre une conjecture sur l'existence et la position du point E du segment $[BC]$ telles que (AE) et (DB) soient perpendiculaires.

b. REPRÉSENTER **Changer de registre.** On se propose de calculer le produit scalaire $\overrightarrow{AE} \cdot \overrightarrow{DB}$ par deux méthodes différentes. On note $b = BE$.

1re méthode : par projection
En décomposant le vecteur $\overrightarrow{AE}$ à l'aide du point B, exprimer $\overrightarrow{AE} \cdot \overrightarrow{DB}$ en fonction de b.

2e méthode : avec des coordonnées
En utilisant un repère adapté, exprimer $\overrightarrow{AE} \cdot \overrightarrow{DB}$ en fonction de b.

c. RAISONNER **Utiliser les notions de la logique élémentaire pour bâtir un raisonnement.** Déduire de la question précédente que (AE) et (DB) sont perpendiculaires si et seulement si $9 - 4b = 0$.
Répondre alors au problème posé.

d. COMMUNIQUER **Critiquer une démarche ou un résultat. S'exprimer avec clarté et précision à l'oral et à l'écrit.** Des deux méthodes employées pour calculer le produit scalaire (décomposition et projection ou coordonnées), laquelle préférez-vous ? Pourquoi ?

2 CHERCHER **Analyser un problème. Extraire, organiser et traiter l'information utile.**
On souhaite déterminer une mesure approchée au dixième de degré de l'angle $\widehat{CAE}$ pour la position du point E sur le segment $[BC]$ déterminée à la question précédente.

a. Élaborer une stratégie qui permette de répondre à ce problème.

b. Mettre en œuvre la stratégie et répondre au problème posé.

Exercices

Prérequis

1 Le plan est muni d'un repère orthonormé (O, I, J). On considère les points :

$$A(2\,;-1),\ B(8\,;-5),\ C\left(\frac{1}{2}\,;0\right),\ D(0\,;3) \text{ et } E(5\,;7).$$

a) Calculer les coordonnées des vecteurs $\overrightarrow{AB}$, $\overrightarrow{AC}$ et $\overrightarrow{DE}$.
b) Calculer les coordonnées du milieu I de $[AB]$.
c) Calculer AB.
d) Les points A, B et C sont-ils alignés ?
e) Les droites (AB) et (DE) sont-elles parallèles ?

2 Même exercice que le précédent avec

$A(-6\,;3)$, $B\left(\frac{3}{2}\,;-2\right)$, $C\left(-\frac{1}{2}\,;-2\right)$, $D(3\,;-1)$ et $E\left(2\,;-\frac{1}{3}\right)$.

Définition du produit scalaire

Savoir-Faire 1 → P.215

3 Soit $ABCD$ un carré de côté 4.
a) Déterminer $\overrightarrow{BA}\cdot\overrightarrow{BC}$ et $\overrightarrow{AB}\cdot\overrightarrow{CD}$.
b) Calculer AC puis déterminer $\overrightarrow{AB}\cdot\overrightarrow{AC}$.

4 Soit $ABCDEF$ un hexagone régulier de centre O et de côté 3 (on rappelle que dans un hexagone régulier, chaque triangle formé par le centre et deux sommets consécutifs est équilatéral).

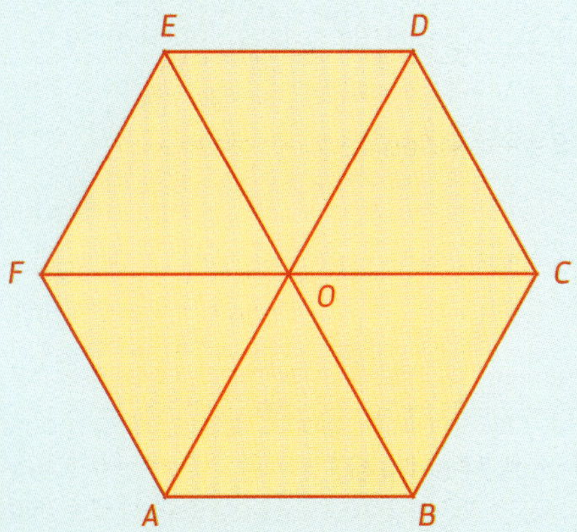

Déterminer les produits scalaires suivants :

a) $\overrightarrow{AB}\cdot\overrightarrow{AO}$ **b)** $\overrightarrow{OB}\cdot\overrightarrow{OD}$ **c)** $\overrightarrow{AB}\cdot\overrightarrow{BC}$ **d)** $\overrightarrow{CF}\cdot\overrightarrow{CD}$
e) $\overrightarrow{FA}\cdot\overrightarrow{OE}$ **f)** $\overrightarrow{OB}\cdot\overrightarrow{FE}$ **g)** $\overrightarrow{EB}\cdot\overrightarrow{DA}$ **h)** $\overrightarrow{FE}\cdot\overrightarrow{BC}$

5 Soit deux vecteurs $\vec{u}$ et $\vec{v}$, calculer le produit scalaire $\vec{u}\cdot\vec{v}$ dans chacun des cas suivants :

a) $\|\vec{u}\|=2$, $\|\vec{v}\|=3$ et $(\vec{u},\vec{v})=\frac{\pi}{4}$

b) $\|\vec{u}\|=1$, $\|\vec{v}\|=3$ et $(\vec{u},\vec{v})=-\frac{\pi}{3}$

6 Même exercice que le précédent avec :

a) $\|\vec{u}\|=\frac{1}{4}$, $\|\vec{v}\|=\sqrt{3}$ et $(\vec{u},\vec{v})=\frac{2\pi}{3}$

b) $\|\vec{u}\|=4$, $\|\vec{v}\|=\frac{2}{3}$ et $(\vec{u},\vec{v})=-\frac{\pi}{6}$

7 Cet exercice est un questionnaire à choix multiples. Pour chaque question, indiquer l'unique réponse exacte.
Soit $ABCD$ un carré de côté 4 et BCE un triangle équilatéral.

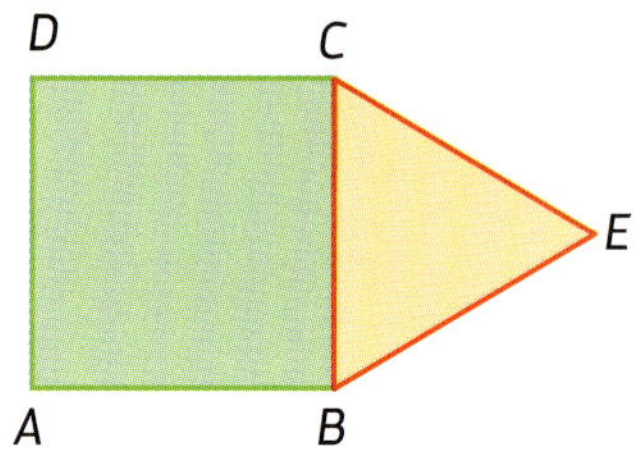

1. $\overrightarrow{AB}\cdot\overrightarrow{BE}=$
a. 16 **b.** $8\sqrt{3}$ **c.** $-8\sqrt{3}$

2. $\overrightarrow{AB}\cdot\overrightarrow{AC}=$
a. 16 **b.** $16\sqrt{2}$ **c.** $8\sqrt{2}$

3. $\overrightarrow{EB}\cdot\overrightarrow{EC}=$
a. 16 **b.** -8 **c.** 8

8 Soit A, B et C trois points du plan. Calculer $\cos(\overrightarrow{AB}\,;\,\overrightarrow{AC})$ et déterminer la mesure principale en radians de l'angle géométrique $\widehat{BAC}$ dans chacun des cas suivants :

a) $\|\overrightarrow{AB}\|=\sqrt{2}$, $\|\overrightarrow{AC}\|=2\sqrt{2}$ et $\overrightarrow{AB}\cdot\overrightarrow{AC}=-2\sqrt{3}$.

b) $\|\overrightarrow{AB}\|=4$, $\|\overrightarrow{AC}\|=8$ et $\overrightarrow{AB}\cdot\overrightarrow{AC}=32$.

9 Même exercice que le précédent avec :
a) $\|\overrightarrow{AB}\|=5$, $\|\overrightarrow{AC}\|=6$ et $\overrightarrow{AB}\cdot\overrightarrow{AC}=15$.
b) $\|\overrightarrow{AB}\|=3$, $\|\overrightarrow{AC}\|=\sqrt{2}$ et $\overrightarrow{AB}\cdot\overrightarrow{AC}=-3$.

Produit scalaire et projections

Savoir-Faire 2 → P.217

10 L'unité de longueur étant le carreau, calculer le produit scalaire $\overrightarrow{OA}\cdot\overrightarrow{OB}$ dans chacun des cas suivants :

a)

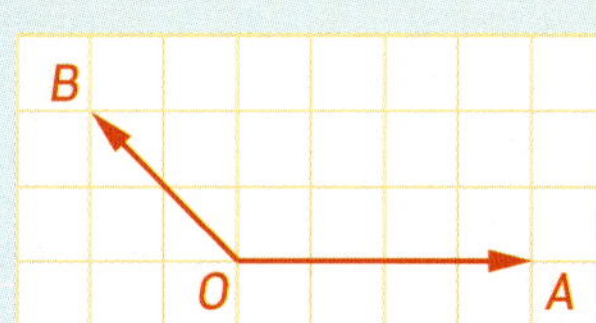

b)

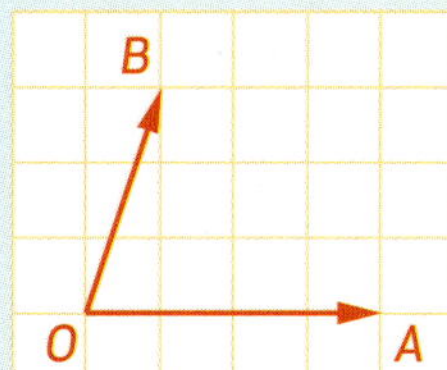

c)

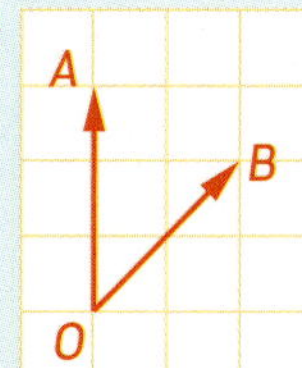

d)

11 Même exercice que le précédent avec :

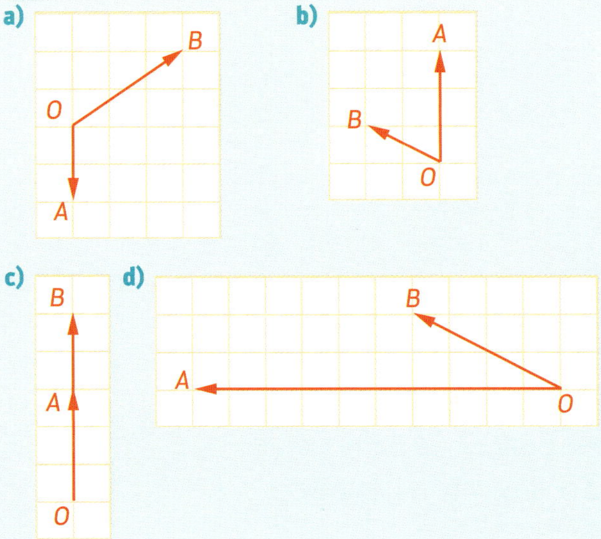

12 Soit ABC un triangle isocèle en C avec $AC = CB = 6$ et $AB = 4$. Calculer $\overrightarrow{AB} \cdot \overrightarrow{AC}$.

13 Soit $ABCD$ un rectangle tel que $AB = 5$ et $AD = 4$. Calculer :

a) $\overrightarrow{AB} \cdot \overrightarrow{AC}$ **b)** $\overrightarrow{AB} \cdot \overrightarrow{AD}$ **c)** $\overrightarrow{AB} \cdot \overrightarrow{BD}$ **d)** $\overrightarrow{CB} \cdot \overrightarrow{BD}$

14 Cet exercice est un questionnaire à choix multiples. Pour chacune des questions, donner l'unique réponse exacte. On considère un carré $ABCD$ de côté 4 et de centre I.

1. $\overrightarrow{AC} \cdot \overrightarrow{BD} =$

a. -16 **b.** 0 **c.** 16

2. $\overrightarrow{AB} \cdot \overrightarrow{BD} =$

a. -16 **b.** 0 **c.** 16

3. $\overrightarrow{AB} \cdot \overrightarrow{IC} =$

a. 8 **b.** 0 **c.** $8\sqrt{2}$

Produit scalaire et coordonnées

*Pour les exercices **15** à **24**, **28** et **29**, le plan est muni d'un repère orthonormé (O, I, J).*

15 Soit $\vec{u}$ et $\vec{v}$ deux vecteurs. Calculer le produit scalaire $\vec{u} \cdot \vec{v}$ dans chacun des cas suivants :

a) $\vec{u}$ et $\vec{v}$ ont pour coordonnées respectives :

$$(2\,;-1) \text{ et } (3\,;6).$$

b) $\vec{u}$ et $\vec{v}$ ont pour coordonnées respectives :

$$(4\,;-1) \text{ et } (3\,;-5).$$

16 Même exercice que le précédent avec :

a) $\vec{u}$ et $\vec{v}$ qui ont pour coordonnées respectives :

$$\left(-1\,;\frac{1}{2}\right) \text{ et } (3\,;2).$$

b) $\vec{u}$ et $\vec{v}$ qui ont pour coordonnées respectives :

$$(-1\,;0) \text{ et } (-3\,;1).$$

17 Même exercice que le précédent avec :

a) $\vec{u}$ et $\vec{v}$ qui ont pour coordonnées respectives :

$$(-3\,;3) \text{ et } \left(-\frac{2}{3}\,;5\right).$$

b) $\vec{u}$ et $\vec{v}$ qui ont pour coordonnées respectives :

$$(2\,;-6) \text{ et } \left(-\frac{1}{4}\,;\frac{1}{2}\right).$$

18 On considère trois points A, B et C de coordonnées respectives $(-1\,;1)$, $(3\,;0)$ et $(4\,;-1)$.

a) Déterminer les coordonnées des vecteurs $\overrightarrow{AB}$ et $\overrightarrow{AC}$, puis le produit scalaire $\overrightarrow{AB} \cdot \overrightarrow{AC}$.

b) Déterminer $\overrightarrow{BA} \cdot \overrightarrow{BC}$.

c) Déterminer $\overrightarrow{CA} \cdot \overrightarrow{CB}$.

19 Même exercice que le précédent avec :

$$A\left(\frac{2}{3}\,;-3\right),\ B(0\,;4) \text{ et } C(-4\,;-3).$$

20 Même exercice que le précédent avec :

$$A(1\,;3),\ B(2\,;1) \text{ et } C(4\,;2).$$

21 Algo On donne l'algorithme ci-dessous :

Variables :	x, y, z, t, P nombres réels
Entrées :	Afficher « Entrer les coordonnées du premier vecteur »
	Entrer ……., ……..
	Afficher « Entrer les coordonnées du second vecteur »
	Entrer …….., ……
Traitement :	P prend la valeur $xz + yt$
Sortie :	Afficher P

1. a) Compléter cet algorithme afin qu'il affiche le produit scalaire de deux vecteurs dont on entre les coordonnées.

b) Implémenter cet algorithme sur la calculatrice et le tester avec les données de l'exercice **16**.

2. a) Modifier cet algorithme afin que, l'utilisateur entrant les coordonnées de trois points A, B et C, il donne le produit scalaire $\overrightarrow{AB} \cdot \overrightarrow{AC}$.

b) Implémenter cet algorithme sur la calculatrice et le tester avec les données de l'exercice **20**.

22 Calculer les produits scalaires suivants en choisissant la méthode la plus adaptée :

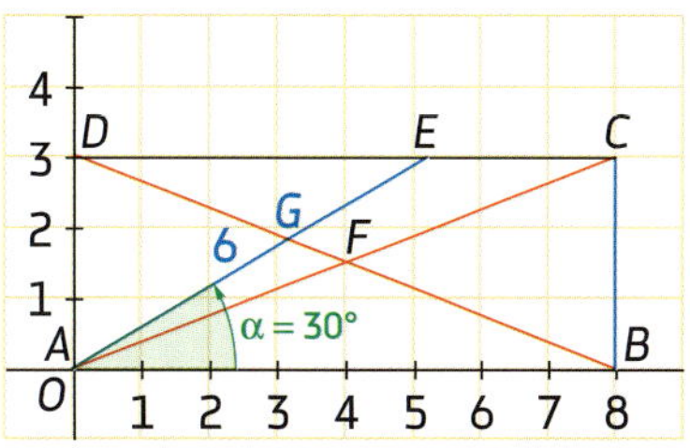

a) $\overrightarrow{AD} \cdot \overrightarrow{AE}$ **b)** $\overrightarrow{AC} \cdot \overrightarrow{BD}$ **c)** $\overrightarrow{AB} \cdot \overrightarrow{AE}$

d) $\overrightarrow{CE} \cdot \overrightarrow{CB}$ **e)** $\overrightarrow{BE} \cdot \overrightarrow{BC}$ **f)** $\overrightarrow{FC} \cdot \overrightarrow{FB}$

Exercices

Savoir-Faire 3 → P. 219

23 On considère les points A, B et C de coordonnées respectives $(3;1)$, $(-1;5)$ et $(-2;3)$.

a) En utilisant deux formes différentes du produit scalaire $\overrightarrow{AB}\cdot\overrightarrow{AC}$, déterminer une valeur approchée à 0,01 radian près de $\widehat{BAC}$.

b) En utilisant deux formes différentes du produit scalaire $\overrightarrow{BA}\cdot\overrightarrow{BC}$, déterminer une valeur approchée à 0,01 radian près de $\widehat{ABC}$.

24 Même exercice que le précédent avec :

$$A(0;-1),\ B(2;5)\ \text{et}\ C(-4;4).$$

25 Soit ABC un triangle tel que :

$$AB=7,\ AC=12\ \text{et}\ \widehat{BAC}=45°$$

et soit H le projeté orthogonal de C sur $[AB]$. En utilisant deux formes différentes du produit scalaire $\overrightarrow{AB}\cdot\overrightarrow{AC}$, calculer AH.

26 Soit ABC un triangle tel que :

$$AB=4,\ AC=9\ \text{et}\ \widehat{BAC}=120°$$

et soit H le projeté orthogonal de C sur $[AB]$. En utilisant deux formes différentes du produit scalaire $\overrightarrow{AB}\cdot\overrightarrow{AC}$, calculer AH.

27 Soit ABC un triangle isocèle en A tel que $AB=10$ et $BC=12$.

a) En utilisant deux formes différentes du produit scalaire, déterminer une valeur approchée à 1° près de $\widehat{ABC}$.

b) En déduire des valeurs approchées de $\widehat{BAC}$ et $\widehat{ACB}$.

28 On considère trois points A, B et C de coordonnées respectives $(5;-4)$, $(-3;8)$ et $(11;0)$. En utilisant deux formes différentes d'un produit scalaire bien choisi, déterminer une valeur approchée à 0,01 radian près de :

a) $\widehat{BAC}$ **b)** $\widehat{ACB}$

29 On considère les points A, B et C de coordonnées respectives $(-2;4)$, $(7;5)$ et $(0;-14)$.

a) Montrer que le triangle ABC est rectangle en A.

b) Déterminer une valeur arrondie à 0,01 degré de l'angle $\widehat{ABC}$.

c) Soit H le pied de la hauteur de ABC issue de A. Calculer CH.

Propriétés du produit scalaire

30 L'unité de longueur étant le carreau, calculer le produit scalaire $\overrightarrow{OA}\cdot\overrightarrow{OB}$ dans chacun des cas suivants :

a)

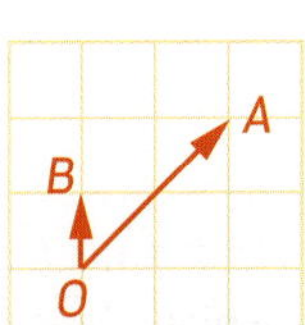

b)

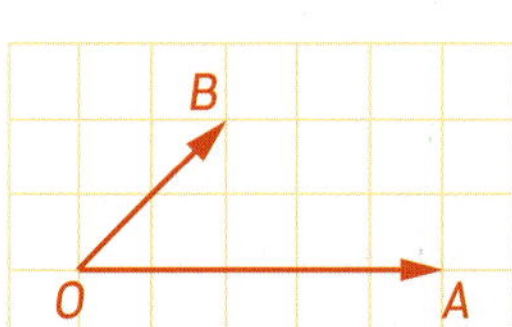

c)

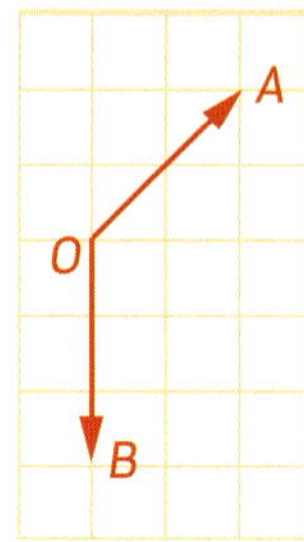

31 Soit ABC un triangle isocèle en C avec $AC=CB=8$ et $AB=3$.

a) Calculer $\overrightarrow{AB}\cdot\overrightarrow{AC}$.

b) On note H le projeté orthogonal de B sur (AC). Expliquer pourquoi $\overrightarrow{AB}\cdot\overrightarrow{AC}=\overrightarrow{AH}\cdot\overrightarrow{AC}$.

c) En déduire la valeur de AH.

32 Soit ABC un triangle rectangle en A tel que $AB=8$ et $AC=6$.

a) Calculer $\overrightarrow{CA}\cdot\overrightarrow{CB}$.

b) On note H le projeté orthogonal de A sur (BC). Expliquer pourquoi $\overrightarrow{CA}\cdot\overrightarrow{CB}=\overrightarrow{CH}\cdot\overrightarrow{CB}$.

c) En déduire la valeur de CH.

33 Le théorème des milieux indique que dans un triangle ABC, si on nomme I et J les milieux respectifs de $[AB]$ et $[BC]$ on a : $\overrightarrow{IJ}=\dfrac{1}{2}\overrightarrow{AC}$.

Soit ABC un triangle tel que $AB=6$, $AC=5$ et $\widehat{BAC}=30°$. On appelle I et J les milieux respectifs de $[AB]$ et $[BC]$.

Calculer $\overrightarrow{AB}\cdot\overrightarrow{IJ}$.

34 Soient $\vec{u}$, $\vec{v}$, $\vec{w}$ trois vecteurs.

Pour chaque affirmation, dire si elle est vraie ou fausse. Justifier.

a) Si $\vec{v}=-6\vec{u}$, alors $\vec{u}\cdot\vec{v}=-6\,\|\vec{u}\|^2$.

b) Si $\vec{u}\cdot\vec{v}=\vec{u}\cdot\vec{w}$, alors $\vec{v}=\vec{w}$.

c) Si $\vec{u}\cdot\vec{v}=0$, alors $\vec{u}=\vec{0}$ ou $\vec{v}=\vec{0}$.

Savoir-Faire 4 → P. 221

35 Soit $ABCD$ un rectangle, avec $AB=8$ et $BC=6$. On note I le milieu de $[BC]$.

En utilisant la relation de Chasles, calculer $\overrightarrow{AI}\cdot\overrightarrow{BD}$.

36 Soit ABC un triangle tel que $AB=8$, $AC=3$ et $\widehat{BAC}=40°$. En décomposant le vecteur $\overrightarrow{BC}$ à l'aide de la relation de Chasles, calculer $\overrightarrow{AB}\cdot\overrightarrow{BC}$.

37 L'unité de longueur est le carreau. On considère les points A, B, C, D, E, F, G, H et I représentés ci-dessous.

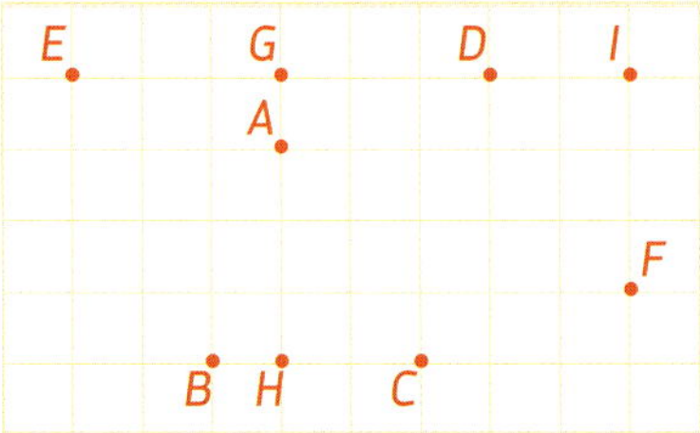

En décomposant les vecteurs à l'aide de la relation de Chasles, déterminer :

a) $\overrightarrow{AE} \cdot \overrightarrow{AD}$ **b)** $\overrightarrow{AC} \cdot \overrightarrow{AI}$ **c)** $\overrightarrow{DF} \cdot \overrightarrow{AB}$ **d)** $\overrightarrow{DF} \cdot \overrightarrow{AE}$

38 Soit A, B, C et D quatre points du plan. On appelle I et J les projetés orthogonaux respectifs de C et D sur la droite (AB).

Montrer que $\overrightarrow{AB} \cdot \overrightarrow{CD} = \overrightarrow{AB} \cdot \overrightarrow{IJ}$.

*Pour les exercices **39** à **47**, le plan est muni d'un repère orthonormé (O, I, J).*

39 Dans chacun des cas suivants, les vecteurs $\vec{u}$ et $\vec{v}$ sont-ils orthogonaux ?

a) $\vec{u}$ a pour coordonnées $(-1\,;3)$ et $\vec{v}\,(3\,;-1)$.

b) $\vec{u}$ a pour coordonnées $(2\,;4)$ et $\vec{v}\,(-6\,;3)$.

40 En utilisant le produit scalaire, dire dans chacun des cas suivants si le triangle ABC est rectangle ou non.

a) $A(2\,;-4)$, $B(7\,;-7)$ et $C(13\,;3)$.

b) $A(-4\,;2)$, $B(-3\,;-1)$ et $C(-5\,;-4)$.

41 Même exercice que le précédent avec :

a) $A(-3\,;-5)$, $B(0\,;-7)$ et $C(1\,;0)$.

b) $A(0\,;5)$, $B(-2\,;13)$ et $C(4\,;6)$.

42 Dans chacun des cas suivants, dire si les droites (AB) et (CD) sont perpendiculaires ou non.

a) $A(1\,;4)$, $B(0\,;1)$, $C(4\,;3)$ et $D(7\,;2)$.

b) $A(-4\,;3)$, $B(1\,;-1)$, $C(-3\,;-1)$ et $D(2\,;3)$.

43 Même exercice que le précédent avec :

a) $A(2\,;-3)$, $B(-1\,;-1)$, $C(5\,;-3)$ et $D(2\,;1)$.

b) $A(-1\,;-2)$, $B(-2\,;-4)$, $C(7\,;-1)$ et $D(3\,;1)$.

44 Déterminer a pour que les vecteurs $\vec{u}$ et $\vec{v}$ soient orthogonaux dans chacun des cas suivants :

a) $\vec{u}$ a pour coordonnées $(-5\,;4)$ et $\vec{v}\,(1\,;a)$.

b) $\vec{u}$ a pour coordonnées $(a\,;-3+a)$ et $\vec{v}\,(2\,;a)$.

c) $\vec{u}$ a pour coordonnées $(a\,;a+3)$ et $\vec{v}\,(a+3\,;-1)$.

45 Fichier GeoGebra Soit A et B les points de coordonnées respectives $(1\,;3)$ et $(5\,;-2)$.

On cherche s'il existe un ou plusieurs points C d'abscisse 6 tels que le triangle ABC soit rectangle en C.

a) À l'aide d'un logiciel de géométrie dynamique, conjecturer l'existence et le nombre de points C répondant à la question.

b) Démontrer la conjecture par le calcul.

46 Fichier GeoGebra Même exercice que le précédent avec : $A(2\,;-1)$ et $B(-1\,;1)$.

47 Algo

1. Écrire un algorithme permettant à l'utilisateur qui entre les coordonnées de deux vecteurs de savoir si ces vecteurs sont orthogonaux ou non.

2. Implémenter cet algorithme sur la calculatrice et le tester avec les vecteurs de l'exercice **39**.

Savoir-faire 5 → P. 221

48 Soit $ABCD$ un carré de côté 3. Les points E et F sont définis par $\overrightarrow{BE} = 2\,\overrightarrow{BD}$ et $\overrightarrow{BF} = 3\,\overrightarrow{BC} + \overrightarrow{CD}$.

Montrer que les droites (BD) et (EF) sont perpendiculaires (on pourra utiliser un repère orthonormé bien choisi).

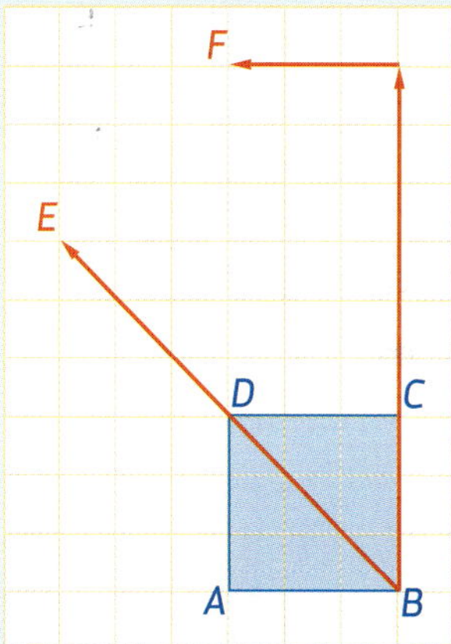

49 Sur la figure ci-dessous, $ABCD$ est un carré de centre O. Le point I est le milieu de $[BC]$ et le point L le milieu de $[OI]$.

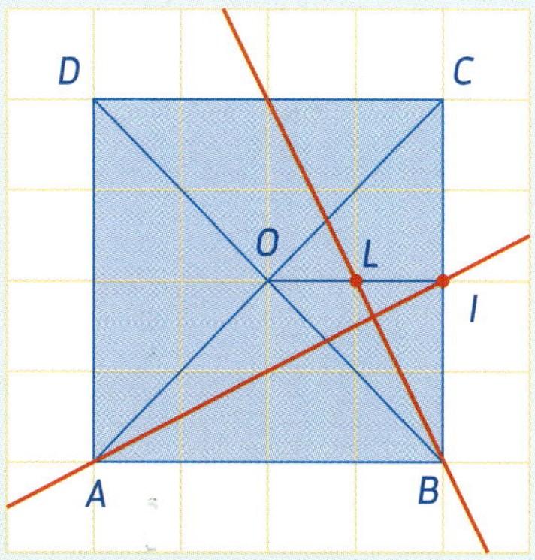

Montrer que les droites (BL) et (AI) sont perpendiculaires (on pourra utiliser un repère orthonormé bien choisi).

50 $ABCD$ est un carré et K est le milieu du segment $[BC]$. Les points I et J sont tels que :

$$\overrightarrow{AI} = \frac{1}{3}\overrightarrow{AD} \text{ et } \overrightarrow{DJ} = \frac{1}{3}\overrightarrow{DC}.$$

Montrer que les droites (IJ) et (DK) sont perpendiculaires (on pourra utiliser la relation de Chasles ou un repère orthonormé bien choisi).

51 Fichier GeoGebra

Soit $ABCD$ un trapèze rectangle en A tel que $AD = 2$ et $AB = 5$. L'objectif est de déterminer s'il existe une ou plusieurs positions de C tel que (AC) soit perpendiculaire à (BC).

1. À l'aide d'un logiciel de géométrie dynamique, conjecturer l'existence et le nombre de points C répondant à la question.

2. On se place dans le repère orthonormé (A, I, J) tel que $\overrightarrow{AI} = \frac{1}{5}\overrightarrow{AB}$ et J est le milieu de $[AD]$.

On note x l'abscisse de C.

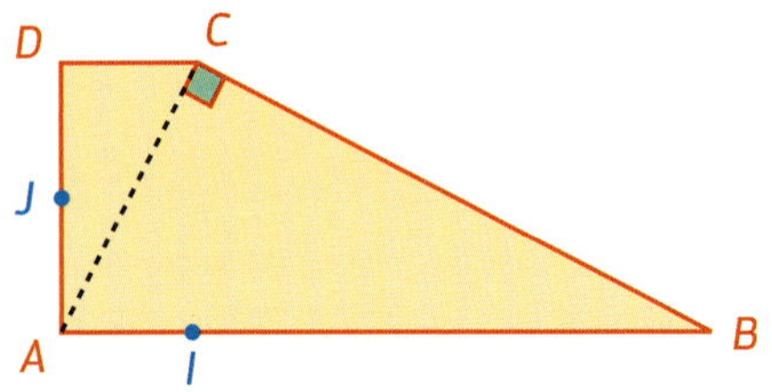

a) Calculer en fonction de x le produit scalaire $\overrightarrow{AC} \cdot \overrightarrow{CB}$.
b) En déduire la ou les valeurs de x telles que (AC) soit perpendiculaire à (BC).

52 Le plan est muni d'un repère orthonormé (O, I, J) d'unité graphique 1 cm.

On considère les points A, B, C et D de coordonnées respectives $(0 ; 4)$, $(9 ; -2)$, $(5 ; 5)$ et $(3 ; 2)$. On appelle Γ le cercle de centre C passant par D.

a) Faire une figure.
b) Prouver que les vecteurs $\overrightarrow{AD}$ et $\overrightarrow{AB}$ sont colinéaires. Que peut-on en déduire concernant le point D ?
c) Montrer que la droite (AB) est tangente au cercle Γ en un point que l'on précisera.

53 Le plan est muni d'un repère orthonormé (O, I, J). Les points A et B ont pour coordonnées respectives $(27 ; 36)$ et $(675 ; -450)$. Montrer que la droite (AB) est tangente au cercle de centre O passant par A.

54 Fichier GeoGebra

a) Sur un logiciel de géométrie dynamique, créer deux points A et B, puis le cercle $\mathscr{C}$ de diamètre $[AB]$; créer enfin un point M libre sur $\mathscr{C}$.
b) Créer les vecteurs $\vec{u} = \overrightarrow{MA}$ et $\vec{v} = \overrightarrow{MB}$, puis afficher le produit scalaire de ces deux vecteurs. Déplacer le point M. Que constate-t-on ? Expliquer cette observation.

55 Fichier GeoGebra

Dans le plan muni d'un repère orthonormé, on considère le carré $ABCD$ dont les sommets A, B, C et D ont pour coordonnées respectives $(0 ; 0)$, $(3 ; 0)$, $(3 ; 3)$ et $(0 ; 3)$. Soit M un point quelconque du segment $[AC]$. On note H et K les projetés orthogonaux de M respectivement sur les droites (AB) et (BC).

1. a) En utilisant un logiciel de géométrie dynamique, faire une figure dans laquelle le point M sera un point mobile sur $[AC]$. Que peut-on conjecturer concernant les droites (DM) et (HK) ?
b) Déplacer le point M. La conjecture de la question précédente est-elle toujours valable ?

2. On appelle $(x ; y)$ les coordonnées du point M.
a) Le point M appartient à (AC). Quelle relation peut-on en déduire entre x et y ?
b) Écrire, en fonction de x, les coordonnées des points H et K.
c) Démontrer alors la conjecture émise à la question **1.**

Vrai-Faux

56 Pour chacune des affirmations suivantes, dire si elle est vraie ou fausse. Justifier.

1. Si $\vec{u}$ et $\vec{v}$ sont colinéaires, alors $\vec{u} \cdot \vec{v} = \|\vec{u}\| \times \|\vec{v}\|$.

2. ABC est un triangle tel que :

$AB = 5$, $BC = 2$ et $\widehat{ABC} = \dfrac{2\pi}{3}$, alors $\overrightarrow{BA} \cdot \overrightarrow{BC} = 5$.

3. Si $ABCD$ est un carré de centre O tel que $AB = 1$ alors $\overrightarrow{OB} \cdot \overrightarrow{OD} = -\dfrac{1}{2}$.

57 Dans chaque question, indiquer, pour chacune des affirmations, si elle est vraie ou fausse. Justifier.

1. Si $ABCD$ est un losange de centre O tel que $OA = 4$ et $OD = 3$, alors :

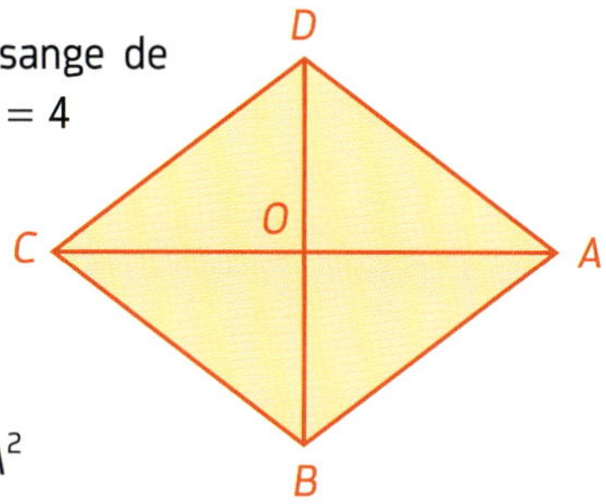

a) $\overrightarrow{DO} \cdot \overrightarrow{DA} = DO^2$

b) $\overrightarrow{BD} \cdot \overrightarrow{CB} = -30$

c) $\overrightarrow{AB} \cdot \overrightarrow{DC} = 25$

d) $\overrightarrow{BC} \cdot \overrightarrow{BA} = OB^2 - OA^2$

2. Sur la figure ci-après,

ABC est un triangle rectangle en A avec :

$AB = 8$ et $BC = 10$.

Le point H est le projeté orthogonal de A sur $[BC]$.

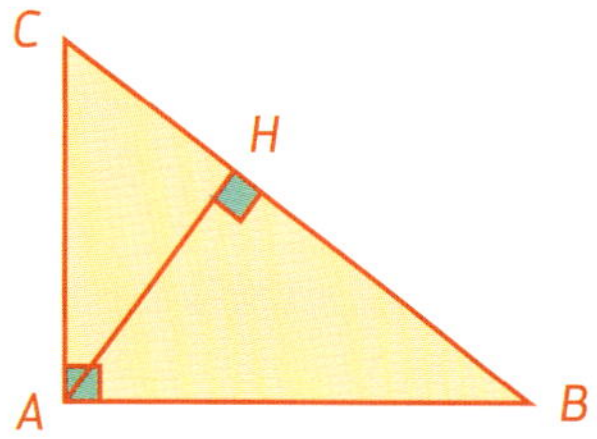

a) $\overrightarrow{BA} \cdot \overrightarrow{BC} = BA^2$ **b)** $\overrightarrow{AB} \cdot \overrightarrow{AC} = AB^2$

c) $BH = 6{,}4$ **d)** $AC \cdot AH = AB \cdot AH$

3. Sur la figure ci-dessous sont représentés quatre vecteurs $\vec{u}$, $\vec{v}$, $\vec{w}$ et $\vec{z}$, l'unité de longueur étant le carreau.

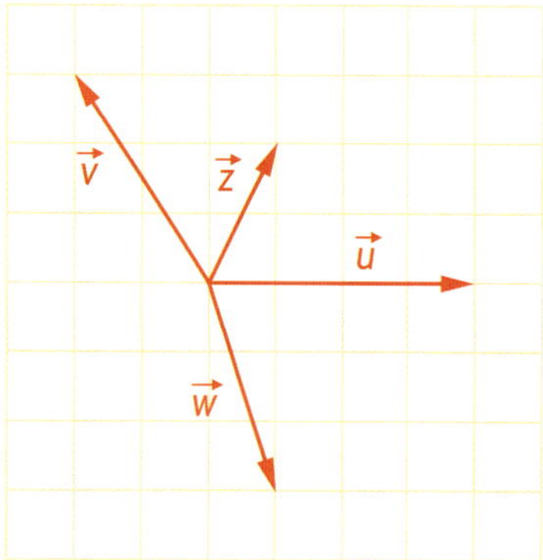

a) $\vec{u} \cdot \vec{v} = 8$ **b)** $\vec{w} \cdot \vec{v} > 0$

c) $\cos(\vec{u}, \vec{w}) = \dfrac{1}{\sqrt{10}}$ **d)** $\vec{u} \cdot (\vec{w} + \vec{z}) < 0$.

QCM

58 Pour chaque question, indiquer la seule proposition exacte.

	A	B	C
1. Soit A, B et C trois points du plan tels que $AB = 5$, $AC = 4$ et $\widehat{BAC} = \dfrac{\pi}{3}$.	$\overrightarrow{BA} \cdot \overrightarrow{AC} = 10$	$\overrightarrow{AC} \cdot \overrightarrow{AB} = -10$	$\overrightarrow{AB} \cdot \overrightarrow{AC} = 10$
2. Dans un plan muni d'un repère orthonormé, on considère les points $A(-3\,;-7)$, $B(9\,;2)$, $C(16\,;-24)$ et $D(1\,;-4)$.	$\cos\widehat{ADB} = 1$	Le triangle ABC est rectangle	Les droites (CD) et (AB) sont perpendiculaires
3. Soit A, B et C trois points du plan tels que $\overrightarrow{AB} \cdot \overrightarrow{AC} = -8$, $AB = 4$ et $AC = 2\sqrt{2}$.	$\widehat{BAC} = 60°$	$\widehat{BAC} = 135°$	$\widehat{BAC} = 45°$
4. Soit A, B, C trois points du plan et H le projeté orthogonal de C sur (AB).	$\overrightarrow{AH} \cdot \overrightarrow{AC} = 0$	$\overrightarrow{AB} \cdot \overrightarrow{AC} = \overrightarrow{AC} \cdot \overrightarrow{AH}$	$\overrightarrow{AB} \cdot \overrightarrow{BC} = \overrightarrow{AB} \cdot \overrightarrow{BH}$
5. Soit A, B, C trois points du plan et H le projeté orthogonal de C sur (AB). On suppose que $\overrightarrow{AB} \cdot \overrightarrow{AC} = -12$ et $AB = 4$.	$BH = 7$	H est un point de $[AB]$	$AH = -3$

Problèmes

59 Fichier GeoGebra

Le plan est muni d'un repère orthonormé (O, I, J).
Les points A et B ont pour coordonnées respectives

$$(1\,;3) \text{ et } (4\,;2).$$

On cherche s'il existe un ou plusieurs points M de la droite d d'équation $y = x$ tel(s) que le triangle AMB soit rectangle en M.

1. a) Sur un logiciel de géométrie dynamique, créer les points A et B, la droite d et un point M libre sur cette droite.

b) Traduire le fait que AMB soit rectangle en M en utilisant un produit scalaire.

c) Afficher ce produit scalaire après avoir créé les vecteurs utiles.

d) Émettre alors une conjecture sur l'existence et le nombre de points M répondant à la question.

2. a) COMMUNIQUER Indiquer une stratégie qui permette de confirmer ou d'infirmer la conjecture.

b) CALCULER, RAISONNER Mettre en œuvre cette stratégie et répondre au problème posé.

60 Fichier GeoGebra

a) Sur un logiciel de géométrie dynamique, créer deux points A et B, puis la perpendiculaire d à (AB) passant par B. Créer ensuite un point C libre sur d, puis le point D tel que $ABCD$ soit un rectangle.

b) Créer les vecteurs $\vec{u} = \overrightarrow{AC}$ et $\vec{v} = \overrightarrow{BD}$, puis afficher le produit scalaire p de ces deux vecteurs. Déplacer le point C. Pour quelle forme particulière de $ABCD$ a-t-on $p = 0$? Quelle propriété retrouve-t-on ?

61 Pour créer le logo ci-contre, on part d'un carré $ABCD$ de côté 1 à l'intérieur duquel on construit un triangle équilatéral ABI.

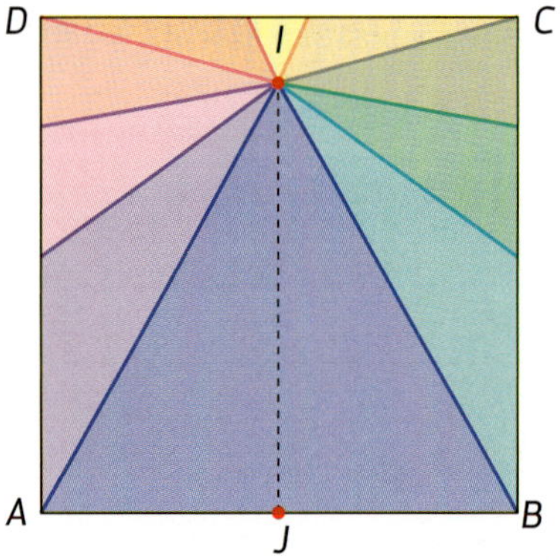

On partage ensuite le triangle AID en trois triangles dont l'angle au sommet I a la même mesure, de même pour le triangle DIC et pour le triangle CIB. Pour cela, on a besoin de déterminer une mesure de chacun des angles $\widehat{AID}$ et $\widehat{DIC}$.

On se place dans le repère orthonormé (A, B, D).

1. a) Donner les coordonnées des points A, B, C et D.

b) On appelle J le milieu de $[AB]$. Donner les coordonnées de J et en déduire celles de I.

c) Calculer alors le produit scalaire $\overrightarrow{IA} \cdot \overrightarrow{ID}$.

2. a) Calculer la distance ID.

b) En écrivant le produit scalaire $\overrightarrow{IA} \cdot \overrightarrow{ID}$ d'une autre façon, déterminer une mesure en degrés de l'angle $\widehat{AID}$.

c) En déduire une mesure en degrés de l'angle $\widehat{DIC}$.

62 CHERCHER, REPRÉSENTER

Sur la figure ci-dessous, $ABCD$ est un rectangle de centre E tel que $AB = 8$ et $AD = 4$.

Le point H est le projeté orthogonal de D sur $[EC]$.

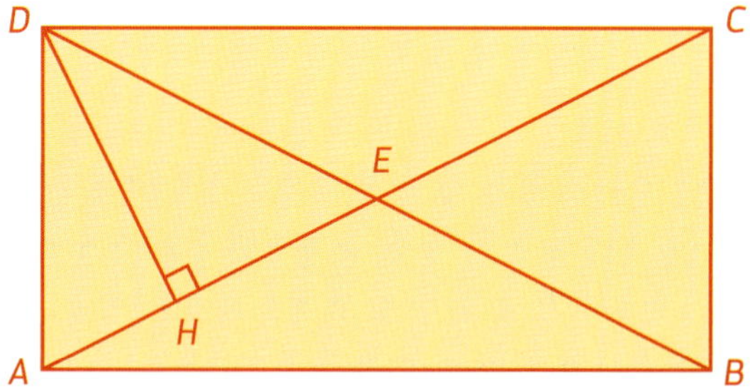

En se plaçant dans un repère bien choisi et en calculant un produit scalaire de deux façons différentes, calculer la distance EH.

63 Fichier GeoGebra CHERCHER

Cet exercice peut être traité sans les TICE en ne traitant pas la question 1.

On appelle $ABCD$ un trapèze rectangle en A, de bases $[AB]$ et $[DC]$, on a $AB = 4$ et $AD = 3$. On cherche s'il existe une position de C telle que les diagonales (AC) et (BD) soient perpendiculaires.

1. Sur un logiciel de géométrie dynamique, construire les points A, B et D, puis un point C libre sur la parallèle à (AB) passant par D. Émettre une conjecture sur la réponse à la question posée.

2. a) En décomposant les vecteurs $\overrightarrow{AC}$ et $\overrightarrow{BD}$, exprimer le produit scalaire $\overrightarrow{AC} \cdot \overrightarrow{BD}$ en fonction de $a = DC$.

b) COMMUNIQUER En déduire la réponse au problème posé.

64 Fichier GeoGebra

Cet exercice peut être traité sans les TICE en ne traitant pas la question 1.

$ABCD$ est un rectangle de côté $AB = 6$. Les points E et F sont les projetés orthogonaux respectivement de D et B sur $[AC]$. On cherche la position du point D telle que E et F coupent la diagonale $[AC]$ en trois parties égales.

1. Faire une figure sur un logiciel de géométrie dynamique. Vérifier qu'il semble bien exister une position de D répondant à la question et donner une valeur approchée de la valeur de AD correspondante.

2. On appelle a la longueur AD.

a) Exprimer AC^2 en fonction de a.

b) Exprimer en fonction de a le produit scalaire $\overrightarrow{AC} \cdot \overrightarrow{AD}$.

3. RAISONNER En exprimant autrement le produit scalaire $\overrightarrow{AC} \cdot \overrightarrow{AD}$, montrer que E et F coupent la diagonale en trois parties égales si et seulement si $\overrightarrow{AC} \cdot \overrightarrow{AD} = \frac{1}{3} AC^2$.

4. Déduire des questions précédentes la valeur exacte de a qui répond au problème posé.

65 Fichier GeoGebra

Le plan est muni d'un repère orthonormé (O, I, J).

On considère la droite $\mathscr{D}$ d'équation $y = -x + 1$ ainsi que les points A et B de coordonnées respectives $(1 ; 1)$ et $(0 ; -2)$. Le point M est un point quelconque de la droite $\mathscr{D}$. On appelle x son abscisse.

1. a) Sur un logiciel de géométrie dynamique, tracer la droite $\mathscr{D}$ et les points A et B.

Placer un point M libre sur $\mathscr{D}$. Créer les vecteurs $\overrightarrow{MA}$ et $\overrightarrow{MB}$ et afficher leur produit scalaire.

b) Déplacer le point M. Relever les valeurs approchées de l'abscisse x de M pour lesquelles l'angle $\widehat{AMB}$ est aigu ; pour lesquelles il est droit ; pour lesquelles il est obtus.

2. a) Exprimer l'ordonnée de M en fonction de son abscisse x.

b) Déterminer le produit scalaire $\overrightarrow{MA} \cdot \overrightarrow{MB}$ en fonction de x.

c) Déterminer par le calcul les valeurs de x pour lesquelles l'angle $\widehat{AMB}$ est droit.

d) Donner l'ensemble des valeurs de x pour lesquelles l'angle $\widehat{AMB}$ est aigu ; pour lesquelles il est obtus.

3. a) Sur la figure dynamique, tracer le cercle $\mathscr{C}$ de diamètre $[AB]$. Il coupe la droite $\mathscr{D}$ en deux points K et L. Placer ces deux points et relever leur abscisse.

b) Comment peut-on retrouver ces abscisses avec les résultats de la question **2.** ?

66 Algo CALCULER, COMMUNIQUER

1. Le plan étant muni d'un repère orthonormé, on considère trois points A, B et C dont on connaît les coordonnées. Indiquer une stratégie qui permette de déterminer une valeur approchée d'une mesure de l'angle $\widehat{BAC}$.

2. On donne l'algorithme suivant :

Variables :	$a, b, c, d, e, f, x, y, z, t, P, M, N, \alpha$ sont des nombres réels
Entrée :	Saisir les valeurs a, b, c, d, e, f
Traitement :	x prend la valeur $c - a$
	y prend la valeur $d - b$
	z prend la valeur $e - a$
	t prend la valeur $f - b$
	P prend la valeur $xz + yt$
	M prend la valeur racine$(x^2 + y^2)$
	N prend la valeur racine$(z^2 + t^2)$
	α prend la valeur $\cos^{-1}(P/(M*N))$
Sortie :	Afficher M, N, α

a) À quoi sert cet algorithme, que représente chacune des variables qui y sont définies ?

b) Implémenter l'algorithme sur la calculatrice puis le tester avec les valeurs : 0, 0, 1, 0, 1, 1 respectivement attribuées à : a, b, c, d, e, f.

Expliquer pourquoi ce résultat était prévisible.

67 Fichier GeoGebra CHERCHER, RAISONNER, REPRÉSENTER

Cet exercice peut être traité avec ou sans les TICE.

On souhaite dessiner une volute (élément décoratif en architecture).

On se place dans un repère orthonormé.

L'arc entre O et A est la courbe $\mathscr{C}_1$ représentative de la fonction f définie sur $[0 ; 4]$ par $f(x) = \frac{1}{32}x^3 + \frac{1}{16}x^2$.

Le point E a pour coordonnées $(6 ; 3)$ et le point B a pour abscisse 6. L'arc $\mathscr{C}_3$ entre B et D est un quart de cercle de centre E. L'arc $\mathscr{C}_4$ est un demi-cercle de diamètre $[ED]$.

On souhaite relier A et B par un arc de cercle $\mathscr{C}_2$ de façon que $\mathscr{C}_1$ et $\mathscr{C}_2$ aient la même tangente en A et $\mathscr{C}_2$ et $\mathscr{C}_3$ aient la même tangente en B.

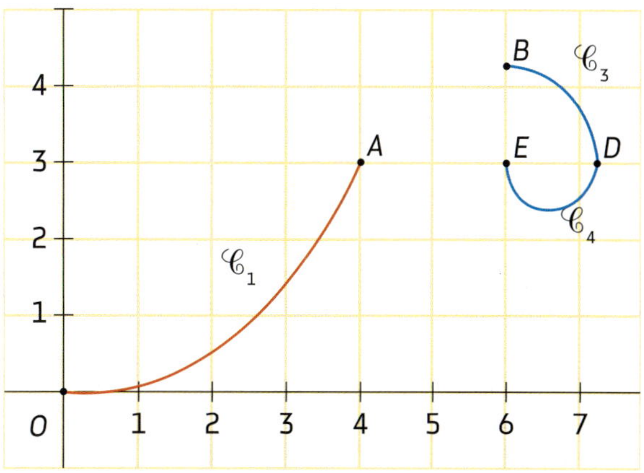

1. En utilisant la tangente à $\mathscr{C}_3$ au point B, justifier que le centre I de l'arc de cercle $\mathscr{C}_2$ a pour abscisse 6.

2. a) Sur une feuille ou à l'aide d'un logiciel de géométrie dynamique, tracer l'arc de courbe $\mathscr{C}_1$, la tangente à $\mathscr{C}_1$ au point A et la droite d'équation $x = 6$.

b) Décrire une méthode de construction du point *I*, puis construire le point *I*.
c) Décrire une méthode de construction du point *B*, puis construire le point *B*. Finir alors le tracé de la volute.

3. a) Élaborer une stratégie pour déterminer l'ordonnée de *I*.
b) Mettre en œuvre cette stratégie pour résoudre le problème.

68 Au jardin des neiges

Pour remonter une pente enneigée, les tout jeunes skieurs se tiennent à un filin.

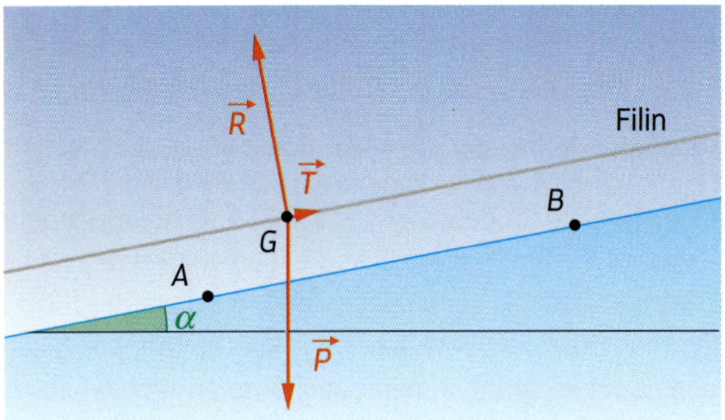

Un enfant est ainsi tracté sur une pente : il se déplace d'un point *A* à un point *B*. Il est soumis à trois actions mécaniques concourantes en son centre de gravité :
- le poids $\vec{P}$ de norme $P = mg$;
- l'action du sol sur l'enfant, $\vec{R}$, orthogonale à la pente car on néglige les frottements ;
- l'action $\vec{T}$ du filin sur l'enfant de norme *T* et de même direction que $\overrightarrow{AB}$.

La pente forme avec l'horizontale un angle de mesure α degrés ($0 < \alpha < 90$).

1. On rappelle que le travail de chacune des forces entre *A* et *B* est le produit scalaire de la force par le vecteur $\overrightarrow{AB}$.
a) Expliquer pourquoi le travail $W_{\overrightarrow{AB}}(\vec{R})$ de la force $\vec{R}$ est nul.
b) Exprimer le travail $W_{\overrightarrow{AB}}(\vec{P})$ du poids $\vec{P}$ en fonction de *m*, *g*, *AB* et α.
D'après l'expression obtenue, quel est le signe du travail du poids ?
c) Exprimer le travail $W_{\overrightarrow{AB}}(\vec{T})$ de $\vec{T}$ en fonction de *T* et de *AB*.
D'après l'expression obtenue, quel est le signe du travail de $\vec{T}$?

2. L'enfant se déplaçant à vitesse constante, la variation de l'énergie cinétique du système entre *A* et *B* est nulle. Or, d'après le théorème de l'énergie cinétique, cette variation est égale à la somme des travaux des actions mécaniques qui agissent sur ce système. On a donc :

$$W_{\overrightarrow{AB}}(\vec{R}) + W_{\overrightarrow{AB}}(\vec{P}) + W_{\overrightarrow{AB}}(\vec{T}) = 0.$$

En utilisant ce résultat, montrer que $T = mg \sin \alpha$.

3. Application numérique : donner une valeur approchée au newton près de *T* sachant que $\alpha = 9°$, $m = 25$ kg et $g = 9{,}81\ \text{m}\cdot\text{s}^{-2}$.

69 Dans la descente

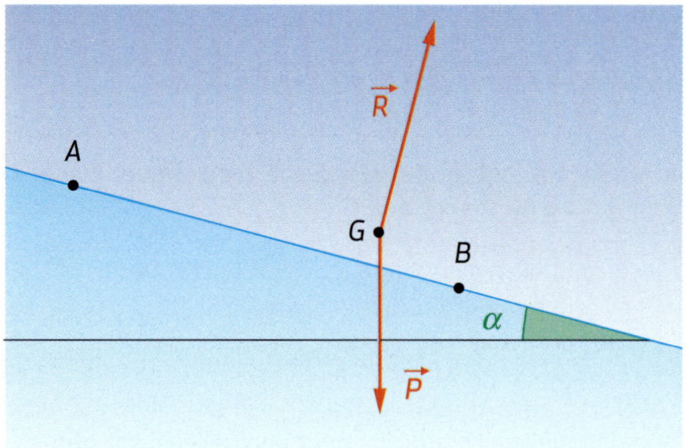

Un enfant est en haut d'une piste de ski : il se laisse glisser face à la pente, du point *A* au point *B*. La pente forme un angle de α degrés avec l'horizontale. Si on néglige les frottements, l'enfant n'est soumis qu'à deux actions mécaniques : le poids ($\vec{P}$, de norme $P = mg$) et la réaction du sol $\vec{R}$ (orthogonale à la pente car on néglige les frottements).

a) Quel est le travail de la force $\vec{R}$ dans ce déplacement ?
b) Exprimer le travail $W_{\overrightarrow{AB}}(\vec{P})$ en fonction de *m*, *g*, *AB* et α. D'après l'expression obtenue, quel est le signe du travail de $\vec{P}$?
c) La variation de l'énergie cinétique du système entre *A* et *B* est égale à la somme des travaux des actions mécaniques qui agissent sur le système. On a donc :

$$W_{\overrightarrow{AB}}(\vec{P}) + W_{\overrightarrow{AB}}(\vec{R}) = \frac{1}{2} mv^2,$$

où *v* est la vitesse acquise par l'enfant quand il arrive en *B* (vitesse exprimée en $\text{m}\cdot\text{s}^{-1}$). En utilisant ce résultat, déterminer l'expression de *v* en fonction de *g*, *AB* et α dans le cas où on néglige les frottements.
d) Application numérique : sur une pente de 9°, déterminer la vitesse acquise par l'enfant après une descente de 10 m.

Pour les exercices **70** *et* **71**, *on rappelle que :*
Le réseau EDF alimente les maisons des particuliers avec une tension sinusoïdale $u(t)$ de valeur efficace $U = 230$ V. Cette tension est représentée par un vecteur $\vec{U}$, qui sert de vecteur de référence, et dont la norme est égale à U.
L'intensité $i(t)$ du courant consommé par un appareil électrique est représentée par un vecteur $\vec{I}$ tel que :
- *la norme de $\vec{I}$ est égale à la valeur efficace du courant $i(t)$;*
- *l'angle orienté $(\vec{U}, \vec{I})$ est égal au déphasage entre le courant $i(t)$ et la tension $u(t)$: la mesure de l'angle orienté $(\vec{U}, \vec{I})$ est négative si l'intensité est en retard sur la tension et positive sinon.*

La puissance consommée par l'appareil, exprimée en watts, est le produit scalaire de $\vec{U}$ par $\vec{I}$: $P = \vec{U} \cdot \vec{I}$ où $\vec{I}$ est le courant consommé par l'appareil.

70 Un particulier veut faire construire une piscine dans son jardin. Pour faire circuler l'eau, la piscine doit être équipée d'une pompe.
La puissance annoncée pour cette pompe est de 1 500 W et elle consomme une intensité efficace de 9 A. Sachant que l'intensité est en retard sur la tension, déterminer le déphasage entre tension et intensité (on donnera la valeur arrondie à 0,1 degré).

71 Un particulier souhaite remplacer ses lampes à incandescence de 60 W. Celles-ci n'étant plus en vente aujourd'hui, il a le choix entre deux types de lampes plus économiques ayant des puissances lumineuses équivalentes à ses anciennes ampoules :
- des lampes « fluocompactes » de puissance 15 W avec un courant consommé de 0,12 A ;
- des lampes à « leds » de puissance 10,5 W avec un déphasage entre le courant et la tension de 60°.

Sachant que pour ces types de lampes, l'intensité est toujours en retard sur la tension, déterminer :
a) l'angle de déphasage du courant des lampes « fluocompactes » (on donnera la valeur arrondie au degré) ;
b) l'intensité du courant consommé par les lampes à « leds » (on donnera la valeur arrondie à 10^{-2}).

Vers le bac

72 Cet exercice est un questionnaire à choix multiples. Pour chacune des questions suivantes, une seule des quatre réponses proposées est exacte. Aucune justification n'est demandée.

1. Pour tous vecteurs du plan $\vec{x}$ et $\vec{y}$, on a :
a. $\|\vec{x}+\vec{y}\| = \|\vec{x}\| + \|\vec{y}\|$
b. $\|-3\vec{x}\| = 3\|\vec{x}\|$
c. $\vec{x}\cdot\vec{y} = \|\vec{x}\| \cdot \|\vec{y}\|$ dès que $\vec{x}$ et $\vec{y}$ sont colinéaires
d. $\vec{x}\cdot\vec{y} = 1$ dès que $\vec{x}$ et $\vec{y}$ sont orthogonaux

2. Dans un repère orthonormé, on considère les vecteurs $\vec{u}(2 ; 1)$, $\vec{v}(3 ; 0)$ et $\vec{w}(2 ; -4)$.
Alors :
a. $\|\vec{u}\| = \sqrt{3}$
b. $\|\vec{v}\| > \|\vec{w}\| > \|\vec{u}\|$
c. $\vec{w}$ est colinéaire à $\vec{u}+\vec{v}$
d. $\vec{u}$ et $\vec{w}$ sont orthogonaux

3. Si $EFGH$ est un carré de côté égal à 1 alors $\vec{EF}\cdot\vec{EG} =$
a. 1 **b.** 0 **c.** $\sqrt{2}$ **d.** -1

4. Sur la figure ci-dessous, $ABCD$ est un carré de côté égal à 1, I et J sont les milieux respectifs de $[BC]$ et $[CD]$.

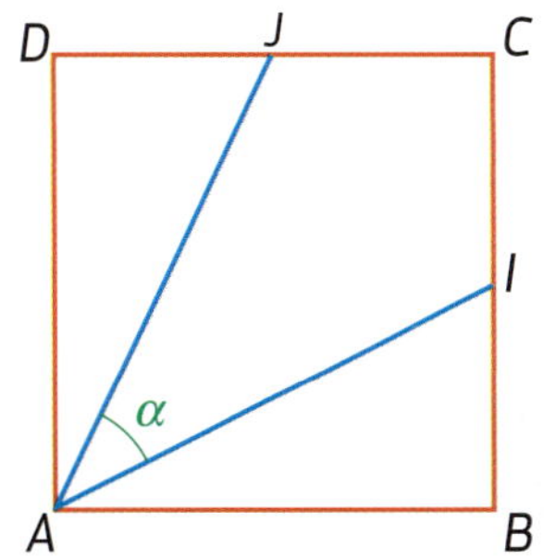

Alors $\cos \alpha =$
a. $\frac{3}{5}$ **b.** $\frac{3}{4}$ **c.** $\frac{4}{5}$ **d.** $\frac{1}{3}$

73 Une société de meubles « design » souhaite commercialiser un fauteuil qui évoque son logo (voir la figure).

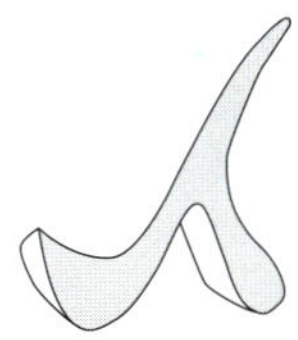

Dans un repère orthonormé (O, I, J), le profil de l'assise du fauteuil peut être modélisé par un arc de parabole, noté $\mathcal{P}$, qui est la courbe représentative d'une fonction f définie sur $[-4 ; 3]$ par $f(x) = ax^2 + bx + 4$ où a et b sont deux nombres réels.

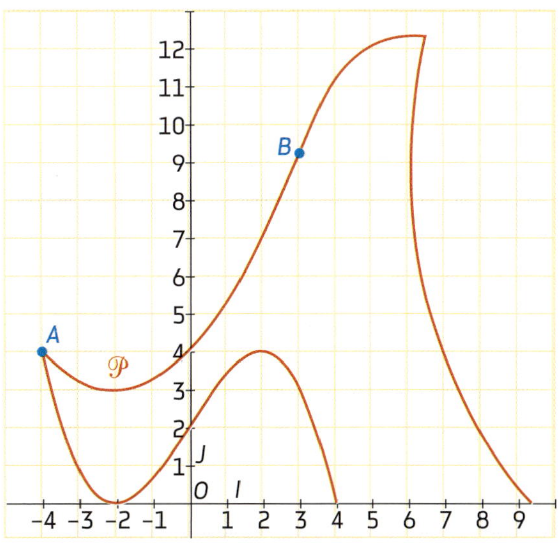

Problèmes

1. a) Sachant que la courbe $\mathcal{P}$ passe par les points $A(-4\,;\,4)$ et $B(3\,;\,9{,}25)$, justifier que, pour tout réel x de $[-4\,;\,3]$, on a : $f(x) = 0{,}25x^2 + x + 4$.

b) Dresser le tableau de variation de la fonction f et tracer sa courbe représentative $\mathcal{P}$ dans un repère orthonormé d'unité 1 cm.

La société souhaite étudier l'indice de confort du fauteuil, qui se mesure à l'aide de l'angle noté α formé par les tangentes respectives à l'arc de parabole $\mathcal{P}$ aux points A et B. Le fauteuil se verra décerner le label « Confort + » si l'angle a une mesure en degrés comprise entre 60° et 70°.

2. a) Déterminer le coefficient directeur de la tangente à $\mathcal{P}$ en A et le coefficient directeur de la tangente à $\mathcal{P}$ en B.

b) On considère le point $C(-0{,}5\,;\,0{,}5)$.
Vérifier que la droite (AC) est la tangente à $\mathcal{P}$ en A et que la droite (BC) est la tangente à $\mathcal{P}$ en B.

c) Tracer ces deux tangentes sur le même graphique que la courbe $\mathcal{P}$.

3. a) Montrer que $\overrightarrow{CB} \cdot \overrightarrow{CA} = 18{,}375$.

b) En déduire la valeur approchée de α au degré près.

c) Justifier alors que le fauteuil étudié se verra décerner le label « Confort + ».

74 Soit ABC un triangle équilatéral de côté égal à 1. On note M, N et P les points respectifs de $[AB]$, $[BC]$ et $[AC]$ tels que $CP = BN = AM = \frac{1}{3}$.

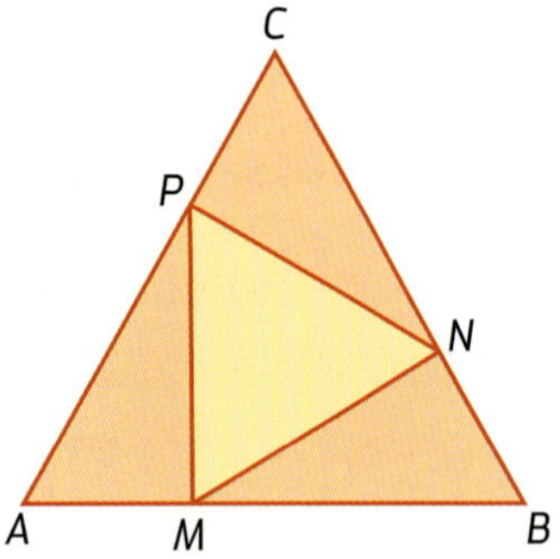

1. a) Calculer $\overrightarrow{CP} \cdot \overrightarrow{CP}$ puis $\overrightarrow{CP} \cdot \overrightarrow{CN}$.

b) En déduire que $\overrightarrow{CP}$ et $\overrightarrow{PN}$ sont orthogonaux.

2. Un raisonnement similaire à celui mené ci-dessus permet d'affirmer que les triangles AMP et BNM sont rectangles, respectivement en M et en N.

a) Exposer une stratégie pour démontrer que le triangle MNP est équilatéral.

b) Mettre en œuvre cette stratégie.

75 On considère un carré $ABCD$ de côté égal à 1. On note I et J les milieux respectifs des côtés $[AB]$ et $[BC]$. On appelle E le point d'intersection de (AJ) et (IC).

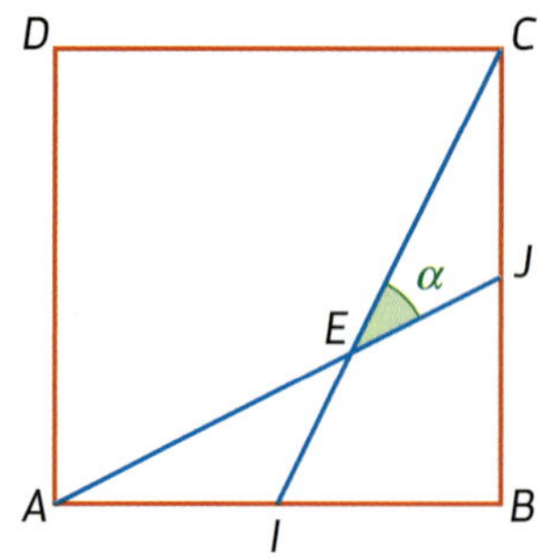

Le but de l'exercice est de déterminer une mesure α de l'angle $\widehat{JEC}$.

1. a) Comment pourrait-on simplement procéder pour émettre une conjecture sur la valeur arrondie de α à 1° ?

b) Peut-on procéder de même pour une précision de 0,01° ?

2. Le but de cette question est d'établir que $\overrightarrow{AJ} \cdot \overrightarrow{IC} = 1$, et cela de deux façons différentes.

a) 1re méthode (en utilisant un repère) :
On se place dans le repère (A, B, D).
Préciser la nature de ce repère. Donner les coordonnées des vecteurs $\overrightarrow{AJ}$ et $\overrightarrow{IC}$ dans ce repère. En conclure que $\overrightarrow{AJ} \cdot \overrightarrow{IC} = 1$.

b) 2e méthode (sans utiliser de repère) :
En utilisant la relation de Chasles sur les vecteurs, montrer que $\overrightarrow{AJ} \cdot \overrightarrow{IC} = 1$.

3. Déduire de l'égalité $\overrightarrow{AJ} \cdot \overrightarrow{IC} = 1$ la valeur exacte de $\cos \alpha$ puis la valeur arrondie de α à 0,01°.

CHAPITRE

9 Nombres complexes

Prérequis

- Savoir calculer les coordonnées d'un vecteur à partir des coordonnées de points.
- Savoir calculer une distance à partir des coordonnées des points.

→ EXERCICES n°1 et 2

Objectifs

- Découvrir la forme algébrique et la forme trigonométrique des nombres complexes.
- Utiliser les nombres complexes en géométrie.
- Se familiariser avec l'utilisation des nombres complexes en électricité.

Capacités attendues

- Effectuer des calculs algébriques avec des nombres complexes.
- Représenter un nombre complexe par un point ou un vecteur.
- Déterminer l'affixe d'un point ou d'un vecteur.
- Passer de la forme algébrique à la forme trigonométrique et inversement.

Activités

Activité 1 L'imaginaire en mathématiques

Objectif Présenter l'origine des nombres complexes.

Depuis l'époque des Babyloniens, les hommes se sont intéressés à la résolution des équations. Les équations du troisième degré ont notamment été étudiées par les mathématiciens arabes au XIe siècle.

A En 1545, Cardan est arrêté dans son élan

Dans son traité *Ars Magna* (1545), Cardan établit une méthode pour trouver une solution aux équations de la forme $x^3 = px + q$ où p et q sont deux entiers naturels. Il démontre que si le nombre

$$d = \left(\frac{q}{2}\right)^2 - \left(\frac{p}{3}\right)^3$$

est positif ou nul, alors l'équation $x^3 = px + q$ admet pour solution le nombre

$$s = \sqrt[3]{\frac{q}{2} + \sqrt{d}} + \sqrt[3]{\frac{q}{2} - \sqrt{d}}.$$

(Le nombre $\sqrt[3]{a}$ est la racine cubique de a, c'est-à-dire le nombre dont le cube est a : par exemple, $\sqrt[3]{27} = 3$.)

1 Dans cette question, on s'intéresse à l'équation $x^3 = 9x + 28$.
En utilisant les notations de la page précédente, donner la valeur de p, puis celle de q.
Calculer d, puis s.
Vérifier que la valeur de s obtenue est bien solution de l'équation $x^3 = 9x + 28$.

2 Cardan essaye sa méthode sur l'équation (E) : $x^3 = 15x + 4$.

a. Comme à la question **1**, donner la valeur de p, puis celle de q.
Calculer d. Quel est le signe de d ?
Peut-on utiliser la méthode proposée par Cardan ? Pourquoi ?

b. Cardan sait pourtant que 4 est une solution de l'équation (E). Le vérifier.

B En 1572, Bombelli utilise des « nombres impossibles »

En 1572, Bombelli décide d'utiliser la méthode de Cardan en s'autorisant l'écriture de $\sqrt{-121}$, sans chercher à donner un sens à ce nombre, mais comme un outil de calcul.

1 Vérifier que si l'on accepte d'écrire le « nombre impossible » $\sqrt{-121}$, la solution de l'équation (E) : $x^3 = 15x + 4$ obtenue avec la méthode de Cardan s'écrit :

$$s = \sqrt[3]{2 + 11\sqrt{-1}} + \sqrt[3]{2 - 11\sqrt{-1}}.$$

Avec ce « nombre impossible », Bombelli poursuit son calcul et vérifie que la méthode de Cardan reste valable puisqu'elle permet de trouver une solution réelle de l'équation.

2 On donne ci-dessous une copie d'écran d'un logiciel de calcul formel.

```
1 simplifier((2+sqrt(a))^3)
        a*(√a)+6*a+12*(√a)+8
2 simplifier((2-sqrt(a))^3)
        -a*(√a)+6*a-12*(√a)+8
```

En remplaçant a par -1 dans ces formules, vérifier que :

$$\left(2 + \sqrt{-1}\right)^3 = 2 + 11\sqrt{-1} \text{ et que } \left(2 - \sqrt{-1}\right)^3 = 2 - 11\sqrt{-1}.$$

3 En déduire que : $\sqrt[3]{2 + 11\sqrt{-1}} + \sqrt[3]{2 - 11\sqrt{-1}} = 4$. Que représente justement ce 4 ?

C En 1777, Euler définit la notation i

En calculant $\left(\sqrt{-1}\right)^2$ d'abord avec la formule $\left(\sqrt{a}\right)^2 = a$, puis avec la formule $\sqrt{a} \times \sqrt{b} = \sqrt{ab}$, expliquer en quoi la notation $\sqrt{-1}$ pose un problème.

Euler, en 1777, définit une notation pour ce nombre dont le carré est -1 : i (i comme imaginaire).

Activité 2 Comme un radar

Objectif

Réactiver les connaissances sur les distances et les angles orientés de vecteurs en vue de l'introduction de la forme trigonométrique d'un nombre complexe.

Le plan est muni d'un repère orthonormé direct (O, I, J).

1 a. Par lecture graphique, donner :

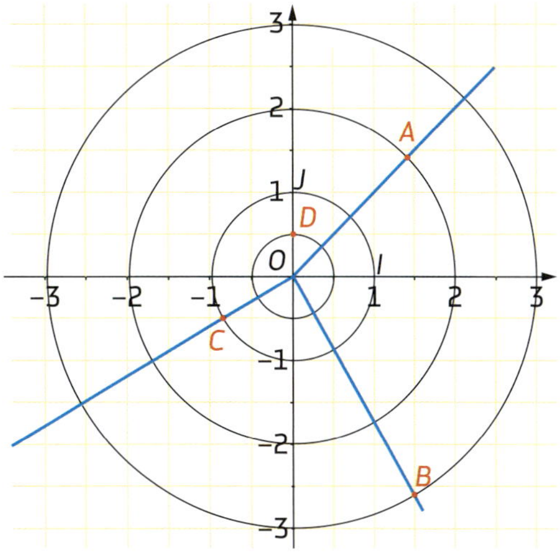

• les distances OA, OB, OC, OD ;

• la mesure principale des angles $(\overrightarrow{OI}, \overrightarrow{OA})$, $(\overrightarrow{OI}, \overrightarrow{OB})$, $(\overrightarrow{OI}, \overrightarrow{OC})$, $(\overrightarrow{OI}, \overrightarrow{OD})$.

b. À partir des résultats de la question précédente, déterminer alors les coordonnées de chacun des points A, B, C et D.

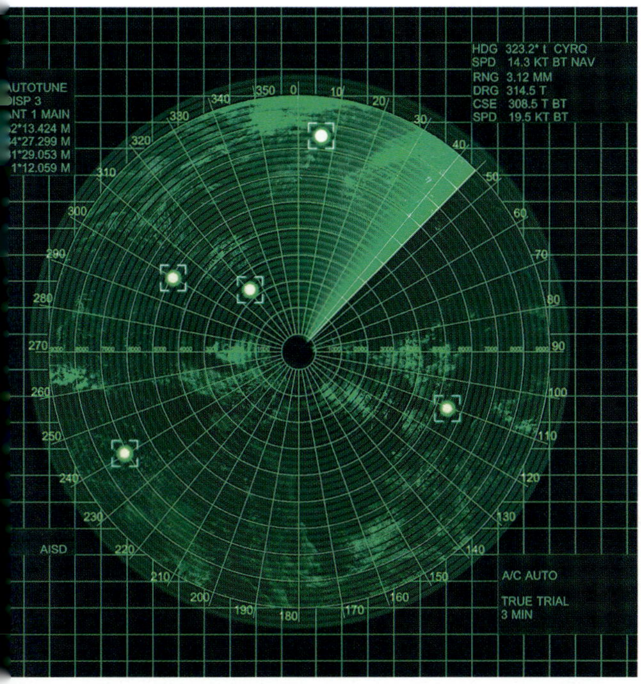

2 a. Représenter les points E, F, G, H tels que :

$$OE = 3 \text{ et } (\overrightarrow{OI}, \overrightarrow{OE}) = \frac{2\pi}{3} + k \times 2\pi, k \in \mathbb{Z} ;$$

$$OF = 1 \text{ et } (\overrightarrow{OI}, \overrightarrow{OF}) = -\frac{\pi}{4} + k \times 2\pi, k \in \mathbb{Z} ;$$

$$OG = 2 \text{ et } (\overrightarrow{OI}, \overrightarrow{OG}) = \pi + k \times 2\pi, k \in \mathbb{Z} ;$$

$$OH = 3 \text{ et } (\overrightarrow{OI}, \overrightarrow{OH}) = -\frac{\pi}{2} + k \times 2\pi, k \in \mathbb{Z}.$$

b. Déterminer les coordonnées de ces quatre points.

3 Soit K et L les points de coordonnées respectives $(-1 ; 1)$ et $(1 ; \sqrt{3})$.

a. Calculer OK et OL.

b. Déterminer le cosinus et le sinus des angles $(\overrightarrow{OI}, \overrightarrow{OK})$ et $(\overrightarrow{OI}, \overrightarrow{OL})$. Déterminer une mesure en radians de chacun de ces deux angles.

4 Expliquer le titre de l'activité.

Comprendre

A Forme algébrique d'un nombre complexe

Définitions

• On admet l'existence d'un nombre, noté i, n'appartenant pas à $\mathbb{R}$, dont le carré est égal à -1 : $i^2 = -1$.

Voir SF1

• On appelle alors **nombre complexe** tout nombre de la forme $x + yi$, où x et y sont deux nombres réels. Cette écriture est dite **forme algébrique** du nombre complexe : le réel x est la **partie réelle** du nombre complexe et le réel y est sa **partie imaginaire**.

Voir SF2

• L'ensemble des nombres complexes est noté $\mathbb{C}$.

• Deux nombres complexes sont dits égaux si et seulement si leurs parties réelles et leurs parties imaginaires sont respectivement égales : $x + yi = x' + y'i$ si et seulement si $x = x'$ et $y = y'$.

Exemple : $-5 + 3i$ est le nombre complexe de partie réelle -5 et de partie imaginaire 3.

Remarques :

• Si le nombre complexe $x + yi$ a une partie réelle nulle alors on l'écrit simplement yi à la place de $0 + yi$. Un tel nombre complexe est dit **imaginaire pur**.

• Si un nombre complexe $x + yi$ a une partie imaginaire nulle alors on l'écrit simplement x à la place de $x + 0i$ et on l'identifie au nombre réel x.

Propriété

L'ensemble $\mathbb{R}$ des nombres réels est inclus dans l'ensemble $\mathbb{C}$ des nombres complexes.

Exemple : Le réel 7 est aussi un complexe : $7 = 7 + 0i$.

Remarque :

Les nombres complexes sont très utilisés en électricité. Afin d'éviter toute confusion entre l'intensité i d'un courant et le nombre complexe i dont le carré est -1, ce nombre est noté j au lieu de i par les physiciens.

B Opérations sur les nombres complexes

1 Addition, soustraction

Voir SF3

Définition On définit dans $\mathbb{C}$ une opération appelée addition et notée + par :

$$(x + yi) + (x' + y'i) = (x + x') + (y + y')i.$$

Les propriétés de l'addition dans $\mathbb{R}$ restent vraies dans $\mathbb{C}$. On définit alors l'opposé z' d'un nombre complexe z comme le nombre tel que $z + z' = 0$. La définition qui suit est alors naturelle et on constate que les propriétés de la soustraction dans $\mathbb{R}$ restent les mêmes dans $\mathbb{C}$.

Définitions

• Soit le nombre complexe $z = x + yi$. On appelle **opposé** de z le complexe noté $-z$ et défini par :

$$-z = -x - yi.$$

• La soustraction dans $\mathbb{C}$ est définie comme l'addition de l'opposé.

SF1 Identifier la partie réelle et la partie imaginaire d'un nombre complexe

Pour chacun des nombres complexes suivants, identifier sa partie réelle et sa partie imaginaire.

- $z_1 = -9i$
- $z_1 = 0 + (-9)i$
- Partie réelle de z_1 : 0 ; partie imaginaire de z_1 : −9.
(Dès le début, on peut aussi constater que z_1 est un imaginaire pur.)

- $z_2 = 5$
- $z_2 = 5 + 0i$
- Partie réelle de z_2 : 5 ; partie imaginaire de z_2 : 0.
(Dès le début, on peut aussi constater que z_2 est un réel.)

- $z_3 = 2 - i$
- $z_3 = 2 + (-1)i$
- Partie réelle de z_3 : 2 ; partie imaginaire de z_3 : −1.

On met le nombre sous la forme $x + yi$ (si ce n'est déjà fait). S'il manque un terme, ce terme est nul.

On identifie la partie réelle et la partie imaginaire du complexe.

SF2 Utiliser l'égalité de nombres complexes

Déterminer les réels a et b tels que $(a-2)+(b-1)i = 2-3i$.

L'égalité entre les deux nombres complexes $(a-2)+(b-1)i$ (où $a-2$ et $b-1$ sont réels) et $2-3i$ est équivalente aux deux égalités :

égalité des parties réelles et égalité des parties imaginaires

$a - 2 = 2$ et $b - 1 = -3$

donc :

$a = 4$ et $b = -2$.

Une égalité de nombres complexes se traduit par deux égalités de nombres réels : égalité des parties réelles et égalité des parties imaginaires.

SF3 Additionner, soustraire deux nombres complexes

On considère les nombres complexes : $z = -2 + i$ et $z' = 3 + 2i$.
Déterminer la forme algébrique de :

- $z + z'$
- $z + z' = (-2+i)+(3+2i)$
$= -2 + i + 3 + 2i$
$= (-2+3) + i(1+2)$

donc $z + z' = 1 + 3i$.

- $z - z'$
- $z - z' = (-2+i)-(3+2i)$
$= -2 + i - 3 - 2i$
$= (-2-3) + i(1-2)$

donc $z - z' = -5 - i$.

Pour additionner ou soustraire des nombres complexes, on utilise les règles habituelles de calcul.

POUR S'ENTRAÎNER

SF1 Identifier les parties réelles et imaginaires des nombres complexes : $z_1 = -2i$, $z_2 = \sqrt{3} + i$ et $z_3 = -5$.

→ EXERCICES n°3 à 5

SF2 Déterminer tous les réels a et b tels que $(a^2 - 2) + 15i = 2 - 3bi$.

→ EXERCICES n°6 à 8

SF3 Soit les nombres complexes $z = 1 + 2i$ et $z' = -3 + i$.
Déterminer la forme algébrique de $z + z'$ et de $z - z'$.

→ EXERCICES n°9 à 13

2 Multiplication

Définition On définit dans $\mathbb{C}$ une opération appelée multiplication, notée $\times$ ou $\cdot$, par :

$$(x+y\mathrm{i})\cdot(x'+y'\mathrm{i})=(xx'-yy')+(xy'+x'y)\mathrm{i}.$$

Voir SF4

Remarque :
Les propriétés de la multiplication dans $\mathbb{R}$ restent vraies dans $\mathbb{C}$:
- il est donc inutile d'apprendre la formule précédente ;
- les formules d'identités remarquables établies dans $\mathbb{R}$ sont donc les mêmes dans $\mathbb{C}$.

3 Inverse, quotient

Conjugué d'un nombre complexe

Voir SF5

Définition Soit le nombre complexe $z=x+y\mathrm{i}$.
On appelle **conjugué** de z, et on note $\overline{z}$, le nombre complexe $\overline{z}=x-y\mathrm{i}$.

Exemple : Si $z=3-\mathrm{i}$ alors $\overline{z}=3+\mathrm{i}$.

Propriété Soit le nombre complexe $z=x+y\mathrm{i}$.
On a : $z\cdot\overline{z}=x^2+y^2$.

Exemple : Si $z=3-\mathrm{i}$ alors $z\cdot\overline{z}=3^2+(-1)^2=10$.

Remarque :
On déduit de la propriété, démontrée à l'exercice 24, que le produit d'un nombre complexe par son conjugué est un nombre réel (non nul si et seulement si le nombre complexe est non nul). On utilise ce résultat pour mettre l'inverse d'un nombre complexe non nul sous forme algébrique.

Inverse d'un nombre complexe non nul

Les propriétés de la multiplication dans $\mathbb{R}$ restant vraies dans $\mathbb{C}$, on définit l'inverse d'un nombre complexe z comme le nombre par lequel on doit multiplier z pour trouver 1 (0 n'a donc pas d'inverse dans $\mathbb{C}$).

Voir SF6

Propriété Si $z=x+y\mathrm{i}$ est non nul alors :

$$\frac{1}{z}=\frac{\overline{z}}{z\cdot\overline{z}}=\frac{x-y\mathrm{i}}{x^2+y^2}=\frac{x}{x^2+y^2}-\frac{y}{x^2+y^2}\mathrm{i}.$$

Remarque :
Pour écrire l'inverse d'un nombre complexe non nul sous forme algébrique, on multiplie le numérateur et le dénominateur par le conjugué de ce nombre complexe. Il est donc inutile de retenir la formule ci-dessus.

SF4 Multiplier deux nombres complexes

On considère les nombres complexes : $z = 2 - 5i$ et $z' = 3 + 2i$.
Déterminer la forme algébrique de :

- $z \times z'$
- $z \times z' = (2-5i)\times(3+2i)$
  $= 6 + 4i - 15i - 10i^2$
  $= 6 + (4-15)i - 10\times(-1)$
  $= 16 - 11i.$

- z^2
- $z^2 = (2-5i)^2$
  $= 2^2 - 2\times 2\times 5i + (5i)^2$
  $= 4 - 20i + 25i^2$
  $= 4 - 20i + 25\times(-1)$
  $= -21 - 20i.$

Pour multiplier des nombres complexes, on utilise les règles habituelles de calcul dans $\mathbb{R}$ (dont la distributivité et les identités remarquables) et le fait que $i^2 = -1$.

SF5 Déterminer le conjugué d'un complexe

Pour chacun des nombres complexes suivants, déterminer son conjugué.

- $z_1 = -2 - i$
- $\overline{z_1} = -2 + i$

- $z_2 = 9i$
- $\overline{z_2} = -9i$

- $z_3 = -1$
- $\overline{z_3} = -1$

On identifie la partie réelle et la partie imaginaire du nombre complexe. On obtient alors le conjugué en gardant la même partie réelle et en prenant l'opposé de la partie imaginaire.

SF6 Déterminer la forme algébrique de l'inverse d'un complexe

Déterminer la forme algébrique de l'inverse de chacun des nombres complexes suivants.

- $z = 2 - 4i$
- $\dfrac{1}{z} = \dfrac{1}{2-4i} = \dfrac{1\times(2+4i)}{(2-4i)(2+4i)}$
- $\dfrac{1}{z} = \dfrac{2+4i}{2^2+(-4)^2} = \dfrac{2+4i}{20}$
  $= \dfrac{2}{20} + \dfrac{4i}{20} = \dfrac{1}{10} + \dfrac{1}{5}i$

- $z' = -2 - i$
- $\dfrac{1}{z'} = \dfrac{1}{-2-i} = \dfrac{1\times(-2+i)}{(-2-i)(-2+i)}$
- $\dfrac{1}{z'} = \dfrac{1\times(-2+i)}{(-2)^2+(-1)^2}$
  $= \dfrac{-2+i}{5} = \dfrac{-2}{5} + \dfrac{1}{5}i$

On multiplie le numérateur et le dénominateur de l'inverse du nombre complexe par le conjugué du nombre complexe.

Pour simplifier le dénominateur obtenu qui est de la forme $(x+iy)(x-iy)$, on ne distribue pas, mais on utilise la propriété :
$$(x+iy)(x-iy) = x^2 + y^2.$$
On sépare alors partie réelle et partie imaginaire dans l'écriture obtenue.

POUR S'ENTRAÎNER

SF4 Soit les nombres complexes $z = 1 - 2i$ et $z' = -3 + i$. Déterminer la forme algébrique de $z \times z'$, z^2 et z'^2.

→ EXERCICES n° 14 à 19

SF5 Donner le conjugué des nombres complexes suivants : $z_1 = -2i$, $z_2 = -\sqrt{3} + i$ et $z_3 = -8$.

→ EXERCICES n° 20 à 26

SF6 Déterminer la forme algébrique des nombres complexes : $\dfrac{1}{-3+i}$ et $\dfrac{1}{9i}$.

→ EXERCICES n° 27 à 29

■ **Quotient de deux complexes**

Le quotient d'un nombre complexe z par un nombre complexe non nul z' est le produit de z par l'inverse de z'. On déduit de la règle précédente ce qui suit.

Propriété Si $z = x + yi$ et $z' = x' + y'i$ où $z' \neq 0$ alors :

$$\frac{z}{z'} = \frac{x+yi}{x'+y'i} = \frac{(x+yi)(x'-y'i)}{(x'+y'i)(x'-y'i)} = \frac{(x+yi)(x'-y'i)}{x'^2+y'^2}.$$

Voir SF7

Remarque :
Pour écrire le quotient de deux nombres complexes sous forme algébrique, on multiplie le numérateur et le dénominateur par le conjugué du dénominateur. Il est donc inutile de retenir la formule ci-dessus.

C Représentation géométrique d'un nombre complexe

1 Interprétation géométrique d'un nombre complexe

Dans tout ce qui suit, le plan est muni d'un repère orthonormé $(O ; \vec{u}, \vec{v})$.

Voir SF8

Définitions

- À tout nombre complexe $z = x + yi$, on associe :
  - soit le point M de coordonnées $(x ; y)$, appelé **point image** du nombre complexe $z = x + yi$;
  - soit le vecteur $\overrightarrow{OM}$ de coordonnées $(x ; y)$, appelé **vecteur image** du nombre complexe $z = x + yi$.
- Réciproquement, à tout point M (ou vecteur $\overrightarrow{OM}$) de coordonnées $(x ; y)$, on associe le nombre complexe $z = x + yi$, appelé **affixe** du point M (ou affixe du vecteur $\overrightarrow{OM}$).

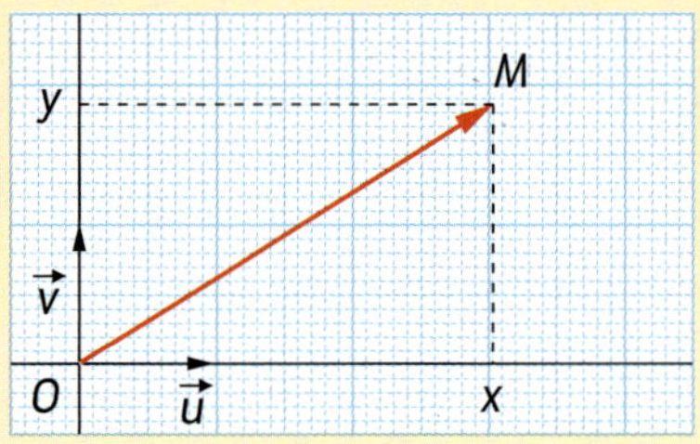

Exemple : Le point A de coordonnées $(5 ; -2)$ est le point image du nombre complexe $5 - 2i$.
Dit autrement, $5 - 2i$ est l'affixe du point A.
Le vecteur $\vec{w}$ de coordonnées $(-3 ; 1)$ est le vecteur image du nombre complexe $-3 + i$.
Dit autrement, $-3 + i$ est l'affixe du vecteur $\vec{w}$.

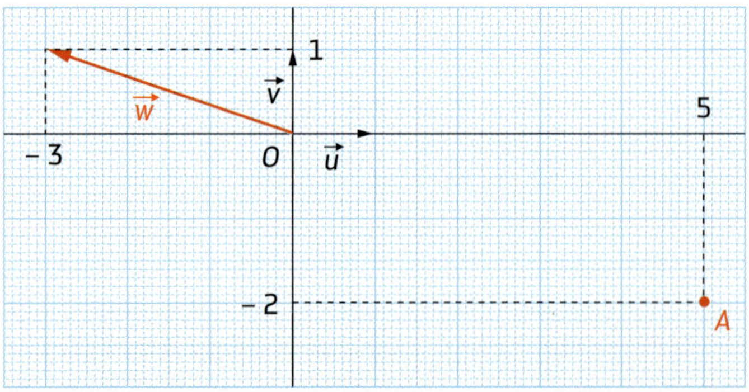

SF7 Déterminer la forme algébrique du quotient de deux nombres complexes

Déterminer la forme algébrique de $\frac{3-2i}{2+5i}$.

- $\frac{3-2i}{2+5i}=\frac{(3-2i)(2-5i)}{(2+5i)(2-5i)}$

On multiplie le numérateur et le dénominateur du quotient par le conjugué du dénominateur.

- $\frac{3-2i}{2+5i}=\frac{6-15i-4i+10i^2}{2^2+5^2}=\frac{-4-19i}{29}$

On développe le numérateur obtenu ; au dénominateur, on utilise la propriété : $z\cdot\overline{z}=x^2+y^2$.

- $\frac{3-2i}{2+5i}=\frac{-4}{29}-\frac{19}{29}i$

On sépare alors partie réelle et partie imaginaire dans l'écriture obtenue.

SF8 Associer un nombre complexe mis sous forme algébrique à un point (ou à un vecteur)

Le plan étant muni d'un repère orthonormé $(O\,;\vec{u},\vec{v})$, représenter :

- le point A d'affixe $z_1=-1+2i$
- le point B d'affixe $z_2=3i$
- le vecteur $\vec{w}$ d'affixe $z_3=3-5i$

- La partie réelle de z_1 est -1 et sa partie imaginaire est 2 donc A a pour coordonnées $(-1\,;2)$.
- La partie réelle de z_2 est 0 et sa partie imaginaire est 3 donc B a pour coordonnées $(0\,;3)$: B appartient à l'axe des ordonnées car son affixe est un imaginaire pur.
- La partie réelle de z_3 est 3 et sa partie imaginaire est -5 donc $\vec{w}$ a pour coordonnées $(3\,;-5)$.

On identifie partie réelle et partie imaginaire. « Le point M (ou le vecteur $\vec{u}$) a pour affixe z » revient à « M (ou $\vec{u}$) a pour abscisse la partie réelle de z et pour ordonnée la partie imaginaire de z ».

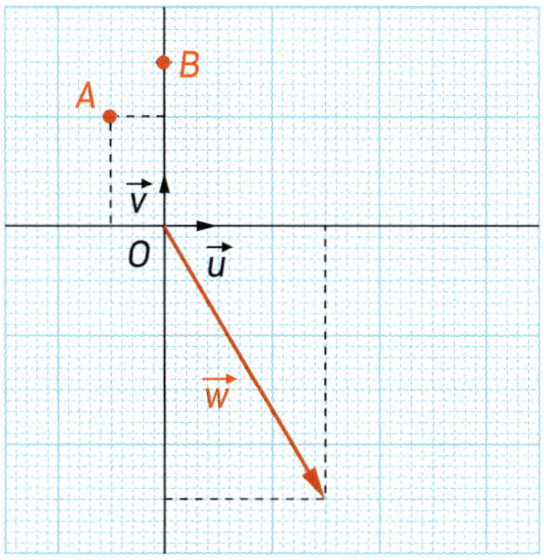

À partir des coordonnées obtenues, on peut placer le point ou le vecteur dans le repère.

POUR S'ENTRAÎNER

SF7 Déterminer la forme algébrique des nombres complexes $\frac{3-i}{4+3i}$ et $\frac{-7+5i}{1-i}$.

→ EXERCICES n°30 à 39

SF8 Dans un repère orthonormé $(O\,;\vec{u},\vec{v})$, placer les points A, B et C d'affixes respectives

$$z_A=-3+5i,\ z_B=-7 \text{ et } z_C=4i.$$

→ EXERCICES n°40 à 50

2 Points images particuliers

Remarques :

• Tout nombre réel a pour point image un point de l'axe des abscisses. Réciproquement, tout point de l'axe des abscisses a pour affixe un nombre réel. Dans le plan complexe, l'axe des abscisses est appelé **axe des réels**.

• Tout nombre imaginaire pur a pour point image un point de l'axe des ordonnées. Réciproquement, tout point de l'axe des ordonnées a pour affixe un nombre imaginaire pur. Dans le plan complexe, l'axe des ordonnées est appelé **axe des imaginaires**.

• Le conjugué d'un nombre complexe z a la même partie réelle que z et sa partie imaginaire est opposée à celle de z. Le point M' d'affixe $\overline{z}$ a donc la même abscisse que le point M d'affixe z et son ordonnée est opposée à celle de M. Les points M et M' d'affixes conjuguées sont alors symétriques par rapport à l'axe des abscisses.

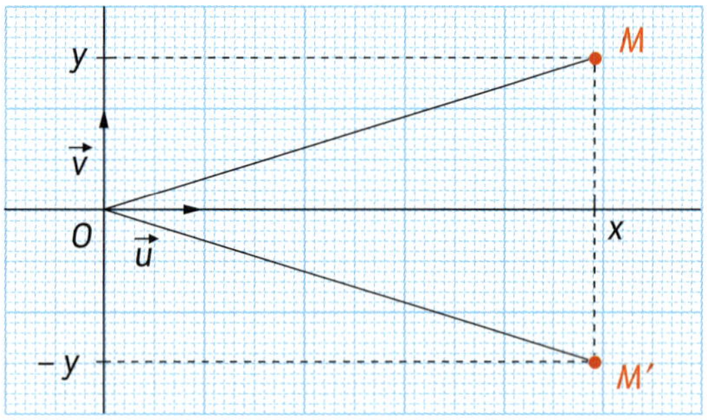

3 Calcul de l'affixe d'un vecteur

En faisant le lien entre coordonnées et affixe d'un vecteur, on établit facilement les deux propriétés suivantes.

Voir SF9

Propriété

Si A et B sont deux points d'affixes respectives z_A et z_B, alors l'affixe $z_{\overrightarrow{AB}}$ du vecteur $\overrightarrow{AB}$ est donnée par :

$$z_{\overrightarrow{AB}} = z_B - z_A.$$

Exemple :

Si A et B sont les points d'affixes respectives $z_A = -3 + 5\mathrm{i}$ et $z_B = -7$, alors :

$$z_{\overrightarrow{AB}} = z_B - z_A = -7 - (-3 + 5\mathrm{i}) = -4 - 5\mathrm{i}.$$

Propriété

Si $\overrightarrow{w_1}$ et $\overrightarrow{w_2}$ sont deux vecteurs d'affixes respectives $z_1 = x_1 + y_1\mathrm{i}$ et $z_2 = x_2 + y_2\mathrm{i}$, alors le vecteur $\overrightarrow{w_1} + \overrightarrow{w_2}$ a pour affixe $z_1 + z_2$.

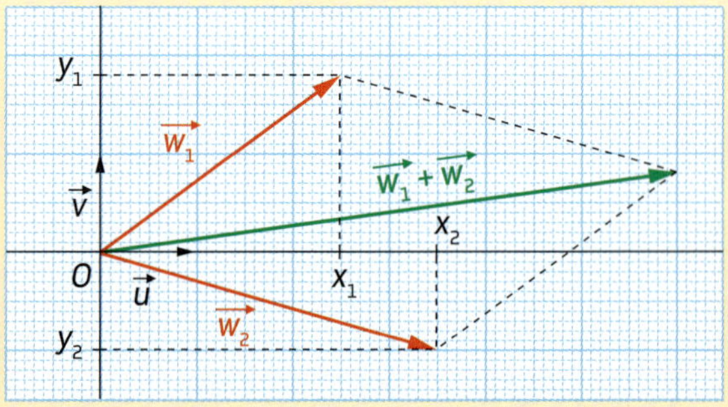

Exemple :

Si $\overrightarrow{w_1}$ et $\overrightarrow{w_2}$ sont les vecteurs d'affixes respectives $z_1 = 3 + 2\mathrm{i}$ et $z_2 = -7 - \mathrm{i}$, alors le vecteur $\overrightarrow{w_1} + \overrightarrow{w_2}$ a pour affixe $z_1 + z_2 = (3 + 2\mathrm{i}) + (-7 - \mathrm{i}) = -4 + \mathrm{i}$.

SF9 Utiliser les affixes de points et de vecteurs en géométrie

Dans le plan muni d'un repère orthonormé $(O\,;\,\vec{u}, \vec{v})$, on considère les points A, B, C et D d'affixes respectives

$$z_A = -2 - \mathrm{i},\ z_B = 3 + \mathrm{i},\ z_C = 6 + 4\mathrm{i}\ \text{ et }\ z_D = 1 + 2\mathrm{i}.$$

a. Montrer que $ABCD$ est un parallélogramme.

b. Déterminer l'affixe z_I du centre I du parallélogramme.

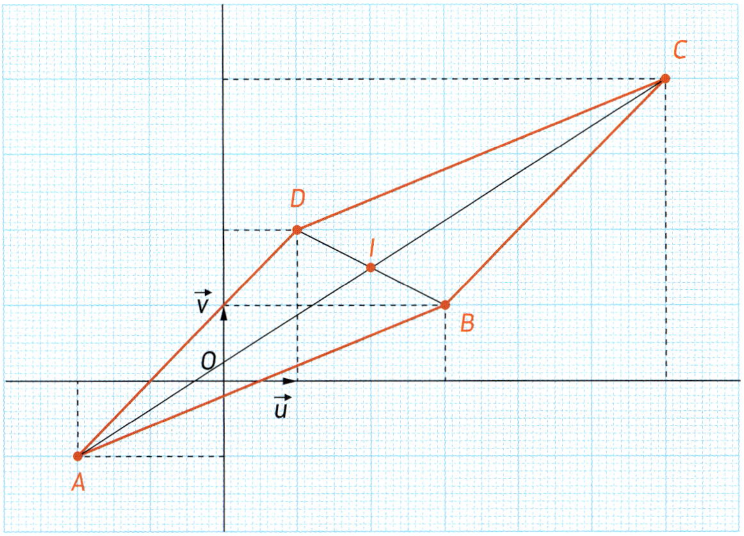

a. Montrer que $ABCD$ est un parallélogramme revient à montrer que $\overrightarrow{AB} = \overrightarrow{DC}$, soit encore que $z_{\overrightarrow{AB}} = z_{\overrightarrow{DC}}$.

On traduit le problème posé en termes d'affixes.

On a :

$z_{\overrightarrow{AB}} = z_B - z_A = (3 + \mathrm{i}) - (-2 - \mathrm{i}) = 5 + 2\mathrm{i}$

$z_{\overrightarrow{DC}} = z_C - z_D = (6 + 4\mathrm{i}) - (1 + 2\mathrm{i}) = 5 + 2\mathrm{i}$

donc $z_{\overrightarrow{AB}} = z_{\overrightarrow{DC}}$.

Conclusion : $ABCD$ est un parallélogramme.

On calcule les affixes des vecteurs nécessaires à la résolution du problème avec la formule $z_{\overrightarrow{AB}} = z_B - z_A$ et on conclut.

b. Le centre du parallélogramme est le milieu commun de $[AC]$ et $[BD]$.

On traduit le problème posé en termes d'affixes.

On peut traduire le fait que I est le milieu de $[AC]$ par l'égalité $\overrightarrow{AI} = \overrightarrow{IC}$ soit $z_{\overrightarrow{AI}} = z_{\overrightarrow{IC}}$.

On a :

$z_{\overrightarrow{AI}} = z_I - z_A = z_I - (-2 - \mathrm{i}) = z_I + 2 + \mathrm{i}$

$z_{\overrightarrow{IC}} = z_C - z_I = 6 + 4\mathrm{i} - z_I$

D'où l'équation : $z_I + 2 + \mathrm{i} = 6 + 4\mathrm{i} - z_I$

que l'on résout : $2\,z_I = 4 + 3\mathrm{i}$, soit $z_I = 2 + \dfrac{3}{2}\mathrm{i}$.

On calcule les affixes des vecteurs nécessaires à la résolution du problème avec la formule $z_{\overrightarrow{AB}} = z_B - z_A$ et on conclut.

POUR S'ENTRAÎNER

SF9 Dans un repère orthonormé $(O\,;\,\vec{u}, \vec{v})$, on considère les points A, B, C et D d'affixes respectives :

$$z_A = 2 + 4\mathrm{i},\ z_B = -2 + 2\mathrm{i},\ z_C = 4 - 2\mathrm{i}\ \text{ et }\ z_D = 8.$$

a. Montrer que $ABCD$ est un parallélogramme.

b. Déterminer l'affixe z_I du centre I du parallélogramme.

→ EXERCICES N°51 À 53

Comprendre

D Forme trigonométrique d'un nombre complexe

1 Module et argument

Voir SF10

Définitions

Soit $z = x + yi$ un nombre complexe. On note M le point d'affixe z dans un repère orthonormé $(O\,;\vec{u},\vec{v})$.

- On appelle **module** du nombre complexe z, et on note $|z|$, la distance OM : $|z| = OM$.
- Si z est non nul, on appelle **argument** du nombre complexe z, et on note $\arg(z)$, toute mesure de l'angle $(\vec{u},\overrightarrow{OM})$: $\arg(z) = (\vec{u},\overrightarrow{OM})$ à 2π près.

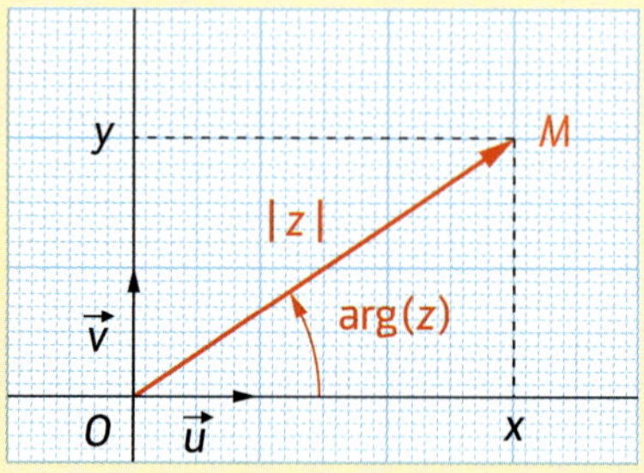

Exemple : On cherche le module et un argument du nombre complexe $z = 1 + \mathrm{i}$. Le point M d'affixe z a pour coordonnées (1 ; 1). On a alors : $|z| = OM = \sqrt{2}$ (la diagonale d'un carré de côté égal à 1 est égale à $\sqrt{2}$) et $(\vec{u},\overrightarrow{OM}) = \frac{\pi}{4}$ à 2π près donc un argument de z est $\frac{\pi}{4}$.

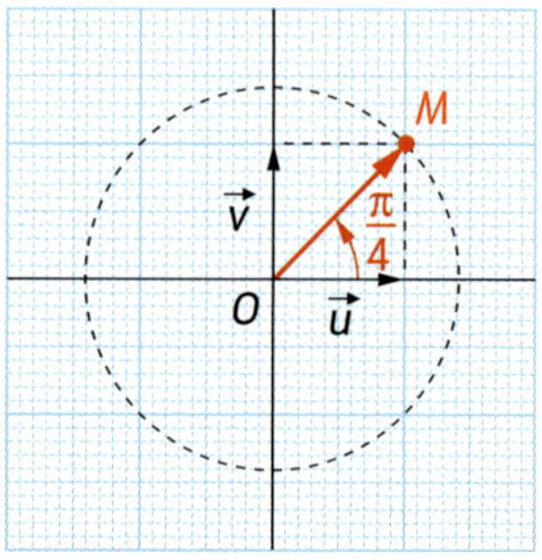

Remarque : Le module d'un nombre complexe est une distance donc le module d'un nombre complexe est toujours un réel positif.

2 Notion de forme trigonométrique d'un nombre complexe

Soit z un nombre complexe non nul de module ρ et d'argument θ. Dans un repère orthonormé $(O\,;\vec{u},\vec{v})$, soit :

- M le point image de z (distinct de O) ;
- N le point d'intersection de la demi-droite $[OM)$ avec le cercle trigonométrique.

On a donc : $\overrightarrow{OM} = \rho\overrightarrow{ON}$.

Par ailleurs, on a $\theta = (\vec{u},\overrightarrow{OM}) = (\vec{u},\overrightarrow{ON})$. Comme N est sur le cercle trigonométrique, ses coordonnées sont alors $(\cos\theta\,;\,\sin\theta)$. On en déduit que les coordonnées de M sont $(\rho\cos\theta\,;\,\rho\sin\theta)$. Si on revient à l'affixe $z = x + yi$ de M, on obtient les relations suivantes : $x = \rho\cos\theta$ et $y = \rho\sin\theta$ soit encore :

$$z = \rho\cos\theta + \mathrm{i}\rho\sin\theta = \rho(\cos\theta + \mathrm{i}\sin\theta).$$

On aboutit au théorème suivant.

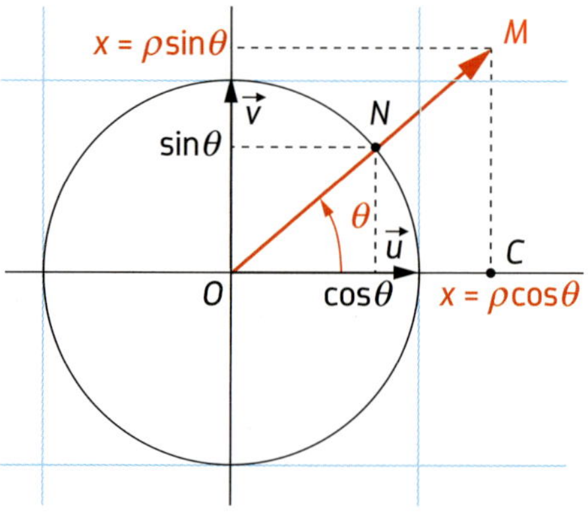

Voir SF11

Théorème Le nombre complexe z de module ρ et d'argument θ s'écrit :

$$z = \rho\cos\theta + \mathrm{i}\rho\sin\theta = \rho(\cos\theta + \mathrm{i}\sin\theta).$$

Dans ce cas, on note $z = [\rho\,;\,\theta]$: cette écriture est appelée **forme trigonométrique** du nombre complexe z.

Exemple : Soit le nombre complexe $z = -5$. Ce nombre est l'affixe du point M de coordonnées $(-5\,;\,0)$ donc il a pour module 5 et pour argument π à 2π près. On a alors : $z = 5\cos\pi + \mathrm{i}\times 5\sin\pi = [5\,;\,\pi]$: z admet $[5\,;\,\pi]$ pour forme trigonométrique.

SF10 Associer un nombre complexe de module et argument donnés à un point

Dans un repère orthonormé $(O\ ;\ \vec{u}, \vec{v})$, placer les points A, B et C d'affixes respectives z_A, z_B et z_C avec :

- z_A de module 2 et d'argument $-\dfrac{2\pi}{3}$
- z_B de module 3 et d'argument 0
- z_C de module 1 et d'argument $-\dfrac{\pi}{2}$

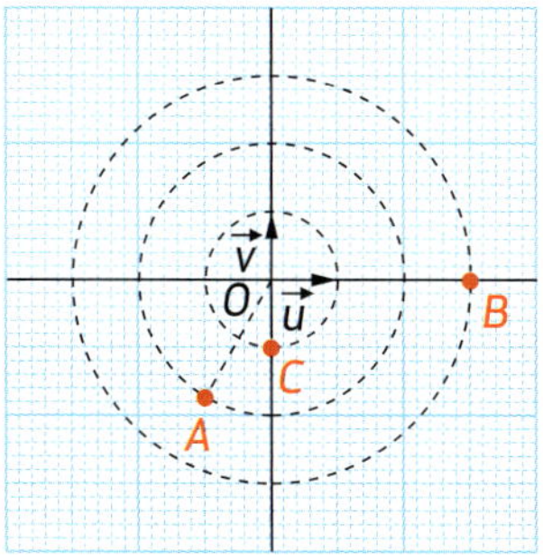

Le point M de module ρ et d'argument θ est l'intersection :
- du cercle de centre O et de rayon ρ

et
- de la demi-droite d'origine O formant un angle de mesure θ avec le demi-axe des abscisses $(O, \vec{u})$.

SF11 Passer d'une forme à l'autre pour un réel ou un imaginaire pur

En utilisant un raisonnement géométrique, exprimer :

- $z_1 = -4$ sous forme trigonométrique
- Le point M_1 d'affixe z_1 a pour coordonnées $(-4\ ;\ 0)$.

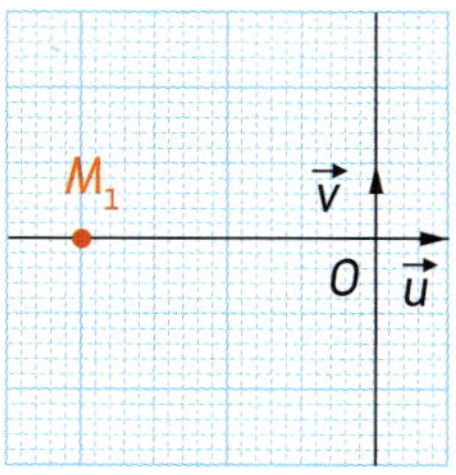

- $OM_1 = 4$ et $(\vec{u}, \overrightarrow{OM_1}) = \pi$ à 2π près donc $z_1 = [4\ ;\ \pi]$.

- $z_2 = \left[2\ ;\ \dfrac{\pi}{2}\right]$ sous forme algébrique
- Le point M_2 d'affixe z_2 est l'intersection du cercle de centre O et de rayon 2 avec la demi-droite d'origine O formant un angle de mesure $\dfrac{\pi}{2}$ avec le demi-axe des abscisses $(O\ ;\ \vec{u})$.

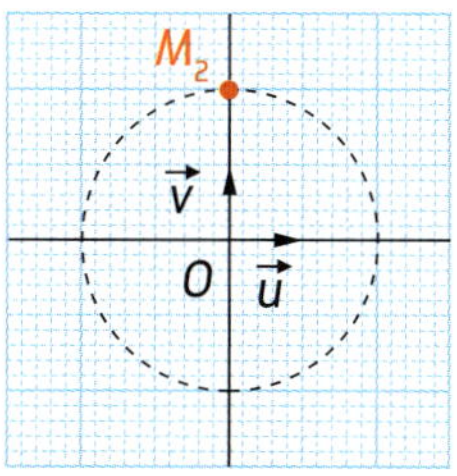

- $\overrightarrow{OM_2}$ a pour coordonnées $(0\ ;\ 2)$ donc $z_2 = 0 + 2\mathrm{i} = 2\mathrm{i}$.

On introduit le point image M du nombre complexe z. (Les réels sont les affixes des points de l'axe des abscisses, les imaginaires purs sont les affixes des points de l'axe des ordonnées.)

Si possible, on détermine géométriquement l'abscisse de M (partie réelle de z) et son ordonnée (partie imaginaire de z).

Si possible, on détermine géométriquement la distance $OM = |z|$ et une mesure de l'angle $(\vec{u}\ ;\ \overrightarrow{OM}) = \arg(z)$.

POUR S'ENTRAÎNER

SF10 Construire les points A, B et C d'affixes respectives z_A, z_B et z_C avec : z_A de module 4 et d'argument $-\dfrac{\pi}{4}$, z_B de module 7 et d'argument π et z_C de module 5 et d'argument $\dfrac{\pi}{2}$.

SF11 En utilisant un raisonnement géométrique, exprimer sous forme trigonométrique les nombres $z_1 = -5\mathrm{i}$ et $z_2 = 4$, puis sous forme algébrique les nombres $z_3 = [2\ ;\ 0]$ et $z_4 = \left[7\ ;\ \dfrac{3\pi}{2}\right]$.

→ EXERCICES n°54 à 59

3 Passage d'une forme à l'autre

Le module de $z = x + yi$ est égal à la distance OM, elle-même égale à $\sqrt{x^2+y^2}$.

La formule $|z| = \sqrt{x^2+y^2}$ permet alors de faire le lien entre les deux formes d'un nombre complexe.

Théorème Soit z un nombre complexe non nul de forme algébrique $z = x + yi$ et de forme trigonométrique $z = [\rho\,;\,\theta]$.

Voir SF12

- **Passage de la forme trigonométrique à la forme algébrique :**

$$\begin{cases} x = \rho\cos\theta \\ y = \rho\sin\theta \end{cases}$$

Voir SF13

- **Passage de la forme algébrique à la forme trigonométrique :**

$$\begin{cases} \rho = \sqrt{x^2+y^2} \\ \cos\theta = \dfrac{x}{\sqrt{x^2+y^2}} \text{ et } \sin\theta = \dfrac{y}{\sqrt{x^2+y^2}} \end{cases}$$

E Utilisation du module et de l'argument en géométrie

Soit A et B deux points d'affixes respectives z_A et z_B. Le vecteur $\overrightarrow{AB}$ a alors pour affixe le nombre complexe $z_B - z_A$.

Soit M le point d'affixe $z_B - z_A$, c'est-à-dire le point tel que $\overrightarrow{OM} = \overrightarrow{AB}$.

On en déduit que :

- $|z_B - z_A| = |z_{\overrightarrow{AB}}| = |z_{\overrightarrow{OM}}| = |z_M| = OM = AB$;
- $\arg(z_B - z_A) = \arg(z_M) = (\vec{u}, \overrightarrow{OM}) = (\vec{u}, \overrightarrow{AB})$.

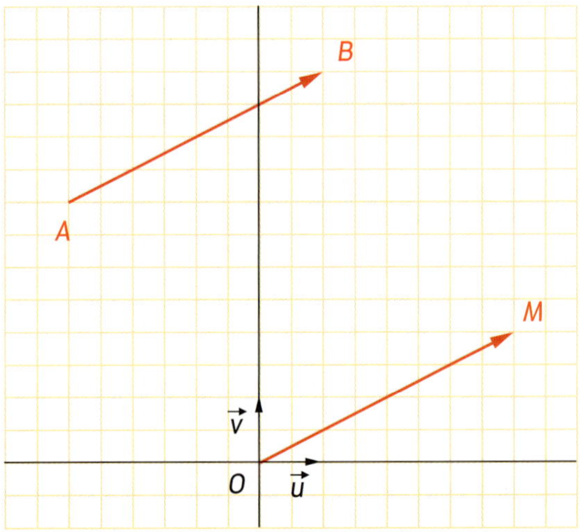

Voir SF14

Théorème Si A et B sont deux points distincts d'affixes respectives z_A et z_B alors :

- $AB = |z_B - z_A|$;
- $(\vec{u}, \overrightarrow{AB}) = \arg(z_B - z_A)$ à 2π près.

Exemple : Si A et B sont les points d'affixes respectives $z_A = 2\sqrt{3} - 3i$ et $z_B = 3\sqrt{3} - 2i$ alors :

$z_B - z_A = 3\sqrt{3} - 2i - (2\sqrt{3} - 3i) = \sqrt{3} + i$ et on a :

- $AB = |z_B - z_A| = |\sqrt{3} + i| = \sqrt{\sqrt{3}^2 + 1^2} = 2$;
- $(\vec{u}, \overrightarrow{AB}) = \arg(z_B - z_A) = \arg(\sqrt{3} + i)$.

Donc, si θ est un argument de $\sqrt{3} + i$, alors $\cos\theta = \dfrac{\sqrt{3}}{2}$ et $\sin\theta = \dfrac{1}{2}$, d'où $\theta = \dfrac{\pi}{6}$ (à 2π près).

Conclusion : $(\vec{u}, \overrightarrow{AB}) = \dfrac{\pi}{6}$ à 2π près.

SF12 Passer de la forme trigonométrique à la forme algébrique par le calcul

Déterminer la forme algébrique de $z=\left[2\,;\frac{\pi}{3}\right]$.

- $z=2\left(\cos\frac{\pi}{3}+\mathrm{i}\sin\frac{\pi}{3}\right)=2\left(\frac{1}{2}+\mathrm{i}\times\frac{\sqrt{3}}{2}\right)$
  $=1+\mathrm{i}\sqrt{3}$.

La forme algébrique du complexe $z=[\rho\,;\theta]$ est donnée par $z=\rho\cos\theta+\mathrm{i}\rho\sin\theta$ que l'on simplifie en déterminant les valeurs de $\cos\theta$ et $\sin\theta$, si possible.

SF13 Passer de la forme algébrique à la forme trigonométrique par le calcul

Exprimer sous forme trigonométrique le nombre $z=1+\mathrm{i}$.

- $|z|=\sqrt{1^2+1^2}=\sqrt{1+1}=\sqrt{2}$.
- Soit θ un argument de z. Alors
  $\cos\theta=\frac{1}{\sqrt{2}}=\frac{\sqrt{2}}{2}$ et $\sin\theta=\frac{1}{\sqrt{2}}=\frac{\sqrt{2}}{2}$.
- On en déduit $\theta=\frac{\pi}{4}$ (à 2π près)
  d'où $z=\left[\sqrt{2}\,;\frac{\pi}{4}\right]$.

On commence par déterminer le module de $z=x+yi$ avec la formule $|z|=\sqrt{x^2+y^2}$.

On détermine le cosinus et le sinus d'un argument θ de $z=x+yi$ avec les formules : $\cos\theta=\frac{x}{\sqrt{x^2+y^2}}$ et $\sin\theta=\frac{y}{\sqrt{x^2+y^2}}$.

On en déduit un argument de z puis une écriture trigonométrique de z.

SF14 Utiliser le module en géométrie

Soit les points M, N et P d'affixes respectives $z_M=2+\mathrm{i}$, $z_N=4+3\mathrm{i}$ et $z_P=6-\mathrm{i}$. Montrer que le triangle MNP est isocèle en P.

- Montrer que le triangle MNP est isocèle en P revient à montrer que $PM=PN$.
- On a : $z_M-z_P=(2+\mathrm{i})-(6-\mathrm{i})$
  $=-4+2\mathrm{i}$.
  D'où
  $PM=|z_M-z_P|$
  $=|-4+2\mathrm{i}|=\sqrt{(-4)^2+2^2}=\sqrt{20}$
  $=2\sqrt{5}$.
- On a : $z_N-z_P=(4+3\mathrm{i})-(6-\mathrm{i})$
  $=-2+4\mathrm{i}$.
  D'où
  $PN=|z_N-z_P|$
  $=|-2+4\mathrm{i}|=\sqrt{(-2)^2+4^2}=\sqrt{20}$
  $=2\sqrt{5}$
- Comme $PM=PN$, le triangle MNP est isocèle en P.

On traduit le problème posé en termes de distance.

On calcule les distances nécessaires avec $AB=|z_B-z_A|$; on détermine d'abord z_B-z_A puis $|z_B-z_A|$.

On répond alors au problème posé.

POUR S'ENTRAÎNER

SF12 Déterminer par le calcul la forme algébrique des complexes : $\left[5\,;\frac{\pi}{6}\right]$ et $\left[1\,;\frac{5\pi}{4}\right]$.

→ EXERCICES n° 60 à 64

SF13 Déterminer par le calcul une forme trigonométrique des nombres complexes : $1+\mathrm{i}\sqrt{3}$ et $-4\sqrt{3}+4\mathrm{i}$.

→ EXERCICES n° 65 à 71

SF14 Soit les points M, N et P d'affixes respectives $z_M=3$, $z_N=-2+5\mathrm{i}$ et $z_P=5+6\mathrm{i}$. Montrer que le triangle MNP est isocèle en N.

→ EXERCICES n° 72 à 79

Essentiel

1 Formes d'un complexe avec $i^2 = -1$

Forme algébrique	$x + yi$ x : partie réelle et y : partie imaginaire
Forme trigonométrique	$[\rho\,;\theta] = \rho\cos\theta + i\rho\sin\theta$ avec ρ : module et θ : argument
Passage de $[\rho\,;\theta]$ à $x + yi$	$\begin{cases} x = \rho\cos\theta \\ y = \rho\sin\theta \end{cases}$
Passage de $x + yi$ à $[\rho\,;\theta]$	$\begin{cases} \rho = \sqrt{x^2 + y^2} \\ \cos\theta = \dfrac{x}{\sqrt{x^2+y^2}} \text{ et } \sin\theta = \dfrac{y}{\sqrt{x^2+y^2}} \end{cases}$

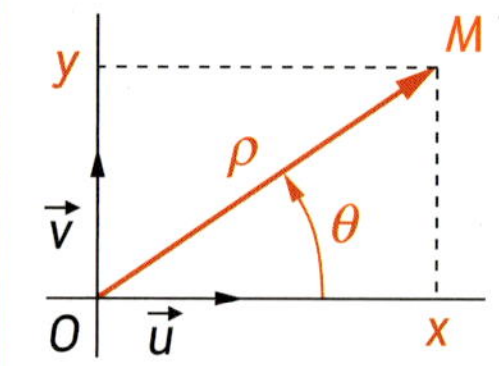

2 Opérations sur les complexes

Addition et multiplication	s'effectuent en utilisant les règles de calcul usuelles et la formule $i^2 = -1$.
Conjugué de $z = x + yi$	$\overline{z} = x - yi$
Division	s'effectue en multipliant numérateur et dénominateur par le conjugué du dénominateur et en utilisant $z \cdot \overline{z} = x^2 + y^2$.

3 Géométrie et complexes

Dans un repère orthonormé $(O\,;\vec{u},\vec{v})$:

Affixe d'un point	Le point M de coordonnées $(x\,;y)$ a pour affixe $z = x + y\,i$.
Affixe d'un vecteur	$z_{\overrightarrow{AB}} = z_B - z_A$
Distance	$AB = \lvert z_B - z_A \rvert$
Angle	$(\vec{u}, \overrightarrow{AB}) = \arg(z_B - z_A)$ à 2π près.

À l'oral

Diaporama OpenOffice

QUESTIONS FLASH

Les questions flash se traitent sans brouillon ni calculatrice.

1. Soit x un nombre réel. Identifier la partie réelle et la partie imaginaire de :

a) $z = x - 2i + 3$ **b)** $z = x(2 - i)$
c) $z = i(x + 3i)$ **d)** $z = (x + 2i) + ix$

2. Déterminer la forme algébrique des nombres complexes suivants :

a) $z = (2 + 3i) - (4i - 5)$ **b)** $z = 2i - 5 - 4i + 9$
c) $z = i(5 - 2i)$ **d)** $z = (1 + i)(2 - i)$

3. Je suis un nombre complexe.

a) Ma partie réelle est égale à 3 et je suis égal à mon conjugué. Qui suis-je ?

b) Je suis opposé à mon conjugué, que peut-on dire de moi ?

4. Déterminer le conjugué des nombres complexes suivants :

a) $z = 2i - 3$ **b)** $z = -5i$
c) $z = 1 + i - 2 + 3i$ **d)** $z = -4(3 + i)$

5. Résoudre dans $\mathbb{C}$ les équations suivantes :

a) $4z + 5 = z + 3 - \mathrm{i}$ **b)** $2z + \mathrm{i} = 3\mathrm{i} - 2 + z$

c) $\mathrm{i}z = 2$ **d)** $(1 - \mathrm{i})\,z = 1$

6. Le plan est muni d'un repère orthonormé.
Par lecture graphique, donner l'affixe de chacun des points *A*, *B*, *C*, *D*, *E* et de chacun des vecteurs $\vec{s}$, $\vec{t}$, $\vec{w}$ représentés ci-dessous :

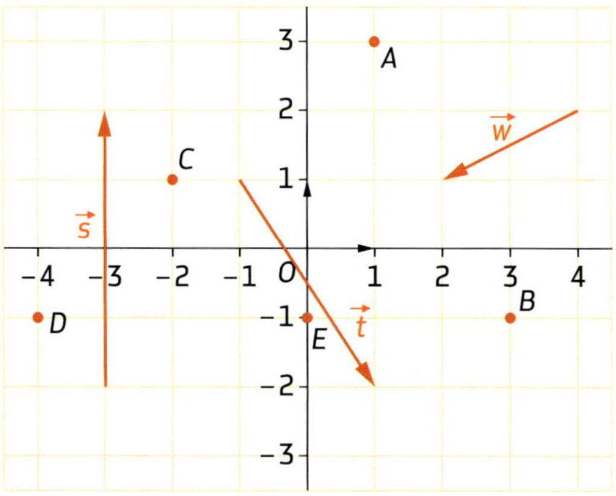

7. Sur la figure ci-dessous, dans un repère orthonormé, on a tracé le cercle de centre *O* et de rayon 4 et les représentants d'origine *O* des vecteurs $\vec{u}$, $\vec{a}$, $\vec{b}$, $\vec{c}$ et $\vec{d}$.

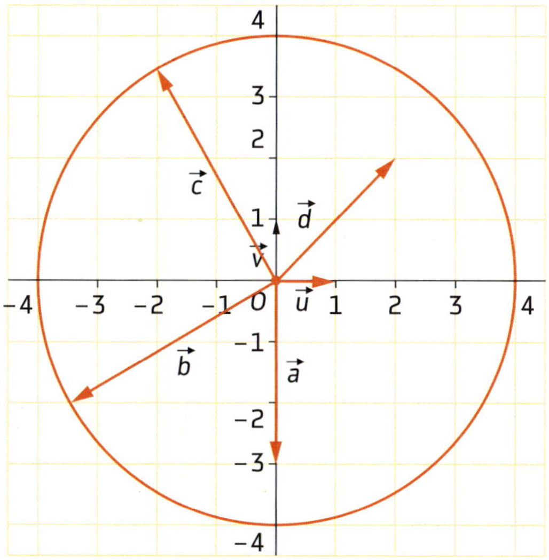

Par lecture graphique, donner :
– la norme de chacun de ces vecteurs ;
– la mesure principale de chacun des angles suivants :

$$(\vec{u}, \vec{a}),\ (\vec{u}, \vec{b}),\ (\vec{u}, \vec{c}) \text{ et } (\vec{u}, \vec{d}).$$

8. Donner la forme algébrique des nombres complexes suivants :

a) $z = [11\,;\pi]$ **b)** $z = \left[7\,;\dfrac{3\pi}{2}\right]$.

c) $z = \left[2\,;\dfrac{3\pi}{4}\right]$. **d)** $z = \left[5\,;-\dfrac{\pi}{3}\right]$.

9. Calculer le module des nombres complexes suivants :

a) $z = 3 - \mathrm{i}$ **b)** $z = -3 + 4\mathrm{i}$

c) $z = 4\mathrm{i}$ **d)** $z = -5 + 12\mathrm{i}$

10. Par lecture graphique, donner le module et un argument des affixes de chacun des points *A*, *B*, *C*, *D*, *E*, *F* représentés ci-dessous :

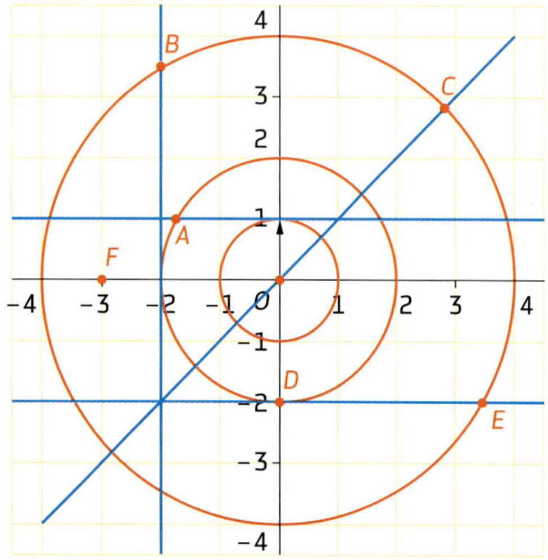

11. Exprimer sous forme trigonométrique les nombres complexes suivants :

a) $z = -4\mathrm{i}$ **b)** $z = -7$

c) $z = 1 + \mathrm{i}$ **d)** $z = 1 - \mathrm{i}\sqrt{3}$

REMUE-méninges

Sauf indication contraire, on pourra utiliser un brouillon ou une calculatrice.

Le plan est muni d'un repère orthonormé.

12. Les points *A*, *B* et *C* ont pour affixes respectives 0, $2 - 2\mathrm{i}$ et $\sqrt{6} + \mathrm{i}\sqrt{2}$. Quelle est la nature du triangle *ABC* ?

13. Je suis un nombre complexe.
Mon inverse est égal à mon opposé, qui suis-je ?

14. a) Je suis un point du plan, image d'un nombre complexe et de son conjugué. Que peut-on dire de moi ?
b) Je suis un vecteur, image d'un nombre complexe ; mon opposé est le vecteur image de son conjugué.
Que peut-on dire de moi ?

15. Je suis un nombre complexe.
a) Mon module est l'opposé de ma partie réelle.
Que peut-on dire de moi ?
b) Mon module est égal à ma partie imaginaire.
Que peut-on dire de moi ?

16. Le point *A* est le point d'affixe $z = 4$. Déterminer les affixes, puis les coordonnées, des sept autres sommets de l'octogone régulier de centre *O* dont *A* est un sommet.

17. Pour tout entier naturel *n*, on considère le point M_n d'affixe $z_n = \left[\dfrac{4}{2^n}\,;n\dfrac{\pi}{3}\right]$.
a) Y a-t-il de tels points M_n qui appartiennent à l'axe des abscisses ? Si oui, que peut-on dire de leurs indices ?
b) À partir de quel indice *n*, la distance OM_n est elle inférieure à 0,1 ?

Développer ses compétences

situation 1 À la recherche de cosinus et sinus inconnus…

REPRÉSENTER Changer de registre.

Objectif : Exploiter la représentation géométrique des nombres complexes.

Le plan est rapporté à un repère orthonormé $(O\,;\vec{u},\vec{v})$ d'unité graphique 5 cm.

Partie A

L'objectif de cette partie est de déterminer la valeur exacte de $\cos\dfrac{\pi}{8}$.

1 La valeur fournie par la calculatrice permet-elle de répondre à cet objectif ? Argumenter la réponse.

On considère le point I de coordonnées (1 ; 0) et le point A du cercle trigonométrique $\mathscr{C}$ tels que $(\vec{u},\overrightarrow{OA})=\dfrac{\pi}{4}+k2\pi,\ k\in\mathbb{Z}$. On note z_I et z_A les affixes respectives des points I et A.

2 **a.** Faire une figure que l'on complétera au fur et à mesure.

b. Exprimer z_A sous forme trigonométrique, puis donner la forme algébrique de z_I et z_A.

3 Soit M le milieu du segment $[IA]$. On note z_M son affixe.

a. Montrer que $z_M=\dfrac{2+\sqrt{2}}{4}+\dfrac{\sqrt{2}}{4}\mathrm{i}$. En déduire que $OM=\dfrac{\sqrt{2+\sqrt{2}}}{2}$.

b. Justifier que la droite (OM) est la bissectrice de l'angle $\widehat{IOA}$. En déduire un argument de z_M.

c. En confrontant les deux formes (algébrique et trigonométrique) de z_M, montrer que $\cos\dfrac{\pi}{8}=\dfrac{\sqrt{2+\sqrt{2}}}{2}$. Confronter la valeur obtenue avec celle de la question **1**.

Partie B

REPRÉSENTER Choisir un cadre (numérique, algébrique, géométrique) adapté pour traiter un problème ou pour représenter un objet mathématique.

L'objectif de cette partie est de déterminer la valeur exacte de $\sin\dfrac{\pi}{12}$.

a. **COMMUNIQUER** S'exprimer avec clarté et précision à l'oral et à l'écrit. Élaborer une stratégie qui permette de répondre à cette question. On pourra s'inspirer du travail mené dans la **Partie A**.

b. Mettre en œuvre cette stratégie.

situation 2 Les nombres complexes, un langage utilisé en électricité

REPRÉSENTER Changer de registre.

Objectif : Utiliser les nombres complexes dans un contexte technologique.

Partie A Notation complexe en électricité

Lors de l'étude d'un circuit électrique en régime sinusoïdal forcé de pulsation ω, une grandeur $a(t)$ (intensité ou tension) de phase φ à l'origine des temps, peut être exprimée sous la forme :
- soit $a(t)=A\cos(\omega t+\varphi)$, où A est la valeur maximale ;
- soit $a(t)=A\sqrt{2}\cos(\omega t+\varphi)$, où A est appelée valeur efficace.

À cette grandeur a est alors associé le nombre complexe $\underline{A}$ défini par $\underline{A}=[A\,;\varphi]$.

Remarque : Quand on utilise des nombres complexes en électricité, le nombre complexe de module 1 et d'argument $\dfrac{\pi}{2}$ est noté j au lieu de i, cette dernière lettre étant réservée à la notation d'une intensité.

1 Pour chacune des grandeurs suivantes, exprimer le nombre complexe associé sous forme trigonométrique puis sous forme algébrique (pour le **a.** et le **b.**, on prend les valeurs maximales pour modules ; pour le **c.** et le **d.**, on prend les valeurs efficaces).

a. $u_1(t) = \cos(\omega t)$ **b.** $u_2(t) = 311\cos(\omega t)$

c. $u_3(t) = 60\sqrt{2}\cos\left(\omega t + \frac{\pi}{2}\right)$ **d.** $u_4(t) = 110\sqrt{2}\cos\left(\omega t - \frac{2\pi}{3}\right)$

2 Pour chacun des nombres complexes suivants, donner la grandeur correspondante (les modules sont des valeurs maximales pour le **a.** et le **b.** ; pour le **c.** et le **d.**, ce sont des valeurs efficaces).

a. $\underline{I_1} = \left[0{,}5\,;-\frac{\pi}{6}\right]$ **b.** $\underline{I_2} = 3$ **c.** $\underline{I_3} = -5\mathrm{i}$ **d.** $\underline{I_4} = \mathrm{i} - 1$

Partie B Additivité des tensions dans un montage en série

On rappelle la loi des mailles (additivité des tensions dans le cas d'un montage en série) :

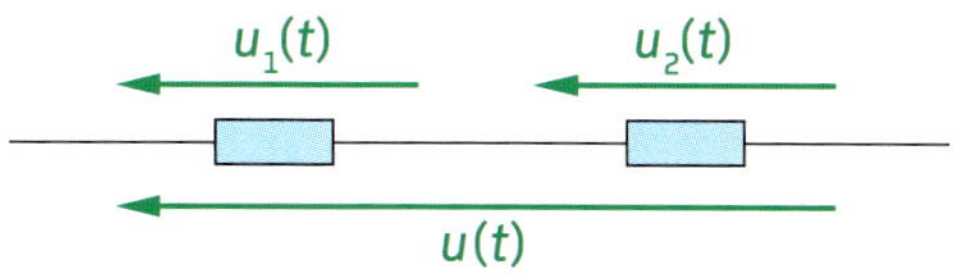

loi des mailles : $u(t) = u_1(t) + u_2(t)$.

On admet alors que : $\underline{U} = \underline{U_1} + \underline{U_2}$.

On donne $u_1(t) = 2\sqrt{2}\cos\left(\omega t + \frac{\pi}{4}\right)$ et $u_2(t) = 3\sqrt{2}\cos\left(\omega t - \frac{\pi}{4}\right)$. On note $\underline{U_1}$ et $\underline{U_2}$ les tensions complexes associées (les modules sont des valeurs efficaces).

1 Exprimer $\underline{U_1}$ et $\underline{U_2}$ sous forme trigonométrique puis sous forme algébrique.

2 Déterminer la forme algébrique de $\underline{U} = \underline{U_1} + \underline{U_2}$, grandeur complexe associée à $u_1(t) + u_2(t)$.

3 Calculer alors la valeur exacte du module de $\underline{U}$ et une valeur approchée à 10^{-1} près d'un argument de $\underline{U}$. En déduire une expression de $u(t)$.

4 CHERCHER **Valider une démarche ou en adopter une nouvelle.** On considère un repère orthonormé $(O\,;\vec{u}, \vec{v})$ d'unité graphique 1 cm. Tracer les vecteurs images $\overrightarrow{U_1}$ et $\overrightarrow{U_2}$ respectivement des nombres complexes $\underline{U_1}$ et $\underline{U_2}$ dans le plan complexe.

Construire le vecteur $\vec{U} = \overrightarrow{U_1} + \overrightarrow{U_2}$.

De quelle grandeur complexe le vecteur $\vec{U}$ est-il le vecteur image ?

La représentation est-elle cohérente avec les résultats du **3** ?

Partie C Additivité des courants dans un montage en parallèle

REPRÉSENTER **Choisir un cadre (numérique, algébrique, géométrique) adapté pour traiter un problème.**

On rappelle la loi des nœuds (additivité des courants dans le cas d'un montage en parallèle) :

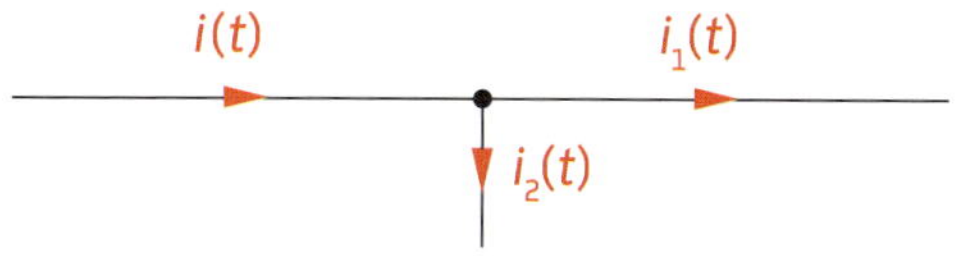

loi des nœuds : $i(t) = i_1(t) + i_2(t)$

On admet alors que : $\underline{I} = \underline{I_1} + \underline{I_2}$.

On donne $i(t) = 3\cos(\omega t)$ et $i_1(t) = 6\cos\left(\omega t - \frac{\pi}{6}\right)$. On note $\underline{I}$ et $\underline{I_1}$ les grandeurs complexes associées (les modules sont des valeurs maximales).

En choisissant d'utiliser une des démarches de la Partie B (par le calcul ou la représentation graphique), déterminer une expression du courant $i_2(t)$, le déphasage étant arrondi à 10^{-2}.

Exercices

Prérequis

1 Dans un repère orthonormé (O, I, J), on considère les points $A(1\ ;\ 3)$, $B(2\ ;\ 1)$ et $C(5\ ;\ 5)$.

a) Calculer les coordonnées des vecteurs $\overrightarrow{AB}$ et $\overrightarrow{AC}$.

b) Calculer les distances AB, AC et BC.

c) Quelle est la nature du triangle ABC ?

2 Dans un repère orthonormé (O, I, J), soit les points $A(2\ ;-1)$, $B(1\ ;\ 2)$ et $C(5\ ;\ 0)$.

Montrer que le triangle ABC est isocèle et rectangle.

Partie réelle et partie imaginaire

Savoir-Faire 1 → P.241

3 Identifier la partie réelle et la partie imaginaire des nombres complexes suivants :

a) $z = 5 + 3i$ **b)** $z = 2 - 4i$ **c)** $z = -7 - 6i$

d) $z = -i$ **e)** $z = 12$

4 Même exercice que le précédent avec :

a) $z = 2i - 3$ **b)** $z = 5 - \frac{3}{4}i$ **c)** $z = 12i$

d) $z = 3 + i$ **e)** $z = -7$

5 Soit a et b deux nombres réels. Identifier la partie réelle et la partie imaginaire des nombres complexes suivants :

a) $z = 5 - ib$ **b)** $z = a + \sqrt{2} - 3i$

c) $z = i(b - 2)$ **d)** $z = (a + 4) - i(b + 1)$

Égalité de deux nombres complexes

Savoir-Faire 2 → P.241

6 Dans chaque cas, déterminer les nombres réels a et b tels que :

a) $(2a + 1) - 3i = 5 + (2 - b)i$

b) $(a + 3) + (b - 3)i = 6$

7 Même question qu'à l'exercice précédent :

a) $(-a + 1) + (2b + 1)i = -3i$

b) $(-2a + 3) + (2 - 3b)i = 5 - 7i$

8 Le plan est rapporté à un repère orthonormé $(O\ ;\ \vec{u}, \vec{v})$. Déterminer tous les points $M(x\ ;\ y)$ tels que :

a) $(x^2 - 5) + iy = 20$

b) $(x - 3) + i(y^2 - 1) = 0$

Addition et multiplication

Savoir-Faire 3 → P.241

9 On donne $z = 1 - 5i$ et $z' = -2 + 2i$. Déterminer la forme algébrique de $z + z'$ et de $z - z'$.

10 Même exercice que le précédent avec $z = -5 - i$ et $z' = 3 + 4i$.

11 Donner la forme algébrique des nombres complexes suivants :

a) $(2 + i) - (5 - i)$ **b)** $\left(1 - \frac{\sqrt{3}}{2}i\right) + (3 + 2i)$

c) $(\sqrt{2} + i) - (1 + i\sqrt{2})$ **d)** $(\sqrt{3} + 2i\sqrt{2}) - (2\sqrt{3} - i\sqrt{2})$

e) $\left(\frac{1}{2} - 3i\right) + \left(4 - \frac{1}{4}i\right)$

12 On donne $z = a - 3i$ et $z' = 2i - a$, où a est un nombre réel. Déterminer la forme algébrique de $z + z'$ et de $z - z'$.

13 On donne $z = 2x + iy$ et $z' = 1 - 3iy$, où x et y sont deux nombres réels. Déterminer la forme algébrique de $z + z'$ et de $z - z'$.

Savoir-Faire 4 → P.243

14 On donne $z = 2 - 3i$ et $z' = -1 + 2i$. Donner la forme algébrique des nombres complexes suivants :

a) $z \cdot z'$ **b)** z^2 **c)** z'^2

15 Même exercice que le précédent avec $z = -5 + 4i$ et $z' = 3 - i$.

16 On donne $z_1 = -2 + 3i$ et $z_2 = 4 - i$. Écrire sous la forme $x + yi$ les nombres complexes :

a) $3z_1 - 2z_2$ **b)** $z_1 \times z_2$ **c)** z_1^2

d) z_2^2 **e)** z_2^3

17 On donne $z = \frac{1}{3} - \frac{1}{2}i$ et $z' = -\frac{1}{2} + i$. Donner la forme algébrique des nombres complexes suivants :

a) $2z - 3z'$ **b)** $iz + 2z'$ **c)** z^2

d) z'^3 **e)** $z \cdot z'$

18 Donner la forme algébrique des nombres complexes suivants :

a) $(2 + 3i)(i - 2)$ **b)** $(3 + 2i)(2 + i)$ **c)** $(2i)^3$

d) $(2 - 3i)^2$ **e)** $(5 + 4i)^2$

19 Écrire en fonction des nombres réels a et b la forme algébrique des nombres complexes suivants :

a) $z_1 = (a + 2i)(1 - 3ib)$ **b)** $z_2 = (a - 3ib) + 7 + 2ib$

c) $z_3 = (a + 3i)^2$ **d)** $z_4 = 1 - ia + 2 + 3ia$

e) $z_5 = (3a - ib)^2$ **f)** $z_6 = (a - 2ib)(3a + 4i)$

Conjugué, inverse, quotient

Savoir-Faire 5 → P.243

20 Déterminer le conjugué des nombres complexes suivants :

a) $1-\mathrm{i}$ b) $\mathrm{i}+2$ c) $3\mathrm{i}$

21 Même exercice que le précédent avec :

a) $3-2\mathrm{i}$ b) $5\mathrm{i}-4$ c) -12

22 **1.** On donne $z_1=1+\mathrm{i}$ et $z_2=3-\mathrm{i}$.

a) Donner la forme algébrique de z_1+z_2 puis de $\overline{z_1+z_2}$.

b) Donner la forme algébrique de $\overline{z_1}$, $\overline{z_2}$, puis de $\overline{z_1}+\overline{z_2}$.

2. Reprendre les questions **1.a)** et **1.b)** avec $z_1=x_1+\mathrm{i}y_1$ et $z_2=x_2+\mathrm{i}y_2$, où x_1, x_2, y_1 et y_2 sont quatre nombres réels.

Que peut-on en conclure ?

23 On donne $z_1=1+\mathrm{i}$ et $z_2=3-\mathrm{i}$.

a) Donner la forme algébrique de $z_1\cdot z_2$ puis de $\overline{z_1\cdot z_2}$.

b) Donner la forme algébrique de $\overline{z_1}$, $\overline{z_2}$, puis de $\overline{z_1}\cdot\overline{z_2}$.

c) Comparer les résultats obtenus.

24 **Démonstration d'un résultat du cours**

Soit le nombre complexe $z=x+y\mathrm{i}$. Développer et simplifier le produit $(x+y\mathrm{i})(x-y\mathrm{i})$. Quelle propriété du cours a-t-on ainsi démontrée ?

25 Sans déterminer $\overline{z}$, calculer $z\cdot\overline{z}$ dans chacun des cas suivants :

a) $z=2+3\mathrm{i}$ b) $z=-5+\mathrm{i}\sqrt{2}$

c) $z=-3-2\mathrm{i}$ d) $z=\mathrm{i}$

26 Même exercice que le précédent avec :

a) $z=3-5\mathrm{i}$ b) $z=-8$

c) $z=-3\mathrm{i}$ d) $z=-4+7\mathrm{i}$

Savoir-Faire 6 → P.243

27 Déterminer la forme algébrique des nombres complexes suivants :

a) $\dfrac{1}{1+4\mathrm{i}}$ b) $\dfrac{1}{-3-5\mathrm{i}}$

28 Même exercice que le précédent avec :

a) $\dfrac{1}{4\mathrm{i}}$ b) $\dfrac{1}{\sqrt{3}+\mathrm{i}}$

29 Même exercice que le précédent avec :

a) $\dfrac{3}{2-\mathrm{i}}$ b) $\dfrac{5}{\mathrm{i}}$

Savoir-Faire 7 → P.245

30 Déterminer la forme algébrique des nombres complexes suivants :

a) $\dfrac{3+4\mathrm{i}}{1-2\mathrm{i}}$ b) $\dfrac{1-\mathrm{i}}{2+\mathrm{i}}$

31 Même exercice que le précédent avec :

a) $\dfrac{1+\mathrm{i}}{1+\mathrm{i}\sqrt{3}}$ b) $\dfrac{2-2\mathrm{i}}{\sqrt{3}-\mathrm{i}}$

32 Déterminer la forme algébrique des nombres complexes suivants :

a) $\dfrac{3}{7\mathrm{i}}$ b) $\dfrac{-2}{1+\mathrm{i}\sqrt{3}}$

c) $\dfrac{1-3\mathrm{i}}{2+5\mathrm{i}}$ d) $\mathrm{i}+\dfrac{1}{\mathrm{i}}$

33 Même exercice que le précédent avec :

a) $z_1=\dfrac{5+\mathrm{i}}{3\mathrm{i}}$ b) $z_2=\dfrac{2}{7-\mathrm{i}}$

c) $z_3=\dfrac{1+2\mathrm{i}}{(2+\mathrm{i})-5}$ d) $z_4=\dfrac{3+\mathrm{i}}{(4+2\mathrm{i})+(5-\mathrm{i})}$

*(Attention : pour les questions **c)** et **d)**, on mettra d'abord le dénominateur sous forme algébrique pour pouvoir utiliser ensuite son conjugué.)*

34 Même exercice que le précédent avec :

a) $z_1=\dfrac{3\mathrm{i}}{2-5\mathrm{i}}$ b) $z_2=3+\mathrm{i}-\dfrac{1}{1+2\mathrm{i}}$

c) $z_3=1-3\mathrm{i}-\dfrac{2+\mathrm{i}}{3\mathrm{i}}$ d) $z_4=\dfrac{5\mathrm{i}}{2-\mathrm{i}-(2-5\mathrm{i})}$

35 On donne $z_1=-2+3\mathrm{i}$ et $z_2=4-\mathrm{i}$. Écrire sous la forme $x+y\mathrm{i}$ les nombres complexes :

a) $\dfrac{z_2}{z_1}$ b) $\dfrac{z_1}{z_2}$ c) $\dfrac{3}{z_1+z_2}$ d) $\dfrac{z_1+z_2}{z_1-z_2}$

36 Déterminer en fonction des réels a et b la forme algébrique des nombres complexes suivants :

a) $z_1=\dfrac{5}{a+\mathrm{i}b}$ b) $z_2=\dfrac{2-3\mathrm{i}}{a+4\mathrm{i}}$

c) $z_3=\dfrac{1+\mathrm{i}}{2+a+\mathrm{i}b}$ d) $z_4=\dfrac{5+\mathrm{i}}{(1-3\mathrm{i})-(a+\mathrm{i}b)}$

37 Résoudre dans $\mathbb{C}$ les équations suivantes et donner les solutions sous forme algébrique :

a) $(2+\mathrm{i})z=1-3\mathrm{i}$ b) $1+2\mathrm{i}z=3-5\mathrm{i}$

c) $(3+2\mathrm{i})z+4-5\mathrm{i}=0$ d) $7z-4\mathrm{i}=-\mathrm{i}z+5$

38 Même exercice que le précédent avec :

a) $(4-\mathrm{i})z+7\mathrm{i}=0$ b) $\mathrm{i}z+6=0$

c) $\left(\dfrac{9+7\mathrm{i}}{2}\right)z=\dfrac{1}{3}$ d) $4+5\mathrm{i}z=3-7\mathrm{i}$

39 Cet exercice est un questionnaire à choix multiples. Pour chaque question, indiquer la seule réponse exacte.

On considère les nombres complexes $z_1 = 3 - 2i$ et $z_2 = \sqrt{2} - i\sqrt{2}$.

1. La forme algébrique de $z_1 \times z_2$ est :

a. $3\sqrt{2} + 2i\sqrt{2}$ **b.** $\sqrt{2} - 5i\sqrt{2}$ **c.** $5\sqrt{2} - 5i\sqrt{2}$

2. La forme algébrique de $\dfrac{1}{z_1}$ est :

a. $\dfrac{1}{3} - \dfrac{1}{2}i$ **b.** $\dfrac{3}{13} + \dfrac{2}{13}i$ **c.** $\dfrac{3}{5} + \dfrac{2}{5}i$

3. La forme algébrique de $\dfrac{z_1}{z_2}$ est :

a. $\dfrac{3}{\sqrt{2}} + \dfrac{2}{\sqrt{2}}i$ **b.** $\dfrac{\sqrt{2}}{4} - \dfrac{5\sqrt{2}}{4}i$ **c.** $\dfrac{5\sqrt{2}}{4} + \dfrac{\sqrt{2}}{4}i$

Représentation géométrique d'un nombre complexe

Savoir-Faire 8 → P.245

40 Le plan étant rapporté à un repère orthonormé $(O\,;\vec{u},\vec{v})$, placer les points A, B, C et D d'affixes respectives $z_A = 2 - 2i$, $z_B = \dfrac{1}{2} + \dfrac{i}{2}$, $z_C = -3$ et $z_D = 2i$.

41 Même question qu'à l'exercice précédent avec :

$z_A = -\dfrac{5}{2}i$, $z_B = -4 + 3i$, $z_C = 2$ et $z_D = -3 + i$.

42 Le plan est rapporté à un repère orthonormé $(O\,;\vec{u},\vec{v})$. Par lecture graphique, donner les affixes respectives z_A, z_B, z_C et z_D des points A, B, C et D représentés.

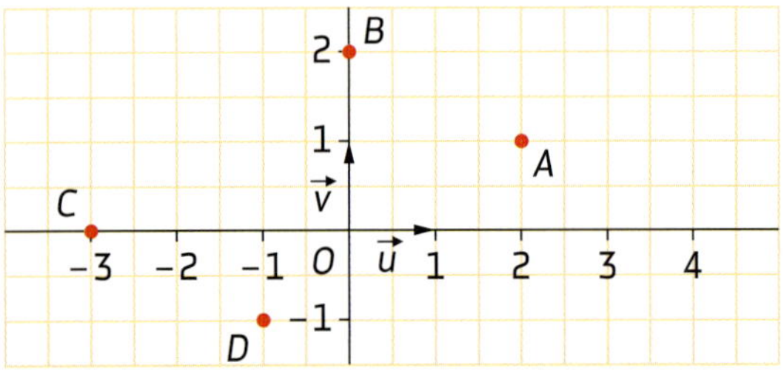

43 Même exercice que le précédent avec :

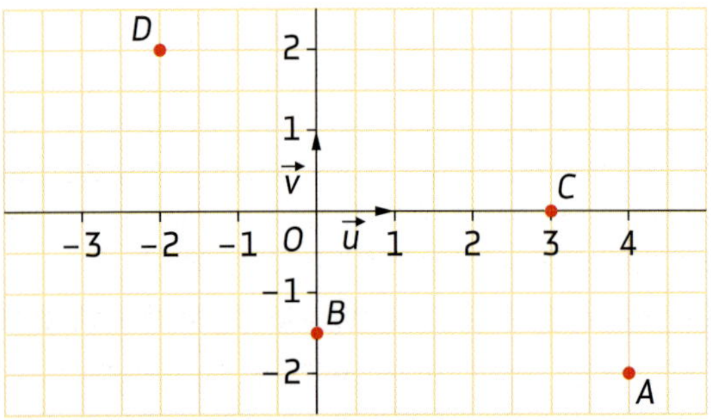

44 Fichier GeoGebra

a) Avec un logiciel de géométrie dynamique, créer un nombre réel a variable puis le point M d'affixe $z = 2 + ai$. Activer la trace de M et faire varier a.

b) Quel est l'ensemble des points M dont l'affixe z vérifie $z = 2 + ai$?

45 Fichier GeoGebra

a) Avec un logiciel de géométrie dynamique, créer un nombre réel a variable puis le point M d'affixe $z = a - 3i$. Activer la trace de M et faire varier a.

b) Quel est l'ensemble des points M dont l'affixe z vérifie $z = a - 3i$?

46 Le plan est rapporté à un repère orthonormé $(O\,;\vec{u},\vec{v})$.

a) Déterminer et représenter l'ensemble des points M d'affixe z vérifiant $z = 1 + i\omega$, ω étant un nombre réel quelconque.

b) Même question si ω est un nombre réel positif ou nul.

47 Le plan est rapporté à un repère orthonormé $(O\,;\vec{u},\vec{v})$. Par lecture graphique, donner les affixes respectives z_1, z_2 et z_3 des vecteurs $\vec{v_1}$, $\vec{v_2}$ et $\vec{v_3}$ représentés.

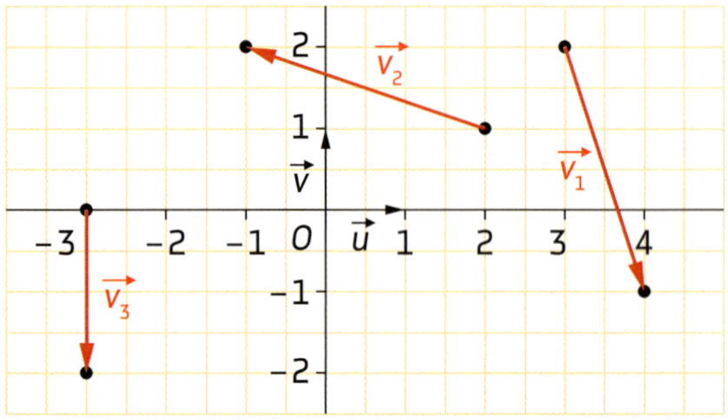

48 Même exercice que le précédent avec :

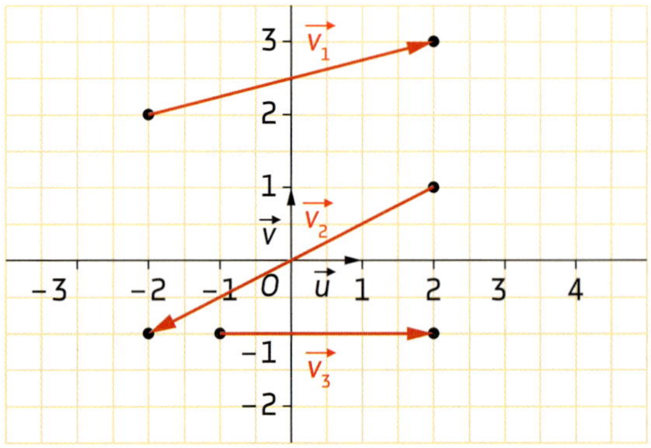

49 Le plan étant rapporté à un repère orthonormé $(O\,;\vec{u},\vec{v})$, on considère les points A, B et C d'affixes respectives $z_A = -2 + 3i$, $z_B = 5 - i$ et $z_C = -2 - i$. Déterminer l'affixe des vecteurs suivants :

$\overrightarrow{AB}$, $\overrightarrow{AC}$, $\overrightarrow{BC}$ et $\overrightarrow{OA} + \overrightarrow{OB}$.

50 Même exercice que le précédent avec A, B et C d'affixes respectives $z_A = 2i - 3$, $z_B = 1 + 4i$ et $z_C = 3 - i$.

Savoir-Faire 9 → P.247

51 Le plan étant rapporté à un repère orthonormé $(O\,;\vec{u},\vec{v})$, on considère les points A, B, C et D d'affixes respectives $z_A = 1 - \mathrm{i}$, $z_B = 4$, $z_C = 2 + 3\mathrm{i}$ et $z_D = -1 + 2\mathrm{i}$. Montrer que $ABCD$ est un parallélogramme.

52 Le plan étant rapporté à un repère orthonormé $(O\,;\vec{u},\vec{v})$, on considère les points P, Q, R et S d'affixes respectives :

$$z_P = -1 + 2\mathrm{i},\ z_Q = -2 + 5\mathrm{i},\ z_R = 2 + 4\mathrm{i} \text{ et } z_S = 3 + \mathrm{i}.$$

a) Placer ces quatre points.

b) Quelle est la nature du quadrilatère $PQRS$? Justifier.

53 Le plan étant rapporté à un repère orthonormé $(O\,;\vec{u},\vec{v})$, on considère les points A, B, C, D et E d'affixes respectives $z_A = 2 + 2\mathrm{i}$, $z_B = 4 + \mathrm{i}$, $z_C = 3 + 5\mathrm{i}$, $z_D = 9 + 2\mathrm{i}$ et $z_E = -4 + 5\mathrm{i}$.

a) Calculer les affixes des vecteurs $\overrightarrow{AB}$, $\overrightarrow{CD}$ et $\overrightarrow{AE}$.

b) Quelle est la nature du quadrilatère $ABDC$? Justifier.

c) Que peut-on dire des points A, B et E ? Justifier.

Forme trigonométrique d'un nombre complexe

Savoir-Faire 10 et 11 → P.249

54 Placer dans le plan rapporté à un repère orthonormé $(O\,;\vec{u},\vec{v})$ d'unité graphique 1 cm, les points A, B, C et D d'affixes respectives z_A, z_B, z_C et z_D telles que :

- z_A a pour module 3 et pour argument $\frac{3\pi}{4}$;
- z_B a pour module $\frac{1}{2}$ et pour argument $\frac{-\pi}{6}$;
- z_C a pour module 2 et pour argument π ;
- z_D a pour module 1 et pour argument $\frac{\pi}{2}$.

55 Même exercice que le précédent avec :

- z_A qui a pour module 2 et pour argument $\frac{\pi}{3}$;
- z_B qui a pour module 1 et pour argument $\frac{5\pi}{6}$;
- z_C qui a pour module $\frac{1}{2}$ et pour argument $-\frac{\pi}{2}$;
- z_D qui a pour module 3 et pour argument 0.

56 En utilisant un raisonnement géométrique, déterminer une forme trigonométrique de $3\mathrm{i}$ et -7, puis la forme algébrique de $\left[2\,;-\frac{\pi}{2}\right]$ et $[12\,;0]$.

57 Les cercles représentés ci-dessous ont pour centre O et pour rayons respectifs 1, 2 et 4.

Donner le module et un argument, s'il existe, des affixes des points A, B, C et D.

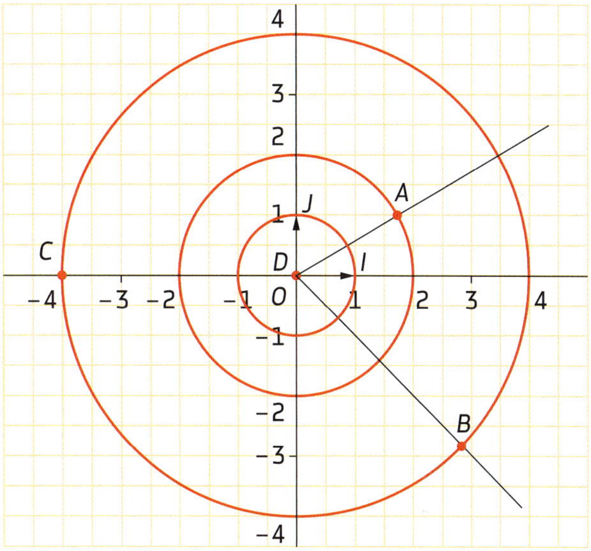

58 Même exercice que le précédent avec :

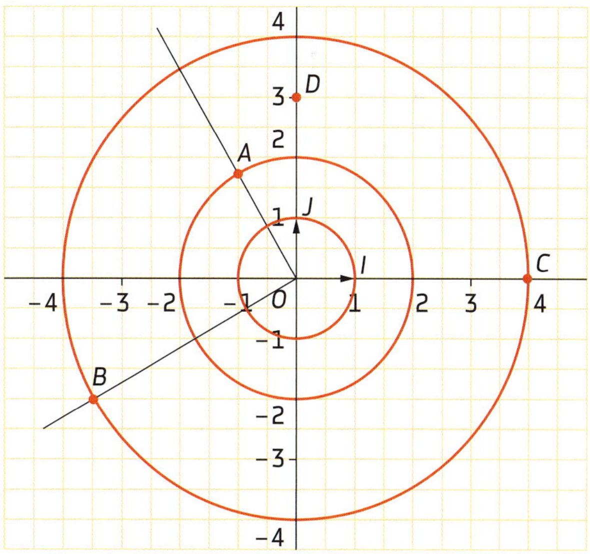

59  Algo

a) Écrire un algorithme qui calcule le module d'un nombre complexe, l'utilisateur ayant entré la partie réelle x et la partie imaginaire y de ce nombre.

b) Entrer ce programme dans la calculatrice et l'appliquer pour obtenir le module de $z_1 = 3 + 4\mathrm{i}$ et de $z_2 = \sqrt{2} - \mathrm{i}\sqrt{2}$.

Exercices

Passage d'une forme à l'autre

Savoir-Faire 12 → P. 251

60 Déterminer la forme algébrique des nombres complexes suivants (pour le dernier, on pourra utiliser un raisonnement géométrique).

a) $z_1 = \left[4 ; -\frac{\pi}{6}\right]$ **b)** $z_2 = \left[\frac{1}{4} ; \frac{\pi}{4}\right]$

c) $z_3 = \left[2\sqrt{3} ; -\frac{2\pi}{3}\right]$ **d)** $z_4 = \left[3 ; \frac{\pi}{2}\right]$

61 Déterminer la forme algébrique des nombres complexes suivants :

a) $z_1 = \left[2 ; \frac{\pi}{3}\right]$ **b)** $z_2 = \left[\frac{1}{2} ; \pi\right]$

c) $z_3 = \left[\sqrt{2} ; \frac{3\pi}{4}\right]$ **d)** $z_4 = \left[5 ; -\frac{\pi}{2}\right]$

62 Le plan étant rapporté à un repère orthonormé $(O ; \vec{u}, \vec{v})$ d'unité graphique 2 cm, placer les points M_1, M_2, M_3 et M_4 dont les affixes sont données ci-dessous sous forme trigonométrique, puis déterminer la forme algébrique de ces affixes.

a) $z_1 = \left[3 ; \frac{5\pi}{6}\right]$ **b)** $z_2 = \left[\frac{1}{2} ; -\frac{3\pi}{4}\right]$

c) $z_3 = \left[1 ; \frac{2\pi}{3}\right]$ **d)** $z_4 = [2 ; 0]$

63 On donne $z_A = \left[\sqrt{3} ; \frac{\pi}{6}\right]$ et $z_B = \left[2\sqrt{3} ; -\frac{\pi}{3}\right]$.

a) Déterminer la forme algébrique de z_A et de z_B.

b) Le plan est rapporté à un repère orthonormé $(O ; \vec{u}, \vec{v})$ d'unité graphique 2 cm.

En utilisant les deux formes de chacun des nombres précédents, construire de façon précise les points A et B, images respectives de z_A et z_B (on laissera sur la figure les traces de construction).

64 On donne $z_1 = \left[2 ; \frac{2\pi}{3}\right]$ et $z_2 = 1 + i$.

1. a) Déterminer la forme algébrique de z_1.

b) En utilisant les fonctions de la calculatrice, indiquer le résultat obtenu pour la forme algébrique de z_1. Comparer avec le résultat du **a)**.

2. a) Déterminer le module et un argument de z_2.

b) En utilisant les fonctions de la calculatrice, indiquer le résultat obtenu pour le module et un argument de z_2. Comparer avec le résultat du **a)**.

Savoir-Faire 13 → P. 251

65 Déterminer une forme trigonométrique des nombres complexes suivants :

a) $z = 1 + i$ **b)** $z = -2 + 2i$

c) $z = 5 + 5i\sqrt{3}$ **d)** $z = -5$

66 Même exercice que le précédent avec :

a) $z = 5\sqrt{3} + 5i$ **b)** $z = \sqrt{6} - i\sqrt{2}$

c) $z = 4 - 4i\sqrt{3}$ **d)** $z = 7i$

67 Même exercice que le précédent avec :

a) $z = 8 - 8i$ **b)** $z = -6i$

c) $z = -3\sqrt{2} - 3i\sqrt{2}$ **d)** $z = -4\sqrt{3} - 4i$

68 Même exercice que le précédent avec :

a) $z = -5 - 5i$ **b)** $z = -2\sqrt{2} + 2i\sqrt{6}$

c) $z = \sqrt{5} - i\sqrt{15}$ **d)** $z = 3$

69 On donne $z_A = -\sqrt{2} + i\sqrt{2}$, $z_B = -\sqrt{3} - 3i$, $z_C = -4i$ et $z_D = -2 - 2i$.

a) Déterminer une forme trigonométrique de z_A, z_B, z_C et z_D.

b) Le plan est rapporté à un repère orthonormé $(O ; \vec{u}, \vec{v})$ d'unité graphique 1 cm.

En utilisant la forme la plus appropriée (ou les deux formes) de chacun de ces nombres, construire de façon précise les points A, B, C et D, images respectives de z_A, z_B, z_C et z_D.

70 Même exercice que le précédent avec :

$$z_A = \sqrt{2} + i\sqrt{2},\ z_B = -\frac{1}{2},\ z_C = -3 + i\sqrt{3} \text{ et } z_D = -1 - i.$$

71 Cet exercice est un questionnaire à choix multiples. Pour chaque question, indiquer la seule réponse exacte.

On considère les nombres complexes $z_1 = -1 + i\sqrt{3}$ et $z_2 = \left[2\sqrt{2} ; -\frac{\pi}{4}\right]$.

1. La forme algébrique de z_2 est :

a. $2 - 2i$ **b.** $-2 - 2i$ **c.** $2\sqrt{2} - \frac{\pi}{4}i$

2. Une forme trigonométrique de z_1 est :

a. $[-1 ; \sqrt{3}]$ **b.** $\left[2 ; -\frac{\pi}{6}\right]$ **c.** $\left[2 ; \frac{2\pi}{3}\right]$

3. Sur la figure ci-dessous, le point M a pour affixe :

a. z_1 **b.** z_2 **c.** aucune des réponses précédentes

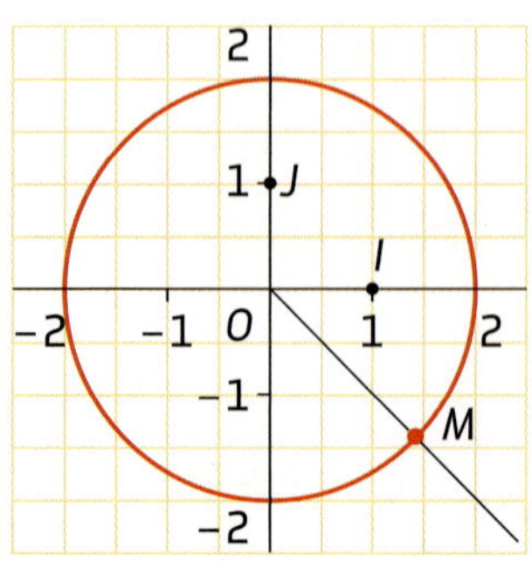

Application géométrique du module

Savoir-Faire 14 → P. 251

72 Le plan est rapporté à un repère orthonormé $(O;\vec{u},\vec{v})$. Calculer la distance AB si A et B ont pour affixes respectives :

a) $z_A = 2 - \mathrm{i}$ et $z_B = -1 + 3\mathrm{i}$.

b) $z_A = -3 + 5\mathrm{i}$ et $z_B = 2 + 2\mathrm{i}$.

73 Le plan est rapporté à un repère orthonormé $(O;\vec{u},\vec{v})$. Soit A, B et C les points d'affixes respectives $z_A = 1 + \mathrm{i}$, $z_B = 3 + 2\mathrm{i}$ et $z_C = 2 - \mathrm{i}$. Montrer que le triangle ABC est isocèle en A.

74 Dans un repère orthonormé $(O;\vec{u},\vec{v})$, placer les points A, B et C d'affixes respectives $z_A = -2 + 2\mathrm{i}$, $z_B = 2$ et $z_C = -1 - \mathrm{i}$. Déterminer la nature du triangle ABC.

75 Dans un repère orthonormé $(O;\vec{u},\vec{v})$, placer les points A, B et C d'affixes respectives $z_A = 2 - \mathrm{i}$, $z_B = 1 - 3\mathrm{i}$ et $z_C = -4 + 2\mathrm{i}$. Déterminer la nature du triangle ABC.

76 Le plan étant rapporté à un repère orthonormé $(O;\vec{u},\vec{v})$, on considère les points P, Q, R et S d'affixes respectives $z_P = 2 + 3\mathrm{i}$, $z_Q = -1$, $z_R = -\mathrm{i}$ et $z_S = 3 + 2\mathrm{i}$.

a) Placer ces quatre points.

b) Quelle est la nature du quadrilatère $PQRS$? Justifier.

77 Dans le plan rapporté à un repère orthonormé $(O;\vec{u},\vec{v})$, déterminer l'ensemble des points M d'affixe z tels que :

a) $|z| = 3$ **b)** $|z| = 5$ **c)** $|z| = 0$ **d)** $|z| = -1$

78 Le plan étant rapporté à un repère orthonormé $(O;\vec{u},\vec{v})$, le point A a pour affixe $z_A = 3 - 2\mathrm{i}$ et le point M a pour affixe z.

a) Que représente le nombre $|z - z_A|$?

b) Quel est l'ensemble des points M du plan tel que $|z - z_A| = 2$? Représenter cet ensemble.

79 Le plan étant rapporté à un repère orthonormé $(O;\vec{u},\vec{v})$, le point A a pour affixe $z_A = 1 - 2\mathrm{i}$, le point B a pour affixe $z_B = -2 + 5\mathrm{i}$ et le point M a pour affixe z.

a) Que représentent les réels $|z - z_A|$ et $|z - z_B|$?

b) Quel est l'ensemble des points M tels que :

$$|z - z_A| = |z - z_B| \ ?$$

Représenter cet ensemble.

Application géométrique de l'argument

80 Le plan étant rapporté à un repère orthonormé $(O;\vec{u},\vec{v})$, on considère les points A et B d'affixes respectives $z_A = -1 + \mathrm{i}$ et $z_B = -3 - 3\mathrm{i}$.

a) Placer les points A et B.

b) Déterminer une mesure de l'angle $(\vec{u}, \overrightarrow{OA})$ et une mesure de l'angle $(\vec{u}, \overrightarrow{OB})$. Que peut-on en déduire pour le triangle OAB ?

81 Soit les points E, F et G d'affixes respectives :

$$z_E = -3 + 2\mathrm{i},\ z_F = -1 + 4\mathrm{i} \text{ et } z_G = 3 + 3\mathrm{i}.$$

Déterminer une mesure des angles $(\vec{u}, \overrightarrow{EF})$ et $(\vec{u}, \overrightarrow{OG})$. Que peut-on déduire des résultats précédents ?

82 Le plan étant rapporté à un repère orthonormé $(O;\vec{u},\vec{v})$, on considère les points A, B, C et D d'affixes respectives $z_A = 1 + \mathrm{i}$, $z_B = 2 + (1 + \sqrt{3})\mathrm{i}$, $z_C = 3 + \mathrm{i}$ et $z_D = -1 - \mathrm{i}$. Déterminer une mesure en radians de chacun des angles $(\vec{u}, \overrightarrow{AB})$, $(\vec{u}, \overrightarrow{AC})$ et $(\vec{u}, \overrightarrow{AD})$.

83 Même exercice que le précédent avec :

$$z_A = 2\mathrm{i},\ z_B = -\mathrm{i},\ z_C = 1 + \mathrm{i} \text{ et } z_D = 1 + (2 - \sqrt{3})\mathrm{i}.$$

84 Le plan étant rapporté à un repère orthonormé $(O;\vec{u},\vec{v})$, on considère les points A, B et C d'affixes respectives $z_A = 1 + \mathrm{i}$, $z_B = (1 + \sqrt{3})\mathrm{i}$ et $z_C = (2\sqrt{3} + 1) + 3\mathrm{i}$.

a) Placer les points A, B et C.

b) Déterminer une mesure en radians de chacun des angles $(\vec{u}, \overrightarrow{AB})$ et $(\vec{u}, \overrightarrow{AC})$. En déduire une mesure de l'angle $(\overrightarrow{AB}, \overrightarrow{AC})$. Que peut-on en déduire pour le triangle ABC ?

Exercices

Vrai-Faux

85 Pour chacune des affirmations suivantes, dire si elle est vraie ou fausse. Justifier.

1. On donne $z = 2 + 3\mathrm{i}$ et $z' = 5 + \mathrm{i}$. Alors :

a) $z - z' = -3 + 2\mathrm{i}$ **b)** $z \cdot z' = 10 - 3\mathrm{i}$

c) $\frac{1}{z} = \frac{1}{2} + \frac{1}{3}\mathrm{i}$ **d)** $\frac{z}{z'} = \frac{1}{2} + \frac{1}{2}\mathrm{i}$

2. Une forme trigonométrique du nombre complexe $z = -\sqrt{6} - 3\mathrm{i}\sqrt{2}$ est :

a) $\left[2\sqrt{6}\,;-\frac{2\pi}{3}\right]$ **b)** $\left[2\sqrt{3}\,;\frac{2\pi}{3}\right]$

c) $\left[2\sqrt{6}\,;\frac{4\pi}{3}\right]$ **d)** $\left[2\sqrt{3}\,;-\frac{3\pi}{4}\right]$

*Pour les questions **3.** à **6.**, le plan est rapporté à un repère orthonormé $(O\,;\vec{u},\vec{v})$.*

3. On considère les points A d'affixe $a = 1 + 2\mathrm{i}$, B d'affixe $b = 2 + 3\mathrm{i}$, C d'affixe $c = \mathrm{i}$ et D d'affixe $d = -1$. On a :

a) $AB = CD$ **b)** $\overrightarrow{AB} = \overrightarrow{CD}$

c) $b - a = d - c$ **d)** $|b - a| = |d - c|$

4. On considère les points A d'affixe $a = 3 + 2\mathrm{i}$ et B d'affixe $b = 5\mathrm{i}$.

a) L'affixe du vecteur $\overrightarrow{AB}$ est $3 - 3\mathrm{i}$.

b) L'affixe du milieu I de $[AB]$ est $-\frac{3}{2} + \frac{3}{2}\mathrm{i}$.

c) La distance AB est $3\sqrt{2}$.

d) L'angle $(\vec{u}, \overrightarrow{AB})$ a pour mesure $-\frac{\pi}{4}$ à 2π près.

5. On considère les points A d'affixe $a = -\frac{3}{2} + \frac{3\sqrt{3}}{2}\mathrm{i}$, B d'affixe $b = -3$ et C d'affixe $c = \bar{a}$.

a) Le quadrilatère $OABC$ est un carré.

b) Le quadrilatère $OABC$ est un rectangle.

c) Le triangle OAB est isocèle.

d) Le triangle OAB est équilatéral.

6. On considère les points A d'affixe $z_A = 3 - 2\mathrm{i}$, B d'affixe $z_B = 4 - \mathrm{i}$ et C d'affixe $z_C = -2 + 3\mathrm{i}$.

a) Les points A, B et C appartiennent à un cercle de centre I d'affixe $1 + \mathrm{i}$.

b) Le triangle ABC est rectangle.

c) Le triangle ABC est isocèle.

d) Le point C est sur la médiatrice de $[AB]$.

QCM

86 Pour chaque question, indiquer la seule proposition exacte.

	A	B	C	D
1. On donne $z = -1 + 4\mathrm{i}$ et $z' = 7 + 2\mathrm{i}$, alors $\frac{z}{z'} =$	$-\frac{1}{7} + 2\mathrm{i}$	$\frac{1}{45} + \frac{2}{3}\mathrm{i}$	$\frac{1}{53} + \frac{30}{53}\mathrm{i}$	$-\frac{15}{53} + \frac{26}{53}\mathrm{i}$
2. Le plan est rapporté à un repère orthonormé $(O; \vec{u}, \vec{v})$. 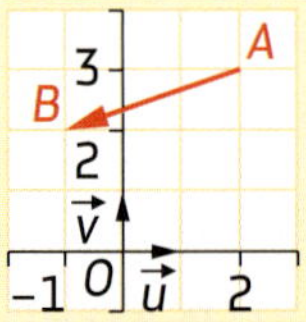	L'affixe du point A a pour module 2	L'affixe du point B a une partie imaginaire négative	L'affixe du point B a un argument dans $\left[0\,;\frac{\pi}{2}\right]$	L'affixe du vecteur $\overrightarrow{AB}$ a une partie réelle négative
3. Le plan est rapporté à un repère orthonormé $(O; \vec{u}, \vec{v})$. 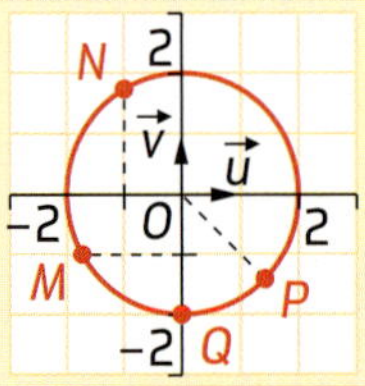	L'affixe du point P est $z = 1 - \mathrm{i}$	L'affixe du point N est $z = \left[-1\,;\frac{2\pi}{3}\right]$	L'affixe du point M est $z = \left[2\,;\frac{7\pi}{6}\right]$	L'affixe du point Q est $z = -2$
4. Si $z = [3\,;\pi]$, alors	$z = 3$	$z = 3\pi$	$z = 3 + \mathrm{i}\pi$	Aucune des trois réponses précédentes
5. Si $z = -3\mathrm{i}$, alors	$z = \left[-3\,;\frac{\pi}{2}\right]$	$z = \left[3\,;\frac{3\pi}{2}\right]$	$z = \left[1\,;\frac{3\pi}{2}\right]$	Aucune des trois réponses précédentes
6. Si $z = -\sqrt{2} + \mathrm{i}\sqrt{2}$, alors	$z = \left[2\,;\frac{\pi}{4}\right]$	$z = \left[2\,;\frac{3\pi}{4}\right]$	$z = \left[2\,;-\frac{\pi}{4}\right]$	Aucune des trois réponses précédentes

87 Le plan est rapporté à un repère orthonormé $(O\,;\vec{u},\vec{v})$.
On considère les points A, B et C d'affixes respectives :

$$z_A=3+\mathrm{i}\sqrt{3},\ z_B=\left(\frac{1}{2}+\mathrm{i}\frac{\sqrt{3}}{2}\right)z_A \text{ et } z_C=z_A-2\mathrm{i}\sqrt{3}.$$

a) Donner la forme algébrique des nombres complexes z_B et z_C.
b) Montrer que $OCAB$ est un parallélogramme.

88 Le plan est rapporté à un repère orthonormé $(O\,;\vec{u},\vec{v})$ d'unité graphique 2 cm.
On considère les points A, B et C d'affixes respectives :

$$z_A=\sqrt{3}+\mathrm{i},\ z_B=\overline{z_A} \text{ et } z_C=2\mathrm{i}.$$

Le point D est le symétrique de A par rapport à O.
a) Déterminer le module et un argument de z_A.
b) Écrire l'affixe z_D de D sous forme algébrique, puis sous forme trigonométrique.
c) Construire A, B, C et D dans le repère $(O\,;\vec{u},\vec{v})$.
d) Montrer que le triangle BCD est équilatéral.

89 Le plan est rapporté à un repère orthonormé $(O\,;\vec{u},\vec{v})$ d'unité graphique 0,5 cm.
On considère les points A, B, C et D d'affixes respectives :

$$z_A=8\mathrm{i},\ z_B=\left[8\,;\frac{\pi}{6}\right],\ z_C=\overline{z_B} \text{ et } z_D=-z_C.$$

a) Construire les points A, B, C et D.
b) Montrer que OAD est un triangle équilatéral.
c) Montrer que O est le milieu de $[CD]$.
d) Quelle est la nature du triangle ACD ? Justifier.

90 Le plan est rapporté à un repère orthonormé $(O\,;\vec{u},\vec{v})$ d'unité graphique 2 cm.
On considère les points A, B et C d'affixes respectives :

$$z_A=\mathrm{i},\ z_B=2+3\mathrm{i} \text{ et } z_C=\frac{4+3\mathrm{i}}{1+2\mathrm{i}}.$$

1. a) Placer les points A et B.
b) Calculer la distance AB.
c) Montrer que $z_C=2-\mathrm{i}$. Placer C.
d) Déterminer le module et un argument de z_C-z_A.
2. On appelle $\mathscr{E}$ l'ensemble des points M du plan dont l'affixe z vérifie $|z-z_A|=2\sqrt{2}$.
a) Montrer que B et C appartiennent à $\mathscr{E}$.
b) Donner la nature et les caractéristiques de l'ensemble $\mathscr{E}$ et le construire sur la figure.

91 CHERCHER, REPRÉSENTER
Le plan est rapporté à un repère orthonormé $(O\,;\vec{u},\vec{v})$ d'unité graphique 2 cm.
On considère les points A, B, C et K d'affixes respectives :

$$z_A=2+2\mathrm{i},\ z_B=\left[2\,;\frac{\pi}{3}\right],\ z_C=\overline{z_A} \text{ et } z_K=2.$$

Le point D est le symétrique de B par rapport à K.
Montrer que $ABCD$ est un rectangle.

92 Le plan est rapporté à un repère orthonormé $(O\,;\vec{u},\vec{v})$ d'unité graphique 1 cm.

1. On considère les points A, B, C et K d'affixes respectives $a=4+5\mathrm{i}$, $b=-3+4\mathrm{i}$, $c=-2-3\mathrm{i}$ et $k=1+\mathrm{i}$.
a) Placer les points A, B, C et K dans le repère $(O\,;\vec{u},\vec{v})$.
b) Montrer que K est le milieu de $[AC]$.
c) Calculer le module de $a-k$ et le module de $b-k$.
d) En déduire que A, B et C sont sur un cercle dont on précisera le centre et le rayon.

2. CHERCHER, COMMUNIQUER Soit D le point d'affixe $d=5-2i$.
a) Placer D sur la figure.
b) Indiquer une stratégie pour justifier que $ABCD$ est un carré.
c) Mettre en œuvre cette stratégie.

93 Le plan est rapporté à un repère orthonormé $(O\,;\vec{u},\vec{v})$ d'unité graphique 1 cm.

1. On considère les points A, B et C d'affixes respectives : $a=2$, $b=-2-2\mathrm{i}$ et $c=4\mathrm{i}$.
a) Placer les points A, B et C dans le repère $(O\,;\vec{u},\vec{v})$.
b) Calculer le module de chacun des nombres complexes $b-a$, $c-a$ et $c-b$.
c) Justifier que le triangle ABC est rectangle et isocèle en A.

2. a) Déterminer l'affixe d du point D tel que $ABDC$ soit un parallélogramme.
b) Montrer que $ABDC$ est un carré.

3. Soit Ω le point d'affixe $\omega=\left[\sqrt{2}\,;\frac{3\pi}{4}\right]$.
a) Déterminer la forme algébrique de ω.
b) Montrer que A, B, C et D sont sur un cercle dont on précisera le centre et le rayon.

94 Le plan est rapporté à un repère orthonormé $(O\,;\vec{u},\vec{v})$ d'unité graphique 1 cm.

1. On considère les points A, B, I, J et K d'affixes respectives $z_A=3-4\mathrm{i}$, $z_B=3+4\mathrm{i}$, $z_I=1+\mathrm{i}\sqrt{3}$, $z_J=\left[2\,;\frac{5\pi}{6}\right]$ et $z_K=-z_J$.
a) Montrer que les points A et B sont sur le cercle $\mathscr{C}$ de centre O et de rayon 5.
b) Déterminer la forme algébrique de z_J et de z_K et une forme trigonométrique de z_I.
c) Montrer que I, J et K sont sur un cercle $\mathscr{C}'$ de centre O dont on précisera le rayon.
d) Représenter A, B, I, J et K et tracer les cercles $\mathscr{C}$ et $\mathscr{C}'$.

2. REPRÉSENTER On appelle $\mathscr{E}$ l'ensemble des points M du plan dont l'affixe z vérifie $2\leqslant|z|\leqslant 5$. Hachurer l'ensemble $\mathscr{E}$ sur le graphique précédent en expliquant la démarche suivie.

Problèmes

95 Le plan est rapporté à un repère orthonormé $(O\,;\vec{u},\vec{v})$ d'unité graphique 1 cm.

On considère les points *A*, *B*, *C* et *D* d'affixes respectives :

$$z_A = -1 + \mathrm{i}\sqrt{3},\ z_B = \left[2\,;-\frac{2\pi}{3}\right],\ z_C = 3 - 3\mathrm{i}\sqrt{3} \text{ et } z_D = 3.$$

1. a) Calculer le module et un argument de z_A et de z_C.

b) Construire les points *A*, *B*, *C* et *D* dans le repère $(O\,;\vec{u},\vec{v})$.

2. a) Montrer que $\overrightarrow{DC} = \frac{3}{2}\overrightarrow{AB}$.

b) En déduire la nature du quadrilatère *ABCD*.

96 Fichier GeoGebra **Cet exercice peut être traité sans les TICE si on ne traite pas la question 2.**

Le plan est rapporté à un repère orthonormé $(O\,;\vec{u},\vec{v})$.

Pour tout point *M* du plan d'affixe *z*, on définit le point *M′* d'affixe $z' = 2\mathrm{i}\,z - 3$.

1. a) Si *M* a pour affixe i, quelle est l'affixe de *z′* ?

b) Résoudre $2\mathrm{i}\,z - 3 = 0$. Existe-t-il un point *M* pour lequel $M' = O$? Si oui, quelle est son affixe ?

2. a) Avec un logiciel de géométrie dynamique, créer deux nombres réels *a* et *b* variant de – 20 à 20. Définir le point *M* d'affixe $a + \mathrm{i}b$ puis le point *M′* d'affixe $2\mathrm{i}(a + \mathrm{i}b) - 3$.

b) En choisissant les bonnes valeurs pour *a* et *b*, placer le point *M* au point d'affixe i et vérifier graphiquement le résultats de la question **1.a)**.

c) Utiliser le résultat de la question **1.b)** pour placer *M′* en *O*.

d) Choisir $b = 1$ et faire varier *a*.

Faire une conjecture sur l'ensemble décrit par le point *M* ; sur l'ensemble décrit par le point *M′*.

3. Dans cette question, on s'intéresse aux points *M* d'affixe $z = a + \mathrm{i}$, où *a* est un nombre réel quelconque.

a) Dans quel ensemble varie *M* ? Justifier.

b) Exprimer en fonction de *a* la forme algébrique de l'affixe *z′* du point *M′* associé à *M*.

Dans quel ensemble varie *M′* lorsque *M* se déplace sur la droite d'équation $y = 1$?

97 Fichier GeoGebra REPRÉSENTER

Le plan est rapporté à un repère orthonormé $(O\,;\vec{u},\vec{v})$.

À tout point *M* d'affixe *z*, on associe le point *M′* d'affixe

$$z' = \frac{2}{1+z}.$$

1. Si *M* est le point d'affixe $z = \mathrm{i}$, quel est l'affixe *z′* du point *M′* qui lui est associé ?

2. a) Avec un logiciel de géométrie dynamique, créer deux nombres réels *a* et *b* variant de – 20 à 20.

Définir le point *M* d'affixe $a + \mathrm{i}b$ puis le point *M′* d'affixe $\dfrac{2}{a + \mathrm{i}b + 1}$.

b) En choisissant les bonnes valeurs pour *a* et *b*, placer le point *M* au point d'affixe i et vérifier graphiquement le résultat de la question **1.**

c) Choisir $a = 0$ et faire varier *b*. Faire une conjecture sur l'ensemble décrit par le point *M* ; sur l'ensemble décrit par le point *M′* (on pourra activer la trace de *M′*).

Recopier et compléter la conjecture suivante : lorsque *M* varie sur ………….., le point *M′* varie sur ………………

3. COMMUNIQUER Un logiciel de calcul formel donne $\left|\dfrac{2}{1+\mathrm{i}b} - 1\right| = 1$. Expliquer en quoi ce résultat permet de démontrer la conjecture émise à la question **2.c)**.

Pour les exercices **98** *et* **99** *on rappelle que, en électricité, pour éviter la confusion avec l'intensité, notée i, le nombre complexe de module 1 et d'argument* $\frac{\pi}{2}$ *est noté j.*

98 Fichier GeoGebra **Minimisation du courant efficace pour une installation électrique**

Dans une usine, on installe une batterie de condensateurs pour réduire le courant efficace circulant sur le réseau de distribution. L'usine peut être modélisée par une impédance Z_1 et la batterie de condensateur par une capacité *C* que l'on viendra mettre en parallèle comme dans la figure ci-dessous.

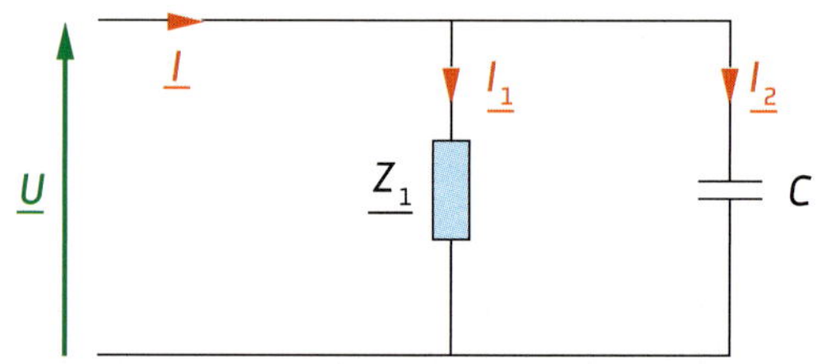

Chaque grandeur électrique est associée à un nombre complexe : le module de ce nombre est la valeur efficace de la grandeur et l'argument est son déphasage par rapport à l'origine des phases.

On associe $\underline{I}$ à $i(t)$, $\underline{U}$ à $u(t)$, $\underline{I_1}$ à $i_1(t)$ et $\underline{I_2}$ à $i_2(t)$.

La tension *u* d'alimentation de l'usine est sinusoïdale, de valeur efficace 20 000 V. La tension complexe associée est $\underline{U} = 20\,000$ (on choisit *u* pour origine des phases, donc l'argument de $\underline{U}$ est nul).

La fréquence *f* de la tension *u* est 50 Hz donc la pulsation est $\omega = 2\cdot\pi\cdot 50 \approx 314 \text{ rad}\cdot\text{s}^{-1}$.

Lorsque l'usine fonctionne à plein régime son impédance Z_1, exprimée en ohms, est caractérisée par l'impédance complexe : $\underline{Z_1} = 500 + \mathrm{j}\cdot 400$.

1. a) Pour la partie usine, on a $\underline{Z_1} = \frac{\underline{U}}{\underline{I_1}}$. Déterminer $\underline{I_1}$.

b) Pour la batterie de condensateur, on a $\underline{Z_2} = \frac{1}{\mathrm{j}C\omega} = \frac{\underline{U}}{\underline{I_2}}$. Exprimer $\underline{I_2}$ en fonction de C.

Que peut-on dire du nombre complexe $\underline{I_2}$?

2. a) Avec un logiciel de géométrie dynamique, placer le point A d'affixe $\underline{I_1}$. Placer un point B variable sur l'axe des ordonnées. Le vecteur $\overrightarrow{OB}$ représente $\underline{I_2}$.

b) Le vecteur $\overrightarrow{OA}$ a pour affixe $\underline{I_1}$, le vecteur $\overrightarrow{OB}$ a pour affixe $\underline{I_2}$. Construire le vecteur $\vec{I}$ d'affixe $\underline{I} = \underline{I_1} + \underline{I_2}$. Afficher sa norme.

c) Déplacer B. Émettre une conjecture sur la position du vecteur $\vec{I}$ pour que sa norme soit minimale. Que peut-on dire alors du nombre complexe $\underline{I}$?

3. a) Écrire la forme algébrique de $\underline{I} = \underline{I_1} + \underline{I_2}$ en fonction de C.

b) En déduire la valeur de C pour laquelle $\underline{I}$ est un nombre réel. On donnera l'arrondi de cette valeur à 10^{-7}.

4. Comment doit-on choisir C pour que l'amplitude de I (c'est-à-dire la norme du vecteur $\vec{I}$) soit minimale ?

99 Filtrage en électronique CHERCHER

On considère le circuit électrique suivant couramment utilisé en électronique. Il est composé d'un condensateur de capacité C (en farads), d'une bobine d'inductance L (en henrys) et d'un résistor de résistance R (en ohms) montés en série.

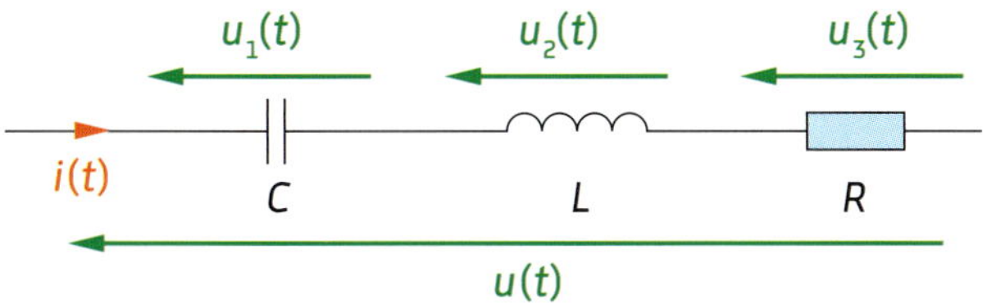

Chaque grandeur électrique est associée à un nombre complexe : le module de ce nombre est la valeur efficace de la grandeur et l'argument est son déphasage par rapport à l'origine des phases.

On associe $\underline{I}$ à $i(t)$, $\underline{U}$ à $u(t)$, $\underline{U_1}$ à $u_1(t)$, $\underline{U_2}$ à $u_2(t)$ et $\underline{U_3}$ à $u_3(t)$.

1. On rappelle, que :

- pour une résistance R, l'impédance complexe est $\underline{Z} = R$;
- pour une inductance L, l'impédance complexe est $\underline{Z} = \mathrm{j}L\omega$ (où ω est la pulsation) ;
- pour une capacité C, l'impédance complexe est $\underline{Z} = \frac{1}{\mathrm{j}C\omega}$.

Dans le cas d'un circuit en série, l'impédance complexe du circuit est égale à la somme des différentes impédances complexes.

a) Justifier que $\frac{1}{\mathrm{j}C\omega} = -\mathrm{j} \times \frac{1}{C\omega}$.

b) Déterminer la forme algébrique de $\underline{Z}$ en fonction de R, L, C et ω.

c) En déduire une expression du module de $\underline{Z}$ en fonction de R, L, C et ω.

2. REPRÉSENTER On s'intéresse aux variations de $|\underline{Z}|$ en fonction de ω. On définit donc sur $]0\,;+\infty[$ la fonction f qui, à la pulsation ω, fait correspondre $|\underline{Z}|$, soit

$$f(\omega) = \sqrt{R^2 + \left(L\omega - \frac{1}{C\omega}\right)^2}.$$

On donne ci-dessous une copie d'écran d'un logiciel de calcul formel :

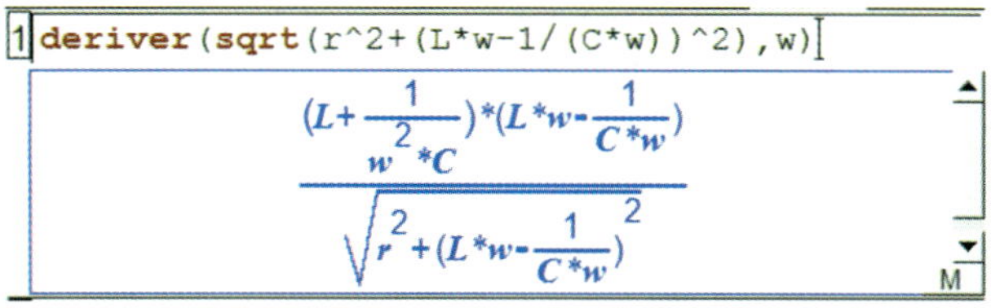

a) Justifier que $f'(\omega)$ est du signe de $(LC\,\omega^2 - 1)$.

b) Étudier le signe de $f'(\omega)$, pour $\omega \in\,]0\,;+\infty[$. En déduire le tableau de variations de f.

c) Justifier alors que $|\underline{Z}|$ admet un minimum pour une pulsation ω_0 qu'on exprimera en fonction de L et C.

d) Montrer que ce minimum est $f(\omega_0) = R$.

3. On utilise la tension aux bornes de la résistance comme tension de sortie du montage alors que $u(t)$ est la tension d'entrée.

On définit sur $]0\,;+\infty[$ la fonction H par $H(\omega) = \frac{|\underline{U_3}|}{|\underline{U}|}$

qui donne le rapport de la tension efficace sortante sur la tension efficace entrante suivant la pulsation.

On admet que $H(\omega) = \frac{R}{f(\omega)}$.

Justifier que H admet un maximum pour $\omega = \omega_0$ et donner la valeur de ce maximum.

4. Application numérique : On suppose que : $R = 10\ \Omega$, $L = 10^{-4}$ H et $C = 1{,}2 \cdot 10^{-9}$ F.

a) Déterminer une valeur approchée à 10^6 près de ω_0.

b) Utiliser l'étude précédente pour régler la fenêtre de la calculatrice afin de visualiser la courbe de H sur l'écran pour $\omega \in\,]0\,; 2\omega_0]$.

On constate alors que l'on obtient un signal de sortie atténué lorsque la pulsation s'écarte de la pulsation de référence ω_0. On a réalisé un filtre passe-bande : la pulsation étant proportionnelle à la fréquence ($\omega = 2\pi f$), le filtre ne laisse passer qu'une bande de fréquence déterminée.

Problèmes

Vers le bac

100 Cet exercice est un questionnaire à choix multiples. Pour chaque question, indiquer la seule réponse exacte. Aucune justification n'est demandée.

1. On considère le nombre complexe $z = \sqrt{2} - i\sqrt{2}$. Alors :

a. $z^2 = 2$ **b.** $z^2 = 4$
c. $z^2 = -4$ **d.** $z^2 = -4i$

2. On considère les nombres complexes $z_1 = \sqrt{6} + i\sqrt{6}$ et $z_2 = -\sqrt{6} + i\sqrt{6}$. On a :

a. $z_2 = \overline{z_1}$ **b.** $z_2 = -z_1$
c. $z_2 = -\overline{z_1}$ **d.** $z_2 = i + \overline{z_1}$

3. On considère les nombres complexes $z_1 = 1 + i\sqrt{3}$ et $z_2 = \sqrt{3} - i$. Alors $z_1 \times z_2$:

a. a pour module 4 et pour argument $\frac{\pi}{6}$

b. a pour module -4 et pour argument $-\frac{\pi}{6}$

c. a pour module 2 et pour argument $\frac{\pi}{6}$

d. a pour module 4 et pour argument $\frac{\pi}{2}$

4. Le nombre complexe $\frac{1+i}{2+i}$ est égal à :

a. $\frac{1}{2}$ **b.** $\frac{1}{2} + i$
c. $\frac{3+i}{5}$ **d.** $\frac{3+i}{3}$

5. L'ensemble $\mathscr{E}$ des points du plan d'affixe z tels que $|z| = 1$ est représenté, en rouge, par :

a.

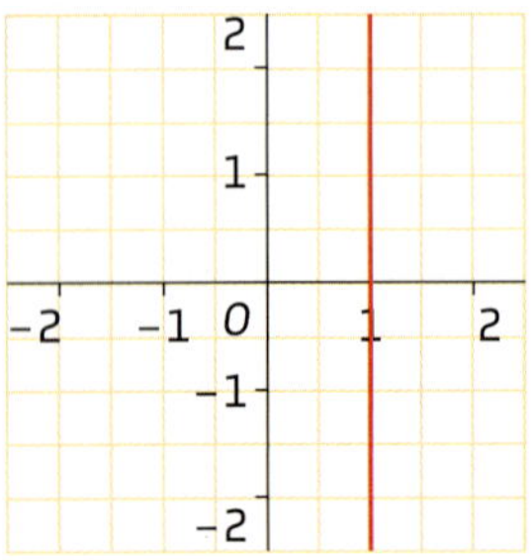

b.

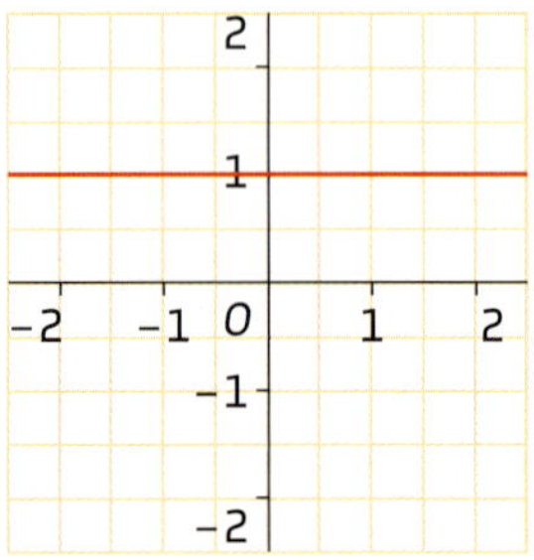

c.

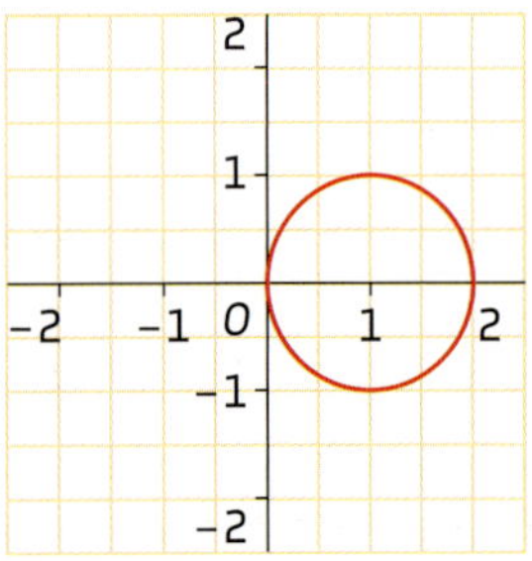

d.

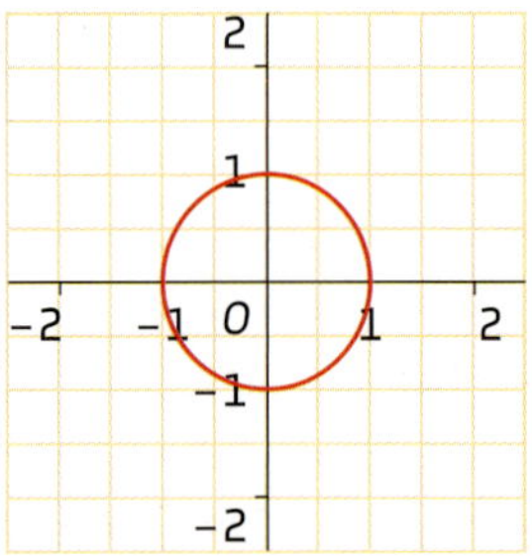

101 Dans le plan complexe muni d'un repère orthonormé $(O\,;\vec{u},\vec{v})$, on considère les points A et B d'affixes respectives : $z_A = 2\sqrt{3} - 2i$ et $z_B = iz_A$.

1. Donner la forme algébrique de z_B.

2. a) Déterminer les modules de z_A et de z_B. Détailler le calcul.

b) Donner les longueurs OA et OB.

3. a) Déterminer un argument de z_A. Détailler le calcul.

b) Déterminer un argument de z_B. Détailler le calcul.

c) En déduire une mesure de chacun des angles $(\vec{u}, \overrightarrow{OA})$ et $(\vec{u}, \overrightarrow{OB})$.

4. Tracer le triangle OAB (on laissera apparents les traits de construction).

5. Donner la nature précise du triangle OAB. Justifier la réponse.

6. On considère le milieu K du segment $[AB]$.

a) Déterminer l'affixe z_K du point K.

b) Placer le point K sur la figure de la question **4.**

7. On note C le point tel que $OACB$ soit un parallélogramme.

a) Tracer le parallélogramme $OACB$ sur la figure de la question **4.**

b) Déterminer l'affixe z_C du point C. Justifier la réponse.

c) Donner la nature précise du parallélogramme $OACB$. Justifier la réponse.

102 Le plan est rapporté à un repère orthonormé $(O\,;\vec{u},\vec{v})$ d'unité 5 cm.

On note i le nombre complexe de module 1 et d'argument $\frac{\pi}{2}$.

Soit z le nombre complexe de module 2 et d'argument $\frac{\pi}{3}$.

1. a) Donner les écritures algébriques de z, $\overline{z}$ et $\frac{1}{2}\overline{z}$.

b) Donner le module et un argument de $\frac{1}{2}\overline{z}$.

2. On considère le nombre complexe $p = \frac{2+\overline{z}}{2-\overline{z}}$.

Montrer que $p = -i\sqrt{3}$.

3. On considère les points M, N et P d'affixes respectives

$$1,\ \frac{1}{2}\overline{z} \text{ et } p.$$

a) Placer avec précision les points M et N. On laissera les traces de construction du point N.

b) Justifier l'alignement des points M, N et P.

c) Construire P en précisant la méthode de construction.

Chapitre 1 : Second degré

POUR S'ENTRAÎNER

SF1 page 11

(E1) s'écrit $x^2 = 36$; deux solutions $x_1 = 6$ et $x_2 = -6$.
(E2) s'écrit $x^2 = -9$; pas de solution dans $\mathbb{R}$.
(E3) s'écrit $x(x+5) = 0$; deux solutions $x_1 = 0$ et $x_2 = -5$.

SF2 page 11

(E1) : $\Delta = -216$; (E2) : $\Delta = 96$; (E3) : $\Delta = 100$.

SF3 page 13

(E1) : $\Delta = 49$; deux solutions : $x_1 = 3$ et $x_2 = -\frac{1}{2}$.

(E2) : $\Delta = 0$; une solution : $x_0 = 4$.

(E3) : $x(2x-5) = 0$; deux solutions : $x_1 = 0$ et $x_2 = \frac{5}{2}$.

(E4) : $x^2 = -\frac{9}{4}$; pas de solution dans $\mathbb{R}$.

(E5) : $\Delta = -20$; pas de solution dans $\mathbb{R}$.

SF4 page 15

$P(x)$: pas possible ; $Q(x) = (3x-11)(3x+11)$;
$R(x) = x(3x+5)$;

$S(x) = 3\left(x+\frac{1}{3}\right)(x-7) = (3x+1)(x-7)$;

$T(x) = 2(x+3)^2$.

SF5 page 17

x	$-\infty$		6		$+\infty$
$P(x)$		+	0	+	

x	$-\infty$		-3		8		$+\infty$
$Q(x)$		−	0	+	0	−	

x	$-\infty$		$+\infty$
$R(x)$		−	

x	$-\infty$		-3		3		$+\infty$
$S(x)$		+	0	−	0	+	

x	$-\infty$		-5		0		$+\infty$
$T(x)$		−	0	+	0	−	

SF6 page 19

Le coefficient a est positif, ce qui élimine f_2. De plus $f_1(-2) = 16$, ce qui élimine f_1. La courbe représente la fonction f_3.

Exercices

6 **a)** $x^2 = 49$; deux solutions : 7 et −7.

b) $x(-7x+3) = 0$; deux solutions : 0 et $\frac{3}{7}$.

c) $R(5R-2) = 0$; deux solutions : 0 et $\frac{2}{5}$.

d) $x^2 = -4$; pas de solution dans $\mathbb{R}$.

e) $x^2 = \frac{1}{4}$; deux solutions : $\frac{1}{2}$ et $-\frac{1}{2}$.

7

Fonction polynôme d'expression :	$a =$	$b =$	$c =$	$\Delta =$
$2x^2 - 5x + 8$	2	−5	8	−39
$x^2 - x + 6$	1	−1	6	−23
$-4x^2 + \frac{2}{3}x - 7$	−4	$\frac{2}{3}$	−7	$-\frac{1004}{9}$
$-3x + 7x^2 - 5$	7	−3	−5	149
$-12 + x - x^2$	−1	1	−12	−47
$15 - 6x^2$	−6	0	15	360
$8x^2 + 2x$	8	2	0	4
$x^2 + x\sqrt{3} + 2$	1	$\sqrt{3}$	2	−5
$7x^2 - 6x + \sqrt{5}$	7	−6	$\sqrt{5}$	$36 - 28\sqrt{5}$

8 **a)** Deux solutions : $-\frac{5}{2}$ et 1.

b) Deux solutions : −3 et $\frac{1}{5}$.

c) Pas de solution dans $\mathbb{R}$.
d) Une unique solution : −3.

21 **a)** Cette équation est définie pour tout x de $\mathbb{R}$ sauf $\frac{1}{2}$. Pour ces valeurs, elle est équivalente à $2x^2 - 3x + 1 = 2(2x-1)$, soit $2x^2 - 7x + 3 = 0$. Cette dernière équation a deux solutions : 3 et $\frac{1}{2}$. L'équation $\frac{2x^2 - 3x + 1}{2x - 1} = 2$ a donc une unique solution : 3.

b) On résout d'abord $x^2 - 2x - 3 = 0$ pour connaître l'ensemble de définition de l'équation $\frac{x+6}{x^2 - 2x - 3} = 2$. L'équation $x^2 - 2x - 3 = 0$ a deux solutions : −1 et 3. Donc l'équation $\frac{x+6}{x^2-2x-3} = 2$ est définie pour tout x de $\mathbb{R}$ sauf −1 et 3. Pour ces valeurs de x, $\frac{x+6}{x^2-2x-3} = 2$ équivaut à $x + 6 = 2(x^2 - 2x - 3)$, soit $2x^2 - 5x - 12 = 0$.

Cette dernière équation a deux solutions $-\frac{3}{2}$ et 4, toutes deux différentes de −1 et 3. **Conclusion** :

l'équation $\frac{x+6}{x^2-2x-3} = 2$ a deux solutions : $-\frac{3}{2}$ et 4.

23 **a)** En développant $(x-1)(x^2-x-1)$, on obtient $x^3 - 2x^2 + 1$.
b) L'équation $P(x) = 0$ équivaut à $x - 1 = 0$ ou $x^2 - x - 1 = 0$. En résolvant ces deux équations, on obtient les solutions cherchées : 1, $\frac{1+\sqrt{5}}{2}$ et $\frac{1-\sqrt{5}}{2}$.

26 **a)** $15x^2 + x - 2 = 15\left(x - \frac{1}{3}\right)\left(x + \frac{2}{5}\right)$

$= (3x - 1)(5x + 2).$

b) Le polynôme $2x^2 + 3x + 12$ ne se factorise pas en un produit de facteurs du premier degré.

c) $5x^2 - 12x = x(5x - 12).$

d) $2x^2 - 50 = 2(x^2 - 25) = 2(x - 5)(x + 5).$

29 **a)**

x	$-\infty$		-1		$\frac{1}{4}$		$+\infty$
$P(x)$		$+$	0	$-$	0	$+$	

b)

x	$-\infty$		7		$+\infty$
$P(x)$		$-$	0	$-$	

c)

x	$-\infty$		$-\frac{5}{2}$		0		$+\infty$
$P(x)$		$+$	0	$-$	0	$+$	

d)

x	$-\infty$		$+\infty$
$P(x)$		$+$	

32 **a)** L'équation $4x^2 - 25 = 0$ a deux solutions : $-\frac{5}{2}$ et $\frac{5}{2}$.

Le polynôme est positif (signe de a) ou nul pour tout x de $\left]-\infty\,; -\frac{5}{2}\right] \cup \left[\frac{5}{2}\,; +\infty\right[$.

b) L'équation $2t^2 + t - 3 = 0$ a deux solutions : $-\frac{3}{2}$ et 1.

Le polynôme est négatif (signe de $-a$) ou nul pour tout x de $\left[-\frac{3}{2}\,; 1\right]$.

c) L'équation $13x^2 - 8x = 0$ a deux solutions : 0 et $\frac{8}{13}$.

Le polynôme est strictement positif (signe de a) pour tout x de $]-\infty\,; 0[\cup \left]\frac{8}{13}\,; +\infty\right[$.

d) L'équation $-2x^2 + 3x - 5 = 0$ n'a pas de solution. Le polynôme est strictement négatif (signe de a) pour tout x de $\mathbb{R}$, donc l'ensemble de solutions est $\mathbb{R}$.

39 **a)** L'équation $x - 5 = 0$ admet 5 pour solution ;

l'équation $-2x^2 + 15x - 7 = 0$ admet $\frac{1}{2}$ et 7 pour solutions.

x	$-\infty$		$\frac{1}{2}$		5		7		$+\infty$
$x - 5$		$-$		$-$	0	$+$		$+$	
$-2x^2 + 15x - 7$		$-$	0	$+$		$+$	0	$-$	
$A(x)$		$+$	0	$-$	0	$+$	0	$-$	

b) L'équation $2x^2 + x - 1 = 0$ admet pour solutions -1 et $\frac{1}{2}$.

L'équation $x^2 - 1 = 0$ admet pour solutions -1 et 1.

x	$-\infty$		-1		$\frac{1}{2}$		1		$+\infty$
$2x^2 + x - 1$		$+$	0	$-$	0	$+$		$+$	
$x^2 - 1$		$+$	0	$-$		$-$	0	$+$	
$B(x)$		$+$	‖	$+$	0	$-$	‖	$+$	

42 **a)** On résout les équations $-6x^2 - x + 1 = 0$ et $-2x^2 + 7x - 3 = 0$, puis on établit le tableau de signes.

x	$-\infty$		$-\frac{1}{2}$		$\frac{1}{3}$		$\frac{1}{2}$		3		$+\infty$
$-6x^2 - x + 1$		$-$	0	$+$	0	$-$		$-$		$-$	
$-2x^2 + 7x - 3$		$-$		$-$		$-$	0	$+$	0	$-$	
$P(x)$		$+$	0	$-$	0	$+$	0	$-$	0	$+$	

On en déduit que le polynôme

$P(x) = (-6x^2 - x + 1)(-2x^2 + 7x - 3)$ est strictement positif pour tout x de $\left]-\infty; -\frac{1}{2}\right[\cup \left]\frac{1}{3}\,; \frac{1}{2}\right[\cup]3\,; +\infty[$.

b) On résout les équations $2x^2 - 5x - 3 = 0$ et $x^2 + 3x + 2 = 0$, puis on établit le tableau de signes de $Q(x) = \dfrac{2x^2 - 5x - 3}{x^2 + 3x + 2}$.

x	$-\infty$		-2		-1		$-\frac{1}{2}$		3		$+\infty$
$2x^2 - 5x - 3$		$+$		$+$		$+$	0	$-$	0	$+$	
$x^2 + 3x + 2$		$+$	0	$-$	0	$+$		$+$		$+$	
$Q(x)$		$+$	‖	$-$	‖	$+$	0	$-$	0	$+$	

On en déduit que $Q(x)$ est positif ou nul pour tout x de $]-\infty; -2[\cup \left]-1; -\frac{1}{2}\right] \cup [3\,; +\infty[$.

45 La courbe est la représentation graphique de la fonction f_3 ; en effet, la valeur en 0 de la fonction f_1 est 5 et le coefficient du terme de degré 2 de la fonction f_2 est négatif, donc le sens de variation de f_2 ne convient pas.

Vrai-Faux

60 **1.** F ; **2.** V ; **3.** F ; **4.** F ; **5.** V ; **6.** F ; **7.** F ; **8.** V.

61 **1.a)** V ; **b)** F ; **c)** F ; **d)** V

2.a) F ; **b)** V ; **c)** F ; **d)** V

3.a) V ; **b)** F ; **c)** V ; **d)** F

4.a) F ; **b)** V ; **c)** V ; **d)** F

QCM

62 **1.** D ; **2.** A ; **3.** B ; **4.** D ; **5.** D ; **6.** D ; **7.** B

Chapitre 2 : Trigonométrie

POUR S'ENTRAÎNER

SF1 page 41

Réels repérant M : $-\frac{\pi}{4}$; $\frac{7\pi}{4}$; $-\frac{9\pi}{4}$.

Réels repérant P : $-\frac{5\pi}{6}$; $\frac{7\pi}{6}$; $\frac{19\pi}{6}$.

SF2 page 43

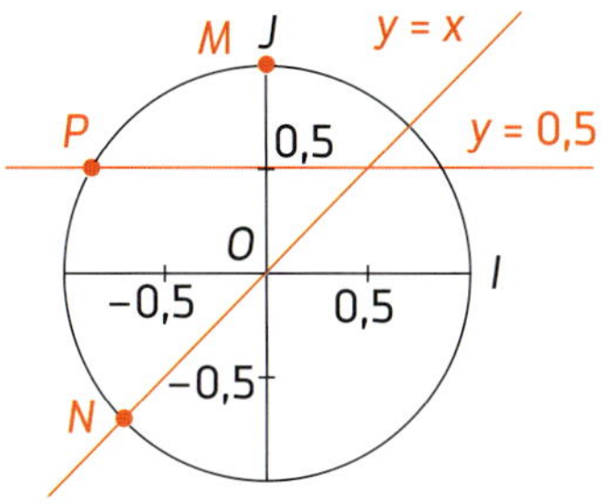

SF3 page 43

Mesure principale d'un angle orienté de mesure $-\frac{22\pi}{5}$: $-\frac{2\pi}{5}$.

Mesure principale d'un angle orienté de mesure -43π : π.

Mesure principale d'un angle orienté de mesure $\frac{46\pi}{9}$: $-\frac{8\pi}{9}$.

SF4 page 45

a. $\cos\left(-\frac{3\pi}{2}\right)=0$; $\sin\left(-\frac{3\pi}{2}\right)=1$;

$\cos\left(\frac{\pi}{3}\right)=\frac{1}{2}$; $\sin\left(\frac{\pi}{3}\right)=\frac{\sqrt{3}}{2}$

b. $\cos\left(\frac{3\pi}{4}\right)=-\frac{\sqrt{2}}{2}$; $\sin\left(-\frac{4\pi}{3}\right)=\frac{\sqrt{3}}{2}$;

$\cos\left(-\frac{5\pi}{6}\right)=-\frac{\sqrt{3}}{2}$.

SF5 page 47

t	0		$\frac{\pi}{2}$		π
$2t$	0		π		2π
$\sin(2t)$	0	$+$	0	$-$	0

t	$-\frac{\pi}{2}$		$-\frac{\pi}{6}$		$\frac{\pi}{6}$		$\frac{\pi}{2}$
$3t$	$-\frac{3\pi}{2}$		$-\frac{\pi}{2}$		$\frac{\pi}{2}$		$\frac{3\pi}{2}$
$\cos(3t)$	0	$-$	0	$+$	0	$-$	0

SF6 page 49

$\cos t=1$: $t=2k\pi, k\in\mathbb{Z}$.

$\cos t=-2{,}3$: pas de solution.

$\cos t=\frac{\sqrt{3}}{2}$: $t=\frac{\pi}{6}+2k\pi, k\in\mathbb{Z}$ ou $t=-\frac{\pi}{6}+2k\pi, k\in\mathbb{Z}$.

SF7 page 49

$\sin t=3$: pas de solution.

$\sin t=-\frac{1}{2}$: $t=-\frac{\pi}{6}+2k\pi, k\in\mathbb{Z}$ ou $t=-\frac{5\pi}{6}+2k\pi, k\in\mathbb{Z}$.

$\sin t=-1$: $t=-\frac{\pi}{2}+2k\pi, k\in\mathbb{Z}$.

SF8 page 51

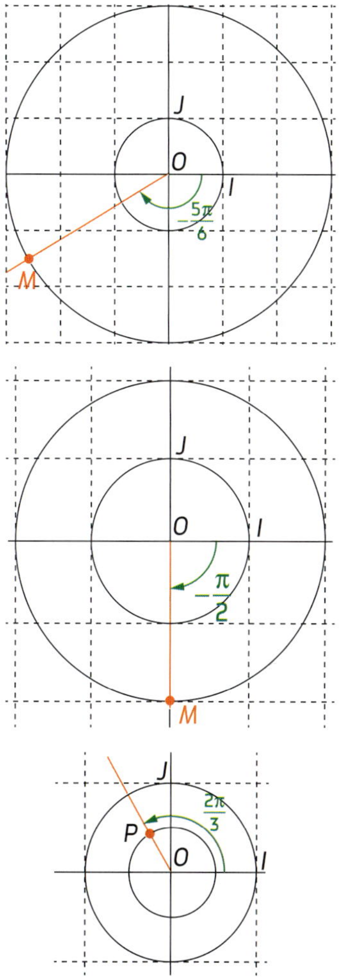

SF9 page 51

$A\left(2 ; \frac{5\pi}{6}\right)$; $B(3{,}61 ; -0{,}98)$

Exercices

10 $\widehat{IOJ'}$ est un angle droit : J' est repéré par $-\frac{\pi}{2}$;

$-\frac{\pi}{2}+2\pi=\frac{3\pi}{2}$; $-\frac{\pi}{2}+2\times 2\pi=\frac{7\pi}{2}$;

$\overset{\frown}{IA}$, $\overset{\frown}{AB}$, $\overset{\frown}{BC}$ et $\overset{\frown}{CJ}$ ont pour longueur le quart de la longueur de $\overset{\frown}{IJ}$ soit $\frac{1}{4}\times\frac{\pi}{2}=\frac{\pi}{8}$;

A est repéré par : $\frac{\pi}{8}$; $\frac{\pi}{8}-2\pi=-\frac{15\pi}{8}$;

$\frac{\pi}{8} + 2\pi = \frac{17\pi}{8}$;

B est repéré par : $2 \times \frac{\pi}{8} = \frac{\pi}{4}$; $\frac{\pi}{4} + 2\pi = \frac{9\pi}{4}$;

$\frac{\pi}{4} - 2\pi = -\frac{7\pi}{4}$;

C est repéré par : $3 \times \frac{\pi}{8} = \frac{3\pi}{8}$; $\frac{3\pi}{8} - 2\pi = -\frac{13\pi}{8}$;

$\frac{3\pi}{8} + 2\pi = \frac{19\pi}{8}$;

A' est repéré par : $-\frac{\pi}{8}$; $\frac{15\pi}{8}$; $-\frac{17\pi}{8}$;

B' repéré par : $\frac{5\pi}{4}$; $\frac{13\pi}{4}$; $-\frac{3\pi}{4}$;

C' repéré par : $\frac{5\pi}{8}$; $-\frac{11\pi}{8}$; $\frac{21\pi}{8}$.

12

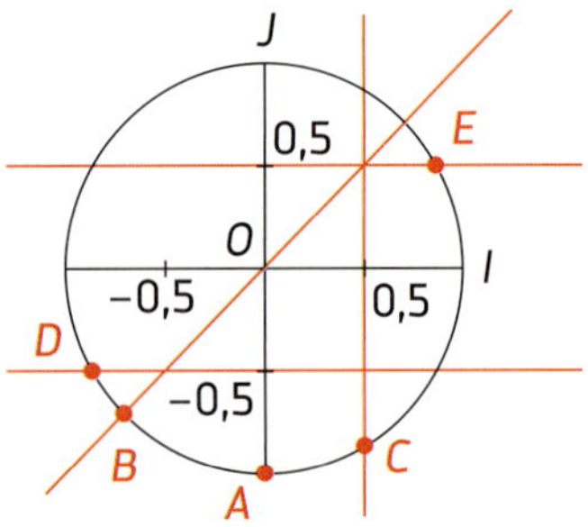

14

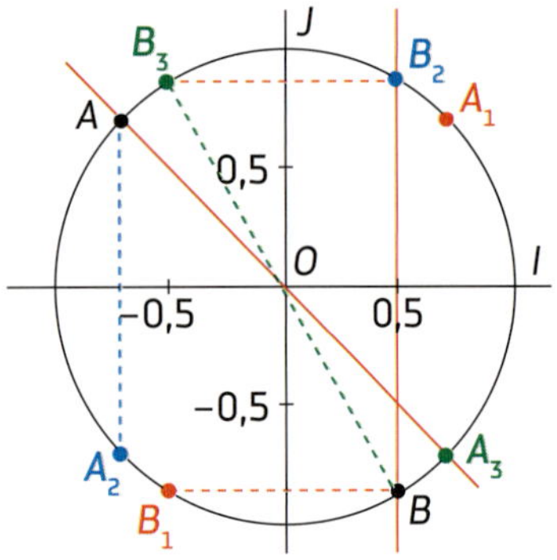

A_1 repéré par : $\frac{\pi}{4}$; $\frac{9\pi}{4}$; $-\frac{7\pi}{4}$;

B_1 repéré par : $-\frac{2\pi}{3}$; $\frac{4\pi}{3}$; $-\frac{8\pi}{3}$;

A_2 repéré par : $\frac{5\pi}{4}$; $\frac{13\pi}{4}$; $-\frac{3\pi}{4}$;

B_2 repéré par : $\frac{\pi}{3}$; $\frac{7\pi}{3}$; $-\frac{5\pi}{3}$;

A_3 repéré par : $-\frac{\pi}{4}$; $-\frac{9\pi}{4}$; $\frac{7\pi}{4}$;

B_3 repéré par : $\frac{2\pi}{3}$; $-\frac{4\pi}{3}$; $\frac{8\pi}{3}$.

16

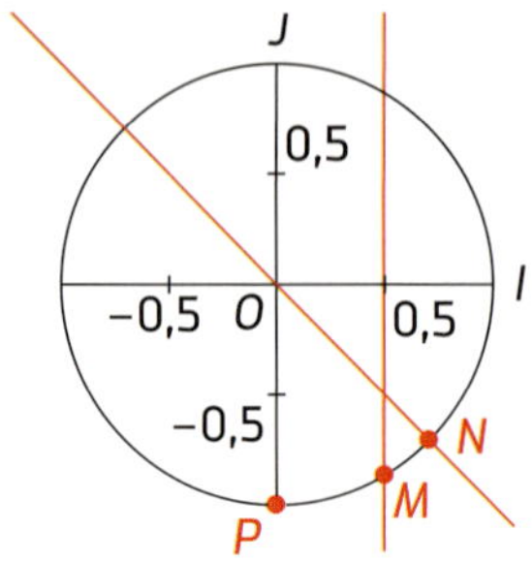

21 **1. a)** $(\overrightarrow{OA}, \overrightarrow{OC}) = \frac{\pi}{4} + 2k\pi$;

b) $(\overrightarrow{OA}, \overrightarrow{OD}) = \frac{\pi}{3} + 2k\pi$ car OAD est équilatéral ;

c) $(\overrightarrow{OA}, \overrightarrow{OE}) = \frac{\pi}{2} + 2k\pi$;

d) $(\overrightarrow{OA}, \overrightarrow{OK}) = -\frac{3\pi}{4} + 2k\pi$;

e) $(\overrightarrow{OA}, \overrightarrow{OR}) = -\frac{\pi}{4} + 2k\pi$, $k \in \mathbb{Z}$.

2. a) $(\overrightarrow{OR}, \overrightarrow{OC}) = (\overrightarrow{OR}, \overrightarrow{OA}) + (\overrightarrow{OA}, \overrightarrow{OC}) = \frac{\pi}{2} + 2k\pi$;

b) $(\overrightarrow{OD}, \overrightarrow{OE}) = (\overrightarrow{OA}, \overrightarrow{OE}) - (\overrightarrow{OA}, \overrightarrow{OD}) = \frac{\pi}{6} + 2k\pi$;

c) $(\overrightarrow{OR}, \overrightarrow{OD}) = (\overrightarrow{OR}, \overrightarrow{OA}) + (\overrightarrow{OA}, \overrightarrow{OD}) = \frac{7\pi}{12} + 2k\pi$, $k \in \mathbb{Z}$.

25 **a)**

145	180
x	π

$x = \frac{145 \times \pi}{180} = \frac{29\pi}{36}$; $145° = \frac{29\pi}{36}$ rad

b)

240	180
x	π

$x = \frac{240 \times \pi}{180} = \frac{4\pi}{3}$; $240° = \frac{4\pi}{3}$ rad

c)

50	180
x	π

$x = \frac{50 \times \pi}{180} = \frac{5\pi}{18}$; $50° = \frac{5\pi}{18}$ rad

27 **a)**

a	180
$\frac{5\pi}{3}$	π

$a = \frac{\frac{5\pi}{3} \times 180}{\pi} = 300$; $\frac{5\pi}{3}$ rad $= 300°$

b)

a	180
$\frac{8\pi}{15}$	π

$a = \frac{\frac{8\pi}{15} \times 180}{\pi} = 96$; $\frac{8\pi}{15}$ rad $= 96°$

c)

a	180
$\frac{3\pi}{2}$	π

$a = \frac{\frac{3\pi}{2} \times 180}{\pi} = 270$; $\frac{3\pi}{2}$ rad $= 270°$

32 **a)** $\frac{2\pi}{3}$; **b)** $-\frac{\pi}{2}$; **c)** $\frac{77}{6} \approx 12{,}8$; $\frac{77\pi}{6} - 12 \times \pi = \frac{5\pi}{6}$

40 $\cos\left(\frac{3\pi}{2}\right) = 0$; $\sin\left(\frac{3\pi}{2}\right) = -1$;

$\cos(-\pi) = -1$; $\sin(-\pi) = 0$;

$\cos\left(\frac{2\pi}{3}\right) = -\frac{1}{2}$; $\sin\left(\frac{2\pi}{3}\right) = \frac{\sqrt{3}}{2}$

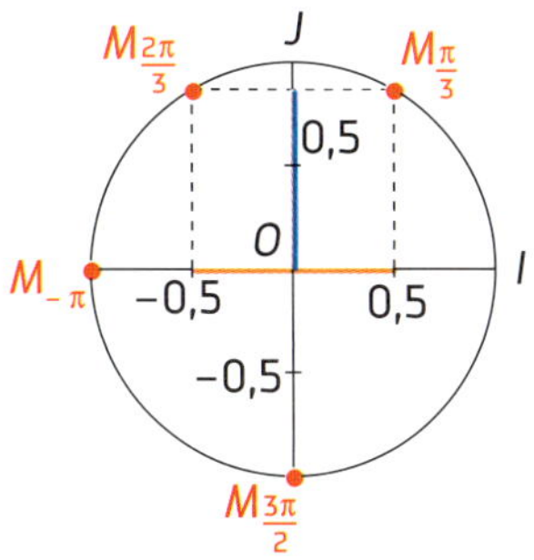

45 $\cos a = \cos\left(-\frac{\pi}{3}\right) = \frac{1}{2}$; $\sin a = \sin\left(-\frac{\pi}{3}\right) = -\frac{\sqrt{3}}{2}$;

$\cos b = \cos\left(\frac{\pi}{6}\right) = \frac{\sqrt{3}}{2}$; $\sin b = \sin\left(\frac{\pi}{6}\right) = \frac{1}{2}$

48 **a)** $x = \frac{\pi}{3} + 2k\pi,\ k \in \mathbb{Z}$; **b)** $x = \frac{3\pi}{4} + 2k\pi,\ k \in \mathbb{Z}$

c) $x = -\frac{\pi}{3} + 2k\pi,\ k \in \mathbb{Z}$; **d)** $x = \frac{5\pi}{6} + 2k\pi,\ k \in \mathbb{Z}$

50 $\cos^2 x + \sin^2 x = 1$ or $\cos x = \frac{3}{5}$

donc $\sin^2 x = 1 - \left(\frac{3}{5}\right)^2 = \frac{16}{25}$

$x \in \left]0 ; \frac{\pi}{2}\right[$ donc $\sin x > 0$ donc $\sin x = \frac{4}{5}$

51 $\cos^2 x + \sin^2 x = 1$ or $\sin x = \frac{1}{3}$

donc $\cos^2 x = 1 - \left(\frac{1}{3}\right)^2 = \frac{8}{9}$.

$x \in \left]\frac{\pi}{2} ; \pi\right[$ donc $\cos x < 0$ donc $\cos x = -\sqrt{\frac{8}{9}} = -\frac{2\sqrt{2}}{3}$

56 **a)** $\cos(-x) = \cos x = 0{,}6$; $\sin(-x) = -\sin x = -0{,}8$
b) $\cos(\pi - x) = -\cos x = -0{,}6$; $\sin(\pi - x) = \sin x = 0{,}8$
c) $\cos(\pi + x) = -\cos x = -0{,}6$; $\sin(\pi + x) = -\sin x = -0{,}8$
d) $\cos\left(\frac{\pi}{2} - x\right) = \sin x = 0{,}8$; $\sin\left(\frac{\pi}{2} - x\right) = \cos x = 0{,}6$
e) $\cos\left(\frac{\pi}{2} + x\right) = -\sin x = -0{,}8$; $\sin\left(\frac{\pi}{2} + x\right) = \cos x = 0{,}6$

60

x	0		$\frac{\pi}{8}$		$\frac{3\pi}{8}$		$\frac{\pi}{2}$
$4x$	0		$\frac{\pi}{2}$		$\frac{3\pi}{2}$		2π
$\cos(4x)$		+	0	−	0	+	

x	π		2π		3π
$\frac{x}{2}$	$\frac{\pi}{2}$		π		$\frac{3\pi}{2}$
$\sin\left(\frac{x}{2}\right)$		+	0	−	

63 **a)** $x = \frac{\pi}{4} + 2k\pi,\ k \in \mathbb{Z}$ ou $x = -\frac{\pi}{4} + 2k\pi,\ k \in \mathbb{Z}$

b) $x = \frac{\pi}{8} + 2k\pi,\ k \in \mathbb{Z}$ ou $x = -\frac{\pi}{8} + 2k\pi,\ k \in \mathbb{Z}$

c) Pas de solution
d) $t = k\pi,\ k \in \mathbb{Z}$

65 **a)** $x = \frac{\pi}{6} + 2k\pi,\ k \in \mathbb{Z}$ ou $x = \frac{5\pi}{6} + 2k\pi,\ k \in \mathbb{Z}$

b) Pas de solution

c) $x = \frac{\pi}{3} + 2k\pi,\ k \in \mathbb{Z}$ ou $x = \frac{2\pi}{3} + 2k\pi,\ k \in \mathbb{Z}$

d) $t = k\pi,\ k \in \mathbb{Z}$

73 $\cos^{-1}$ ou $\arccos(-0{,}7) \approx 2{,}346$. Or, $\cos\alpha < 0$ et $\sin\alpha < 0$ donc $\alpha \in \left]-\pi ; -\frac{\pi}{2}\right[$ donc $\alpha \approx -2{,}346$.

77

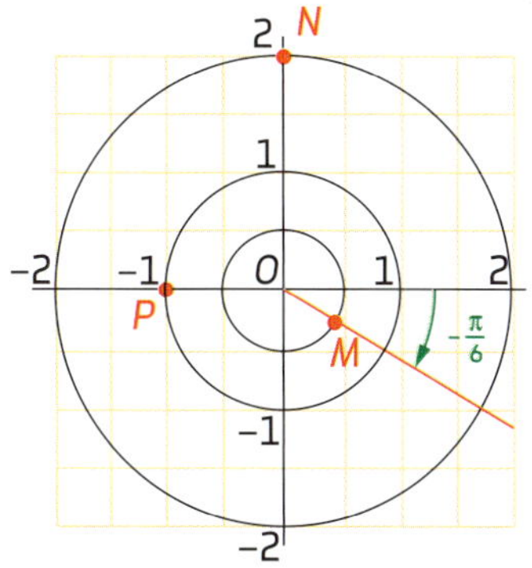

86 $A\left(2\sqrt{2} ; -\frac{\pi}{4}\right)$ $B(2{,}24 ; -153{,}43°)$

Vrai-Faux

91 **1.a)** F ; **b)** V ; **c)** V ; **d)** F
2.a) F ; **b)** V ; **c)** F ; **d)** F
3.a) F ; **b)** F ; **c)** F
4.a) F ; **b)** V ; **c)** V ; **d)** F
5.a) F ; **b)** V ; **c)** V ; **d)** V

92 **1.** F ; **2.** V ; **3.** F ; **4.** V ; **5.** F

QCM

93 **1.** B ; **2.** C ; **3.** A ; **4.** A ; **5.** C ; **6.** B ; **7.** C ; **8.** C

Chapitre 3 : Fonctions de référence

Pour s'entraîner

SF1 page 73

On utilise :
• soit que Δ passe, par exemple, par les points $A(-1 ; -7)$ et $B(2 ; 2)$;
• soit que Δ a pour coefficient directeur 3 et pour ordonnée à l'origine −4.

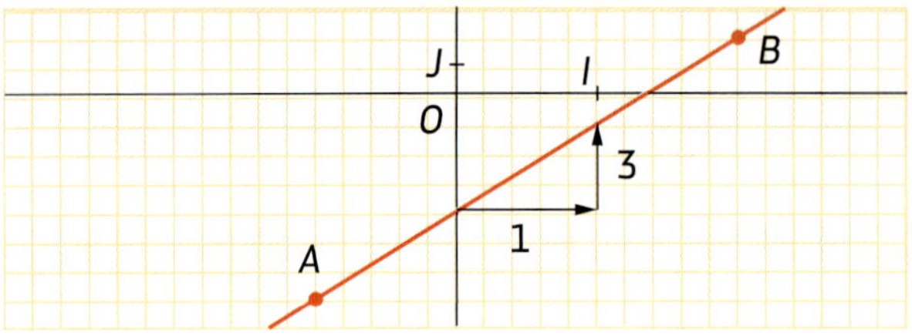

SF2 page 73

Δ: $y = -2x + 1$ et Δ': $y = \dfrac{1}{4}x - \dfrac{5}{4}$.

SF3 page 75

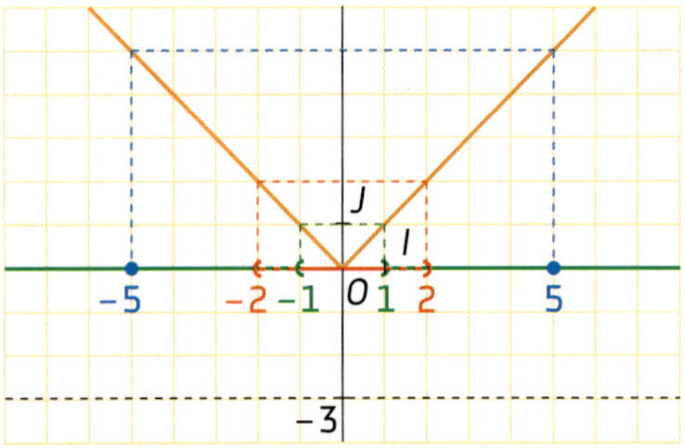

$|x| = 5$: $\mathcal{S} = \{-5\,;\,5\}$; $|x| = -3$: $\mathcal{S} = \varnothing$; $|x| \leqslant 2$: $\mathcal{S} = [-2\,;\,2]$ et $|x| > 1$: $\mathcal{S} =]-\infty\,;\,-1[\,\cup\,]1\,;\,+\infty[$.

SF4 page 75

La représentation graphique de f est invariante par la translation de vecteur $2\overrightarrow{OI}$ donc f est périodique de période 2.

SF5 page 77

a. Pour tout réel x, $f(-x) = -f(x)$ donc f est impaire et la représentation graphique de f est symétrique par rapport à l'origine du repère.

b. La représentation graphique de g est symétrique par rapport à l'axe des ordonnées du repère donc g est paire.

SF6 page 79

a. Le maximum de f est égal à 3 donc $A = 3$.

b. La représentation graphique de f est invariante par la translation de vecteur $4\overrightarrow{OI}$ donc $T = 4$ et $\omega = \dfrac{\pi}{2}$.

SF7 page 81

La courbe $\mathcal{C}_g$ s'obtient à partir de la courbe représentative $\mathcal{C}$ de la fonction carré. Elle est l'image de $\mathcal{C}$ par la translation de vecteur $4\overrightarrow{OI}$.

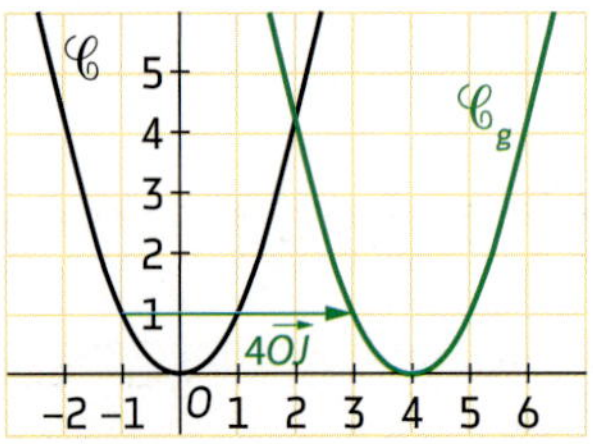

SF8 page 81

On reconnaît la représentation graphique de la fonction cosinus : pour tout réel x, $f(x) = \cos x$.

La courbe $\mathcal{C}_g$ est l'image de $\mathcal{C}_f$ par la translation de vecteur $\overrightarrow{OJ}$, donc, pour tout réel x, $g(x) = f(x) + 1 = \cos x + 1$.

Exercices

4 **a)** On utilise :

- soit que $\mathcal{C}_f$ passe, par exemple, par les points $A(2\,;\,-4)$ et $B(-1\,;\,5)$;
- soit que $\mathcal{C}_f$ a pour coefficient directeur -3 et pour ordonnée à l'origine 2.

b) On utilise :

- soit que $\mathcal{C}_g$ passe, par exemple, par les points $A(2\,;\,2)$ et $B(-1\,;\,-4)$;
- soit que $\mathcal{C}_g$ a pour coefficient directeur 2 et pour ordonnée à l'origine -2.

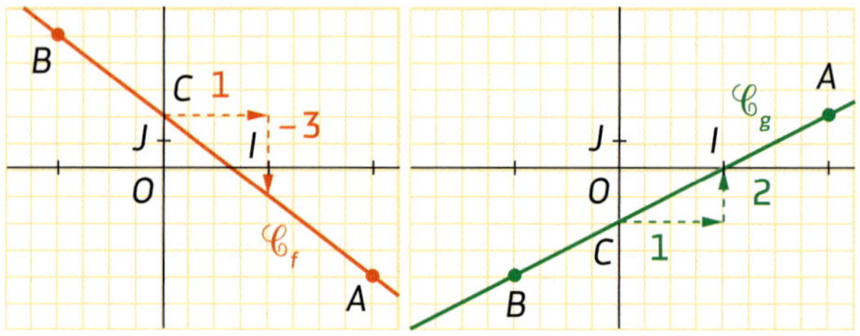

c) On utilise :

- soit que $\mathcal{C}_h$ passe, par exemple, par les points $A(2\,;\,2)$ et $B(-2\,;\,0)$;
- soit que $\mathcal{C}_h$ a pour coefficient directeur $\dfrac{1}{2}$ et pour ordonnée à l'origine 1.

d) On utilise le fait que $\mathcal{C}_i$ est la droite horizontale d'ordonnée à l'origine -5.

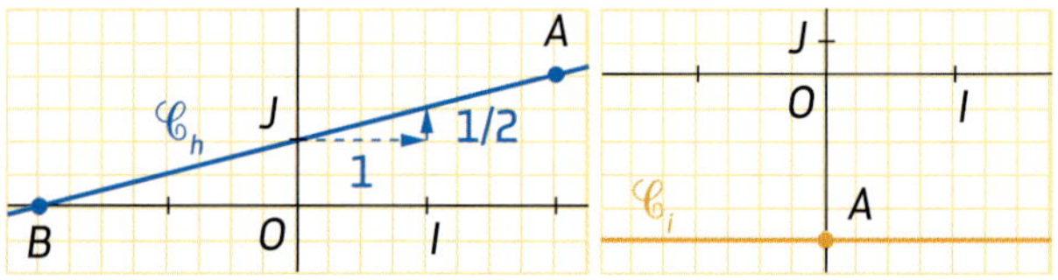

6 • f est une fonction linéaire passant par le point de coordonnées $(1\,;\,-5)$ donc $f(x) = -5x$.

• La représentation graphique de g est une droite horizontale passant par le point $A(0\,;\,-1)$ donc $g(x) = -1$.

• La représentation graphique de h est une droite d'ordonnée à l'origine -4 et de pente $-\dfrac{1}{4}$ donc :

$$h(x) = -\frac{1}{4}x - 4.$$

10

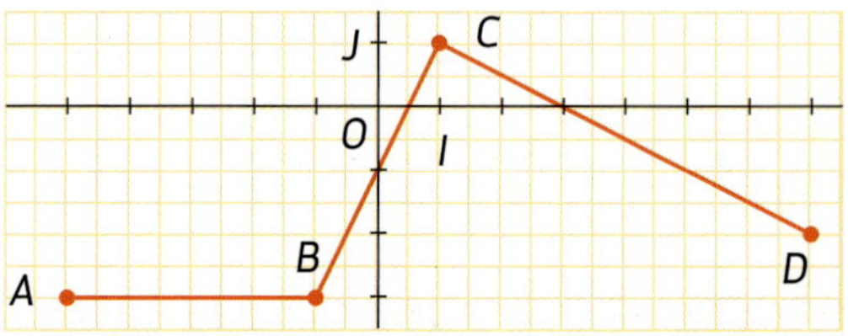

14

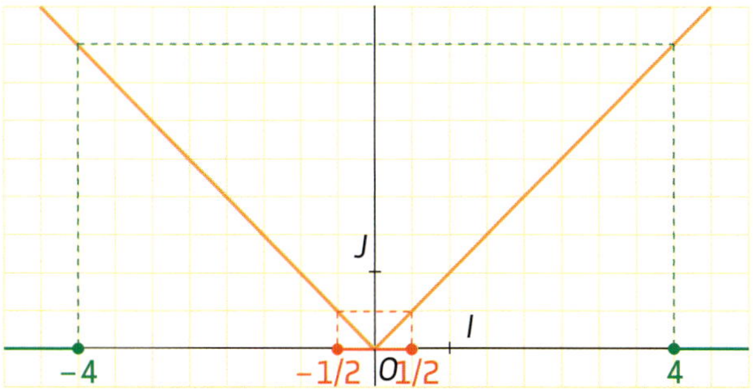

a) $\mathcal{S} = \{-4\,;4\}$ **b)** $\mathcal{S} =]-\infty\,;-4[\cup]4\,;+\infty[$

c) $\mathcal{S} = \left\{-\frac{1}{2}\,;\frac{1}{2}\right\}$ **d)** $\mathcal{S} = \left]-\frac{1}{2}\,;\frac{1}{2}\right[$.

23 $T = 2$ (invariance par translation de vecteur $2\overrightarrow{OI}$).

27 Pour tout réel x,

$$j(-x) = 3[\sin(-x)]^2 - \cos(-x) = 3[-\sin(x)]^2 - \cos(x)$$
$$= 3\sin^2(x) - \cos(x) = j(x)$$

donc j est paire et la représentation graphique de j est symétrique par rapport à l'axe des ordonnées du repère.

32 La fonction f est impaire (courbe symétrique par rapport à l'origine du repère) et la fonction g est paire (courbe symétrique par rapport à l'axe des ordonnées).

39 **a)** Le maximum de f est égal à 2 donc $A = 2$.

b) La représentation graphique de f est invariante par la translation de vecteur $2\overrightarrow{OI}$ donc $T = 2$ et $\omega = \pi$.

44 On utilise la fonction carré notée f. On passe de $\mathcal{C}_f$ à $\mathcal{C}_g$ par la translation de vecteur $-3\overrightarrow{OJ}$ et de $\mathcal{C}_f$ à $\mathcal{C}_h$ par la translation de vecteur $-2\overrightarrow{OI}$.

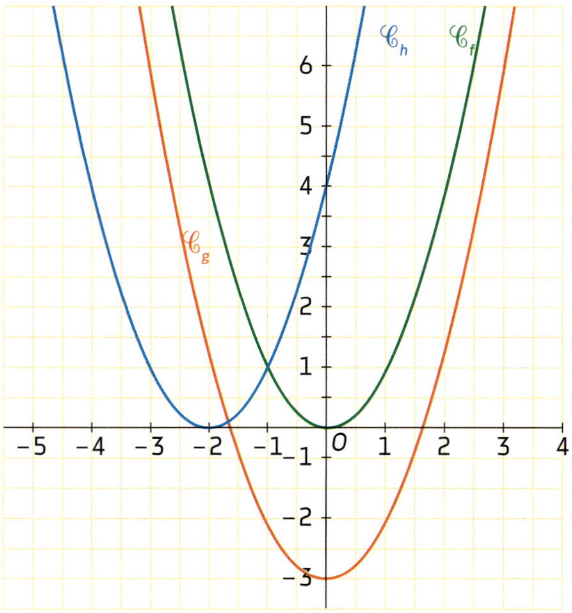

53 $f(x) = |x|$; $g(x) = |x+2|$ et $h(x) = |x| + 2$.

Vrai-Faux

63 **1.** F; **2.** F; **3.** F; **4.** V; **5.** V; **6.** F; **7.** F

QCM

64 **1.** C; **2.** A; **3.** C

65 **1.** C; **2.** C; **3.** C; **4.** C; **5.** B; **6.** A; **7.** B

Chapitre 4 : Fonction dérivée

POUR S'ENTRAÎNER

SF1 page 103

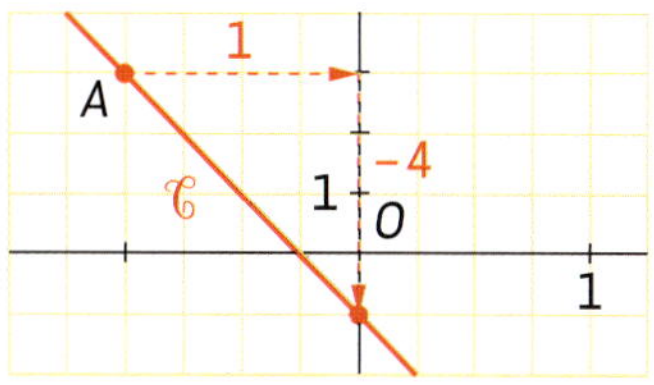

SF2 page 103

- $f(0) = 1$.
- On lit le coefficient directeur de la droite (EB) :

$$f'(0) = -2.$$

SF3 page 105

- $y = -\frac{1}{9}x - \frac{2}{3}$.
- $y = x - \frac{1}{4}$.

SF4 page 105

$f_1'(x) = -\frac{1}{x^2}$; $f_2'(x) = 4$; $f_3'(x) = \cos x$ et $f_4'(x) = 2x$.

SF5 page 107

$f_1'(x) = -\frac{1}{x^2}$; $f_2'(x) = 5x^4 - 5\cos x$; $f_3'(x) = -4\sin x$;

$f_4'(x) = 8x + 3$ et $f_5'(x) = 5\sin x + (5x-2)\cos x$.

SF6 page 109

$f_1'(x) = \frac{\sin x}{\cos^2 x}$; $f_2'(x) = -\frac{2x}{(x^2-1)^2}$; $f_3'(x) = \frac{5}{(10-5x)^2}$;

$f_4'(t) = 6\cos\left(6t - \frac{\pi}{2}\right)$ et $f_5'(t) = -5\sin\left(5t + \frac{\pi}{3}\right)$.

Corrigés des exercices

Exercices

1

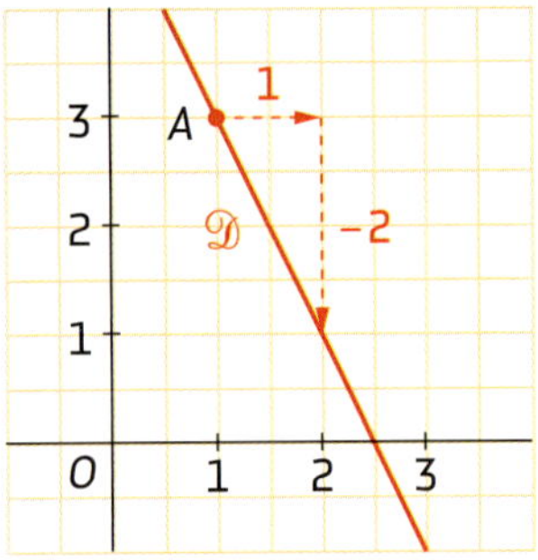

4 $\dfrac{y_B - y_A}{x_B - x_A} = -\dfrac{7}{4}$.

7 $\lim\limits_{h \to 0} \dfrac{[-3 \times (-2+h)+4] - [-3 \times (-2)+4]}{h}$
$= \lim\limits_{h \to 0} (-3) = -3$ donc $f'(-2) = -3$.

11

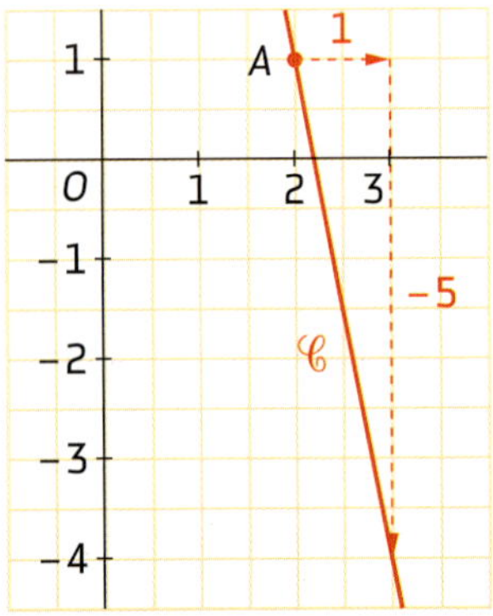

15 • $f(1) = 4$ et $f(4) = 1$.
• On lit le coefficient directeur de la droite $\mathscr{D}$: $f'(1) = -4$.
• On lit le coefficient directeur de la droite $\mathscr{D}'$: $f'(4) = 2$.

20 $\mathscr{C} : y = mx + p$ où $m = f'\left(\dfrac{1}{2}\right) = -16$ donc
$\mathscr{C} : y = -16\,x + p$.
Or $A\left(\dfrac{1}{2} ; f\left(\dfrac{1}{2}\right)\right)$ soit $A\left(\dfrac{1}{2} ; 4\right) \in \mathscr{C}$
donc $4 = -16 \times \dfrac{1}{2} + p \Leftrightarrow p = 12$.
donc $\mathscr{C} : y = -16\,x + 12$.

28 **a)** $f(x)$ est de la forme x^n avec $n = 4$ donc $f'(x) = 4x^3$.
b) $f'(x) = -\dfrac{1}{x^2}$ (formule du cours).

34 On reconnaît une somme de fonctions de référence.
a) $f'(x) = 4x^3 + 3x^2 + 2x + 1$ **b)** $f'(x) = -\dfrac{1}{x^2}$

37 On reconnaît un produit d'une constante par une fonction de référence.
a) $f'(t) = 4 \times 3t^2 = 12t^2$ **b)** $f'(t) = -\left(-\dfrac{1}{t^2}\right) = \dfrac{1}{t^2}$

40 On reconnaît une somme de fonctions.
a) $f'(x) = 12x^3 - 12x^2 + 2$ **b)** $f'(x) = 2x + 2 + \dfrac{3}{x^2}$

43 On reconnaît un produit de fonctions.
a) $f'(x) = 6x(2x^4+1) + (3x^2+4)(8x^3) = 36x^5 + 32x^3 + 6x$
b) $f'(x) = (2x-1)(3x^3-1) + (x^2-x+1)(9x^2)$
$= 15x^4 - 12x^3 + 9x^2 - 2x + 1$

47 On reconnaît l'inverse d'une fonction.
a) $f'(x) = \dfrac{-2x}{(x^2+3)^2}$ **b)** $f'(x) = \dfrac{-2}{(2x+1)^2}$

51 On reconnaît un quotient de deux fonctions.
a) $f'(x) = \dfrac{2(x+1) - 1(2x-3)}{(x+1)^2} = \dfrac{5}{(x+1)^2}$
b) $f'(x) = \dfrac{-2(5x-1) - 5(-2x+3)}{(5x-1)^2} = \dfrac{-13}{(5x-1)^2}$

54 On reconnaît des fonctions de la forme $\cos(\omega x + \varphi)$ et $\sin(\omega x + \varphi)$.
a) $f'(x) = -3\sin(3x+1)$ **b)** $f'(x) = 2\cos(2x)$

Vrai-Faux

70 **1.a)** V ; **b)** F ; **c)** F ; **d)** V **2.a)** F ; **b)** V ; **c)** F ; **d)** V
3.a) F ; **b)** F ; **c)** F ; **d)** V

QCM

71 **1.** C ; **2.** B ; **3.** C ; **4.** B ; **5.** A ; **6.** B ; **7.** B

Chapitre 5 : Applications de la dérivation

Pour s'entraîner

SF1 page 131

x	-7		3		8
$f'(x)$		$-$	0	$+$	
f	$f(-7)$	↘	$f(3)$	↗	$f(8)$

x	3		4		6		17
$f'(x)$		$-$	0	$+$	0	$-$	
f	5	↘	3	↗	8	↘	-1

SF2 page 131

a. $f'(x) = \dfrac{-4x}{(x^2+1)^2}$ donc $f'(x)$ est du signe de $-4x$.

D'où le tableau de variation suivant :

x	-1		0		5
$f'(x)$		$+$	0	$-$	
f	1	↗	2	↘	$1/13$

b. $g'(x) = 3x^2 - 6x - 9$ donc g' est une fonction polynôme du second degré de discriminant égal à 144, s'annulant en -1 et 3, d'où le tableau de signes ci-dessous.

x	$-\infty$		-1		3		$+\infty$
$3x^2-6x-9$		+	0	−	0	+	

Par conséquent :

x	-2		-1		3		6
$g'(x)$		+	0	−	0	+	
g	0	↗	7	↘	-25	↗	56

Exercices

1 **a)**

x	-2		4
$f'(x)$		+	
f	0	↗	5

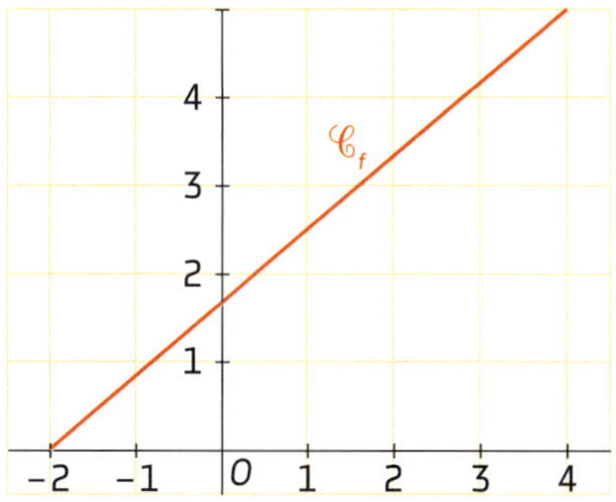

b)

x	$-\infty$		-3		1		$+\infty$
$f'(x)$		−	0	+	0	−	
f		↘	0	↗	4	↘	

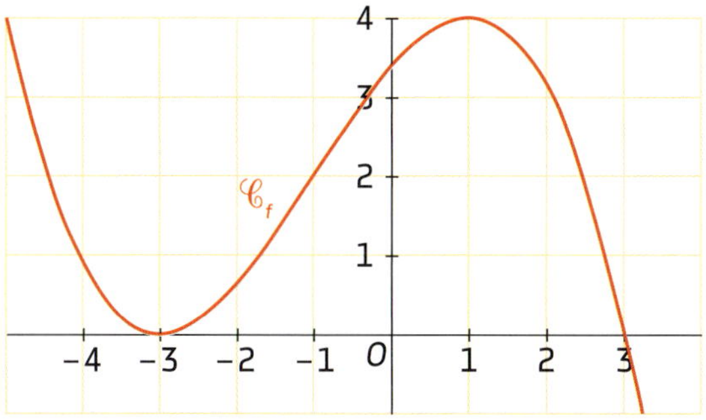

3 **a)**

x	-3		2
$f'(x)$	0	−	0
f	2	↘	1/2

b)

x	-3		-2		1		2
$f'(x)$		+	0	−	0	+	
f	-1	↗	2	↘	-1	↗	0

5 **a)** $f'(x) = 2x + 1$

x	-3		$-1/2$		2
$f'(x)$		−	0	+	
f	4	↘	$-9/4$	↗	4

b) $f'(t) = 3t^2 - 3$

x	$-\infty$		-1		1		$+\infty$
$f'(x)$		+	0	−	0	+	
f		↗	4	↘	0	↗	

14 **a)** $f'(t) = 4\cos\left(2t + \frac{\pi}{4}\right)$

b) On a : $\cos T = 0$ si et seulement si $T = \frac{\pi}{2} + k\pi$, où $k \in \mathbb{Z}$.

c) D'après **b)**, $\cos\left(2t + \frac{\pi}{4}\right) = 0$ si et seulement si

$2t + \frac{\pi}{4} = \frac{\pi}{2} + k\pi$, où k est un entier relatif.

Conclusion : l'équation $\cos\left(2t + \frac{\pi}{4}\right) = 0$

admet $\left\{\frac{\pi}{8} + \frac{k}{2}\pi \ ; \ k \in \mathbb{Z}\right\}$ pour ensemble de solutions

dans $\mathbb{R}$.

Parmi toutes ces solutions, une seule est dans $\left[0 \ ; \frac{\pi}{4}\right]$:

$\frac{\pi}{8}$ (correspondant à $k = 0$).

d)

t	0		$\frac{\pi}{8}$		$\frac{\pi}{4}$
$\cos\left(2t + \frac{\pi}{4}\right)$		+	0	−	
$f'(t)$		+	0	−	

e)

t	0		$\pi/8$		$\pi/4$
f	$\sqrt{2}$	↗	2	↘	$\sqrt{2}$

16 **a)** $f'(x) = -x + 3$

x	$-\infty$		3		$+\infty$
$f'(x)$		+	0	−	
f		↗	0,5	↘	

Ce tableau est bien cohérent avec les connaissances sur les polynômes de degré 2 : f est un polynôme du second degré

$x \mapsto ax^2 + bx + c$ avec $-\frac{b}{2a} = -\frac{3}{2 \times \left(-\frac{1}{2}\right)} = 3$ et $a < 0$.

b) $f(0) = -4$ donc le point d'intersection de la courbe avec l'axe des ordonnées a pour coordonnées $(0 ; -4)$.

L'équation $-\frac{1}{2}x^2 + 3x - 4 = 0$ a pour solutions 2 et 4, donc les points d'intersection de la courbe avec l'axe des abscisses ont pour coordonnées respectives (2 ; 0) et (4 ; 0).

c) La tangente à la courbe au point A d'abscisse 0 a pour coefficient directeur $f'(0) = 3$.

La tangente à la courbe au point B d'abscisse 2 a pour coefficient directeur $f'(2) = 1$.

La tangente à la courbe au point C d'abscisse 4 a pour coefficient directeur $f'(4) = -1$.

d)

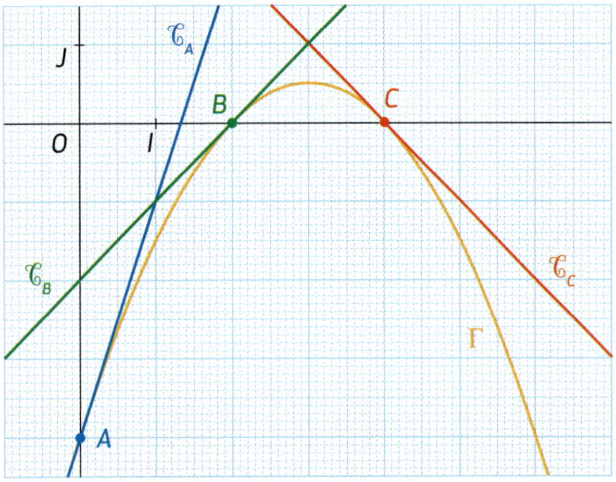

18 **a)** $f'(x) = -6x^2 + 6x = -6x(x-1)$

Donc $f'(x)$ est un polynôme du second degré dont les racines sont 0 et 1, on en déduit donc le tableau de variation suivant :

x	-1		0		1		2
$f'(x)$		$-$	0	$+$	0	$-$	
f	7	↘	2	↗	3	↘	-2

b) La tangente en A a pour coefficient directeur $f'(-1) = -12$.

La tangente en B a pour coefficient directeur $f'(2) = -12$.

c)

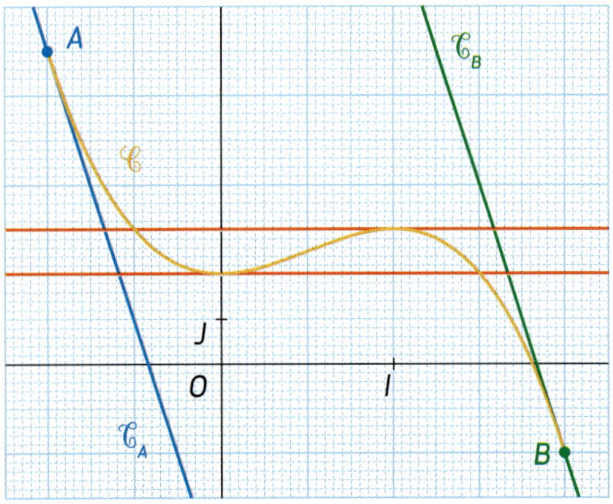

25 **a)** Par lecture graphique, on pourrait penser que f est croissante sur $\mathbb{R}$.

Cependant, $f'(x) = 90x^2 - 1$. On obtient donc le tableau de variation suivant :

x	$-\infty$		$-1/\sqrt{90}$		$1/\sqrt{90}$		$+\infty$
$f'(x)$		$+$	0	$-$	0	$+$	
f		↗	$f(-1/\sqrt{90})$	↘	$f(1/\sqrt{90})$	↗	

donc le sens de variation conjecturé à partir de la calculatrice est incorrect.

b) On peut prendre par exemple $X_{\min} = -0{,}2$; $X_{\max} = 0{,}2$; $Y_{\min} = -0{,}08$ et $Y_{\max} = 0{,}08$.

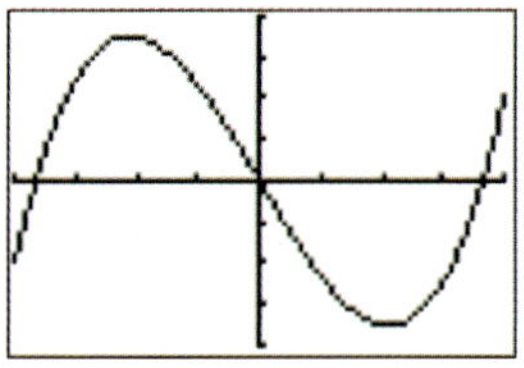

27 **a)** Le maximum de f est 1, il est atteint en 3.

b) Le maximum de f est 4, il est atteint en -5.

Sur $[-5 ; -1]$, le minimum de f est -1 et il est atteint en -3.

30 $f'(x) = \dfrac{-5}{(x-1)^2}$; $f'(x)$ est le quotient d'un nombre strictement négatif par un nombre strictement positif, d'où :

x	-4		-1
$f'(x)$		$-$	
f	1	↘	$-1/2$

Le maximum de f est 1, il est atteint en -4 et son minimum est $-1/2$, atteint en -1.

36 **a)** Pour tout réel x, $f(x) > 0$, car le minimum de f sur $\mathbb{R}$ est 1/3.

b) Le minimum de f sur $]-\infty ; 5]$ est 0 et f est strictement décroissante sur $[5 ; +\infty[$, donc :

x	$-\infty$		5		$+\infty$
$f(x)$		$+$	0	$-$	

39 **a)** $f'(x) = 3x^2 - 2x - 1$, polynôme de degré 2 dont le discriminant est $\Delta = 16$;

donc les racines de $3x^2 - 2x - 1$ sont 1 et $-1/3$, par conséquent :

x	0		1		$+\infty$
$f'(x)$		$-$	0	$+$	
f	1	↘	0	↗	

b) f est positive sur $[0 ; +\infty[$ et s'annule en 1. Par conséquent, la courbe représentative de f coupe l'axe des abscisses au point de coordonnées (1 ; 0) et, en dehors de ce point, la courbe est au-dessus de l'axe des abscisses.

42 **a)** Pas de solution

b) Deux solutions, l'une sur $]-4 ; -2[$, l'autre sur $]-2 ; 1[$.

c) Une seule solution qui se trouve dans l'intervalle $]-2 ; 1[$.

45 **a)** $f'(x) = 6x^2 + 6x - 12$

On obtient le tableau de variations suivant :

x	-4		-2		1		3
$f'(x)$		$+$	0	$-$	0	$+$	
f	-32	↗	20	↘	-7	↗	45

b)

Équation	Nombre de solutions sur [−4 ; 3]
$f(x) = 0$	3
$f(x) = 19$	3
$f(x) = -33$	0
$f(x) = 25$	1
$f(x) = 20$	2

48 **1.** $f'(x) = -3x^2 - 6$; $f'(x)$ est la somme de deux nombres négatifs, l'un des deux étant strictement négatif, d'où :

x	$-\infty$	0	a	1	$+\infty$
$f'(x)$			$-$		
f		3	0	-4	↘

2. $f(0) = 3$, $f(1) = -4$ et f est strictement décroissante sur $[0 ; 1]$, donc l'équation $f(x) = 0$ a une unique solution sur $[0 ; 1]$. À l'aide d'une table de valeurs, on obtient 0,5 pour valeur arrondie de a à 0,1.

3. a) On complète le tableau de variation comme ci-dessus. On conclut de la stricte décroissance de f sur $\mathbb{R}$ et de la question **2.** que l'équation a une unique solution sur $\mathbb{R}$: a.

b) On déduit du tableau de variation que f est strictement positive sur $]-\infty ; a[$, s'annule en a et est strictement négative sur $]a ; +\infty[$.

Vrai-Faux

55 **1.a)** V ; **b)** F ; **c)** V ; **d)** F

2.a) V ; **b)** F ; **c)** F ; **d)** F

3.a) F ; **b)** V ; **c)** V ; **d)** V

4.a) V ; **b)** F ; **c)** V ; **d)** V

5.a) V ; **b)** F ; **c)** F ; **d)** V

QCM

56 **1.** D ; **2.** C ; **3.** D ; **4.** B

Chapitre 6 : Suites

POUR S'ENTRAÎNER

SF1 page 155

$u_3 = 9$, $u_4 = 17$, $u_5 = 31$ et $u_6 = 57$.

SF2 page 155

a. Définition par une relation explicite.

b. Définition par une relation de récurrence.

SF3 page 157

a. $u_1 = 1$, $u_2 = 3$, $u_3 = 5$, $u_4 = 7$, $u_5 = 9$.

Pour tout entier $n \geqslant 1$, $u_{n+1} = u_n + 2$.

b. Représentation ci-dessous.

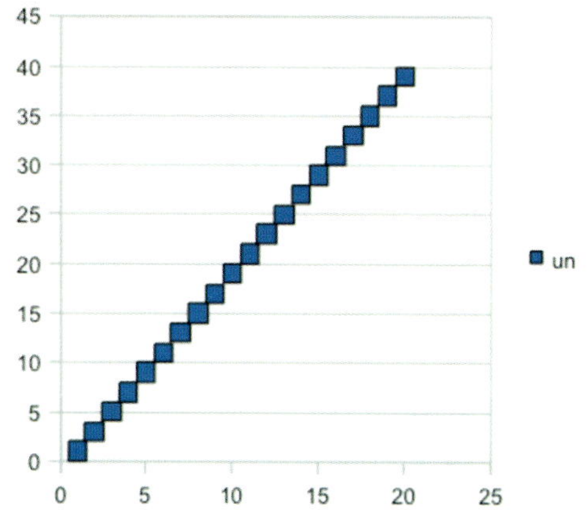

c. Les points semblent alignés. Si c'est le cas, avec les deux premiers points de coordonnées (1 ; 1) et (2 ; 3), l'équation de la droite est : $y = 2x - 1$.

Conjecture : pour tout entier naturel $n \geqslant 1$, $u_n = 2n - 1$, conjecture cohérente avec les 50 premières valeurs de la suite.

SF4 page 159

Pour tout entier $n \geqslant 1$, le point A_{n-1} est le milieu de $[OA_n]$, d'où $x_{n-1} = \dfrac{0 + x_n}{2}$, d'où $x_n = 2x_{n-1}$.

La suite (x_n) est la suite géométrique de premier terme $x_0 = 0{,}25$ et de raison 2.

SF5 page 159

Le seizième terme est $x_{15} = x_0 2^{15} = 8\,192$.

Exercices

6 **a)** $u_0 = 1$, $u_1 = 3$, $u_2 = 17$. **b)** $u_0 = 1$, $u_1 = 3$, $u_2 = 9$.

8 **a)** $u_0 = 1$, $u_1 = 4$, $u_2 = 7$, $u_3 = 10$.

b) $u_1 = 2$, $u_2 = 10$, $u_3 = 50$, $u_4 = 250$.

13 **a)** Définition par une relation explicite.

b) Définition par une relation de récurrence.

c) Définition par une relation explicite.

d) Définition par une relation de récurrence.

15 **a)** La suite (u_n) est définie par une relation de récurrence.

b) Pour tout entier $n \geqslant 1$, $u_n = 2u_{n-1}$.

c) $u_0 = 5$, $u_1 = 10$, $u_2 = 20$, $u_3 = 40$.

26 **a)** Pour tout entier naturel n,

$$u_{n+1} = -7(n+1) + 11 = -7n + 4.$$

b) Pour tout entier naturel n, $u_{n+1} = 13^{n+1}$.

28 **a)** Pour tout entier naturel n, $u_{n+1} = 2u_n + 5$.

b) Pour tout entier naturel $n \geqslant 2$, $u_n = 7{,}2\,u_{n-1}$.

41 $u_1 = 6$, $u_2 = 12$, $u_3 = 24$.

44 **a)** $u_0 = 5$, $u_1 = \dfrac{10}{3}$, $u_2 = \dfrac{20}{9}$. **b)** $u_{n+1} = 5 \times \left(\dfrac{2}{3}\right)^{n+1}$.

c) $u_{n+1} = 5 \times \left(\dfrac{2}{3}\right)^{n+1} = 5 \times \left(\dfrac{2}{3}\right)^{n} \times \dfrac{2}{3} = u_n \times \dfrac{2}{3}$.

La suite (u_n) est la suite géométrique de premier terme $u_0 = 5$ et de raison $\dfrac{2}{3}$.

48 Pour tout entier naturel n,

$$u_{n+1} = u_n + \frac{0{,}75}{100}u_n = u_n + 0{,}0075\,u_n = 1{,}0075\,u_n.$$

La suite (u_n) est la suite géométrique de premier terme $u_0 = 3\,000$ et de raison 1,0075.

52 **a)** $u_1 = 5 \times (-2) = -10$, $u_8 = 5 \times (-2)^8 = 1\,280$.

b) $u_2 = -3 \times \left(\dfrac{1}{3}\right)^2 = -\dfrac{1}{3}$, $u_{10} = -3 \times \left(\dfrac{1}{3}\right)^{10} = -\dfrac{1}{19\,683}$.

66 **1. a)** Cet algorithme donne le plus petit entier n pour lequel $4n^2 + 1$ est strictement supérieur à 2 000.

b) On obtient : $n = 23$.

2. a) On modifie l'algorithme précédent comme ci-dessous.

<u>Variables :</u>	n entier naturel
<u>Initialisation :</u>	n prend la valeur 0
<u>Traitement :</u>	Tant que $2n^3 + 5 \leqslant 5\,000$
	n prend la valeur $n + 1$
	Fin Tant que
<u>Sortie :</u>	Afficher n

On obtient : $n_0 = 14$.

b) On modifie de nouveau l'algorithme en remplaçant 5 000 par 10 000 dans le test et on obtient : $n_1 = 18$.

Vrai-Faux

68 **1. a)** V ; **b)** F ; **c)** F ; **d)** V

2. a) F ; **b)** V ; **c)** F ; **d)** V **3.** V

69 **1.** F ; **2.** V ; **3.** F ; **4.** F

QCM

70 **1.** A ; **2.** B ; **3.** C

Chapitre 7 : Statistiques et probabilités

POUR S'ENTRAÎNER

SF1 page 181

1. À la calculatrice, on obtient les résultats suivants.

a. La médiane est 210 000 et l'écart interquartile 32 500.

b. La moyenne est 228 222 et l'écart type 39 974 (valeurs arrondies à l'entier).

2. a. La médiane est inférieure à la moyenne, ce qui signifie que plus de la moitié des maisons à vendre sont à un prix inférieur ou égal à la moyenne, la dispersion des prix est plus importante du côté des maisons les plus chères.

b. Pour des futurs acheteurs, le couple (médiane ; écart interquartile), pour des vendeurs, le couple (moyenne ; écart type), la médiane étant inférieure à la moyenne.

SF2 page 183

a. On note C_i l'événement « le représentant conclut la i-ème vente », pour i prenant les valeurs 1, 2 et 3.

b. La probabilité qu'il vende deux produits dans la matinée est : $p = 3 \times 0{,}2 \times 0{,}2 \times 0{,}8 = 0{,}096$.

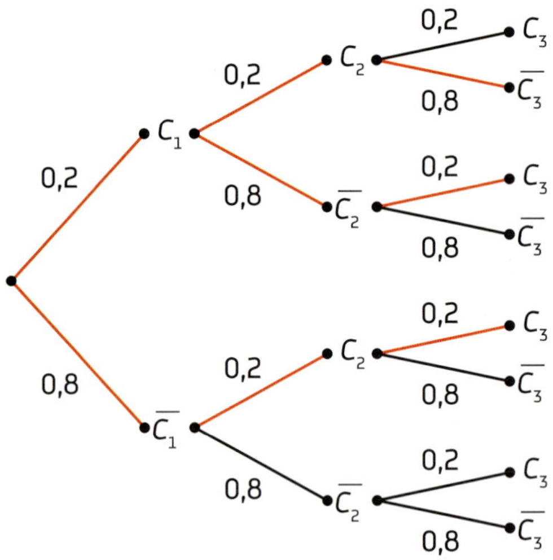

SF3 page 185

La variable X ne suit pas une loi binomiale car elle ne prend pas pour valeurs le nombre de succès mais le nombre de points obtenus.

SF4 page 185

On répète 100 fois de façon indépendante et identique la même épreuve, qui donne lieu à deux résultats : la personne décroche et répond au sondage, avec une probabilité $p = 0{,}3$, ou non. La variable X, qui prend pour valeurs le nombre de personnes qui décrochent et répondent au téléphone, suit donc la loi binomiale de paramètres $n = 100$ et $p = 0{,}3$.

On cherche $P(X > 50) = 1 - P(X \leqslant 50)$. À la calculatrice, on obtient : $P(X > 50) = 1 - P(X \leqslant 50) \approx 9{,}03 \times 10^{-6}$.

SF5 page 187

En utilisant la calculatrice ou le tableur, on a : $a = 104$ et $b = 124$. L'intervalle de fluctuation est donc $\left[\frac{104}{150} ; \frac{124}{150}\right]$, les bornes étant égales à 0,693 et 0,827 (valeurs approchées à 10^{-3} près).

SF6 page 189

a. La fréquence observée est $\frac{107}{150}$, elle appartient à l'intervalle de fluctuation, donc elle est compatible avec l'affirmation du gouvernement.

b. La fréquence observée est $\frac{102}{150}$, elle n'appartient pas à l'intervalle de fluctuation, on peut donc raisonnablement douter de l'affirmation du gouvernement.

Exercices

9 **a)** $\overline{x} = 2 \times \frac{5}{30} + 4 \times \frac{8}{30} + 6 \times \frac{6}{30} + 8 \times \frac{4}{30} + 10 \times \frac{1}{30} + 12 \times \frac{6}{30} = 6{,}4.$

b)

Valeur x_i	2	4	6	8	10	12
Effectif n_i	5	8	6	4	1	6
$(x - x_i)^2$	19,36	5,76	0,16	2,56	12,96	31,36

$V = 19{,}36 \times \frac{5}{30} + 5{,}76 \times \frac{8}{30} + 0{,}16 \times \frac{6}{30} + 2{,}56 \times \frac{4}{30} + 12{,}96 \times \frac{1}{30} + 31{,}36 \times \frac{6}{30} = 11{,}84$

et $\sigma = \sqrt{V} \approx 3{,}44$.

11 **a)** $\sigma \approx 4{,}7$. **b)** $\sigma \approx 2{,}8$.

13 **1. a)** Médiane : 32 ; écart interquartile : 14.

b) Moyenne : 35,06 ; écart type : 9,03 (à 0,01 près).

2. La médiane et l'écart interquartile ne sont pas modifiés. La moyenne devient 34,06 et l'écart type 7,75 (à 0,01 près).

20 **a)** On répète 4 fois l'épreuve suivante : un client entre dans le magasin, il achète ou non le produit étudié. Cette épreuve donne lieu à deux résultats : le succès est « le client achète le produit », de probabilité $p = 0{,}05$.

b) On note C_i l'événement « le i-ème client entré achète le produit », pour i prenant les valeurs 1 ,2, 3 ou 4.

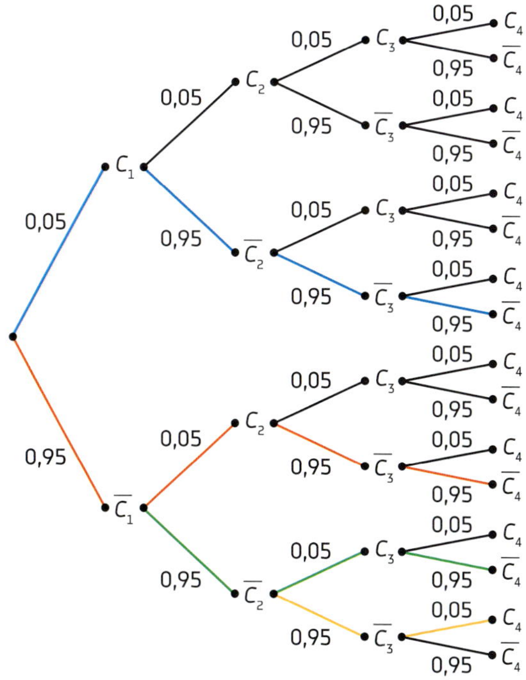

c) Il y a quatre chemins dans l'arbre qui correspondent au résultat cherché. La probabilité demandée est :

$$p = 4 \times 0{,}05 \times 0{,}95 \times 0{,}95 \times 0{,}95 \approx 0{,}17.$$

d) « Au moins un des clients achète le produit » est l'événement contraire de « Aucun client n'achète le produit ».

La probabilité demandée est : $p' = 1 - 0{,}95^4 \approx 0{,}19$.

25 On répète $n = 5$ fois de façon identique et indépendante l'épreuve de Bernoulli suivante : prendre une ampoule au hasard dans la production. Cette épreuve donne lieu à deux issues : l'ampoule est défectueuse, avec une probabilité $p = 0{,}01$, ou non. La variable X prend pour valeurs le nombre d'ampoules défectueuses. Elle suit la loi binomiale de paramètres $n = 5$ et $p = 0{,}01$.

29 **a)** On répète $n = 3$ fois de façon identique et indépendante l'épreuve de Bernoulli suivante : choisir un jour d'entraînement. Cette épreuve donne lieu à deux issues : on choisit le lundi, avec une probabilité $p = 0{,}25$, ou pas. La variable X prend pour valeurs le nombre de fois où le lundi est choisi. Elle suit la loi binomiale de paramètres $n = 3$ et $p = 0{,}25$.

b) On note L_i l'événement : « l'ami i choisit le lundi », pour i prenant les valeurs 1, 2 et 3.

c) X prend pour valeurs 0, 1, 2 ou 3.

En utilisant les branches de l'arbre correspondant à chaque résultat, on obtient :

$P(X = 0) = 0{,}75^3 = 0{,}421875$

$P(X = 1) = 3 \times 0{,}25 \times 0{,}75^2 = 0{,}421875$

$P(X = 2) = 3 \times 0{,}25^2 \times 0{,}75 = 0{,}140625$

$P(X = 3) = 0{,}25^3 = 0{,}015625$

d) On cherche $P(X \geqslant 2) = P(X = 2) + P(X = 3) = 0{,}15625$.

Corrigés des exercices

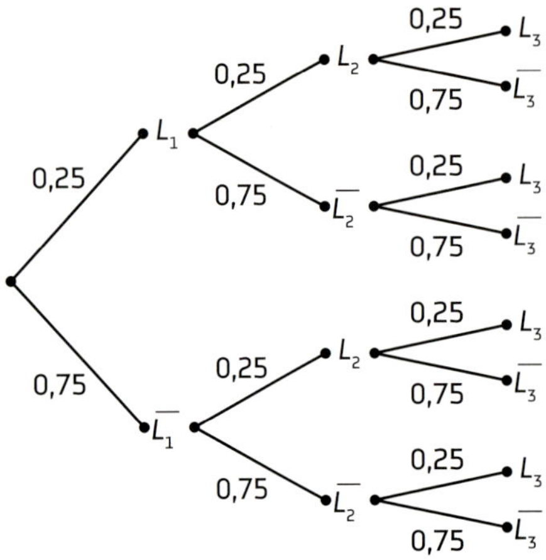

31 **a)** On répète $n = 50$ fois de façon identique et indépendante l'épreuve de Bernoulli suivante : choisir un condensateur au hasard dans la production. Cette épreuve donne lieu à deux issues : le condensateur est défectueux, avec une probabilité $p = 0{,}02$, ou pas. La variable X prend pour valeurs le nombre de condensateurs défectueux. Elle suit la loi binomiale de paramètres $n = 50$ et $p = 0{,}02$.

b) $P(X = 0) = 0{,}98^{50} \approx 0{,}3642$.

c) $P(X = 2) \approx 0{,}1858$; $P(X \leqslant 2) \approx 0{,}9216$;
$P(X > 5) = 1 - P(X \leqslant 5) \approx 0{,}0005$.

34 **a)** Avec les logiciels OpenOffice Calc ou Excel, la commande est « =LOI.BINOMIALE(A2 ; 80 ; 0,1 ; 0) ».

b) $P(X = 2) \approx 0{,}009$ et $P(X = 6) \approx 0{,}124$.

c) $P(X \leqslant 7) = P(X = 0) + P(X = 1) + \ldots + P(X = 7) = 0{,}4454$ et
$P(3 \leqslant X \leqslant 7) = P(X = 3) + P(X = 4) + \ldots + P(X = 7) = 0{,}4348$.

36 **a)** On répète $n = 120$ fois de façon identique et indépendante l'épreuve de Bernoulli suivante : répondre à un appel téléphonique. Cette épreuve donne lieu à deux issues : le problème est résolu par téléphone dans un délai de 10 min, avec une probabilité $p = 0{,}7$, ou pas. La variable X prend pour valeurs le nombre d'appels pour lesquels le problème est résolu par téléphone dans un délai de 10 min. Elle suit la loi binomiale de paramètres $n = 120$ et $p = 0{,}7$.

b) Dans la première ligne, on met les titres des colonnes : A1 : « k », B1 : « P(X=k) », C1 « P(X<=k) ».
En A2, on entre : « 0 » et on tire la cellule jusqu'en A122.
En B2, on entre : « =LOI.BINOMIALE(A2;120;0,7;0) ».
En C2, on entre : « =LOI.BINOMIALE(A2;120;0,7;1) ». Puis on sélectionne la plage B2:C2 et on tire jusqu'à la ligne 122. On choisit dans les colonnes B et C l'affichage avec 5 décimales.

c) On lit dans le tableau, en B71 : $P(X = 69) = 0{,}00111$.

d) $P(70 \leqslant X \leqslant 100) = P(X \leqslant 100) - P(X \leqslant 69) = 0{,}99728$.
Il s'agit de la probabilité qu'il y ait dans la journée entre 70 et 100 appels (70 et 100 appels compris) pour lesquels le problème est résolu par téléphone dans un délai de 10 min.

38 **a)** On a $E(X) = 50 \times 0{,}02 = 1$
et $\sigma(X) = \sqrt{50 \times 0{,}02 \times 0{,}98} \approx 0{,}9899$.
Sur un grand nombre de lots de 50 condensateurs, il y a en moyenne un condensateur défectueux par lot.

42 Par lecture du tableau, $a = 37$ et $b = 47$ donc l'intervalle de fluctuation est $\left[\frac{37}{50} ; \frac{47}{50}\right]$.

45 **a)** $\left[\frac{7}{40} ; \frac{18}{40}\right]$, soit $[0{,}175 ; 0{,}45]$.

b) $\left[\frac{0}{20} ; \frac{6}{20}\right]$, soit $[0 ; 0{,}3]$.

c) $\left[\frac{28}{30} ; \frac{30}{30}\right]$, soit $[0{,}933 ; 1]$ (valeur approchée pour la borne inférieure).

49 **a)** La fréquence 0,76 appartient à l'intervalle de fluctuation, donc elle est compatible avec l'affirmation du responsable du SAV.

b) La fréquence 0,71 n'appartient pas à l'intervalle de fluctuation, on peut donc raisonnablement douter de l'affirmation du responsable du SAV.

54 On cherche l'intervalle de fluctuation à l'aide de la loi binomiale de paramètres $n = 50$ et $p = 0{,}13$ à la calculatrice ou au tableur. On trouve : $[0{,}04 ; 0{,}22]$.

a) La fréquence observée est 0,18, elle appartient à l'intervalle de fluctuation. Il n'y a pas lieu d'arrêter la production.

b) La fréquence observée est 0,24, elle n'appartient pas à l'intervalle de fluctuation. Il y a lieu d'arrêter la production.

Vrai-Faux

56 **1.a)** F ; **b)** V ; **c)** F

2.a) F ; **b)** V

3.a) F ; **b)** V ; **c)** F

57 **1.** F. Aucun des deux couples n'est plus représentatif que l'autre. D'une part, la moyenne est élevée à cause des deux termes ayant pour valeur 50, d'autre part la médiane ne met pas en évidence ces deux termes dont la valeur est très supérieure aux autres termes. La comparaison des deux couples donne une idée plus juste de la série.

2. F. Le tirage ayant lieu sans remise, on ne répète pas la même épreuve trois fois, et il n'y a pas indépendance des tirages.

3. V. On a $\begin{cases} np=4 \\ \sqrt{np(1-p)}=0{,}6 \end{cases}$ soit $\begin{cases} np=4 \\ 4(1-p)=0{,}36. \end{cases}$
On en déduit que $1-p=0{,}9$, d'où $p=0{,}1$ et $n=40$.

4. F. L'intervalle de fluctuation obtenu à partir de la loi binomiale de paramètres $n=100$ et $p=0{,}09$ est $[0{,}04\,;\,0{,}15]$. La fréquence observée appartient à l'intervalle. Le directeur ne peut pas affirmer que le fabricant ne tient pas ses engagements.

QCM

59 **1.** C ; **2.** C ; **3.** A ; **4.** B ; **5.** A

Chapitre 8 : Produit scalaire

POUR S'ENTRAÎNER

SF1 page 215
$\overrightarrow{AB}\cdot\overrightarrow{AD}=0$; $\overrightarrow{CA}\cdot\overrightarrow{CB}=1$; $\overrightarrow{BD}\cdot\overrightarrow{BO}=1$; $\overrightarrow{OD}\cdot\overrightarrow{OB}=-\frac{1}{2}$.

SF2 page 217
$\overrightarrow{AB}\cdot\overrightarrow{AC}=AB\times AI=2$; $\overrightarrow{CI}\cdot\overrightarrow{CB}=CI^2=3$.

SF3 page 219
a. $\overrightarrow{BA}(-2\,;-1)$ et $\overrightarrow{BC}(0\,;2)$ donc
$\overrightarrow{BA}\cdot\overrightarrow{BC}=-2\times 0+(-1)\times 2=-2=2\sqrt{5}\cos\widehat{ABC}$ d'où
$\cos\widehat{ABC}=-\frac{1}{\sqrt{5}}$ donc $\widehat{ABC}\approx 116{,}6°$.
b. $\overrightarrow{AB}\cdot\overrightarrow{AC}=6\times 7\times\cos 70=6\times AH$ d'où $AH=7\cos 70\approx 2{,}4$.

SF4 page 221
$\overrightarrow{AB}\cdot\overrightarrow{AD}=(\overrightarrow{AO}+\overrightarrow{OB})\cdot(\overrightarrow{AO}+\overrightarrow{OD})$
$=AO^2+\overrightarrow{AO}\cdot\overrightarrow{OD}+\overrightarrow{OB}\cdot\overrightarrow{AO}+\overrightarrow{OB}\cdot\overrightarrow{OD}$
$=AO^2+\overrightarrow{AO}\cdot(\overrightarrow{OD}+\overrightarrow{OB})-OB^2$;
or $(\overrightarrow{OD}+\overrightarrow{OB})=\vec{0}$ donc $\overrightarrow{AB}\cdot\overrightarrow{AD}=4^2-\left(\frac{5}{2}\right)^2=\frac{39}{4}$.

SF5 page 221

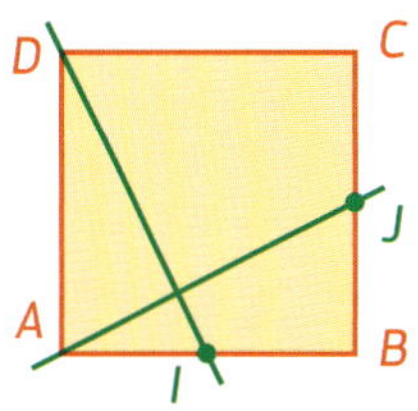

On se place dans le repère orthonormé (A, B, D).
$A(0\,;0)$; $I\left(\frac{1}{2};0\right)$; $D(0\,;1)$ et $J\left(1\,;\frac{1}{2}\right)$.
$\overrightarrow{AJ}\cdot\overrightarrow{DI}=0$ donc (AJ) et (DI) sont perpendiculaires.

Exercices

3 **a)** $\overrightarrow{BA}\cdot\overrightarrow{BC}=0$; $\overrightarrow{AB}\cdot\overrightarrow{CD}=-16$.
b) $AC=4\sqrt{2}$; $\overrightarrow{AB}\cdot\overrightarrow{AC}=4\times 4\sqrt{2}\times\cos\frac{\pi}{4}=16$.

5 **a)** $\vec{u}\cdot\vec{v}=2\times 3\times\cos\frac{\pi}{4}=3\sqrt{2}$.
b) $\vec{u}\cdot\vec{v}=1\times 3\times\cos\left(-\frac{\pi}{3}\right)=\frac{3}{2}$.

8 **a)** $\overrightarrow{AB}\cdot\overrightarrow{AC}=\sqrt{2}\times 2\sqrt{2}\times\cos(\overrightarrow{AB},\overrightarrow{AC})=-2\sqrt{3}$ donc $\cos(\overrightarrow{AB},\overrightarrow{AC})=-\frac{\sqrt{3}}{2}$ d'où $\widehat{BAC}=\frac{5\pi}{6}$.
b) $\overrightarrow{AB}\cdot\overrightarrow{AC}=4\times 8\times\cos(\overrightarrow{AB},\overrightarrow{AC})=32$ donc $\cos(\overrightarrow{AB},\overrightarrow{AC})=1$ d'où $\widehat{BAC}=0$.

10 **a)** $\overrightarrow{OA}\cdot\overrightarrow{OB}=-4\times 2=-8$;
b) $\overrightarrow{OA}\cdot\overrightarrow{OB}=4\times 1=4$;
c) $\overrightarrow{OA}\cdot\overrightarrow{OB}=3\times 2=6$;
d) $\overrightarrow{OA}\cdot\overrightarrow{OB}=-5\times 2=-10$.

15 **a)** $\vec{u}\cdot\vec{v}=2\times 3+(-1)\times 6=0$;
b) $\vec{u}\cdot\vec{v}=4\times 3+(-1)\times(-5)=17$.

23 **a)** $\overrightarrow{AB}(-4\,;4)$; $\overrightarrow{AC}(-5\,;2)$; $\overrightarrow{AB}\cdot\overrightarrow{AC}=28$;
on a aussi $\overrightarrow{AB}\cdot\overrightarrow{AC}=AB\times AC\times\cos(\overrightarrow{AB},\overrightarrow{AC})$
$=4\sqrt{2}\times\sqrt{29}\times\cos(\overrightarrow{AB},\overrightarrow{AC})$
donc $\cos(\overrightarrow{AB},\overrightarrow{AC})=\frac{7}{\sqrt{2}\times\sqrt{29}}$; d'où $\widehat{BAC}\approx 0{,}40$ rad.
b) $\overrightarrow{BA}(4\,;-4)$; $\overrightarrow{BC}(-1\,;-2)$; $\overrightarrow{BA}\cdot\overrightarrow{BC}=4$;
on a aussi $\overrightarrow{BA}\cdot\overrightarrow{BC}=BA\times BC\times\cos(\overrightarrow{BA},\overrightarrow{BC})$
$=4\sqrt{2}\times\sqrt{5}\times\cos(\overrightarrow{BA},\overrightarrow{BC})$
donc $\cos(\overrightarrow{BA},\overrightarrow{BC})=\frac{1}{\sqrt{2}\times\sqrt{5}}$; d'où $\widehat{ABC}\approx 1{,}25$ rad.

35 $\overrightarrow{AI}\cdot\overrightarrow{BD}=(\overrightarrow{AB}+\overrightarrow{BI})\cdot(\overrightarrow{BA}+\overrightarrow{AD})$
$=\overrightarrow{AB}\cdot\overrightarrow{BA}+\overrightarrow{AB}\cdot\overrightarrow{AD}+\overrightarrow{BI}\cdot\overrightarrow{BA}+\overrightarrow{BI}\cdot\overrightarrow{AD}$
$=-64+0+0+18=-46$

40 **a)** $\overrightarrow{BA}(-5\,;3)$; $\overrightarrow{BC}(6\,;10)$; $\overrightarrow{BA}\cdot\overrightarrow{BC}=0$ donc ABC est rectangle en B.
b) $\overrightarrow{AB}(1\,;-3)$; $\overrightarrow{BC}(-2\,;-3)$; $\overrightarrow{AC}(-1\,;-6)$; $\overrightarrow{AB}\cdot\overrightarrow{AC}=17$; $\overrightarrow{BA}\cdot\overrightarrow{BC}=-7$; $\overrightarrow{CA}\cdot\overrightarrow{CB}=20$ donc ABC n'est pas rectangle.

42 **a)** $\overrightarrow{AB}(-1\,;-3)$; $\overrightarrow{CD}(3\,;-1)$; $\overrightarrow{AB}\cdot\overrightarrow{CD}=0$
donc (AB) et (CD) sont perpendiculaires.
b) $\overrightarrow{AB}(5\,;-4)$; $\overrightarrow{CD}(5\,;4)$; $\overrightarrow{AB}\cdot\overrightarrow{CD}=9$
donc (AB) et (CD) ne sont pas perpendiculaires.

48 On se place dans le repère orthonormé (A, B, D).
$B(1\,;0)$, $D(0\,;1)$, $E(-1\,;2)$, $F(0\,;3)$, $\overrightarrow{BD}(-1\,;1)$, $\overrightarrow{EF}(1\,;1)$, $\overrightarrow{BD}\cdot\overrightarrow{EF}=0$ donc (BD) et (EF) sont perpendiculaires.

Vrai-Faux

56 **1.** F ; **2.** F ; **3.** V

57 **1.a)** V ; **b)** F ; **c)** V ; **d)** V **2.a)** V ; **b)** F ; **c)** V ; **d)** F
3.a) F ; **b)** F ; **c)** V ; **d)** F

QCM

58 **1.** C ; **2.** C ; **3.** B ; **4.** C ; **5.** A

Chapitre 9 : Nombres complexes

POUR S'ENTRAÎNER

SF1 page 241

Partie réelle de z_1 : 0 ; partie imaginaire de z_1 : -2.
Partie réelle de z_2 : $\sqrt{3}$; partie imaginaire de z_2 : 1.
Partie réelle de z_3 : -5 ; partie imaginaire de z_3 : 0.

SF2 page 241

On résout : $a^2 - 2 = 2$ soit $a = 2$ ou -2 et $15 = -3b$ soit $b = -5$.

SF3 page 241

$z + z' = -2 + 3i$; $z - z' = 4 + i$.

SF4 page 243

$z \times z' = -1 + 7i$; $z^2 = -3 - 4i$; $z'^2 = 8 - 6i$.

SF5 page 243

$\overline{z_1} = 2i$; $\overline{z_2} = -\sqrt{3} - i$; $\overline{z_3} = -8$.

SF6 page 243

$\dfrac{1}{-3+i} = -\dfrac{3}{10} - \dfrac{1}{10}i$; $\dfrac{1}{9i} = -\dfrac{1}{9}i$.

SF7 page 245

$\dfrac{3-i}{4+3i} = \dfrac{9}{25} - \dfrac{13}{25}i$; $\dfrac{-7+5i}{1-i} = -6 - i$.

SF8 page 245

Les points A, B et C ont pour coordonnées respectives $(-3 ; 5)$, $(-7 ; 0)$ et $(0 ; 4)$.

SF9 page 247

$z_{\overrightarrow{AB}} = z_{\overrightarrow{DC}} = -4 - 2i$ donc $\overrightarrow{AB} = \overrightarrow{DC}$ donc $ABCD$ est un parallélogramme.

SF10 page 249

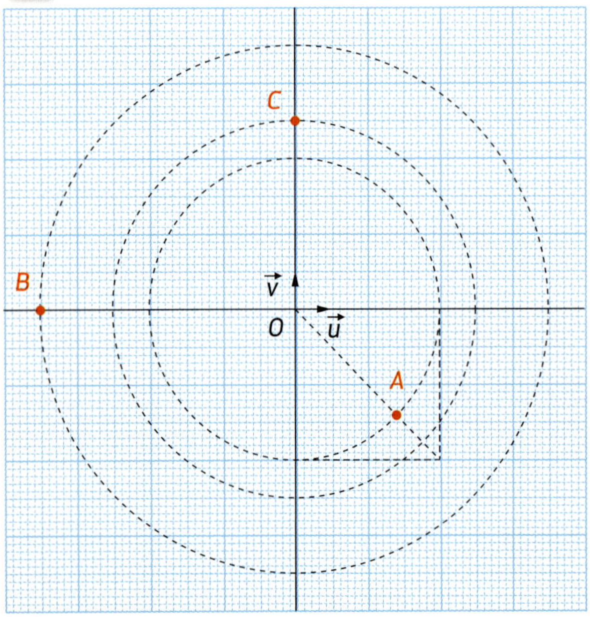

SF11 page 249

$-5i = \left[5 ; -\dfrac{\pi}{2}\right]$; $4 = [4 ; 0]$; $[2 ; 0] = 2$; $\left[7 ; \dfrac{3\pi}{2}\right] = -7i$.

SF12 page 251

$\left[5 ; \dfrac{\pi}{6}\right] = \dfrac{5\sqrt{3}}{2} + \dfrac{5}{2}i$; $\left[1 ; \dfrac{5\pi}{4}\right] = -\dfrac{\sqrt{2}}{2} - \dfrac{\sqrt{2}}{2}i$.

SF13 page 251

$1 + i\sqrt{3} = \left[2 ; \dfrac{\pi}{3}\right]$; $-4\sqrt{3} + 4i = \left[8 ; \dfrac{5\pi}{6}\right]$.

SF14 page 251

$NM = NP = 5\sqrt{2}$ donc MNP est isocèle en N.

Exercices

3 **a)** Partie réelle : 5 ; partie imaginaire : 3.
b) Partie réelle : 2 ; partie imaginaire : -4.
c) Partie réelle : -7 ; partie imaginaire : -6.
d) Partie réelle : 0 ; partie imaginaire : -1.
e) Partie réelle : 12 ; partie imaginaire : 0.

6 **a)** On résout : $2a + 1 = 5$ soit $a = 2$ et $-3 = 2 - b$ soit $b = 5$.
b) On résout : $a + 3 = 6$ soit $a = 3$ et $b - 3 = 0$ soit $b = 3$.

9 $z + z' = -1 - 3i$; $z + z' = 3 - 7i$.

14 $z \cdot z' = 4 + 7i$; $z^2 = -5 - 12i$; $z'^2 = -3 - 4i$.

20 **a)** $1 + i$ **b)** $-i + 2$ **c)** $-3i$

27 **a)** $\dfrac{1}{17} - \dfrac{4}{17}i$ **b)** $-\dfrac{3}{34} + \dfrac{5}{34}i$

30 **a)** $-1 + 2i$ **b)** $\dfrac{1}{5} - \dfrac{3}{5}i$.

37 **a)** $z = \dfrac{1-3i}{2+i} = -\dfrac{1}{5} - \dfrac{7}{5}i$

b) $2iz = 2 - 5i \Leftrightarrow z = \dfrac{2-5i}{2i} = -\dfrac{5}{2} - i$

c) $(3+2i)z = -4 + 5i \Leftrightarrow z = \dfrac{-4+5i}{3+2i} = -\dfrac{2}{13} + \dfrac{23}{13}i$

d) $(7+i)z = 5 + 4i \Leftrightarrow z = \dfrac{5+4i}{7+i} = \dfrac{39}{50} + \dfrac{23}{50}i$

40 $A(2 ; -2)$; $B\left(\dfrac{1}{2} ; \dfrac{1}{2}\right)$; $C(-3 ; 0)$; $D(0 ; 2)$.

49 $z_{\overrightarrow{AB}} = 7 - 4i$; $z_{\overrightarrow{AC}} = -4i$; $z_{\overrightarrow{BC}} = -7$;
$z_{\overrightarrow{OA}+\overrightarrow{OB}} = z_A + z_B = 3 + 2i$

51 $z_{\overrightarrow{AB}} = z_{\overrightarrow{DC}} = 3 + i$ donc $\overrightarrow{AB} = \overrightarrow{DC}$ donc $ABCD$ est un parallélogramme.

54

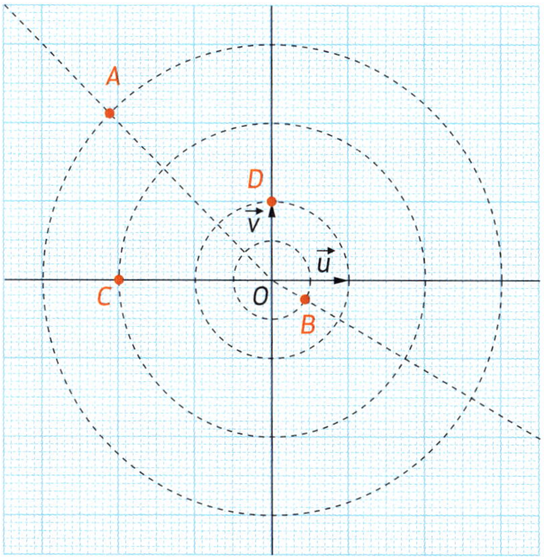

60 a) $z_1 = 2\sqrt{3} - 2i$ b) $z_2 = \frac{\sqrt{2}}{8} + i\frac{\sqrt{2}}{8}$

c) $z_3 = -\sqrt{3} - 3i$ d) $z_4 = 3i$

65 a) $\left[\sqrt{2}; \frac{\pi}{4}\right]$ b) $\left[2\sqrt{2}; \frac{3\pi}{4}\right]$

c) $\left[10; \frac{\pi}{3}\right]$ d) $[5; \pi]$

72 a) $AB = 5$ b) $AB = \sqrt{34}$

80 a) $A(-1; 1)$; $B(-3; -3)$

b) $(\vec{u}, \overrightarrow{OA}) = \arg z_A = \frac{3\pi}{4}$ à 2π près ;

$(\vec{u}, \overrightarrow{OB}) = \arg z_B = -\frac{3\pi}{4}$ à 2π près.

On peut en déduire que le triangle OAB est rectangle en O.

82 $(\vec{u}, \overrightarrow{AB}) = \arg(z_B - z_A) = \frac{\pi}{3}$ à 2π près ;

$(\vec{u}, \overrightarrow{AC}) = \arg(z_C - z_A) = 0$ à 2π près ;

$(\vec{u}, \overrightarrow{AD}) = \arg(z_D - z_A) = -\frac{3\pi}{4}$ à 2π près.

Vrai-Faux

85 **1.a)** V ; **b)** F ; **c)** F ; **d)** V **2.a)** V ; **b)** F ; **c)** V ; **d)** F

3.a) V ; **b)** F ; **c)** F ; **d)** V **4.a)** F ; **b)** F ; **c)** V ; **d)** F

5.a) F ; **b)** F ; **c)** V ; **d)** V **6.a)** V ; **b)** V ; **c)** F ; **d)** F

QCM

86 **1.** C ; **2.** D ; **3.** C ; **4.** D ; **5.** B ; **6.** B

Calculatrice TI-82 Advanced

Les fonctions écrites en **bleu** correspondent aux commandes accessibles avec la touche **2nde**.

I Fonction et suite

Choisir le mode : **mode** `Fct` pour une fonction ; `Suit` pour une suite.

Définir la fonction ou la suite : **f(x)**

Fonction :

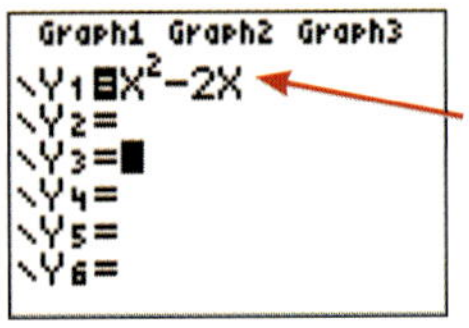

X s'obtient avec **x,t,θ,n**.

Suite :

Indice du premier terme

Terme général

Premier terme

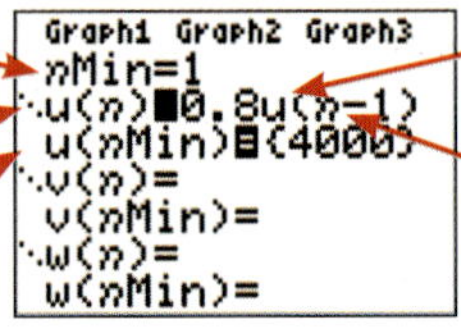

u s'obtient avec **2nde** **7**.

n s'obtient avec **x,t,θ,n**.

Attention : On utilise la notation $u(n-1)$ pour u_{n-1}, $u(n)$ pour u_n, etc.

Régler la table de valeurs : **2nde** **fenêtre** (**déf table**)

Première valeur de la variable

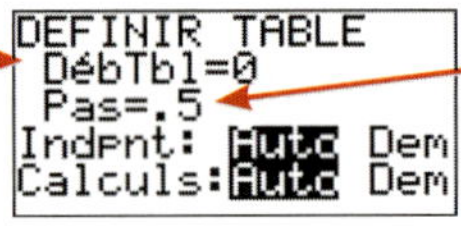

Écart entre deux valeurs successives de la variable. Pour une suite, entrer donc 1.

Afficher la table : **2nde** **graphe** (**table**). On se déplace dans le tableau avec ▲ et ▼.

Régler la fenêtre graphique : **fenêtre**. On se déplace avec ▲ et ▼.

Minimum et maximum en abscisse

Minimum et maximum en ordonnée

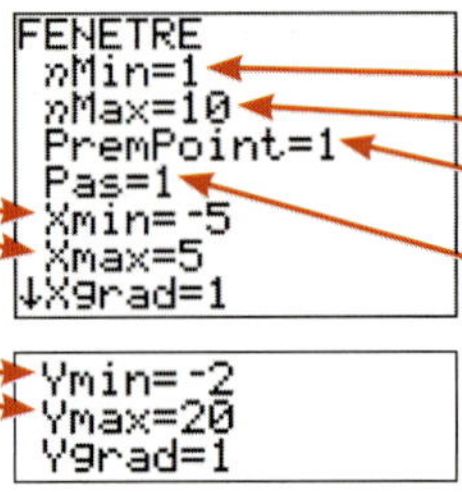

Spécifique aux suites :

Indices du premier et du dernier terme

Indice du premier terme à tracer

Écart entre deux indices de termes à tracer

Afficher la représentation : **graphe**

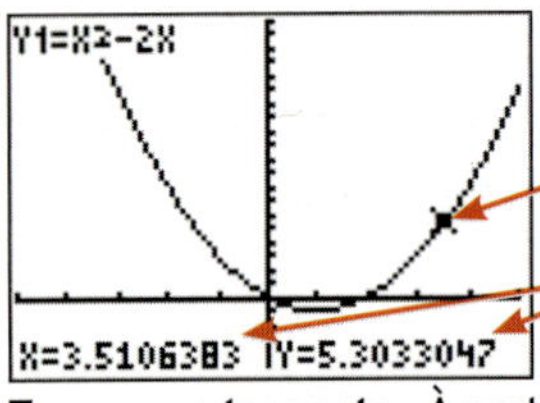

Point sur la courbe obtenu avec **trace** (que l'on peut déplacer avec ◄ et ►)

Ses coordonnées

Tracer une tangente : À partir de l'écran graphique : **2nde** **prgm** (**dessin**) `5: Tangente(`. Amener le pointeur au point (OU entrer l'abscisse du point) où l'on veut tracer la tangente à la courbe puis **entrer**. L'abscisse du point et l'équation réduite de la tangente s'affichent en bas de l'écran.

II Statistiques

Accéder au menu « Statistiques » : **stats**

Saisir une liste de valeurs

Effacer une ou plusieurs listes

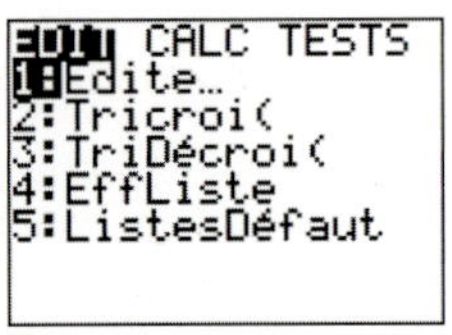

Entrer les valeurs

Entrer les effectifs ou les fréquences

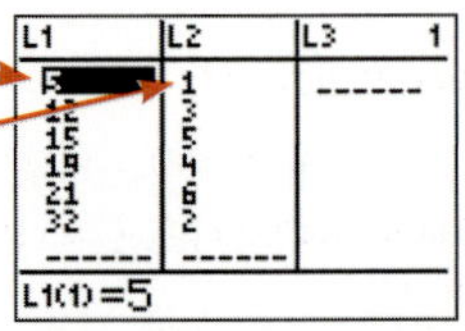

Effacer une liste : EDIT puis 4 : EffListe *nom des listes à effacer* (pour **L1** : **2nde** **1**) puis **entrer**
Calculer les caractéristiques d'une série statistique : CALC et 1 : Stats 1-Var puis **entrer**

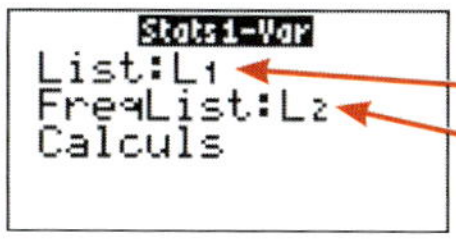

Compléter avec :
Nom de la liste de valeurs (pour **L1** : **2nde** **1**)
Nom de la liste des effectifs ou des fréquences
puis **entrer**

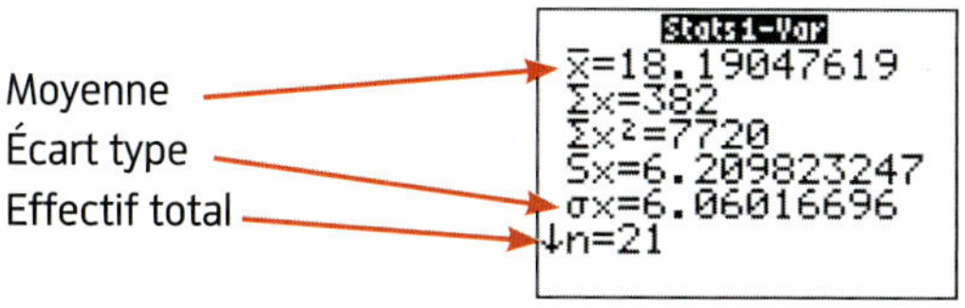

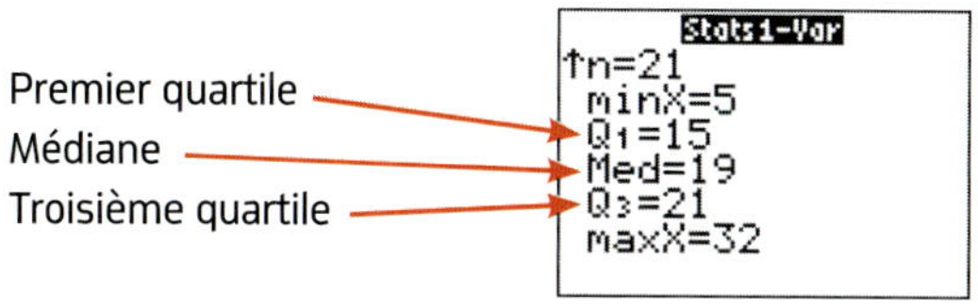

III Probabilités

Générer un nombre réel compris entre 0 et 1 de façon aléatoire :
math puis ► ► ► (PRB) puis 1 : NbrAléat puis **entrer**

Calculer une probabilité avec la loi binomiale de paramètres *n* et *p* : **2nde** **var** (**distrib**) ▼

Calcul de $p(X = k)$: A : binomFdp(**Calcul de $p(X \leqslant k)$:** B : binomFRép(

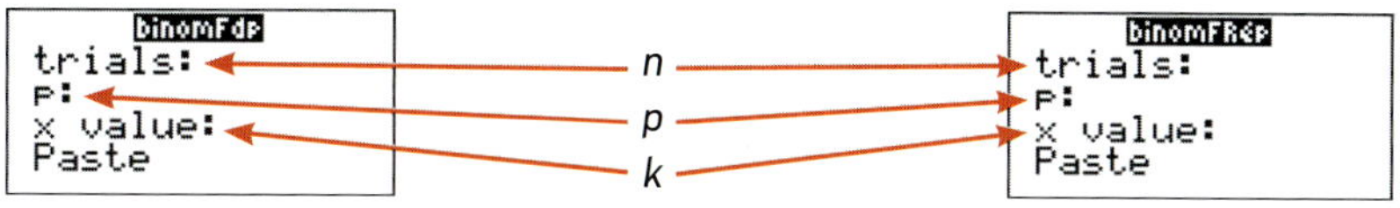

Obtenir une table de valeurs d'une loi binomiale : ***f*(*x*)**
Y=binomFdp OU Y=binomFRép à compléter comme ci-dessus avec *n*, *p*, puis ***x,t,θ,n*** à la place de *k*.
En réglant la table (début : 0, pas : 1), on obtient la table des probabilités ou des probabilités cumulées croissantes de la loi binomiale.

IV Trigonométrie et nombres complexes

Attention : choisir l'unité d'angle, radians ou degrés, (**mode**) avant de faire des calculs.
Obtenir une valeur approchée en degrés d'une mesure d'angle, connaissant son sinus ou son cosinus :

La calculatrice étant réglée en degrés :

Arccos(*a*) (**2nde** **cos** (**Arccos**))	permet d'obtenir une valeur approchée de l'unique mesure en degrés comprise entre	0° et 180° dont le cosinus est *a*.
Arcsin(*a*) (**2nde** **sin** (**Arcsin**))		−90° et 90° dont le sinus est *a*.

Passer des coordonnées cartésiennes aux coordonnées polaires et inversement : **2nde** **apps** (**angle**)

On note (*x* ; *y*) les coordonnées cartésiennes d'un point *M* et (*r* ; *θ*) ses coordonnées polaires.

obtenir *r* à partir de *x* et *y* :	**obtenir *θ* à partir de *x* et *y* :**	**obtenir *x* à partir de *r* et *θ* :**	**obtenir *y* à partir de *r* et *θ* :**
5 : R►Pr(*x*, *y*)	6 : R►Pθ(*x*, *y*)	7 : P►Rx(*r*, *θ*)	8 : P►Ry(*r*, *θ*)

Utiliser le nombre complexe i dans un calcul : **2nde** **.** (**i**).

V Programmation

Créer un nouveau programme :	**Modifier un programme existant :**	**Exécuter un programme existant :**
prgm ► ► NOUV **entrer** saisir le nom du programme **entrer**.	**prgm** ► EDIT sélectionner le nom du programme **entrer**.	**prgm** EXEC sélectionner le nom du programme **entrer**.

Calculatrices

Accéder aux fonctions de programmation : à partir de la fenêtre d'édition d'un programme **prgm**

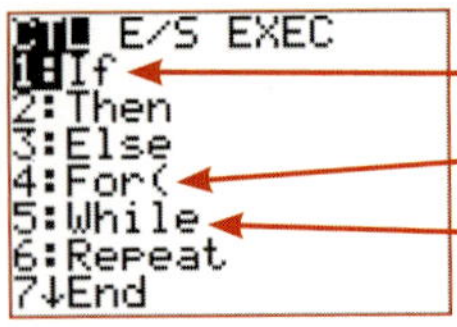

If *condition* **entrer** Then **entrer** *instruction(s)* **entrer** Else **entrer** *instruction(s)* **entrer** End

For(*nom de variable, valeur initiale, valeur finale, pas)* **entrer** *instruction(s)* **entrer** End

While *condition* **entrer** *instruction(s)* **entrer** End

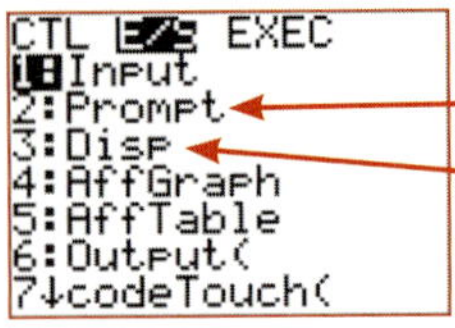

Prompt *nom de variable* : demande à l'utilisateur d'entrer une valeur pour la variable.

Disp *nom de variable* : affiche la valeur de la variable.

Affecter une valeur à une variable : *valeur* **sto →** *nom de la variable*

Accéder à = ; ≠ ; > ; ⩾ ; < ; ⩽ ; et ; ou ; ouexcl, non(: **2nde** **math** (**test**) TEST ou LOGIQUE

Effacer un programme existant : **2nde** **+** (**mém**) 2: Gest Mem/Sup **entrer** 7: Prgm *sélectionner le programme à effacer* **suppr** *puis confirmer la suppression.*

Calculatrice Casio GRAPH 35+E

Les fonctions écrites en jaune correspondent aux commandes accessibles avec la touche **2nde**.

Menu principal : **menu**

Calcul

Table de valeurs

Programme

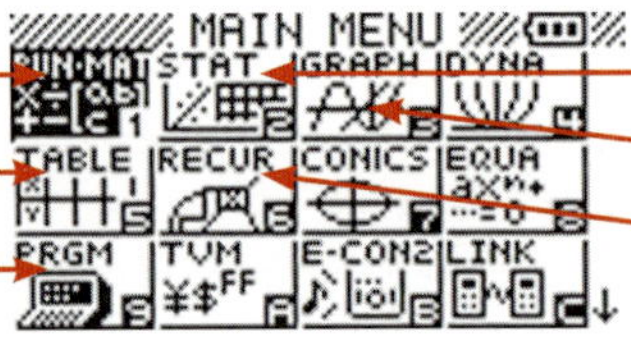

Statistiques

Représentation d'une fonction

Suites

▲ ◄ ► ▼ pour sélectionner le mode désiré puis **EXE**.

I Fonction et suite

Définir la fonction : **menu** TABLE

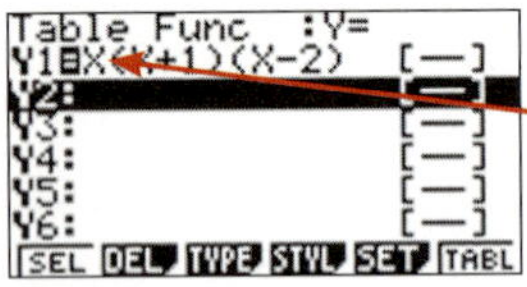

X s'obtient avec **X,θ,T**.

Définir la suite : **menu** RECUR **F3** (TYPE)

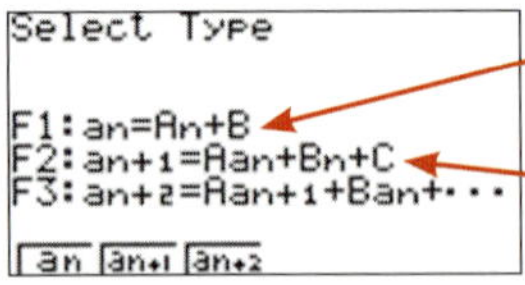

Relation explicite : **F1** ; n s'obtient avec **F4**.

Relation de récurrence : **F2** ; n et a_n s'obtiennent avec **F4** (na_n), puis **F1** (n) ou **F2** (a_n).

Régler la table fonction puis l'afficher :
menu TABLE puis **F5** (SET)

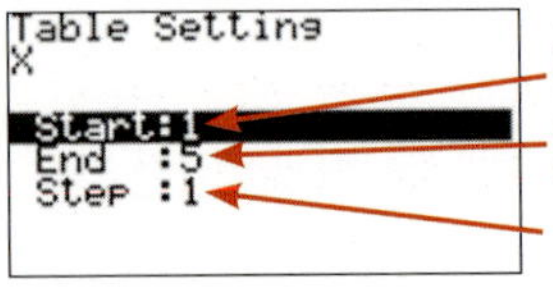

Première et dernière valeurs de la variable

Écart entre deux valeurs successives de la variable

Régler la table suite puis l'afficher :
menu RECUR puis **F5** (SET)

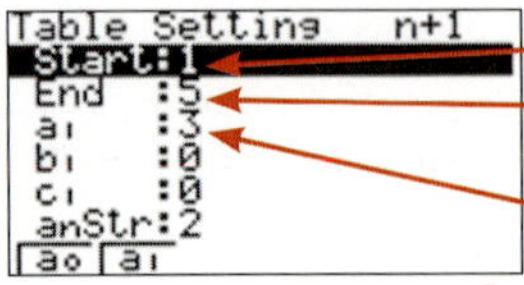

Première et dernière valeurs de n

Valeur du premier terme (**F1** pour a_0 ; **F2** pour a_1)

Régler la fenêtre graphique : **SHIFT** **F3** (V-Window) :
entrer le minimum et le maximum en abscisse (Xmin et Xmax) et en ordonnée (Ymin et Ymax).

Afficher la représentation d'une fonction :
menu GRAPH puis **F6** (DRAW)

Afficher la représentation d'une suite :
menu RECUR puis **F6** (TABL) puis **F6** (G PLT)

Tracer une tangente : À partir de l'écran graphique : **2nde** **F4** (Sketch) puis **F2** (Tang), amener le pointeur au point (OU entrer l'abscisse du point) où l'on veut tracer la tangente à la courbe puis **EXE**.

II Statistiques

Saisir une liste de valeurs : **menu** STAT

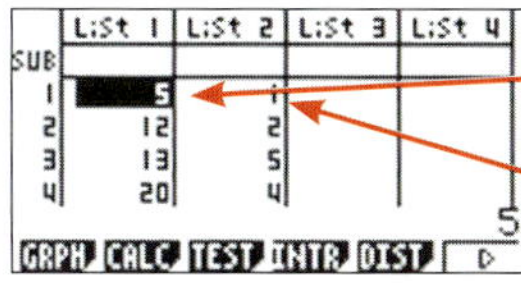

Entrer les valeurs

Entrer les effectifs ou les fréquences

Calculer les caractéristiques d'une série statistique : **F2** (CALC) puis **F6** (SET)

Nom de la liste des valeurs : choix avec **F1** (LIST)

Nom de la liste des effectifs ou des fréquences : choix entre **F1** (1) pour des effectifs tous égaux et **F2** (LIST)

EXIT puis **F1** (1VAR)

Moyenne

Écart type

Effectif total

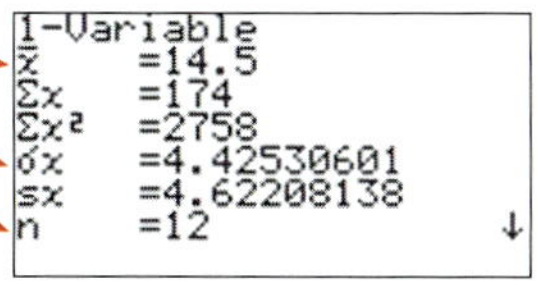

Premier quartile

Médiane

Troisième quartile

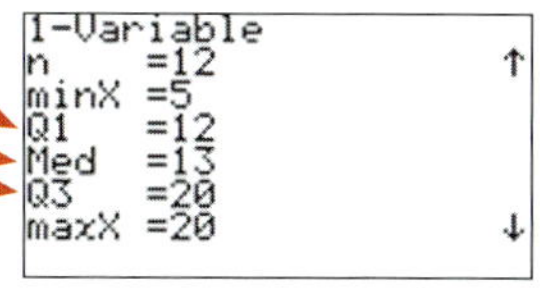

Effacer une liste : **F6** (▷) se placer dans la liste à effacer puis **F4** (DEL A) puis **F1**

III Probabilités

Générer un nombre réel compris entre 0 et 1 de façon aléatoire :

menu RUN puis **OPTN** **F6** (▷) puis **F3** (PROB) puis **F4** (RAND) puis **F1** (Ran#) puis **EXE**

Calculer une probabilité avec la loi binomiale de paramètres *n* et *p* :

menu RUN puis **OPTN** puis **F5** (STAT) puis **F3** (DIST) puis **F5** (BINM)

Calcul de $p(X=k)$: **F1** (Bpd)

BinomialPD(compléter avec *k*, *n*, *p*) puis **EXE**

Calcul de $p(X \leqslant k)$: **F2** (Bcd)

BinomialCD(compléter avec *k*, *n*, *p*) puis **EXE**

Obtenir une table de valeurs d'une loi binomiale : **menu** TABLE **OPTN** **F6** (▷) puis **F3** (STAT) puis **F1** (DIST) puis **F5** (BINM)

Y=BinomialPD(ou Y=BinomialCD(à compléter avec **X,θ,T**,*n*,*p*)

En réglant la table (début : 0, fin : *n* ; pas : 1), on obtient la table des probabilités ou des probabilités cumulées croissantes de la loi binomiale.

IV Trigonométrie et nombres complexes

Attention : choisir l'unité d'angle, radians ou degrés, (**SHIFT** **menu** (SET UP)) avant de faire des calculs.

Obtenir une valeur approchée en degrés d'une mesure d'angle, connaissant son sinus ou son cosinus :

La calculatrice étant réglée en degrés :

Arccos(*a*) (**menu** RUN puis **SHIFT** **cos** (Acs))	permet d'obtenir une valeur approchée de l'unique mesure en degrés comprise entre	0° et 180° dont le cosinus est *a*.
Arcsin(*a*) (**menu** RUN puis **SHIFT** **sin** (Asn))		−90° et 90° dont le sinus est *a*.

Passer des coordonnées cartésiennes aux coordonnées polaires et inversement :

On note (*x* ; *y*) les coordonnées cartésiennes d'un point *M* et (*r* ; *θ*) ses coordonnées polaires.

menu RUN puis **OPTN** **F6** (▷) puis **F5** (ANGL) puis **F6**

obtenir (*r* ; *θ*) à partir de *x* et *y* : **F1** Pol(à compléter avec *x*, *y*)

obtenir (*x* ; *y*) à partir de *r* et *θ* : **F2** Rec(à compléter avec *r*, *θ*)

Utiliser le nombre complexe i dans un calcul : **2nde** **0** (i).

V Programmation

Créer un nouveau programme :	Modifier un programme existant :	Exécuter un programme existant :	Effacer un programme existant :
menu PRGM **F3** (NEW) saisir le nom du programme **EXE**	**menu** PRGM sélectionner le nom du programme **F2** (EDIT)	**menu** PRGM sélectionner le nom du programme **F1** (EXE)	**menu** PRGM sélectionner le nom du programme **F4** (DEL) puis **F1**

Accéder aux fonctions de programmation : **SHIFT** **VARS** (PRGM)

COM | CTL | JUMP | ? | ◢ | ▷

F1 (COM) : Menu commandes

If | Then | Else | IEnd | ▷

F5 (◢) : affiche la valeur de la variable qui précède le symbole.

F4 (?) → *nom de variable* :
demande à l'utilisateur d'entrer
une valeur pour la variable.

F1 (If) : Syntaxe :
If *condition* **EXE**
Then *instruction(s)* **EXE**
Else *instruction(s)* **EXE** IEnd

F6 (▷) Suite du menu

Whle | WEnd | Do | Lp-W | ▷

F6 (▷) Suite du menu :

For | To | Step | Next | ▷

F1 (While) Syntaxe :
While *condition* **EXE**
instruction(s) **EXE** WhileEnd

F1 (For) Syntaxe :
For *valeur initiale* → *nom de la variable*
To *valeur finale* Step *pas* **EXE**
instruction(s) **EXE** Next

Affecter une valeur à une variable : *valeur* → *nom de la variable*

Accéder à = ; ≠ ; > ; ⩾ ; < ; ⩽ : À partir d'un programme : **SHIFT** **VARS** (PRGM) **F6** (▷) **F3** (REL)

Accéder à And, Or, Not : **OPTN** puis **F6** (▷), **F6** (▷), **F4** (LOGIC).

Imprimé en Italie par «La Tipografica Varese Srl», Varese
Dépôt légal : Avril 2016 - Collection n° 5 - Édition n° 01
26/8324/2